普通高等教育“十一五”国家级规划教材
北京高等教育精品教材

大学物理实验教程

第2版

主　编　吴　平
参　编　张师平　赵雪丹
　　　　陈　森　孙明明
　　　　丁红胜

机械工业出版社

本书是在北京科技大学物理系多年物理实验教学实践的基础上编写的，融入了大量近年来的物理实验教学研究成果和科学研究成果，集中了物理系实验教师和实验技术人员的集体智慧。

全书共分为7章，包括测量误差与实验数据处理的知识与方法，以层次划分的基础实验、综合性实验、设计性（研究性）实验和应用物理实验。本书所有实验内容都进行了精心编排与反复教学实践的锤炼，注重采用实验手段教授物理，强化学生的自主实验和探索研究。书中设有“预习提示”栏目，提出了学生预习时要思考和搞清楚的基本问题或关键问题；还设有“讨论”栏目，提示学生对实验中观察到的实验现象和结果进行分析、讨论和评价，激励学生展示他们的独特视点、个性化思考和创造性思维；各实验的最后设有教师根据多年的教学实践提出的“研究性题目”栏目，希望由此能逐步地培养学生的研究意识，并给学生更多自主探索科学的自由空间。

本书配套设计与制定了与主、客观评价相结合的网络化实验报告智能评判系统，有力地控制了实验报告的评判质量，促进了教学目标的落实。

本书为高等院校理工科各专业的基础物理实验教学用书或参考书，也可供其他专业参考使用。

图书在版编目（CIP）数据

大学物理实验教程/吴平主编．—2版．—北京：机械工业出版社，2015.8（2023.6重印）
普通高等教育“十一五”国家级规划教材
ISBN 978-7-111-51181-6

Ⅰ．①大…　Ⅱ．①吴…　Ⅲ．①物理学-实验-高等学校-教材　Ⅳ．①O4-33

中国版本图书馆CIP数据核字（2015）第187571号

机械工业出版社（北京市百万庄大街22号　邮政编码100037）
策划编辑：李永联　　责任编辑：李永联　任正一
责任校对：张　征　刘怡丹　封面设计：马精明
责任印制：郜　敏
北京富资园科技发展有限公司印刷
2023年6月第2版第9次印刷
184mm×260mm·32.75印张·736千字
标准书号：ISBN 978-7-111-51181-6
定价：64.00元

凡购本书，如有缺页、倒页、脱页，由本社发行部调换

电话服务
服务咨询热线：010-88379833
读者购书热线：010-88379649

网络服务
机 工 官 网：www.cmpbook.com
机 工 官 博：weibo.com/cmp1952
教育服务网：www.cmpedu.com
金 书 网：www.golden-book.com

序

物理学是研究物质的基本结构、基本运动形式、相互作用及其转化规律的学科。物理学是一门历史悠久、永远生气勃勃充满魅力的学科，它与各个自然学科、工程技术部门的相互作用不断创造着改变世界的新领域、新思想、新方法、新技术，对人类文明和科学技术发展起着引领和推动作用，它深刻影响着人类对自然的基本认识、人类的思维方式和社会生活，是人类文明的基石。

物理学本质上是一门实验科学，其中蕴含着丰富的科学思想与实验方法是各学科科学实验的基础，也是现代科学思想、科学技术的基础，正在现代科技前沿发挥着无可替代的重要作用。

开设物理实验课程的目的，就是要引导本科生系统学习物理实验的思想、方法和技术，培养学生的实践能力、探究精神、创新思维与创新能力。在实验教学过程中广泛激发学生学习兴趣，培养学生自主学习能力，尤其是培养学生理论与实践相结合的拓展应用能力是实验教学的关键。

教材是教学思想、教学方法、教学内容的凝练，是引导学生自主学习的重要平台，是引导学生探究、创新的源泉，教材中应蕴含着丰富的物理实验思想、巧妙的实验方法和精湛的实验技术。由北京科技大学吴平教授主编的《大学物理实验教程》正是这样一部教材。十多年来，吴平教授带领的团队坚持不懈地将科学研究与教学研究融为一体，不断将科研中产生的新理念、新思想、新方法、新成果凝练到实验教学中，形成了实验教学的新理念、新体系、新内容、新模式，并不断产生着卓越的教学效果。他们合理地将大学物理实验分为基础实验、综合性实验、设计性（研究性）实验和应用物理实验，形成了基础与现代科技相融合、分层次的课程体系，每一层次的实验内容涵盖了力学、热学、电磁学、光学以及近代物理的实验。实验选题不断来源于团队从事的科研成果，涉及领域宽广、设计思想新颖、内容丰富，特色性强，既包含训练学生基础物理实验思想、物理实验方法、物理实验技能的基础实验，又包含与现代物理技术结合的拓展应用性课题实验。他们准确给出了供各层次学生进一步拓展、应用、研究的课题，引导学生从一个实验的思想和方法出发拓展到所涉领域知识和应用，卓有成效的激发了学生的学习兴趣、丰富了学生的知识领域，提高了学生的自主学习能力、探究精神和创新能力。

教材教学理念先进，实验内容新颖，所用实验方法巧妙、先进，教材中对于实验的概念阐述清楚、简洁，可操作性强，特别是突出学生设计性、研究性课题实验方面特色鲜明。

为进一步提高学生的自主学习能力，教材还研究制定了一整套主、客观评价相结合的预习、实验报告智能评判方案，运用现代信息技术切实促进教学目标的实现和教学质量的提高。

教材注重对学生实验方法的训练和不确定度处理实验数据的方法，并结合计算机通用软件进行了阐述，思路先进，适应用强。

祝愿该套教材的出版在提高高校物理实验教学水平和教学质量中发挥重要的作用。

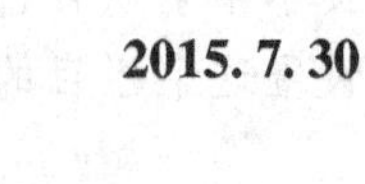

2015. 7. 30

前　　言

本书是在北京科技大学物理系多年物理实验教学实践和历届物理实验教材与讲义的基础上编写的，融入了大量近年来物理系实验教师的物理实验教学研究成果和科学研究成果，集中了历年物理系物理实验教师和实验技术人员的集体智慧。

诺贝尔物理学奖获得者、物理学家丁肇中在一次演讲中谈到实验精神在科学上的重要性时说："科学发展的历史告诉我们，新的知识只能通过实地实验而得到，不是由自我检讨或哲理的清谈就可求到的……我觉得真正的格物致知精神，不但是在研究学术中不可缺少，而且在应付今天的世界环境中也是不可少的。在今天一般的教育里，我们需要培养实验的精神。就是说，不管研究科学，研究人文学，或者在个人行动上，我们都要保留一个怀疑求真的态度，要靠实践来发现事物的真相。"

物理学本质上是一门实验科学。但是学生在学习物理的过程中，常常较多重视理论课，而忽视实验课。但从实际从事相关工作的人数分布来看，从事与实验有关工作的人数要大大多于从事理论工作的人数，许多学生在后来从事实际工作时又不得不回头补相关的实验知识、方法和技能。因此，我们希望本书的编写能够体现一些实验精神，注重对学生运用实验的方法和手段进行研究的基本素养与能力的培养和训练，多多少少担起一些采用实验研究的手段教授物理（即实验物理教学）的重任。

本书在实验项目、实验内容的选择上，不仅注意了重要物理现象与规律的研究，也注意了学生未来发展的需要。在编写上注重了采用实验的手段来教授物理（即实验物理教学）的理念，强化了学生的自主实验和探索研究。每一个实验都提供了较为详尽的相关物理现象介绍、基本研究思路和方法、实验装置、实验过程与操作步骤以及实验过程中可能遇到的问题等方面的信息，以使学生在课前能够通过仔细的阅读和认真的思考，对要研究的问题、解决问题的思路、实验方案的设计、实验的具体展开等做好充分的准备，这样学生才有可能在课堂上尽可能地自主实验，并充分发挥他们的创造性。为了帮助学生在预习时抓住主要问题，书中设立了"预习提示"栏目，提出了学生预习时要思考和搞清楚的基本问题或关键问题，引导学生带着问题预习，提高预习质量。每个实验的最后都设有"研究性题目"栏目，这些研究性题目是教师根据多年的教学实践，在考虑了大学一、二年级学生的知识水平、实验技能和实验室的实验条件的基础上提出的，希望能够逐步地培养学生的研究意识，让学生有更大的自主探索的空间。

本书在编写形式上采用了科学论文通常所用的形式，即主要标题包括"引言"、"实验目的"、"实验仪器"、"实验原理"、"测量及数据处理"、"讨论"、"结论"、"参考文献"等，以使学生在阅读实验教材和撰写实验报告时熟悉科学论文的写作方式。"引言"部分简略介绍了与相关实验有关的应用背景、在物理学发展史中的作用等知识，以提高学生的学习兴趣和探索自然奥秘的积极性，开阔学生的眼界。我们特别设置了"讨论"栏目，提示学生从自己感兴趣的角度，查阅相关文献，对实验现象和实验数据加以分析和讨论。设置这个栏目的目的是希望促进学生自主思考，激励学生展示他们的独特视点，个性化思考和创造性思维，逐步提高他们提出问题、分析问题、解决问题的能力，进而培养他们的创新意识和创新能力。“结论”部分则提示学生对实验现象和数据的分析、讨论进行概括总结，提炼结论。

本书配套设计与制定了主、客观评价相结合的网络化实验报告智能评判系统，有力地控制了实验报告的评判质量，促进了教学目标的落实。

本书的编写参考了大量我国物理实验教学工作者编著的教材、著作和最新研究成果，有些已在参考文献中列出，有些未能一一列出，在此向他们一并表示衷心的感谢。

参加本书编写的有：吴平（第1章、第2章、实验4.1～4.5、实验4.14、实验4.15、实验5.4、实验5.5、实验5.7～5.16、实验7.2、实验7.5～7.8、实验7.10）、张师平（实验4.6～4.9、实验4.11、实验4.12、实验5.2、实验5.6、实验7.4、实验7.11、实验7.13）、赵雪丹（第3章、实验5.1、实验5.3、实验7.3、实验7.12）、陈森（实验4.10、实验4.13、实验7.9），孙明明（实验7.1），第6章为丁红胜和赵雪丹共同编写，常用物理学常数表和物理量单位由赵雪丹整理。教材框架、实验项目及内容方案确定、统稿和定稿由吴平完成。实验报告智能评判方案的设计与制定由吴平、张师平完成。实验报告智能评判方案和系统的实施由吴平、陈森、张师平完成。李莉、任菡、刘尚、李亚男、李向龙、李梦茁、高丽娜、李岩、冀冰、杨金光等在网络智能报告系统的测试与试用方面做了大量工作。2012级和2013级材料实验班、理科实验班、黄昆英才班、部分工科专业和2014级应用物理专业的学生参加了新版教材内容的试用。

由于我们的水平有限，教材中难免存在错误和不妥之处，恳请读者批评指正。

编　者

目　　录

第1章 绪　　论

1.1 物理实验课程的地位、作用和教学任务

物理学本质上是一门实验科学。无论是物理规律的发现，还是物理理论的验证，都离不开物理实验。例如，牛顿运动定律、电磁学的基本定律库仑定律和毕奥－萨伐尔定律都是通过实验总结出来的；赫兹的电磁波实验使麦克斯韦电磁场理论获得普遍承认；杨氏干涉实验使光的波动学说得以确立；卢瑟福的 α 粒子散射实验揭开了原子的秘密；近代高能粒子对撞实验使人们得以深入到物质的最深层——原子核和基本粒子的内部——来探索其规律等。可以说，没有物理实验，就没有物理学本身。

理论研究和实验研究都是研究物理的手段，但从实际从事物理研究工作的人数分布来看，从事实验研究工作的人数要多于从事理论研究工作的人数，这意味着许多学生在未来的实际工作中要从事实验研究工作，工科学生更是离不开实践，因此，从人才培养的需要来看，物理实验课程是非常必要的。物理实验课程的名称也许容易让人们认为它是一门教授有关物理实验的课程，但它应该承担起一些采用实验的手段教授物理（即实验物理教学）的重任，本书则力图能够体现一些这样的教学意图。

物理实验是科学实验的先驱，体现了大多数科学实验的共性，在实验思想、实验方法以及实验手段等方面是各学科科学实验的基础。

物理实验课程是高等理工科院校对学生进行科学实验基本训练的必修基础课程，是本科生接受系统实验方法和实验技能训练的开端。物理实验课程所涉及的知识、方法和技能是学生进行后继实践训练的基础，也是毕业后从事各项科学实践和工程实践的基础。物理实验课覆盖面广，具有丰富的实验思想、方法和手段，同时能提供综合性很强的基本实验技能训练，是培养学生科学实验能力、提高科学素质的重要基础课程。它在培养学生严谨的治学态度、活跃的创新意识、理论联系实际和适应科技发展的综合应用能力等方面具有其他实践类课程不可替代的作用。

物理实验课程的具体任务是：

1）培养学生的基本科学实验技能，使学生初步掌握实验科学的思想和方法，提高学生的科学实验基本素质。

2）培养学生的科学思维和创新意识，使学生掌握实验研究的基本方法，提高学生的分析能力、解决问题能力和创新能力。

3）提高学生的科学素养，培养理论联系实际和实事求是的科学作风，认真严谨的科学态度，积极主动的探索精神，遵守纪律、团结协作和爱护公共财产的优良品德。

对科学实验能力培养的基本要求包括：

1）独立学习的能力：能够自行阅读与钻研实验教材和资料，必要时自行查阅相关文

献资料，掌握实验原理及方法，做好实验前的准备。

2）独立实验操作的能力：能够借助教材或仪器说明书，正确使用常用仪器及辅助设备，独立完成实验内容，逐步形成自主实验的基本能力。

3）分析与研究的能力：能够融合实验原理、设计思想、实验方法及相关的理论知识对实验结果进行分析、判断、归纳与综合，掌握通过实验进行物理现象和物理规律研究的基本方法，具有初步的分析与研究的能力。

4）书写表达的能力：掌握科学与工程实践中普遍使用的数据处理与分析方法，建立误差与不确定度概念，正确记录和处理实验数据，绘制曲线，分析说明实验结果，撰写合格的实验报告，逐步培养科学技术报告和科学论文的写作能力。

5）理论联系实际的能力：能够在实验中发现问题、分析问题并学习解决问题的科学方法，逐步提高综合运用所学知识和技能解决实际问题的能力。

6）创新与实验设计的能力：能够完成符合规范要求的设计性、综合性内容的实验，能进行初步的具有研究性或创意性内容的实验，逐步培养创新能力。

在物理实验课程的学习过程中，希望同学们有意识地锻炼、培养自己上述各方面的能力和素质，为未来的学习和工作积聚力量。

1.2 物理实验课程的三个基本环节

1. 实验前的预习

进行任何一个科学实验之前，都需要做充分的准备。具体落实到本门课程，实验前的预习极为重要。每次实验课前，同学们要认真阅读教材和有关参考资料，并在阅读和分析的基础上认真思考：①本次实验要研究的问题是什么？②为了澄清所要研究的问题，实验方案是如何设计的？③弄清实验所涉及的原理和测量方法。④了解实验所要使用的仪器，实验的主要步骤及注意事项。⑤对实验中可能出现的现象、结果等要有大致的预测。⑥记录下来不理解或不清楚的问题，留待实验课课堂上与指导教师讨论。同学们要把自己放在实验工作负责人的位置上，主动思考，在实验课前对整个实验工作尽可能地进行规划、安排，对进入实验室后如何开展实验工作做到心中有数。

在预习的基础上写出预习报告，预习报告要简明扼要地写出：①实验名称；②实验任务；③原理图、线路图或光路图；④测量公式（包括公式中各物理量的含义和单位）；⑤提纲性地列出关键实验步骤；⑥设计原始实验数据记录表格，并单独用一张实验报告纸做好原始实验数据记录表格。

2. 实验操作

在实验过程中要遵守操作规程，注意安全。

做实验不是简单地测量几个数据，计算出结果就行，更不能把这一重要实践过程看成是只动手不动脑的机械操作。通过实验的实践，要有意识地培养自己使用和调节仪器的本领、精密正确的测量技能、注意观察和分析实验现象的科学素养、整洁清楚地做好实验记录（包括实验中发现的问题、观察到的现象、原始测量数据等）的良好习惯，并逐步培养自己设计实验的能力。在实验过程中不仅要动手进行操作和测量，还必须积极地动脑思考。珍惜独立操作的机会。记录实验数据时不能使用字迹可擦除的铅笔。实验完毕，应先将数据交给教师审查签字，在得到教师同意后，才能关闭仪器。还要特别注意，将仪器整理还原，桌面收拾整洁，凳子摆放整齐以后，才能离开实验室，这也是培养未来良好工作习惯的一个重要细节，请同学们不要忽视。

3. 实验报告

实验报告是实验工作的最后环节，是整个实验工作的重要组成部分。通过撰写实验报告，可以锻炼总结工作的能力和科学技术报告的写作能力，这是未来从事任何工作都需要的能力。实验报告要用实验报告纸书写，下面给出一种参考格式：

物理实验报告

实验名称：

班级： 实验日期： 年 月 日

姓名： 学号： 同组人姓名：

目的要求：

仪器：写出主要仪器的名称、规格和型号。

原理：对实验原理进行高度概括总结，用自己的语言，简明扼要地写出实验原理（实验的理论依据）和测量方法要点，说明实验中必须满足的实验条件。写出数据处理时必须要用的一些主要公式，标明公式中各物理量的意义（不要推导公式）。画出必要的实验原理示意图、测量电路图或光路图。

实验步骤：根据自己的实际实验过程，简明扼要地写出实验步骤。注意文字表述的准确性和各实验步骤间的逻辑关系。

数据和数据处理：首先，根据要研究的问题的需要设计好实验数据表格，在表格中列出原始测量数据，表格必须要有标题。其次，按被测量最佳估值的计算、被测量的不确定度计算和被测量的结果表示的顺序，正确计算和表示测量结果。一般要按先写公式，再代入数据，最后得出结果的次序，进行每一步的运算。要求作图的，应按作图规则画图，图必须有图题。

分析讨论：这里是展示同学们独特视点、个性化思考和创造性思维的地方。要对实验中观察到的现象、实验结果进行分析、讨论和评价，常常需要查阅文献，以使分析讨论更为深入和有说服力。

结论：认真思考本次实验得到了哪些重要的实验事实、规律或测量结果，用高度概括总结的语言把他们明确地写出来，让你的报告的读者一下子就能抓住你的工作的关键要点。

1.3 物理实验规则

在实验室做实验，要遵守实验室规则，注意细节，养成良好的工作习惯。

1）树立安全第一的观念，并落实到整个实验过程中。

2）课前应充分预习，实验时态度认真严肃，注意保持实验室安静。

3）实验时，如缺少仪器、用具、材料等，应向指导教师或实验室人员提出。

4）爱护仪器设备，如有损坏、丢失，应立即报告指导教师。由于粗心大意或违反操作规程而损坏仪器者，除应按规定赔偿外，严重者还应做出书面检讨。

5）凡使用电源的实验，必须经过教师检查线路并同意后，才能接通电源。

6）做完实验，测量数据要交指导教师审查签字。离开实验室前，应将仪器整理还原，桌面收拾整洁、凳子摆放整齐。

7）实验报告连同教师签字的原始数据应在做实验后一周之内一起交给任课教师。

【参考文献】

[1] 教育部高等学校物理与天文学教学指导委员会物理基础课程教学指导分委员会. 理工科类大学物理实验课程教学基本要求［M］. 北京：高等教育出版社，2011.

[2] 葛维昆. 教学的平台，探索的基地，求知的乐园——实验物理教学的追求［J］. 物理与工程，2014，24（3）：3－8.

[3] 王惠棣，柴玉英，邱尔瞻，等. 物理实验［M］. 天津：天津大学出版社，1989.

第 2 章　测量误差与实验数据处理基础知识

2.1　测量与测量误差

2.1.1　测量

用实验的方法找出物理量量值的过程叫测量。量值是指用数和适宜的单位表示的量，例如：1.5m，17.5℃，3.5kg 等。从测量方法出发来分类，可将测量分为直接测量和间接测量。

直接测量　凡使用量仪或量具直接测得（读出）被测量数值的测量，称为直接测量。如用米尺测量长度，用温度计测量温度，用秒表测量时间以及用电表测量电流和电压等。

间接测量　很多物理量没有直接测量的仪器，常常需要根据一些物理原理、公式，由直接测量量计算出所要求的物理量，这种用间接的方法得到被测量数值的测量，称为间接测量。如测量钢球的密度时，由直接测量测出钢球的直径 D 和质量 m，然后根据公式

$$\rho = \frac{m}{\frac{\pi}{6}D^3} \tag{2.1-1}$$

计算出密度 ρ。钢球密度的测量即为间接测量。

2.1.2　测量的误差

测量结果都具有误差，误差自始至终存在于一切科学实验和测量过程中。任何测量仪器、测量方法、测量环境、测量者的观察力等都不可能做到绝对严密，这些就使测量不可避免地伴随有误差产生。因此，分析测量中可能产生的各种误差，尽可能地消除其影响，并对测量结果中未能消除的误差做出估计，就是物理实验和许多科学实验中必不可少的工作。

首先来了解一下误差的概念。测量误差就是测量结果与被测量的真值（或约定真值）的差值。测量误差的大小反映了测量结果的准确度，测量误差可以用绝对误差表示，也可以用相对误差表示。

$$\text{绝对误差} = \text{测量结果} - \text{被测量的真值} \tag{2.1-2}$$

$$\text{相对误差} = \frac{\text{测量的绝对误差}}{\text{被测量的真值}} \times 100\% \tag{2.1-3}$$

被测量的真值是一个理想概念，一般说来真值是不知道的，因而在实际测量中常用被测量的实际值或修正过的算术平均值来代替，称为约定真值。由于一般情况下不知道真值，所以也就不能计算误差，只有在少数情况下可以用准确度足够高的实际值作为被测量

的约定真值，这时才能计算误差。

2.2　误差分类及其简要处理方法

测量中的误差主要分为两类：系统误差和随机误差。两类误差的性质不同，处理方法也不同。

2.2.1　系统误差

系统误差是指在每次测量中都具有一定大小、一定符号，或按一定规律变化的测量误差分量。它来源于：仪器构造上的不完善；仪器未经很好校准；测量时外部条件的改变；测量者的固有习惯和测量所依据的理论的近似；测量方法和测量技术的不完善等。系统误差的减少和消除是个复杂的问题，只有很好地分析了整个实验所依据的原理、方法和测量过程的每一步以及所用的各仪器，进而找出产生误差的各个原因，才有可能设法在测量结果中消除或减少它的影响。尽管如此，在某些可能的情况下也存在一些消除系统误差（固定的和变化的）的方法。

1. 对测量结果引入修正值

通常包括两方面内容，一是对仪器或仪表引入修正值，这可通过与准确级别高的仪器或仪表做比较而获得；二是根据理论分析，导出补正公式，例如，精密称衡的空气浮力补正，量热学实验中的热量补正等。

2. 选择适当的测量方法

选择适当的测量方法，使系统误差能够被抵消，从而不将其带入测量结果之中。常用的方法有：

1）交换法：就是将测量中的某些条件（例如，被测物的位置）相互交换，使产生系统误差的原因对测量的结果起相反的作用，从而抵消系统误差。如用滑线电桥测量电阻时把被测电阻与标准电阻交换位置进行测量，在天平使用中的复秤法等。

2）补偿法：如量热实验中采用加冰降温的办法使系统的初温低于室温以补偿升温时的散热损失，又如用电阻应变片测量磁致伸缩时的热补偿等。

3）替代法：在一定的条件下，用某一已知量替换被测量以达到消除系统误差目的的方法。例如，用电桥精确测量电阻时，为了消除仪器误差对测量结果的影响，就可以采用替代法，不过这里要求“指零”仪器应有较高的灵敏度。

4）半周期偶数测量法：按正弦曲线变化的周期性系统误差（如测角仪的偏心差）可用半周期偶数测量法予以消除。这种误差在0°、180°、360°处为零，而在任何差半个周期的两个对应点处误差的绝对值相等而符号相反，因此，若每次都在相差半个周期处测两个值，并以平均值作为测量结果就可以消除这种系统误差，在测角仪器（如分光仪，量糖计等）上广泛使用此种方法。

2.2.2　随机误差

一般情况下，在相同条件下对同一物理量进行多次重复测量时，在极力消除或改正一切明显的系统误差之后，每次测量结果仍会出现一些无规律的随机性变化（实际上系统误差未消除时，这种随机性变化也同样会表现出来）。如果测量的灵敏度或分辨能力足够高，就可以观察到这种变化，我们将这种随机性变化归结于随机误差的存在。和系统误差不同的是，随机误差的出现，从表面上看是毫无规律的，似乎是偶然的，但如果测量次数很多，结果就显现出明显的规律。例如，误差值一定的数值出现的概率是相同的，绝对值小的误差较绝对值大的误差出现的概率大，其算术平均值随着测量次数的增加而越来越趋近于零等。

综上所述，随机误差是在对同一被测量在重复性条件下进行多次测量的过程中，测量的绝对值与符号以不可预知的方式变化着的测量误差的分量。这里，重复性条件包括：相同的测量程序、相同的观测者、在相同的条件下使用相同的测量仪器、相同的地点、在短时间内重复测量等。这种误差是由实验中各处因素的微小变动性引起的。例如实验装置和测量机构在各次测量调整操作上的变动性、测量仪器指示数值上的变动性、以及观测者本人在判断和估计读数上的变动性等。这些因素的共同影响就使测量值围绕着测量的平均值发生涨落变化，这种变化量就是各次测量的随机误差。

随机误差的出现，就某一次测量值来说是没有规律的，其大小和方向都是不可预知的，但对于同一个量进行足够多次的测量时则会发现，随机误差是按一定的统计规律分布的。常见的统计分布有正态分布、t 分布、平均分布等。

随机误差的分布特性与处理方法：

1）在多次测量时，正负随机误差大致可以抵消，因而用多次测量的算术平均值表示测量结果可以减小随机误差的影响。

2）测量值的分散程度直接体现随机误差的大小，测量值越分散，测量的随机误差就越大。因此，必须对测量的随机误差做出估计才能表示出测量的精密度。

下面简单介绍实验数据与误差处理中最常用的正态分布和 t 分布。

1. 正态分布

正态分布（又称高斯分布）是误差理论中最重要的一种分布。从概率论的“中心极限定理”可知，一个随机变量如果是大量相互独立的、微小因素影响的总效果，这个随机变量就近似地服从正态分布。物理测量中的随机误差，往往是观察者不能控制的大量偶然因素作用的结果，所以大多数物理测量服从正态分布。

正态分布的概率密度函数为

$$f(x)=\frac{1}{\sqrt{2\pi}\sigma_x}\exp\left[-\frac{(x-\mu)^2}{2\sigma_x^2}\right]\quad(-\infty<x<+\infty) \tag{2.2-1}$$

$$\mu=\lim_{n\to\infty}\frac{\sum x_i}{n} \tag{2.2-2}$$

$$\sigma_x=\lim_{n\to\infty}\sqrt{\frac{\sum(x_i-\mu)^2}{n}} \tag{2.2-3}$$

式中，μ 和 σ_x 为分布参数；n 为测量次数。μ 为正态分布的数学期望，表示出现概率最大的 x 值，消除系统误差后，μ 通常就是 x 的真值。σ_x 为正态分布的均方根差，它决定了分布线型的宽窄。σ_x 直接反映了分布的离散程度，σ_x 愈小，分布曲线愈陡，数据愈集中，重复性愈好。σ_x 愈大，则正好相反。实际测量的任务就是通过测量数据求得 μ 和 σ_x 的值。图 2.2-1 所示为正态分布曲线。

$P=\int_{x_1}^{x_2} f(x)\,\mathrm{d}x$ 是随机变量 x 出现在 $[x_1, x_2]$ 区间的概率，称为置信概率。与置信概率对应的区间称为置信区间。显然，置信区间扩大，置信概率将提高。对于正态分布，以下三个置信区间及其相应的置信概率在实验误差与数据处理中具有重要意义：

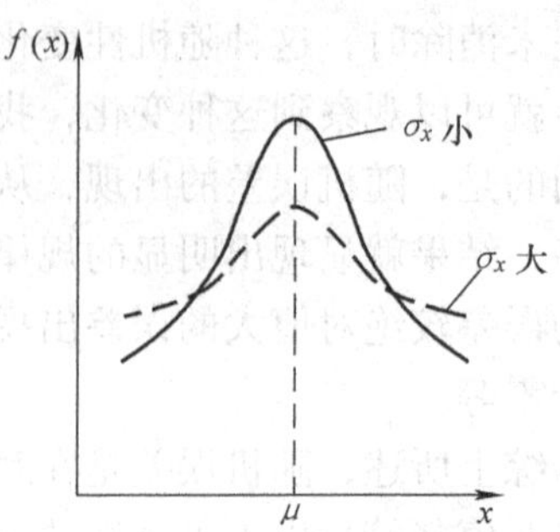

图 2.2-1　正态分布曲线

$$
\begin{aligned}
&[\mu-\sigma_x,\ \mu+\sigma_x] \quad P=0.6826\\
&[\mu-2\sigma_x,\ \mu+2\sigma_x] \quad P=0.9545 \qquad (2.2\text{-}4)\\
&[\mu-3\sigma_x,\ \mu+3\sigma_x] \quad P=0.9974
\end{aligned}
$$

以上数据的涵义是，对服从正态分布的物理量进行测量时，测量值将有 68.26% 的概率落在 $[\mu-\sigma_x, \mu+\sigma_x]$ 区间，95.45% 的概率落在 $[\mu-2\sigma_x, \mu+2\sigma_x]$ 区间，而当置信区间扩大到 $[\mu-3\sigma_x, \mu+3\sigma_x]$ 时，测量值落在 $[\mu-3\sigma_x, \mu+3\sigma_x]$ 区间的概率将达到 99.74%，而落在该区间以外的概率则不超过 0.26%，可见 $|x-\mu|\geqslant 3\sigma_x$ 的可能性很小，所以 $3\sigma_x$ 通常称为极限误差。

对某一物理量 X 在重复性条件下进行了 n 次独立测量，设已消除了测量的系统误差，得到 n 个测量值 X_1，X_2，…，X_n，可以把 n 个测量值看成随机变量 X 的随机样本。那么，它们的算术平均值是

$$\overline{X}=\frac{\sum_{i=1}^{n} X_i}{n} \qquad i=1,2,\cdots,n \tag{2.2-5}$$

可以证明，测量值的算术平均值最接近被测量的真值。根据最小二乘法原理，一列等精度测量的最佳估计值是能使各次测量值与该值之差的平方和为最小的那个值。设被测量的真值的最佳估计值为 x，可写出差值平方和如下：

$$f(x)=\sum_{i=1}^{n}(X_i-x)^2 \tag{2.2-6}$$

令 $\dfrac{\mathrm{d}f(x)}{\mathrm{d}x}=0$ 求极值

$$\frac{\mathrm{d}f(x)}{\mathrm{d}x}=-2\sum_{i=1}^{n}(X_i-x)=0 \tag{2.2-7}$$

则

$$x=\frac{\sum_{i=1}^{n} X_i}{n}=\overline{X} \tag{2.2-8}$$

因此，我们可以用算术平均值表示测量结果。

显然，算术平均值 $\overline{X}$ 也是一个随机变量。引用“中心极限定理”可以证明，如果物理量 X 服从正态分布，那么算术平均值 $\overline{X}$ 也服从正态分布，且其数学期望为真值 μ，其均方根差 $\sigma_{\overline{X}}=\dfrac{1}{\sqrt{n}}\sigma_X$。算术平均值 $\overline{X}$ 的均方根差是每个测量值均方根差的 $\dfrac{1}{\sqrt{n}}$ 倍，说明算术平均值的离散程度比单个测量值的离散程度要小，所以增加测量次数可以改善平均值的精密度。图 2.2-2 给出了 $\sigma_{\overline{X}}/\sigma_X$ 与 n 的关系，可以看到，随着测量次数 n 的增加，$\sigma_{\overline{X}}/\sigma_X$ 逐

渐减小，但当 $n>10$ 以后，变化趋于平缓，再增加测量次数的影响变得不明显。测量的精密度是由测量仪器的精度、测量方法、环境和观测人决定的，超出这些条件单纯追求测量次数是不能提高测量精度的，但必要的测量次数还是需要的，n 不必过大，一般重复10次即可。

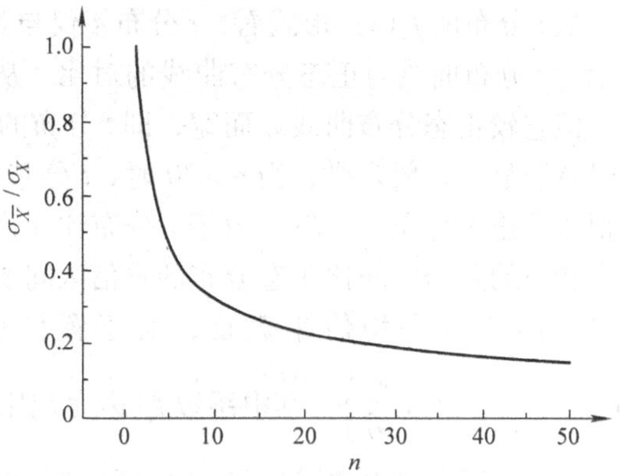

图2.2-2　$\sigma_{\overline{X}}/\sigma_X$ 与 n 的关系

2. t 分布

当测量次数无穷多或足够多时，测量误差的分布才接近正态分布，但实际测量只能有限次地进行，因而测量结果及其离散程度必须以有限次的测量为基础进行估算。

因为测量值的算术平均值 $\overline{X}$ 是真值的无偏估计，我们用它来作为真值的最佳估值。

每一次测量值 X_i 与平均值 $\overline{X}$ 之差叫作残差，即

$$\Delta X_i = X_i - \overline{X} \qquad i=1,\ 2,\ \cdots,\ n \tag{2.2-9}$$

显然，这些残差有正有负，有大有小。

可以证明，σ_X 可用标准偏差 s_X 来估值，即 s_X 是 σ_X 的无偏估计。s_X 用下面的贝塞尔公式来计算

$$s_X = \sqrt{\frac{\sum_{i=1}^{n}(\Delta X_i)^2}{n-1}} = \sqrt{\frac{\sum_{i=1}^{n}(X_i-\overline{X})^2}{n-1}} \tag{2.2-10}$$

s_X 的值直接体现了随机误差的分布特征。s_X 值小就表示测量值很密集，即测量的精密度高；s_X 值大就表示测量值很分散，即测量的精密度低。

测量结果采用测量值的算术平均值来表征，相应地，其离散程度要由 $\sigma_{\overline{X}}$ 来表征。由于 $\sigma_{\overline{X}}=\dfrac{1}{\sqrt{n}}\sigma_X$，$\sigma_{\overline{X}}$ 可用式（2.2-11）来估值。

$$s_{\overline{X}} = \frac{1}{\sqrt{n}}s_X \tag{2.2-11}$$

至此，测量量的真值和测量的离散程度都能够用有限次测量进行估值了，似乎测量结果的表征问题都解决了。但是我们前面提到，只有当测量次数无穷多时，测量误差的分布才接近正态分布，在测量次数有限，特别是测量次数较小时，随机变量的分布已经偏离正态分布，因此，用式（2.2-10）和式（2.2-11）的估值代入式（2.2-4）来表征置信区间时，对应的置信概率并不是式（2.2-4）中所给出的值，需要进行修正。

令 $t=\dfrac{\overline{X}-\mu}{s_X/\sqrt{n}}$，可以证明，统计量 t 服从自由度 $\nu=n-1$ 的 t 分布，t 分布又称学生分布。

t 分布的概率密度函数为

$$f_\nu(t)=\frac{\Gamma\left(\frac{\nu+1}{2}\right)}{\sqrt{\nu\pi}\,\Gamma\left(\frac{\nu}{2}\right)}\left(1+\frac{t^2}{\nu}\right)^{-\frac{\nu+1}{2}} \qquad (-\infty<t<+\infty) \tag{2.2-12}$$

从 t 分布的 $f_{\nu}(t)$ 形式看，t 分布不仅与测量值有关，还与测量次数 n 有关。图 2.2-3 所示为 t 分布曲线与正态分布曲线的对比。从图 2.2-3 中可以看到，t 分布也是左右对称的，但它较正态分布曲线矮而宽，即 t 分布的离散程度比正态分布大，且这种差别在 n 越小时越明显。一般来讲，当 $n>30$ 时，t 分布趋于正态分布。事实上，当 $n>10$ 时，t 分布就很接近正态分布。显然，由于 t 分布比正态分布曲线矮而宽，对于同样的置信概率，t 分布相应的置信区间比正态分布的置信区间要宽一些。所以，在 t 分布时，测量结果采用测量值的算术平均值来表征，对于置信概率 P，对真值 μ 所给出的置信区间是 $\left(\overline{X}-t_P\dfrac{s_X}{\sqrt{n}},\ \overline{X}+t_P\dfrac{s_X}{\sqrt{n}}\right)$，其中系数 t_P 称为 t 因子，其值既与测量次数有关，也与置信概率 P 有关。物理实验中常用 0.95 置信概率表示测量结果，表 2.2-1 给出了置信概率为 0.95 时的 t 因子。

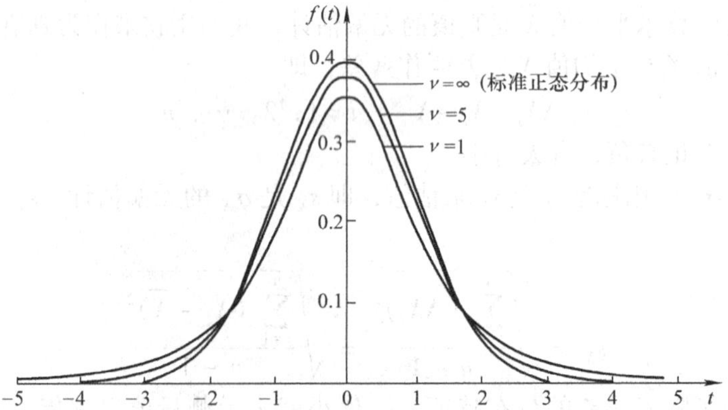

图 2.2-3 t 分布曲线

表 2.2-1 置信概率 $P=0.95$ 时的 t_P 因子

ν	1	2	3	4	5	6	7	8	9	10	15	20	∞
$t_{0.95}$ (ν)	12.71	4.30	3.18	2.78	2.57	2.45	2.36	2.31	2.26	2.23	2.13	2.09	1.96

2.2.3 粗差

粗差是由实验当中的差错造成的，例如，读错数、记错数或不正确地操作仪器等。为防止粗差出现，实验时要注意理论上的约束条件，明确观测对象，安排仪器时要防止互相干扰，并注意做好数据表格和记录好原始数据。含有粗差的测量值称为坏值或异常值，在实验测量过程中或数据处理时应尽量剔除。拉依达准则是最常用和最简单的判断可疑测量值的剔除准则，简称为 $3\sigma_X$ 准则。该准则规定，如果某一测量值 $|X_i-\mu|\geqslant 3\sigma_X$，则认为该 X_i 含有粗误，应将其剔除。实际操作时由于 σ_X 未知，一般用 s_X 代替 σ_X。需要注意的是拉依达准则在测量次数较多时可以使用，在测量次数较小时，如小于十几次时，“弃真”概率较大，最好不用。另一种推荐的粗差判断准则是 t 分布检验，详见本章参考文献[1]，该方法既适用于测量次数 $n\leqslant 10$ 的情形，也适用于 n 比较大的情形。

2.2.4 随机误差与系统误差的关系

系统误差的特征是其确定性，而随机误差的特性是其随机性，二者经常是同时存在于一切科学实验中，它们之间也是互相联系的，有时难于严格区分，我们经常把一些不可定的系统误差看作是随机误差，也常常把一些可定的但规律过于复杂的系统误差当作随机误差来处理，也就是使系统误差随机化，从而使得部分误差被抵偿以得到较为准确的结果。有时系统误差与随机误差的区分还与空间和时间因素有关。时间因素有两方面的涵义，一是指时间的长短，例如校验仪表所用的标准，它的温度在校验仪表所需的短时间内可保持恒定或缓慢变化，但在长时间中（例如一个月）它却是在其平均值附近做不规则的变化，因而环境温度对标准仪表的影响在短时间内可看成是系统误差，而在长时间内则为随机误差。二是指随着科学技术的发展，人们对误差来源及其变化规律认识加深，就有可能把过去认识不到而归于随机误差的某些误差确定为系统误差。相反，由于没有认识到，也会把系统误差当作随机误差，并在数据上进行统计分析处理。

测量中，常用精密度来描述重复测量结果之间的离散程度，如果一个物理量在等精度测量时所得到的测量数据离散程度小，彼此接近，即随机误差小，则称这种测量结果的精密度高；常用测量的准确度来描述测量数据的平均值和真值偏离的程度，它是系统误差的反映，如果测量的系统误差小，则称这种测量的准确度高；测量的精确度是指测量数据集中于真值附近的程度，如果测量的平均值接近真值，且各次测量数据又比较集中，即测量的系统误差和随机误差都比较小，则称其精确度高，说明这种测量既准确又精密。

2.3 直接测量结果的表示

国际上在 1993 年制定了《测量不确定度表示指南》（GUM）（Guide to the Expression of Uncertainty in Measurement），1995 年又做了修订。我国在 1999 年 1 月批准发布了适合我国国情的《测量不确定度评定与表示》（JJF 1059—1999），1999 年 5 月 1 日起实施。

根据国家计量技术规范，参考国际标准化组织（ISO）、国际理论物理和应用物理联合会（IUPAP）、国际理论化学和应用化学联合会（IUPAC）、国际电工委员会（IEC）、国际临床化学联合会（IFCC）、国际计量局（BIPM）和国际法制计量组织（OIML）等七个国际组织 1993 年联合颁布的《测量不确定度表示指南》，物理实验教学采用一种简化的具有一定近似性的不确定度评定方法，其要点如下：

1）测量结果应给出被测量的量值$\overline{X}$，并标出扩展不确定度 U，写成

$$X=(\overline{X}\pm U)\ \text{单位} \tag{2.3-1}$$

它表示被测量的真值在区间（$\overline{X}-U$，$\overline{X}+U$）内的可能性（概率）约等于或大于 95%。注意式（2.3-1）中的括号不可省略。在实验教学中，扩展不确定度也简称为不确定度。

2）U 分为两类分量：A 类分量 U_A 用统计学方法计算；B 类分量 U_B 用非统计学方法评定；两类分量用方和根法合成为总不确定度 U，即

$$U=\sqrt{U_A^2+U_B^2} \tag{2.3-2}$$

3）U_A 由实验标准偏差 s_X 乘以因子$\frac{t}{\sqrt{n}}$求得，即 $U_A=\left(\frac{t}{\sqrt{n}}\right)s_X$，式中 s_X 是用贝塞尔公式

(2.2-10) 计算出的标准偏差，测量次数 n 确定后，因子$\frac{t}{\sqrt{n}}$可由表 2.3-1 查出。表 2.3-1 中的 P 为置信概率，多数实验中有 $5<n<10$，因子$\frac{t}{\sqrt{n}}\approx 1$，则有 $U_A \approx s_X$。

4) 在多数直接测量中，U_B 近似取量具或仪器仪表的误差限 $\Delta_{仪}$。教学中的仪器误差限一般简单地取计量器具的允许误差限（或示值误差限，或基本误差限），有时也由实验室根据具体情况近似给出。

在物理实验教学中，一般可用下式计算 U

$$U=\sqrt{\left(\frac{t}{\sqrt{n}}\right)^2 s_X^2+\Delta_{仪}^2} \tag{2.3-3}$$

如果因为 s_X 显著小于$\frac{1}{2}\Delta_{仪}$，或因估计出的 U_A 对实验最后结果的不确定度影响甚小，或因条件限制而只进行了一次测量，则 U 可简单地用仪器的误差限 $\Delta_{仪}$ 来表示。当实验中只要求测量一次时，根据实验条件，可由实验室给出 U 的近似值。

表 2.3-1　$P=0.95$ 时的$\frac{t}{\sqrt{n}}$因子表

测量次数 n	2	3	4	5	6	7	8	9	10	15	20	$n\to\infty$
$\frac{t}{\sqrt{n}}$	8.98	2.48	1.59	1.24	1.05	0.93	0.84	0.77	0.72	0.55	0.47	$\frac{1.96}{\sqrt{n}}$
$\frac{t}{\sqrt{n}}$的近似值	9.0	2.5	1.6	1.2	$6\leqslant n\leqslant 10$，$P>0.94$ 时 可取$\frac{t}{\sqrt{n}}\approx 1$					$n>10$，$P\approx 0.95$ 时 取$\frac{t}{\sqrt{n}}\approx\frac{2}{\sqrt{n}}$		

2.4　间接测量结果的表示和不确定度的合成

很多实验中进行的测量是间接测量。间接测量的结果是由直接测量的结果根据一定的数学公式计算出来的。这样一来，直接测量结果的不确定度就必然影响到间接测量结果，这种影响的大小可以由相应的数学公式计算出来。

设直接测量量分别为 x，y，z，…，它们都是互相独立的量，其最佳估计值分别为$\bar{x}$，$\bar{y}$，$\bar{z}$，…，相应的总不确定度分别为 U_x，U_y，U_z，…。间接测量量为 φ，φ 与各直接测量量之间的关系可以用函数形式（或称测量式）表示：

$$\varphi=F(x, y, z, \cdots) \tag{2.4-1}$$

间接测量量 φ 的最佳估计值 $\varphi_{最佳}$ 可由将各直接测量量的最佳估计值代入函数关系式 (2.4-1) 得到：

$$\varphi_{最佳}=F(\bar{x}, \bar{y}, \bar{z}, \cdots) \tag{2.4-2}$$

φ 值也有相应的不确定度 U_φ。由于不确定度都是微小的量，相当于数学中的“增量”，所以间接测量的不确定度的计算公式与数学中的全微分公式基本相同，区别在于要用不确定度 U_x 等替代微分 dx 等，要考虑不确定度合成的统计性质。

在物理实验教学中，可以用以下公式来简化计算间接测量量的不确定度 U_φ：

$$U_\varphi=\sqrt{\left(\frac{\partial F}{\partial x}\right)^2(U_x)^2+\left(\frac{\partial F}{\partial y}\right)^2(U_y)^2+\left(\frac{\partial F}{\partial z}\right)^2(U_z)^2+\cdots} \tag{2.4-3}$$

$$\frac{U_\varphi}{\varphi}=\sqrt{\left(\frac{\partial \ln F}{\partial x}\right)^2(U_x)^2+\left(\frac{\partial \ln F}{\partial y}\right)^2(U_y)^2+\left(\frac{\partial \ln F}{\partial z}\right)^2(U_z)^2+\cdots} \tag{2.4-4}$$

其中，式（2.4-3）是间接测量量总不确定度传递公式，式（2.4-4）是间接测量量的相对不确定度的合成（传递）公式。对于积商形式的函数，用式（2.4-4）进行计算更为方便。

应当注意，不要将测量结果不确定度与测量误差混淆。不确定度表征的是被测量真值所处的量值范围的评定，或者是由于测量误差的存在而对被测量值不能肯定的程度。

2.5 实验数据的有效位数

实验中所测的被测量的数值都是含有误差的，对这些数值不能任意取舍，应反映出测量值的准确度。例如，用300mm长的毫米分度钢尺测量某物体的长度，正确的读法是除了确切地读出钢尺上有刻线的位数之外，还应估读一位，即读到$\frac{1}{10}$mm。如，测出某物长度是123.5mm，这表明123是确切的数字，而最后的5是估计数字，前面三位是准确数字，后面一位是存疑数字。又如，测出某铜环的体积为$V\pm U_V=(16.63\pm0.20)\ \mathrm{cm}^3$，这表明16.63的前两位是准确数字，后两位是存疑数字。准确数字和存疑数字的全体称为有效数字。

2.5.1 有效位数的概念

国家标准GB 8170—1987中对有效位数的定义为：对没有小数位且以若干个零结尾的数值，从非零数字最左一位向右数得到的位数减去无效零（即仅为定位用的零）的个数，就是有效位数；对其他十进位数，从非零数字最左一位向右数而得到的位数，就是有效位数。

2.5.2 有效位数的确定规则

实验数据的有效位数的确定是实验数据处理中的一个重要问题。下面分读数、运算和结果表示三个环节来讨论有效位数的确定。

1. 原始数据有效位数的确定

在通过仪表、量具读取原始数据时，一定要充分反映计量器具的准确度，通常要把计量器具所能读出或估出的位数全读出来。

1）游标类量具，如游标卡尺、带游标的千分尺、分光仪角度游标度盘等，一般应读到游标分度值的整数倍。

2）数显仪表及有十进步进式标度盘的仪表，如电阻箱、电桥等，一般应直接读取仪表的示值。

3）指针式仪表一般应估读到最小分度值的1/4～1/10，或估读到基本误差限的1/3～1/5。

2. 中间运算结果有效位数的确定

通过运算得到的数据的有效位数的确定原则是，可靠数字与可靠数字的运算结果为可靠数字，存疑数字与可靠数字或存疑数字的运算结果为存疑数字，但进位为可靠数字。

下面给出的有效位数确定规则是根据误差理论总结出来的，能够近似地确定运算结果的有效位数。

（1）加减运算　以参与运算的末位数量级最高的数为准，和、差都比该数末位多取一位。

（2）乘除运算　以参与运算的有效位数最少的数为准，积、商都比该数多取一位。

（3）函数值的有效位数　设 x 的有效位数已经确定，取函数（乘方、开方、三角函数、对数等）时应如何确定其有效位数呢？一般来说，可由改变 x 末位一个单位，通过函数的误差传递公式计算出函数值的误差，然后根据测量结果与不确定度的末位数字要对齐的原则来决定函数值的有效位数。

【例 2.5-1】　已知 $x=56.7$，$y=\ln x$，求 y。

【解】　因 x 有误差数位是在十分位上，所以取 $\Delta x\approx 0.1$，利用 $\Delta y=\sqrt{\left(\frac{\partial y}{\partial x}\right)^2\Delta x^2}$ 估计 y 的误差位 $\Delta y=\frac{\Delta x}{x}=\frac{0.1}{56.7}\approx 0.002$，说明 y 的误差位在千分位上，故

$$y=\ln 56.7=4.038$$

【例 2.5-2】　已知 $x=9°24'$，$y=\cos x$，求 y。

【解】　取 $\Delta x\approx 1'\approx 0.00029$，$\Delta y=\sin x\Delta x=0.0000475\approx 0.00005$，所以

$$y=\cos 9°24'=0.98657$$

确定数据的有效位数时应注意：

1）运算公式中的常数，例如 $\rho=\dfrac{4m}{\pi(d_2^2-d_1^2)\ h}$ 中的“4”和“π”，不是因为测量而产生的，从而不存在有效位数问题，在运算中需要几位就取几位，可以直接按计算器上的按键取用。对于物理常量，其有效位数应比直接测量量中有效位数最少的数多取一或二位，参与式中的运算。

2）为了避免在运算过程中由于数字的取舍而引入误差，对中间运算结果可比上述规则规定的多保留一至二位，以免因过多截取带来附加误差。

3. 估算测量不确定度时，测量结果表示中的有效位数的规定

在表示测量结果时，如果估计测量不确定度，则按下述规定取有效位数：

1）实验结果不确定度的有效位数一般取一至两位有效位数。当不确定度首位数字较小时（如 1 或 2）一般取两位，不小于 5 时通常取一位。

2）表示测量值最后结果时，最佳估计值与不确定度的末位数字要对齐。

3）相对误差或相对不确定度的有效位数一般也只取一至两位。

注：不估算测量不确定度时测量结果表示中有效位数的取法

在许多实际测量场合，只需要得到实验测量结果，并不需要估算测量不确定度。如果不进行不确定度的估算，测量结果有效位数的取法如下：一般来说，在连乘除的情况中，它跟参与运算的各量中有效位数最少的大致相同；在代数和的情况中，取参与加减运算各

量的末位数中数量级最大的那一位为结果的末位。

2.5.3 数据修约的进舍规则

数据修约就是去掉数据中多余的位。当拟舍去的那些数字中最左一位小于 5 时，舍去；大于 5 时（包含等于 5 而其后尚有非零的数），进 1；等于 5（其后无数字或皆为零）时，若保留的末位数为奇数，则进 1，为偶数则舍去。负数修约时先把绝对值按上述规定修约，然后在修约值前加负号。

例如，2.764 和 2.736 若有效位数只保留两位，则应分别写成 2.8 和 2.7。又如 3.252，若只需保留两位有效位数，则应记做 3.3。再如，4.15 和 4.25 要保留两位有效位数时，都应记做 4.2。

下面举一例来说明数据有效位数的确定和测量结果的表示。

【例 2.5-3】 用 50 分度游标卡尺测量圆铜环，游标卡尺仪器误差为 0.02mm，直接测量结果为：铜环外径 $D_2 \pm U_{D_2} = (5.150 \pm 0.006)\text{cm}$，内径 $D_1 \pm U_{D_1} = (4.505 \pm 0.005)\text{cm}$，高 $H \pm U_H = (3.400 \pm 0.004)\text{cm}$，求间接测量量铜环体积 V 和不确定度 U_V。

【解】 铜环的体积计算公式为

$$V = \frac{\pi}{4}(D_2^2 - D_1^2)H$$

将直接测量量的最佳值带入公式

$$V = \frac{3.1416}{4} \times (5.150^2 - 4.505^2) \times 3.400\text{cm}^3 = 16.630\text{cm}^3$$

要计算体积的不确定度 U_V，用公式（2.4-4）计算更方便，铜环体积的对数及其微分式分别为

$$\ln V = \ln\left(\frac{\pi}{4}\right) + \ln(D_2^2 - D_1^2) + \ln H$$

$$\frac{\partial \ln V}{\partial D_2} = \frac{2D_2}{D_2^2 - D_1^2}, \quad \frac{\partial \ln V}{\partial D_1} = -\frac{2D_1}{D_2^2 - D_1^2}, \quad \frac{\partial \ln V}{\partial H} = \frac{1}{H}$$

则有

$$\begin{aligned}\left(\frac{U_V}{V}\right)^2 &= \left(\frac{2D_2 U_{D_2}}{D_2^2 - D_1^2}\right)^2 + \left(-\frac{2D_1 U_{D_1}}{D_2^2 - D_1^2}\right)^2 + \left(\frac{U_H}{H}\right)^2 \\ &= \left(\frac{2 \times 5.150 \times 0.006}{5.150^2 - 4.505^2}\right)^2 + \left(-\frac{2 \times 4.505 \times 0.005}{5.150^2 - 4.505^2}\right)^2 + \left(\frac{0.004}{3.400}\right)^2 \\ &= (9.92 \times 10^{-3})^2 + (7.23 \times 10^{-3})^2 + (1.18 \times 10^{-3})^2 \\ &= 1.521 \times 10^{-4}\end{aligned}$$

$$\frac{U_V}{V} = 1.2 \times 10^{-2} = 1.2\%$$

所以

$$U_V = V\left(\frac{U_V}{V}\right) = 16.630 \times 0.012\text{cm}^3 = 0.20\text{cm}^3$$

最后结果应为

$$V \pm U_V = (16.63 \pm 0.20)\ \text{cm}^3$$

2.6 常用实验数据处理方法

实验中记录下来的原始数据一般要经过适当的处理和计算后，才能反映出物理量的变化规律或得出测量值，这种过程就称为数据处理，下面介绍几种常用的数据处理方法。

2.6.1 列表法

有的时候实验的观测对象是互相关联的两个（或两个以上）物理量之间的变化关系，如，研究弹簧伸长量与所加砝码质量之间的关系，研究非线性电阻电压与电流的关系，研究温度与温差电偶输出电压的关系等。在这一类实验中，通常是控制其中一个物理量（例如砝码质量），使其依次取不同的值，从而观测另一个物理量所取的对应值，得到一列 X_1，X_2，…，X_n和另一列对应的 Y_1，Y_2，…，Y_n值。对于这两列数据，我们可以将其记录在适当的表格里，以直观地显示它们之间的关系，这种实验数据处理方法称为列表法。列表时应注意：

1）要精心设计实验数据表格，例如表格中的物理量及具体形式，以便于观察、发现和表现物理量之间的内在联系和规律。

2）各栏目中均应标明物理量的名称和单位。

3）表格中的数据应用有效数字填写。

4）表格应有表序号及标题，一般在表格的上方给出。

2.6.2 用作图法处理实验数据

把实验数据绘制成图，更形象直观地显示出物理量之间的关系，这种实验数据处理方法即为作图法。

在物理实验课程中，作图必须用坐标纸。常用的坐标纸有直角坐标纸、单对数坐标纸、双对数坐标纸、极坐标纸等。单对数坐标纸的一个坐标轴是分度均匀的普通坐标轴，另一个坐标轴是分度不均匀的对数坐标轴。图 2.6-1 所示为一单对数坐标纸，其横坐标轴为对数坐标，注意轴上顺序标出的整分度值为真数，也即在此轴上，某点与原点的实际距离为该点对应数的对数值，但是在该点标出的值是真数。图 2.6-2 所示为一双对数坐标纸，双对数坐标纸的两个坐标轴都是对数标度。一般说来，在所考查的两个变量里，如果其中一个变量的数值在所研究的范围内发生了几个数量级的变化，或需要将某种函数（如指数函数 $y = a\mathrm{e}^{bx}$）变换为直线函数关系，可以考虑选用单对数坐标纸。另外，在自变量由零开始逐渐增大的初始阶段，当自变量的少许变化引起因变量极大变化时，如果使用单对数坐标纸，可将曲线的初始部分伸长，从而使图形轮廓清楚。当所考查的两个变量在数值上均变化了几个数量级，或需要把某种非线性关系（如幂函数 $y = ax^b$）变换为线性关系时，可以考虑选用双对数坐标纸。相对于直角坐标系而言，双对数坐标系也具有将曲线开始部分展开的特点。

物理实验中使用作图法处理实验数据时一般有两类目的：

1）为了形象直观地反映物理量之间的关系。

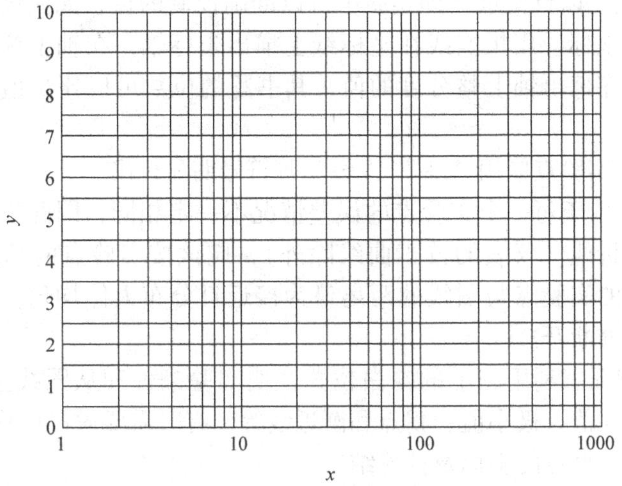

图 2.6-1 单对数坐标纸

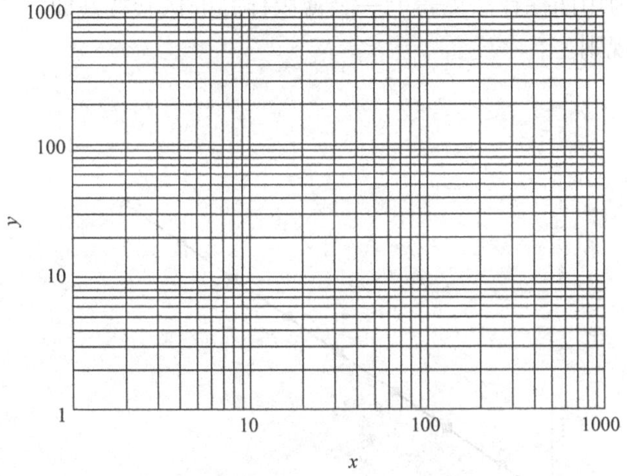

图 2.6-2 双对数坐标纸

2）要由实验曲线求其他物理量，如求直线的斜率、截距等。下面给出作图的一般规则。

作图规则：

① 选择合适的坐标分度值。a）如果是为了形象直观地反映物理量之间的关系，作图时，一般能够定性地反映出物理量的变化规律就可以了，坐标分度值的选取可以有较大的随意性。b）如果要由实验曲线求其他物理量，如求直线的斜率、截距等，对于这类曲线的图，坐标分度值的选取应以图能基本反映测量值或所求物理量的不确定度为原则。一般用1mm 或 2mm 表示与变量不确定度相近的量值，如水银温度计的 $U_t \approx 0.5$℃，则温度轴的坐标分度值可取为 0.5℃/mm。坐标轴的比例的选择应便于读数，不宜选成 1∶1.5 或 1∶3。坐标范围应包括全部测量值，并略有富余。最小坐标值应根据实验数据来选取，不必都从零开始，以使做出的图线大体上能充满全图，布局美观、合理。

② 标明坐标轴。以自变量（即实验中可以准确控制的量，如温度、时间等）为横坐标，以因变量为纵坐标。用粗实线在坐标纸上描出坐标轴，在轴上注明物理量名称、符号、单位，并按顺序标出轴上整分度的值，其书写的位数可以比量值的有效位数少一或两位。

③ 标实验点。实验点应用“＋”、“⊙”等符号明显标出。

④ 连成图线。由于每一个实验点的误差情况不一定相同，因此不应强求曲线通过每一个实验点而连成折线（仪表的校正曲线除外），应该按实验点的总趋势连成光滑的曲线，做到图线两侧的实验点与图线的距离最为接近且分布大体均匀。曲线正穿过实验点时，可以在实验点处断开。

⑤ 写明图线特征。利用图上的空白位置注明实验条件和从图线上得出的某些参数，如截距、斜率、极大值、极小值、拐点和渐近线等。有时需要通过计算求某一特征量，图上还必须标出被选计算点的坐标及计算结果。

⑥ 写图名。在图纸下方或空白位置写出图线的名称以及某些必要的说明，要使图线尽可能全面地反映实验的情况。将图纸与实验报告订在一起。

图 2.6-3 所示为用四探针法测得的一金薄膜样品的伏安特性曲线，同学们可以对照这张图考查上述作图规则。

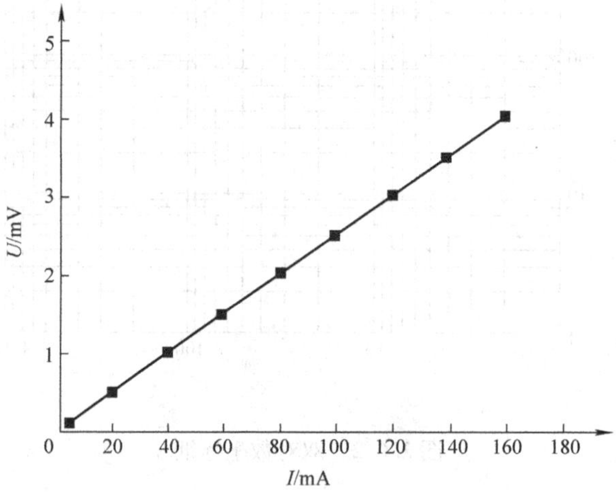

图 2.6-3 金薄膜样品伏安特性曲线

2.7 实验数据的直线拟合

2.7.1 用最小二乘法进行直线拟合

1. 最小二乘法

作图法虽然在数据处理中是一个很便利的方法，但是在图线的绘制上往往会引入附加误差，尤其在根据图线确定某些参数，如直线截距和斜率时，这种误差有时会很明显。为了克服这一缺点，在数理统计中研究了直线拟合问题（或称一元线性回归问题），常用一种以最小二乘法为基础的实验数据处理方法。由于某些曲线的函数可以通过数学变换改写为直线，例如对函数 $y=ae^{-bx}$ 取对数得 $\ln y=\ln a-bx$，$\ln y$ 与 x 的函数关系就变成直线型了，因此，这一方法也适用于这类曲线型的情况。

设在某一实验中，可控制的物理量取 x_1，x_2，…，x_n 值时，对应的物理量依次取 y_1，y_2，…，y_n 值。假定对 x_i 值的观测误差很小可以忽略，而主要误差都出现在 y_i 的观测上。直线拟合实际上就是用数学分析的方法从所有这些观测到的实验数据中求出一个误差最小的最佳经验式 $y=a+bx$。按这一最佳经验式做出的图线虽不一定能够通过每一个实验点，但却是以最接近这些实验点的方式平滑地穿过实验点。对应于每一个 x_i 值，观测值 y_i 和最佳经验式的 y 值之间存在的偏差 Δy_i 被称为观测值 y_i 的残差，即

$$\Delta y_i=y_i-y=y_i-(a+bx_i)\qquad(i=1,\ 2,\ \cdots,\ n)\tag{2.7-1}$$

最小二乘法的原理是：若各观测值 y_i 的误差互相独立且服从同一正态分布，当 y_i 的残差的平方和为最小时，即得到最佳经验式。根据这一原理可求出常数 a 和 b。

设以 S 表示 Δy_i 的平方和，它应满足：

$$S=\sum(\Delta y_i)^2=\sum\ [y_i-(a+bx_i)]^2=S_{\min}\tag{2.7-2}$$

式（2.7-2）中的各 y_i 和 x_i 是测量值，都是已知量，而 a 和 b 是待求的，因此，S 实际上是 a 和 b 的函数。令 S 对 a 和 b 的偏导数为零，即可解出满足上式的 a 和 b 的值。

$$\frac{\partial S}{\partial a}=-2\sum(y_i-a-bx_i)=0,\quad \frac{\partial S}{\partial b}=-2\sum(y_i-a-bx_i)x_i=0\tag{2.7-3}$$

即

$$\sum y_i-na-b\sum x_i=0,\qquad \sum x_iy_i-a\sum x_i-b\sum x_i^2=0\tag{2.7-4}$$

其解为

$$a=\frac{\sum x_iy_i\sum x_i-\sum y_i\sum x_i^2}{(\sum x_i)^2-n\sum x_i^2}\tag{2.7-5}$$

$$b=\frac{\sum x_i\sum y_i-n\sum x_iy_i}{(\sum x_i)^2-n\sum x_i^2}\tag{2.7-6}$$

将得出的 a 和 b 代入直线方程，即得到最佳经验公式 $y=a+bx$。

下面给出相关系数 r 的定义：

$$r=\frac{\sum\Delta x_i\Delta y_i}{\sqrt{\sum(\Delta x_i)^2}\sqrt{\sum(\Delta y_i)^2}}\tag{2.7-7}$$

式中，$\Delta x_i=x_i-\bar{x}$，$\Delta y_i=y_i-\bar{y}$。当 x 和 y 两者为互相独立的变量时，Δx_i 和 Δy_i 的取值和符号彼此无关（即无相关性），此时

$$\sum\Delta x_i\Delta y_i=0,\ 即\ r=0$$

在直线拟合中，x 和 y 一般并不互相独立，这时 Δx_i 和 Δy_i 的取值和符号就不再无关而是有关（即有相关性）的。例如，若函数形式为 $x\mp y=0$，即 $y=\pm x$，Δx 和 Δy 之间就有 $\Delta y=\pm\Delta x$ 的关系，将这一关系代入式（2.7-7），可得

$$\begin{aligned}r&=\frac{\sum\Delta x_i(\pm\Delta x_i)}{\sqrt{\sum(\Delta x_i)^2}\sqrt{\sum(\Delta x_i)^2}}\\&=\pm\frac{\sum(\Delta x_i)^2}{\sum(\Delta x_i)^2}\\&=\pm1\end{aligned}$$

由此可见，相关系数表征了两个物理量之间对于线性关系的符合程度。r 越接近于 1，y_i 和 x_i 间线性关系越好。物理实验中 r 如达到 0.999，就表示实验数据的线性关系良好，各实验点聚集在一条直线附近。相反，相关系数 $r=0$ 或趋近于零，说明实验数据很分散，y_i 和 x_i 间互相独立，无线性关系。因此，用直线拟合法处理实验数据时常常要计算相关系数，以考查两个物理量之间是否存在线性关系以及对线性关系的符合程度。

2. 直线拟合结果的表示

上面介绍了用最小二乘法进行直线拟合时求经验公式中常数 a、b 以及相关系数 r 的方法。用这种方法计算的常数值 a 和 b 可以说是“最佳的”，但并不是没有误差，它们的误差估算比较复杂，这里只给出计算公式，不介绍其推导过程。

由于 y 的残差平方和 $S=\sum[y_i-(a+bx_i)]^2$ 是随数据个数的增加而增加的，不能很直观地反映出拟合直线与实验数据点（x_i，y_i）的符合程度，因此，通常用因变量的标准差 s_y 作为表征拟合直线与实验数据点（x_i，y_i）的符合程度的一个参量，即

$$s_y=\sqrt{\frac{S}{n-2}}=\sqrt{\frac{\sum[y_i-(a+bx_i)]^2}{n-2}} \tag{2.7-8}$$

截距 a 和斜率 b 的标准差分别为

$$s_a=s_y\sqrt{\frac{\overline{x}^2}{\sum\Delta x_i^2}+\frac{1}{n}}=s_y\sqrt{\frac{\overline{x}^2}{\sum(x_i-\overline{x})^2}+\frac{1}{n}} \tag{2.7-9}$$

$$s_b=\frac{s_y}{\sqrt{\sum\Delta x_i^2}}=\frac{s_y}{\sqrt{\sum(x_i-\overline{x})^2}} \tag{2.7-10}$$

截距 a 和斜率 b 的 A 类不确定度 $U_{a,\mathrm{A}}$ 和 $U_{b,\mathrm{A}}$ 分别由下式计算：

$$U_{a,\mathrm{A}}=t_{0.95}(\nu)\cdot s_a \tag{2.7-11}$$

$$U_{b,\mathrm{A}}=t_{0.95}(\nu)\cdot s_b \tag{2.7-12}$$

式中，$t_{0.95}$（ν）是置信概率为 0.95、自由度为 ν 时的 t 分布因子，可由表 2.7-1 查得。自由度 ν 等于拟合时的方程数目（即数据点的个数）n 减去待求未知量的个数（即 2），也就是 $\nu=n-2$。

表 2.7-1 直线拟合时计算 A 类不确定度的 t 因子表（置信概率为 95%）

自由度 ν	1	2	3	4	5	6	7	8	9	10	15	20	∞
$t_{0.95}$（ν）	12.7	4.30	3.18	2.78	2.57	2.45	2.36	2.31	2.26	2.23	2.13	2.09	1.96

在多数情况下，对于直线拟合结果的表示只要求计算 A 类不确定度 $U_{a,\mathrm{A}}$ 和 $U_{b,\mathrm{A}}$，结果写成 $a=a_0\pm U_{a,\mathrm{A}}$ 和 $b=b_0\pm U_{b,\mathrm{A}}$ 的形式（a_0、b_0 为由式（2.7-5）和式（2.7-6）求出的 a、b 的具体值），即简化地将 A 类分量 $U_{a,\mathrm{A}}$ 和 $U_{b,\mathrm{A}}$ 作为总的不确定度 U_a 和 U_b。

因变量 y_i 一般是直接测量量，设测量仪器的误差限值为 $\Delta_{y仪}$，当标准差 s_y 显著小于 $1/2\Delta_{y仪}$ 时，A 类不确定度可能已经不是截距 a 和斜率 b 的不确定度的主要分量了，在这种情况下，直线拟合结果表示的上述简化做法就不适合了，需要进一步分析 B 类不确定度成分的影响，详尽分析与考虑参见本章参考文献 [1，2]。

在本课程中，在不能忽略 B 类不确定度成分的影响时，可用式（2.7-13）粗略地估计截距 a 的不确定度：

$$U_a=\sqrt{(U_{a,A})^2+(U_{a,B})^2}=\sqrt{(t_{0.95}(\nu)\cdot s_a)^2+(\Delta_{y仪})^2} \tag{2.7-13}$$

采用文献［2］的建议，斜率 b 的不确定度可用式（2.7-14）进行粗略估计：

$$U_b=\sqrt{(U_{b,A})^2+\left(\frac{\sqrt{3}}{2}\frac{U_{yB}}{|x_i-\bar{x}|_{max}}\right)^2}=\sqrt{(t_{0.95}(\nu)\cdot s_b)^2+\left(\frac{\sqrt{3}}{2}\frac{\Delta_{y仪}}{|x_i-\bar{x}|_{max}}\right)^2} \tag{2.7-14}$$

2.7.2 用 EXCEL 软件进行直线拟合

具有曲线拟合功能的软件很多，例如 EXCEL，ORIGIN，MATLAB 等。EXCEL 软件是微软 OFFICE 办公套件中的一个组件。一般来说，EXCEL 软件很容易获得安装了 WORD 软件的计算机，也安装了 EXCEL。有鉴于此，在这一节里简单介绍如何用 EXCEL 软件进行直线拟合。应用 EXCEL 软件提供的现成函数可以方便地进行直线拟合，这里只介绍三种较为简单的方法。

1. LINEST 函数

LINEST 函数是 EXCEL 软件提供的多元回归分析函数。直线拟合只是多元回归的特例，所以也可以用 LINEST 函数进行直线拟合，其函数句型和相应的参数选择列于表2.7-2中。LINEST 函数不仅可以直接给出拟合直线的截距、斜率、相关系数和因变量标准差等参量，还可以直接给出斜率标准差、截距标准差和残差平方和等参量，是非常方便的拟合工具。

在使用 LINEST 函数时，首先在 EXCEL 表格中输入原始数据，然后在任一空白单元处键入 LINEST 函数，就可得到计算结果。

表 2.7-2　EXCEL 软件中的 LINEST 函数

参量	EXCEL 函数
斜率 b	INDEX（LINEST（y_1：y_n，x_1：x_n，1，1），1，1）
截距 a	INDEX（LINEST（y_1：y_n，x_1：x_n，1，1），1，2）
相关系数 r	INDEX（LINEST（y_1：y_n，x_1：x_n，1，1），3，1）^0.5
因变量标准差 s_y	INDEX（LINEST（y_1：y_n，x_1：x_n，1，1），3，2）
斜率标准差 s_b	INDEX（LINEST（y_1：y_n，x_1：x_n，1，1），2，1）
截距标准差 s_a	INDEX（LINEST（y_1：y_n，x_1：x_n，1，1），2，2）
残差平方和 S	INDEX（LINEST（y_1：y_n，x_1：x_n，1，1），5，2）

【例 2.7-1】 在汞原子第一激发电位测量实验中，实验测得的板极电流峰数 n 和与板极电流峰值对应的栅极电压 U 列于表2.7-3。电压表示值误差为0.1V。

表 2.7-3　板极电流峰数 n 与对应的栅极电压 U

n	U/V	n	U/V
1	8.6	4	22.9
2	13.0	5	27.7
3	18.0	6	32.8

用 LINEST 函数拟合直线方程 $U=nU_0+U_C$，其中斜率 U_0 为汞原子第一激发电位，截

距 U_C 为接触电位差，计算其不确定度。

【解】 首先在 EXCEL 表格中输入原始数据，将 n 输入到 A 列，将 U 输入到 B 列，然后在任一空白单元处键入 LINEST 函数，由 INDEX（LINEST（y_1：y_n，x_1：x_n，1，1），1，1）函数得到直线斜率（具体键入见图 2.7-1 中 f_x 栏处的显示），得到 U_0；由 INDEX（LINEST（y_1：y_n，x_1：x_n，1，1），1，2）得到直线截距 U_c，如图 2.7-2 所示；由 INDEX（LINEST（y_1：y_n，x_1：x_n，1，1），2，1）得到直线斜率标准差 s_b，如图 2.7-3 所示；由 INDEX（LINEST（y_1：y_n，x_1：x_n，1，1），2，2）得到直线截距标准差 s_a，如图 2.7-4 所示。

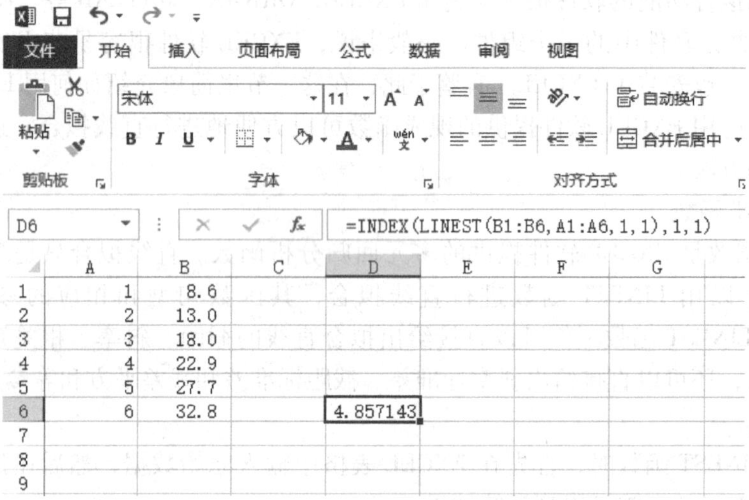

图 2.7-1　用 LINEST 函数计算拟合直线斜率

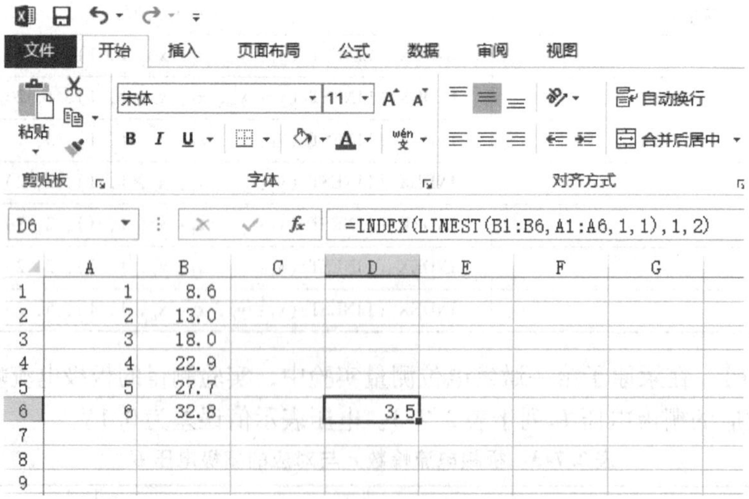

图 2.7-2　用 LINEST 函数计算拟合直线截距

参与拟合的方程数目为 6，待求未知量的个数为 2，则自由度 $\nu = 6 - 2 = 4$，查表 2.7-1，得到 $t_{0.95}$（4）=2.78，由此算出：

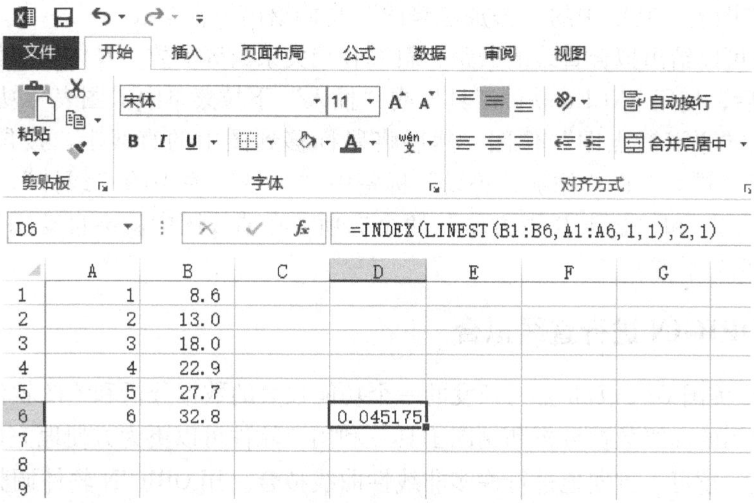

图 2.7-3 用 LINEST 函数计算拟合直线斜率标准差

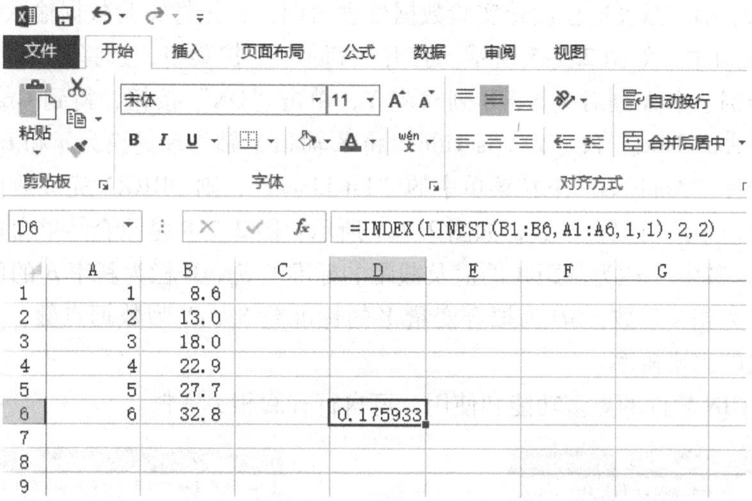

图 2.7-4 用 LINEST 函数计算拟合直线截距标准差

$$U_{U_0}=t_{0.95}(4)\cdot s_b=2.78\times0.045\text{V}=0.13\text{V}$$

$$U_{U_c}=t_{0.95}(4)\cdot s_a=2.78\times0.18\text{V}=0.5\text{V}$$

$$U_0=(4.86\pm0.13)\text{V}$$

$$U_c=(3.5\pm0.5)\text{V}$$

2. 用相关函数直接求出拟合参量

EXCEL 软件还提供了直接求出截距、斜率、相关系数和因变量标准差等拟合参量的函数，函数的句型列于表 2.7-4 中。

表 2.7-4 EXCEL 软件中直接求拟合参量的函数

参量	EXCEL 函数
斜率 b	SLOPE $(y_1:y_n, x_1:x_n)$
截距 a	INTERCEPT $(y_1:y_n, x_1:x_n)$
相关系数 r	CORREL $(y_1:y_n, x_1:x_n)$
因变量标准差 s_y	STEYX $(y_1:y_n, x_1:x_n)$

3. 利用“图表”功能中的“添加趋势线”功能给出拟合参数

这种方法可以给出拟合直线的截距、斜率和相关系数等参数。具体做法如下：选定数据（x_i，y_i）后，使用 EXCEL 软件工具栏或“插入”下拉菜单中“图表”功能下的“XY 散点图”中的“平滑散点图”作图，然后将鼠标移到图中的直线上，按鼠标右键选择“添加趋势线”，进而选择“添加趋势线”标签中“类型”栏中的“线性”以及“选项”栏中“显示公式”和“显示 R 平方值”两个选项，在曲线图中就会自动添加出方程 $y = a + bx$ 和相关系数平方 r^2。

2.7.3　用 ORIGIN 进行直线拟合

ORIGIN 是美国 OriginLab 公司开发的一个功能强大的数据分析和绘图软件，是科研人员和工程师常用的高级数据分析和制图工具。利用该软件可以更为方便地完成直线拟合和获得相关参数，还可以方便地进行许多非线性曲线拟合。用 ORIGIN 软件调整图形外观非常方便，许多期刊杂志文章的实验曲线图都是利用这个软件绘制的。

仍以汞原子第一激发电位测量实验数据处理为例，首先将实验数据输入到 ORIGIN 工作表格 Data 窗口中，如图 2.7-5 所示。打开“Plot”下拉菜单，选择“Scatter”，在弹出的对话框中分别选中 A 列对应 X，B 列对应 Y，单击“OK”按钮，得到 Graph1，并可单击图中的“X Axis Title”和“Y Axis Title”将 X 轴和 Y 轴物理量换为 n 和 U，如图 2.7-6 所示。然后选择“Analysis”下拉菜单中的“Fit Linear”，则 ORIGIN 完成数据点的直线拟合，同时在窗口中给出拟合参数，如图 2.7-7 所示。图 2.7-8 是拟合结果窗口，拟合结果为 $Y = A + BX$，其中 A 栏为截距 A 的值及截距的标准差 S_a，B 栏为斜率 B 的值及斜率 B 的标准差 S_b，R 为相关系数，SD 为拟合变量 Y 的标准差 S_y，N 为数据点数，p 值是将观察结果认为有效的犯错概率。

关于 ORIGIN 软件的更多功能和使用，可自行查阅相关资料。

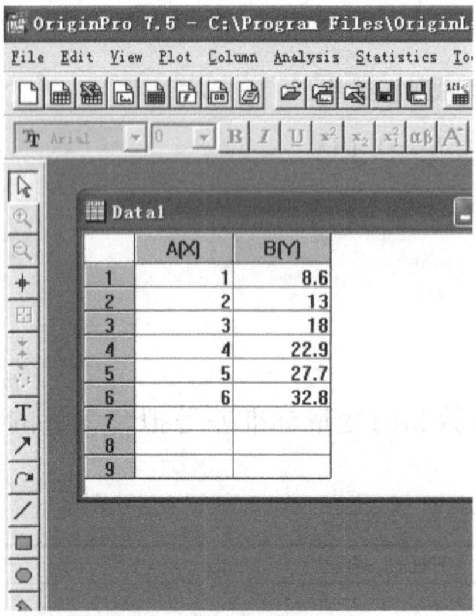

图 2.7-5　输入数据

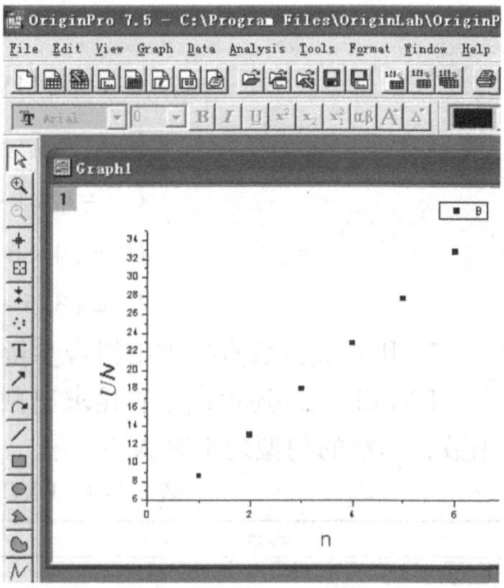

图 2.7-6　$U-n$ 散点图

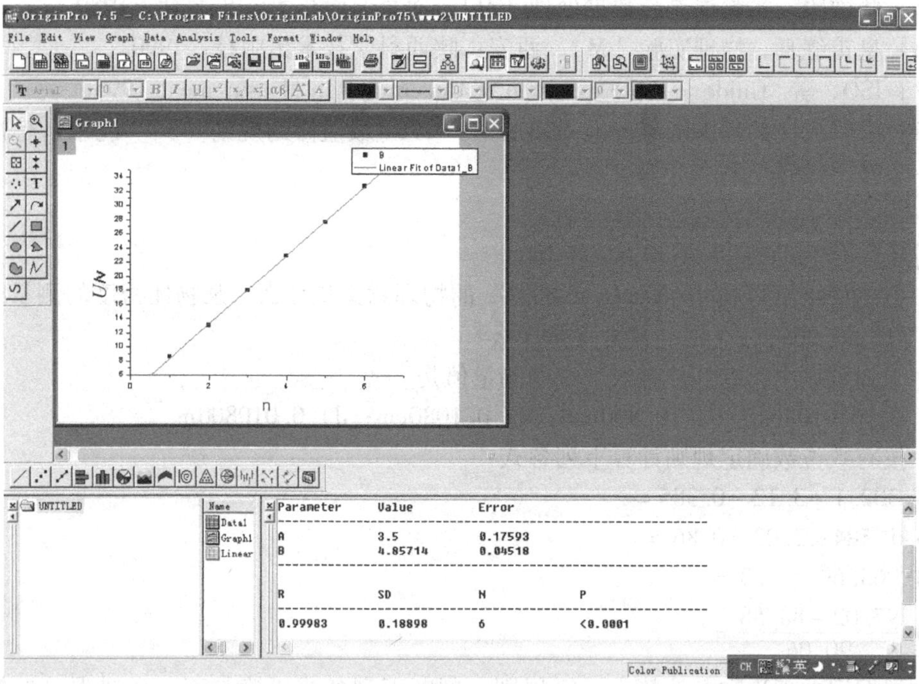

图 2.7-7　直线拟合窗口

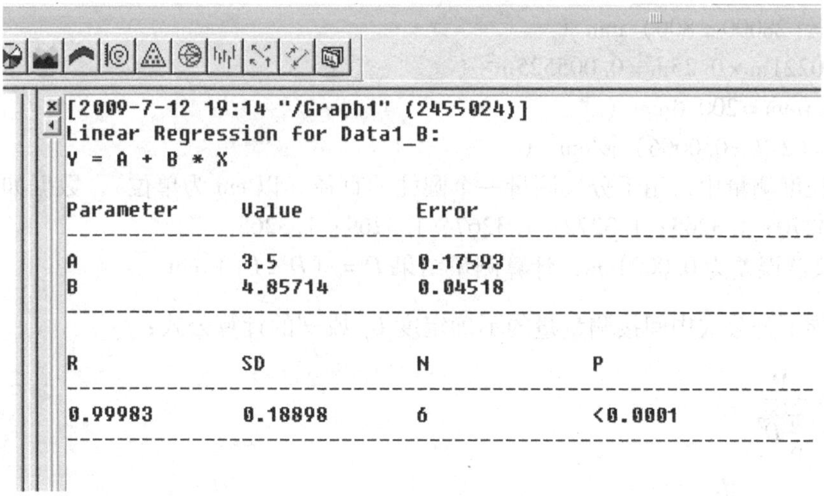
[2009-7-12 19:14 "/Graph1" (2455024)]
Linear Regression for Data1_B:
Y = A + B * X

Parameter	Value	Error
A	3.5	0.17593
B	4.85714	0.04518

R	SD	N	P
0.99983	0.18898	6	<0.0001

图 2.7-8　回归结果窗口

【参考文献】

[1] 朱鹤年．基础物理实验教程 [M]．北京：高等教育出版社，2003.

[2] 朱鹤年．新概念基础物理实验讲义 [M]．北京：清华大学出版社，2013.

[3] 吴思诚，王祖铨．近代物理实验 [M]．北京：北京大学出版社，1995.

[4] 丁慎训，张孔时．物理实验教程 [M]．北京：清华大学出版社，1992.

[5] 藤敏康．实验误差与数据处理［M］．南京：南京大学出版社，1989.
[6] 皇甫练真．物理实验［M］．西安：陕西科学技术出版社，1990.
[7] ISO，等．Guide to the Expression of Uncertainty in Measurement. 1993.
[8] 中华人民共和国国家标准．GB 8170—1987 数值修约规则［S］．北京：标准出版社，1988.

【习题】

1. 把测量结果写成“$(X \pm U_X)$ 单位”的物理意义是什么？某物体密度的测量结果为 $\rho = (2.702 \pm 0.006)\ \mathrm{g/cm^3}$，其含义是什么？

2. 下列数据中，有五位有效数字的测量值是________。
a) 0.0108cm；b) 10.800mm；c) 0.1080cm；d) 0.010800m

3. 按有效位数确定规则计算下列各式：
1) $302.1 + 3.12 - 0.385 =$
2) $1.584 \times 2.02 \times 0.86 =$
3) $963.69 \div 12.3 =$
4) $\dfrac{97.02 - 88.58}{90.06} =$

4. 根据误差理论和有效数字运算规则，判断下列各式正确与否，如错误，在括弧内说明错误的原因：
1) $N = (5.400 \pm 0.2)$ cm（　　　　）
2) $N = (28000 \pm 800)$ mm（　　　　）
3) $0.0221\mathrm{m} \times 0.25\mathrm{m} = 0.005525\mathrm{m}^2$（　　　　）
4) $20.0\mathrm{cm} = 200.0\mathrm{mm}$（　　　　）
5) $\rho = (2.7 \pm 0.0006)\ \mathrm{g/cm^3}$（　　　　）

5. 在长度测量中，用千分尺测量一个圆柱的直径（以 cm 为单位），数据如下：
1.3270；1.3265；1.3272；1.3267；1.3269；1.3265
已知仪器误差为 0.0004cm，计算测量结果 $D = (\overline{D} \pm U_D)$ cm。

6. 推导下列公式中间接测量量的不确定度 U_ρ 或 $\dfrac{U_\rho}{\rho}$ 的计算公式：
1) $\rho = \dfrac{M}{\dfrac{\pi}{6}D^3}$
2) $\rho = \dfrac{M}{\dfrac{\pi}{4}(D^2 - d^2)H}$

7. 已知 $f = \dfrac{ab}{b-a}$ 和 $a = (20.0 \pm 0.1)$cm，$b = (50.0 \pm 0.1)$cm，求 $f \pm U_f$。

8. 测量三角形的两个角 A 和 B，得 $A \pm U_A = 60°2' \pm 2'$，$B \pm U_B = 30°1' \pm 2'$，试求第三个角 $C \pm U_C$。

9. 测得某球体的直径为 $D \pm U_D = (20.000 \pm 0.002)$ mm，质量为 $m = (32.70 \pm 0.06)$ g，(1) 计算此球密度的测量结果［提示：$V = \dfrac{\pi}{6}D^3$］。(2) 计算中 π 的取值为何？为什么？

第3章 物理实验的基本测量方法与基本调整、操作技术

3.1 物理实验的基本测量方法

物理实验包括在实验室人为再现自然界的物理现象、寻找物理规律和对物理量进行测量及数据处理三个方面。任何物理实验都离不开物理量的测量。物理量的测量是一个以一定的物理原理为依据，以一定的实验装置和实验技术为手段找出物理量量值的过程。待测物理量可包括力学量、热学量、电磁学量和光学量等。物理量的测量方法非常多，这里介绍几种具有共性的基本测量方法。

3.1.1 比较法

比较法是物理量测量中最普遍、最基本的测量方法，它通过将被测量与标准量进行比较而得到被测量的量值。比较法可以分为直接比较法和间接比较法两类。

1. 直接比较法

直接比较法是将待测量与同类物理量的标准量具或标准仪器直接进行比较测出其量值的方法。例如，用米尺测量物体的长度就是直接比较测量。

常将直接比较法所用的测量量具称为直读式量具，例如测量长度所用的米尺、游标卡尺和千分尺；测量时间所用的秒表和数字毫秒计；测量电流所用的安培表；测量电压所用的伏特表等。这些量具必须是预先经过标定的，测量结果可以由仪器的指示值直接读出。

2. 间接比较法

对于有些难于直接比较测量的物理量，需要通过物理量之间的函数关系将待测量与某种标准量进行间接比较，求出其大小。例如本书实验4.10中用李萨如图形测量电信号频率，就是将待测频率的正弦信号与标准频率的正弦电信号分别输入示波器的两个偏转板，当两个信号的频率相同或成简单整数比时，利用形成的稳定的李萨如图形间接比较它们的频率，即根据李萨如图形交点数（N_x，N_y）与两信号频率（f_x，f_y）之比的关系

$$\frac{f_x}{f_y}=\frac{N_y}{N_x}$$

由标准信号频率求出被测信号的频率。

实际上，所有测量都是将待测量与标准量进行比较的过程，只不过比较的形式不都是那么明显而已。

3.1.2 放大法

实验中经常需要测量一些微小物理量，当待测量非常小，以至于无法被实验者或仪表

直接感觉和反映时，可以设计相应的装置或采用适当的方法将被测量放大，然后再进行测量。放大被测量所用的原理和方法有很多种，如螺旋放大法、累积放大法、光学放大法和电子学放大法等。

1. 螺旋放大法

千分尺和读数显微镜都是利用螺旋放大法进行精密测量的。将与被测物关联的测量尺面与螺杆连在一起，螺杆尾端加上一个圆盘，称为轮盘，如图 3.1-1 所示。例如，在千分尺中，将轮盘边缘等分成 50 格，轮盘每转一圈，恰使测量尺面移动一个螺距 $h=0.5\text{mm}$，相应地，轮盘转动一小格时，测量尺面就会移动 0.01mm。若使轮盘的尺寸比较大，如外径 $D=16\text{mm}$，则周长 $L=\pi D\approx 50\text{mm}$，轮盘边缘每一格的弧长相当于 1mm 的长度，结果当测量尺面移动 0.01mm 时，在轮盘上即变化了 1mm，于是微小位移被放大了，其放大倍数为

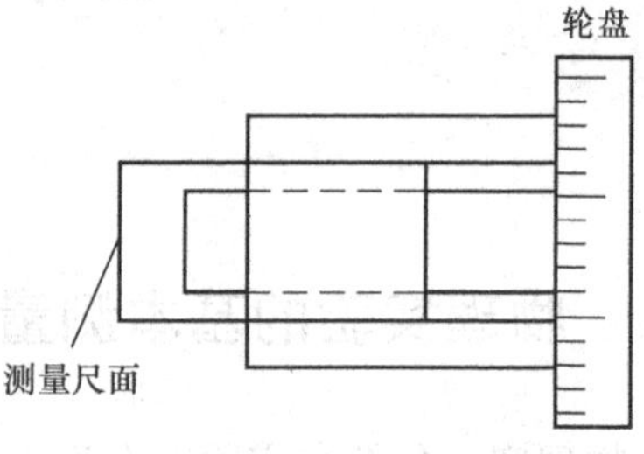

图 3.1-1　螺旋放大法原理图

$$E=\frac{\pi D}{h}=\frac{50}{0.5}=100$$

可见，采用这种装置后测量精度提高了 100 倍。

2. 累积放大法

如果对一些微小量直接进行测量，由于受到测量仪器精度的限制，测量误差会很大，若采用累积放大的方法进行测量，就可减小测量误差。例如本书实验 4.2 中采用机械秒表测量弹簧振子振动周期时，实验者开停秒表计时误差为 $\Delta_T=0.2\text{s}$，若弹簧振子的振动周期 $T=0.5\text{s}$，则测量一个振动周期的相对不确定度将达到 40%，而测量 50 个振动周期的相对不确定度只是 0.80%。显然，采用累积放大法可以大大提高测量精度。

3. 光学放大法

光学放大法分为视角放大和微小变化量（微小长度、微小角度）放大两种。

放大镜、显微镜和望远镜等可以将被测物体放大成像的光学仪器都属于放大视角的仪器，它们只是在观察中放大视角，并非实际尺寸的变化，因此不会增加误差。许多精密仪器都在最后的读数装置上添加一个视角放大装置以提高测量精度。

微小变化量的放大方法经常应用于光杠杆、光点检流计等装置中，可将被测微小物理量本身进行放大。如图 3.1-2 所示，将平面镜 M 与待测系统连接在一起，当它们一起转过 θ 角时，来自某处的入射光线被镜面反射后，偏离了 2θ 角。显然，物体转动的角度被放大两倍。也可将角度测量转换为长度测量，例如在用静态拉伸法测量金属丝弹性模量实验中，用于测量金属丝微小长度变化的光杠杆镜尺法就是采用了这种办法，具体原理可参见本书实验 4.1。

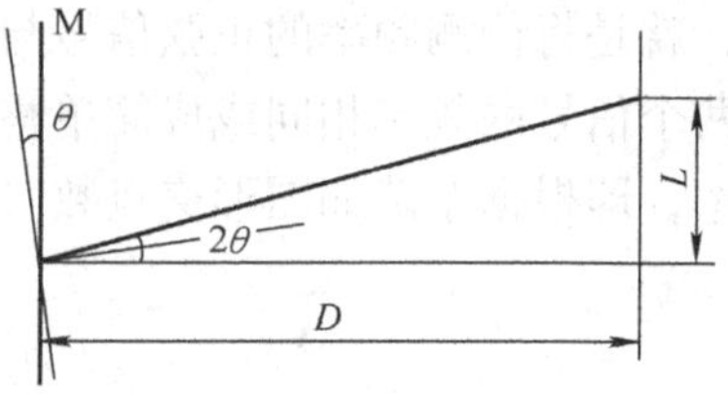

图 3.1-2　微小量光学放大原理图

4. 电子学放大法

在电学实验中，要对微弱电信号（电流、电压、功率等）进行有效的观察和测量，

往往要对信号进行适当的放大处理。采用适当的微电子电路和电子器件（如三极管、运算放大器等）很容易实现电信号的放大。

总之，放大法提高了实验的可观察度和测量精度，是物理实验中常见的基本测量方法。

3.1.3 转换法

在实验中，有很多物理量，由于其自身属性的关系，难于用仪器、仪表直接测量，或因条件所限，无法提高测量的准确度，为此，可以根据物理量之间的定量关系和各种效应把不易测量的物理量转化成可以（或易于）测量的物理量进行测量，之后再反求待测物理量的量值，这种方法称为转换测量法（简称转换法）。

由于物理量之间存在多种关系和效应，所以有多种不同的转换测量法，这恰恰反映了物理实验中最具启发性和开创性的一面。科学实验不断地向高精度、宽量程、快速测量、遥感测量和自动化测量的方向发展，这一切均与转换测量紧密相关。

转换法一般可分为参量换测法和能量换测法两大类。

1. 参量换测法

参量换测法就是利用物理量之间的相互关系，实现各参量之间的变换，以达到测量某一物理量的目的。通常利用这种办法将一些不能直接测量的或是不易测量的物理量转换成其他若干可直接测量或易测的物理量进行测量。例如本书实验 4.1 中对金属丝弹性模量的测量，就可根据胡克定律转换成应力与应变量的测量。

2. 能量换测法

能量换测法就是利用物理学中的能量守恒定律以及能量具体形式上的相互转换规律进行转换测量的方法。能量换测法的关键是传感器（或敏感器件）——用于把一种形式的能量转换成另一种形式的能量的器件。能够接收由测量对象的物理状态及其变化所发出的激励（敏感部分），并将此激励转化为适宜测量的信号（转换部分）的能量转换装置称为传感器。

由于电磁学测量方便、迅速，易于实现，所以最常见的能量换测法是将待测物理量的测量转换为电学量的测量（亦称电测法）。下面着重介绍几种典型的能量换测法。

（1）热电换测　将热学量通过热电传感器转换为电学量的测量。热电传感器的种类很多，它们虽然依据的物理效应各有不同，但都是利用了材料的温度特性。例如利用材料的温差电动势，可将温度测量转换成对热电偶的温差电动势的测量。也可利用材料的电阻温度特性，将温度测量转换成对电阻的测量。本书实验 7.3 高温超导电性测量中就采用了不同的测温方法。

（2）压电换测　这是一种压力和电势间的转换，这种转换通常是利用材料的压电效应制造的器件来实现的。例如，将被极化的钛酸钡制成柱状器件，其极化方向为柱子的轴向。器件在极化方向上受压力而缩短时，柱子就会产生与极化方向相反的电场，据此，可将压力变化转换成为相应的电压变化。传声器和扬声器也是人们所熟悉的一种压电换能器。在本书实验 4.11 声速测量实验中，产生和接收超声波的传感器装置就是分别利用了压电体的逆压电效应和压电效应的换能器。

（3）光电换测　利用光电元件将光信号的测量转换为电信号的测量。利用光电效应制造的光电管、光电倍增管、光电池、光敏二极管、光敏三极管等光电器件都可以实现光电转换。光电传感器可分为光电导传感器、光电发射管、光电池等类型。

(4) 磁电换测 利用电磁感应器件将磁学量的测量转换成电学量的测量。用于磁电转换的元器件可分为半导体式和电磁感应式两类。常用的霍尔元件、磁敏电阻等典型的磁敏元件，可直接用于磁场的测量，也可以利用与磁学量的关系，将位置、速度、旋转、压力等非电量信号转换成电学量测量。

具体的转换测量原理与方法可以参考本书实验 7.1。

3.1.4 补偿法

若某测量系统受某种作用产生 A 效应，受另一种同类作用产生 B 效应，如果因 B 效应的存在而使 A 效应显示不出来，就叫作 B 对 A 进行了补偿。若 A 效应难于测量，可通过人为的方法制造出一个易于测量或已知的 B 效应与 A 补偿，通过对 B 效应的测量求出 A 效应的量值，这种测量方法称为补偿法。

用电位差计测电动势是一种典型的补偿测量。图 3.1-3 为电位差计的结构原理简图。电位差计的工作原理概括起来就是：

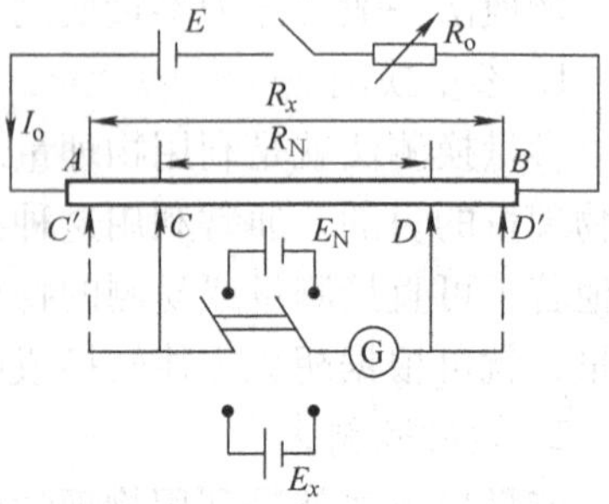

图 3.1-3 电位差计结构原理简图

1) 利用一段均匀的电阻线 AB 作为分压器，AB 之间任意两点间的电阻是准确已知的。

2) 利用标准电池校正电位差计，确定电位差计的工作电流。即接入标准电池 E_N，通过调节限流电阻 R_a，使检流计 G 指零，此时阻值为 R_N 的 CD 之间的电阻丝上电位差恰与标准电池 E_N 的电动势相等，即 CD 间的电位差被标准电池 E_N 的电动势补偿。显然，$I=\frac{E_N}{R_N}$就是 AB 间单位电阻上的电位差，该值在经过校准后不能再变动（即 R_a 不可再调）。

3) 利用经过校正后的分压器所提供的、在某一范围内能够连续可调的标准电位差 $U_{C'D'}$ 补偿待测电动势或电位差 E_x，当检流计示零时，电位差计达到平衡，且 $E_x=IR_x=\frac{E_N}{R_N}R_x$。

惠斯通电桥（也叫单臂电桥）实际上也是一种电压补偿（电桥平衡时，桥臂上电压互相补偿，检流计示零）的测量装置。

可见，完整的补偿测量系统由待测装置、测量装置和示零装置组成，通过示零装置显示出待测量与补偿量比较的结果。比较的方法可分为零示法和差示法两种，零示法称为完全补偿，差示法称为不完全补偿。上述两例均采用零示法，其优点在于判断平衡与否仅取决于检流计的灵敏度，而与检流计的精度无关。

补偿法除了用于补偿测量外，还常被用来校正系统误差。如光学实验中为防止由于光学器件的引入而影响光程差，在光程里常人为地配置光学补偿器来抵消这种影响，本书实验 5.6 中迈克耳孙干涉仪中设置的补偿板就是一种光学补偿器。

3.1.5 模拟法

在探求物质的运动规律和自然奥秘或解决工程技术问题时，经常会碰到一些特殊的情况，如受到被研究对象过分庞大或微小、或者非常危险、或者变化非常缓慢等限制，以至于难以对研究对象进行直接测量时，可以依据相似理论，人为地制造一个类同于被研究对象的物理现象或过程的模型，通过对模型的测试代替对实际对象的测试来研究变化规律，这种方法称为模拟法。模拟法可分为物理模拟和数学模拟两大类。

1. 物理模拟

人为制造的“模型”和实际“原型”有相似的物理过程和相似的几何形状，以此为基础的模拟方法即为物理模拟。

例如，为了研究高速飞行的飞机上各部位所受的力，人们首先制造一个与原型飞机几何形状相似的模型，将模型放入风洞，创造一个与实际飞机在空中飞行完全相似的物理过程，通过对模型飞机受力情况的测试，便可以较短的时间、方便的空间、较小的代价获得可靠的试验数据。空间技术科学发展的过程中的许多试验工作都是首先在实验室中进行模拟试验，取得初步结果之后，再通过发射人造卫星完成进一步的试验。

物理模拟具有生动形象的直观性，并可使观察的现象反复出现，因此具有广泛的应用价值，尤其是对那些难以用数学方程式准确描述的对象进行研究时常常采用物理模拟的方法。

2. 数学模拟

模型和原型遵循相同的数学规律，但在物理实质上毫无共同之处，这种模拟方法称为数学模拟，又称类比。例如稳恒电流场和静电场是本质不同的场，但是描述它们性质的数学方程式具有相同的形式，依据相似性原理，就可以通过测量稳恒电流场电位分布来模拟难以直接测量的静电场电位分布。

随着计算机的不断发展和广泛应用，人们可以通过计算机模拟实验过程，从而可以预测可能的实验结果。这是一种新的模拟方法——人工智能模拟，它属于计算物理的研究范畴。

模拟法虽然具有上述的许多优点，但也有很大的局限性，因为它仅能够解决可测性问题，并不能提高实验的精度。

以上分别介绍了几种典型的实验方法，在具体的科学实验中，往往是把各种实验方法综合使用，只有深刻理解各种实验方法的基本思想，不断积累实验知识和经验，才能在实际工作中对其灵活应用。

3.2 物理实验中的基本调整与操作技术

实验时，对仪器设备按照正确的操作规程预先进行正确的调整，不仅可以将系统误差减小到最低限度，而且对提高实验结果的准确度有着直接的影响。仪器的调整和操作技术内容相当广泛，需要通过具体的实验训练逐渐积累起来。这里只介绍一些最基本的、具有一定普遍意义的调整和操作技术，其他具体的调整和操作技术将在相关的实验中介绍。

3.2.1 零位调整

初学实验者往往不注意仪器或量具的零位是否正确，总以为它们在出厂前就已经校正好了，但实际情况并非如此。由于环境的变化、使用中的磨损、紧固螺钉的松动等原因，仪器或量具的零位可能已经发生了位移。因此，在实验前必须对仪器进行零位检查和校正。对于设有零位校正器的测量仪器（如电流表、伏特表、万用表等），应调节校正器，使仪器在测量前处于零位；对于不能进行零位校正的测量仪器（如端点磨损的米尺或千分尺等），则应在测量前记录下零位误差，以便对测量值进行修正。

3.2.2 水平、铅直调整

许多仪器在使用前必须进行水平或铅直调整，如平台的水平调整或支柱的铅直调整。水平调整常常借助于水准器，铅直状态的判断一般则借助于重锤。

几乎所有需要调整水平或铅直状态的仪器在底座上均装有三个成等边或等腰三角形排列的调节螺钉（或一个固定脚，两个可调脚），调节可调螺钉，借助于水准器或重锤进行判断，即可将仪器调整到水平或铅直状态。通常水平状态的调节和铅直状态的调节可以相互转化、相互补充。

3.2.3 消除视差

如果测量时需要用眼睛判断空间上前后分离的两条准线是否重合，则会出现视差。如电表的指针和标度面板之间总是相隔一定的距离，当眼睛在不同位置观察时，读出的指示值就会有差异，这就是视差。正确的读数位置应该是视线垂直于标度面板，使指针与刻度槽下平面镜中的像重合。视差的存在与否可根据观测时人眼稍稍移动过程中两准线是否有相对运动来判断。

用光学仪器进行非接触测量时，常用到带有叉丝的测微目镜、望远镜或读数显微镜。从结构上来讲，它们并无原则上的不同，区别只是物镜的焦距长短不同。如图 3.2-1，通常在目镜的焦平面（F_2）内侧附近安装一个叉丝（或带有刻度的玻璃分划板），若被观察的物体经过物镜成像后，其像 *AB* 落在叉丝处，则人眼经过目镜看到的叉丝与物体的最后虚像 $A'B'$ 均处在明视距离相同的同一平面上，就不会存在视差。

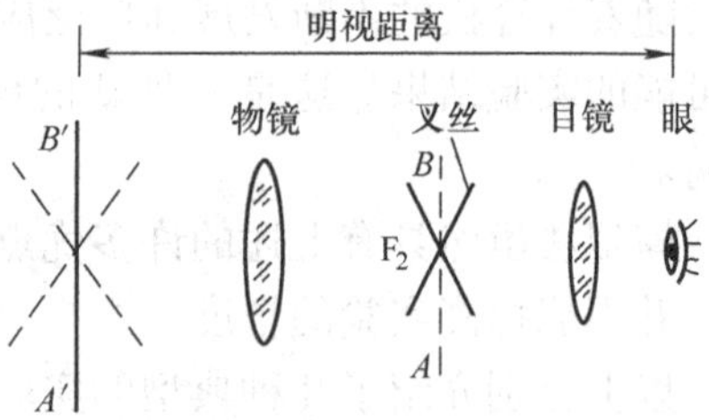

图 3.2-1 消视差示意图

可以在仔细调节焦距的同时稍稍移动眼睛，通过观察物体虚像 $A'B'$ 与叉丝的像之间有无相对运动来判断有无视差的存在，如无相对运动，视差即被消除。

3.2.4 同轴等高的调整

几乎所有的光学仪器都要求仪器内部各个光学元件的光轴与主光轴重合。为此，要对各个光学元件进行同轴等高的调整。一般可分为粗调和细调两个步骤来进行。

粗调主要是靠目测法来判断，将各个光学元件和光源的中心调成等高，各个元件所在平面基本上互相平行且铅直。若各元件可沿水平轨道或在光学平台上滑动，可先将它们靠拢，再调等高共轴，可减小视觉判断的误差。

利用其他仪器或成像规律进行的调整称为细调。例如，在实验中依据透镜的成像规律，利用自准法或二次成像法进行调整时，通过移动各光学元件，使像没有上下左右移动。

先粗调后细调是实验仪器调节中的重要原则。

3.2.5　逐次逼近法

对仪器进行任何调整几乎都不能一蹴而就，都要依据一定的判据反复多次地调节。逐次逼近法是一种快速有效的调整方法。在天平调平衡、电桥调平衡、补偿法测电动势时调整补偿点等的调节过程中，都是首先确定平衡点所在的范围，然后逐渐缩小范围直至最后调到平衡点的。如调整电桥平衡时，比较臂电阻的阻值大于和小于待测电阻时，检流计指针的偏转方向正好相反。若比较臂电阻置于 $2\times1000\Omega$ 时，检流计指针左偏 5 个分度，置于 $3\times1000\Omega$ 时，检流计指针右偏 3 个分度，则平衡值应在 2000 ~ 3000Ω 之间。进一步地，若将比较臂电阻置于 2500Ω 时，检流计指针左偏 2 个分度，置于 2600Ω 时，检流计指针右偏 1 个分度，则平衡值所在范围缩小到 2500 ~ 2600Ω 之间。如此缩小范围逐次逼近，即可迅速找到平衡点。

3.2.6　先定性后定量原则

为避免测量的盲目性，应采用“先定性，后定量”的原则进行测量，即在定量测量之前，先对实验变化的全过程进行定性的观察，对实验数据的变化规律有一定的初步了解之后，再着手进行定量测量。例如，实验测定图 3.2-2 所示的变化规律时，应先观察 y 变量随 x 变量的改变而变化的情况，然后在分配测量间隔时，采取不等间距测量，在 x_0 附近多测几个点。采用由这样不同间隔测得的数据来作图以获得极大值点就比较正确合理。

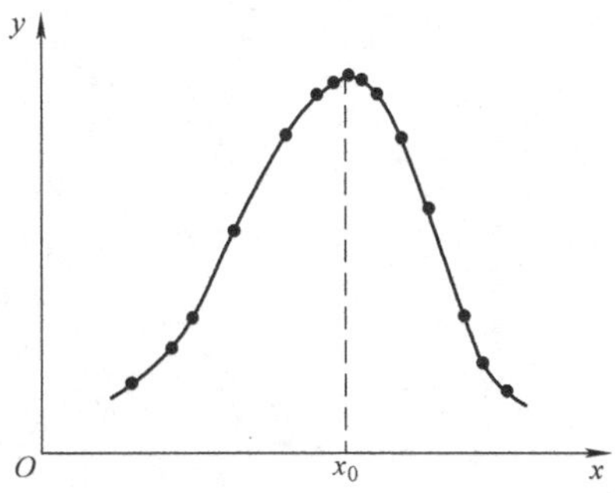

图 3.2-2　不等间距测量数据点的分布

3.2.7　消除空转误差

有许多测量仪器是由鼓轮通过螺杆推动测量准线移动的，如测微目镜、迈克尔孙干涉仪等。由于齿轮和螺纹间不可能是理想的密配合结构，当鼓轮正、反向旋转之初，鼓轮转动了一个角度，由于齿轮与螺纹间间隙的存在，使得测量准线尚未移动，这种误差称为空转误差。

空转误差只发生在鼓轮转动之初的一个较小的转角内。因此，在使用这类仪器时，只需使鼓轮沿所需方向转过一定角度后，重新确定标尺线的零点即可，或者在测量距离差时保持单向测量即可。

【习题】

（1）欲准确测量一张纸的厚度，需用到哪些基本测量方法？

（2）利用水银温度计测室温，需要用到哪些基本测量方法？

（3）天平、弹簧秤、电子秤均可以实现质量测量，它们采用的测量方法有什么不同？

（4）利用天平称量未知物体的质量时，怎样体现逐次逼近调节方法？

（5）欲使激光笔发出的光束垂直入射到 1m 外的某个镜面，你应该采用何种办法进行调节，如何判断调节达到要求？

（6）家里新买的洗衣机、冰箱、书柜等需要调节底脚水平安放，你能否利用身边废旧物体制作简易水准器以实现调节？

第4章　基础实验

实验4.1　用静态拉伸法测材料的弹性模量

【引言】

弹性模量是工程材料的一个重要物理参数，它表征了材料抵抗弹性形变的能力。弹性模量越大，材料越不易变形，即材料的刚度越大。在机械设计及材料的使用时，它是一个必须考虑的重要参量。弹性模量还是原子间结合强度的标志之一，在材料的研究中，常常关注这个重要的物理特性。材料弹性模量有多种测量方法，静态拉伸法是一种测量准确度较高的方法。本实验采用静态拉伸法测量钢丝的弹性模量。

【实验目的】

1）学习用拉伸法测量材料的弹性模量。

2）了解光杠杆的结构及利用光杠杆测量微小长度变化量的原理，掌握使用方法。

3）掌握各种测量长度量具的正确使用方法及仪器误差。

4）学习用逐差法处理实验数据。

5）学习直接测量量和间接测量量不确定度的计算，学习正确地表示测量结果。

【实验仪器及样品】

弹性模量仪（包括实验架、望远镜、数字拉力计等）、千分尺（25mm，0.01mm）、游标卡尺（13cm，0.02mm）、钢卷尺（3m，1mm）、钢丝。

【预习提示】

1）搞清楚用光杠杆测出微小长度变化量的原理和方法。

2）搞清楚用拉伸法测量材料弹性模量的原理、方法和实验过程与步骤。

3）搞清楚游标卡尺、千分尺等测量长度量具的原理和使用方法。

【实验原理】

1. 测量原理

物体受力时将发生形变，当外力去掉后能恢复原状的物体就是弹性体，相应的形变称为弹性形变。实验结果表明，在弹性限度内，应力和相关应变成正比，这就是胡克定律。

对于长度为 L 的细长物体，其均匀截面积为 A，沿长度方向受拉力 F 作用时伸长为 ΔL，根据胡克定律有

$$\frac{F}{A}=E\frac{\Delta L}{L} \tag{4.1-1}$$

式中，F/A 为作用在单位面积上的力，称为应力；$\Delta L/L$ 为单位长度上的形变称为应变；比例系数 E 称为材料的弹性模量，单位是 N/m^2。对钢材而言，拉伸和压缩时弹性模量相同。

由式（4.1-1）可得

$$E=\frac{F/A}{\Delta L/L} \tag{4.1-2}$$

若施加的拉力为 $F=mg$（g 为重力加速度），对于直径为 d 的钢丝，其弹性模量可写成

$$E=\frac{F/A}{\Delta L/L}=\frac{mg\bigg/\left(\frac{1}{4}\pi d^2\right)}{\Delta L/L}=\frac{4mgL}{\pi d^2\Delta L} \tag{4.1-3}$$

本实验用拉伸法测量钢丝弹性模量时，使用拉力计（参见本实验后面的【补充材料4.1-1】）施加拉力。式（4.1-3）中的 F 可由施加在钢丝上的数字拉力计显示的质量 m 求出，即 $F=mg$（注：为了使文字描述与实验中拉力计的显示一致，在不引起理解分歧的情况下，后文将直接使用“拉力 m”的说法），L 可用米尺量出，钢丝直径 d 可用千分尺测出。钢丝伸长量 ΔL 数值很小，一般在十分之几毫米量级，用一般量具不易测出，本实验将采用光杠杆方法（一种光放大法）来测量。

2. 用光杠杆方法测量钢丝伸长量 ΔL 的原理

光杠杆由平面镜、平面镜转轴支座和与平面镜固联的动足等组成，如图 4.1-1 所示。平面镜可绕平面镜转轴自由转动，平面镜转轴支座的一边有水平卡座和垂直卡座，如图 4.1-1a 所示。水平卡座的长度等于平面镜转轴与动足尖（见图 4.1-1b）之间的水平距离（也叫作光杠杆常数），该距离在出厂时已严格校准。垂直卡座的上表面与平面镜转轴等高。

拉伸法测量弹性模量实验装置如图 4.1-2 所示。A 形底座上装有两根立柱，立柱的顶部装有横梁，紧贴横梁中心上方是一个夹头，用来夹紧钢丝的上端，此夹头称为上夹头。在横梁上还固定有一托盘，用于承托 LED 灯箱及标尺。在立柱的中部有一个平台，用来承托光杠杆。平台上有一个方形孔，孔中有方形的夹头，用来夹紧钢丝的下端，如图 4.1-1b所示，称这个夹头为下夹头。光杠杆动足尖自由地放置在下夹头的平滑表面上，可随下夹头上下微小移动。下夹头下面与 S 形拉力传感器的上端相连。拉力传感器的下方有一固定横板，一螺栓穿过横板中心的孔与拉力传感器下端相连，螺栓另一端在固定横板下方套有螺母。通过旋转该螺母，使拉力传感器受到来自螺栓的向下的拉力，该拉力等于钢丝受到的拉力 F，其等效的质量 $m=F/g$，并通过数字拉力计显示出来，可直接读取。

光杠杆放大原理：将光杠杆和望远镜按图 4.1-3 放置好，按实验仪器调节步骤调好全部装置后，就可以在望远镜中看到经由光杠杆平面镜反射的标尺刻度的像。设开始时，光杠杆的平面镜法线与水平方向成某一夹角（约 45°），在望远镜中看到标尺刻度 x_1 的像。当钢丝受力后，产生微小伸长 ΔL，光杠杆动足尖便随着下夹头上表面一起下降，从而带动光杠杆平面镜转动角度 θ，根据光的反射定律——入射角等于反射角——可知，在出射光线（即进入望远镜的光线）不变的情况下，入射光线转动了 2θ，在标尺上对应刻度为 x_2，这样，从 x_2 处发出的光经光杠杆平面镜反射后进入望远镜而被观察到。

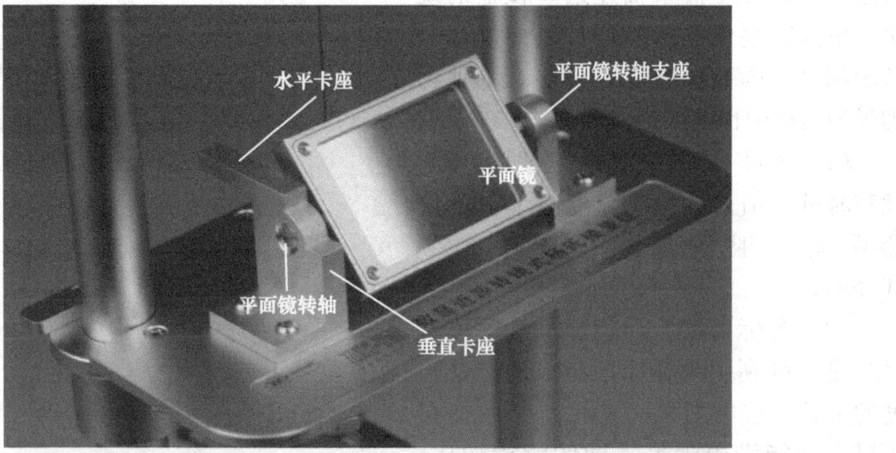

a)

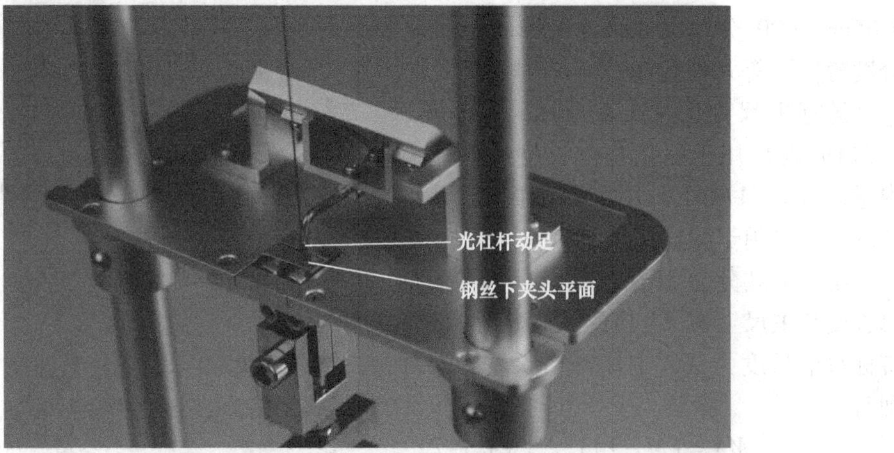

b)

图 4.1-1　光杠杆

a）正面　b）背面

由于 $l>>\Delta L$，所以 θ 和 2θ 很小。从图 4.1-3 的几何关系可以看出

$$Ox_2 \approx H,\ \Delta L \approx l \cdot \theta,\ \Delta x \approx H \cdot 2\theta \tag{4.1-4}$$

故有

$$\Delta x = \frac{2H}{l} \cdot \Delta L \tag{4.1-5}$$

式中，$2H/l$ 称作光杠杆的放大倍数；H 是平面镜转轴到标尺的垂直距离。在实验装置中 $H>>l$，这样就将微小位移 ΔL 放大成较大的容易测量的位移 Δx。将式（4.1-5）代入式（4.1-3）得到

$$E = \frac{8mgLH}{\pi d^2 l} \cdot \frac{1}{\Delta x} \tag{4.1-6}$$

这样，通过测量式（4.1-6）等号右边的各参量即可得到被测钢丝的弹性模量。

3. 常用长度测量量具的原理与使用

米尺、卡尺、千分尺（也称螺旋测微计）是最基本的长度测量仪器。实际应用中，

常用量程和分度值来描述这些仪器的规格。根据这些仪器的原理扩展而制作的角游标尺、读数显微镜等仪器在其他物理量的测量中也被广泛使用。

（1）米尺 米尺的最小分度是1mm，读数时可以估读到最小分度的1/10，仪器误差一般取最小分度的一半（0.5mm）。

（2）游标卡尺 游标卡尺（简称卡尺）是一种利用游标原理制成的测量长度的量具，它由米尺（主尺）和附加在米尺上并能沿着米尺滑动的游标构成。游标卡尺有0.1mm（10分度游标）、0.05mm（20分度游标）、0.02mm（50分度游标）等几种规格。

游标卡尺如图4.1-4所示，外量爪（刀口向内）用于测量物体长度或外径，内量爪（刀口向外）用于测量内径，尾部的深度尺用于测量孔深。

游标上共分为M格，且游标M格的总长度与主尺上$M-1$格的长度相等。设游标每格长度为X，主尺每格长度为Y，则有

$$MX=(M-1)Y \qquad (4.1\text{-}7)$$

$$\delta=Y-X=\frac{Y}{M} \qquad (4.1\text{-}8)$$

δ表示主尺与游标每格长度的差值，这个值就是游标卡尺的最小分度值，常常标记在游标卡尺尺身上。

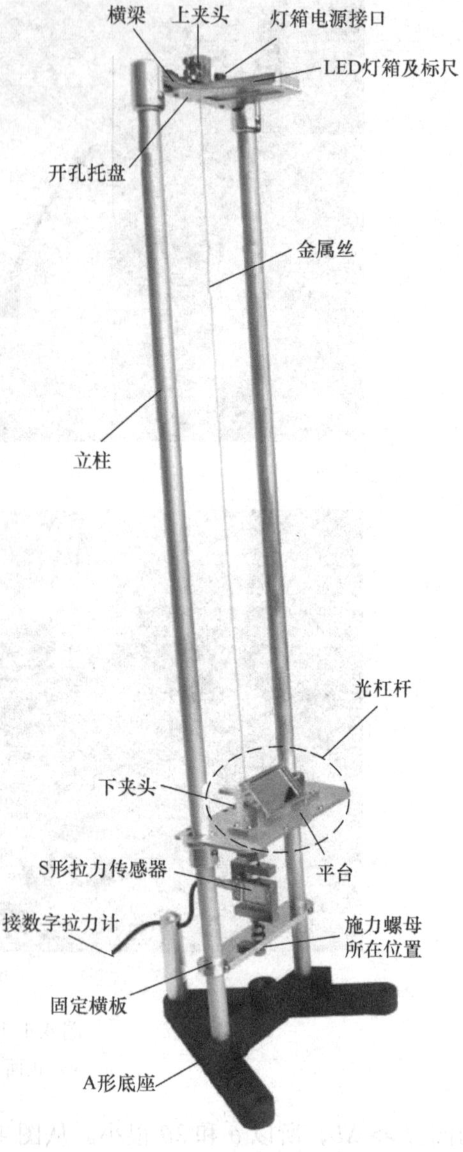

图4.1-2 实验装置结构图

如图4.1-5所示，用游标卡尺测量长度的方法是，先读出游标“0”刻度线左边主尺上的整mm读数L_0，然后读出游标与主尺重合的那条刻度线的读数，此读数为物体长度的小数部分，主尺上的读数与游标上的读数相加即为待测长度。按这样的读数方法，图中所示测量值为（18+0.62）mm=18.62mm。游标上标出的刻度值为$K\times\delta$的数值，所以游标上的读数实际上就是游标与主尺重合的那条刻度线的格数K乘以δ。

注意，测量前应检查游标的“0”刻度线与主尺的“0”刻度线是否重合，不重合时，先读出初读数L_1，然后对末读数L_2进行修正，测量值$L=L_2-L_1$。

用游标卡尺读数时，判断游标的哪条刻度线与主尺某条刻度线重合时最多可有一小格的不同，因而其示值误差不超过一小格，即最小分度。因此，游标卡尺的仪器误差取其最

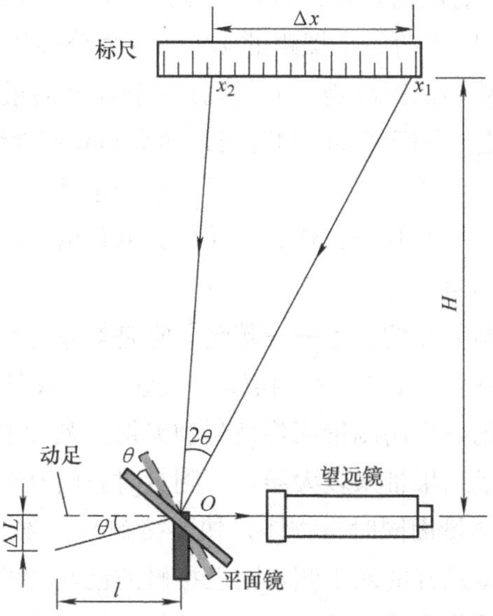

图 4.1-3　光杠杆放大原理图

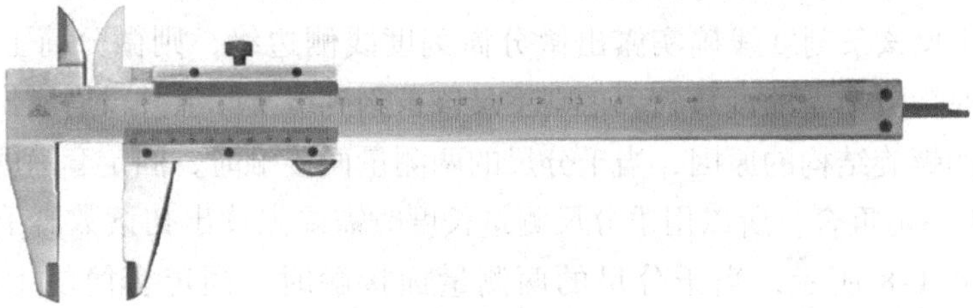

图 4.1-4　游标卡尺

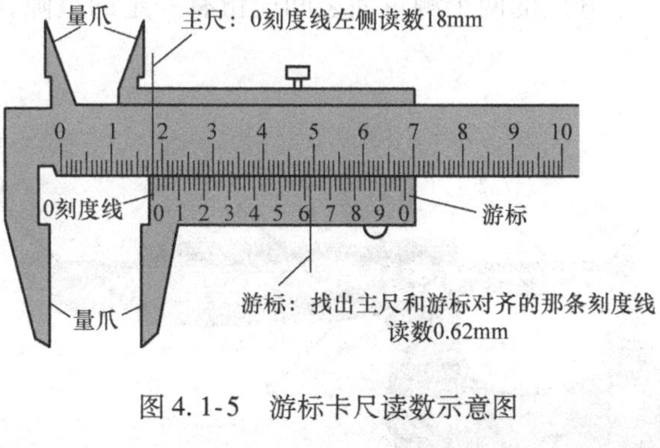

图 4.1-5　游标卡尺读数示意图

小分度值。

应用游标可以提高测量精度。除了测量长度，测量角度时也可采用游标装置（弯游标），读数原理是一样的。

（3）千分尺　千分尺是根据螺旋测微原理制成的更精密的测量长度的工具，如图

4.1-6 所示。螺旋测微原理的依据就是，微分筒旋转一周时，测微螺杆沿轴向移动一个螺距 t，若转动 $1/n$ 周，则螺杆移动一个螺距的 $1/n$。将微分筒周长等分成 n 格，当微分筒旋转一小格时，测微螺杆移动的距离为 t/n，这就是千分尺的最小分度。实验室常用的千分尺的量程为25mm，主尺上有两套 mm 刻度线，两套 mm 刻度线相距0.5mm，如图4.1-7所示。螺距为0.5mm，将微分筒分为 50 格，则最小分度为 0.5/50 =0.01mm。也有的千分尺主尺为mm 刻度线，螺距为1mm，将微分筒分为100 格，则最小分度仍为0.01mm。1级千分尺的示值误差为±0.004mm。

千分尺的尾部设有控制力度的装置——棘轮。它是靠摩擦带动微分筒的。当测砧和测微螺杆的两个测量面（或两测量面同时与物体）接触时，微分筒无法前进，顺时针转动棘轮时，它会自动打滑，既防止两测量面将被测物夹得过紧而损坏测微计的精密螺纹，也防止夹得过紧或过松给测量结果带来较大误差。测量时先转动微分筒，使测微螺杆沿轴向移动，当两测量面（或两测量面同时与物体）快要接触时，改为转动棘轮，听到“嗒嗒”的声音时，表明测砧和测微螺杆的两个测量面已接触或已与待测物接触，可以开始读数。

如图 4.1-7 所示，用千分尺读数时，先用微分筒刻度线侧的边缘读出主尺上的读数，然后以固定套筒中心线为标记读出微分筒上的读数。注意：由于千分尺的螺旋结构的原因，当主尺上的某条刻度线刚刚露出微分筒刻度线侧边缘时需要进行判断，否则会多读0.5mm。如果主尺该条刻度线确实露出微分筒刻度线侧边缘，则微分筒上的读数应该很小；但如果此时微分筒上的读数较大，则主尺该条刻度线实际上并没有露出来。此外，也是由于千分尺的螺旋结构的原因，当千分尺的两测量面接触时，固定套筒的中心线与微分筒“0”刻线不一定重合，所以用千分尺测量长度时需要先读出初读数。千分尺初读数的读数方法如图 4.1-8 所示，当千分尺的两测量面接触时，固定套筒的中心线与微分筒“0”刻线间的差值就是初读数。实际测量时，先读初读数，再移动螺杆，测出末读数，则待测长度 L = 末读数 - 初读数。

注意：测量完毕，千分尺的两个测量面之间应留有一定的空隙，避免受热膨胀时损坏千分尺的精密螺纹。

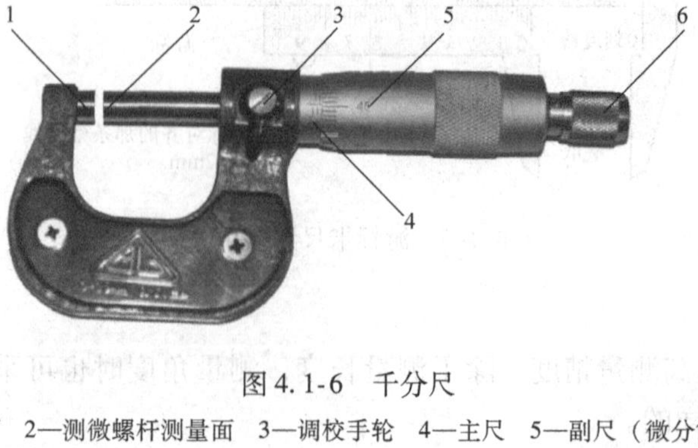

图 4.1-6　千分尺

1—测砧测量面　2—测微螺杆测量面　3—调校手轮　4—主尺　5—副尺（微分筒）　6—棘轮

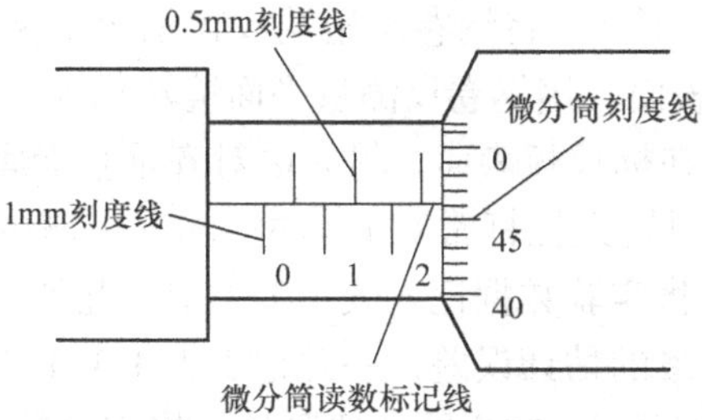

图 4.1-7　千分尺刻度示意图

−0.010mm　　+0.010mm

图 4.1-8　千分尺初读数

【实验内容与测量】

1. 实验仪器调节

（1）调节实验架　实验前应检查确保上下夹头均夹紧钢丝，防止钢丝在受力过程中与夹头发生相对滑移。平面镜应能自由转动。

1）将光杠杆动足尖自由地放置在下夹头上表面，使动足尖能随之一起上下移动，但不能触碰钢丝。

2）将 LED 灯箱电源线连接到数字拉力计面板上的直流电源插孔上，将拉力传感器信号线接入拉力计传感器接口上。打开数字拉力计，LED 灯箱点亮呈黄绿色，标尺刻度清晰可见。数字拉力计面板上显示此时加到钢丝上的力。

3）旋转施力螺母，给钢丝施加一定的预拉力 m_0（2.00kg 左右），将钢丝原本可能存在弯折的地方拉直。

（2）调节望远镜

1）粗调望远镜：望远镜系统介绍见本实验后面的【补充材料 4.1-2】；使望远镜镜筒大致水平，且望远镜镜筒中心线与平面镜转轴等高；使望远镜前沿与平台边缘的水平距离约 20 ~ 30cm。

2）细调望远镜：调节目镜视度调节手轮，使望远镜视场中的十字分划线清晰可见；调节调焦手轮，使得视野中标尺的像清晰可见；调节支架螺钉，使十字分划线横线与标尺刻度线平行，并对齐≤3.5cm 的刻度线（避免后期实验测量超出标尺量程）。水平移动望远镜支架，使十字分划线纵线对齐标尺中心线。

2. 实验测量

1）用钢卷尺测量钢丝原长 L，将钢卷尺始端放在钢丝上夹头的下表面（即横梁上表面），另一端对齐平台的上表面。用钢卷尺测量平面镜转轴到标尺（即横梁下表面）的垂直距离 H，将钢卷尺始端放在标尺板表面，另一端对齐垂直卡座的上表面（该表面与平面镜转轴等高）。用游标卡尺测量光杠杆常数 l（注：水平卡座的长度等于光杠杆常数 l）。以上各物理量只测量一次，将实验数据记入表4.1-1中。此外，对这些一次测量量，需要根据实际测量条件，给出各量的估计误差，一并记于表4.1-1中。

2）用千分尺测量钢丝直径 d，在不同位置测量，将实验数据记入表4.1-2中。

3）测量标尺刻度 x 与拉力 m。记录初始状态时与十字分划线横线对齐的刻度值 x_0 和钢丝所受拉力 m_0 于表4.1-3中。然后缓慢旋转施力螺母加力，使钢丝所受拉力在 m_0 的基础上等间距（约0.50kg）增加，记录每个拉力 m_i 以及对应的标尺刻度 x_i 于表4.1-3中，测量10组数据（注意钢丝上所加的最大拉力不要超过12.00kg）。注意加力的过程中要避免回转施力螺母，为什么？

然后，反向旋转施力螺母，逐渐减小钢丝受到的拉力，测出与加力过程对应的拉力值下的标尺刻度，填入表4.1-3中。减力过程中也要避免回转施力螺母。

测量过程中，不能再调整望远镜，尽量避免实验桌震动，以保证望远镜稳定。

4）实验完成后，旋松施力螺母，使钢丝处于不受力状态，并关闭数字拉力计。

注意事项：

1）光杠杆常数 l 与水平卡座的长度在出厂时已校为相等，实验时勿随意松动动足与平面镜框之间的连接件。

2）光学零件表面应使用软毛刷、镜头纸清擦，切勿用手指触摸镜片。

【实验数据处理】

1）一次测量量的不确定度估算

对于一次测量量，不评定A类不确定度 U_A，所以合成不确定度 U 取B类不确定度 U_B，即 $U=U_B$。对于这种测量的一种处理方法是，根据实际测量条件，估计该测量量的估计误差，然后与所使用仪器的仪器误差限进行比较，取两者之中大者作为该测量量的不确定度。写出各一次测量量的完整结果表示。

2）多次测量量的不确定度计算

钢丝直径 d 是一个多次测量量，所以它的不确定度既有A类不确定度，也有B类不确定度。A类不确定度用贝塞尔公式计算，B类不确定度采用仪器误差限，然后合成总不确定度，写出钢丝直径 d 的完整结果表示。

3）采用逐差法处理钢丝伸长量。将 $\overline{x}_i$ 数据分成数据个数相同的两组：$\overline{x}_1 \sim \overline{x}_5$ 和 $\overline{x}_6 \sim \overline{x}_{10}$。两组数据的对应项相减，得到 $\Delta x_1 = |\overline{x}_6 - \overline{x}_1|$，$\Delta x_2 = |\overline{x}_7 - \overline{x}_2|$，$\Delta x_3 = |\overline{x}_8 - \overline{x}_3|$，$\Delta x_4 = |\overline{x}_9 - \overline{x}_4|$ 和 $\Delta x_5 = |\overline{x}_{10} - \overline{x}_5|$，求其平均值及不确定度，请思考，与诸 Δx_i 对应的钢丝上施加的拉力增量为多少？

4）由式（4.1-6）计算弹性模量 E。

5）弹性模量 E 为一个间接测量量，由式（4.1-6）推导其误差传递公式，计算其不确定度。

6）写出弹性模量 E 的完整结果表示 $E \pm U_E$。

【讨论】

本实验中选用不同测长仪器的原则是什么？根据实验测量数据，讨论各测量量对弹性模量不确定度的影响。

【结论】

通过对实验现象和实验结果的分析，你能得到什么结论？

【思考题】

1）材料相同，但粗细、长度不同的两根钢丝，它们的弹性模量是否相同？

2）光杠杆有什么优点？怎样提高光杠杆测量的灵敏度？

【参考文献】

［1］成都世纪中科仪器有限公司 . ZKY－YM 数显近距转镜式杨氏模量仪实验指导及操作说明书，2014.

【补充材料 4.1-1】施力测力系统

实验装置采用螺母旋转加力方式，通过数字拉力计测力。数字拉力计包含 S 形拉力传感器和信号处理及显示部分，显示的物理量为质量，单位 kg。数字拉力计电源：AC220V，测量范围：0～19.99kg，分辨力：0.01kg，误差限：0.005kg。数字拉力计面板图如图 4.1-9 所示。

通过与数字拉力计面板上的背光源接口的连接，给 LED 灯箱供电。面板上的清零按钮按一次显示清零，再按一次显示恢复为实际拉力。

图 4.1-9　数字拉力计面板图

【补充材料 4.1-2】望远镜系统

望远镜系统包括望远镜支架和望远镜，如图 4.1-10 所示。望远镜支架通过调节螺钉可以微调望远镜。望远镜放大倍数 12 倍，最近视距 0.3m，含有目镜十字分划线（纵线和横线）。从目镜看去，可见十字分划线，旋转目镜视度调节手轮可以调节分划线的清晰程度。

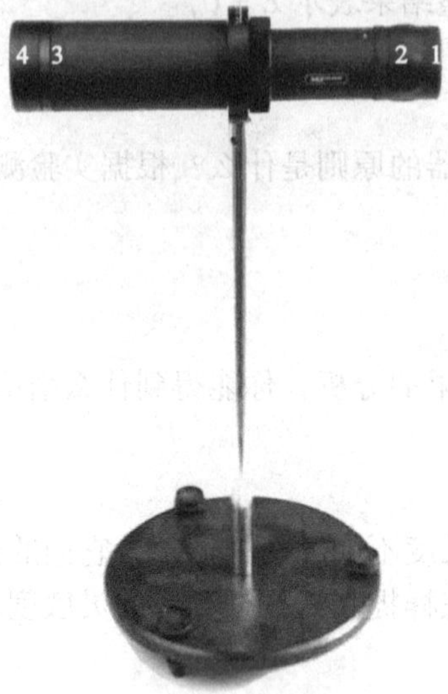

图4.1-10 望远镜

1—目镜 2—目镜视度调节手轮 3—物镜调焦手轮 4—物镜

【数据表格】

实验者信息：

专业班级：__________ 学号：__________ 姓名：__________同组人姓名：__________

表 4.1-1　一次测量数据

	L/mm	H/mm	l/mm
测量值			
仪器误差限			
估计误差			

表 4.1-2　钢丝直径测量数据

初读数 d_0 = ________ mm

测量次数	1	2	3	4	5	6
末读数 d_i'/mm						

表 4.1-3　标尺刻度与对应拉力实验数据

m_0 = ________ kg，x_0 = ________ mm

序号 i	1	2	3	4	5	6	7	8	9	10
拉力绝对视值 m_i/kg										
加力过程标尺刻度 x_i/mm										
减力过程标尺刻度 x_i'/mm										
平均值$\bar{x}_i$/mm										

教师签名：__________

实验时沿此线剪下

实验 4.2 弹簧振子运动规律的实验研究

【引言】

物体在一定位置（此位置叫作平衡位置）附近的来回往复运动称为机械振动。振动是自然界中最普遍的一种运动形式，例如心脏的跳动、小提琴弦的颤动、地震、微风中树梢的摆动、摆的运动、气缸中活塞的运动等。振动也是微观分子、原子的基本运动形式，例如分子中的原子的振动、晶体中原子的振动等。这种运动的共同特征是在时间、空间上具有周期性。机械振动按振动规律的不同可分为简谐振动、非简谐振动、随机振动等。物体运动时，如果离开平衡位置的位移（或角位移）按余弦（或正弦）的规律随时间变化，这种运动称为简谐振动。简谐振动是最简单最基本的振动，任何复杂的振动都可以分解为一些简谐振动的叠加。许多实际的小振幅振动可以近似看成简谐振动，例如，图 4.2-1a 为一个三原子分子模型示意图，图 4.2-1b 为晶体中的原子模型示意图，原子可以在其平衡位置附近振动，它们之间就好像通过弹簧连接起来一样（本质上原子间的作用力是电作用力）。由于原子所进行的振动都是振幅非常小的微振动，可视为简谐振动。鉴于简谐振动如此基本和重要，本实验将通过对弹簧振子运动的实验观测与研究，获得对简谐振动的深入了解。

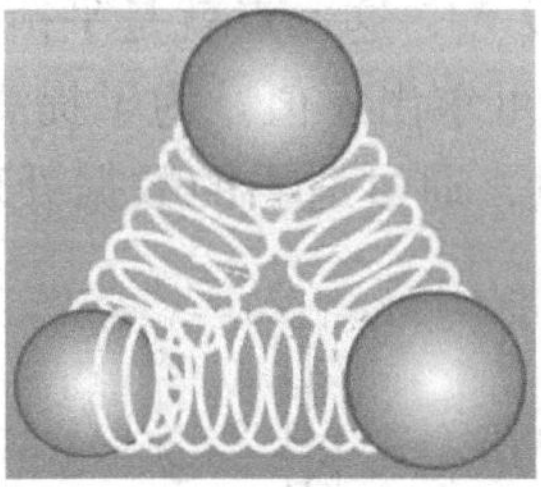

a)

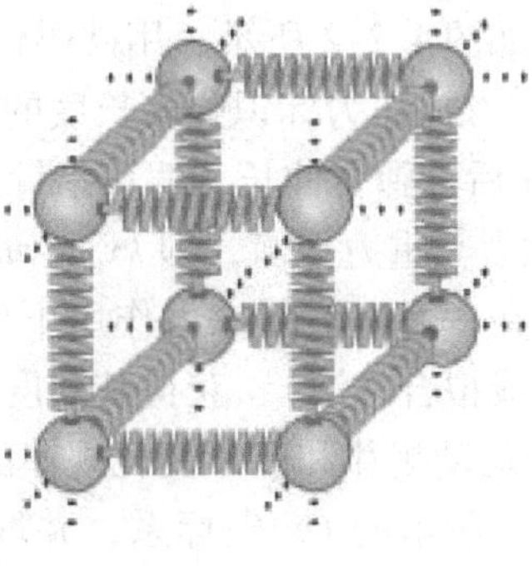

b)

图 4.2-1　分子、原子相互作用示意图

a）三原子分子模型　b）晶体中的原子模型

【实验目的】

1）通过本实验，学习和体验如何设计实验方案，用实验方法研究物理现象。

2）获得弹簧振子运动规律和能量转换规律，加深对简谐振动运动规律和能量变化规律的理解。

3）学习作图法，正确地做出实验曲线和对实验数据进行回归。

【实验仪器】

秒表，钩码（20g）（1 个），砝码（每个 20g）（5 个），支架和镜尺，劲度系数不同的弹簧（4 个），高速摄像机等。

【预习提示】

1）本实验的具体任务是用实验研究的方法研究弹簧振子的运动行为及规律。

2）实验的观测对象由一个弹簧和一个与其连接在一起的小物体组成。当弹簧质量比小物体质量小很多，可以忽略不计，小物体可以近似视为质点并可忽略摩擦力时，这个体系就叫作弹簧振子，小物体即是振子。弹簧振子是一种理想化模型，忽略了摩擦力和弹簧质量，这种忽略次要因素，突出主要因素的方法，即理想化的科学方法在物理学中经常用到。弹簧振子的运动是周期性的简谐振动，弹簧振子的振动周期与弹簧劲度系数 k、振子质量 m 都有关系，请思考如何设计实验方案来找出这些物理量之间的相互影响关系。

3）如何计算弹簧振子的势能、动能和机械能？

【实验原理】

1. 弹簧劲度系数 k 的测量

在弹性限度内，弹簧的伸长量 x 与所受的拉力 F 成正比，即

$$F=kx \tag{4.2-1}$$

这就是胡克定律，比例系数 k 就是弹簧的劲度系数，它与材料的性质及形状有关。

根据胡克定律，测量出弹簧的伸长量 x 及对应的弹簧所受拉力 F，就可以通过式（4.2-1）计算得到弹簧的劲度系数。

本实验装置如图 4.2-2 所示，用砝码作为振子，取弹簧振子上的某一点（不能取砝码的上表面，为什么?）作为标识弹簧长度的指针 P。设弹簧未悬挂砝码 m 时，其指针 P 位于 O' 处。挂上 m 后，弹簧伸长，假设指针静止于 O 点，这一点就是平衡点，此时作用于砝码 m 上的弹性力与重力平衡，即 $kx_0=mg$，由此可求出 k 值。为了提高测量的准确度，可以测量出弹簧在一系列不同拉力作用下的伸长量，通过适当的数据处理（如用作图法求直线斜率或直线拟合方法），获得其劲度系数。

2. 弹簧振子运动规律和能量变化规律的研究

取如图 4.2-2 所示的 Ox 坐标系，并取 O 点为弹性势能和重力势能的零点，测量振子在一个周期内不同时刻的位置，该位置就是振子偏离平衡位置的位移。对这些实验数据进行处理，就可以得到振子位移与时间的关系，即振子运动方程。若振子的位移随时间是呈余弦（或正弦）规律变化的，我们就可以确认弹簧振子的振动为简谐振动。

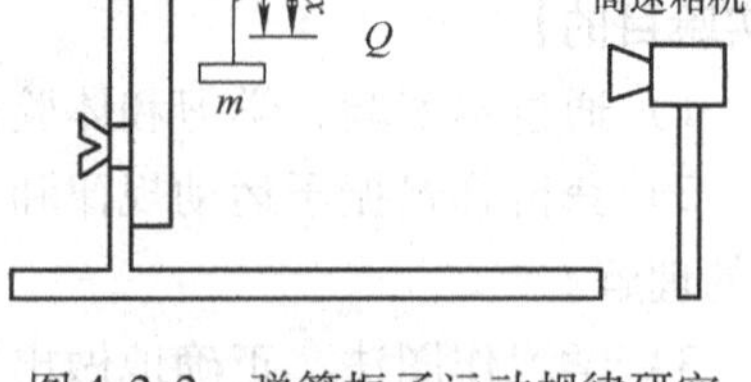

图 4.2-2 弹簧振子运动规律研究实验装置示意图

基于振子位移与时间的实验数据，我们还可以计算得到一个周期内不同时刻不同位移时振子的速度和加速度，进而获得振子在一个周期内受力随时间的变化规律，动能、势能和机械能随时间的变化规律，动能和势能的相互转化以及一个周期内振子的平均动能、平均势能等，使我们获得对简谐振动的深刻理解。

3. 弹簧振子振动周期与弹簧劲度系数和振子质量的关系

弹簧振子的运动是周期运动，可以通过实验测量振动周期。振子质量和弹簧劲度系数都会影响振动周期，如何通过实验观测研究它们之间的关系？物理学中对于多因素（多变量）的问题，常常采用控制因素（变量）的方法，把多因素的问题变成多个单因素的问题，只改变其中的某一个因素，从而研究这个因素对事物的影响，各个因素分别加以研究，最后再综合分析，获得这些物理量之间的相互影响规律，这种方法叫作**控制变量法**。控制变量法是科学探究中的重要思想方法，已广泛运用于各种科学探索和科学实验研究之中。在振动周期与弹簧劲度系数和振子质量的关系研究中，观测方法是固定某一个因素如弹簧劲度系数 k 不变，令另一个因素振子质量 m 依次变化，从而找出振动周期 T 随 m 的变化关系。然后固定 m，改变 k，观察 T 随 k 的变化规律。最后，综合分析实验数据，找出振动周期与振子质量和弹簧劲度系数之间关系的经验公式。

【实验内容与测量】

1. 测量弹簧劲度系数 k

将所用弹簧由粗到细依次编号，分别为 $1^{\#}$弹簧、$2^{\#}$弹簧、$3^{\#}$弹簧和 $4^{\#}$弹簧，选取如图 4.2-2 所示的坐标系，逐次测量指针位置。实验中使用镜尺测量指针的位置，为了消除视差，测量时应使眼、指针和指针在镜内的像三者在一条直线上，即指针与其像重合时读数。读数时应估读到最小分度的 1/10 左右。按表 4.2-1 增加（或减少）砝码，测出对应的指针位置 x，记入表内（为什么要设计增加砝码测量过程和减少砝码测量过程？在增加或减少砝码测量过程中，可不可以中途倒转？）。测量前应检查指针位置变化范围是否超出镜尺测量范围，如超出，可调节弹簧挂钩位置。

2. 弹簧振子运动规律和能量变化规律研究实验

选取一根弹簧和适当砝码质量，用高速摄像机拍摄弹簧振子振动过程。

3. 弹簧振子振动周期与弹簧劲度系数和振子质量关系实验

（1）观察振动振幅对振动周期的影响　选取一根弹簧和适当砝码质量，测量不同振幅下弹簧振子振动 50 个周期的时间，观察振动振幅对振动周期的影响。

（2）测量不同质量砝码挂在同一弹簧下时的振动周期　为了寻求周期 T 和质量 m 及劲度系数 k 之间的关系，可以先固定一个因素不变，找出周期与另外一个因素之间的关系，然后再研究周期与其他因素的关系。我们先固定弹簧的劲度系数不变，即用同一个弹簧。一般说来，为了研究某一个因素的影响，这个因素应取不少于 3 ~ 5 个不同的值。由此，我们设计了表 4.2-2 的实验测量方案，任选一个弹簧，按数据表 4.2-2 测量并记录数据。

（3）测量相同质量砝码挂在不同弹簧下时的振动周期　固定砝码质量 m 不变，改变弹簧的劲度系数，即使用不同的弹簧，测出弹簧在悬挂相同质量时的振动周期，按数据表 4.2-3 测量并记录数据。

【数据处理与分析】

注意：在开始作图之前，先复习第 2 章 2.6.2 节“用作图法处理实验数据”和 2.7 节“实验数据的直线拟合”。

1. 求弹簧劲度系数 k

（1）用作图法求 k 值　用一张八开坐标纸，以砝码质量 m（g）为纵坐标，以弹簧的指示位置 x（cm）为横坐标，根据数据表4.2-1中的实验数据，在坐标纸上标出各实验数据点，作直线，每条直线上要标明弹簧的编号。

由式（4.2-1）可知，k 是 mg 和位移 x 的关系直线的斜率，可从直线上求得 k 值。方法是在直线上靠近两端各取一点（注意应是直线上的两点而不是原始数据的实验点），将其坐标值（x，mg）标注在点旁，则

$$k=\frac{\Delta m}{\Delta x}\cdot g=\frac{|m_A-m_B|}{|x_A-x_B|}\cdot g\ (\mathrm{N/m}) \tag{4.2-2}$$

k 值要用有效数字正确表示。

（选做）（2）用实验数据直线拟合求 k 值　以砝码质量 m(g) 为纵坐标，以弹簧的指示位置 x(cm) 为横坐标，用最小二乘法进行拟合，并计算直线斜率，进而计算劲度系数 k。

2. 弹簧振子运动规律和能量变化规律的研究

对用高速摄像机拍摄的弹簧振子振动过程视频进行图像分析，获得振子位移与时间的实验数据，通过数据拟合获得振子运动方程。

基于振子位移与时间关系的实验数据，得到一个周期内振子的速度、加速度、振子受力以及动能、势能和机械能的变化曲线，计算一个周期内振子的平均动能、平均势能，为后续的综合分析做好数据方面的准备。

3. 弹簧振子振动周期与弹簧劲度系数和振子质量的关系

为了分析周期 T 与振子质量 m 和劲度系数 k 之间的关系，分别画出周期 T 与振子质量 m 的关系曲线、周期 T 和劲度系数 k 的关系曲线。可以发现，这些关系曲线不是直线，所以不容易找出周期 T 与振子质量 m、周期 T 和劲度系数 k 之间的经验函数关系。为了寻找实验规律或经验公式，我们常常将曲线直线化。这里为了减轻同学的负担，提示：①用周期 T 与振子质量的平方根 $\sqrt{m}$ 来作图；②用周期 T 与 $1/\sqrt{k}$ 来作图；③进行数据拟合，获得 T 与 m 以及 T 与 k 之间的经验关系式。

【讨论】

1）分析讨论弹簧振子的运动规律和能量变化规律。

2）综合分析弹簧振子振动周期 T 与弹簧劲度系数 k 和振子质量 m 之间的关系，并与相关理论研究进行比较。

3）讨论其他自己感兴趣的问题。

【结论】

写出通过本实验的研究，你得到的主要结论。

【研究性题目】

1）在实验过程中，常常发现弹簧振子的振动偏离垂直方向。试设计实验方案，研究这种偏离对弹簧振子周期的影响。

2）设计实验方案，研究弹簧质量对弹簧振子振动周期的影响。

【思考题】

1）在测量弹簧劲度系数 k 时，加砝码前，平衡位置可以和镜尺的“0”点对齐，也可以任意，都不影响用作图法求 k 值，为什么？

2）当用作图法求 k 值时，能否在直线上只取一个点？什么情况下可以？什么情况下不可以？

3）当在利用表 4.2-2、表 4.2-3 计算周期时，周期的有效位数应如何选取？

【参考文献】

[1] Hugh D Young, Roger A Freedman, contributing author, A Lewis Ford. Sears & Zemansky's University Physics: with modern physics [M]. 4th ed. San Francisco: Addison - Wesley, 2012: 557.

[2] 张师平，闫丹，杨金光，等．高速相机在弹簧振子实验中的应用 [J]．物理与工程：增刊，2014：131 - 133.

【数据表格】

实验者信息:

专业班级: ________ 学号: ________ 姓名: ________同组人姓名: ________

表 4.2-1　弹簧劲度系数测量

振子质量/g			20.00	40.00	60.00	80.00	100.00
1#弹簧	指针位置/cm	加砝码					
		减砝码					
		平均值					
2#弹簧	指针位置/cm	加砝码					
		减砝码					
		平均值					
3#弹簧	指针位置/cm	加砝码					
		减砝码					
		平均值					
4#弹簧	指针位置/cm	加砝码					
		减砝码					
		平均值					

表 4.2-2　砝码质量对弹簧振动周期的影响

弹簧编号________#

振子质量/g		60.00	80.00	100.00	120.00
振动时间/s 50 次	1				
	2				
	平均值				
周期 T/s					

表 4.2-3　弹簧劲度系数对弹簧振动周期的影响

砝码质量 $m=100.00$g

弹簧编号		1#弹簧	2#弹簧	3#弹簧
振动时间/s 50 次	1			
	2			
	平均值			
周期 T/s				
k/(N/m)				

教师签名: ________

实验时沿此线剪下

实验 4.3　用扭摆法测量物体的转动惯量

【引言】

转动惯量是刚体转动时惯性大小的量度，是表征刚体特性的一个物理量。刚体的转动惯量除了与物体质量有关外，还与转轴的位置和质量分布（即物体的形状、大小和密度分布）有关。转动惯量是研究、设计和控制转动物体运动的重要参数，如设计电机转子、钟表摆轮、机械零件等和控制、发射导弹、卫星及枪弹等。如果刚体形状简单，且质量分布均匀，可以利用积分 $\int_V r^2 \mathrm{d}m$ 直接计算出刚体绕特定转轴的转动惯量。对于形状复杂、质量分布不均匀的刚体，计算将会很复杂，通常采用实验测定的方法来得到。因此，掌握刚体转动惯量的测定方法具有重要的实际意义。

【实验目的】

1）学习用扭摆测定刚体转动惯量的方法。

2）测定几种规则形状物体的转动惯量，并与理论值进行比较，考查所用实验装置的可靠性和准确性。

3）验证转动惯量平行轴定理。

【实验仪器】

扭摆、塑料圆柱体、金属空心圆筒、实心圆球、金属细长杆、两个可以在金属细长杆上滑动的空心圆柱滑块。

ZG－2 转动惯量周期测定仪，测时精度 0.01s。

DJ2000A 型电子天平，称量 2000g，分度值 0.1g。

游标卡尺、卷尺等。

【预习提示】

1）怎样用扭摆测定刚体的转动惯量？需要测量哪些物理量？列出主要实验步骤。

2）怎样测出所用扭摆弹簧的扭转常数？列出主要实验步骤，写出计算公式。

3）怎样验证转动惯量平行轴定理？

4）阅读实验 4.1 中有关千分尺、游标卡尺的原理与使用方面的内容。

【实验原理】

1. 用扭摆测量物体转动惯量

对于转动惯量的测量，一般是使刚体以一定形式运动，通过这种运动的特征物理量与转动惯量之间的关系，将转动惯量的测量转换为对这种运动的特征物理量的测量，即通过转换测量得到物体的转动惯量。本实验是使物体做扭摆运动，通过测量摆动周期得到物体的转动惯量。

扭摆构造如图 4.3-1 所示。在垂直轴（1）的下半部装有一个薄片状螺旋弹簧（2），用以产生恢复力矩，在轴的上半部可以装上各种待测物体。垂直轴与支座间装有轴承，使摩擦力矩尽可能降低。

将物体在水平面内转过 θ 角度后，在弹簧的恢复力矩作用下，物体就开始绕垂直轴做往返扭转运动。根据胡克定律，弹簧受扭转而产生的恢复力矩 M 与所转过的角度 θ 成正比，即

$$M = -K\theta \tag{4.3-1}$$

式中，K 为弹簧的扭转常数。另一方面，根据刚体定轴转动定律，

$$M = I\beta \tag{4.3-2}$$

式中，I 为物体绕转轴的转动惯量；β 为角加速度。由式（4.3-2）得

$$\beta = \frac{M}{I} \tag{4.3-3}$$

令 $\omega^2 = \frac{K}{I}$，并忽略轴承的摩擦阻力矩，由式（4.3-1）与式（4.3-2）可得

$$\beta = \frac{\mathrm{d}^2\theta}{\mathrm{d}t^2} = -\frac{K}{I}\theta = -\omega^2\theta \tag{4.3-4}$$

式（4.3-4）表明，扭摆运动具有角简谐振动的特性，即角加速度与角位移成正比，且方向相反。此方程的解为

$$\theta = A\cos(\omega t + \varphi) \tag{4.3-5}$$

式中，A 为简谐振动的角振幅；φ 为初相位角；ω 为角速度。此简谐振动的周期为

$$T = \frac{2\pi}{\omega} = 2\pi\sqrt{\frac{I}{K}} \tag{4.3-6}$$

测得扭摆摆动周期后，利用式（4.3-6），在 I 和 K 中任何一个量已知时，即可计算出另一个量。

本实验中，首先使用一个几何形状规则的物体（其转动惯量可以根据物体质量和几何尺寸用理论公式计算得到）测量计算出仪器弹簧的扭转常数 K 值。测定其他物体的转动惯量时，只需将待测物体安放在仪器顶部的各种夹具上，测定摆动周期，由式（4.3-6）即可算出物体绕转动轴的转动惯量。

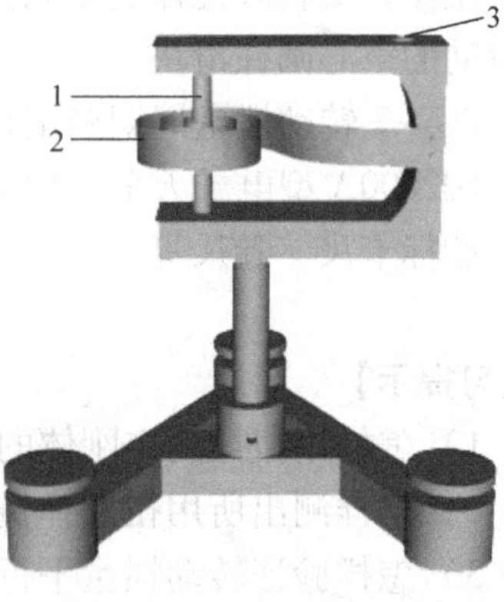

图 4.3-1　扭摆构造图

1—垂直轴　2—弹簧　3—水准泡

2. 弹簧扭转常数 K 的测定

将一个几何形状规则的物体（例如圆柱体）放在金属载物圆盘上。设 I_0 为金属载物圆盘绕转轴的转动惯量，I_1' 为物体绕转轴的转动惯量的理论值，T_0 为测得的金属载物圆盘的摆动周期，T_1 为物体放在金属载物圆盘上时测得的摆动周期，由式（4.3-6）得

$$\frac{T_0}{T_1} = \frac{\sqrt{I_0}}{\sqrt{I_0 + I_1'}} \tag{4.3-7}$$

或

$$\frac{I_0}{I_1'}=\frac{T_0^2}{T_1^2-T_0^2} \tag{4.3-8}$$

则弹簧扭转常数

$$K=4\pi^2\frac{I_1'}{T_1^2-T_0^2} \tag{4.3-9}$$

3. 刚体转动惯量平行轴定理

对于不同的转轴，同一刚体的转动惯量不同。刚体转动惯量平行轴定理描述了一个刚体对不同的轴的转动惯量之间的一般关系：以 m 表示刚体的质量，以 I_C 表示它通过其质心 C 的轴的转动惯量，若另一个轴与此轴平行并且相距为 d，则此刚体对于后一轴的转动惯量为

$$I=I_C+md^2 \tag{4.3-10}$$

【实验内容与测量】

实验内容：

1）熟悉扭摆的构造和使用方法，掌握周期测定仪的正确使用要领。

2）测定扭摆的仪器常数（弹簧的扭转常数）K。

3）测定塑料圆柱、金属圆筒、球体与金属细长杆的转动惯量，并与理论计算值进行比较，求百分差$\left(\text{百分差}=\dfrac{\text{测量值}-\text{理论值}}{\text{理论值}}\times 100\%\right)$。

4）改变滑块在细长杆上的位置，验证转动惯量平行轴定律。

实验步骤：

1）用游标卡尺分别测出塑料圆柱体的直径，金属圆筒的内、外径，球体直径（各测量 3 次）；用卷尺测量金属细长杆的长度（测量 3 次）；用天平称出塑料圆柱体、金属圆筒、球体和金属细杆的质量（各测量 1 次）。测量球体和金属细杆的质量时注意要将支架取下，否则会带来很大误差。实验数据记录表格可参考表 4.3-1。

2）调整扭摆基座底脚螺钉，使水准泡中气泡居中。

3）装上金属载物盘，调整光电探头的位置，使载物盘上挡光杆处于其缺口中央，且能遮住发射、接收红外光线的小孔，测定金属载物盘摆动 10 个周期所用的时间 3 次，然后以平均值计算摆动周期$\overline{T_0}$。

4）将塑料圆柱体垂直放在载物盘上，测定塑料圆柱体摆动 10 个周期所用的时间 3 次，然后以平均值计算摆动周期$\overline{T_1}$，由圆柱体的转动惯量理论计算公式 $I_1'=\dfrac{1}{8}m\,\overline{D}_1^2$ 计算圆柱体的转动惯量理论值，将$\overline{T_0}$、$\overline{T_1}$和 I_1'代入 $K=4\pi^2\dfrac{I_1'}{\overline{T}_1^2-\overline{T}_0^2}$和 $I_0=\dfrac{I_1'\overline{T}_0^2}{\overline{T}_1^2-\overline{T}_0^2}$分别得到扭摆的仪器常数（弹簧的扭转常数）$K$ 和金属载物盘的转动惯量实验测量值 I_0。

5）用金属圆筒代替塑料圆柱体，用与上面相同的方法测出摆动周期$\overline{T_2}$，得到金属圆筒的转动惯量实验测量值。

6）取下金属载物盘，装上球支座和球体，用与上面相同的方法测出摆动周期$\overline{T_3}$，得到实心球的转动惯量实验测量值。

7）取下球体，装上细杆夹具和金属细杆（金属细杆中心必须与转轴中心重合），用与上面相同的方法测出摆动周期$\overline{T_4}$，得到金属细杆的转动惯量实验测量值。

8）将两个滑块对称地卡在细杆两边的凹槽处，使滑块的质心离转轴的距离分别为5.0cm，10.0cm，15.0cm，20.0cm，测定10个摆动周期时间3次，验证平行轴定理，实验数据记录表格可参考表4.3-2。

【实验事项】

1）弹簧扭转常数K不是固定常数，与摆动角度略有关系，摆角在40°～90°间基本相同。为了降低实验时由于摆角变化过大带来的系统误差，在测定各个物体的摆动周期时，摆角不宜过小，摆幅变化不宜过大，且整个实验中摆角基本保持在这一范围。

2）光电探头宜放置在挡光杆的平衡位置处，挡光杆不能和它相接触，以免增大摩擦力矩。

3）机座应保持水平状态。

4）摆动期间，被测物体与载物盘之间、载物盘与垂直轴之间都不能有相对滑动。若发现摆动时有响声或摆动数次后摆角明显减少，应将止动螺钉旋紧。

【讨论】

1）根据实验结果，对所用实验装置测量的可靠性和准确性进行评价。

2）用扭摆法测量刚体的转动惯量时，产生误差的主要因素有哪些？

3）表4.3-1和表4.3-2中各物理量在计算时有效位数应如何选取？

【结论】

通过对实验现象和实验结果的分析，你能得到什么结论？

【研究性题目】

1）尝试测出细杆支架和球支座的转动惯量，研究忽略细杆支架和球支座转动惯量时，对测出的物体转动惯量值的影响。

2）设计实验方案，研究摆动角度对弹簧扭转常数K的影响。

3）除了教材中给出的验证平行轴定理的实验方案，你还可以设计出其他方案吗？

【参考文献】

［1］上海同济科教技术物资有限公司 . ZG－2型转动惯量测定仪说明书 . 2011.

【补充材料4.3-1】ZG－2转动惯量周期测定仪

ZG－2转动惯量周期测定仪是一种数字计时器，由主机和光电探头两部分组成。用光电探头来检测挡光杆是否挡光，根据挡光次数自动判断是否已达到所设定的周期数。周期数可设定为5次或10次。

光电探头由红外发射管和红外接收管组成。虽然人眼无法直接观察仪器是否工作正常，但可用纸片遮挡光电探头间隙部位，检查计时器是否开始计时和达到预定次数时停止计时，以及按下“复位”按钮时仪器是否显示“0000”等。为防止过强光线对光电探头的影响，光电探头不能放置在强光下。

【补充材料 4.3-2】DJ2000A 型电子天平操作方法

1. 开机

接通电源，打开$\frac{\text{ON}}{\text{OFF}}$开关，显示窗显示“0.0g”，通电预热 20～30min。刚开机时显示有所漂移属正常现象，预热后即可稳定。

2. 回零

如果在空称台情况下显示偏离零点，按“去皮”（T）键使显示回到零点。

3. 校正

如天平已较长时间未使用，应对天平进行校正。首先在空称台情况下使天平充分预热（20～30min），然后在显示零点的情况下按“校正”（P）键，使显示窗出现“CAL”进入校正状态，再将标准砝码放在天平的秤盘上，待稳定后天平显示标准砝码重量符号“g”后校正即告完毕。如按“校正”（P）键显示“CALF”，则表示零点不稳定，可重新按“去皮”（T）键使显示回到零点，再按“校正”（P）键进行校正。

天平必须放在平坦、稳定的平台上（天平底壳有四脚可调整水平，以天平上水准泡为准）。电子天平为精密仪器，称重时物件应小心轻放。如被称物件重量超过天平称量范围，天平将显示“F－H”以示警告，属正常现象。

4. DJ2000A 型电子天平功能键

T—回零/去皮键

F—单位转换键

S—计数功能键

P—校准键

$\frac{\text{ON}}{\text{OFF}}$—开关键

【数据表格】

实验者信息：

专业班级：__________ 学号：__________ 姓名：__________同组人姓名：__________

表 4.3-1　转动惯量测量数据表

物体名称	质量/kg	几何尺寸/(10^{-2}m)		周期/s		物体名称	质量/kg	几何尺寸/(10^{-2}m)		周期/s	
金属载物盘	—	—		$10T_0$		金属圆筒		$D_{外}$		$10T_2$	
				$\overline{T_0}$				$\overline{D}_{外}$			
塑料圆柱		D_1		$10T_1$				$D_{内}$			
		$\overline{D_1}$		$\overline{T_1}$				$\overline{D}_{内}$		$\overline{T_2}$	
实心球		D_3		$10T_3$		金属细杆		L		$10T_4$	
		$\overline{D_3}$		$\overline{T_3}$				$\overline{L}$		$\overline{T_4}$	

注：细杆支架及球体支座的转动惯量很小，此处忽略。

圆柱体的转动惯量理论计算公式为：$I'_1 = \frac{1}{8}m\,\overline{D}_1^2$

圆筒的转动惯量理论计算公式为：$I'_2 = \frac{1}{8}m\ (\overline{D}_{外}^2 + \overline{D}_{内}^2)$

实心球转动惯量理论计算公式为：$I'_3 = \frac{1}{10}m\,\overline{D}_3^2$

金属细杆转动惯量理论计算公式为：$I'_4 = \frac{1}{12}m\,\overline{L}^2$

表 4.3-2　验证转动惯量平行轴定理

滑块参数：$m_{滑}$ =　　　g，$D_{滑外}$ =　　　cm，$D_{滑内}$ =　　　cm，$H_{滑}$ =　　　cm

X/(10^{-2}m)	5.00	10.00	15.00	20.00
10 个摆动周期 $10T$/s				
摆动周期 $\overline{T}$/s				

注：1. 小滑块绕通过质心的转轴的转动惯量理论计算公式为

$$I'_5 = \frac{1}{16}m_{滑}\ (D_{滑外}^2 + D_{滑内}^2) + \frac{1}{12}m_{滑}\ H_{滑}^2$$

2. 滑块参数测一个滑块即可。

教师签名：__________

实验时沿此线剪下

实验 4.4　空气比热容比的测定

【引言】

气体的摩尔定压热容 $C_{p,\mathrm{m}}$和摩尔定容热容 $C_{V,\mathrm{m}}$之比称为气体比热容比 γ（绝热指数），它是一个重要的热力学量，在热力学理论及工程技术应用中起着重要的作用。例如，理想气体绝热过程方程可以表示为 $pV^{\gamma}=$常量，这一过程方程被广泛用于循环过程和热机效率的研究。声传播是绝热的，其传播速度 $v=\sqrt{\dfrac{\gamma p}{\rho}}$（其中 p 为气体压强，ρ 为气体密度），可见，γ 影响声波的速率。理想气体比热容比 γ 还与分子自由度 f 有关，$\gamma=\dfrac{f+2}{f}$。单原子分子有 3 个自由度，$\gamma=\dfrac{5}{3}\approx 1.67$；常温下双原子分子有 3 个平动自由度和 2 个转动自由度（振动自由度需在高温下才能激发），$\gamma=\dfrac{7}{5}\approx 1.4$。实验表明，气体摩尔定压热容 $C_{p,\mathrm{m}}$、摩尔定容热容 $C_{V,\mathrm{m}}$和比热容比 γ 都与温度有关。量子理论告诉我们，分子转动能和振动能都是量子化的，只有达到一定温度时，转动自由度和振动自由度才能解冻，从而对热容有贡献。因此，我们也可以根据 γ 的数值推断所研究的气体分子有哪些自由度被激发。

本实验将采用绝热膨胀法测定空气比热容比。

【实验目的】

1）用绝热膨胀法测量空气的比热容比。

2）观测热力学过程中系统的状态变化及基本物理规律。

3）学习压力传感器和电流型集成温度传感器（AD590）的原理及使用方法。

【实验仪器】

FD－NCD－Ⅱ型空气比热容比测定仪，包括储气瓶（玻璃瓶、进气阀、放气阀、橡皮塞、打气球）、压力传感器及电缆、温度传感器（AD590）及电缆、数字电压表等。

【预习提示】

1）测量空气比热容比所涉及的热力学过程是什么？基本计算公式是什么？需要测量哪些物理量？

2）了解测量空气比热容比的装置中压力传感器和温度传感器的工作原理。

3）了解测量空气比热容比的基本实验步骤。

【实验原理】

1. 测量空气比热容比的原理

理想气体在准静态绝热过程中，其状态参量压强 p，体积 V 和温度 T 遵守绝热过程方程，$pV^{\gamma}=$常量。其摩尔定压热容 $C_{p,\mathrm{m}}$和摩尔定容热容 $C_{V,\mathrm{m}}$的关系为

$$C_{p,\mathrm{m}} - C_{V,\mathrm{m}} = R \tag{4.4-1}$$

$$\gamma = \frac{C_{p,\mathrm{m}}}{C_{V,\mathrm{m}}} \tag{4.4-2}$$

式中 R 为摩尔气体常数；γ 为气体比热容比。

实验装置如图 4.4-1 所示，将储气瓶内空气作为欲研究的热力学系统。实验过程如下：

1）打开放气阀 C_2，储气瓶与大气相通，再关闭 C_2，储气瓶内充满与周围外界空气同温同压的气体。p_0为外界空气的压强，T_0为外界空气的温度。

2）打开充气阀 C_1，用充气球向瓶内快速充气。充入一定量的气体后关闭充气阀 C_1。充气过程中，瓶内空气被压缩，压强增大，温度升高。充气过程结束后，瓶内气体即刻经历等容放热过程，最终达到稳定态，即瓶内气体温度稳定（与外界空气温度平衡），此时气体处于状态Ⅰ（p_1，V_1，T_0）。

3）迅速打开放气阀 C_2，使瓶内气体与大气相通，立刻有部分气体喷出，当瓶内压强降至 p_0时，立刻关闭放气阀 C_2。由于放气过程较快，瓶内气体来不及与外界进行热交换，可以近似认为这是一个绝热膨胀过程。在此过程后，瓶中保留的气体由状态Ⅰ（p_1，V_1，T_0）变为状态Ⅱ（p_0，V_2，T_1）。V_2为储气瓶体积，V_1为保留在瓶中的这部分气体在状态Ⅰ（p_1，T_0）时的体积。

4）关闭放气阀 C_2后，由于瓶内气体温度 T_1低于室温 T_0，气体将从外界吸热直至达到室温 T_0，此时瓶内气体的体积仍为 V_2，但压强升高至 p_2，即气体由状态Ⅱ经历一个等容吸热过程，最终达到稳定状态Ⅲ（p_2，V_2，T_0）。

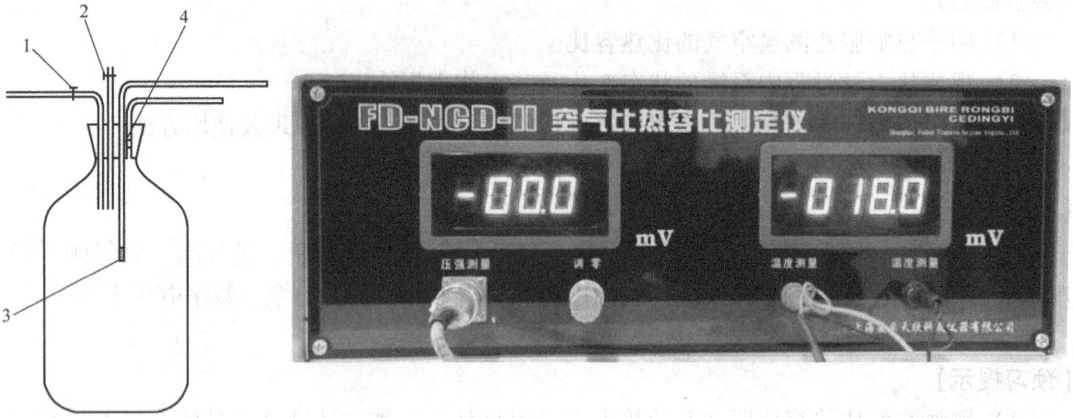

a)　　b)

图 4.4-1　实验装置

a）示意图　b）仪器前面板

1—进气阀 C_1　2—放气阀 C_2　3—电流型集成温度传感器（AD590）　4—扩散硅压力传感器

根据上述实验过程，可以画出由Ⅰ→Ⅱ→Ⅲ气体状态变化的 $p-V$ 图，如图 4.4-2 所示。

对于图 4.4-2 所示热力学过程，我们可以得到如下关系：

Ⅰ→Ⅱ是绝热过程，由绝热过程方程得

$$\left(\frac{p_1}{p_0}\right)^{\gamma-1}=\left(\frac{T_0}{T_1}\right)^{\gamma} \tag{4.4-3}$$

Ⅱ→Ⅲ是等容过程，由等容过程方程得

$$\frac{p_2}{T_0}=\frac{p_0}{T_1} \tag{4.4-4}$$

由式（4.4-3）、式（4.4-4）得

$$\left(\frac{p_1}{p_0}\right)^{\gamma-1}=\left(\frac{p_2}{p_0}\right)^{\gamma} \tag{4.4-5}$$

则

$$\gamma=\frac{\ln p_1-\ln p_0}{\ln p_1-\ln p_2} \tag{4.4-6}$$

因此，只要测出 p_0、p_1、p_2，即可求出气体比热容比 γ。

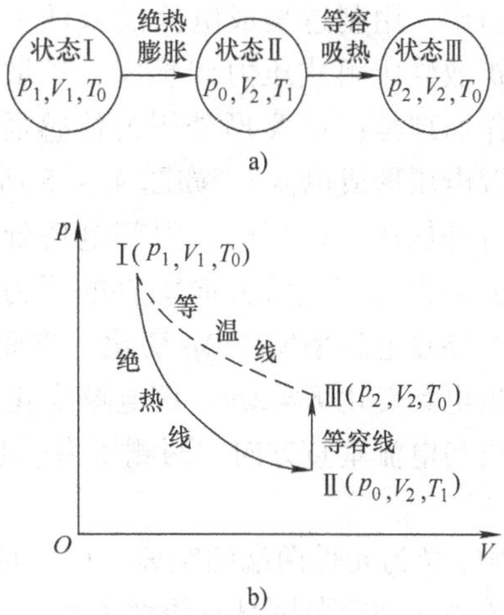

图 4.4-2　气体状态变化

a）状态变化过程　b）$p-V$ 图

2. AD590 电流型集成温度传感器

AD590 是一种常用电流型集成温度传感器，测温灵敏度为 1μA/℃，测温范围为 -50 ~ 150℃。AD590 温度传感器外观和工作特性曲线如图 4.4-3 所示，当施加 +4 ~ +30V 电压时，输出电流稳定不变，因而可以起到恒流源的作用。在本实验中，我们将 AD590 与 6V 直流电源连接组成一个恒流源，如图 4.4-4 所示，串接 5kΩ 电阻，从而可产生 5mV/℃的电压信号，即测量灵敏度 S 为 5mV/℃，接 0 ~ 1.9999V 量程四位半数字电压表，可检测到最小 0.02℃温度变化。图 4.4-4 所示的测温电路已内置于仪器中，实验时只需将测温探头与仪器面板测温接线柱直接相连。

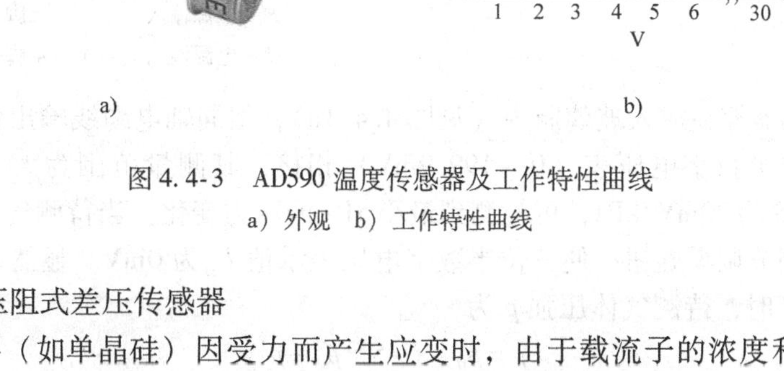

图 4.4-3　AD590 温度传感器及工作特性曲线

a）外观　b）工作特性曲线

3. 扩散硅压阻式差压传感器

半导体材料（如单晶硅）因受力而产生应变时，由于载流子的浓度和迁移率的变化而导致电阻率发生变化的现象称为**压阻效应**。扩散硅压力传感器就是利用半导体压阻效应制成的。摩托罗拉公司设计出的 X 形硅压力传感器结构如图 4.4-5 所示，用扩散或离子注入法在单晶硅膜片表面形成 4 个阻值相等的电阻条，将它们连接成惠斯通电桥，在 AB 方向连接一个恒定电压源（或电流源），CD 方向为电桥输出端。将电桥的电源端和输出端引出，用制造集成电路的方法封装起来，就制成了扩散硅压阻式压力传感器。扩散硅压力传感器的工作原理是：在 X 形硅压力传感器的一个方向上加偏置电压形成电流 i，如图 4.4-5 所示，当敏感芯片没有外加压力作用时，内部电桥处于平衡状态。当有剪切力（与电流方向垂直的压力）作用时，由于应变导致电阻率发生 $\Delta\rho$ 变化，进而在垂直电流方向产生电场变化 $E=\Delta\rho i$，该电场变化将引起电位变化，电桥失去平衡，在电桥输出端可得到由与电流垂直方向的两侧压力引起的输出电压 U_o，

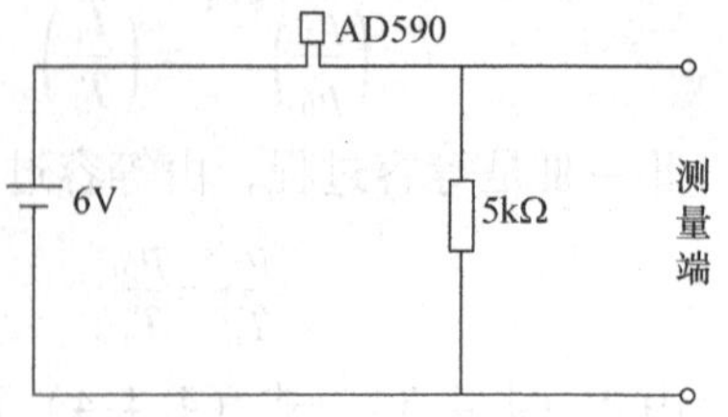

图 4.4-4 测温电路

$$U_o = dE = d\Delta\rho i \tag{4.4-7}$$

式中，d 为元件两端的距离。U_o与应变在一定范围呈线性变化关系。由此，输出电压 U_o 与压力在一定范围具有线性关系，从而可以通过测量输出电压 U_o推算出压力的大小。

在敏感芯片垂直电流方向施加的两个压力 p_1和 p_2对膜片产生的应力正好相反，因此，作用在膜片上的净压力是 $\Delta p = p_1 - p_2$，这样，传感器测量的实际上是两个压力的差压。

本实验采用扩散硅压阻差压传感器来测量玻璃瓶内气体的压强。图 4.4-6 为差压传感器外形图，我们将差压传感器 M 端与瓶内被测气体相连，N 端与大气相通。它显示的是容器内的气体压强大于容器外环境大气压的压强差值。

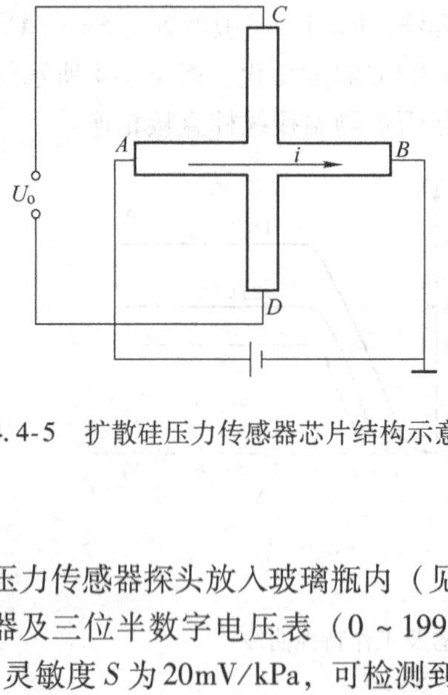

图 4.4-5 扩散硅压力传感器芯片结构示意图

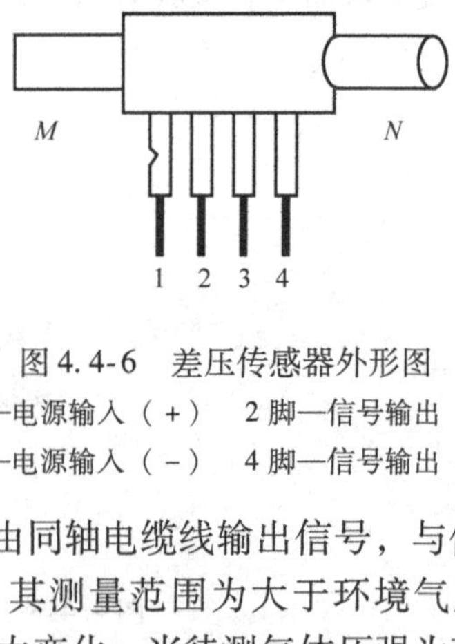

图 4.4-6 差压传感器外形图

1 脚—电源输入（+） 2 脚—信号输出（+）

3 脚—电源输入（-） 4 脚—信号输出（-）

将压力传感器探头放入玻璃瓶内（见图 4.4-1a），由同轴电缆线输出信号，与仪器内的放大器及三位半数字电压表（0 ~ 199.9mV）相接，其测量范围为大于环境气压 0 ~ 10kPa，灵敏度 S 为 20mV/kPa，可检测到最小 5Pa 的压力变化。当待测气体压强为环境大气压强 p_0时，调节调零旋钮，使三位半数字电压表示值 U_0 为 0mV。显然，当数字电压表显示的数值为 U 时，待测气体压强 p 为

$$p = p_0 + U/S = p_0 + p' \tag{4.4-8}$$

U 是压差为 $p' = p - p_0$时传感器的输出电压值。

根据式（4.4-8），实验中要测量的 p_1、p_2可表示为

$$p_1 = p_0 + U_1/S = p_0 + p_1' \tag{4.4-9}$$

$$p_2 = p_0 + U_2/S = p_0 + p_2' \tag{4.4-10}$$

考虑到 $p_1' \ll p_0$、$p_2' \ll p_0$，将式（4.4-5）改写为

$$\left(1+\frac{p_1'}{p_0}\right)^{\gamma-1}=\left(1+\frac{p_2'}{p_0}\right)^{\gamma} \tag{4.4-11}$$

进行泰勒级数展开，忽略二阶以上小量，得到

$$1+(\gamma-1)\frac{p_1'}{p_0}=1+\gamma\frac{p_2'}{p_0} \tag{4.4-12}$$

$$\gamma=\frac{p_1'}{p_1'-p_2'} \tag{4.4-13}$$

由此，只要测出状态Ⅰ和状态Ⅲ的气体压强相对于环境大气压强的变化 p_1' 和 p_2'，就可以求出气体比热容比 γ。

【实验测量与数据处理】

1）将压力传感器同轴电缆、温度传感器电缆分别连接至 FD－NCD－Ⅱ型空气比热容比测定仪前面板相应接口。AD590 的正负极请勿接错（红导线为正极、黑导线为负极）。开启活塞 C_2。开启电源，电子仪器预热 20min，然后用调零旋钮将用于测量空气压强的三位半数字电压表示值调为 0。用气压计测定环境大气压强，记为 p_0。

2）把阀 C_2 关闭，阀 C_1 打开，用打气球把空气稳定地徐徐打入储气瓶内，注意三位半数字电压表示值不能超过 200mV，充气结束时，关闭阀 C_1。当瓶内压强和温度均匀稳定时，用压力传感器和 AD590 温度传感器测量瓶内空气的压强和温度值（此时为室温 T_0），记录 p_1' 和 T_0 相应示值，将实验数据填入表 4.4-1 中。

3）突然打开阀 C_2，当储气瓶内空气压强降至环境大气压强 p_0 时（这时放气声消失），放气持续时间约为零点几秒，迅速关闭阀 C_2。由于数字电压表显示滞后，不要用数字电压表示数为零作为判断储气瓶内空气压强降至环境大气压强 p_0 的依据。

4）当储气瓶内空气的温度上升至室温时，测量储气瓶内气体压强，记录 p_2' 和相应温度示值 T_0'，将实验数据填入表 4.4-1 中。

5）把测得的瓶内气体压强值 p_1'，p_2' 代入式（4.4-13），计算出空气比热容比 γ。测量 10 组数据，求空气比热容比 γ 的平均值（也可以画出 $p_1' \sim p_1'-p_2'$ 关系图，用作图法或直线拟合求出 γ）。

【注意事项】

1）转动充气阀与放气阀的阀门时，一定要一手扶住玻璃阀座，另一只手转动阀，以免折断活塞把手。

2）按实验测量步骤（3）打开阀 C_2 放气时，当听到放气声结束应迅速关闭阀 C_2，提前或推迟关闭阀 C_2，都将影响实验结果，引入误差。

3）由于热学实验受外界环境因素，特别是温度的影响较大，测量过程中应随时留意环境温度的变化。测量时只要做到瓶内气体在放气前降低至某一温度，放气后又能回升到同一温度即可，这一温度不一定等于充气前的室温。

【讨论】

研究的热力学系统是指哪部分气体？分析讨论实验操作过程中，热力学系统经历了哪些过程。对实验结果进行评价。

【结论】

通过对实验现象和实验结果的分析，你能得到什么结论？

【研究性题目】

在实验中，使瓶内气体压强分别升高 1kPa、3kPa、5kPa 和 7kPa 左右，分别测量出对应的空气比热容比 γ。分析 p_1' 对所测量的空气比热容比 γ 的影响。

【思考题】

1）实验过程中温度变化的范围有多大？用普通温度计可否进行测量？

2）温度测量值在计算公式中并没有出现，你认为设置温度测量的意义何在？

【参考文献】

[1] 卢德馨．大学物理学［M］．2 版．北京：高等教育出版社，2003.

[2] 上海复旦科教仪器厂．FD－NCD－II 型空气比热容比测定仪说明书．2010.

【数据表格】

实验者信息：

专业班级：__________ 学号：__________ 姓名：__________同组人姓名：__________

表 4.4-1 比热容比测量数据表

序号	p'_1/mV	T_0/mV	p'_2/mV	T'_0/mV
1				
2				
3				
4				
5				
6				
7				
8				
9				
10				

实验时沿此线剪下

教师签名：__________

实验 4.5　液体表面张力系数的测量

【引言】

很多现象说明，液体的表面有如紧张的弹性薄膜，有收缩的趋势。例如，钢针放在水面上不会下沉，仅仅将液面压下，略见弯曲；荷叶上的小水珠和熔化的小滴焊锡都是球形的。液体表面上出现的这种向内收缩的力，称为表面张力，存在于极薄的表面层内，是表面层内分子力作用的结果。表面张力是影响多相体系的相间传质和反应的关键因素之一，是重要的液体物理性质。在液体表面上想象地画一根直线，直线两旁的液膜之间存在着相互作用的拉力，拉力的方向与所画的直线垂直，表面张力系数就是单位长度直线两旁液面的相互拉力，而从能量的角度来说，表面张力系数是单位表面的表面自由能。不同液体表面张力系数很不相同，一般来说，表面张力系数与液体的成分、温度、杂质等有关。

【实验目的】

1）用砝码对硅压阻力敏传感器进行定标，计算该传感器的灵敏度，学习传感器的定标方法。

2）观察拉脱法测液体表面张力的物理过程和物理现象，并用物理学基本概念和定律进行分析和研究，加深对物理规律的认识。

3）测量水和乙醇的表面张力系数。

4）测量不同浓度蔗糖水溶液的表面张力系数。

【实验仪器及样品】

FD－NST－I 液体表面张力系数测定仪、铝合金吊环、0.500g 砝码（七个）、砝码吊篮、镊子、游标卡尺、电吹风、水、乙醇和不同浓度蔗糖水溶液等。

【预习提示】

1）搞清楚用拉脱法测量液体表面张力系数的原理。

2）搞清楚实验过程与步骤。

【实验原理】

FD－NST－I 液体表面张力系数测量实验仪是一种拉脱法液体表面张力系数测量仪，实验装置如图 4.5-1 所示，主要由硅压阻力敏传感器（又称半导体应变计）、数字电压表、支架与金属圆形吊环、砝码等组成。

如图 4.5-1 所示，把一个金属圆形吊环固定在力敏传感器上。将该圆环浸没于液体中，然后缓慢地拉起使其脱离液面。在圆环脱离液面瞬间，力敏传感器所受到的拉力 F_1 为圆环所受到的液体表面张力与重力之和。假设圆环与液体接触角为零，根据表面张力系数的定义，此时圆环所受到的液体表面张力可以写为 $\alpha \cdot \pi (D_1 + D_2)$，其中 D_1、D_2 分别为圆环外径和内径，α 为液体表面张力系数。而圆环所受到的重力为 mg，其中 m 为圆环

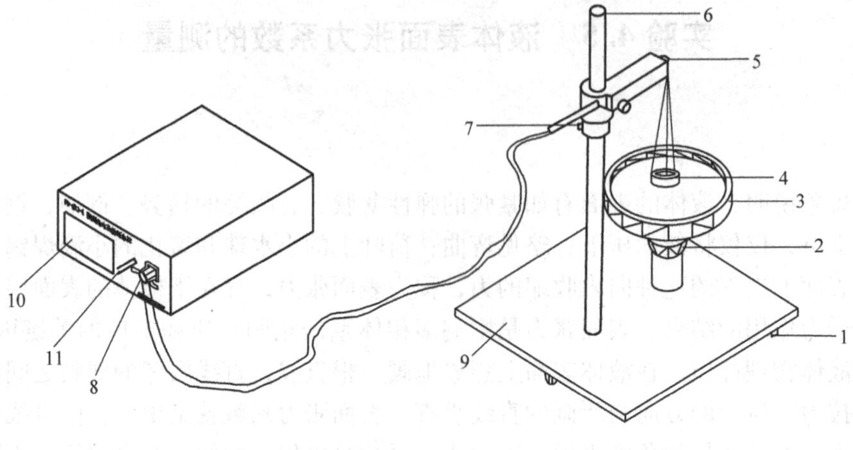

图4.5-1 液体表面张力系数测定仪

1—调节螺钉 2—升降螺母 3—玻璃器皿 4—金属圆形吊环 5—力敏传感器 6—支架 7—固定螺钉 8—航空插头 9—底座 10—数字电压表 11—调零旋钮

质量，g 为重力加速度。这样，F_1 可以写为

$$F_1 = \pi(D_1 + D_2)\alpha + mg \tag{4.5-1}$$

圆环拉脱后，力敏传感器受到的拉力 F_2 为

$$F_2 = mg \tag{4.5-2}$$

所以，在圆环拉脱液面瞬间与拉脱后力敏传感器受到的拉力的差值 F 为

$$F = F_1 - F_2 = \pi(D_1 + D_2)\alpha \tag{4.5-3}$$

因而液体表面张力系数可以写为

$$\alpha = \frac{F}{\pi(D_1 + D_2)} = \frac{F_1 - F_2}{\pi(D_1 + D_2)} \tag{4.5-4}$$

此外，力敏传感器受到的拉力与其输出电压成正比，即

$$U_1 = BF_1,\ U_2 = BF_2 \tag{4.5-5}$$

式中，B 为力敏传感器灵敏度，单位 V/N；U_1 和 U_2 分别为即将拉断液柱时数字电压表读数和拉断液柱时数字电压表的读数。这样，表面张力系数也可写为

$$\alpha = \frac{U_1 - U_2}{\pi B\ (D_1 + D_2)} \tag{4.5-6}$$

上式是在假定液体与金属圆环间接触为全浸润接触，接触角为零条件下得到的。如果接触角不为零，则上式需要进行修正。

【实验内容与测量】

实验内容分为两部分：

1. 硅压阻力敏传感器定标

在力敏传感器上分别加各种质量的砝码，测出相应的电压输出值，将实验结果填入表4.5-1，用最小二乘法拟合得到仪器的灵敏度 B。

2. 液体表面张力系数测量

用游标卡尺测量金属圆环内、外直径，数据记录于表 4.5-2 中。

然后测量水、乙醇和不同浓度蔗糖水溶液的表面张力系数。将金属圆环挂在力敏传感器挂钩上，将圆环浸入待测液体中，然后缓慢调节上升架，观察拉脱法测液体表面张力的物理过程和物理现象，记录圆环在即将拉断液柱时数字电压表读数 U_1，拉断时数字电压表的读数 U_2，将实验结果记录于表 4.5-3 到表 4.5-7 中。对实验数据进行处理，获得待测液体表面张力系数。

具体实验步骤：

1）开机预热。

2）测量吊环的内、外直径。测量时注意不要让吊环变形。

3）清洗玻璃器皿和吊环。

4）在玻璃器皿内放入被测液体，并将玻璃器皿安放在升降台上。

5）将砝码盘挂在力敏传感器挂钩上。

6）若整机已预热 15min 以上，可对力敏传感器定标，在加砝码前应首先对仪器调零（要先把砝码盘放上，再调零!!!），安放砝码时应尽量轻。

7）将吊环挂在力敏传感器的挂钩上。在测定液体表面张力系数过程中，观察液体产生的浮力与张力的情况及现象。顺时针转动升降台大螺帽时液体液面上升，当环下沿部分均浸入液体中时，改为逆时针转动该螺帽，这时液面往下降（或者说相对的吊环往上提拉），观察环浸入液体中及从液体中拉起时的物理过程和现象，也可以用手机拍摄这一过程的录像。应特别注意吊环即将拉断液柱前一瞬间数字电压表读数值为 U_1，拉断时数字电压表读数为 U_2。记下这两个数值。

注意事项：

1）吊环必须处理干净。

2）吊环必须水平调节好。注意：偏差 1°，测量结果引入误差为 0.5%；偏差 2°，则引入误差 1.6%。

3）机器开机需预热 15min。

4）在旋转升降台时，要尽量使液体的波动小。

5）工作室风力不宜过大，以免吊环摆动使零点波动，导致所测表面张力系数不正确。

6）被测液体不要被灰尘、油污及其他杂质污染。特别注意手指不要接触被测液体。

7）使用力敏传感器时，力不宜大于 0.098N。拉力过大时传感器容易损坏。

8）实验结束时，必须将吊环用清洁纸擦干，用清洁纸包好，放入干燥缸内。

【讨论】

讨论你观察到的拉脱法测液体表面张力的物理过程和物理现象。讨论浓度对蔗糖水溶液表面张力系数的影响。查阅相关文献，对你的实验结果进行对比分析和评价。

【结论】

通过对实验现象和实验结果的分析，你能得到什么结论？

【研究性题目】

自行设计方案，研究不同浓度乙醇水溶液表面张力系数的变化。

【思考题】

在本实验中，哪些因素可能对测量结果产生误差？

【参考文献】

［1］李椿，章立源，钱尚武，等，热学［M］.2版. 北京：高等教育出版社，2008.

［2］上海复旦天欣科教仪器有限公司. FD－NST－I液体表面张力系数测定仪. 2009.

［3］A W 亚当林. 表面的物理化学［M］. 北京：科学出版社，1984.

［4］焦丽凤，陆申龙. 用力敏传感器测量液体表面张力系数［J］. 物理实验，2002，22（7）：40－42.

［5］代伟. 对FD－NST－I型液体表面张力系数测量仪的改进［J］. 物理实验，2011，31（10）：29－32.

［6］田静，李辉. 液体表面张力系数测量中的影响因素分析［J］. 大学物理，2012，31（10）：28－30.

［7］尹东霞，马沛生，夏淑倩. 液体表面张力测定方法的研究进展［J］. 科技通报，2007，23（3）：424－429.

［8］成娟，李玲，刘科. 液体表面张力系数与浓度的关系实验研究［J］. 中国测试，2014，40（3）：32－34.

【补充材料4.5-1】FD－NST－I液体表面张力系数测定仪技术指标

1. 硅压阻力敏传感器

1）受力量程：0～0.098N

2）灵敏度：约3.00V/N（用砝码质量做单位定标）

3）非线性误差：≤0.2%

4）供电电压：直流5～12V

2. 显示仪器

1）读数显示：200mV 三位半数字电压表

2）调零：手动多圈电位器

3）连接方式：5芯航空插头

3. 测量水等液体的表面张力系数的误差≤5%

【数据表格】

实验者信息:

专业班级: __________ 学号: __________ 姓名: __________同组人姓名: __________

表 4.5-1 力敏传感器定标

物体质量 m/g	0.500	1.000	1.500	2.000	2.500	3.000	3.500
输出电压 U/mV							

表 4.5-2 吊环内、外直径测量

测量次数	内径/cm	外径/cm
1		
2		
3		
4		
5		

表 4.5-3 水的表面张力系数测量(温度________℃)

测量次数	U_1/mV	U_2/mV	ΔU/mV	$F/\times10^{-3}$N	$\alpha\times10^{-3}$N/m
1					
2					
3					
4					
5					

表 4.5-4 乙醇表面张力系数测量(温度________℃)

测量次数	U_1/mV	U_2/mV	ΔU/mV	$F/\times10^{-3}$N	$\alpha\times10^{-3}$N/m
1					
2					
3					
4					
5					

表 4.5-5 蔗糖水溶液表面张力系数测量(浓度________温度________℃)

测量次数	U_1/mV	U_2/mV	ΔU/mV	$F/\times10^{-3}$N	$\alpha\times10^{-3}$N/m
1					
2					
3					
4					
5					

实验时沿此线剪下

表 4.5-6　蔗糖水溶液表面张力系数测量（浓度________温度________℃）

测量次数	U_1/mV	U_2/mV	ΔU/mV	$F/\times10^{-3}$N	$\alpha\times10^{-3}$N/m
1					
2					
3					
4					
5					

表 4.5-7　蔗糖水溶液表面张力系数测量（浓度________温度________℃）

测量次数	U_1/mV	U_2/mV	ΔU/mV	$F/\times10^{-3}$N	$\alpha\times10^{-3}$N/m
1					
2					
3					
4					
5					

教师签名：____________

实验 4.6　基本电表的使用以及伏安特性的研究

【引言】

某一种元件或者材料的伏安特性是指流过该元件的电流随着所加其两端电压变化的关系曲线。而以电学元件两端测得的电压 U 为横坐标、电流 I 为纵坐标所画出的曲线，叫作该电学元件的伏安特性曲线。如果测得的伏安特性曲线是一条通过原点的直线，其斜率为一个常数且与被测样品的电阻 R 相关，则称该样品具有欧姆特性，其电阻称为线性电阻或欧姆电阻；如果伏安特性不是直线，则称该样品具有非线性特性，样品本身称之为非线性元件。

伏安特性对于了解某种材料或元件的导电特性（如二极管的伏安特性、光电管的伏安特性）以及深入探究其导电机理具有十分重要的意义。而伏安特性的测量也是研究某种材料或者元件的电学特性所必需的实验方法之一。对于线性电阻来说，还可以采用伏安法测定其电阻的阻值，该方法相对于其他阻值测定方法具有简单易行的特点，多用来测量中、高值电阻（其数量级一般在 $10 \sim 10^{15}\Omega$ 之间），测量的电阻的阻值范围可以通过更换不同量程的电表来实现。需要指出的是，高值电阻的测量还要用特殊的实验手段来消除累积电荷对实验结果的影响，这将在实验 7.13 中做详细的介绍。

【实验目的】

1）实验观察、研究不同电学元件的伏安特性。

2）掌握电学基本仪器的使用、仪器误差的表示方法。

3）学会使用伏安法测定电阻的阻值，并估算其不确定度。

【实验仪器】

伏特计（0.5 级，额定电流为 1mA，量程为 0 ~ 1.5V、0 ~ 3.0V、0 ~ 7.50V）、毫安计（0.5 级，额定电压为 26 ~ 30mV，量程为 0 ~ 25mA、0 ~ 50mA、0 ~ 100mA）、滑线电阻（总电阻 50Ω，额定电流为 1A）、SPS3203D 型稳压电源（0 ~ 32V，0 ~ 3A）、待测金属膜电阻（阻值≈150Ω，额定功率 2W）、发光二极管（LED）等。

【预习提示】

1）本实验的具体任务是测定几种不同导电特性的电学元件的伏安特性。

2）阅读【补充材料 4.6-1】，了解电表的等级规定，了解电表的内阻及电表仪器误差的计算方法，掌握电表的使用。

3）设计电路测量几种电学元件的伏安特性以及电阻的阻值。

4）掌握金属膜电阻、发光二极管（LED）的伏安曲线特点。

【实验原理】

1. 电学元件的伏安特性

（1）金属膜电阻的伏安特性　金属膜电阻是采用高温真空镀膜技术将镍铬或类似的

合金紧密附在瓷棒表面形成皮膜，通过切割来达到所要求的阻值并加适当接头，然后在其表面涂上环氧树脂密封保护而制成。当金属膜电阻的两端加上电压时，其伏安特性曲线呈现为一条通过Ⅰ、Ⅲ象限的直线，如图4.6-1所示，即其内部流过的电流与所加电压成正比，服从欧姆定律，表现出很好线性电阻特性。

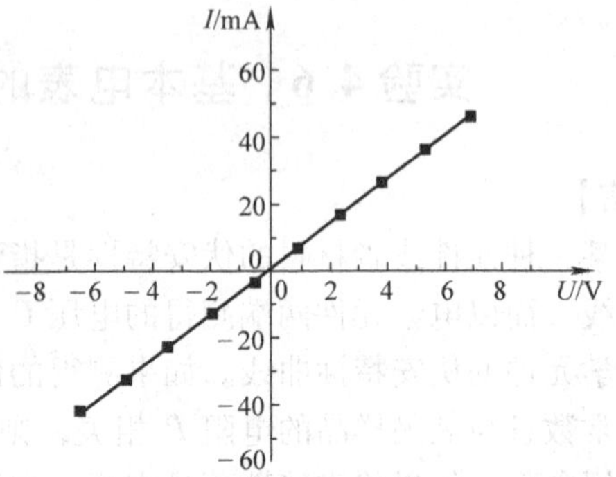

图4.6-1 金属膜电阻的伏安特性实验曲线

（2）发光二极管（LED）的伏安特性

发光二极管（LED）是近几年来迅速崛起的半导体光电器件，基于注入式电致发光原理制成，具有单色性好、亮度高、发光响应速度快、驱动电路简单等优点，已经被广泛用于汽车、手机、显示屏、电子仪器等系统的照明中。

LED通常是由Ⅲ～Ⅴ族化合物半导体制成，其核心为PN结，当在其PN结两端施加正向偏压时，会有大量的电子和空穴复合并释放出能量。电子和空穴的复合可在不同的能级之间进行，不同的半导体材料中电子和空穴所处的能量状态不同，在复合过程中可以释放不同能量的光子，即发出不同颜色的光。

LED的核心为PN结，具有与普通的二极管相似的伏安特性，如图4.6-2所示，其两端电压与通过电流的关系不服从欧姆定律，电阻值不仅与外加电压的大小有关，而且还与其方向有关。LED的反向击穿电压一般大于5V；而当正向电压大于开启电压后其电流随着正向电压的增加迅速增加，因此，实际使用中一般用恒流源为LED供电，且通过LED的电流不可大于其额定电流。如果使用稳压电源为LED供电，则必须串联限流电阻以控制通过LED的电流，LED在额定电流工作下的限流电阻R可以用下式确定：

$$R=(U-U_{FM})/I_{FM} \tag{4.6-1}$$

式中，U为电源电压；I_{FM}为LED的额定电流；U_{FM}为当通过LED的电流达到额定电流时其两端的压降。

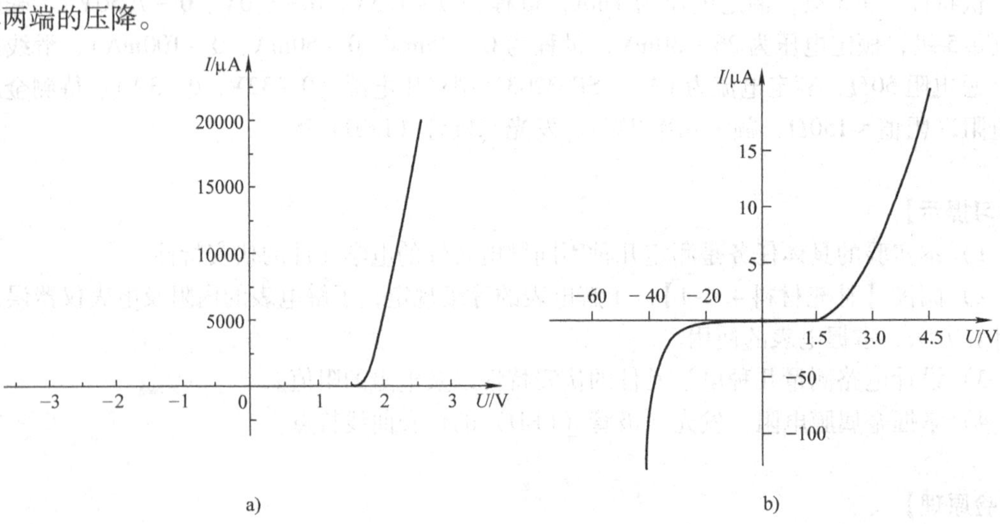

图4.6-2 LED的伏安特性曲线

a）LED正向实验曲线 b）正反向示意曲线

2. 伏安法测电阻的实验方法

伏安法测电阻就是用电压表测量电阻两端的电压 U，用电流表测量通过电阻的电流 I，并通过欧姆定律 $R=\dfrac{U}{I}$计算待测电阻阻值。但是由于电表本身具有内电阻（内阻），在实验测量过程中需要考虑电表内阻对待测电阻阻值的影响，并采取不同的修正方法。根据测量电路的不同可以分为电流表内接法和电流表外接法。

（1）电流表内接法　如图 4.6-3 所示，电流表的读数 I 测量的是通过待测电阻 R_x 的电流 I_A，而电压表的读数 U 测量的则是待测电阻 R_x 上的电压 U_X 与电流表上的电压 U_A 之和。则实际上待测电阻阻值并不是$\dfrac{U}{I}$，而是待测电阻 R_X 与电流表内阻 $R_I\left(R_I=\dfrac{U_A}{I}\right)$的串联，应修正为

$$R_X=\frac{U_X}{I_X}=\frac{U-U_A}{I}=\frac{U}{I}-R_I \tag{4.6-2}$$

（2）电流表外接法　如图 4.6-4 所示，电压表的读数 U 测量的是待测电阻 R_X 两端的电压 U_X，而电流表的读数 I 测量的则是通过待测电阻 R_X 的电流 I_X 与通过电压表的电流 I_V 之和。电压表和电流表读数计算的结果是 R_X 与电压表内阻 $R_V\left(R_V=\dfrac{U}{I_V}\right)$的并联电阻，应修正为

$$R_X=\frac{U}{I-I_V}=\frac{UR_V}{IR_V-U} \tag{4.6-3}$$

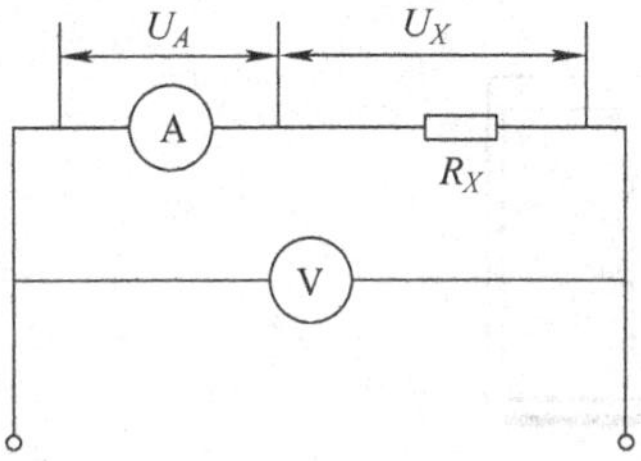

图 4.6-3　电流表内接电路

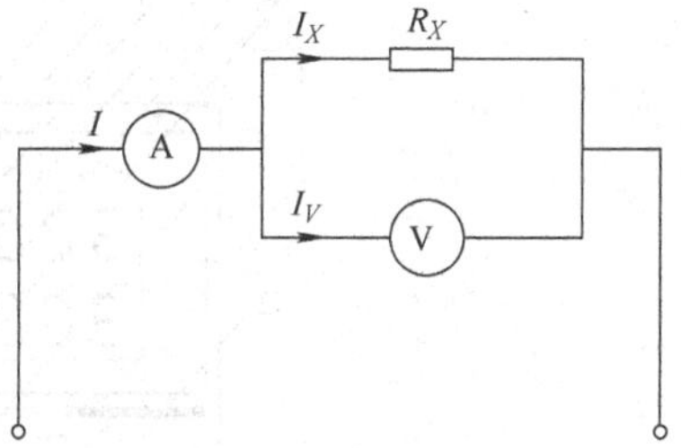

图 4.6-4　电流表外接电路

电流表的测量不确定度 U_I 由式 $U_I=I_m\times f\%$ 计算，其中 I_m 为电流表接入的最大量程，f 为电流表的准确度等级。

电压表的测量不确定度 U_V 由式 $U_V=V_m\times f\%$ 计算，其中 U_m 为电压表接入的最大量程，f 为电压表的准确度等级。

电压表（或电流表）内阻的不确定度 U_{R_V}（或 U_{R_I}）由实验室给出。

（3）分压与限流电路　在电学实验中为了得到所需的电压或电流数值，经常用到分压电路或限流电路。用滑线电阻的分压作用的电路如图 4.6-5 所示，滑线电阻 R_0（$R_0=R_1+R_2$）的两固定端分别接于电源的正负极，负载（待测样品）R_L 上的电压随着滑动头的移动而改变，U_0 为电源的端电压。需要指出的是，若 $R_L>>R_0$，电流主要通过滑线变阻器，此时电路元件额定电流的选择只考虑滑线电阻上的电流即可；若 $R_L<<R_0$，负载 R_L 及滑线电阻前段 R_2 上流过的电流可能很大，如果超过了变阻器或负载的额定电流极易烧坏仪

器，此时滑线电阻额定电流的选择主要考虑通过 R_L 及 R_2 中的最大电流。

滑线电阻做限流器的电路如图 4.6-6 所示。对于电流电路来说，流过负载 R_L 上的电流不可能为 0，且做限流用的滑线电阻总阻值选择越小，电路电流的可调节范围也越小。为了使电流调节的范围大且又容易调节，通常采用多级限流电路。

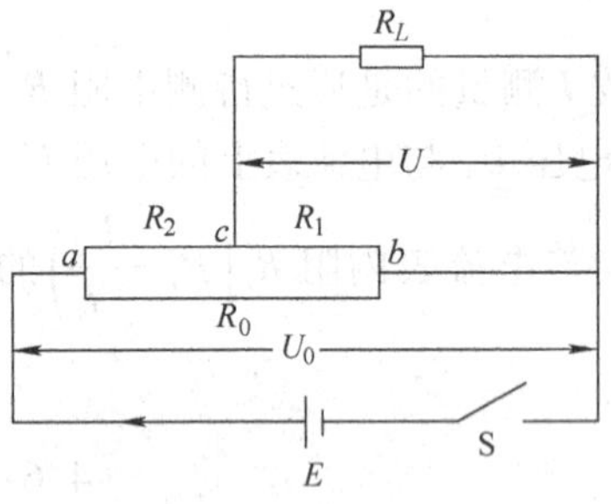

图 4.6-5　分压电路图

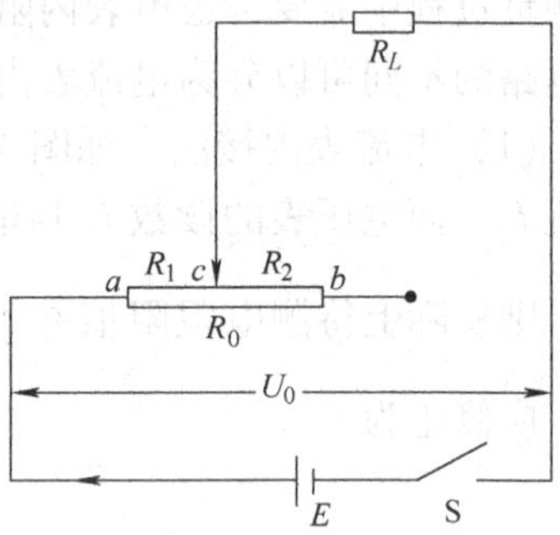

图 4.6-6　限流电路

【仪器装置】

SPS3203D 双通道直流稳压稳流电源如图 4.6-7 所示，采用了线性串联调整方式，具有输出电压、输出电流连续可调，稳压、稳流自动切换等功能。该电源具有两通道独立输出，并设有输出开关可分别控制各通道启动关断，输出在关断状态时可预置稳定输出电压和稳定输出电流。

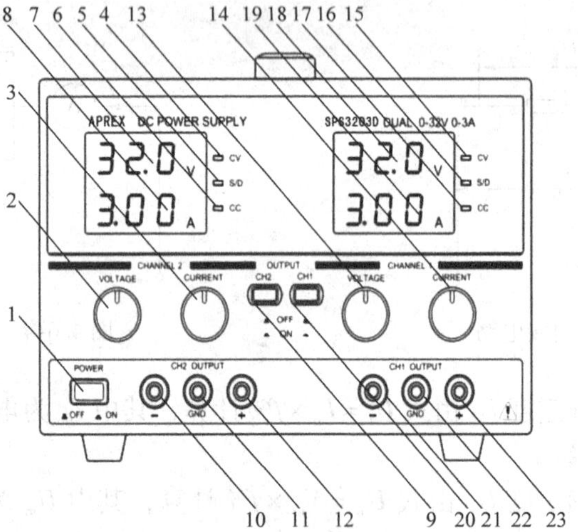

图 4.6-7　SPS3203D 双通道直流稳压稳流电源面板

1—POWER 电源开关　2、13—电压调节旋钮　3、14—电流调节旋钮　4、15—稳压指示灯
5、16—预置指示灯　6、17—稳流指示灯　7、18—电压显示数字表　8、19—电流显示数字表
9、20—通道输出控制开关　10、21—负极输出端子　11、22—接地端子　12、23—正极输出端子

（1）预置稳定电压、稳定电流　POWER 电源开关 1 置于（ON）的位置，接通电源，将通道 1 和通道 2 的通道输出控制开关 9、20 置于（OFF）。此时对应通道的预置指示灯 5 或 16 亮起，电压表 7、18 显示预置电压，电流表 8、19 显示预置电流，调节电压调节旋钮 2、13 及电流调节旋钮 3、14 可以设定电压、电流的预置值。

（2）稳压工作模式　SPS3203D 双通道直流稳压稳流电源工作在稳压模式时，调节电压调节旋钮 2、13 预置稳定输出电压，调节电流调节旋钮 3、14 预置最大负载电流，这里所预置的最大负载电流可控制负载电流的最大值而起到保护电路的作用。当输出电流达到所预置的最大负载电流时，电源自动由稳压工作模式切换到稳流工作模式，当输出电流小于稳流预置值时，电源自动由稳流工作模式切换到稳压工作模式。

预置后按下通道输出控制开关 9、20 使之置于（ON）电源输出启动，电压表显示当前稳定输出的电压，电流表显示当前的负载电流，此时再调节电压调节旋钮 2、13 可继续改变输出电压。

（3）稳流工作模式　SPS3203D 双通道直流稳压稳流电源工作在稳流模式时，调节电流调节旋钮 3、14 预置稳定输出电流，调节电压调节旋钮 2、13 预置最大负载电压，这里所预置的最大负载电压可起到负载电压的保护作用。当输出电压达到预置的最大负载电压时，电源自动由稳流工作模式切换到稳压工作模式，当输出电压小于稳压预置值时，电源自动由稳压工作模式切换到稳流工作模式。

预置后按下通道输出控制开关 9、20 使之置于（ON）电源输出启动，电流表显示稳定输出电流，电压表显示负载电压，调节电流调节旋钮 3、14 可改变输出电流。

【实验内容与测量】

1. 测量待测样品的伏安特性曲线

（1）金属膜电阻的伏安特性　用分压电路测量金属膜电阻的伏安特性曲线，设定电源电压为 7.5V，移动滑线电阻器的移动端使电压在 0 ~ 7V 变化。可以每隔 1V 测量一个实验点，将测得的实验数据填写在表 4.6-3 中。适当选择计算机数据处理软件，绘制金属膜电阻的伏安特性曲线。

（2）LED 的伏安特性　测量 LED 的正向与反向伏安特性，测量过程中可遵循以下实验方法。A. 测量时不采用分压电路，直接将测量电路的两端接在 SPS3203D 电源的正负两极上；B. 测量前，须设定好电源的预设电流值，该预设电流值为 0.10A；C. 选择适当的电表量程，测量过程中不更换量程；D. 测量过程中可以直接使用电源的电压调节旋钮调节施加在 LED 两端的电压值，测量范围为 -3 ~ 3V。

LED 的正向伏安特性：将 LED 正向接入电路，使电流从 LED 的正极流入。LED 的开启电压约为 2.5V，当 LED 两端电压小于开启电压时，可以每隔 0.2V 记录一个实验点；当 LED 两端电压大于开启电压时，流过 LED 的电流会随着电压的增大迅速变大，需要更密集的实验测量点，此时可以每隔 0.1V 记录一个实验点。将测得的实验数据填写在表 4.6-4 中。选择适当的计算机数据处理软件绘制 LED 的正向伏安特性曲线。

LED 的反向伏安特性：将 LED 反接，由于 LED 的反向特性呈高电阻，应采用电流表内接法进行实验。每隔 0.2V 测量一个实验点，将测得的实验数据填写在表 4.6-4 中。适当选择计算机数据处理软件绘制 LED 的反向伏安特性曲线。

2. 测量金属膜电阻的阻值

选择适当的实验条件测量待测金属膜电阻的阻值，要求使测量结果的相对不确定度尽量小。将测得的实验数据填写在表 4.6-5 中，并使用修正公式计算待测金属膜的电阻 R_x 及其不确定度 U_{R_X}。

【讨论】

1）分析讨论金属膜电阻的伏安特性，并分析电流表内接法和外接法对实验结果的影响。

2）根据实验曲线分析讨论 LED 的伏安特性。

3）讨论其他自己感兴趣的问题。

【结论】

通过对实验现象和实验结果的分析，你能得到什么结论？

【研究性题目】

设计实验方案，测量其他一些你感兴趣的材料或者电学元件的伏安特性，并试着分析其导电机制。

【补充材料 4.6-1】 基本电学仪器的性能和使用简介

1. 磁电式电表

（1）指针式电流计　电流计（或称检流计）是一种磁电式电表，它可以具有很高的灵敏度，故常用来检验电路中有无电流存在，即做平衡指示器。

电流计一般用下列几个量来描述：

1）电流计常数：指针每偏转一分格时，流过线圈的电流，通常用（安/格）做单位。若以 K 表示电流计常数，Q 表示指针偏转格数，I 表示通过线圈的电流，则 $I=KQ$。K 越小，表示电流计越灵敏。

2）内阻：电流计内部直流电阻，用 R_g 表示。在使用电流计时，由于在无电流通过时，它的指针的零点在中央，故可以不考虑“+”“-”号（电流方向）。但必须注意通过电流计电流的大小，若电流超过量程（即电流计指针达到最大偏转时的电流数值），将会使电流计由于机械的或热的原因而损坏。

（2）直流电流表　分为微安表（μA）、毫安表（mA）、安培表（A）等。

直流电流表是用来测量电路中电流的仪器。磁电式电流表的构造和电流计基本相同，只是在电流计的线圈两端并联了一个低电阻，并且为了扩大指针的有效偏转范围，将指针的零点放在刻度盘的最左端。直流电流表用以下两个量描述：

1）量程：直流电流表所能测量的电流的最大值，用 I_m 表示。一般实验室用的电流表都有多个量程，它有两个以上的接线柱，其中一个是共用的“+”端（或“-”端），在其余的接线柱旁，都标明着量程数值，实验时应注意选择合适的量程（又称量限）。

2）内阻：电流表的量程越大内阻越低。一般内阻都比较小（安培表内阻在 1Ω 以下），为了表示方便常给出额定电压降 U_m，则内阻可由 $R_A=\dfrac{U_m}{I_m}$算出。

使用直流电流表应注意的问题：

1）注意流入电流表的电流的方向。标“+”号的接线柱表示电流流入端。

2）应将电流表串联于电路之中，并注意选择合适的量程。

3）由于电流表的内阻很小，所以绝不能把它与用电器或电源并联，否则会立即烧坏，同时电源也有可能损坏。

（3）直流电压表　分为毫伏表、伏特表、千伏表等。

直流电压表是用来测量电路中某两点间电位差的仪器。磁电式电压表的结构与电流计基本相同，只是在电流计线圈以外，还串联有一高电阻，指针的零点也是放在刻度盘的最左端。

电压表主要用下列两个量描述：

1）量程：直流电压表所能测量的最大值 U_m；

2）内阻：常给出额定电流 I_m，则内阻 R_V 可由 $R_V=\dfrac{U_m}{I_m}$ 算出。

使用电压表时应该注意的问题：

1）将电压表并联在待测电位差的两点上。

2）注意接线柱的“+”应该接于电位较高的一点。

以上介绍的是常用的三种磁电式电表的基本特征，要正确使用各种电表，还应了解和注意以下几个问题。

1）电表面板上常见的性能标志见表 4.6-1。

2）读数方法：使用前，调整零点调节螺丝，使指针对准零点。电表上的镜面是为了便于准确读数而设的。读数时，要使眼睛、指针及指针的像三者成一直线时，再读刻度数，这样可大大减小读数时的视差。

3）电表的误差

① 基本误差：由于电表结构和制作上的不完善，例如：活动部分在轴承里的摩擦、游丝的弹性不均匀、分度不准确等原因引起的误差称为基本误差；

② 附加误差：在不符合仪表说明书上所要求的工作条件下使用时引起的误差称为附加误差。

在普通物理教学实验中一般把电表的基本误差取作仪器误差限，不考虑附加误差对测量的影响（附加误差考虑起来比较困难）。

表 4.6-1　电表性能符号表

磁电式	— — — 直流	☆ 绝缘试验电压 500V
⊓ 水平放置	≂ 交直流两用	[Ⅱ] Ⅱ级防外磁场
⊥ 竖直放置	(0.5) 准确度等级	Ω/V 内阻表示法

根据国家标准规定：各种电表根据基本误差的大小分为七个准确度等级，其相对额定误差（基本误差 Δ_{N0} 与所用量程 N_m 之比）不超过表 4.6-2 所列数值。若用 f 代表准确度等级，即有

$$\frac{\Delta_{N0}}{N_m}\leqslant f\%$$

因而电表的仪器误差

$$\Delta_{N0} \leqslant N_m \times f\%$$

选用电表的等级要与实验准确度要求相适应。表4.6-2所列的0.1级和0.2级的仪表大多用来作为标准电表使用，以校准其他工作仪表。实验中一般使用0.5级及以下等级的电表。

表4.6-2 国家规定电表等级

仪表等级	0.1	0.2	0.5	1.0	1.5	2.5	5.0
相对额定误差≤	±0.1%	±0.2%	±0.5%	±1.0%	±1.5%	±2.5%	±5.0%

读数中使用镜面读数来消除视差对读数的影响，此时可以忽略读数误差。在普通物理教学实验中，一般只考虑基本误差的影响，可按下式简化误差的计算

$$\Delta_N = N_m \times f\%$$

读取电表示值时，要使估计位的读数误差不大于$\left(\frac{1}{3} \sim \frac{1}{5}\right)\Delta_N$。一般读到仪表最小分度值的$\frac{1}{4} \sim \frac{1}{10}$，就可以使读数的有效位数符合电表准确度等级的要求。被测量量N一定时，为了减小$\frac{\Delta_N}{N}$的值，使用电表时应选用合适量程，以便让指针偏转尽量接近于满量程，一般应在满量程的$\frac{2}{3}$以上。

此外，使用直流电表时还要注意电表的极性，接错将会造成电表的损坏。接线时，正端应接在高电位处，负端应接在低电位处，同时电流表应串联接在电路中，电压表应并联接在电路中。

4）仪器误差与不确定度：仪器误差是按国家标准通过对仪器检定给出的，这种不确定度不是对测量值直接进行统计计算得来，属于B类不确定度。为了简化处理，约定教学实验中的不确定度B类分量可简单地取为仪器误差限，即

$$\Delta_B = \Delta_N$$

例如：用0.5级量程6V的电压表测量电压，对应的不确定度分量是

$$\Delta_B = \Delta_N = 6 \times 0.5\% = 0.03\text{V}$$

2. 变阻器

（1）转盘式电阻箱：电路中常用符号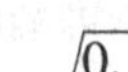表示　使用电阻箱时应注意：勿使大电流通过它，以免因发热而烧毁。电阻箱每个电阻线圈的功耗W约为0.5W，假设当所用电阻值为50Ω，其电流限值应为

$$I = \sqrt{\frac{W}{R}} = \sqrt{\frac{0.5}{50}}\text{A} = 0.1\text{A}$$

在使用电阻箱的过程中，一般不应超过标称功率。如果只需要在电路中接入0.1～0.9Ω（或9.9Ω）的阻值变化，则应该接“0”和“0.9Ω”（或“9.9Ω”）两接线柱，以避免电阻箱其余部分的接触电阻和导线电阻对接入低电阻带来影响。

电阻箱的误差主要包括电阻箱的基本误差和零电阻误差两个部分。零电阻误差由电阻箱本身的接线、焊接、接触等因素产生。电阻箱的仪器误差为

$$\Delta_R = f\% R + b\ (K+1)$$

上式中 Δ_R 的单位是欧姆；f 为电阻箱的准确度等级；K 是实验所用的十进制电阻盘的个数，例如，当所接入的电阻 R 值为 3524.6Ω 时，则 K 值取 5，当 R 值为 50.0Ω 时，则 K 值取 3；当 $a \leqslant 0.05$ 级时，$b = 0.002\Omega$，当 $a \geqslant 0.1$ 级时，$b = 0.005\Omega$。当电阻较大时，基本误差主要取决于 $f\% R$；当电阻较小时，零电阻影响较大。

（2）滑线电阻　滑线电阻是控制电路中广泛应用的仪器，根据不同的连接，它可在电路中起限流的作用或分压的作用，以控制负载上所需的电流或电压。

滑线电阻主要用下列两个量来描述：①阻值：滑线电阻的总电阻；②额定电流：电阻上允许通过的最大电流。

滑线电阻的构造如图 4.6-8 所示，把电阻丝绕在瓷筒上，电阻丝的两端与接线柱 a、b 相接，接线柱 c 由一条金属棍子和滑动的接触器 K 连在一起，所以 ac 和 bc 之间的电阻，随着接触器的位置变化而变化。

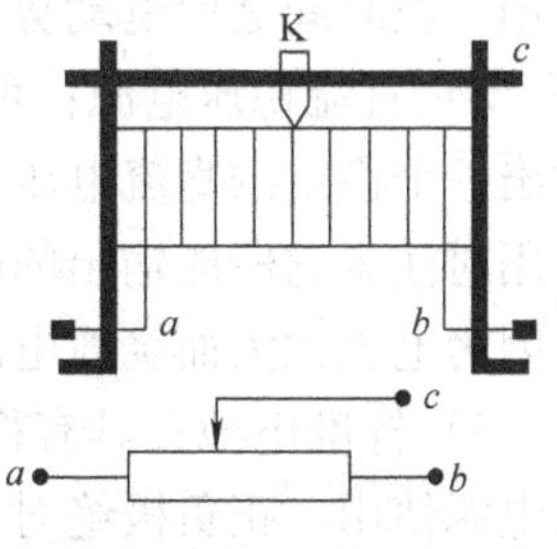

图 4.6-8　滑线电阻

1）限流电路：用滑线电阻串联在电路中可以达到限流的目的，其电路图如图 4.6-6 所示，流过电路的电流为

$$I = \frac{E}{R_1 + R_L}$$

当 c 移至 a 端时，$R_1 = 0$，电流达到最大值，相当于把负载 R_L 直接和电源连接；当 c 移至 b 端时，电流最小，其值可表示为

$$I_{\min} = \frac{E}{R_0 + R_L}$$

式中，$R_0 = R_1 + R_2$ 为滑线电阻的全电阻。

采用限流法电路选择变阻器时，应注意以下几点：

① 根据实验要求的电流 I、负载电阻 R_L 和事先选定的 E 值，代入上式计算 R_0，使选用的滑线电阻的全电阻大于计算得到的 R_0。

② 滑线电阻的额定电流必须大于实验要求的最大电流，以确保滑线电阻的安全。

③ 为了保证安全，在接通电源之前，一般应使滑动端 c 移到 b 端，使 R_1 最大，电路中的电流最小。

2）分压电路：分压电路的特点是将滑线电阻的两个固定端与电源 E 的两极相接，由滑动端与其中的一个固定端与负载相连作为输出使用，这样就可以在负载上获得由 $0 \sim E$ 的任意可调电压。分压接法适合用在负载 R_L 较大的场合，当 $R_L >> R_0$ 时，滑线电阻上电压降基本是均匀的，输出的电压也比较容易调节。但是，从图 4.6-5 中可以看出，电源 E 和滑线电阻 R_0 构成一回路，如果滑线电阻的全电阻 R_0 过小会在这个回路中产生一个大电流，对整体电路安全以及电源的负担不利。

采用分压法电路选用滑线电阻时，应注意以下几点：

① 滑线电阻的额定电流需大于电源回路的总电流 I，当 $R >> R_0$ 时，I 可用 E/R_0 来估算。

② 当 $R_L >> R_0$ 即 R_0 较小时，滑线电阻上电压降基本是均匀的，此时输出的电压比较容易调节。

③ E/R_0 是滑线电阻消耗的电流，设计电路时其值应足够小。

为了保证安全，在接通电源前，一般应使输出电压 $V_{cb}=0$，即 c 滑至 b 端。需要指出的是，移动滑线电阻时，需要用手捧住两端，不要直接提滑线电阻的横杆以免损坏触点。

3. 电源及刀开关

（1）交流电源　符号 AC 或 $-\overset{AC}{\textcircled{\sim}}-$，电压（市电）：220V、380V；频率：50Hz。

（2）直流电源　符号 DC 或 ⊣|⊢，常用的直流电源可分为化学电源与直流稳压电源等。

1）化学电源：也称化学电池，又分为原电池与蓄电池。干电池就是一种原电池，在使用一段时间之后电动势下降，内阻变大；蓄电池用后可充电重复使用。

2）直流稳压电源：可将交流变为直流，通过电子控制电路自动调节电压变化，从而输出一个稳定的直流电压。直流稳压电源的电压稳定性好、内阻小、输出电压连续可调。使用时注意它所能输出的电压值和允许的最大电流，严禁超载。也要防止电源短路，那样会因为电流太大而烧毁电源。

3）标准电池：具有稳定而准确的电动势，是化学电池的一种。标准电池不能作为供电电源使用，正负极绝对不能短接，不能摇晃、倒置或倾斜，也不允许用电压表去测量其端电压

（3）刀开关　实验室常用的刀开关的符号，如图 4.6-9 所示，在电路中常用刀开关接通或切断电源，或变换电路，或改变电路中电流流向。

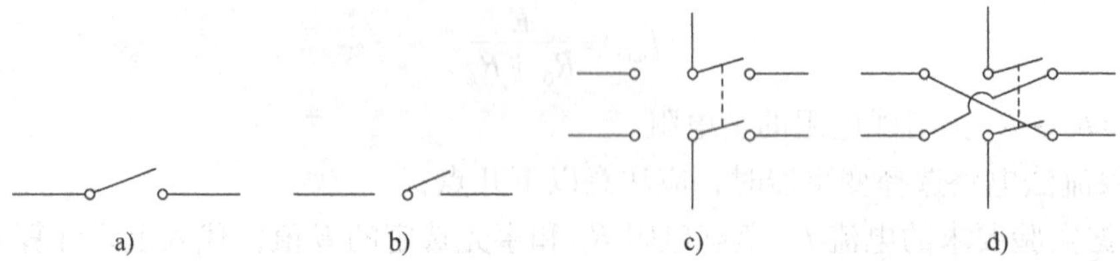

图 4.6-9　各种刀开关

a）单刀单向　b）单刀双向　c）双刀双向　d）双刀换向

4. 安全问题

电对人的危害决定于通过人体的电流。人体能经受的电流很小，一般来说，人体长期通过 1mA 的直流电或 7～8mA 的交流电就会有生命危险。而通过人体的电流又决定于人所接触到的电压及人体电阻。人体的电阻与天气的干燥或潮湿、人的体质等多种因素有关。当接触处干燥，人与电极接触又不紧时，人体的电阻约为几十兆欧姆，人身电阻全部集中在表皮接触处。当接触处潮湿或人与电极接触紧密时，人身电阻可能减小到几万或几十万欧姆。而人体可以承受的电压低于多少可以认为是绝对安全的无法计算得到。根据历史上的记录，曾有人触 60V 电而死，故一般规定 36V 以下为安全电压。当潮湿或有伤口时要特别注意用电安全，以免发生触电。遇有触电事故时，应首先断开电源，绝对不能用手去拉触电者以免自身也发生触电危险。

5. 电学实验操作规则

1）在接线以前应结合实验目的和实验原理仔细研究电路图，了解各个仪器的性能和作用，明确各条导线的作用和连接的必要性。

2）合理安排仪器，把需要经常操作的仪器放在近处，需要读数的仪表放在眼前，走线合理，操作方便。

3）按回路接线和查线，按电路图从电源正极开始，先连主要回路再接上其他并联部分，回到电源负极。检查线路时也是按回路查线，仔细检查开关是否断开，各接头是否接牢，滑线变阻器触头是否处在安全位置，电阻箱上接入电阻数值是否适当，正负极是否正确连接。

4）初合开关时，应用跃接法（即小心地接通一下，立即断开），观察仪表读数及仪器有无异常，若有异常（如打火花、冒烟、仪器指针偏转过猛或反方向偏转等）应立刻断开并检查电路。

5）更换电路中任何一部分元件时都必须先断开电源，以免发生危险损坏仪器。改接电路后应再次按照 3）的要求检查电路。

6）测量完毕后，先将各仪器恢复零读数，再断开开关，拆线时应先拆去电源，最后将仪器还原、导线扎整齐，桌面收拾整洁。

【参考文献】

[1] 吴泳华，霍剑青，浦其荣. 大学物理实验（第一册）[M]. 2 版. 北京：高等教育出版社，2005.

[2] 北京大华皓锐电子科技有限公司. SPS - D 系列直流稳压稳流电源使用手册.

[3] 丁慎训，张连芳. 物理实验教程 [M]. 2 版. 北京：清华大学出版社，2002.

[4] 杨俊才，何焰蓝. 大学物理实验 [M]. 北京：机械工业出版社，2004.

[5] 陈群宇. 大学物理实验 [M]. 北京：电子工业出版社，2003.

实验时沿此线剪下

【数据表格】

实验者信息：

专业班级：__________ 学号：__________ 姓名：__________同组人姓名：__________

表 4.6-3 金属膜电阻的伏安特性

□电流表内接法 □电流表外接法

测量值	*U*/V	
	I/mA	
测量值	*U*/V	
	I/mA	

表 4.6-4 LED 的伏安特性

（正向） □电流表内接法 □电流表外接法

测量值	*U*/V	
	I/mA	
测量值	*U*/V	
	I/mA	

（反向） □电流表内接法 □电流表外接法

测量值	*U*/V	
	I/mA	
测量值	*U*/V	
	I/mA	

表 4.6-5 金属膜电阻阻值测量数据表格

实验中使用的实验方法（A 电流表内接法、B 电流表外接法）：________

测量值	*U*/V	
	I/mA	
电表量程	伏特计/V	
	毫安计/mA	

教师签名：__________

实验 4.7　用电桥测电阻

【引言】

电桥是一种比较式的测量仪器，它在电测技术中应用极为广泛，可以分为直流电桥和交流电桥两大类。当电桥采用直流电源供电的电桥（见图 4.7-1a、b）时为直流电桥，可以用来测量中值或者低值电阻；当电桥采用交流电源供电（见图 4.7-1c）时为交流电桥，可以用来测量电学元件的交流电阻及其时间常数、电容及其损耗角、自感及其品质因数、互感等交流参数。

对于直流电桥又可分为惠斯通电桥和开尔文电桥。惠斯通电桥又称为单臂电桥，如图 4.7-1a 所示，适合测量的电阻为中值电阻，其数量级一般在 $10 \sim 10^6\Omega$ 之间；开尔文电桥又称为双臂电桥，如图 4.7-1b 所示，开尔文在研究低值电阻（其数量级一般小于 10Ω）时，将低电阻 R_x 和 R_s 用“四端接头”的连接法接入惠斯通电桥相应臂，从而消除了导线与待测元件接触所产生的接触电阻的影响。

上述这些电桥的共同特点是测量元件特性时要求流过检流计的电流为 0，即电桥要处于平衡状态，因此也统称为平衡电桥。如果将平衡电桥中的检流计换成一个电压表，此时 C、D 两点的电压可以反映电桥偏离平衡的程度，该电压也称为非平衡电压，相应的这种电桥也称为非平衡电桥。非平衡电压可以反映桥臂上电阻的微小变化，多用于测量电阻型的传感器的变化状态，例如热敏电阻传感器等。

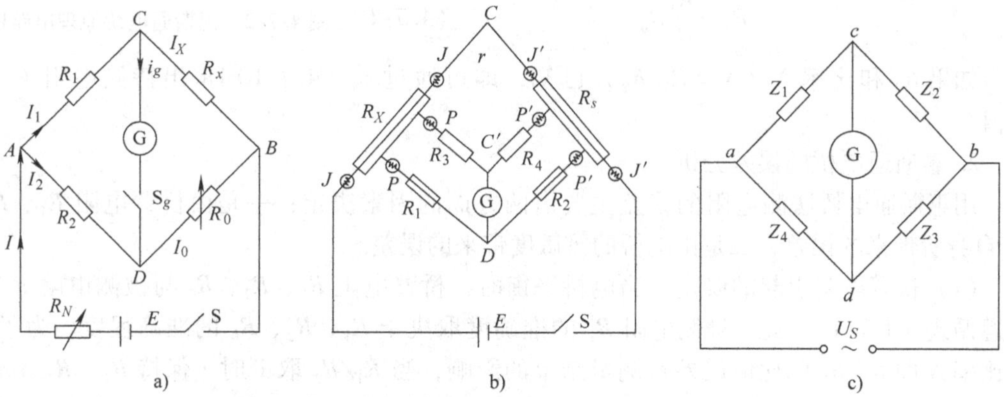

图 4.7-1　几种平衡电桥

a）惠斯通电桥　b）开尔文电桥　c）交流电桥

【实验目的】

1）掌握用电桥测量电阻的原理和方法。

2）了解电桥灵敏度的概念。

3）学习消除系统误差的一种方法——交换测量法。

【实验仪器】

插板式电路板以及配套的电阻、开关、导线，SPS3203D 型稳压电源，QJ23a 型直流电阻电桥箱，ZX96 型电阻箱（0～99999.9Ω，0.1 级，0.1W），JO409 型电流计，待测金属膜电阻（阻值约为 500Ω、50kΩ、500kΩ）等。

【预习提示】

1）了解几种不同的电桥的差别及其用途。

2）电桥由哪几部分组成？电桥平衡的条件是什么？

3）什么是电桥的灵敏度？如何测量电桥的灵敏度？

4）实验中可以用什么方法提高电桥的灵敏度？

【实验原理】

1. 惠斯通电桥原理及其特性

惠斯通电桥的原理电路图如图 4.7-2 所示，四个电阻 R_1、R_2、R_x、R_0 分别组成电桥的四个臂，其中 R_x 称为待测臂，R_0 称为比较臂，R_1/R_2 的比值称为比率 N。当流过检流计的电流 $i_g=0$ 时，C、D 两点电势相等，此时电桥处于平衡状态。

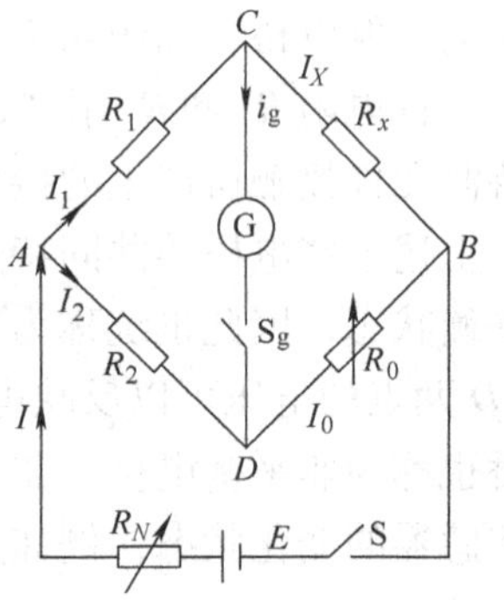

图 4.7-2 惠斯通电桥原理电路图

$$\left.\begin{array}{l}由\ U_{AC}=U_{AD},\ I_1R_1=I_2R_2\\ 由\ U_{CB}=U_{DB},\ I_xR_x=I_0R_0\end{array}\right\}\Rightarrow\frac{I_1R_1}{I_xR_x}=\frac{I_2R_2}{I_0R_0}$$

又因为 $i_g=0$，使得上式中 $I_1=I_x$，$I_2=I_0$，得到

$$R_x=\frac{R_1}{R_2}R_0 \tag{4.7-1}$$

如果 R_0 和比率 N（$N=R_1/R_2$）已知，即可通过式（4.7-1）求出待测电阻 R_x 的阻值。

2. 惠斯通电桥的误差分析

用惠斯通电桥法测电阻的误差主要由两方面的因素决定：一是由桥臂电阻 R_1、R_2、R_0 自身所带来的误差，二是由电桥的灵敏度带来的误差。

（1）桥臂电阻引起的误差　当电桥平衡时，桥臂电阻 R_1、R_2、R_0 与被测电阻 R_x 之间遵循式（4.7-1），此时被测电阻 R_x 的准确度取决于 R_1、R_2、R_0 的准确程度。为了消除比率 N 即 R_1/R_2 的比值误差对测量结果的影响，当 R_1/R_2 取 1 时，保持 R_1、R_2 不变，交换 R_0、R_x 的位置，再调节 R_0 使电桥平衡。设电桥再次平衡时 R_0 变为 R_0'，根据电桥原理可得

$$R_x=\frac{R_2}{R_1}R_0' \tag{4.7-2}$$

联立式（4.7-1）和式（4.7-2）可得

$$R_x=\sqrt{R_0R_0'} \tag{4.7-3}$$

这样就使用了交换法（交换 R_0、R_x 的位置）消除了由于 R_1、R_2 的不准确而带来的系统误差。

（2）电桥灵敏度带来的误差　在实验中，式（4.7-1）是在电桥平衡时才成立，因而判断电桥是否平衡也是给测量结果带来误差的来源之一。而电桥的平衡是根据检流计指针

有无偏转来判断的，如果通过检流计的电流很小，使指针偏转小于 0.2 格，就很难从实验上观察出来，实验者仍然会认为电桥处于平衡状态，这就给测量结果带来误差。例如，当电桥平衡以后，R_0 改变了 ΔR_0，如果通过检流计的电流小到实验者观察不到指针的偏转，由式（4.7-1）会认为 $R_x=\dfrac{R_1}{R_2}(R_0+\Delta R_0)$，这就带来测量误差 $\Delta R_x=\dfrac{R_1}{R_2}\Delta R_0$，而这个影响的大小将取决于电桥灵敏度。在已经平衡的电桥里，当调节电阻 R_0 改变 ΔR_0（即由 R_{01} 变到 R_{02}）时，检流计的指针偏转 Δd 格，定义电桥灵敏度 S 为

$$S=\frac{\Delta d}{\Delta R_0/R_0}=S_i\Delta i_g\frac{R_0}{\Delta R_0} \tag{4.7-4}$$

式中，$\Delta R_0=|R_{01}-R_{02}|$；$\Delta R_0/R_0$ 为电阻的相对变化量；$S_i=\dfrac{\Delta d}{\Delta i_g}$为检流计灵敏度；$\Delta i_g$ 为流过检流计的电流变化值。电桥灵敏度 S 反映了电桥对电阻的相对变化的分辨能力。

由式（4.7-3）可知，R_x 的测量误差在电桥平衡时只与电阻箱 R_0 有关，这里除了电阻箱的仪器误差 $\Delta_{R_{0仪}}$外，还必须考虑到由于电桥灵敏度引起的附加误差 ΔR_0^*。当电桥平衡时，要使检流计指针偏转 0.2 格，必须使比较臂 R_0 的阻值变化 ΔR_0^*。换句话说，当比较臂阻值的变化小于 ΔR_0^* 时，检流计指针偏转小于 0.2 格，实验者从检流计是很难观察到的。这里的 0.2 格即是判断检流计指零时通常取的视差值；而 ΔR_0^* 是由于电桥平衡的判断而带给测量结果的误差，即电桥灵敏度引起的测量误差，即

$$\Delta R_0^*=R_0\frac{0.2}{S} \tag{4.7-5}$$

因此，在计算 R_0 引起的不确定度 U_{R_0}时，除了需要考虑电阻箱的仪器误差外，还需要考虑到电桥灵敏度可能引进的附加误差 ΔR_0^*，即

$$U_{R_0}=\sqrt{(\Delta_{R_{0仪}})^2+(\Delta R_0^*)^2} \tag{4.7-6}$$

如果忽略电源内阻，可以通过基尔霍夫定律得到图 4.7-1a 中的电流 i_g：

$$i_g=\frac{(R_2R_x-R_1R_0)U_{AB}}{R_1R_x(R_2+R_0)+R_2R_0(R_1+R_x)+R_G(R_1+R_x)(R_2+R_0)} \tag{4.7-7}$$

其中 U_{AB}为 A、B 之间的电压，由式（4.7-2）和式（4.7-7），可得

$$S=\frac{S_iR_1R_0U_{AB}}{R_1R_x(R_2+R_0)+R_2R_0(R_1+R_x)+R_G(R_1+R_x)(R_2+R_0)} \tag{4.7-8}$$

由式（4.7-8）可知，通过改用高灵敏度的检流计和提高工作电压均能提高电桥的灵敏度。S 越大，对平衡的判断也就越灵敏，从而提高了测量的精确度。需要指出的是，过高的电桥的灵敏度反而会使检流计的指针偏转过大而无法判断电桥是否平衡。另外，电桥灵敏度虽然可以通过式（4.7-8）计算得到，但由于计算过于复杂，在实验上一般采取实验测量的方法使用式（4.7-4）得到电桥的灵敏度。可以证明，在电桥平衡的条件下，电桥各臂的相对灵敏度相等，即可以选择任意臂作为可变臂测量平衡时电桥的灵敏度。需要指出的是，由于电桥灵敏度 S 并不是一个恒量，所以测量过程中应尽量使检流计的指针偏转较小的角度（一般取 1 ~2 格即可）得到电桥平衡时电桥的灵敏度 S。

3. 箱式电桥

箱式电桥（电桥箱）采用了与惠斯通电桥相同的原理，由于其把全部的仪器和部件

集成在一个盒子中，使用起来更为简便。箱式电桥的原理电路图如图4.7-3所示，包括了比率臂N、比较臂R_0、内置检流计、供桥电源等，待测电阻R_x的阻值可以由下式得到：

$$R_x = NR_0 \tag{4.7-9}$$

式中，R_x为待测电阻；N为电桥比率系数；R_0为比较臂标度盘示值。

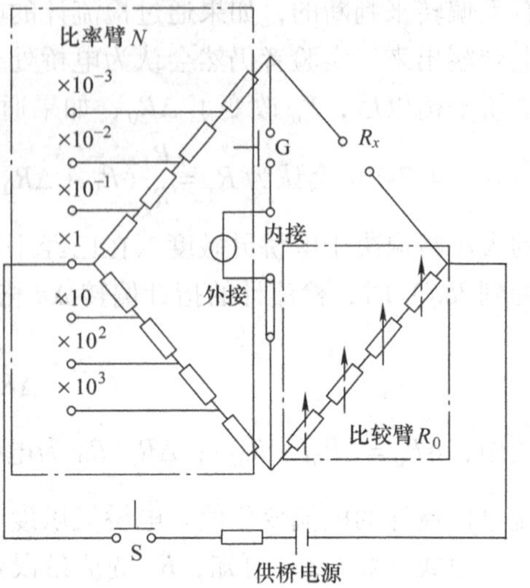

图4.7-3 箱式电桥电路原理图

箱式电桥的型号很多，其工作原理基本相同，这里以QJ23a型直流电阻电桥箱为例说明箱式电桥的工作原理及结构。QJ23a型直流电阻电桥箱的面板如图4.7-4所示，其内部电路采用惠斯通电桥电路，并内附检流计（又称为指零仪）和稳压电源，可测量电阻值范围1～11.11MΩ的待测电阻，电路图如图4.7-5所示。

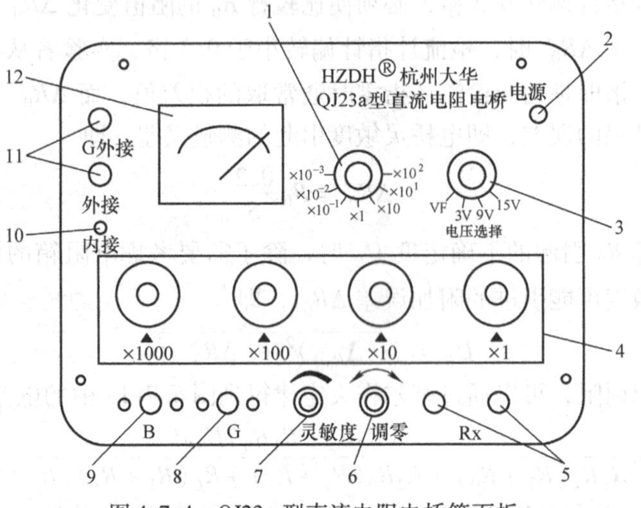

图4.7-4 QJ23a型直流电阻电桥箱面板

1—电桥比率转盘N 2—电源指示灯 3—供桥电源选择旋钮 4—比较臂标度转盘 5—待测电阻接线柱 6—电桥调零旋钮 7—电桥灵敏度调节旋钮 8—检流计接通开关 9—电桥电源开关 10—外接检流计或使用内置检流计的检流计转换开关 11—外接检流计接线柱 12—内置检流计

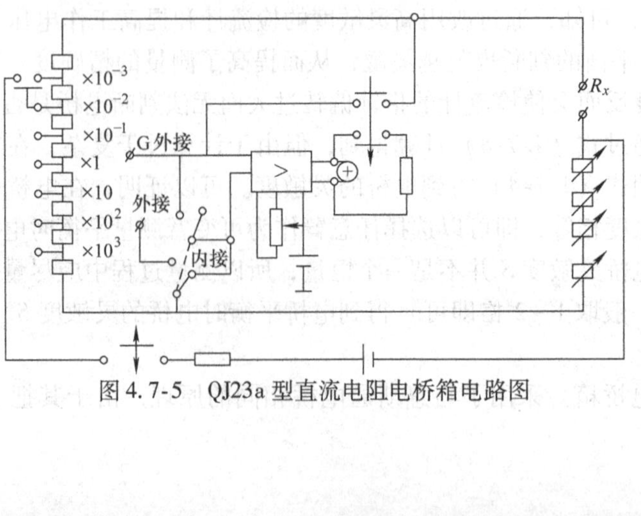

图4.7-5 QJ23a型直流电阻电桥箱电路图

【实验内容】

1. 用自搭电桥研究惠斯通电桥特性及电阻测量

使用插板式电路板按照图 4.7-6 连接电路，选择适当的电阻作为 R_1 和 R_2，使其比率为 1，并使用交换测量法测量阻值约为 500Ω 金属膜电阻的阻值，并测定不同的电源电压和检流计内阻的情况下其电桥灵敏度，将实验数据填写在表 4.7-2 中，计算电阻阻值及其不确定度。

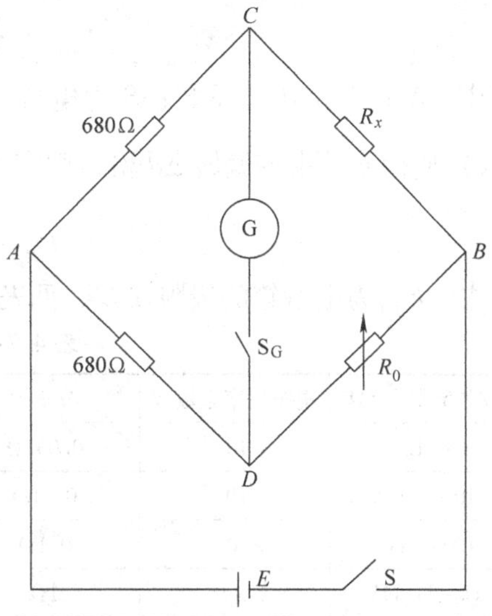

图 4.7-6　自搭电桥电路图

用逐步逼近法调平电桥：逐步逼近法是根据被测电阻的约值（电阻上一般标出或用万用表粗测得到），在正确选用比率 R_1/R_2 后，使 R_0 取较小的数值，短暂闭合开关 S_G 观察电流计偏转的方向，设其向左偏转，然后 R_0 再取较大的数值，短暂闭合开关 S_G 若电流计向右偏转，则可断定平衡点在这两个值之间，然后重复此调节，使检流计偏转范围不断缩小，即可找到平衡点。

电阻箱 R_0 的仪器误差为

$$\Delta_{仪} = \Delta_{R_0仪} = 0.1\% R_0 + 0.005(K+1)$$

式中，0.1 是所用电阻箱的精确度等级；K 是实验中所用的十进制电阻盘的个数。

电桥灵敏度带来的误差可由式（4.7-5）计算。当电桥达到平衡后，改变 R_0（由 R_{01} 变到 R_{02}）使检流计由零偏转 Δd 格，则电桥灵敏度为 $S = \dfrac{\Delta d}{|R_{01} - R_{02}|} R_0$。

待测电阻 R_x 的相对不确定度可由式（4.7-3）、式（4.7-6）导出

$$\frac{U_{R_x}}{R_x} = \sqrt{\left(\frac{1}{2}\frac{U_{R_0}}{R_0}\right)^2 + \left(\frac{1}{2}\frac{U_{R_0'}}{R_0'}\right)^2} \approx \frac{\sqrt{2}}{2}\frac{U_{R_0}}{R_0} \quad (N = 1.0 \text{ 时})$$

2. 用箱式电桥测量中值电阻

使用 QJ23a 箱式电阻电桥测量金属膜电阻的阻值，并测定其电桥灵敏度，将实验数据填写在表 4.7-3 中，由式（4.7-9）计算电阻阻值，并计算其不确定度。

使用 QJ23a 型直流电阻电桥箱测量待测电阻应遵循以下步骤：

1）打开电桥箱总电源，将检流计转换开关置于“内接”位置（如果仪器内置检流计灵敏度不够可以外接更灵敏的检流计）。

2）调整电桥的调零旋钮，使检流计指针指向零点。

3）根据待测电阻阻值适当选择电桥比率及电桥箱的供桥电压。

4）将待测电阻与电桥箱的待测电阻接线柱相连，并调节比较臂标度转盘 R_0 调整到待测电阻近似阻值的位置。

5）将灵敏度旋钮逆时针旋到底（此时电桥的灵敏度为最低值），按下电桥电源按钮“B”，并用跃接法按下“G”按钮并调节适当比较臂标度转盘，使用逐步逼近法使检流计指针回到零位。

6）按下“G”按钮，调节灵敏度旋钮使电桥灵敏度最大，再调节比较臂标度转盘使

检流计指针重新回到零位，待测阻值可以由式（4.7-9）得到。

箱式电桥灵敏度带来的误差可由下式计算：

$$\Delta R_x^* = NR_0 \frac{0.2}{S}$$

式中，N是电桥比率系数；S为电桥灵敏度。当电桥达到平衡后，改变R_0（由R_{01}变到R_{02}）使检流计由零偏转Δd格，则有$S = \frac{\Delta d}{|R_{01} - R_{02}|} R_0$，电阻的总不确定度为

$$U_{R_x} = \sqrt{E_{\lim}^2 + (\Delta R_x^*)^2}$$

式中，$E_{\lim}$为电桥箱的极限误差，见表4.7-1。

表 4.7-1 电桥箱比率参数表

被测电阻 R_x/Ω	电桥比率系数 N	分辨力	准确度（%）	电桥的极限误差/Ω	供桥电压/V
1 ~ 11.11	$\times 10^{-3}$	0.001Ω	0.5	$E_{\lim} = \pm(0.5\% NR_0 + 0.001)$	3
10 ~ 111.1	$\times 10^{-2}$	0.01Ω	0.2	$E_{\lim} = \pm(0.2\% NR_0 + 0.01)$	
100 ~ 1111	$\times 10^{-1}$	0.1Ω	0.1	$E_{\lim} = \pm(0.1\% NR_0 + 0.1)$	
1k ~ 11.11k	$\times 1$	1Ω		$E_{\lim} = \pm(0.1\% NR_0 + 1)$	
10k ~ 111.1k	$\times 10$	0.01kΩ		$E_{\lim} = \pm(0.1\% NR_0 + 10)$	9
100k ~ 1111k	$\times 10^2$	0.1kΩ	0.2	$E_{\lim} = \pm(0.2\% NR_0 + 100)$	15
1M ~ 11.11M	$\times 10^3$	1kΩ	1.0	$E_{\lim} = \pm(1.0\% NR_0 + 1000)$	

【讨论】

1）利用实验数据分析供桥电压与检流计内阻对电桥灵敏度的影响。

2）用电桥测电阻与伏安法测电阻相比的特点有哪些？

3）实验中是如何消除R_1和R_2的比率误差所带来的影响的？

【结论】

通过直流惠斯通电桥的测量你得出什么结论？

【研究性题目】

用本实验中给定的实验设备以及数字万用表搭建非平衡电桥，并与热敏电阻相配合测量水的温度变化。

【思考题】

电桥线路连接无误，合上开关，调节比较臂电阻，无论如何调节，检流计指针都不动，线路中什么地方可能有故障？无论怎样调节，检流计指针始终向一个方向偏转，线路什么地方可能有故障？

【参考文献】

［1］吕斯骅，段家忯．基础物理实验［M］．北京：北京大学出版社，2002.

［2］丁慎训，张连芳．物理实验教程［M］．2 版．北京：清华大学出版社，2002.
［3］杨俊才，何焰蓝．大学物理实验［M］．北京：机械工业出版社，2004.
［4］张训生．大学物理实验［M］．杭州：浙江大学出版社，2004.

【补充材料 4.7-1】　插板式电路板

插板式电路板如图 4.7-7 所示，黑线相连的每九个插线孔为一个单元，其内部用金属片相连，处于导通状态。与之配套的各种电学元件（见图 4.7-8）应插入相邻单元之间的孔内。

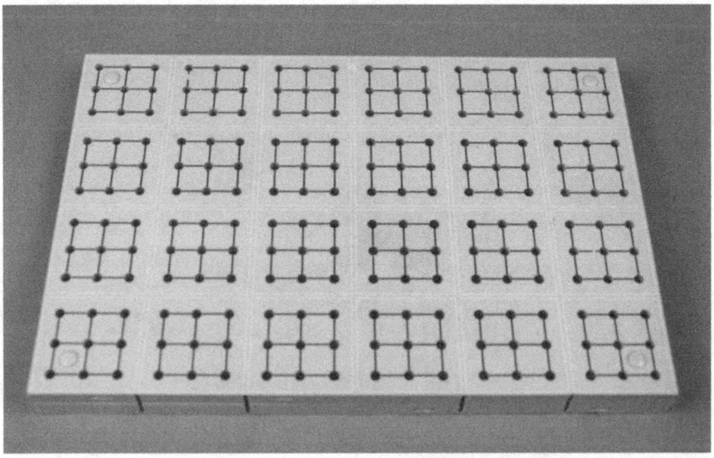

图 4.7-7　插板式电路板

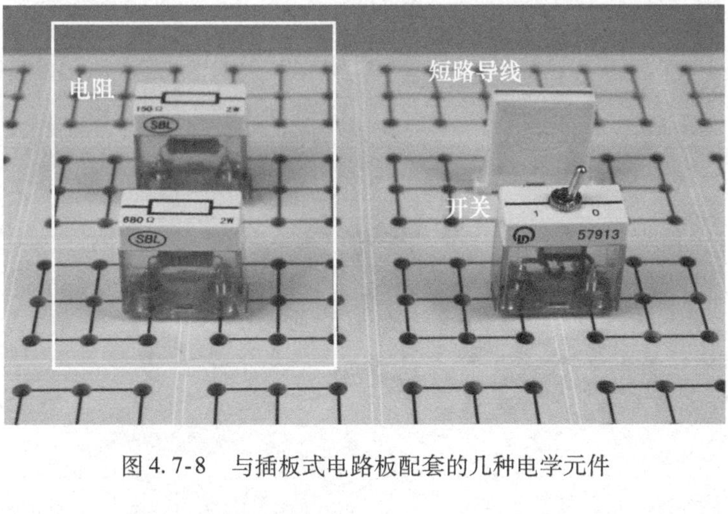

图 4.7-8　与插板式电路板配套的几种电学元件

【数据表格】

实验者信息：

专业班级：__________ 学号：__________ 姓名：__________同组人姓名：__________

表 4.7-2　用简易电桥测量金属膜电阻（$R_x \approx 500\Omega$）

供桥电压/V	电流计内阻/Ω	N	R_0/Ω	R_0'/Ω	R_x/Ω	Δd/格	$\Delta R_0 = \lvert R_{01} - R_{02} \rvert/\Omega$
4.0	2500	1.0					
4.0	100	1.0					
8.0	2500	1.0					
8.0	100	1.0					

表 4.7-3　用箱式电桥测电阻（$R_{x1} \approx 50\text{k}\Omega$，$R_{x2} \approx 500\text{k}\Omega$）

被测电阻	N	R_0/Ω	$R_x = NR_0/\Omega$	Δd/格	$\Delta R_0 = \lvert R_{01} - R_{02} \rvert/\Omega$
R_{x1}					
R_{x2}					

实验时沿此线剪下

教师签名：__________

实验4.8 数字电表的组装及应用

【引言】

模拟信号是指变量在一定范围内连续变化的物理信号，常见的物理量都是这种幅值大小连续变化的模拟信号。而数字信号与模拟信号不同，其幅值大小变化不连续，即数字信号的幅值大小是某些分立的数值，需要进行量化处理。对于电压和电流信号来说，它们通常都是幅值连续变化的模拟信号，指针式电表可以直接对其进行测量显示；而数字式电表需要把模拟电信号（通常是电压信号）转换成数字信号，再进行处理和显示。

在实际工作中，有很多自己搭建的实际测量装置经常需要测量和显示各种电压、电流量。本实验给出了采用双积分模数转换器（ICL7107）的数字式测量电压、电流量的电路原理和方法。

【实验目的】

1）了解数字电表的基本原理及常用双积分模数转换芯片的工作方式。

2）掌握电压表、电流表的多量程的电路设计。

3）正温度系数热敏电阻（PTC）等元件伏安特性的特点。

【实验仪器】

DH6505数字电表组装实验仪、直流稳压电源、四位半通用数字万用表、正温度系数热敏电阻（PTC）等。

【预习提示】

1）简述双积分模数转换器（ICL7107）的基本工作原理。

2）如何使用双积分模数转换器（ICL7107）测量直流电压？

3）简述正温度系数热敏电阻（PTC）的伏安特性特点及其物理机理。

【实验原理】

1. 双积分模数转换器（ICL7107）的基本工作原理

双积分模数转换电路的工作原理是基于电容器充放电过程中计数器读数与输入电压之间的正比关系来进行测量显示的。当输入电压为 U_x 时，在一定时间 T_1 内对电荷量为零的电容器 C 进行恒流充电，其中电流大小与待测电压 U_x 成正比。此时，电容器内电荷量随时间线性增加，当充电时间为 T_1，电容器上积累的电荷量 Q 与被测电压 U_x 成正比。然后，使电容器恒流放电，其中电流大小与参考电压 U_{ref} 成正比，电容器内的电荷量将线性减小，直到 T_2 时刻减小为零，也可以得出 T_2 也与 U_x 成正比。如果用计数器记录放电开始到放电结束过程中时钟脉冲的计数值 N_2，则 N_2 与 U_x 也成正比，以此完成对 U_x 的测量。

ICL7107是比较常用的3位半模数转换器，由积分器、过零比较器、逻辑控制电路、闸门电路、计数器、时钟脉冲源、锁存器、译码器及显示等电路所组成，如图4.8-1所示。

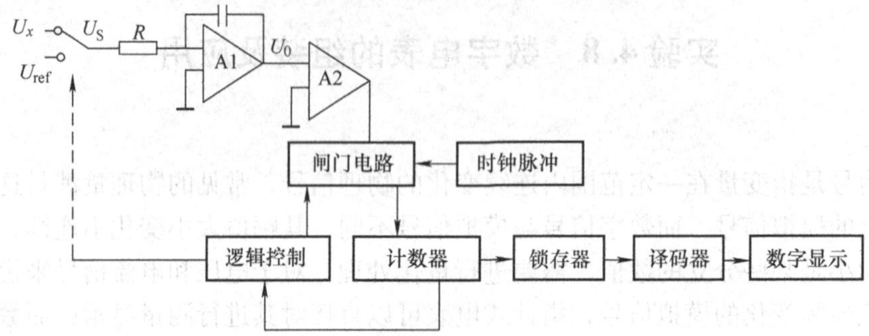

图 4.8-1 ICL7107 模数转换器结构原理图

ICL7107 的工作过程大致可以分为三个阶段：

（1）自动校零阶段　首先将电压输入脚与输入电压断开而与地端相连，放掉电容器 C 上积累的电荷量，参考电压值 U_{ref} 对参考电容 C_{ref} 进行充电，同时反馈环给自动调零电容 C_{AZ} 进行充电，以补偿缓冲放大器、积分器和比较器的失调电压。

（2）信号积分阶段（又称采样阶段）　在此阶段 U_s 接到 U_x 上使之与积分器相连，电容器 C 以恒定电流 $I = U_x/R$ 充电，与此同时计数器开始计数，当计到某一特定值 N_1（对于 ICL7107 模数转换器来说，$N_1 = 1000$）时逻辑控制电路使充电过程结束，这样采样时间 T_1 是一定的，假设时钟脉冲为 T_{CP}，则计数 $N_1 = \dfrac{T_1}{T_{CP}}$。在此阶段，积分器的输出电压为

$$U_0 = -Q_0/C \tag{4.8-1}$$

式中，Q_0 为 T_1 时间内恒流（U_x/R）给电容器 C 充电得到的电荷量

$$Q_0 = \int_0^{T_1} \frac{U_x}{R} dt = \frac{U_x T_1}{R} \tag{4.8-2}$$

因此，式（4.8-1）与式（4.8-2）联立可得输出电压

$$U_0 = -\frac{Q_0}{C} = -\frac{U_x T_1}{RC} \tag{4.8-3}$$

（3）反积分阶段（测量阶段）　在此阶段，逻辑控制电路把已经充电至 U_{ref} 的参考电容 C_{ref} 按与 U_x 极性相反的方式经缓冲器接到积分电路。此时，电容器 C 将以恒定电流 $I' = U_{ref}/R$ 的大小进行放电，与此同时计数器开始计数，电容器 C 上的电荷量线性减小；当经过时间 T_2 后，电容器电压减小到 0，由零值比较器输出闸门控制信号停止计数器计数并显示出计数结果。此阶段存在如下关系：

$$U_0 + \frac{1}{C}\int_0^{T_2} \frac{U_{ref}}{R} dt = 0 \tag{4.8-4}$$

将式（4.8-3）代入上式得

$$T_2 = \frac{T_1}{U_{ref}} U_x \tag{4.8-5}$$

可以看出，由于 T_1 和 U_{ref} 均为常数，因此 T_2 与 U_x 成正比，由于计数 $N_2 = \dfrac{T_2}{T_{CP}}$，因此

$$N_2 = \frac{N_1}{U_{ref}} U_x \tag{4.8-6}$$

测量的计数值 N_2 与被测电压 U_x 成正比。对于 ICL7107 来说，信号积分阶段时间固定为 1000 个 T_{CP}，即 N_1 的值为 1000 不变，而 N_2 的计数随 U_x 的不同在 0 ~ 1999 之间变化，自动校零阶段的计数范围为 2999 ~ 1000，因此，测量总周期保持在 4000 个 T_{CP} 不变。当满量程时 $N_{2max} = 2000 = 2 \times N_1$，$U_{xmax} = 2U_{ref}$。即若取参考电压为 100mV，则最大输入电压（被测电压）为 200mV；若参考电压为 1V，则最大输入电压为 2V。

2. ICL7107 双积分模数转换器引脚功能、外围元件参数的选择

ICL7107 芯片的引脚及其外围器件连接，如图 4.8-2 所示。其中 ICL7107 芯片的引脚 2 ~ 19、22 ~ 25 是与数码管相连的脚连接方式固定；第 32 脚为模拟公共端，称为 COM 端；第 36 脚 U_{r+} 和 35 脚 U_{r-} 为参考电压正负输入端；第 31 脚 IN_+ 和 30 脚 IN_- 为测量电压正负输入端；C_{int} 和 R_{int} 分别为积分电容和积分电阻，C_{AZ} 为自动调零电容，它们与芯片的 27、28 和 29 相连，用示波器接在第 27 脚可以观测到前面所述的电容充放电过程，该脚对应实验仪上示波器接口 U_{int}；电阻 R_1 和 C_1 与芯片内部电路组合提供时钟脉冲振荡源，从 40 脚可以用示波器测量出该振荡波形。由于测量周期总是保持在 4000 个 T_{CP}，因此时钟频率的快慢决定了芯片的转换时间以及测量的精度。

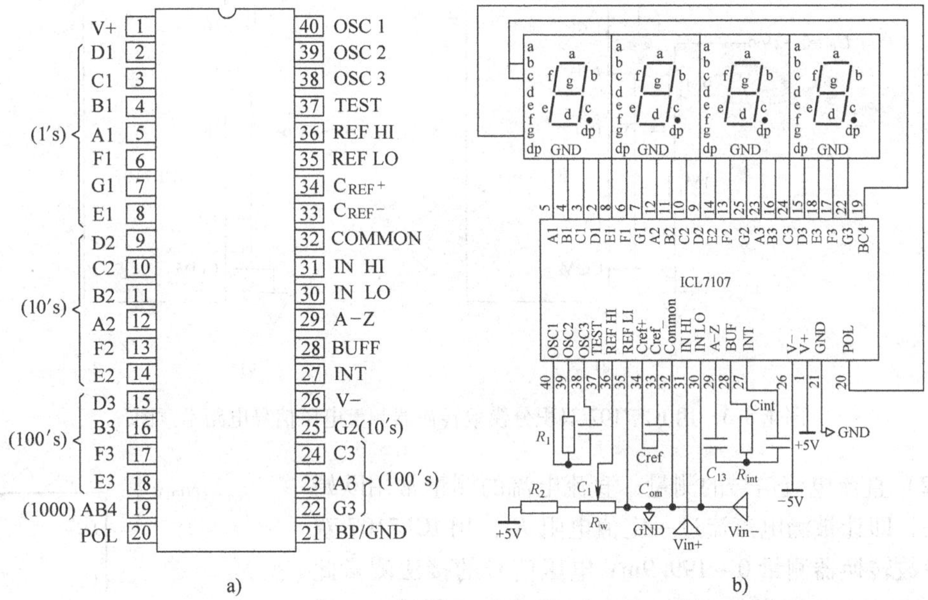

图 4.8-2　ICL7107 引脚说明及其外围器件连接图

a）引脚说明　b）外围器件连接

R_{int} 为积分电阻，它是由满量程输入电压和用来对积分电容充电的内部缓冲放大器的输出电流来定义的，对于 ICL7107 来说，充电电流的常规值为 $I_{int} = 4\mu A$，因此 R_{int} = 满量程/4μA。在满量程为 200mV，即参考电压 $U_{ref} = 0.1V$ 时，$R_{int} = 50k\Omega$，实际一般选择 47kΩ 电阻；在满量程为 2V，即参考电压 $U_{ref} = 1V$ 时，$R_{int} = 500k\Omega$，实际一般选择 470kΩ 的电阻。

ICL7107 的 38 引脚输入的振荡频率 f_0 满足

$$f_0 = \frac{1}{2.2 \times R_1 \times C_1} \tag{4.8-7}$$

而模数转换的计数脉冲频率是f_0的 4 倍，即 $T_{CP}=1/(4f_0)$，所以测量周期 $T=4000T_{CP}=1000/f_0$，积分时间 $T_1=1000T_{CP}=250/f_0$。所以，f_0的大小直接影响转换时间的快慢，频率过快或过慢都会影响测量精度和线性度。一般情况下，为了提高在测量过程中抗 50Hz 工频干扰的能力，应使 A/D 转换的积分时间选择为50Hz 工频周期的整数倍，即 $T_1=(n\times20)$ ms，考虑到线性度和测试效果，一般取 $T_1=0.1$s，这样 $T=0.4$S，$f_0=40$kHz，A/D 转换速度为 2.5 次每秒。由 $T_1=0.1=250/f_0$，若取 $C_1=100$pF，则 $R_1\approx112.5$kΩ。而积分电容 $C_{int}=T_1\times I_{int}/U_{int}$，由于 $T_1=0.1$s 而且积分电压的最大值 $U_{int}=2$V，所以 $C_{int}=0.2\mu$F 实际应用中一般选取 0.22μF 的电容。

3. 用 ICL7107 双积分模数转换器测量电压、电流信号

（1）电压信号的测量　图 4.8-3 给出了两种满量程为 1.999V 的电压测量电路图，图 4.8-3a 采用了分压法来实现 0 ~ 1.999V 电压的测量，此时，参考电压需设为 100mV，积分电阻 $R_{int}=47$kΩ；图 4.8-3b 直接使用 1V 的参考电压和 470kΩ 的积分电阻来实现 0 ~ 1.999V 电压的测量。

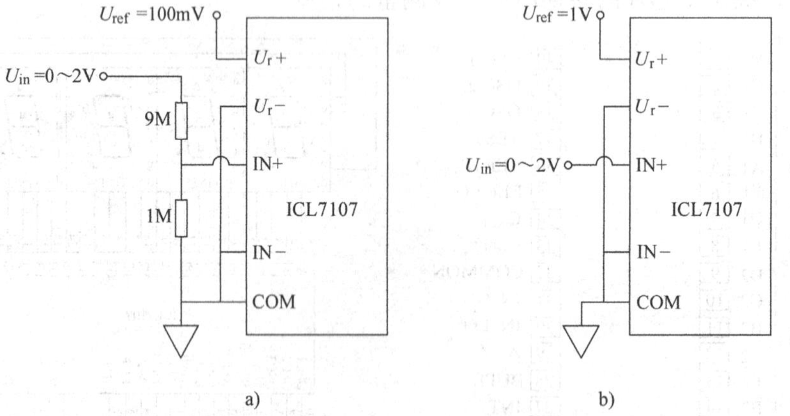

图 4.8-3　用 ICL7107 双积分模数转换器测量电压信号电路示意图

（2）直流电流信号的测量　直流电流的测量常用欧姆压降法，即让被测电流流过一定值电阻 R_i，用 ICL7107 双积分模数转换器测量 0 ~ 199.9mV 电压信号的接法测量此定值电阻 R_i上的压降 $U_i=R_i\times I_s$，如图 4.8-4 所示。如果电路中的被测电流 I_s 较大，可以适当减小定值电阻 R_i，$U_i<200$mV。由于这种方法对被测电路接入了电阻而对原电路造成影响（被测电流由于接入电阻而变成 $I_s'=R_0\times I_s/(R_0+R_i)$，所以适合于测量被测电路内阻较大的情况。需要指出的是，直流电流的测量还可以通过由运算放大器组成的 $I-U$ 变换电路的方法进行电流的测量，此电路对被测电路无影响，但是由于运放自身参数的限制，只能够用在对小电流的测量电路中。

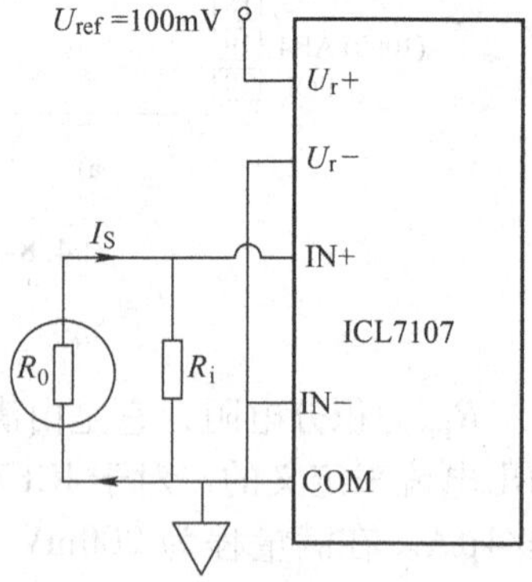

图 4.8-4　用 ICL7107 双积分模数转换器测量电流信号电路示意图

4. 正温度系数热敏电阻（PTC）的伏安特性

热敏电阻一般由半导体材料制成，大多具有负温度系数，即阻值随温度的增加降低，称为负温度系数热敏电阻（NTC），而具有正温度系数（PTC）的热敏电阻，其阻值会随温度的增加而增加。以正温度系数热敏电阻为例，这种热敏电阻具有一个开关温度 T_s，当热敏电阻的自身温度 $T_0 < T_s$ 时，热敏电阻具有较低的电阻；当热敏电阻的自身温度 $T_0 > T_s$ 时，热敏电阻的阻值会迅速增加。PTC 热敏电阻的伏安特性曲线如图 4.8-5 所示，当电压不是很大时（*AB* 段），随着电压的增大，电流对原件自身的加热作用不明显，热敏电阻的阻值几乎不变化，此时电流随着电压的增大接近线性增加；当电压再逐渐增大（*BC* 段），电流的焦耳作用使热敏电阻的温度 T_0 升高从而导致其自身电阻阻值增大，伏安特性曲线也偏离原来的直线；随着电压进一步增大（*CD* 段），测试热敏电阻的温度 $T_0 > T_s$，电压上升的过程中，热敏电阻的温度上升，其自身电阻迅速增大，导致电路中通过热敏电阻的电流迅速降低；随着电压在进一步增大（*DE* 段），此时热敏电阻与外接之间的热交换作用使得其温度的上升变化减缓，随着电压的上升，电流下降减缓甚至有所回升。

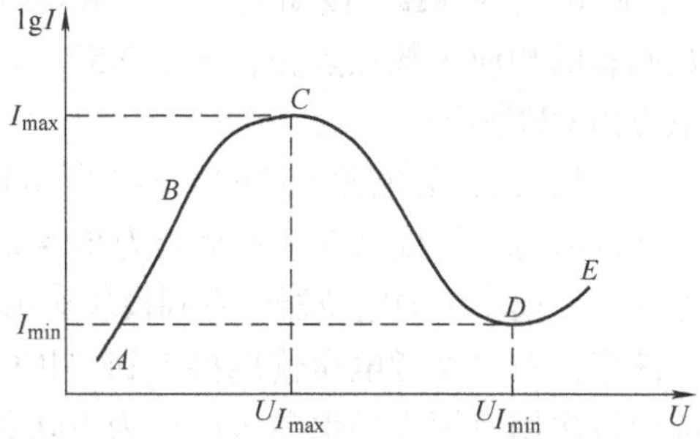

图 4.8-5　正温度系数热敏电阻（PTC）的伏安特性曲线示意图

【仪器装置】

DH6505 数字电表组装实验模块如图 4.8-6 所示，包括：

1）ICL7107 模数转换及其显示模块，其主要部件为 ICL7107 双积分模数转换器芯片。

2）AD 参考电压模块：在为其提供 +5V 和 GND 电源的情况下，“AD 参考电压模块”可以提供模数转换器的参考电压，通过模块中的电位器进行调节可以实现参考电压的改变。

3）直流电压电流模块：在为其提供 +5V 和 GND 电源，“直流电压电流模块”可以提供直流电压和电流，通过模块中的电位器可以调节输出的电压或电流的调节。

4）供电模块：可以为“ICL7107 模数转换及其显示模块”“AD 参考电压模块”“直流电压电流模块”等模块提供 +5V、GND、-5V 的电压。

5）电压量程扩展分压器 a、b 模块，电流量程扩展分流器 a、b 模块。

6）插板式电路板，其使用方法参见实验 4.7。

【实验内容与实验步骤】

1.（选作）直流电压表的组装与校准

（1）200mV 档直流电压表

1）用万用表 200mV 档测量“AD 参考电压模块”的输出电压，调节该模块中的电位器使参考电压输出值为 100.00mV。

2）用万用表 200mV 档测量“直流电压电流模块”的输出电压，调节该模块中的电位器，使其输出的电压值为 0 ~ 199.99mV 的某一具体值（如：150.00mV）。

3）拨动“ICL7107 模数转换及其显示模块”上的拨位开关 K1－2 到 ON，其他到 OFF，使 $R_{int}=47k\Omega$；拨动拨位开关 K2－3 到 ON，其他到 OFF，使对应的 ICL7107 模块中数码管的相应小数点点亮，显示 XXX. X（注：拨位开关K1 和 K2，拨到上方为 ON，拨到下方为 OFF）。

4）断开设备的电源，按图4.8-7 所示连接电路图。接通电源，观察“ICL7107 模数转换及其显示模块”数码管显示是否为步骤 2）所调到的电压值。若有差异，稍微调整“AD 参考电压”模块中的电位器，直到模块显示读数与四位半数字万用表测量读数相同为止。

注意：在将参考电压输出接入到“ICL7107 模数转换及其显示模块”的 U_{r+} 和 U_{r-} 端之前应再次用万用表确保参考电压为 100.00mV。

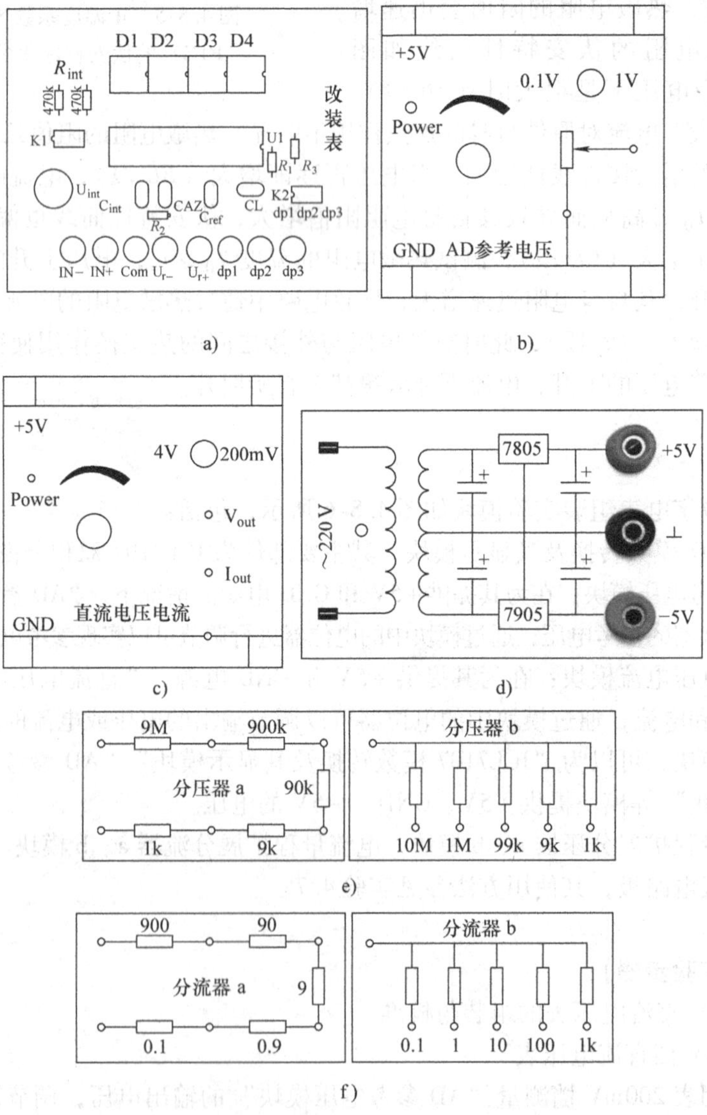

图 4.8-6 DH6505 数字电表组装实验模块

a）ICL7107 模数转换及其显示模块 b）AD 参考电压模块 c）直流电压电流模块
d）供电模块 e）量程扩展分压器 a、b f）量程扩展分流器 a、b

5）调节“直流电压电流模块”中的电位器，减小其输出电压，使模块输出电压为 199.9mV、180.0mV、160.0mV、…、20.0mV、0mV；并同时记录下万用表所对应的读数，将实验数据记录在表 4.8-6 中。以模块显示的读数为横坐标，以万用表显示的读数为纵坐标，绘制校准曲线。

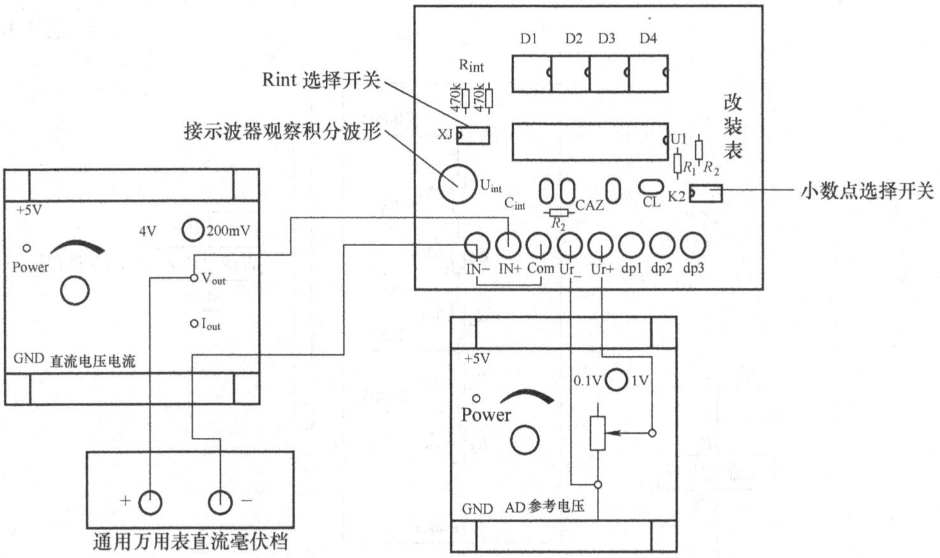

图 4.8-7　直流电压表组装与校准连线图

（2）2V 档直流电压表

1）用万用表 2V 档测量“AD 参考电压模块”的输出电压，调节该模块中的电位器使参考电压输出值为 1.0000V。

2）用万用表 2V 档测量“直流电压电流模块”的输出电压，调节该模块中的电位器，使其输出的电压值为 0～1.9999V 的某一具体值（如：1.5000V）。

3）拨动“ICL7107 模数转换及其显示模块”上的拨位开关 K1－1 到 ON，其他到 OFF，使 $R_{int}=470k\Omega$；拨动拨位开关 K2－1 到 ON，其他到 OFF，使对应的 ICL7107 模块中数码管的相应小数点点亮，显示 X.XXX。

4）断开设备的电源，按图 4.8-7 所示连接电路图。接通电源，观察“ICL7107 模数转换及其显示模块”数码管显示是否为步骤 2）所调到的电压值。若有差异，稍微调整“AD 参考电压模块”中的电位器，直到模块显示读数与四位半数字万用表测量读数相同为止。

注意：在将参考电压输出接入到“ICL7107 模数转换及其显示模块”的 U_{r+} 和 U_{r-} 端之前应再次用万用表确保参考电压为 1.0000V。

5）调节“直流电压电流模块”中的电位器，减小其输出电压，使模块输出电压为 1.999V、1.800V、1.600V、…、0.020V、0V；并同时记录下万用表所对应的读数，将实验数据记录在表 4.8-6 中。以模块显示的读数为横坐标，以万用表显示的读数为纵坐标，绘制校准曲线。

（3）其他量程直流电压表　当输入电压大于 2V 时，需要继续更改电压表的量程到更大的量程再进行测量，这种量程上的更改可以通过分压电路和改变对应的数码管小数点位实现。使用分压电路可以实现直流电压表量程的扩展，如图 4.8-8 所示，扩展后的量程和分压器接入的阻值有关，如图 4.8-8a 所示的电路中，如果所用的直流电压表的量程为 U_0，则扩展后的量程 U_i 为

$$U_i = \frac{r_1 + r_2}{r_2} U_0 \tag{4.8-8}$$

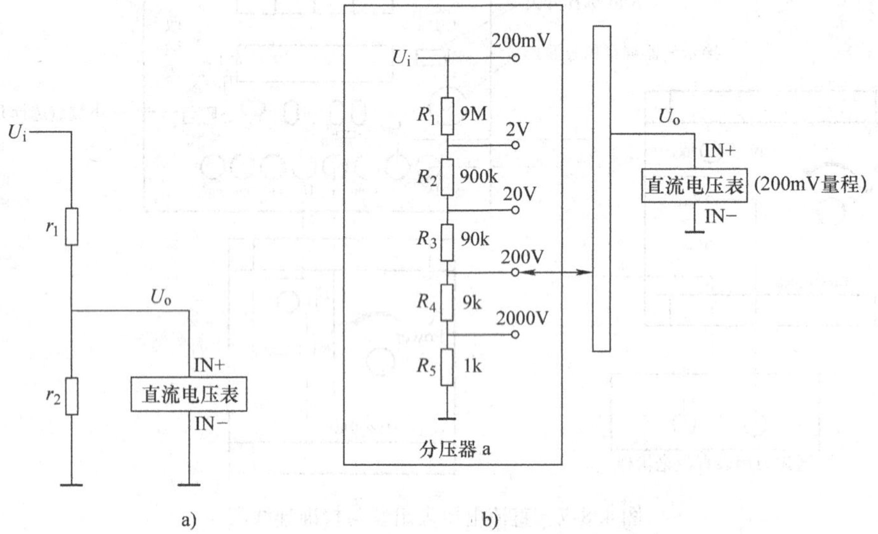

图 4.8-8 直流电压表的量程扩展

a）分压电路原理 b）使用 200mV 量程的直流电压表实现 200V 量程的电压测量

2. 直流电流表的组装

（1）200mA 电流表

1）左旋“直流电压电流模块”中的电位器到底，使其输出电流为 0。

2）用万用表 200mV 档测量“AD 参考电压模块”的输出电压，调节该模块中的电位器使参考电压输出值为 100.00mV。

3）拨动“ICL7107 模数转换及其显示模块”上的拨位开关 K1-2 到 ON，其他到 OFF，使 $R_{int}=47k\Omega$；拨动拨位开关 K2-3 到 ON，其他到 OFF，使对应的 ICL7107 模块中数码管的相应小数点点亮，显示 XXX. X。

4）断开设备的电源，按图 4.8-9 所示连接电路图，将“直流电压电流模块”中的切换开关置于“4V”位置，接通电源，并顺时针旋转“直流电压电流模块”中的电位器，使万用表显示为 0~199.99mA 的某一具体值（如：10.00mA）。

注意：在将参考电压输出接入到“ICL7107 模数转换及其显示模块”的 U_{r+} 和 U_{r-} 端之前应用万用表确保参考电压为 100.00mV，断开设备电源后进行接线。

5）观察“ICL7107 模数转换及其显示模块”数码管显示是否为步骤 4）所调到的电压值。若有差异，稍微调整“AD 参考电压模块”中的电位器，直到模块显示读数与四位半数字万用表测量读数相同为止。

6）选作：调节“直流电压电流模块”中的电位器，减小其输出电流，使显示模块输出电流为 199.9mA、180.0mA、160.0mA、…、20.01mA、0.0mA；并同时记录下万用表

所对应的读数，将实验数据记录在表 4.8-7 中。以模块显示的读数为横坐标，以万用表显示的读数为纵坐标，绘制校准曲线。

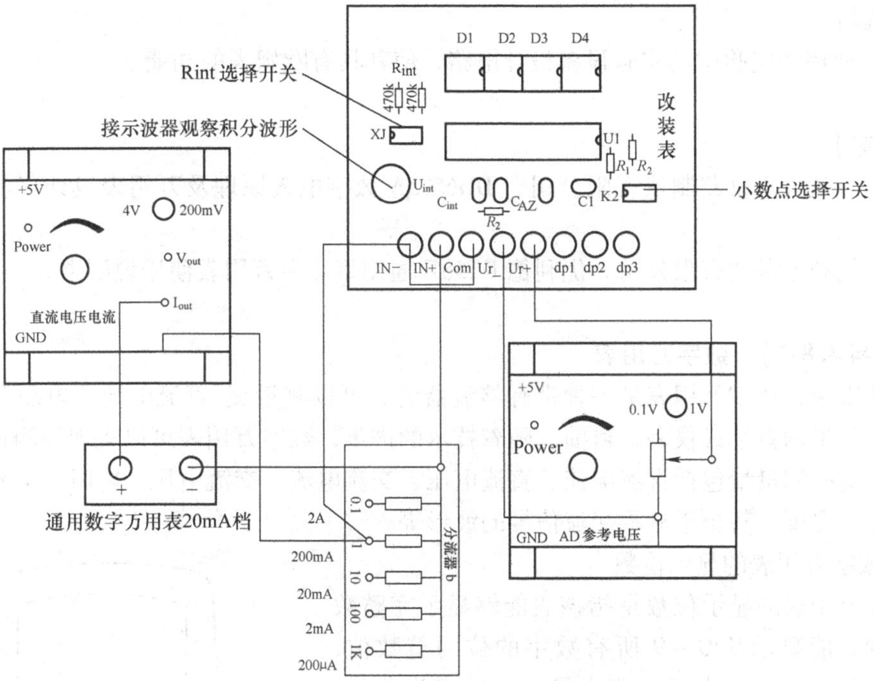

图 4.8-9　直流电流表组装与校准连线图

（2）其他量程电流表　如果实验中需要使用其他量程测量直流电流，可以通过更改“分流器 b”中串入的电阻并改变对应的数码管小数点位实现量程的改变。例如，要组装搭建 2mA 量程的直流电流表，就需要把“分流器 b”中的电阻改为选用 100Ω，并把 ICL7107 模数转换及其显示模块中数码管对应的显示改为 X. XXX。

需要注意的是，在实际使用中“分流器 b”中所选用电阻的额定电流应大于该量程下电流表所能通过的最大电流（即满量程电流）。

3. 测量 PTC 热敏电阻的伏安特性曲线

参照实验 4.6 中的伏安特性曲线测量方法设计测量电路图（其中电路的供电部分，可以直接使用电源的电压调节旋钮来改变电路的供电电压），测量热敏电阻的伏安特性曲线。其中，用 DH6505 数字电表组装实验仪搭建量程为 200mA 的数字电流表测量流过热敏电阻的电流，使用数字万用表的 200V 档测量加载在热敏电阻两端的电压。测量中使热敏电阻两端电压在 0～32V 变化，选择适当的实验点记录实验数据，并将实验数据记录在表 4.8-8 中，用 Excel 绘制 PTC 热敏电阻的伏安特性曲线。

【讨论】

根据实验曲线分析讨论 PTC 热敏电阻的伏安特性。

【结论】

通过本实验的测量你可以得出什么结论？

【研究性题目】

（1）设计实验方案，测量具有负温度系数的热敏电阻（NTC）的伏安特性，并讨论其物理机制。

（2）使用本实验中的实验设备设计电路，使其具有欧姆表的功能。

【参考文献】

［1］杭州大华仪器制造有限公司．DH6505A 数字电表原理及万用表设计（实验指导书）．

［2］优利德科技有限公司．优利德 UT58E 通用型数字万用表使用说明书．

【补充材料 4.8-1】 数字万用表

一般来说，数字万用表是一种带有整流器的、可以测量交/直流电流、电压及电阻等多种电学参量的数字式仪表。目前，随着技术的进步，数字万用表可以实现的测量功能越来越多，这些测量量包括直流电流、直流电压、交流电流、交流电压、电阻、电容量、电感、频率、温度、甚至于显示交流信号的波形等。

1. 数字万用表的显示位数

数字万用表的显示位数是指该表能够显示完整数字的多少。能显示从 0 ~ 9 所有数字的位为整数位，分数位的数值是以最大显示值中最高位数字为分子，用满量程时最高位数字作分母。如果某数字万用表的最大显示值为 ±1999，满量程计数值为 2000，这表明该数字万用表有 3 个整数位，其分数位的分子是 1，分母是 2，因此，称为 3½位，读作"三位半"，该数字万用表称为三位半数字万用表；如果某数字万用表的最大显示值为 ±19999，满量程计数值为 20000，这表明该数字万用表有 4 个整数位，其分数位的分子是 1，分母是 2，因此称为 4½位，读作"四位半"，该数字万用表称为四位半数字万用表。

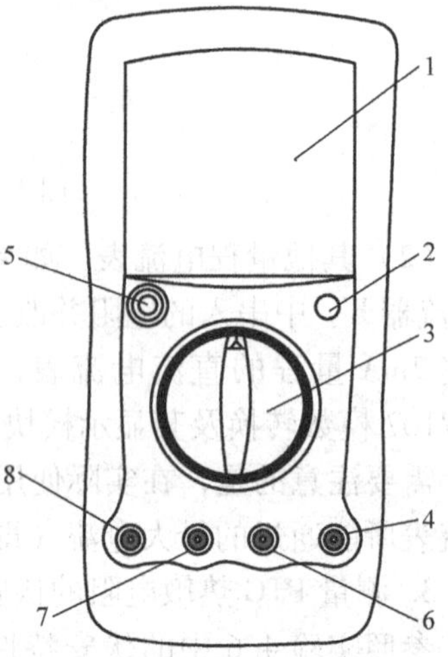

图 4.8-10 优利德（UNI－T）UT58E 型四位半数字万用表外观示意图

1—LCD 显示器 2—数据保持选择按键
3—量程开关 4—公共输入端（COM 端）
5—电源开关 6—其余测量输入端（VΩ 端）
7—毫安测量输入端（mA 端）
8—20A 电流输入端（A 端）

2. 数字万用表的使用

下面以优利德（UNI－T）UT58E 型四位半数字万用表为例介绍数字万用表的使用。UT58E 是一款手持式 4½位手动切换量程数字万用表，具有功能齐全、性能稳定、结构新颖、安全可靠、精度高等特点。该具有 28 个测量档位，整机电路设计以大规模集成电路，双积分 A/D 转换器为核心，可用于测量交直流电压和电流、电阻、电容、频率、温度、晶体管的放大倍数 hFE、二极管正向压降及电路通断，并且具有数据保持功能。仪器外观结构如图 4.8-10 所示。

（1）电压的测量 测量直流电压时将红表笔插入 VΩ 端，黑表笔插入 COM 端，将量程开关置于"V⎓"量程档，并将测试表笔并联到待测电源或负载上，从显示器上即可读取测量结果。直流电压每一个量程档，UT58E 的输入阻抗（内阻）均为 10MΩ，这种负载效应在测量高阻电路时会引起系统误差，如果被测电路阻抗≤10kΩ 时可以忽略内阻所引入的系统误差。

需要注意的是，当 LCD 只在最高位显示 1 时，说明已超量程，需调高量程；不要测量高于 1000V 的待测电压。

测量交流电压的操作和注意事项与直流电压测量基本相同，只是在测量时需要把量程开关置于“V ~”量程档，所有量程的输入阻抗（内阻）为 2MΩ。

（2）电流测量　将红表笔插入 mA 或 A 端（当测量 200mA 以下的电流时，插入 mA 端；当测量 200mA 及以上的电流时，需要插入 A 端），黑表笔插入 COM 端。将量程开关置于“A⎓”量程档，并将测试表笔串联接入到待测负载回路中，从显示器上读取测量结果。

需要注意的是：在测量前应切断被测电源，认真检查输入端子及量程开关位置是否正确，确认无误后才可通电测量；测量未知的电流值的范围时，应将量程开关置于高量程档，根据读数需要逐步调低量程；若输入过载，仪表内装保险管会熔断，应注意更换；测量大电流时，每次测量时间应小于 10s，测量的间隔时间应大于 15min。

测量交流电流的操作和注意事项与直流电流测量基本相同，只是在测量时需要把量程开关置于“A ~”量程档。

（3）电阻测量　将红表笔插入 VΩ 端，黑表笔插入 COM 端，将量程开关置于“Ω”量程，将测试表笔并接到待测电阻上，从显示器上读取测量结果。

需要注意的是：测在线电阻时，为了避免仪表受损，必须确认被测电路已关掉电源，电路中电容已放完电；在用 200Ω 档测量小电阻时，表笔引线会带来 0.1 ~0.3Ω 的接触电阻，为了获得更精确的测量结果，可以将读数减去红、黑两表笔短路后的读数值，来作为最终测量结果；当无输入时，例如开路时，仪表显示为 1；在被测电阻值大于 1MΩ 时，需要数秒后读数才能稳定。

（4）二极管和蜂鸣通断测量　将红表笔插入 VΩ 端，黑色表笔插入 COM 端，将量程开关置于“⏵|♪”（二极管和蜂鸣通断测量）档，如将红表笔连接到待测二极管的正极，黑表笔连接到待测二极管的负极，则 LCD 上的读数为二极管正向压降的近似值。如将表笔连接到待测线路的两端，当被测线路两端之间的电阻值在 70Ω 以下时，仪表内置蜂鸣器发声，同时 LCD 显示被测线路两端的电阻值。

（5）频率测量　将红表笔插入 VΩ 端，黑表笔插入 COM 断，将量程开关置于“Hz”量程，将测试表笔并接到待测电路上，从显示器上读取测量结果。

（6）温度测量　将热电偶传感器冷端的“+”“−”极分别插 VΩ 端和 COM 端，将量程开关置于“℃”量程档，热电偶的工作端（测温端）置于待测物表面或内部，从显示器上读取读数，其单位为℃。当无温度探头插入仪表时，仪器的 LCD 显示器上所显示的数值为仪表内部温度值。

需要注意的是：随机所附温度探头为 K 型热电偶，极限测量温度为 250℃。

（7）电容测量　将量程开关置于“Fcx”量程档，如果被测电容大小未知，应从最大量程开始，再逐步减少。根据被测电容，选择多用转接插头座或带夹短测试线插 VΩ 端、mA 端，保证接触可靠，从显示器上读取读数，如图 4.8-11 所示。

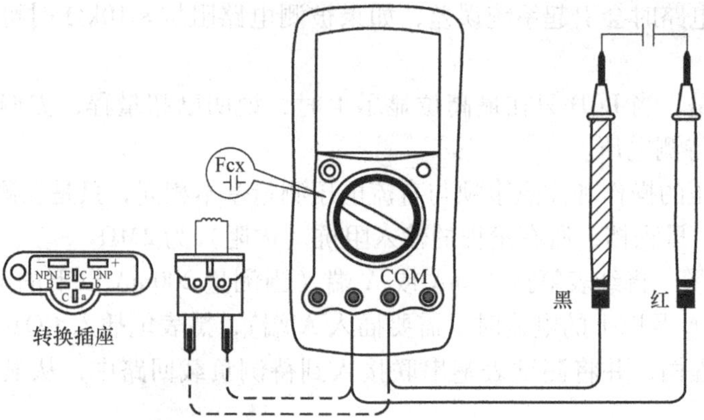

图4.8-11 电容的测量接线示意图

(8) 晶体管参数测量 将量程开关置于“hFE”量程档，多用转接插头座按正确方向插入 mA 端和 VΩ 端，如图 4.8-11 所示，并保证接触可靠，确定待测晶体管是 PNP 或 NPN 型，将基极（B）、发射极（E）、集电极（C）正确插入对应的位置，显示器上即显示出被测晶体管的 hFE 近似值。

(9) 优利德（UNI－T）UT58E 型四位半数字万用表的技术参数 表 4.8-1 到表 4.8-5 给出了优利德（UNI－T）UT58E 型四位半数字万用表的主要技术参数，如果测量中需要其他的技术参数可以参见本实验参考文献［2］。

表 4.8-1 直流电压测量的相关技术参数

量程	分辨力	仪器误差
200mV	0.01mV	$\Delta_{V仪}=(0.05\%\times U_{测}+0.03)$ mV
2V	0.0001V	$\Delta_{V仪}=(0.1\%\times U_{测}+0.0003)$ V
20V	0.001V	$\Delta_{V仪}=(0.1\%\times U_{测}+0.003)$ V
200V	0.01V	$\Delta_{V仪}=(0.1\%\times U_{测}+0.03)$ V
1000V	0.1V	$\Delta_{V仪}=(0.15\%\times U_{测}+0.5)$ V

表 4.8-2 交流电压测量的相关技术参数

量程	分辨力	仪器误差
2V	0.0001V	$\Delta_{V仪}=(0.5\%\times U_{测}+0.0010)$ V
20V	0.001V	$\Delta_{V仪}=(0.5\%\times U_{测}+0.010)$ V
200V	0.01V	$\Delta_{V仪}=(0.5\%\times U_{测}+0.10)$ V
1000V	0.1V	$\Delta_{V仪}=(1\%\times U_{测}+1.0)$ V

表 4.8-3　直流电流测量的相关技术参数

量程	分辨力	仪器误差
2mA	0.0001mA	$\Delta_{I仪}=(0.5\%\times I_{测}+0.0005)$ mA
200mA	0.01mA	$\Delta_{I仪}=(0.8\%\times I_{测}+0.05)$ mA
20A	0.001A	$\Delta_{I仪}=(2\%\times I_{测}+0.010)$ A

表 4.8-4　交流电流测量的相关技术参数

量程	分辨力	仪器误差
2mA	0.0001mA	$\Delta_{I仪}=(0.5\%\times I_{测}+0.0005)$ mA
200mA	0.01mA	$\Delta_{I仪}=(0.8\%\times I_{测}+0.05)$ mA
20A	0.001A	$\Delta_{I仪}=(2\%\times I_{测}+0.010)$ A

表 4.8-5　电阻测量的相关技术参数

量程	分辨力	仪器误差
200Ω	0.01Ω	$\Delta_{\Omega仪}=(0.5\%\times R_{测}+0.10)$ Ω
2kΩ	0.0001kΩ	$\Delta_{\Omega仪}=(0.3\%\times R_{测}+0.0001)$ kΩ
20kΩ	0.001kΩ	$\Delta_{\Omega仪}=(0.3\%\times R_{测}+0.001)$ kΩ
2MΩ	0.0001MΩ	$\Delta_{\Omega仪}=(0.3\%\times R_{测}+0.0001)$ MΩ
200MΩ	0.01MΩ	$\Delta_{\Omega仪}=[5\%\times(R_{测}-1000)+0.10]$ MΩ

实验时沿此线剪下

【数据表格】

实验者信息：

专业班级：__________ 学号：__________ 姓名：__________同组人姓名：__________

表 4.8-6　电压表的组装与校准

200mV 量程

序号	1	2	3	4	5	6	7	8	9	10
万用表显示电压值/mV										
数码管示值										

2V 量程

序号	1	2	3	4	5	6	7	8	9	10
万用表显示电压值/V										
数码管示值										

表 4.8-7　电流表的组装与校准

200mA 量程

序号	1	2	3	4	5	6	7	8	9	10
万用表显示电流值/mA										
数码管示值										

表 4.8-8　热敏电阻的伏安特性

□电流表内接法　□电流表外接法

测量值	U/V	
	I/mA	
测量值	U/V	
	I/mA	
测量值	U/V	
	I/mA	
测量值	U/V	
	I/mA	

教师签名：__________

实验 4.9　用四端法测量 Fe－Cr－Al 丝的电阻率

【引言】

由于导线与接触电阻的影响，低值电阻（$10^{-5}\sim10\Omega$）的测量往往不能使用普通的伏安法或者使用惠斯通电桥进行测量，而需要采用四端接头法（简称四端法）来消除接触电阻对测量结果的影响。

【实验目的】

1）了解接触电阻对低值电阻测量的影响。

2）学会采用四端法测量低值电阻。

3）掌握实验方案设计中常采用的“误差等分配原则”。

【实验仪器】

待测 Fe－Cr－Al 金属丝（直径约为 0.33cm，长度约为 26.5cm）、标准电阻（阻值为 0.05000Ω，等级为 0.1 级）、滑线电阻（全电阻为 30Ω，额定电流为 3A）、千分尺（量程为 0～25mm，最小刻度为 0.01mm）、米尺（量程为 0～30cm，最小刻度为 0.1cm）、4 位半数字万用表（等级为 0.05 级），稳压电源、开关、导线等。

【预习提示】

1）什么是误差等分配原则？

2）四端法是如何消除接触电阻对测量结果的影响的？

3）设计测量 Fe－Cr－Al 金属丝电阻率的实验方案，要求测量得到的金属丝电阻率的相对不确定度不大于 0.4%。在设计中涉及万用表的使用可参考［补充材料 4.8-1］。

【实验原理】

1. 低值电阻测量中的四端法

当采用两个接头连接电阻测量其阻值时，如图 4.9-1 所示，主回路电流 I 经过接线柱 J 分成两路，I_x、I_g 方向分别都有导线与接触电阻（$r_1\sim r_4$），这些电阻对伏特计上千欧姆

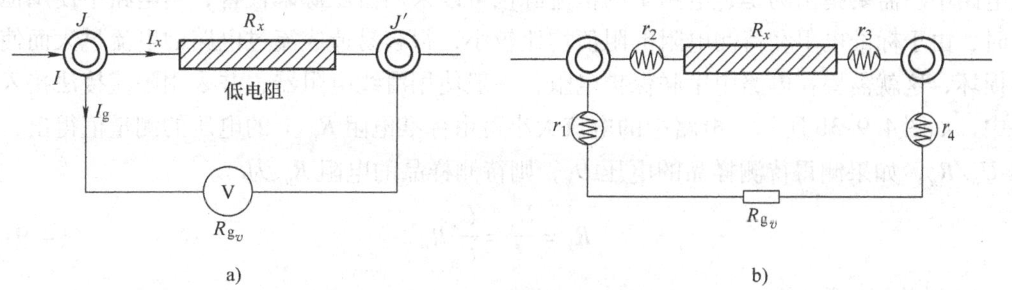

图 4.9-1　接触电阻对电阻测量的影响

a）接线图　b）等效电路图

的内阻来说可以忽略不计，但对低电阻 R_x 的影响则不能不考虑，伏特计测出的电压显然不光是 R_x 两端的电位差，而是（$r_2+R_x+r_3$）总电阻两端的电位差，所以用这样的装置不能测出低电阻的阻值。

若低电阻试样改为图 4. 9-2a 所示的装置，将试样两端和接线柱 J、J'相连，在试样两端靠里，又有两根导线，将试样和接线柱 P、P'相连。这就是所谓低电阻的“四端接头”，其电阻分析见图 4. 9-2b，J、J'接线柱接主回路，即主回路的大电流由 J、J'流入，而测量的低电阻只是其中一段有断面线的 R_x，R_x 两端引线接 P、P'接线柱，测量 R_x 两端电位差的电压表就接到 P、P'，引出分支电流 I_g 的接触电阻与导线电阻 r_P、r'_P，在伏特计的回路里，它们与 R_{gv} 相比很小，可以忽略，而且由于 $I>>I_g$，所以伏特计所测得的电压 $U_P=IR_x$，这样就可以排除导线与接触电阻的影响，测出 R_x 两端的电位差了。四端接头中的 J，J'接头称为电流接头，与主回路相接，P、P'接头接到电压表上，它们不能随便倒过来，低电阻测量的关键是采用四端法。

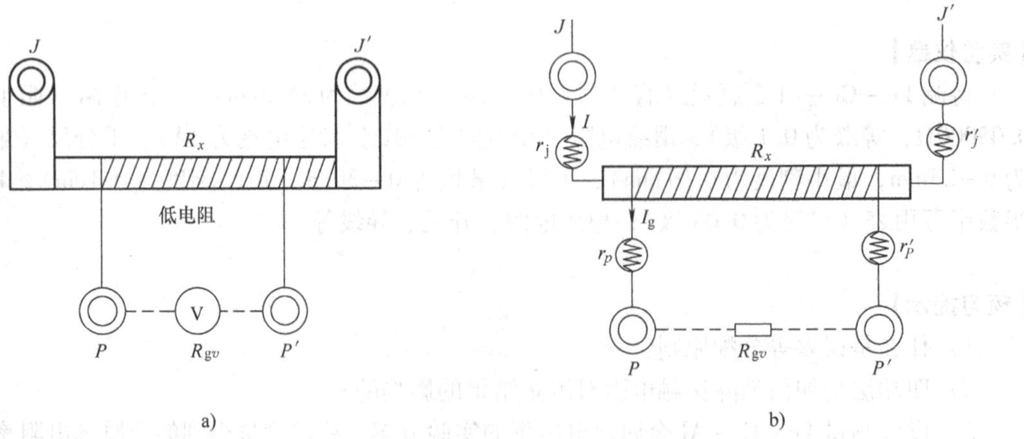

图 4. 9-2 低电阻四端法原理图

a）接线图 b）等效电路图

2. 低值电阻测量中的比较法

采用比较法测量低值电阻的电路原理如图 4. 9-3 所示，一般电路是由恒流源、已知阻值和精度的标准电阻以及待测电阻组成，其中标准电阻和待测电阻均采用四端接头法连接在电路中。需要指出的是，电路中的恒流源也可以采用恒压源来代替，当电路中使用恒压源时，由于标准电阻和待测电阻的阻值均比较小，很容易造成流过电路的电流过大而使仪器损坏，这就需要在电路中串联保护电阻，一般使用滑线电阻器，并采用限流接法接入电路中，如图 4. 9-3b 所示。电路中的电流大小可由标准电阻 R_n 上的电压的测量值得出，即 $I=U_n/R_n$，如果测得待测样品的电压 U_x，则待测样品的电阻 R_x 为

$$R_x=\frac{U_x}{I}=\frac{U_x}{U_n}R_n \tag{4. 9-1}$$

3. 误差等分配原则

在设计合理的实验方案并选择实验设备时，要从设备的成本和仪器的精度两方面综合考虑，一般需要遵守“误差等分配原则”，即各个直接测量量所对应的误差分量尽量相

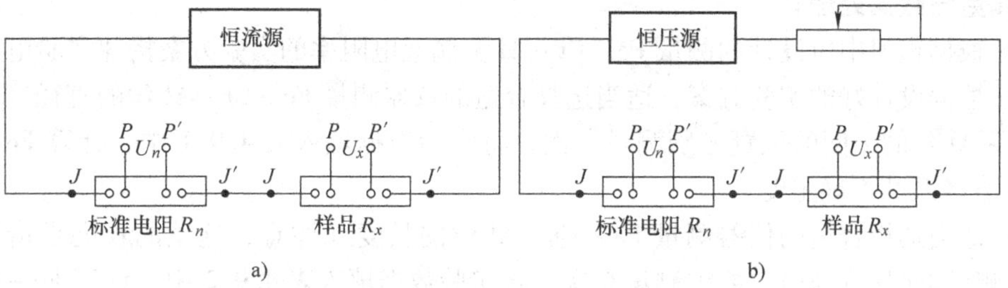

图 4.9-3　采用比较法测量低值电阻阻值电路原理图

等，同时间接测量量对应的误差合成项又满足精度的要求。

例如，测量一个圆柱体的密度 ρ 并保证密度测量的相对不确定度不超过 0.4%，需要分别测量该圆柱体的质量 m、直径 d 以及高度 h。这时就要求实验者选择足够高精度的实验仪器以保证密度测量精度的要求，同时还要从设备成本考虑，不能选择成本过高的仪器设备。那么，根据这些要求，圆柱体密度的表达式为

$$\rho = \frac{4m}{\pi d^2 h} \tag{4.9-2}$$

根据误差传递公式（2.4-4），密度测量的相对不确定度为

$$\frac{U_\rho}{\rho} = \sqrt{\left(\frac{U_m}{m}\right)^2 + \left(\frac{U_h}{h}\right)^2 + \left(2\,\frac{U_d}{d}\right)^2} \tag{4.9-3}$$

而且根据测量要求，有

$$\frac{U_\rho}{\rho} \leqslant 0.4\% \tag{4.9-4}$$

由误差等分配原则的要求，式（4.9-3）中

$$\frac{U_m}{m} \approx \frac{U_h}{h} \approx 2 \times \frac{U_d}{d} \tag{4.9-5}$$

则将式（4.9-3）、式（4.9-4）、式（4.9-5）联立可得

$$\frac{U_m}{m} \approx \frac{U_h}{h} \approx 2 \times \frac{U_d}{d} \leqslant 0.23\% \tag{4.9-6}$$

如果待测量的圆柱体的质量约为 140g，高度约为 50mm，直径约为 10mm，则由式（4.9-6）可知

$$\begin{cases} U_m \leqslant 0.3\text{g} \\ U_h \leqslant 0.12\text{mm} \\ U_d \leqslant 0.012\text{mm} \end{cases} \tag{4.9-7}$$

因此，在选择仪器设备时，可以选择灵敏度为 0.1g（仪器误差约为 0.2g）的电子天平测量该圆柱体的质量，选择 20 分度或者 50 分度的游标卡尺（仪器误差分别为 0.05mm 或者 0.02mm）测量圆柱体的高度以及使用千分尺（仪器误差为 0.004mm）测量圆柱体的直径。这样既可以保证最终的测量结果满足实验中测量的精度要求，也可以保证使用的是成本较低且容易获得的仪器设备。

【实验测量与数据处理】

1）根据预习中所设计的测量 Fe－Cr－Al 金属丝电阻率的实验方案搭建实验电路图。

2）根据设计好的实验方案，适当选择合适的仪器测量 Fe－Cr－Al 丝的直径，要求在 Fe－Cr－Al 丝的不同的位置分别测量 6 次，将实验数据填入表 4.9-1 中，计算 Fe－Cr－Al 丝的直径及其不确定度。

3）适当选择合适的仪器测量 Fe－Cr－Al 丝的长度（注意，这里的长度是指金属丝上电压测量点间的距离），要求测量 6 次，将实验数据填入表 4.9-2 中，计算 Fe－Cr－Al 丝的长度及其不确定度。

4）按照图 4.9-3 所示电路图连接电路，选择适当的实验条件测量标准电阻上的电压以及 Fe－Cr－Al 丝上的电压值，并将实验数据填入表 4.9-3 中，计算 Fe－Cr－Al 丝的电阻、电阻率以及电阻率的不确定度，并保证其电阻率的不确定度小于 0.4%。其中：

标准电阻为 0.1 级、其相对不确定度为：$\frac{U_{R_n}}{R_n}=0.1\%$

4 位半万用表 200mV 档的仪器误差为：$\Delta_{V仪}=(0.05\%\times U_{测}+0.03)\ \mathrm{mV}$

【讨论】

实验中标准电阻的作用有哪些？实验中应如何选用标准电阻？为什么？

【结论】

通过对实验现象和实验结果的分析，你能得到什么结论？

【研究性题目】

本实验中选用的是细棒状的样品，如果待测样品是其他形状，应如何设计实验得到其电阻率？

【数据表格】

实验者信息：

专业班级：__________ 学号：__________ 姓名：__________同组人姓名：__________

表 4.9-1　Fe－Cr－Al 丝直径测量原始数据表格

千分尺的初读数：d_0 =__________ mm　千分尺的仪器误差：$\Delta_{d仪}$ =__________ mm

n	1	2	3	4	5	6
千分尺末读数 d_i						
d/mm						

表 4.9-2　Fe－Cr－Al 丝长度测量原始数据表格

米尺的仪器误差：$\Delta_{l仪}$ =__________ mm

n	1	2	3	4	5	6
长度 l/cm						

表 4.9-3　Fe－Cr－Al 丝电阻测量原始数据表格

标准电阻上的压降：U_n/mV	
待测电阻上的压降：U_x/mV	

实验时沿此线剪下

教师签名：__________

实验 4.10　示波器的使用

【引言】

示波器（oscilloscope，OSC）是精确显示电压对时间的波形和测量电压信号的通用电子仪器。一切可以转化为电压的电学量和非电学量（诸如压力、振动、声音、光、热等非电信号）及它们随时间作周期性变化的过程都可以用示波器进行直接观察和定量分析，不仅能像电流表、电压表那样测量信号的大小，而且可以测量信号的周期、频率、相位等多种参数。

示波器的种类较多，一般可分为模拟示波器（ART）和数字示波器（DSO）两类。数字示波器有别于模拟示波器的一个主要区别在于它能够存储波形信息，这使得它在研究低重复率的现象或者研究完全不重复的现象即所谓单次信号的工作中具有特别宝贵的价值。比如：冲击电流、破坏性试验的捕捉和测量，对欠幅脉冲、单脉冲、毛刺、电源中断、电压击穿、开关特性等瞬态信号和非重复信号进行捕捉和分析。数字示波器又可分为数字存储示波器、数字荧光示波器、混合信号示波器和数字采样示波器。

示波器具有十分广泛的用途。如在电工、无线电技术中，常利用示波器来观察李萨如图形，并用以测定频率或相位差，例如测量各种滤波器、移相器和放大器等双口网络的频率特性时，对输入信号与输出信号之间的相位差进行测量；在数字通信中，通常用示波器观察接收信号波形的方法来分析码间串扰和噪声对系统性能的影响（眼图分析法）；利用傅里叶变换（FFT），可以分析电源线中的谐波，测量系统中的谐波含量和失真，表征直流电源中的噪声特性，测试过滤器和系统的脉冲响应，分析振动等。因此，示波器的熟练使用是大学生必须掌握的一个基本操作技能。通过本实验，要掌握示波器的基本原理，学会利用示波器测量信号参数、周期信号频谱分析；通过对李萨如图形的观察，加深对两个垂直振动合成规律的理解，学会利用李萨如图形测量信号的频率和相位差；通过观察拍现象，加深对两个同方向、不同频率简谐振动的合成的理解。

【实验目的】

1）了解示波器的结构和工作原理。
2）熟练掌握示波器的基本操作。
3）学会用示波器测量电压、频率和相位差的方法。
4）学会周期信号的频谱分析。
5）观察李萨如图形、拍现象，加深对振动合成的理解。

【实验仪器】

TBS1102B－EDU 型数字存储示波器、TFG6920A 型函数/任意波形发生器。

【预习提示】

1）示波器的结构以及主要组成部分。
2）示波器各主要旋钮的作用和用法。

3）信号参数测量方法。

4）周期信号的频谱、拍现象、李萨如图形。

5）函数/任意波形发生器的调节方法。

【实验原理】

1. 数字示波器

数字示波器是显示被测量的瞬时值轨迹变化情况的仪器，在概念上，与模拟示波器一样完成同样的测量，具有相同的功能，不过内部采用的技术不同。数字示波器的技术发展赋予示波器更多波形捕获力，从而观察现实世界。由于数字示波器的数学运算功能，它可以是一台具有波形显示的电压表、电流表、FFT 频率计、功率测量和波形参数分析的综合性仪表。数字示波器的结构如图 4. 10-1 所示。

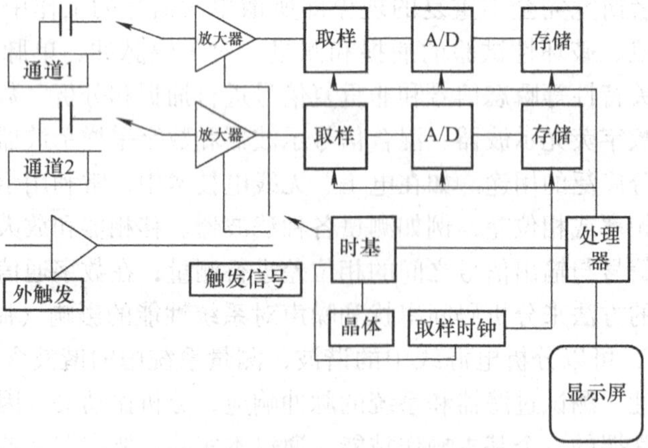

图 4. 10-1 数字示波器结构图

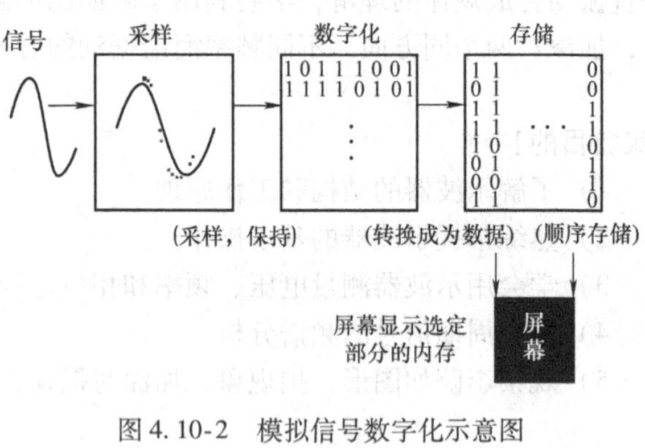

图 4. 10-2 模拟信号数字化示意图

数字示波器每个通道都具有相同的数字采集和数字处理系统，无需通过电子开关切换，能精确地同时显示两个通道的波形和时间关系，对两个信号的定时和相位测量没有误差，特别是在高速对单次波形的捕获时优势更明显。

数字示波器经过采样，把模拟信号转换为数字形式存储，经变换后最终恢复成模拟波形显示在示波器上，如图 4. 10-2 所示。有了存储功能，波形就可以保留在屏幕上，从而可仔细对波形进行分析。不但可以显示重复波形和对低频信号做到无闪烁地清晰显示，并有捕获显示单次信号的能力。数字示波器在取样器之前，电路必须维持示波器的全部带宽，但在 A/D 转换之后需要的带宽大大降低。

图 4. 10-3 为数字存储示波器不同功能及其彼此间关系的框图，下面详细介绍其工作原理。

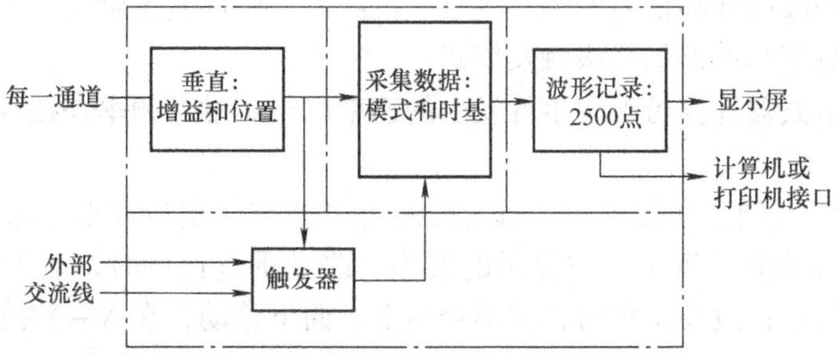

图 4.10-3　数字存储示波器框图

（1）触发控制（触发器）　触发确定示波器开始采集数据和显示波形的时间。正确设置触发后，示波器就能将不稳定的显示结果转换为有意义的波形。触发器有三种触发类型：“边沿”、“视频”和“脉冲宽度”。

边沿触发：在达到触发电平（阈值）时，输入信号的上升边沿或下降边沿触发示波器，也是示波器默认触发方式。可将通道 CH1、通道 CH2、外部（Ext）、外部/5（Ext/5）、市电信源选为示波器触发信号。不论波形是否显示，CH1、CH2 都会触发某一通道；使用连接到 Ext Trig（外部触发）前面板 BNC 的信号，允许的触发电平范围是 +1.6 ~ −1.6V；Ext/5 与 Ext 一样，但以系数五衰减信号，允许的触发电平范围是 +8 ~ −8V，扩大了触发电平范围；使用从电源线获得的信号作为触发源，触发耦合设置为“直流”，触发电平设置为 0V。通过耦合过滤选择信号的分量应用在示波器触发采集电路上，包括直流耦合、交流耦合、噪声抑制耦合、高频抑制耦合、低频抑制耦合 5 种方式。直流耦合通过信号的所有分量；交流耦合阻碍直流分量，并衰减 10Hz 以下的信号；噪声抑制耦合向触发电路增加磁滞，这将降低灵敏度，该灵敏度用于减小错误地触发噪声的机会；高频抑制耦合衰减 80kHz 以上的高频分量；低频抑制耦合阻碍直流分量，并衰减低于 300kHz 的低频分量。触发耦合仅影响通过触发系统的信号，它不影响屏幕上所显示信号的带宽或耦合。触发方式可采用自动、正常两种模式，当示波器根据水平标度的设定在一定时间内未检测到触发时，“自动”模式（默认）会强制其触发。在许多情况下都可使用此模式。使用“自动”模式可以在没有有效触发时自由运行采集，此模式允许在 100ms/格或更慢的时基设置下发生未经触发的扫描波形。仅当示波器检测到有效的触发条件时，“正常”模式才会更新显示波形，在用新波形替换原有波形之前，示波器将显示原有波形。

预触发：触发位置通常设在显示屏的水平中心处。在这种情况下，可以观察到显示屏左侧五格的预触发信息，调整波形的水平位置可以看到更多（或更少）的预触发信息。图 4.10-4 为预/后触发示意图，因为数据被连续地存储到内存中，同时触发事件在数据量足够后停止采集，它容许用户观看触发前的事件，这是数字示波器的一个最显著特点。

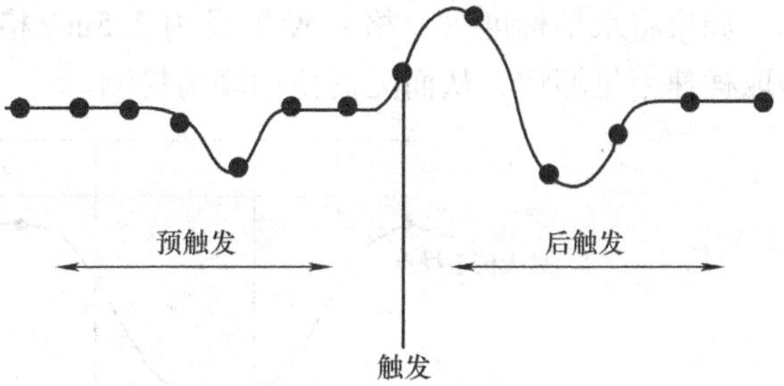

图 4.10-4　预/后触发示意图

视频触发：一般由视频信号的场或线触发示波器；脉冲宽度触发：一般由异常脉冲触发示波器。这是数字示波器的高级触发模式。

触发频率：示波器计算可触发事件发生的速率以确定触发频率并在屏幕的右下角显示该频率。

（2）垂直控制（增益和位置） 垂直控制可以缩放并定位波形，通过调整波形的垂直比例（增益）和垂直位置来更改显示的波形。改变垂直比例时，显示的波形将基于接地参考电平进行缩放；改变位置时，波形会向上、向下移动，在 X－Y 模式下向右、向左移动。通道指示器（位于显示屏刻度的左侧）标识显示屏上的每个波形，指示器指向所记录波形的接地参考电平。

（3）采集数据（模式和时基） 示波器通过在不连续点处采集输入信号的值来数字化波形，数据采集模式定义采集过程中信号被数字化的方式，主要分为采样、峰值检测、平均值、扫描 4 种模式。时基设置影响采集的时间跨度和细节程度，即数值被数字化的频度，要将时基调整到适合要求的水平刻度，可使用示波器前面板水平控制区域“水平标度”旋钮调节。

1）采样模式：示波器以均匀时间间隔对信号进行采样以建立波形，如图 4.10-5 所示，采集间隔 2500，在每个间隔采集单个取样点，即采集 2500 点并以水平刻度（s/格）设置进行显示，此方式多数情况下可以精确显示信号，也是默认方式。示波器采样速率以样点数/s 描述，采样速率与其带宽有关，例如，TBS1102B－EDU 型示波器，最高为 2GS/s。

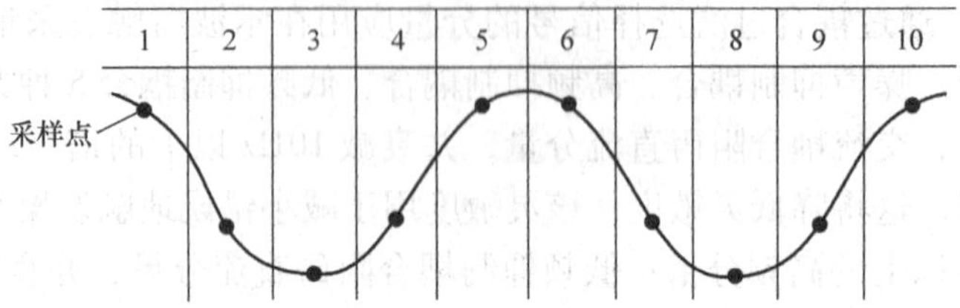

图 4.10-5 采样示意图

2）峰值检测模式：示波器在每个采样间隔中找到输入信号的最大值和最小值并使用这些值显示波形，如图 4.10-6 所示，采集间隔 1250，在每个间隔采集 2 个取样点（最高和最低电压），即采集 2500 点并以水平标度（s/格）设置进行显示，多用于检测窄至 10ns 的毛刺并减少假波现象的概率。

如果将水平标度（s/格）设置设为 2.5ms/格或更快，采集模式会变为“取样”，因为取样速率足够快，从而无需使用峰值检测。

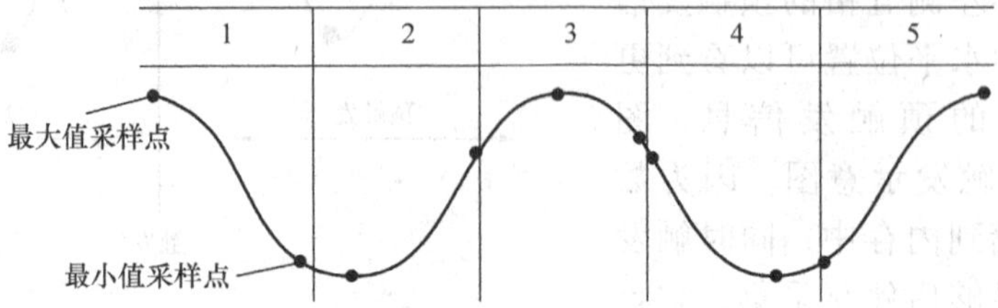

图 4.10-6 峰值检测采集模式示意图

3）平均值模式：在采样方式下采集数据，将大量波形进行平均，平均值的数目有 4、16、64、128，此方式可以减少信号中的随机噪声。

如果探测到一个包含断续、狭窄毛刺的噪声方波信号，不同采集方式，波形的显示将不同，如图 4.10-7 所示。

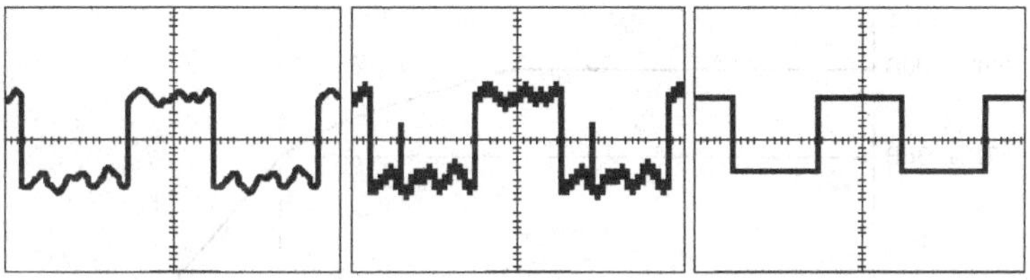

图 4.10-7　不同采集模式波形示意图

4）扫描模式：当水平时间刻度大于 100ms/格或更慢，并且在自动触发模式下，示波器将变为“扫描”采集模式（也称为滚动方式）连续监视变化缓慢的信号。示波器在显示屏上从左到右显示波形更新并在显示新点时删除旧点，一个移动的一分度宽的显示屏空白区将新波形点与旧波形点分开。在扫描模式下，不存在波形触发或水平位置控制。正是有了滚动模式，就可以用示波器来代替图表记录仪来显示慢变化的现象，如化学过程、电池的冲放电周期或温度对系统性能的影响等。

（4）时域假波现象　如果示波器对信号进行采样时不够快，采样率小于 1/2 信号带宽，违反奈奎斯特抽样定律，从而无法建立精确的波形记录时，就会有假波现象。此现象发生时，示波器将以低于实际输入波形的频率显示波形，或者触发并显示不稳定的波形，如图 4.10-8 所示。

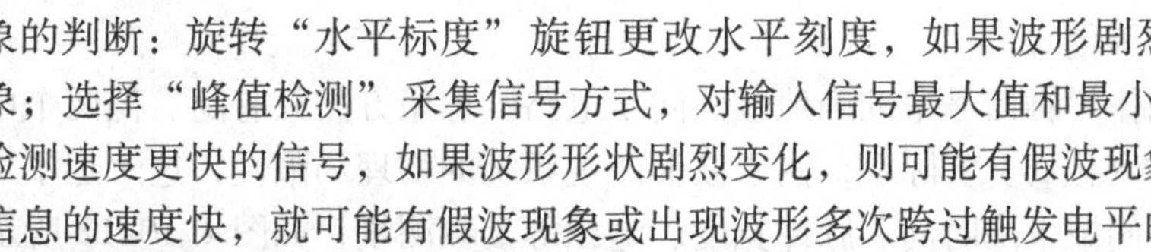

图 4.10-8　假波现象示意图

假波现象的判断：旋转“水平标度”旋钮更改水平刻度，如果波形剧烈变化，则可能有假波现象；选择“峰值检测”采集信号方式，对输入信号最大值和最小值进行采样，示波器可以检测速度更快的信号，如果波形形状剧烈变化，则可能有假波现象；如果触发频率比显示信息的速度快，就可能有假波现象或出现波形多次跨过触发电平的情况；如果正观察的信号也是触发源，使用刻度或光标来估计所显示波形的频率，并与显示屏右下角的“触发频率”读数相比较。如果它们相差很大，则可能有假波现象。

示波器精确显示信号的能力受到探头带宽、示波器带宽和采样速率的限制，高采样速率有助于减少假波现象发生的可能性。数字示波器在不出现错误的条件下可以测量的最高频率是采样速率的一半，这个频率称为奈奎斯特频率，采样速率被称为奈奎斯特速率。因此，要避免假波现象，示波器的采样速率必须至少比信号中的最高频率分量快两倍。

（5）带宽对波形的影响　示波器显示波形时通常有某种最大频率，超过它，精度就会下降，这一频率就是示波器的带宽。定义为：在此频点，灵敏度下降3dB，如图4.10-9所示，带宽决定着示波器测量信号的基本能力。为了精确地显示波形，仪器的带宽必须超过波形所含的带宽。对于非正弦波的波形，必须考虑其谐波。假如谐波超出带宽，示波器不能解析高频变化，幅度将失真、边沿将消失、细节将丢失，如图4.10-10所示。

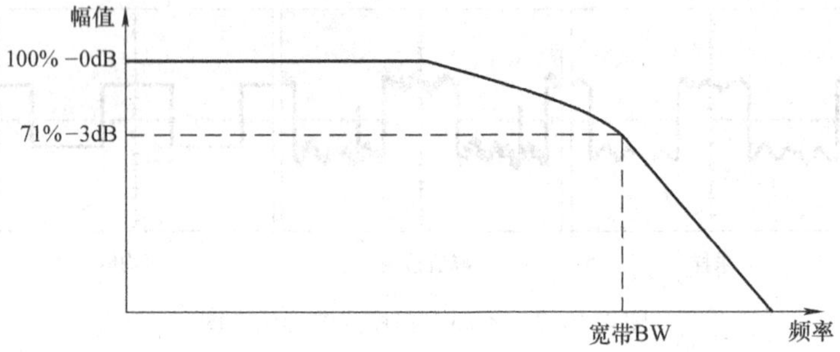

图4.10-9　带宽示意图

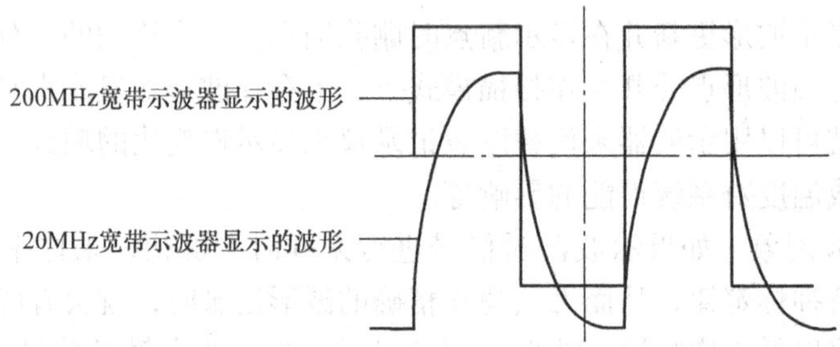

图4.10-10　示波器显示的波形（20MHz方波信号）

2. 交变信号参数测量

正弦波是交变信号的最简单形式，也是最容易生成的波形，任何复杂信号都可以看成由许多频率不同、幅度不等的正弦波复合而成，是所有波形的基础。信号的幅度、周期、频率、相位是正弦波的主要测量参数，如图4.10-11所示，其波形的电压可用有效值U_{RMS}、零－峰值U_{OP}、峰－峰值U_{PP}、平均值U_{AVG}来表示，波形的U_{OP}值与U_{RMS}值之比称为巅峰因子，它是衡量波峰相对于RMS值有多高的量度。其他常见到的还有方波、三角波、锯齿波等信号。

方波常用作时钟信号来准确地触发同步电路。理想方波只有高、低两个电平，在两电平之间是瞬时变化的。实际上，由于波形产生系统的物理局限性，这永远不可能实现，常关注对上升时间或下降时间、脉冲宽度、电压等参数测量，如图4.10-12所示，信号从低电平跳变为高电平所需要的时间称为脉冲上升时间，反之称为脉冲下降时间，通常是量度上升/下降沿在10%～90%电压幅值之间的持续时间。脉冲宽度是指脉冲所能达到最大值所持续的时间长度，通常是量度上升/下降沿在50%电压幅值之间的持续时间。在一个频率周期内高电平所占的时间百分数称为占空比，即1个周期内高电平时间除以周期时长，真实方波的占空比是50%，高电平和低电平占的时间一样。如果方波的最低电平为0V，方波的平均电压等于最高电平乘以占空比，占空比越高，电压越大，当占空比为1，就变

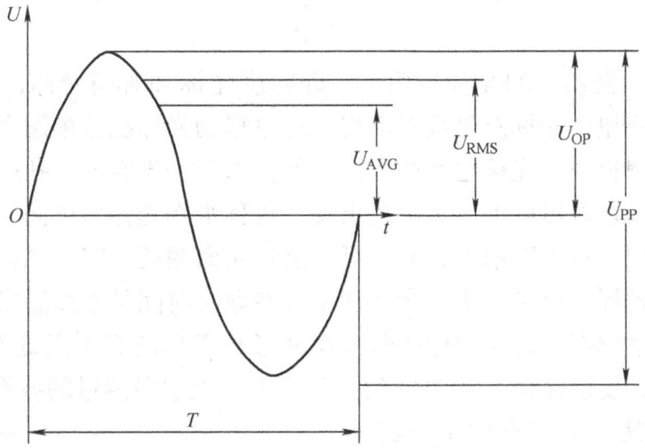

图 4.10-11　正弦信号电压、周期测量点

成了直流电压，在电动机，温度等高性能，高效率控制中有广泛的用途，例如，在控制电饭煲加热温度时，在温差很大的时候，以最高占空比工作，以尽量缩短加热时间，温差小时，占空比降下来，输出的平均电压变小，加热缓慢，实现最高效率的控制；用占空比可以轻松的调节电动机的转速，占空比高，加在电动机上的电压高，转速就快，占空比低，转速就低。这种技术在电子电气中被称为 PWM（脉冲宽度调制）控制。

三角波是锯齿波的一种特殊形式。锯齿波的特点是电压渐渐增大突然降到零，主要用在 CRT 作显示器件的扫描电路中，如模拟示波器、显像管、显示器等。

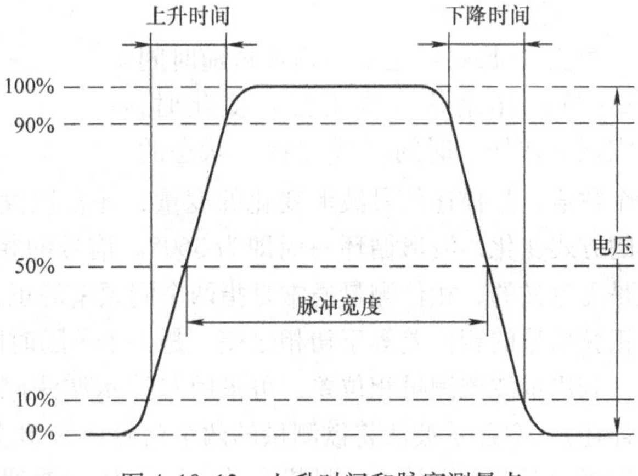

图 4.10-12　上升时间和脉宽测量点

根据示波器显示的电压相对于时间的波形图可以使用显示屏坐标刻度、光标菜单及自动测量菜单对参数进行测量。

(1) 刻度法　通过测量信号在显示屏上的相关距离并乘以相关标度系数来进行简单的测量，使用此方法能快速、直观地对信号作出估计。

峰 - 峰电压 U_{PP}：

$$U_{PP} = H_{pp} \times S_1 \tag{4.10-1}$$

式中，H_{pp}是屏上相邻两峰在垂直轴方向的距离，以格为单位；S_1 是垂直标度系数（伏/格）。

信号的周期 T：

$$T = L \times S_2 \tag{4.10-2}$$

式中，L 是信号一个周期在屏上两点间的距离，以格为单位；S_2 是水平标度系数（秒/格）。

根据周期推算信号的频率 f：

$$f=\frac{1}{T} \tag{4.10-3}$$

（2）光标法 示波器中的光标有两类，即幅度光标和时间光标，在示波器面板上有相应的功能菜单和旋钮，光标总是成对出现，通过移动光标在波形图上选择测量位置，示波器自动执行算法测量两个光标之间的数据。如图 4. 10-13 所示，利用光标可以测量该脉冲的幅度，幅度光标在显示屏上以水平线出现，也称水平光标，可测量垂直参数，幅度是参照基准电平而言的。对于频谱图，光标可以测量频谱幅度。时间光标在显示屏上以垂直线出现，也称垂直光标，可测量水平参数和垂直参数，时间是参照触发点而言的。对于频谱图，光标可以测量频率，时间光标还包含在波形和光标的交叉点处的波形幅度的读数。注意：使用光标时，要确保将“信源”设置为显示屏上想要测量的波形。

（3）自动测量法 数字存储示波器一般都有自动测量功能，通过 Measure（测量）菜单，示波器会完成所有计算。因为这种测量方式是使用波形的记录点，所以比刻度法、光标法测量更精确。自动测量使用读数来显示测量结果，示波器采集新数据的同时对这些读数进行周期性更新。

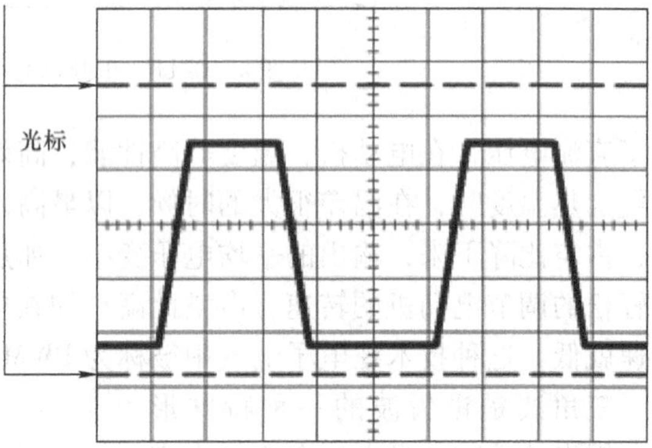

图 4. 10-13 幅度光标示意图

3. 相位差测量

相位（phase）是某一物理量随时间（或位置）作余弦（或正弦）变化时，决定该量在任一时间（或位置）状态的一个数值，是描述信号波形变化的度量，通常以度（角度）作为单位，当信号波形以周期的方式变化，波形循环一周即为 360°。信号的相位是随时间变化的，测量绝对的相位值是无意义的，相位测量通常是指两个同频率的正弦信号之间的相位差测量，两个频率相同正弦信号的相位差等于初相之差，是一个不随时间变化的常数。

利用示波器测量相位差，可采用双踪示波法测量，也可利用李萨如图形法测量（后面详述），双踪示波法将欲测量的两个信号 A 和 B 分别接到示波器的两个输入通道，示波器设置为 YT 显示方式，调节有关旋钮，使示波器显示两条大小适中的稳定波形，如图 4. 10-14 所示，利用示波器屏幕上的刻度坐标，测出信号的一个周期 T 在时间基线（水平方向）上所占的格数 $L(T)$（所对应的相位为 360°），两波形对应点（如过零点、峰值点等）在时间基线上的间距 Δt 对应的格数 $L(\Delta t)$，就可求得两信号的相位差：

$$\varphi=\frac{2\pi L(\Delta t)}{L(T)} \tag{4.10-4}$$

4. 周期信号的频谱

一个时域周期信号，只要满足狄里赫利条件，则可分解为一系列谐波分量（正弦波）之和。为了表征不同信号的谐波组成情况，时常画出周期信号各次谐波的分布图形，这种图形称为信号的频谱，它是信号频域表示的一种方式。描述各次谐波振幅与频率关系的图形称为振幅频谱；描述各次谐波相位与频率关系的图形称为相位频谱。周期信号的频谱由

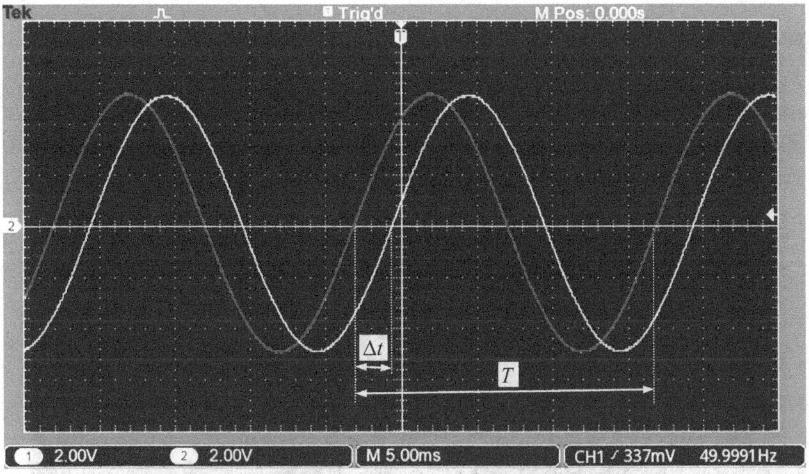

图 4.10-14　相位差测量点

频率离散而不连续的谱线组成，各次谐波分量（各谱线）的频率都是基波频率（时域上周期信号的频率）的整数倍，谱线幅度随谐波频率的增大而衰减。

周期锯齿波包含所有整数谐波成分，其傅里叶级数展开式为

$$f(t)=\frac{A}{\pi}\left(\sin 2\pi ft-\frac{1}{2}\sin 4\pi ft-\frac{1}{3}\sin 6\pi f-\cdots\right) \tag{4.10-5}$$

方波只有奇数谐波成分，其傅里叶级数展开式为

$$f(t)=\frac{4A}{\pi}\left(\sin 2\pi ft+\frac{1}{3}\sin 6\pi ft+\frac{1}{5}\sin 10\pi ft+\cdots\right) \tag{4.10-6}$$

图 4.10-15 给出了包含不同谐波的方波示意图，方波是由基波加无数奇次谐波所构成，包含的谐波越多，波形越近似方波。

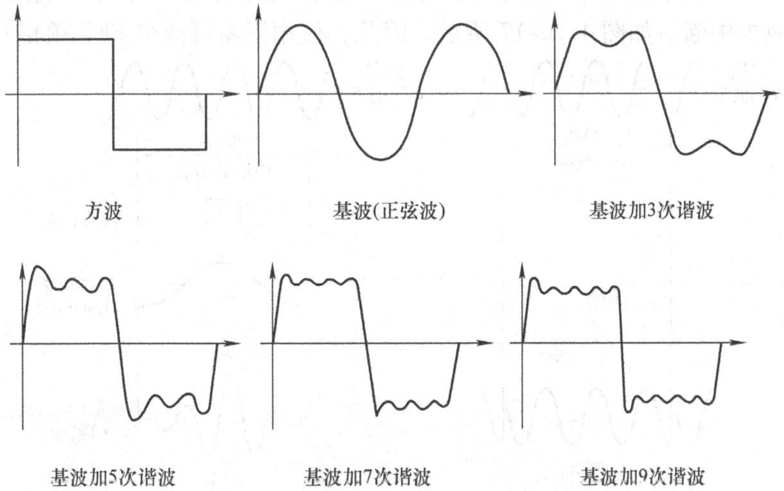

图 4.10-15　包含不同谐波的方波示意图

使用示波器的 FFT（快速傅氏变换）功能可将时域（YT）信号转换为频率分量（频谱），如图 4.10-16 所示，使用缩放控制和光标可放大并测量 FFT 谱，进行信号分析。

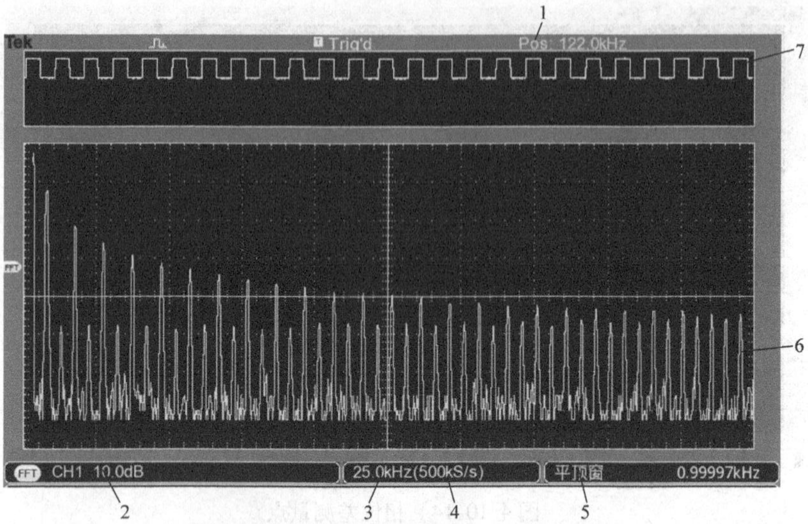

图 4.10-16　方波信号（5kHz）的频谱图

1—中心刻度线处的频率　2—以 dB/格为单位的垂直标度（0dB = 1VRMS）　3—以频率/格为单位的水平标度　4—以采样数/秒为单位的采样速率　5—FFT 视窗类型　6—方波频谱图形　7—方波时域图形

FFT 算法是离散傅氏变换的快速算法，示波器使用该算法将时域波形中心的 2048 个点转换为 FFT 频谱。最终的 FFT 谱中含有从直流（0Hz）到奈奎斯特频率的 1024 个点。

通常，示波器显示屏将 FFT 谱水平压缩到 250 点，但可以使用“FFT 缩放”功能来扩展 FFT 谱以便更清晰地看到 FFT 谱中 1024 个数据点每处的频率分量。

（1）视窗功能　FFT 算法假设 YT 波形是不断重复的。当周期为整数（1，2，3，…）时，YT 波形在开始与结束处的幅度相同，并且信号形状不中断。YT 波形中周期为非整数时，会引起该信号开始点和结束点处的幅度不同，开始点和结束点间的跃变会在引入高频瞬态的信号中产生中断。在 YT 波形上采用视窗会改变该波形，从而开始值和结束值彼此接近，以减少中断，如图 4.10-17 所示。因此，使用视窗可减少 FFT 频谱中的频谱遗

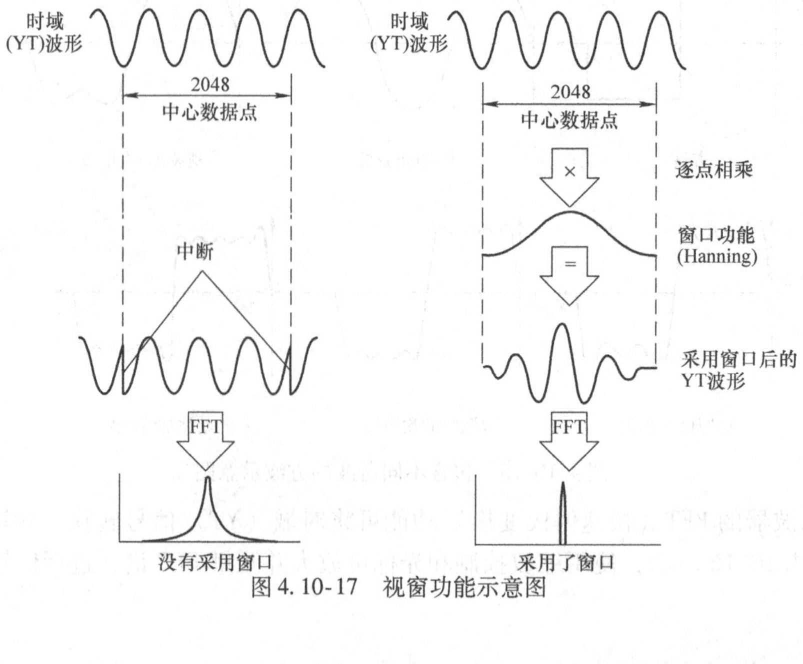

图 4.10-17　视窗功能示意图

漏。FFT 功能有三个 FFT 窗口选项：Hanning 视窗，频率较好，但幅度精度较差；Flattop 视窗，幅度较好，但频率精度较差；矩形视窗，适用于非中断波形（脉冲或瞬时波形）的特殊用途视窗，实际上相当于没有采用视窗。对于每种类型的视窗，在频率分辨率和幅度精度之间都会有所取舍。

（2）频域假波现象　当示波器采集的时域波形中含有大于奈奎斯特频率的频率分量时就会出现问题。大于奈奎斯特频率的频率分量将出现采样不足，显示为从奈奎斯特频率“折回”的较低的频率分量。这些不正确的分量被称为假波现象，如图 4.10-18 所示。

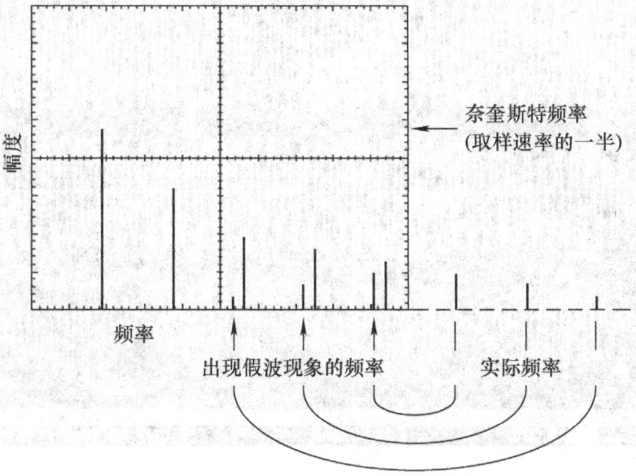

图 4.10-18　频域假波现象示意图

要消除假波现象，可采用以下方法：旋转“水平标度”（s/格）旋钮将取样速率设置为更快的值。因为增加取样速率将会增加奈奎斯特频率，出现假波现象的频率分量将显示为正确的频率。如果在屏幕上出现太多频率分量，可以使用“FFT 缩放”选项放大 FFT 频谱。如果不需要观察 20MHz 以上的频率分量，可将“带宽限制”选项设置为“开”。将一个外部过滤器放置到源信号上，将信源波形的带宽限制到低于奈奎斯特频率的频率。

5. 拍现象及拍频

拍现象是振动合成过程中产生的一种特有现象，它在光学、电磁学等领域都有重要应用。设两个谐振动的振幅 A 和初相位 φ 相同，频率 ν_1、ν_2 相近，且 $\nu_1>\nu_2$，则其振动方程分别为

$$y_1=A\cos(2\pi\nu_1 t+\varphi) \tag{4.10-7}$$

$$y_2=A\cos(2\pi\nu_2 t+\varphi) \tag{4.10-8}$$

合振动为

$$y=y_1+y_2=2A\cos\left(2\pi\frac{\nu_1-\nu_2}{2}t\right)\cos\left(2\pi\frac{\nu_1+\nu_2}{2}t+\varphi\right) \tag{4.10-9}$$

式（4.10-9）中，$2A\cos\left(2\pi\frac{\nu_1-\nu_2}{2}t\right)$可看作是合振动的振幅，它随时间作周期性变化。而后面 $\cos\left(2\pi\frac{\nu_1+\nu_2}{2}t+\varphi\right)$部分则是以$\frac{\nu_1+\nu_2}{2}$为频率的简谐振动。

由此可见，频率较大而频率之差很小的两个同方向简谐振动的合成结果不再是一个简谐振动，其合振动的振幅时而加强时而减弱，这种现象叫作拍，如图 4.10-19 所示。振幅

变化的周期（拍周期）为

$$T_{拍}=\frac{1}{\nu_1-\nu_2} \tag{4.10-10}$$

振幅变化的频率（拍频）为

$$\nu_{拍}=\frac{1}{T_{拍}}=\nu_1-\nu_2 \tag{4.10-11}$$

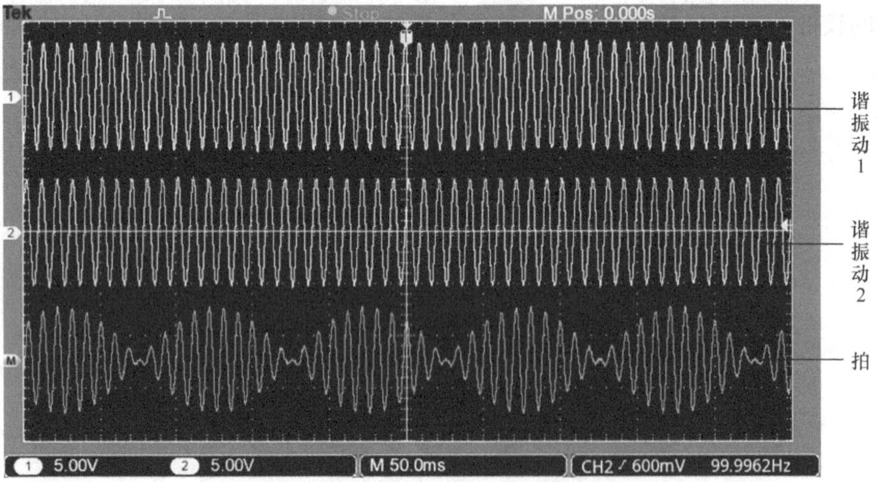

图 4.10-19 拍形成示意图

6. 李萨如图形

在互相垂直的方向上，两个频率成简单整数比的简谐振动所合成的规则的、稳定的闭合曲线称为李萨如图，如图 4.10-20 所示，水平方向与垂直方向上的正弦信号的频率为 2∶1。根据已知信号的频率（或相位）便可求得被测信号的频率（或相位），李萨如图形法既可测量频率又可测量相位。图 4.10-21 给出了不同频率比值、不同相位的两个正弦信号形成的几种李萨如图形。

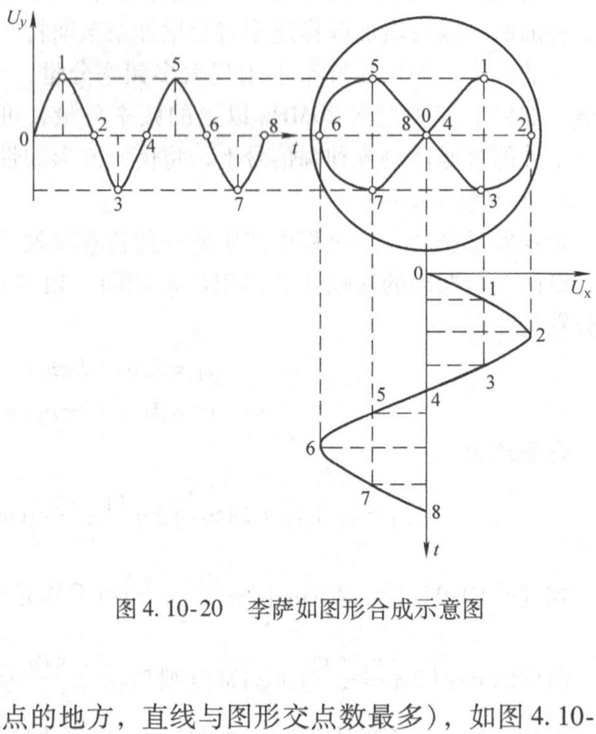

图 4.10-20 李萨如图形合成示意图

令 f_x 和 f_y 分别代表水平方向和垂直方向上的正弦信号的频率，当显示屏上显示出稳定的李萨如图形时，在水平和垂直方向分别作二直线与图形相交（避开图形中曲线交点的地方，直线与图形交点数最多），如图 4.10-22 所示，数出此二直线与图形的交点数 N，则

$$\frac{f_x}{f_y}=\frac{N_y}{N_x} \tag{4.10-12}$$

式中，N_x 是水平方向上的交点数；N_y 是垂直方向上的交点数。

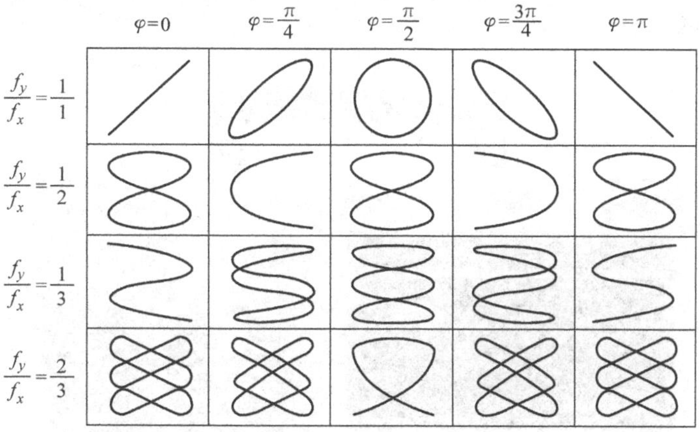

图 4.10-21　几种不同频率比值、不同相位的李萨如图形

利用这一关系可以测量正弦信号频率。若已知两个正弦信号中的一个信号频率，在示波器上调出稳定的李萨如图形后，利用式（4.10-12）就可求出另一正弦信号的频率。

利用李萨如图形测相位的方法也称椭圆法，如图 4.10-23 所示，从示波器屏幕上测出椭圆在 X 轴方向上的最大偏转距离 A 和在 X 轴的截距 B 的值（格数），则信号的相位差为

$$\varphi=\arcsin\left(\frac{B}{A}\right) \tag{4.10-13}$$

同样，也可采用测量椭圆在 Y 轴方向上的最大偏转距离和截距计算两信号的相位差。

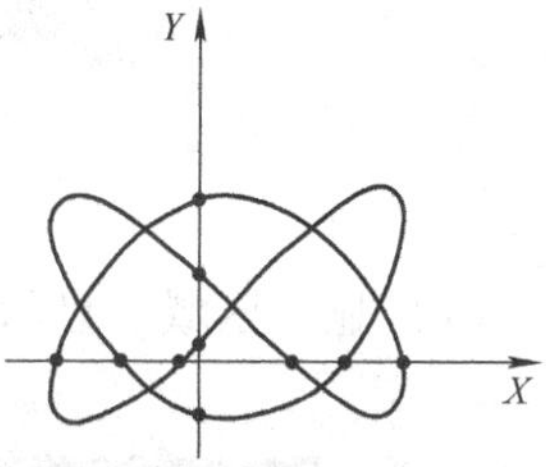

图 4.10-22　李萨如图形二直线画法示意图

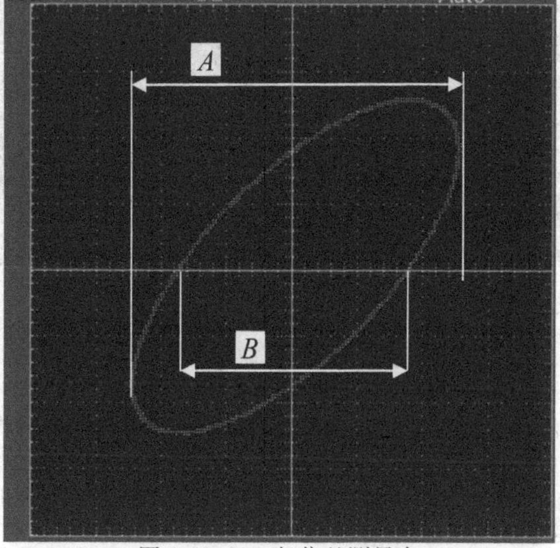

图 4.10-23　相位差测量点

【仪器装置】

1. 数字存储示波器

TBS1102B－EDU 型数字存储示波器如图 4. 10-24 所示，示波器的前面板可分成几个易于操作的功能区。

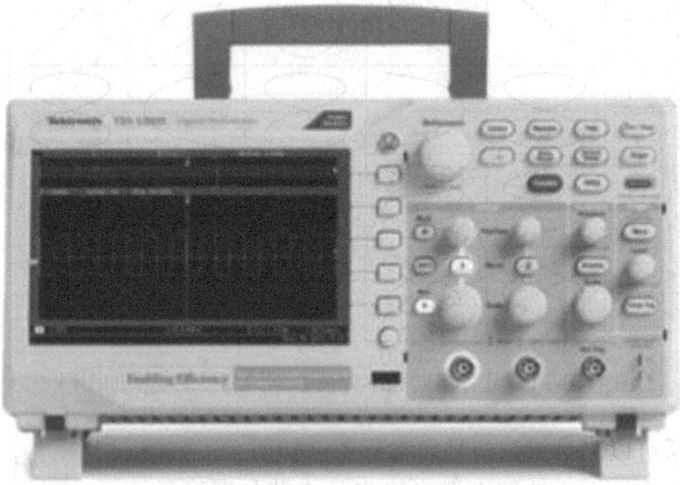

图 4. 10-24 数字存储示波器

（1）显示区域 显示区域如图 4. 10-25 所示。

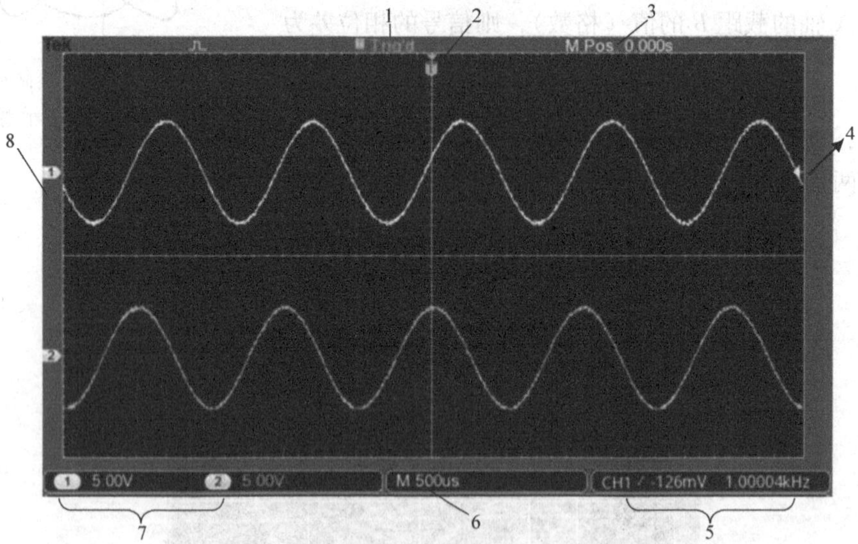

图 4. 10-25 示波器显示屏视图

1—触发状态 2—触发位置图标，显示采集的触发位置，旋转“水平位置”旋钮可以调整标记位置
3—中心刻度读数显示中心刻度处的时间 4—触发电平图标，显示波形的边沿或脉冲宽度触发电平
5—触发读数，显示触发源、电平和频率 6—水平标度系数（每格），显示主时基设置，使用“水平标度”旋钮调节
7—通道读数，显示各通道的垂直标度系数（每格），使用“垂直标度”旋钮为每个通道调节
8—波形基线指示图标，显示波形的接地参考点（零伏电平）

（2）垂直控制区域

图 4.10-26 为垂直控制面板视图。

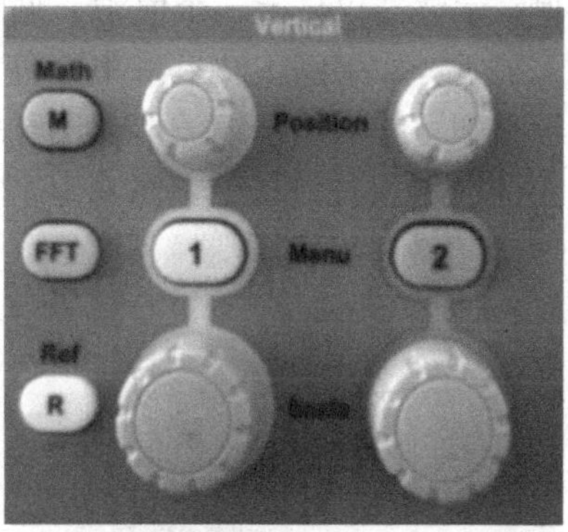

图 4.10-26　垂直控制面板视图

可以使用垂直控制来显示和删除波形、调整垂直刻度和位置、设置输入参数、进行数学运算。

Position（垂直位置）旋钮：可在显示屏上向上或向下移动波形来更改其垂直位置。

Scale（垂直标度）旋钮（伏/格）：控制示波器如何放大或衰减通道波形的信源信号，旋转“垂直标度”旋钮时，示波器将增加或减少显示屏上波形的垂直尺寸。

Menu（通道 1、2 的垂直菜单）按钮：每个通道都有单独的垂直菜单，每个选项对应于每个通道进行单独设置。“耦合”选项有直流、交流、接地三种方式。“直流”既通过输入信号的交流分量，又通过它的直流分量；“交流”将阻止直流分量，并衰减低于 10Hz 的信号；“接地”会断开输入信号，可以显示零伏波形，在示波器内部，通道输入与零伏参考电平连接。“带宽限制”开启，限制带宽（20MHz），以便减小显示噪声，即过滤信号，减小噪声和其他多余的高频分量，“带宽限制”关闭显示示波器带宽。“伏/格”选项有粗调、细调两种方式，选择标度（伏/格）旋钮的分辨率。“反相”选项有开、关两种方式，相对于参考电平反相（倒置）波形。“探头▶电压▶衰减”选项有 1X、10X、20X、50X、100X、500X、1000X 衰减方式，将其设置为与电压探头的衰减系数相匹配，以确保获得正确的电压、电流读数。

提示：要从显示屏上消除波形，可按相应通道菜单按钮。例如，按“1”（通道 1 菜单）按钮可以在示波器上显示或消除通道 1 波形。

Math（数学）按钮：按下显示波形的数学运算，可选择相加、相减、相乘，再次按下取消波形数学运算。

FFT（快速傅氏变换）按钮：将时域（YT）信号转换为频率分量（频谱）。示波器可以选择是否与 FFT 波形同时显示源波形。

Ref（参考波形）按钮：可以快速显示（调出）或隐藏存储在示波器非易失性存储器中的参考波形。

（3）水平控制区域　图 4.10-27 为水平控制面板视图。

可使用水平控件调整触发点相对于所采集波形的位置及调整水平标度。靠近屏幕右上方的读数以秒为单位显示当前的水平位置。示波器还在刻度顶端用一个箭头图标来表示水平位置，见图 4.10-25 中的 2、3。

Position（水平位置）旋钮：控制触发相对于屏幕中心的位置。旋转旋钮调整所有通道波形的水平位置，这一控制的分辨率随水平刻度（时基）设置的不同而改变，改变波形的水平位置时，实际上改变的是触发位置和显示屏中心之间的时间，这看起来就像在显示屏上向右或向左移动波形。

Acquire（采集）按钮：设置采集参数。

Scale（水平标度）旋钮（s/格）：用于改变水平时间刻度，以便放大或压缩波形。因为所有活动波形使用的是相同的时基，旋转“水平标度”旋钮可以改变所有波形的水平比例，示波器仅显示一个值 M，见图 4. 10-25 中的 6。

提示：如果停止波形采集（使用“运行/停止”或 Single（单次）按钮），“水平标度”旋钮可扩展或压缩波形，用于放大波形细节。

（4）触发控制区域　图 4. 10-28 所示为触发控制面板视图。

图 4. 10-27　水平控制面板视图

图 4. 10-28　触发控制面板视图

可以通过“触发菜单”和前面板控制来定义触发。

触发菜单：按下一次时，将显示触发菜单。按住超过 1. 5s 时，将显示触发视图，可观察外部、外部/5 或市电触发信号，意味着将显示触发波形而不是通道波形。

Level（位置）旋钮：旋转旋钮可确定触发位置与屏幕中心之间的时间，使用边沿触发或脉冲触发时，设置采集波形时信号所必须越过的幅值电平，按下该旋钮可自动将触发电平设置为最小和最大电压电平之间大约一半的位置，这通常有助于快速稳定波形。

Force Trig（强制触发）按钮：无论示波器是否检测到触发，都可以使用此按钮完成波形采集。此按钮可用于单次序列采集和“正常”触发模式。（在“自动”触发模式下，如果未检测到触发，示波器会周期性自动地强制触发。）

（5）菜单和控制按钮区域　图 4. 10-29 所示为菜单和控制按钮面板视图。

图 4. 10-29　菜单和控制按钮面板视图

Multipurpose（多用途通用）旋钮：通过显示的菜单或选定的菜单选项来确定功能。激活时，相邻的 LED 变亮。通过旋转滚动选择相应功能，按下则为确定功能。

Cursor（光标）按钮：显示测量光标和“光标”菜单，然后使用“通用”旋钮改变光标的位置，活动光标以实线表示。示波器必须显示波形，才能出现光标和光标读数。

Measure（测量）按钮：显示“自动测量”菜单。可以进行自动测量，有 34 种测量类型。一次最多可以显示 6 种，选择测量后，示波器在屏幕底部显示测量结果。

Help（帮助）按钮：显示帮助菜单，其主题涵盖了示波器的所有菜单选项和控制。

Save/Recall（保存/调出）按钮：显示设置和波形的保存/调出菜单。关闭示波器电源前，如果在最后一次更改后已等待 5s，示波器就会保存当前设置。下次接通电源时，示波器会调出此设置。还可以向 USB 闪存驱动器写入数据或从中检索数据（存图像、存设置、存波形、调设置、调波形）。

Utility（辅助功能）按钮：按下 Utility 按钮和 Display（显示）侧面菜单选项选择波形的显示方式以及更改整个显示的外观。“矢量”设置将填充显示中相邻采样点间的空白；“点”设置只显示采样点；“持续”设定保持每个显示的采样点显示的时间长度；“背光”使用“通用”旋钮调节显示器的背光强度；“语言”选择示波器的显示语言；“自校正”执行自校正；“系统状态”查看示波器设置概要；“YT 格式”显示相对于时间（水平刻度）的垂直电压；“XY 格式”显示每次在通道 1 和通道 2 采样的点、通道 1 的电压或电流确定点的 X 坐标（水平），而通道 2 的电压或电流确定 Y 坐标（垂直）。

提示：使用 XY 格式，如观察李萨如图形，该格式相对通道 2 的电压来划分通道 1 的电压，其中通道 1 为水平轴，通道 2 为垂直轴，示波器使用未触发的采样获取方式并将数据显示为点，采样速率固定为 1MS/s，通道 1 的“垂直标度”和“垂直位置”控制水平标度和位置，通道 2 的“垂直标度”和“垂直位置”控制继续垂直标度和位置。自动设置（复位显示格式为 YT）、自动量程、自动测量、光标、参考波形或数学计算波形、时基控制、触发控制功能不可用。

Default Setup（默认设置）按钮：调出大多数出厂选项和控制设置，但并非全部。

Autoset（自动设置）按钮：每次按“Autoset”按钮，示波器将识别波形的类型并自动调整垂直标度、水平标度和触发设置等，显示出所有通道相应的输入信号波形与部分信号参数值，例如“频率”、“周期”及“峰-峰值”等。按住超过 1.5s 时，会显示“自动量程”菜单，可激活或禁用自动量程功能。该功能可以自动调整参数设置值以跟踪信号。示波器通电后，自动量程设置始终是非活动的。

Single（单次）按钮：采集单个波形，然后停止。

Run/Stop（运行/停止）按钮：如果希望示波器连续采集波形，可按下“运行/停止”按钮，再次按下按钮则停止采集。运行采集信号时，波形显示是活动的，停止采集信号将冻结显示。在任一模式中，波形显示可以用垂直和水平控制缩放或定位。

“缩放”按钮：按下“缩放”按钮可在屏幕大约四分之三的区域内显示放大后的波形，原始波形仍将在屏幕顶部大约四分之一的区域内显示，放大波形以水平方式放大。按下“通用”旋钮或者按下侧面菜单“标度”或“位置”项可选择标度或位置功能，旋转“通用”旋钮可更改标度因子或选择（定位）波形的要放大的部分。

在默认情况下，执行“保存”到 USB 闪存驱动器功能，向闪存驱动器快速存储文件。

Function（函数）按钮：使用“函数”按钮菜单中的计数器功能可同时监测两个不同

的信号频率。该功能比示波器频率自动测量的读数更准确。

Course（课程）按钮：使用单独的基于 PC 的软件在 PC 上创建新课程资料，使用 USB 闪存驱动器设备将资料分发到示波器。使用示波器的软键和通用旋钮可访问课程。

空白按钮：选择左侧对应菜单。

（6）输入连接器　图 4.10-30 所示为输入连接器视图。

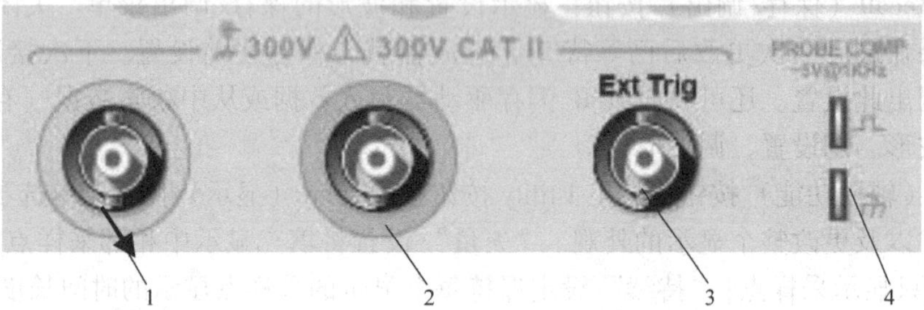

图 4.10-30　输入连接器视图

1—输入通道 1（CH1）　2—输入通道 2（CH2）　3—Ext Trig（外部触发信源输入通道）

4—探头补偿（用于将电压探头与示波器输入电路进行电气匹配）

（7）其他前面板

图 4.10-31 所示为其他前面板视图。

USB 闪存驱动器端口：插入 USB 闪存驱动器以存储数据或检索数据。主要功能：保存或调出波形数据、屏幕图像；传输波形数据、设置数据或屏幕图像到 PC；使用远程命令控制示波器。

对于具有 LED 的闪存驱动器，在示波器从驱动器读取数据或向其中写入数据时，驱动器会“闪烁”。示波器还会显示时钟符号以指示闪存动器处于活动状态的时间。保存或检索文件后，驱动器上的 LED（如果有的话）会停止闪烁，示波器会删除时钟符号，同时会显示一行提示信息，通知您保存或调出操作已完成。要取出 USB 闪存驱动器，请等到驱动器上的 LED（如果有的话）停止闪烁，或者出现通知操作已完成的提示行。

图 4.10-31　其他前面板视图

Menu on/off：打开或关闭菜单。

（8）示波器后面板　示波器后面板视图如图 4.10-32 所示。

USB 设备端口位于示波器后面，可用一根 USB 电缆将示波器连接到 PC，也可连接到 GPIB 系统。

2. 函数/任意波形信号发生器

TFG6920A 型函数/任意波形发生器采用直接数字合成技术（DDS），大规模集成电路（FPGA），软核嵌入式系统（SOPC），具有 A、B 两个独立的输出通道，两通道特性相同，可提供各种信号。

（1）仪器前面板　仪器前面板如图 4.10-33 所示。

（2）仪器后面板　仪器后面板如图 4.10-34 所示。

（3）键盘说明　仪器键盘上共有 32 个按键，各有固定的含义，用符号【】表示。其

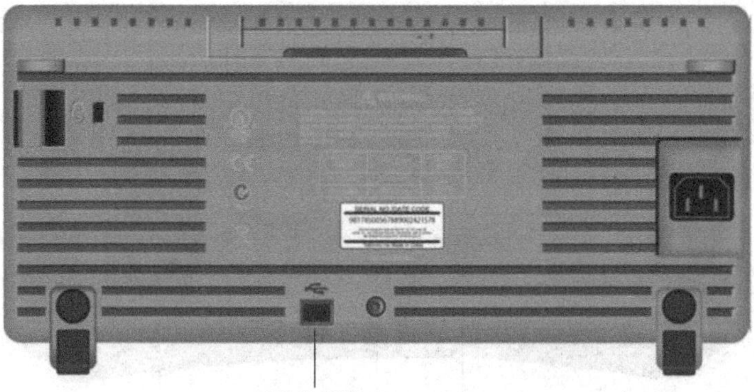

图 4.10-32　示波器后面板视图

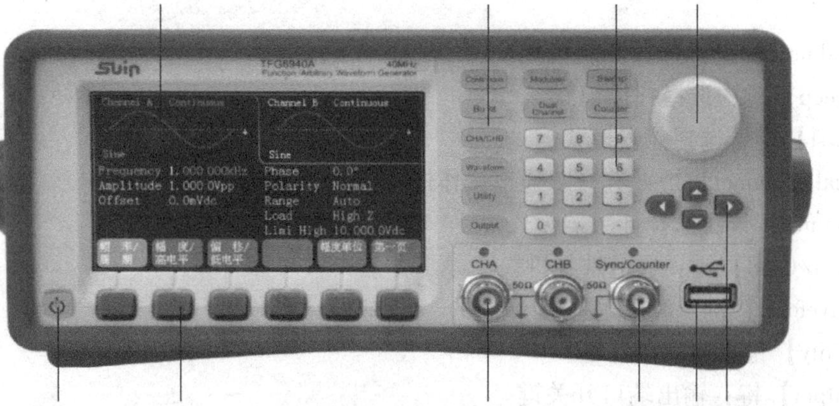

图 4.10-33　TFG6920A 型信号发生器前面板视图

1—显示屏　2—功能键　3—数字键　4—调节旋钮　5—电源按钮　6—菜单软键
7—CHA、CHB 输出　8—同步输出/计数输入　9—U 盘插座　10—方向键

中 10 个大按键用作功能选择，小键盘中 12 个键用作数据输入，2 个箭头键【<】【>】用于左右移动旋钮调节的光标。2 个箭头键【∧】【∨】用作频率和幅度的步进操作。显示屏的下边还有 6 个空白键，称为操作软键，用符号【】表示，其含义随着操作菜单的不同而变化。

【0】【1】【2】【3】【4】【5】【6】【7】【8】【9】键：数字输入键。

【.】键：小数点输入键。

【-】键：负号输入键，在输入数据允许负值时输入负号，其他时候无效。

【<】键：白色光标位左移键，数字输入过程中的退格删除键。

【>】键：白色光标位右移键。

【∧】键：频率和幅度步进增加键。

【∨】键：频率和幅度步进减少键。

【Continuous】键：选择连续模式。

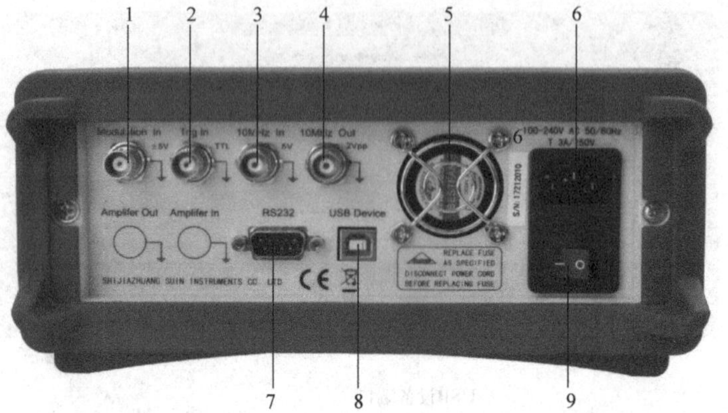

图 4.10-34 TFG6920A 型信号发生器后面板视图

1—外调制输入 2—外触发输入 3—外时钟输入 4—内时钟输出

5—排风扇 6—电源插座 7—RS232 接口 8—USB 接口 9—电源总开关

【Modulate】键：选择调制模式。

【Sweep】键：选择扫描模式。

【Burst】键：选择猝发模式。

【Dual Channel】键：选择双通道操作模式。

【Counter】键：选择计数器模式。

【CHA/CHB】键：通道选择键。

【Waveform】键：波形选择键。

【Utility】键：通用设置键。

【Output】键：输出端口开关键。

〖〗〖〗〖〗〖〗〖〗〖〗空白键：操作软键，用于菜单和单位选择。

（4）显示说明 仪器的显示屏分为四个部分，左上部为 A 通道的输出波形示意图和输出模式、波形和负载设置，右上部为 B 通道的输出波形示意图和输出模式、波形和负载设置。显示屏的中部显示频率、幅度、偏移等工作参数，显示屏的下部为操作菜单和数据单位显示。

（5）数据输入

1）键盘输入：如果一项参数被选中，则参数值会变为绿色，使用数字键、小数点键和负号键可以输入数据。在输入过程中如果有错，在按单位键之前，可以按【<】键退格删除。数据输入完成以后，必须按单位键作为结束，输入数据才能生效。如果输入数字后又不想让其生效，可以按单位菜单中的〖Cancel〗软键，本次数据输入操作即被取消。

2）旋钮调节：在实际应用中，有时需要对信号进行连续调节，这时可以使用数字调节旋钮。当一项参数被选中，除了参数值会变为绿色外，还有一个数字会变为白色，称作光标位。按移位键【<】或【>】，可以使光标位左右移动，面板上的旋钮为数字调节旋钮，向右转动旋钮，可使光标位的数字连续加一，并能向高位进位。向左转动旋钮，可使光标指示位的数字连续减一，并能向高位借位。使用旋钮输入数据时，数字改变后即刻生效，不用再按单位键。光标位向左移动，可以对数据进行粗调，向右移动则可以进行细调。

3）步进输入：如果需要一组等间隔的数据，可以使用步进键输入。在连续输出模式菜单中，按〖电平限制/步进〗软键，如果选中 Step Freq 参数，可以设置频率步进值，如果选中 StepAmpl 参数，可以设置幅度步进值。步进值设置之后，当选中频率或幅度参数时，每按一次【∧】键，可以使频率或幅度增加一个步进值，每按一次【∨】键，可使频率或幅度减少一个步进值，而且数据改变后即刻生效，不用再按单位键。

4）输入方式选择：对于已知的数据，使用数字键输入最为方便，而且不管数据变化多大都能一次到位，没有中间过渡性数据产生。对于已经输入的数据进行局部修改，或者需要输入连续变化的数据进行观测时，使用调节旋钮最为方便。对于一系列等间隔数据的输入，则使用步进键更加快速准确。操作者可以根据不同的应用要求灵活选择。

（6）简单设定

开机：按下后面板上电源插座下面的电源总开关，仪器前面板上的电源按钮开始缓慢地闪烁，表示已经与电网连接，但此时仪器仍处于关闭状态。按下前面板上的电源按钮，电源接通，仪器进行自检初始化，进入正常工作状态，自动选择“连续输出”模式、输出正弦波形，并显示出信号的各项工作参数，默认设置详见表 4.10-1。

通道选择：按【CHA/CHB】键可以循环选择两个通道，被选中的通道，其通道名称、工作模式、输出波形和负载设置的字符变为绿色显示，未被选中的通道显示为白色字符。使用菜单可以设置该通道的波形和参数，按【Output】键可以循环开通或关闭该通道的输出信号。

波形选择：按【Waveform】键，显示出波形菜单，按〖第 x 页〗软键，可以循环显示出 15 页 60 种波形。按菜单软键选中一种波形，波形名称会随之改变，在“连续”模式下，可以显示出波形示意图。按〖返回〗软键，恢复到当前菜单。

占空比设置：如果选择了方波，要将方波占空比设置为 25%，按〖占空比〗软键，占空比参数变为绿色显示。按数字键【2】【5】输入参数值，按〖%〗软键，绿色参数显示 25%，也可以使用旋钮和【<】【>】键连续调节输出波形的占空比。

频率设置：如果要将频率设置为 2.5kHz，按〖频率/周期〗软键，频率参数变为绿色显示。按数字键【2】　【·】　【5】输入参数值，按〖kHz〗软键，绿色参数显示为 2.500000kHz，也可以使用旋钮和【<】【>】键连续调节输出波形的频率。

幅度设置：如果要将幅度设置为 1.6Vrms，按〖幅度/高电平〗软键，幅度参数变为绿色显示。按数字键【1】　【·】　【6】输入参数值，按〖Vrms〗软键，绿色参数显示为 1.6000Vrms，也可以使用旋钮和【<】【>】键连续调节输出波形的幅度。

相位设置：要将相位设置为 45°，在连续模式菜单中，按〖输出相位〗软键，相位参数变为绿色显示，按数字键【4】【5】，再按〖°〗软键，将相位设置为 45°。输出相位表示输出端口的信号相对于同步信号的相位差，输出端口信号的相位超前于同步信号。通道 A 与通道 B 的同步信号是相位相同的，所以分别设置通道 A 和通道 B 的相位值，可以计算出两个通道的相对相位差。

（7）技术指标　幅度分辨率：1mVpp（幅度≥1Vpp，50Ω 负载）；幅度准确度：±（设置值×1% +1mVpp）；频率分辨率：1μHz；频率准确度：A、B 路：±（50ppm +1μHz）

表 4.10-1 开机后连续输出模式默认设置

波形	Sine	方波占空比	50%
频率	1kHz	锯齿波对称度	50%
幅度	1Vpp	脉冲宽度	200μs
直流偏移	0Vdc	高电平限制	10Vdc
输出相位	0°	低电平限制	-10Vdc
输出极性	Normal	频率步进	25Hz
幅度量程	Auto	幅度步进	25mVpp
外接负载	High Z	输出端口	Off

【实验内容与测量】

1. 使用“自动设置”观察信号波形

将函数信号发生器的输出端 CHA 接示波器的输入通道 CH1，按下“1”（通道 1 菜单）按钮，依次选择“探头”、“电压”、“衰减”、1X。（探头有不同的衰减系数，它影响信号的垂直刻度，“衰减”选项的默认设置为 10X），然后按“Autoset”键，改变信号发生器的输出波形，分别在示波器上观察稳定的正弦、方波、三角波（锯齿波对称度 Symmetry 为 50% 时）信号波形。

2. 刻度法测量正弦信号的参数

调节信号发生器，使 A 路输出 50Hz 正弦信号，采用刻度法测量信号的峰 - 峰电压、周期，数据记入表 4.10-2 中，计算频率、有效值。

3. 双踪示波法测量正弦信号的相位差

将函数信号发生器的输出端 CHB 接示波器的输入通道 CH2，按下“2”（通道 2 菜单）按钮，依次选择“探头”、“电压”、“衰减”、1X，调节信号发生器，使 B 路输出 50Hz 正弦信号，分别调节 A 路信号的输出相位为 0°、B 路信号的输出相位为 45°，然后调节示波器的垂直位置旋钮，得到如图 4.10-14 所示的波形图，从示波器屏幕上读出 $L(T)$ 和 $L(\Delta t)$ 的值，数据记入表 4.10-3 中，计算相位差。

4. 光标法测量方波信号的幅度、脉冲宽度

调节信号发生器，使 A 路输出 5kHz 方波信号，调节示波器垂直、水平标度旋钮，在屏上显示大小适当、3 ~ 4 个周期的稳定波形，按下“Cursor”按钮查看“光标”菜单，按下“类型”侧面菜单右边空白按钮，将出现弹出菜单，显示可用光标类型的可滚动列表，旋转“通用”旋钮加亮显示“幅度”，按下“通用”旋钮选择“幅度”，按下“信源”侧面菜单按钮，将出现弹出菜单，显示可用信源的可滚动列表，旋转“通用”旋钮加亮显示 CH1，按下“通用”旋钮选择 CH1，按下“光标 1”选项按钮，旋转“通用”旋钮，将光标置于方波的最高点，按下“光标 2”选项按钮，旋转“通用”旋钮，将光标 2 置于方波的最低点，在“Cursor”菜单中显示方波的幅度 ΔV。

同上，选择光标类型为“时间”，光标 1 置于脉冲的上升边沿，光标 2 置于脉冲的下降边沿，可得到光标 1 处相对于触发的时间、光标 2 处相对于触发的时间、脉冲宽度 Δ，数据记入表 4.10-4 中。

设置方波信号的占空比为 25%，采用相同方法测量脉冲宽度 Δ，数据记入表 4. 10-4 中，观察波形的变化，加深对占空比概念的理解。

5. 方波信号的频谱观察与测量

（1）频谱观察　调节信号发生器，使 A 路输出 10kHz 方波信号，按“Autoset”键以显示 YT 波形，旋转垂直标度旋钮确保整个信号都出现在屏幕上，旋转水平标度，将示波器设置为可显示多个信号周期（至少显示 20 个完整周期），按下 FFT 按钮查看 FFT 侧面菜单，分别按下 FFT 侧面菜单中的“源波形”“信源”“窗口”，旋转“通用”旋钮选择“开启”“CH1”“平顶窗”功能，在示波器上观察到稳定的频谱图，记录在表 4. 10-5 中。

（2）频谱测量　使用“FFT 缩放”选项可以将 FFT 谱水平放大而不改变采样速率。缩放系数有 X1（默认）、X2、X5 和 X10，改变缩放系数时，FFT 谱相对于屏中心刻度线放大，即水平放大轴为中心刻度线，顺时针旋转“水平位置”旋钮可以向右移动 FFT 频谱，按下“水平位置”旋钮可将频谱的中心定位在刻度的中心，顺时针旋转“垂直位置”旋钮可以向上移动信源通道的频谱。

顺时针旋转“水平位置”旋钮使谱图中幅度最高谱线右移至显示屏中心刻度处，选用缩放系数 X2 进行放大，采用光标法测量 FFT 谱线的幅度（以 dB 为单位）和频率（以 kHz 为单位）。按下“Cursor”按钮查看光标侧面菜单，按下“信源”并使用“通用”旋钮选择“FFT”。按下“类型”选项按钮并使用“通用”旋钮选择“幅度”，使用水平光标测量谱线幅度；按下“类型”选项按钮并使用“通用”旋钮选择“频率”，通过移动垂直光标 1 或光标 2 至谱线位置测量频率。

依次测量记录 5 条谱线的幅度与频率，记录在表格 4. 10-5 中，用坐标纸画出频谱图并分析各谱线幅度、频率变化规律。

同上，将信号发生器输出波形改为 10kHz 正弦信号，观察其频谱图，测谱线的幅度与频率，对比分析正弦波与方波频谱图的区别，数据记录在表 4. 10-6 中。

6. 自动测量法测量三角波信号的参数

调节信号发生器，使 A 路输出 100Hz 三角波信号，采用自动法测量信号的峰 - 峰值电压，周期、频率、均方根电压 RMS、上升时间、下降时间。按“Measure”按钮以查看“测量菜单”，按下与 CH1 对应的右侧空白按钮，在左侧显示测量菜单，旋转“通用”旋钮加亮显示所需测量，按旋钮可选择所需的测量，在屏下方显示自动测量值结果，一次最多可以在屏幕上显示六种测量，数据记入表 4. 10-7 中。

提示：如果“值”读数中显示问号（?）表示无效值，这可能因为波形超出屏幕范围（过量程）。调节相应通道的垂直标度旋钮（伏/格），或者更改水平标度设置（秒/格）。

7. 拍现象观察与测量

将函数信号发生器的输出端 CHA、CHB 分别接示波器的输入通道 CH1、CH2，调节信号发生器使 A、B 路输出信号幅度相同的正弦信号，A 路频率 $\nu_1 = 150\text{Hz}$，B 路频率 $\nu_2 = 130\text{Hz}$，按“Autoset”键，在示波器获得稳定的波形，按“Math”按钮，查看“数学菜单”，按下与操作对应的右侧空白按钮，在左侧显示操作菜单，旋转“通用”旋钮加亮显示所需测量“+”，按旋钮确认选择叠加测量，调节示波器的水平标度旋钮，观察 CH1、CH2 信号叠加形成的拍现象，并用刻度法测量拍的周期，数据记入表 4. 10-8 中，计算频率。

8. 李萨如图形观察与测量

（1）频率测量 将函数信号发生器的输出端 CHA、CHB 分别接示波器的输入通道 CH1（X 轴）、CH2（Y 轴），调节信号发生器使 A 路输出 50Hz 正弦信号，B 路分别输出 25Hz、75Hz、100Hz、200Hz 正弦信号。按“Utility”按钮以查看“辅助功能菜单”，按下与“显示”对应的右边空白按钮，在“显示”子菜单中按下与“格式”对应的右侧空白按钮，在左侧显示“格式”菜单，旋转“通用”旋钮加亮显示所需操作“XY”模式，按旋钮确认，观察李萨如图形，调节示波器通道 1、2 的垂直标度按钮、位置旋钮，水平标度旋钮，使李萨如图形在屏上大小、位置适当，数据记入表 4. 10-9 中。

（2）相位差测量 将函数信号发生器的输出端 CHA、CHB 分别接示波器的输入通道 CH1（X 轴）、CH2（Y 轴），调节信号发生器使 A、B 路分别输出 50Hz 正弦信号，分别调节 A 路信号的输出相位为 0°、B 路信号的输出相位为 45°，得到如图 4. 10-23 所示的李萨如图形，从示波器屏幕上读出 A 和 B 的值，数据记入表 4. 10-10 中，计算相位差。

【讨论】

1）一般 $|\nu_1 - \nu_2|$ 与 $\nu_1 + \nu_2$ 相比很小时才能看到明显的拍现象，为什么？

2）与模拟示波器相比，数字示波器有什么优势？

【结论】

通过对实验现象和数据的分析、讨论，你能得到什么结论？

【思考题】

1）示波器面板右下角有一个“PROBE COMP”测试端，试查阅有关资料了解它的用途及使用方法。

2）数字示波器在不出现错误的条件下可以测量的最高频率是采样速率的一半，为什么？

【参考文献】

［1］泰克科技（中国）有限公司 . TBS1000B 和 TBS1000B – EDU 系列数字存储示波器用户手册.

［2］王素红，张晓旭. 基于示波器使用的系列拓展实验研究［J］. 大学物理实验，2012，25（1）：30 – 34.

［3］石家庄数英仪器有限公司 . TFG6900A 系列函数/任意波形发生器用户手册.

【补充材料 4. 10-1】 模拟示波器

模拟示波器采用传统的模拟电路技术在 CRT 上显示波形，它可显示电信号变化过程的图形，以及两个相关量的函数图形。在现代科学技术领域中，各种电学量、磁学量和非电量转换来的电信号均可用示波器进行观察和测量。

模拟示波器一般由示波管、扫描信号发生器、信号输入和放大系统、同步系统以及电源五部分组成，结构如图 4.10-35 所示。模拟示波器上的波形显示时间是短暂的，当输入信号消失，显示的波形也消失，只适用观察周期性的重复信号。模拟示波器整个系统，包括显示器必须都能维持示波器的全部带宽。

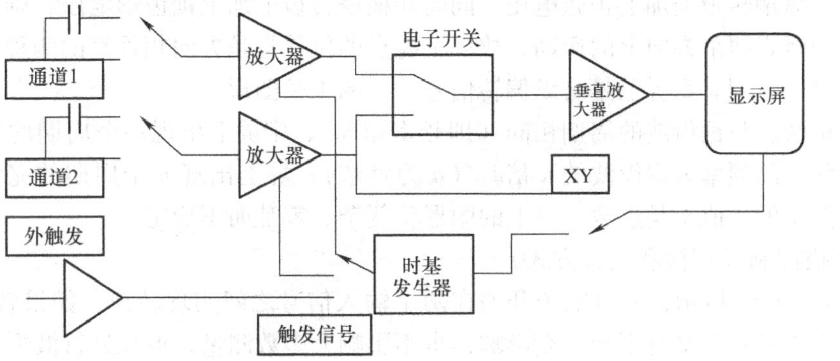

图 4.10-35　模拟示波器结构图

为精确和稳定地显示信号的波形，示波器的控制和操作系统主要由垂直系统、时基（水平）系统、触发系统、显示等构成。

1. 垂直系统

通过衰减器和放大器，对大信号衰减，对小信号放大，对输入信号进行比例变换，其增益确定显示屏上的波形大小。耦合：直流 DC 耦合方式，DC 信号和 AC 信号都能通过。交流 AC 耦合方式只允许 AC 信号通过。接地，可确定零伏的位置。带宽限制器：使用带宽限制可以把通常带宽在 100MHz 以上的示波器的频带减小到 20MHz 的典型值。这样就降低了噪声电平和干扰，这对于进行高灵敏度的测量非常有用。输入阻抗：高阻抗输入（1MΩ）的电阻和 7 ~30pF 电容相并联。数学运算：具有相加、相减功能。

2. 水平时基系统

如图 4.10-36 所示，为了描绘波形，必须要有水平和垂直两个方向的信息。示波器描绘的轨迹表明信号随时间的变化情况，因此其水平偏转必须与时间成正比，示波器中控制水平偏转，即 X 轴的系统称时基。扫描速度以每格的秒数来度量。

时基发生器就是锯齿形电压发生器，它能输出一个锯齿形的电压。如果在 Y（垂直方向）偏转板上不加电压，把扫描发生器输出的锯齿电压加在水平偏转板两端，则平行板间产生一个随锯齿电压变化而变化的电场，此变化电场使电子束在荧光屏上的光点移动，在亮点移动的过程中，当扫描速度加快，超过人眼视觉惰性时，由于荧光屏上的余辉和视觉暂留作用，我们在荧光屏上看到的是一条水平亮线。

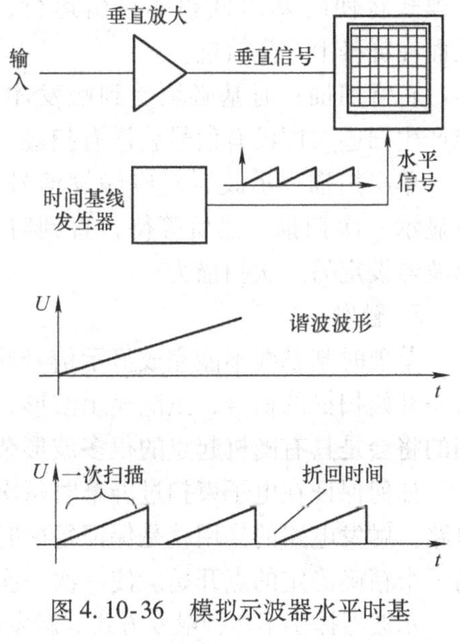

图 4.10-36　模拟示波器水平时基

如果在 Y 偏转板上加上正弦电压，而 X 偏转板上不加任何电压，则在纵偏转板间产生一个随正弦电压变化而变化的电场，电子束在此电场的作用下在纵方向上下偏转，于是荧光屏上的亮点在纵方向随时间做正弦振荡，我们在屏上看到的是一条竖直亮线。

如果在纵偏转板上加上正弦电压，同时在横偏转板上加上锯齿形电压，则电子束同时参与水平和竖直两个方向上的运动，故屏上亮点的位移将是方向相垂直的两种位移的合成位移，此时，我们看到屏上是与纵偏转信号一致的正弦图形。

如果正弦波与锯齿波的周期相同（即频率相同），则屏上出现一个周期的完整稳定波形。当正弦波的频率为锯齿波的 n 倍时（n 为整数），屏上出现 n 个周期的完整波形。如果两信号频率的比值不是整数，屏上的图形将复杂、零乱而不稳定。

3. 扫描控制（切换和交替方式）

如图 4.10-37 所示，通过电子开关在两个输入信号之间实现转换，如果转换进行快，对周期性重复信号观察时不受什么影响，也不影响大多数测量，但在进行波形时间和相位测量时存在转换误差。

切换方式：用切换方式开关，当波形在显示屏上出现时，开关快速地切换两个输入信号，切换两个通道是很快进行的，所以看不出切换痕迹，切换方式只适用于比两通道切换速度低得多的信号。

交替方式：交替方式是对通道 1 波形一次扫描，然后转到通道 2，完成另一次扫描。在快速扫描情况下，交替方式是最好的选择，因为更新率快，看到的是两个同时出现的波形。所以交替适于测量高频信号。用于低频波形（且用慢扫描），每一通道的扫描会变得显而易见，就失去同时显示两通道的效果。将切换方式用于高频信号（此时扫描速度很快），示波器上会出现明显的切换痕迹。切换方式只适于低频信号的测量。

4. 时基或扫描模式

自动扫描：没有输入信号时，自动模式将使时基以低频率自由运行，从而在屏幕上产生轨迹。

正常扫描：时基必须受到触发才能产生扫迹，即没有信号就没有扫迹。

单次扫描：示波器对应触发信号只显示一次扫描，然后等待，直到对示波器设定另一次扫描为止。

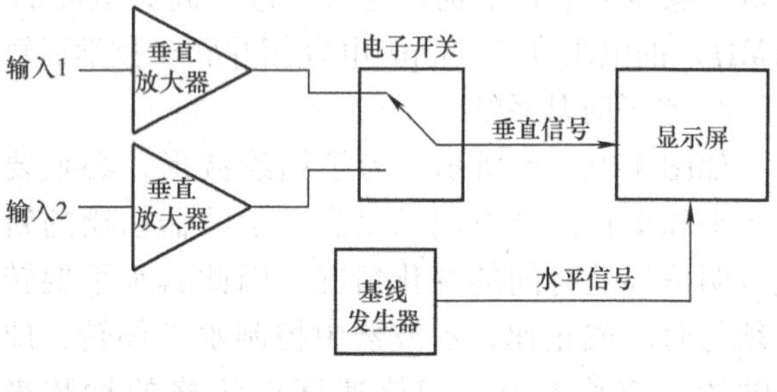

图 4.10-37 模拟示波器扫描切换方式

5. 触发

单独时基基线不能完成显示信号的目的，需要知道时基基线什么时基开始扫描，没有这一开始扫描的信号，虽能显示波形，但起始时基是随机的。没有触发电路，在屏幕上看到的将会是具有随机起点的很多波形杂乱重叠的图像。

如何保证在电子束扫过屏幕时每次都扫过相同的路径？解决这个问题的关键在于触发电路。触发电路的作用就是保证每次时基在屏幕上扫描的时候，时基扫描都从输入信号上的一个精确确定的点开始。使一次一次扫描波形都是静止不动的从而显示稳定的波形。

示波器提供了多种触发方式。触发耦合：决定选定的触发源信号送往触发电路的耦合方式；DC 耦合：触发源直接连到触发电路；AC 耦合：触发源通过一个串联的电容连到触发电路；HF 抑制：使触发源信号通过低通滤波器以抑制高频分量，这意味即使一个低频信号中包含很多高频噪声，仍能使其按低频信号触发。LF 抑制：使触发源信号通过一个高通滤波器以抑制其低频成分。TV 触发：在 TV 模式下触发电平控制不起作用。这时示波器使用视频信号中的同步脉冲作为触发信号。TV 触发有两种模式，TVF 场和 TVL 行。

6. 显示

荧光屏受到电子轰击后，阴极射线管（CRT）上的荧光物质就会发光。当电子束移开后，荧光物质在一个短时间内还会继续发光，这个时间称为余晖时间。余晖时间的长短是由荧光物质的不同决定的。一般采用的荧光物质的余晖时间小于 1ms。采用长余晖荧光物质的慢扫描模拟示波器是为了解决观察较慢信号的变化，长余晖荧光物质的余晖时间约为 300ms。波形轨迹的亮度与时基扫描速度成反比。

（X－Y）显示：X－Y 模式是示波器的另一种显示方法。这时示波器将时基关闭，而用另一个与产生垂直偏转信号不同的信号来使电子束在水平方向偏转。用两个信号在 X、Y 方向同时作用于电子束而描绘出波形，以便观察两个信号的关系，可以测量相位、频率。

【补充材料 4.10-2】 SS－7802A 双踪示波器的使用

SS－7802A 双踪示波器是多功能示波器，其面板如图 4.10-38 所示。它可以同时显示两路输入信号波形，并可进行信号的处理及信号的测量。在 SS－7802A 双踪示波器控制面板上的功能按键均安装有 LED 发光显示，当按下该功能键后，按键上面的 LED 发光指示灯点亮，与示波器显示屏中的显示字符一同显示出示波器该功能处在工作状态；如果再次按下该按键，按键上面的发光指示灯熄灭，同时显示屏中的相应的显示字符消失，表示示波器该功能已经关闭。

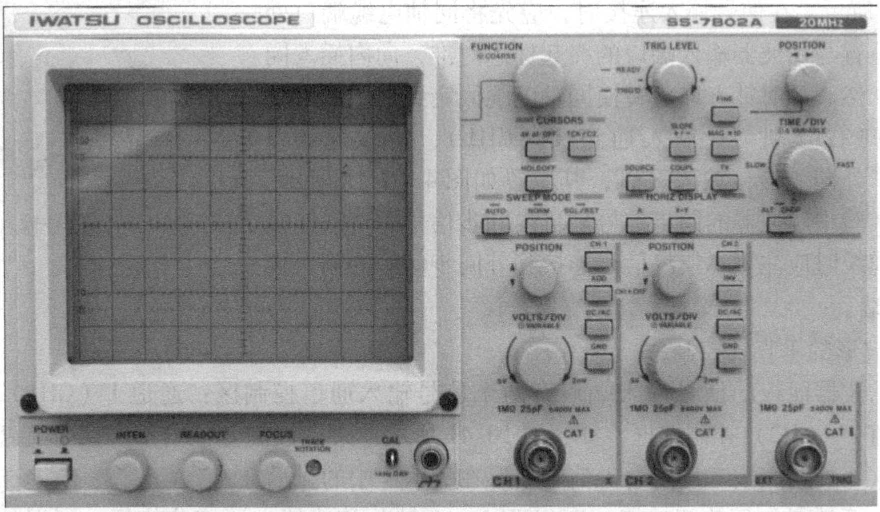

图 4.10-38 SS－7802A 双踪示波器控制面板

1. 示波器基本操作

（1）开机 示波器工作电源按键在示波器显示屏的左下方，如图 4.10-39 所示，标有“POWER”字样，按下此按键，示波器接通工作电源，电源指示灯点亮，示波器开始正常工作。

（2）示波器光标的调节　在示波器显示屏下方有三个调节旋钮，从左向右分别为：示波器扫描光标亮度调节旋钮（INTEN）、显示屏字符显示调节旋钮（READOUT）、扫描光标聚焦调节旋钮（FOCUS），它们的功能分别为：

INTEN：该旋钮亦称为辉度旋钮，它控制示波器显示屏上出现的扫描光标的亮度。顺时针方向旋转，显示屏上出现的扫描光标亮度增大；相反，扫描光标亮度减小。逆时针方向旋转到底，扫描光标将会完全关闭，在示波器的显示屏上没有光标轨迹的显示。在示波器工作时，如果光标亮度太大，会影响示波器显示屏的使用寿命。

READOUT：控制示波器显示屏上出现的字符亮度。顺时针方向旋转，显示屏上的字符亮度提高；相反，字符亮度下降。逆时针方向旋转到底，将关闭显示屏的字符显示功能，这时显示屏上所有的字符会全部消失。

FOCUS：控制示波器显示屏上出现的扫描光标的清晰程度，旋转此旋钮，扫描光标的清晰度改变。

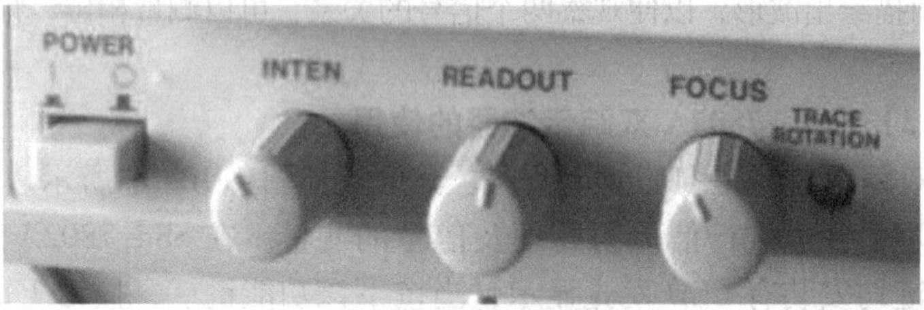

图 4.10-39　示波器基本操作旋钮

（3）示波器信号的输入　示波器的信号输入端口如图 4.10-40 所示。在信号输入连接时，应先将同轴电缆端口处的缺口位置与示波器输入端口的突起标志对准，向内插入同轴电缆，然后顺时针方向旋转使同轴电缆固定到位。输入端口从左向右分别为：输入通道 1（CH1）、输入通道 2（CH2）、外同步信号输入 EXT，其位置如图 4.10-41 所示。由于在实验中示波器的同步信号来自内同步信号源，在连接同轴电缆线时应注意不能将信号连接到外同步信号的输入接口 EXT 端。

图 4.10-40　信号输入端口

2. 波形的垂直轴控制

在示波器面板的信号输入端口有两个信号输入通道控制区：通道 1（CH1）控制方框、通道 2（CH2）控制方框，如图 4.10-41 所示，每个控制方框内都有两个旋钮和四个按键，这些旋钮和按键控制输入信号波形在显示屏中的显示方式。

（1）垂直控制区旋钮功能　POSITION：*Y* 轴位移旋钮，调节此旋钮，可以使显示屏中扫描光标在 *Y* 轴方向上下移动。

VOLTS/DIV：Y 轴衰减旋钮，可改变示波器接收到的信号在 Y 轴上的幅值大小，同时在显示屏最下面一行的字符显示中会出现与信号输入通道相对应的信号电压/分度因子值，在显示屏中，字符 1：后面显示的是 CH1 通道信号的参数，字符 2：后面显示的是 CH2 通道信号的参数。如果按顺时针方向旋转 Y 轴衰减旋钮，Y 轴衰减数值减小，显示

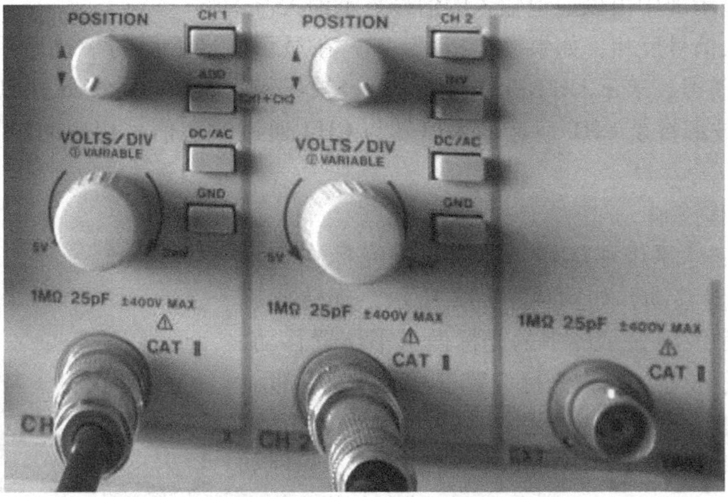

图 4.10-41　垂直控制面板视图

屏中相应通道输入信号的显示波形幅值变大；如果按逆时针方向旋转 Y 轴衰减旋钮，Y 轴衰减数值增大，显示屏中相应通道输入信号的显示波形幅值变小。如果按下此旋钮再做旋转操作，示波器的 Y 轴衰减功能就进入了 Y 轴衰减微调状态，同样旋转此旋钮时，输入信号幅值衰减的调节幅度相应减小。

（2）垂直控制区按键功能　CH1、CH2：控制显示屏上是否显示 CH1 通道、CH2 通道中的采样信号，正常时在示波器显示屏上会出现两个光标，同时在显示屏的最下面一行的字符显示中将会出现字符显示 1：、2：，分别表示这时在示波器显示屏上出现的信号波形是由两个通道输入，其中字符 1：显示 CH1 通道输入信号的参数，字符 2：显示 CH2 通道输入信号的参数。如果按 CH1（或 CH2）键，显示屏最下面一行的字符 1：（或字符 2：）消失，这表示在此状态下，示波器将关闭该通道的采样信号显示，这时在显示屏上将不会出现 CH1 通道（或 CH2 通道）的信号，显示屏上出现的波形只有一个。再次按 CH1（或 CH2）键，示波器将恢复相应通道信号的显示。

ADD：信号相加，按“ADD”键，在显示屏最下面一行的字符显示 2：的前面将会出现一个 + 号，表示这时在示波器显示屏上出现的扫描光标是 CH1 通道输入的信号与 CH2 通道输入的信号相加后的结果，即这时显示的波形是两个信号相加后的波形，即“Y1 + Y2”的波形。再次按此键，显示屏最下面字符显示中的 + 号消失，表示示波器两个输入信号相加功能关闭。

DC/AC：直流、交流选择，控制示波器的工作方式选择，当输入信号为直流信号时，示波器应当选择与之相对应的工作方式，按“DC/AC”键，如在显示屏的最下面一行字符显示中通道 1：（或通道 2：）的电压分度值后面出现大写字母“V”，表示这时示波器工作在直流工作方式；当输入信号为交流信号，再按“DC/AC”键，使显示屏的最下面一行字符显示中电压分度值的后面出现小写字母“v”，字母上方带有表示交流电的符号“～”。

GND：输入端接地，按“GND”键，与之相对应的输入通道采样端接地，由该通道输入的采样信号与 Y 轴放大器断开，在显示屏最下面一行该通道的字符显示中出现接地符号“⊥”，显示屏中由该通道输入的信号显示消失。

INV：输入信号反相，如果按“INV”键，在显示屏最下面的字符显示中2：字符后将出现“↓”符号，表示CH2通道的信号已经被反相。如果同时按下“ADD”键，则显示屏中出现的波形将是CH1通道输入信号与CH2通道输入信号相减的结果，即“Y1－Y2”的波形。

3. 水平位移控制

POSITION：水平位移旋钮，控制扫描光标在显示屏中的水平位置移动，如图4.10-42所示，旋转此旋钮，可以调节示波器显示屏中的光标做水平位置移动，正常工作时，示波器的扫描光标应置于显示屏的中部。

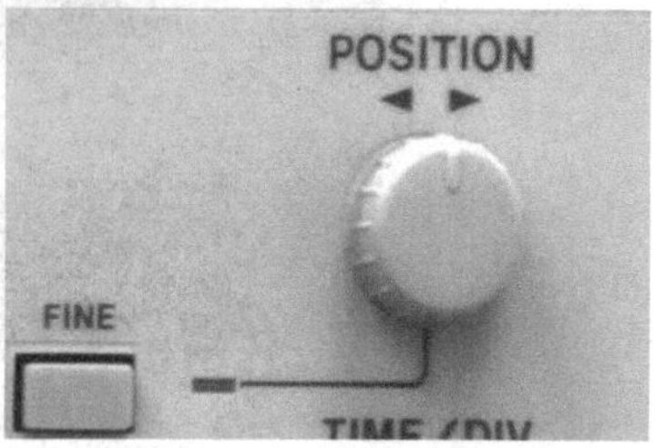

图4.10-42 水平位移控制面板视图

FINE：水平位移微调键，控制扫描光标水平位移微调功能，按下“FINE”键，“FINE”键指示灯点亮，这时如再旋转水平位移（POSITION）旋钮，即可进行扫描光标水平位置微调；再次按下“FINE”键，“FINE”键指示灯熄灭，扫描光标水平位移微调功能关闭。

4. 扫描信号控制

示波器扫描信号的控制区如图4.10-43所示，包括扫描速度旋钮、扫描速度放大键、扫描模式选择键、单次扫描键。

（1）TIME/DIV（扫描速度旋钮）：控制示波器扫描信号的扫描速度，同时在示波器显示屏的左上角会出现扫描时间分度值的显示字符，其单位有s、ms、μs。顺时针方向旋转“TIME/DIV”旋钮时，示波器扫描信号的扫描速度加快；逆时针方向旋转“TIME/DIV”旋钮时，示波器扫描信号的扫描速度减慢。当示波器的扫描频率与输入信号的频率一致或为其整数倍时，在示波器的显示屏中会出现一个或几个稳定的显示波形。当示波器的扫描频率与输入信号的频率不一致时，在示波器的显示屏中出现的波形会发生移动或出现多个波形的重叠。如果按“TIME/DIV”旋钮后再做旋转操作，这时示波器进入扫描信号的扫描速度微调工作方式，在扫描速度微调时，旋转“TIME/DIV”旋钮，扫描信号的扫描速度值改变较小，同时在示波器显示屏中的扫描时间分度值的字符显示前会出现“>”号，表示示波器的扫描速度调节在微调状态，再次按下“TIME/DIV”旋钮，将会关闭扫描速度微调功能，同时扫描时间分度值字符前的“>”号消失。

（2）MAG×10（扫描速度放大键） 按“MAG×10”键，示波器的扫描信号进入扫描速度放大10倍工作状态，这时示波器扫描信号的扫描速度提高10倍，同时在显示屏右下角的字符显示中出现“MAG”字样，再次按下“MAG×10”键，关闭扫描速度放大功能，显示屏中字符显示的“MAG”字符消失。

（3）AUTO/NORM（扫描模式键） 扫描方式有自动（AUTO）、正常（NORM）两种，在这两种扫描模式中示波器均处于连续扫描工作状态，但两种扫描模式适用于不同的输入信号频率。自动扫描模式适用于输入信号频率在50Hz以上，正常扫描模式适用于输入信号频率为低频信号和低重复信号。

（4）SGL/RSI（单次扫描键） 单次扫描键“SGL/RSI”控制示波器进入扫描信号单次扫描工作方式，按“SGL/RSI”键，指示灯点亮，示波器进入单次扫描工作方式。在这种工作方式下，当扫描触发信号到达时，示波器显示屏中的扫描光标只做一次扫描，显示屏中的波形只出现一次，如果没有扫描触发信号，示波器的扫描光标将不做扫描，显示屏中也就不会出现波形显示。

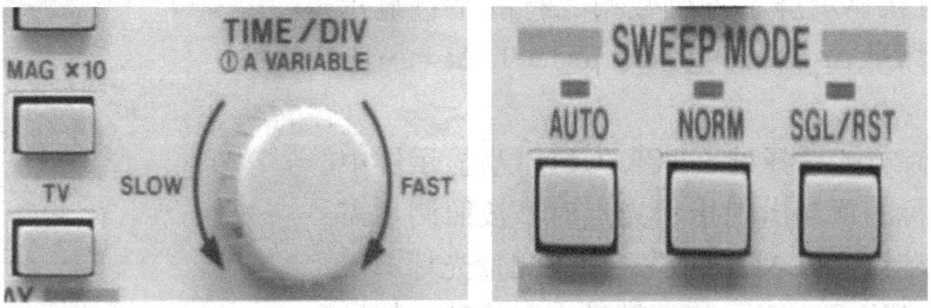

图 4.10-43 扫描信号控制区面板视图

5. 触发信号控制

触发信号控制及测量功能控制如图 4.10-44 所示，触发信号控制键有：触发源选择键（SOURCE）、触发耦合方式选择键（COUPL）、触发沿选择键（SLOPE）、触发电平调节旋钮（TRIG LEVEL）、视频触发模式选择键（TV）。

图 4.10-44 触发信号控制区面板视图

（1）SOURCE（触发源选择键） 控制示波器触发信号的来源，示波器的触发信号来源可以是 CH1 通道信号、CH2 通道信号、LINE（电源频率为触发源）、EXT（外触发源），连续按“SOURCE”键，选择相应的触发信号来源，示波器将以选择的信号源作为示波器内触发信号的触发源，同时在显示屏左上方字符显示的扫描时间后将会出现选中的触发源显示字符：CH1、CH2、LINE、EXT。在通常的示波器操作中，选择采样信号输入通道作为触发源，即选择 CH1（或 CH2）为触发源。

（2）TV（视频触发模式选择键） “TV”键可选择视频触发模式（BOTH、ODD、EVEN、TV－H），选择不同的触发模式，示波器触发信号的触发模式被设定。选择 TV－H 触发方式，这时示波器的触发设置为水平同步脉冲触发。操作时连续按“TV”键，在示波器显示屏右上方的字符显示中出现与触发模式相对应的字符，待出现“TV－H”字符后，操作完成。

（3）TRIG LEVEL（触发电平旋钮） “TRIG LEVEL”旋钮可以调节触发电平的幅值。旋转“TRIG LEVEL”旋钮，可以使示波器显示屏中的波形稳定，同时触发电平值将显示在显示屏字符显示的上方偏右的位置。

6. 测量功能

示波器具有多种测量功能，可以进行时间、电压、频率测量。示波器的测量功能控制区在示波器显示屏的右侧，如图 4.10-45 所示。该控制区由多功能（FUNCTION）旋钮、测量方式选择“ΔV－Δt－OFF”键、光标跟踪方式选择（TCK/C2）键组成。

(1) 时间测量　按测量方式选择键“ΔV - Δt - OFF”，选择时间间隔 Δt 的测量，当选择 Δt 测量方式时，在示波器的显示屏中将出现两条垂直测量光标 H1、H2，同时在显示屏下方倒数第二行的字符显示中会出现时间测量 $\Delta t = \cdots$s，(ms、μs)，$1/\Delta t = \cdots$Hz 字符显示。

按光标跟踪方式选择键（TCK/C2），当显示屏中的两条测量光标的顶端出现指示光点时，按照测量需要旋转多功能旋钮“FUNCTION”，两条测量光标 H1、H2 将同时沿“FUNCTION”旋钮转动方向移动，如果希望测量光标快速移动，连续按动“FUNCTION”旋钮，显示屏中的测量光标就会快速移动到需要的位置。

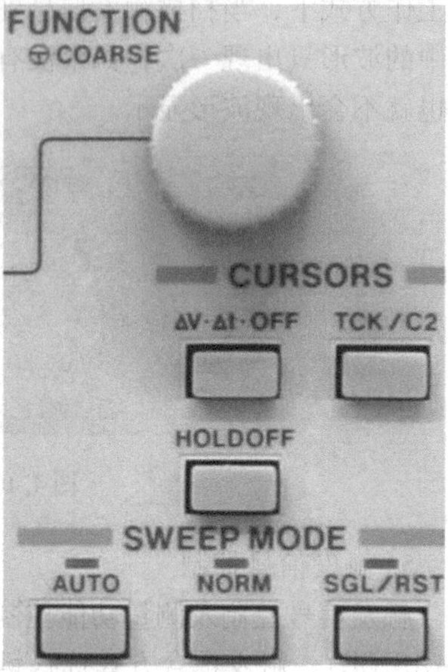

图 4. 10-45　测量功能区面板视图

当测量光标 H1 移动到待测波形的测量起始点后，按动光标跟踪方式选择键（TCK/C2），选择 V - C2 方式（只移动测量光标 H2），使显示屏中只有测量光标 H2 的顶端有指示光点，这时再转动多功能“FUNCTION”旋钮，测量光标 H2 将单独移动，而测量光标 H1 不会移动，将测量光标 H2 移动到被测波形的另一个测量点，这时被测波形两测量点之间的时间差 Δt 及其倒数 1/Δt 的数值将出现在显示屏的下方。

(2) 频率测量　在显示窗口的右下方有一个 5 位的频率计，当信号输入端有被测信号输入时，频率计将显示出输入信号的频率。

(3) 电压测量　按测量方式选择键“ΔV - Δt - OFF”，选择电压 ΔV 测量方式，此时，在示波器的显示屏中将出现两条水平测量光标 V1、V2，同时在示波器显示屏的倒数第二行字符显示中出现 ΔV1 = …V、ΔV2 = …V 显示字符。

按光标跟踪方式选择键（TCK/C2），当显示屏中测量光标的顶端出现指示光点时，按照测量需要旋转多功能旋钮（FUNCTION），使测量光标 V1 位于待测量波形的测量起始点，按动光标跟踪方式选择键（TCK/C2），选择只移动测量光标 V2，再次旋转“FUNCTION”旋钮，将 V2 位于待测量波形的另一测量端，待测量的电压波形在水平方向将置于两条测量光标之间，这时被测电压波形两测量点之间的电位差将出现在显示屏的下方，其中显示字符 V1 后出现的数值为 CH1 通道输入信号的测量值，显示字符 V2 后出现的数值为 CH2 通道输入信号的测量值。

(4) 关闭测量功能　按测量方式选择按键“ΔV - Δt - OFF”，选择 OFF 工作状态，这时示波器的测量功能关闭，显示屏上的测量光标、测量参数显示字符消失。

7. 显示模式

如图 4. 10-46 所示，A：YT 显示模式；X - Y：用两个信号在 X、Y 方向同时作用于电子束而描绘出波形，可观察李萨如图形，测量相位与频率。

图 4. 10-46　显示模式切换功能按钮视图

【数据表格】

实验者信息：

专业班级：__________ 学号：__________ 姓名：__________同组人姓名：__________

实验时沿此线剪下

表 4.10-2　刻度法测正弦信号参数（50Hz）

H_{pp}/格	S_1/(V/格)	L/格	S_2/(s/格)

表 4.10-3　双踪示波法测相位差

频率/Hz	$L(\Delta t)$/格	$L(T)$/格

表 4.10-4　光标法测方波信号参数（5kHz）

占空比	ΔU/V	Δ/s
50%		
25%		

表 4.10-5　方波频谱观察与测量（$f=10$kHz）

方波谱线	1	2	3	4	5
谱频率					
谱幅度					
方波频谱图形					

表 4.10-6　正弦波频谱观察与测量（$f=10$kHz）

正弦波谱线	1
谱频率	
谱幅度	
正弦波频谱图形	

表 4.10-7　自动测量法测三角波信号参数（100Hz）

U_{pp}/V	T/s	f/Hz	RMS/V	上升时间/s	下降时间/s

表 4.10-8　拍的周期测量

L/格	S_2/(s/格)

表 4.10-9　李萨如图形观察与频率测量（CHA 信号频率 $f_A=50\text{Hz}$）

CHB 信号频率 f_B/Hz	25	75	100	200
李萨如图形				
X 轴交点数 N_X				
Y 轴交点数 N_y				
CHB 信号计算频率 f'_B/Hz				

表 4.10-10　李萨如图形测量相位差

频率/Hz	*A*/格	*B*/格

教师签名：__________

实验 4.11 声速的测量

【引言】

声波是一种在弹性介质中传播的机械波。声波的波长、频率、强度和传播速度是其重要的性质，而对声波特性的测量则是声学技术的重要内容。从频率上区分，声音可分为声波、超声波和次声波。声波的频率范围在 $20 \sim 2\times10^4$Hz 之间，这个范围是人耳可以听到的；次声波的频率低于 20Hz，具有不易衰减、不易被水和空气吸收的特点，而且由于它的波长可以很长，因此，能绕开某些大型障碍物传播；超声波的频率高于 2×10^4Hz，具有方向性好、穿透能力强、能定向传播等优点，可用于测距、测速、清洗、焊接、碎石、杀菌消毒等领域。

【实验目的】

1）用驻波法和行波法测量声波在空气中的传播速度。

2）了解超声波产生和接收的原理。

【实验仪器】

SW－1 声速测量仪、TFG6920A 型函数/任意波形发生器、TBS1102B－EDU 数字存储示波器等。

【预习提示】

1）本实验采用什么实验方法测量空气中的声速，其测量原理是什么？

2）声音在空气中传播具有哪些特点？

3）熟悉、总结仪器的调节方法和步骤。

4）列出需要测量的物理量。

【实验原理】

1. 超声波的产生和接收

实验中使用压电陶瓷换能器完成声压和电压之间的转换，从而实现对超声波在空气中传播速度这一非电量的测量。实验所用超声波声速测量仪的主要器件为产生和接收超声波的压电陶瓷换能器，它的外形及内部结构如图 4.11-1 所示。它是由压电陶瓷晶片、锥型辐射喇叭、底座、引线、金属外壳及金属网等构成。其中压电陶瓷晶片是压电陶瓷换能器的核心，压电陶瓷晶片在交流电的作用下由于逆压电效应而产生超声波，从而产生机械振动，进而在空气中激发出声波；压电陶瓷换能器还可以利用压电陶瓷晶片的正压电效应来接收超声波可参考实验 7.4。锥型辐射喇叭可以使发射和接收的超声波的能量比较集中，从而使发射和接收超声波有一定的方向角。本实验使用的压电陶瓷晶片的共振频率约为 40kHz（具体参数需在实验中测定），相应的超声波波长约为几毫米。当输入的正弦电压信号的频率调到 40kHz 左右时，电信号频率与压电陶瓷晶片固有频率相同，压电陶瓷晶片产生共振，压电陶瓷晶片的振动幅度达到最大值，致使换能器输出的超声波能量达到最大。此时所对应的频率称为压电陶瓷换能器的共振频率。需要指出的是，同一个低电陶瓷换能器既可以用于超声波的发射，也可以用于超声波的接收。

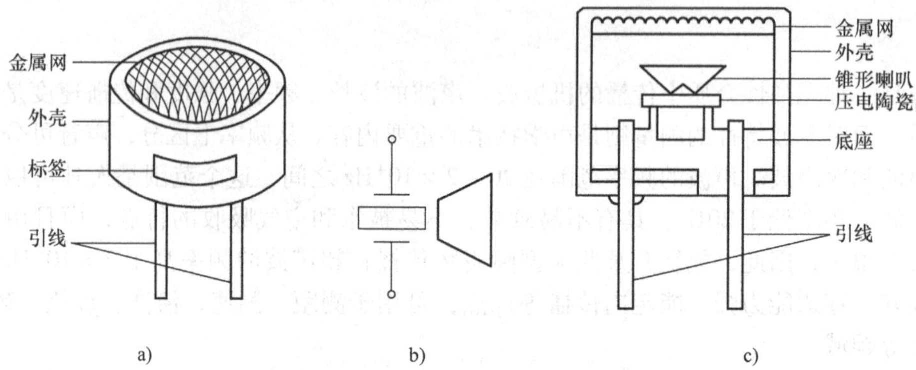

图 4.11-1 压电陶瓷换能器

a）外形图 b）电路符号 c）内部结构

2. 声速测量原理

声音在常温空气中传播，可以视为是以绝热过程在理想气体中传播，由热力学理论可知声速公式为

$$v=\sqrt{\frac{\gamma RT}{\mu}} \tag{4.11-1}$$

式中，R 是摩尔气体常数，$R=8.314472\mathrm{J/(K\cdot mol)}$；$\gamma$ 是空气的比热容比；μ 为空气的摩尔质量（$\mu=28.9634\mathrm{g/mol}$）；$T$ 为热力学温度。如果已知环境温度在0℃下的声速，式（4.11-1）可以改写为

$$v_t=\sqrt{\frac{\gamma RT}{\mu}}=\sqrt{\frac{\gamma RT_0}{\mu}\left(1+\frac{t}{T_0}\right)}$$

式中，$T_0=273.15\mathrm{K}$；t 为实验测量时的环境温度。在温度 $T_0=273.15\mathrm{K}$ 时，声速 $v_0=331.45\mathrm{m/s}$，因此，声速的理论值计算公式可表示为

$$v_t=331.45\times\sqrt{1+\frac{t}{273.15}} \tag{4.11-2}$$

如果考虑空气中水蒸气对声速的影响，上式可以修正为

$$v_t=331.45\sqrt{\left(1+\frac{t}{273.15}\right)\left(1+0.3192\frac{rp_s}{p}\right)} \tag{4.11-3}$$

式中，p_s 为温度 t 的水的饱和蒸气压；p 为标准大气压；r 为相对湿度。

声速 v、波长 λ 和频率 f 之间有以下关系：$v=f\lambda$，若测得声波的波长和频率，即可测定声速，常用的实验方法有驻波法（又称为共振干涉法）和相位法（又称为相位比较法或李萨如图形法）。声速 v 与其传播距离 L 和其传播的时间 t 之间也满足以下关系：$v=L/t$，若可以测得声音的传播距离和所对应的时间，就可测得声速，这便是时差法测量声速的基本原理。

（1）驻波法（共振干涉法） 驻波法测量声速的实验装置如图 4.11-2 所示，发声端压电陶瓷换能器发出近似于平面波的声波，经接收端压电陶瓷换能器反射后，再次回到发

生端并再次反射，这样声波将在两个换能器的端面间来回反射并且叠加，产生干涉现象，形成驻波。设前进波为

$$y_1 = A\cos\left(\omega t - \frac{2\pi x}{\lambda}\right) \tag{4.11-4}$$

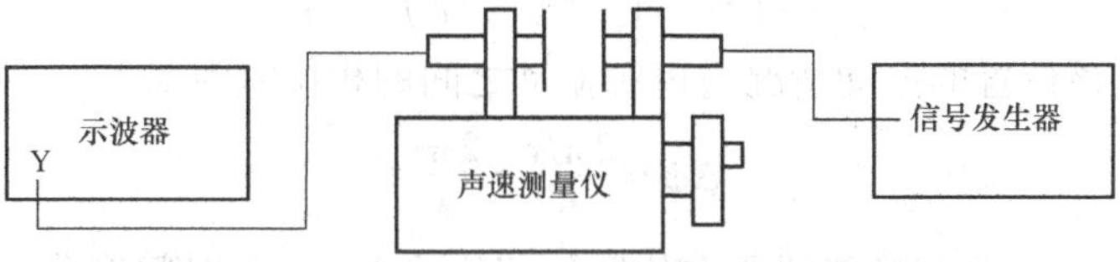

图4.11-2 驻波法测波长实验装置示意图

反射波为

$$y_2 = A\cos\left(\omega t + \frac{2\pi x}{\lambda}\right) \tag{4.11-5}$$

当前进波与反射波相交并相互叠加时，其合成波为

$$y = y_1 + y_2 = 2A\cos\frac{2\pi x}{\lambda}\cos\omega t \tag{4.11-6}$$

式中，A 为波幅；ω 为角频率；λ 为波长。波腹的位置为 $\left|\cos\left(\frac{2\pi x}{\lambda}\right)\right| = 1$ 的各点，即

$$x = \pm k\frac{\lambda}{2} \quad (k = 0, 1, 2, \cdots) \tag{4.11-7}$$

波节的位置为 $\left|\cos\left(\frac{2\pi x}{\lambda}\right)\right| = 0$ 的各点，即

$$x = \pm(2k+1)\frac{\lambda}{4} \quad (k = 0, 1, 2, \cdots) \tag{4.11-8}$$

由式（4.11-7）和式（4.11-8）可见，相邻波腹及相邻波节之间的距离都为半波长 $\lambda/2$。实验中，当发生共振时，接收器端面近似为波节，接收到的声压最大，经接收器转换成的电信号也最强。声压变化与接收端换能器位置的关系如图4.11-3所示。当接收器端面移动到某个共振位置时，如果示波器上出现了最强的电信号，继续移动接收器，将再次出现最强的电信号。这样可通过实验测得声压变化和接收端换能器位置的关系，即这两次最强电信号位置点之间的距离为半波长 $\lambda/2$ 求得声波的波长。

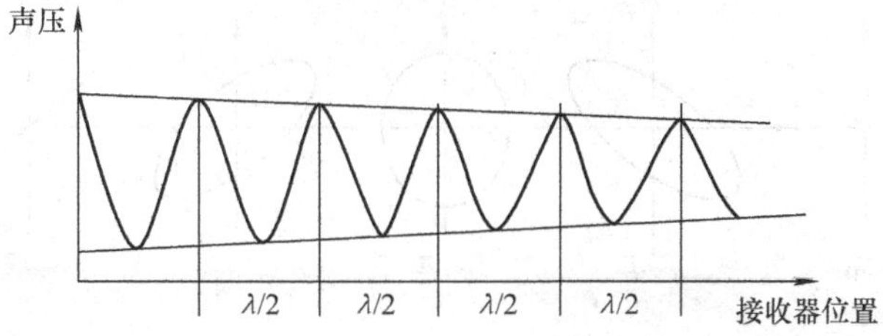

图4.11-3 声压变化与接收器位置的关系

（2）行波法（相位比较法或李萨如图形法） 行波法测量声速的实验装置如图4.11-4所示，由于发射器发出的声波近似于平面波，所以空气在发声器与接收器之间同一截面处各质点的振动情况基本相同。设声源的振动为

$$y_1 = y_0\cos(2\pi ft + \phi) \tag{4.11-9}$$

式中，y_0 为振幅；f 为振动频率；ϕ 为初相位。距声源为 x 处的任一质点的振动情况，即距声源 x 处接收端换能器接收到的振动情况为

$$y = y_0\cos\left[2\pi f\left(t - \frac{x}{v}\right) + \phi\right] \tag{4.11-10}$$

其中，v 为波速。该位置的振动情况与声源振动之间的相位差为

$$\Delta\phi = \frac{2\pi fx}{v} = \frac{2\pi x}{\lambda} \tag{4.11-11}$$

因此，可知发声端与接收端换能器所在位置的相位差 $\Delta\phi$ 不随时间变化，而只随 x 的变化而变化，即只随接收端换能器的位置变化而变化。如果在 x_1 处有

$$\Delta\phi_1 = \frac{2\pi x_1}{\lambda} = 2k\pi \quad (k = 0,\ 1,\ 2,\ \cdots) \tag{4.11-12}$$

在 x_2 处有

$$\Delta\phi_2 = \frac{2\pi x_2}{\lambda} = (2k+1)\pi \quad (k = 0,1,2,\cdots) \tag{4.11-13}$$

则

$$\Delta\phi_2 - \Delta\phi_1 = \frac{2\pi x_2}{\lambda} - \frac{2\pi x_1}{\lambda} = \pi \tag{4.11-14}$$

$$\Delta x = x_2 - x_1 = \frac{\lambda}{2} \tag{4.11-15}$$

根据式（4.11-15）可知，如果测得两个临近的相位差为 π 的位置点之间的距离 Δx，即可求得声音的波长 λ。将发声端换能器发出的信号与接收端换能器接收到的信号分别加到示波器垂直与水平偏转板上。示波器荧光屏上显示的图形为两个同频率的相互垂直的振动的合振动轨迹，即李萨如图形，如图 4.11-5 所示。图形从某一方位的直线变为另一方位的直线，相位差 $\Delta\varphi$ 改变了 π，此时接收端换能器移动距离为 $\Delta x = \lambda/2$。

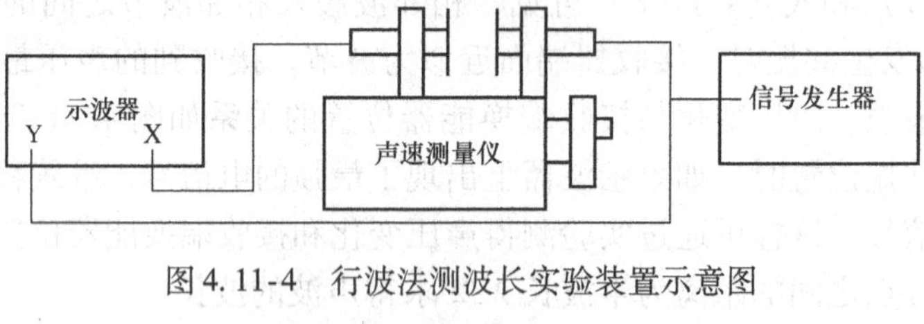

图 4.11-4　行波法测波长实验装置示意图

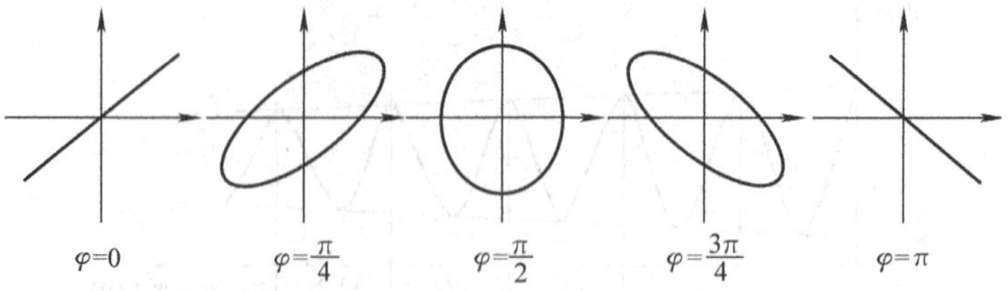

图 4.11-5　行波法相位差图

【实验测量与数据处理】

1. 驻波法

1）按图 4.11-2 连线，并使两个压电陶瓷换能器的端面平行。

2）打开仪器电源开关，并预热 10min，调节波形发生器的输出频率到 40kHz 左右，并调节示波器使其显示的正弦波形稳定。

3）测定压电陶瓷换能器的共振频率 f。略微调节波形发生器的输出频率，同时略微调节接收器与发声器之间的相对位置，使示波器显示的正弦波形波幅达到最大，此时的频率 f 为 SW－1 声速测量仪压电陶瓷换能器的共振频率，并记下此时信号发生器的输出频率值。

4）记下实验开始时的室温（t_1）。

5）测定波节位置。转动鼓轮，使接收器与发声器之间的相对位置改变，观察示波器中显示的波形，当波幅最大时，记下对应的位置 x_1 的坐标，同时记录该位置下示波器显示波形的峰峰值电压 U_{pp1}，然后再转动鼓轮，以同样的方式依次测出 x_2、x_3、…、x_{10}，以及 U_{pp2}、U_{pp3}、…、U_{pp10}，并将数据填入表 4.11-1 中。

6）记下实验结束时的室温（t_2），则驻波法实验测量时的环境温度 $t=\dfrac{t_1+t_2}{2}$。

2. 行波法

1）按图 4.11-4 连线，检查并使两个压电陶瓷换能器的端面平行，调节波形发生器的输出频率，使其保持与驻波法中的压电陶瓷换能器的共振频率相同。

2）记录实验开始时的室温（t_1'）。

3）调节示波器，使屏幕上出现李萨如图形。转动鼓轮，使接收器与发声器之间的相对位置改变，观察示波器中显示的波形，当图形从椭圆（或圆）变成直线时，记下对应的位置 x_1' 的坐标。然后再转动鼓轮继续移动位置，图形又变化为椭圆（或圆），继而再次变为直线（此时方位已改变），记下对应的位置 x_2' 的坐标，并以同样的方式依次测出 x_3'，x_4'，…，x_{10}'，并将数据填入表 4.11-2 中。

4）记录实验结束时的室温（t_2'），则行波法实验测量时的环境温度 $t'=\dfrac{t_1'+t_2'}{2}$。

3. 用最小二乘法处理数据

使用最小二乘法对驻波法和行波法得到的数据进行处理，并分别求出 λ 和 U_λ，再由压电陶瓷换能器的共振频率 f 和测出的 λ，利用公式 $v=f\lambda$ 分别计算两种方法得到声速及其不确定度。并用式（4.11-2）计算出的声速理论值与测量值，并进行比较，计算出百分差。

4. 空气的比热容比的测量

利用式（4.11-1）计算空气的比热容比，并与空气比热容比的理论值 1.400 进行比较，求出百分差。

5. 仪器误差

SW－1 声速测量仪的仪器误差为 0.004mm。

TFG6920A 型函数/任意波形发生器的频率准确度为 $\Delta\rho=(f\times50\times10^{-6}+1\times10^{-6})\text{Hz}$。

【讨论】

1）讨论用测声速的方法计算得到的比热容比的实验方法，并分析其误差来源。

2）讨论在用驻波法测量声速的实验中声压的幅度随着接收器与发声器之间的相对位

置变化。

3）在实验测量中有时会出现声压极值位置并不是严格地出现在半波长的整数倍的位置，尤其在接收器与发声器距离较近的位置，分析其中的物理机理。

【结论】

通过对实验现象和实验结果的分析，你能得到什么结论？

【研究性题目】

测量声速的实验方法中除了“驻波法”和“行波法”外还可以采用“时差法”，请设计实验并查阅相关材料，用时差法测量声音在空气中传播的速度，实验中可以选用其他必要的实验设备。

【参考文献】

[1] 长春市第五光学仪器有限公司 . SW 型声速测量仪说明书 . 2007.

【数据表格】

实验者信息：

专业班级：__________ 学号：__________ 姓名：__________同组人姓名：__________

（1）压电陶瓷换能器的共振频率：f = ________（kHz）；U_f = ________（kHz）

（2）驻波法测声速：

实验初始温度 t_1 = ________（℃）；实验结束温度 t_2 = ________（℃）

表 4.11-1 驻波法测声速实验数据表

i	1	2	3	4	5
x_i/mm					
U_{ppi}/V					
i	6	7	8	9	10
x_i/mm					
U_{ppi}/V					

（3）行波法测声速：

实验初始温度 t_1' = ________（℃）；实验结束温度 t_2' = ________（℃）

表 4.11-2 行波法测声速实验数据表

i	1	2	3	4	5
x_i/mm					
i	6	7	8	9	10
x_i/mm					

实验时沿此线剪下

教师签名：__________

实验 4.12 多普勒效应

【引言】

1842 年，奥地利物理学家斯琴·约翰·多普勒（Christian Johann Doppler）发现，当波源和接收器之间有相对运动时，接收器接收到的波的频率与波源发出的频率不相同。当波源向观察者接近时，观察者所接收到的频率将变高，反之接收的频率将变低，这种现象被称为多普勒效应。多普勒效应首先在声音的传播过程中被发现，但需要指出的是，多普勒效应不仅仅适用于声波，它也适用于所有类型的波，其中包括电磁波（光波）。

在研究原子的发射光谱时发现，由于原子的无规则热运动，原子发出的光谱会产生多普勒频移（即测得的光谱频率与该原子静止时发射光谱频率之间的差值），这个频移的大小依赖于原子运动速度沿观测方向的分量，不同运动速率的原子具有不同的多普勒频移。最终实验测得的光谱是这些不同原子的多普勒频移造成的叠加效果，称为多普勒增宽，其值与热力学温度的二次方根成正比，通常多普勒增宽比自然宽度大 2 ~ 3 个量级。另外，多普勒效应在天体物理、等离子体物理等科学研究领域都具有重要的作用。

在日常生活中，多普勒效应已经广泛应用于导弹、卫星、车辆、海底探测等检测运动目标速度的雷达或声呐系统，以及检查人体内脏的活动情况和血液流速的彩色多普勒超声系统，即“彩超”等。

【实验目的】

1）了解多普勒效应原理，并研究相对运动的速度与接收到频率之间的关系。

2）利用多普勒效应，研究做变速运动的物体其运动速度随时间的变化关系，以及其机械能转化的规律。

【实验仪器】

ZKY - DPL - 3 多普勒效应综合实验仪、电子天平、钩码等。

【预习提示】

1）如何使用超声的多普勒效应测量物体的运动速度？

2）简述当飞行器突破声障时的情形。

3）简述天文学中的红移现象与多普勒效应之间的关系。

【实验原理】

1. 声波的多普勒效应

假设一个点声源的振动在各向同性且均匀的介质中传播，如图 4.12-1 所示，图中的每一个圆表示一个波面，任一波面上的个点的相位与相邻圆上各点的相位差均为 2π，两相邻圆的半径之差为该点的声波波长。当声源相对于介质静止不动时，各个波面可以组成一个同心圆，如图 4.12-1a 所示，声波的频率 f_0、波长 λ_0 以及波速 u_0 表示为

$$f_0 = \frac{u_0}{\lambda_0} \tag{4.12-1}$$

现将接收器测得的声波频率、波长和波速分别称为观测频率、观测波长和观测波速，并分别记为f、λ、u，可表示为

$$f = \frac{u}{\lambda} \tag{4.12-2}$$

当接收器以一定的速度向声源运动时，接收器所测得的各个球面波的观测波长 λ 仍等于 λ_0，测得的观测波速 u 变为 $u_0 + v_0$，因此，式（4.12-2）可以改写为

$$f = \frac{u_0 + v_0}{\lambda_0} \tag{4.12-3}$$

联立式（4.12-1）与式（4.12-3）可得

$$f = \frac{u_0 + v}{\lambda_0} = \frac{f_0\lambda_0 + v}{\lambda_0} = \left(1 + \frac{v}{u_0}\right)f_0 \tag{4.12-4}$$

式中，v_0表示声源相对介质静止时，接收器与声源的相对运动速率，接收器朝向声源运动为正值，反之为负值。

同样地，如果接收器相对于介质静止，而声源以速率 v' 朝向接收器运动，如图 4.12-1b 所示，此时接收器所测得的观测波长为 λ'可表示为（$u_0 - v'$）T，其中，T 为声源的振动周期。同时，由于接收器相对于介质处于静止状态，其测得的观测波速 u'仍等于 u_0，则接收器测得的观测频率为

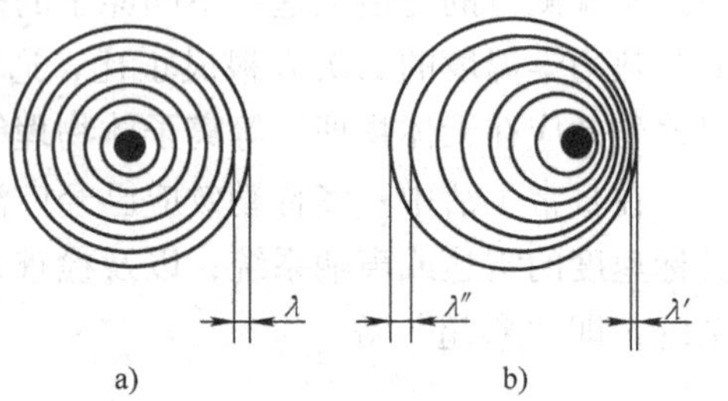

图 4.12-1 超声多普勒效应示意图
a）固定声源 b）移动声源

$$f' = \frac{u'}{\lambda'} = \frac{u_0}{(u_0 - v')T} = \frac{u_0}{(u_0 - v')}f_0 \tag{4.12-5}$$

式中，v'表示当接收器相对介质静止时，接收器与声源的相对运动速率，当声源朝向接收器运动为正值，反之为负值。

对于更为普遍的情况，当声源与接收器之间的相对运动如图 4.12-2 所示时，我们同样可以得到接收器的观测频率f为

$$f = f_0 \cdot \frac{u_0 + v_1\cos\theta_1}{u_0 - v_2\cos\theta_2} \tag{4.12-6}$$

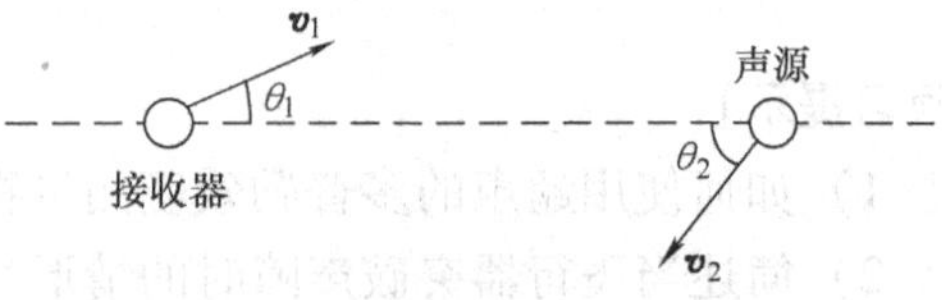

图 4.12-2 任意移动方向的超声多普勒效应示意图

式中，f_0为声源发射频率；u_0为声波的波速；v_1为接收器运动速率；θ_1为声源与接收器连线与接收器运动方向之间的夹角；v_2为声源运动速率；θ_2为声源和接收器连线与声源运动方向之间的夹角。式（4.12-6）是具有普适性的多普勒效应公式，而式（4.12-4）和式（4.12-5）为该式的两种特殊情况。

2. 马赫锥

当一个飞行器以超音速飞行时，由于飞行器的速度大于声音在空气中的传播速度，作

为声源的飞行器会在空气中造成一系列的扰动，并且这些扰动按照球面波的形式向外传播，如图 4.12-3 所示。当 $t=0$ 时，飞行器即声源在 $x=0$ 处，$t=t'$ 时飞行器处于 A' 处。图中的圆分别表示飞行器在不同时刻发出的声波波面在 t' 时刻所到达的位置，而这一系列球面波的包络面是一个定角为 A' 以 x 轴为对称轴的圆锥面，这个圆锥称为马赫锥。很明显，在马赫锥之外没有声音传播，也就是说，在马赫锥之外无论飞行器距离观察者多近也无法测得声波。马赫锥的半顶角 α 可以表示为

$$\alpha = \arcsin\frac{u_0}{v} = \arcsin\frac{1}{M} \tag{4.12-7}$$

式中，u_0 为声波的波速；v 为飞行器的运动速率；α 为马赫角；$M=\frac{v}{u_0}$ 称为马赫数。此外，由于声波可以引起空气疏密的变化，在高空飞行的飞行器当其速度超过声速时，往往在马赫锥内部会形成由于空气疏密变化而形成的云雾，图 4.12-4 为英国媒体公布的战斗机在破音障（此时飞行器速度大于音速）时产生圆锥形云雾的照片。

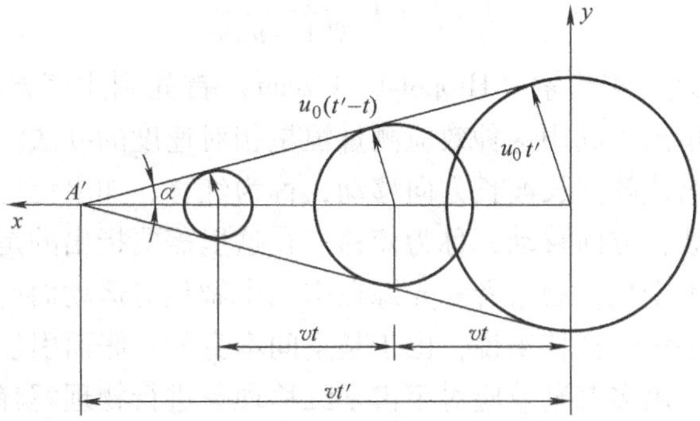

图 4.12-3　马赫锥示意图

图 4.12-4　战斗机突破音障时产生圆锥形云雾

3. 天文学中的多普勒效应

在天文学研究中，往往比较关心用天文望远镜或射电望远镜观察到的恒星发出的电磁

波的情况。当发出电磁波的波源（一般为恒星）与观察者（一般位于地球）之间出现相对运动关系时，其测量到的电磁波的观测频率同样会发生变化，而且往往电磁波的波源（恒星）与观察者（地球）之间的相对运动速度很快，需要考虑相对论效应对这种多普勒效应产生的影响。假设以光源作为参考系，观察者以速度 v_c 向光源运动。在考虑洛仑兹变换的情况下，观察者测得两个波面的时间为

$$t=\frac{\dfrac{\lambda_c}{c+v_c}}{\dfrac{1}{\sqrt{1-v_c^2/c^2}}}=\frac{\sqrt{1-v_c^2/c^2}}{(1+v_c/c)f_c} \tag{4.12-8}$$

式中，λ_c 为电磁波的波长；c 为光速；f_c 为电磁波在波源处所发出的频率；v_c 以光源为参考系观察者相对于光源的运动速度，朝向光源运动为正值，反之为负值。观察者所测得的电磁波的观测频率 f 为

$$f=\frac{1}{t}=f_c\sqrt{\frac{1+v_c/c}{1-v_c/c}} \tag{4.12-9}$$

1848 年，法国物理学家斐索（Hippolyte Fizeau）首先利用多普勒效应对自恒星的波长偏移做了解释，并指出了利用这种效应测量恒星相对速度的办法。如果恒星远离我们而去，则其发出的光的谱线就向长波长方向移动，称为红移；如果恒星朝向我们运动，其发出的光的谱线就向短波长方向移动，称为蓝移。在这里需要指出的是，我们通常所说的多普勒效应是空间本身不变化，观察者和光源在空间中做相对运动而产生的物理效应。但对于宇宙膨胀而引起的宇宙学红移来说，由于是空间本身的膨胀而引发的现象，所以并不是多普勒效应，也不能运用多普勒效应对宇宙学红移现象进行物理解释。

【仪器装置】

ZKY－DPL－3 多普勒效应综合实验仪由导轨、滑车、水平超声发射器、超声接收器组件及红外发射组件（已固定在小车上）、红外接收器、光电探头、滑车驱动电动机控制器以及滑车牵引绳组成，如图 4.12-5 所示。工作时，水平超声发射器可以发出频率为 40kHz 左右的超声波，该超声波通过滑车上的超声接收组件接收，并将超声信号调制成红外信号并通过红外发射组件发射，再由仪器另一端的红外接收器接收。滑车可以在驱动电动机的作用下运动，也可以在钩码的牵引下运动。

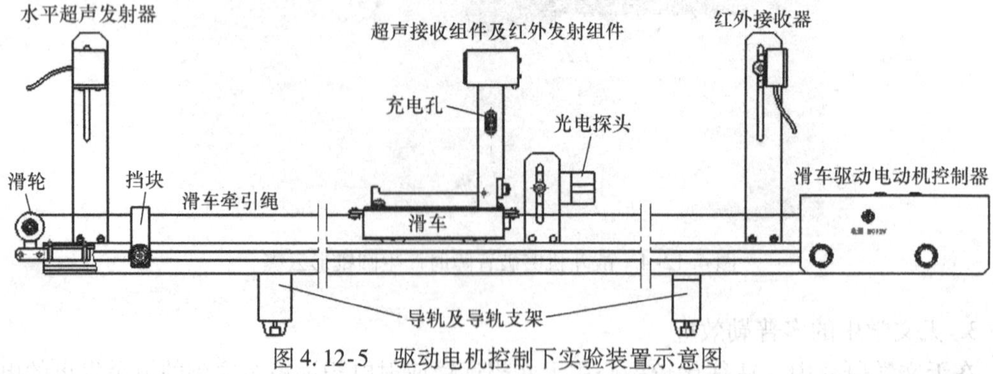

图 4.12-5　驱动电机控制下实验装置示意图

ZKY－DPL－3 多普勒效应综合实验仪面板如图 4.12-6 所示。实验仪采用菜单式操作，显示屏显示菜单及操作提示，由▲▼◀▶键选择菜单或修改参数，按"确认"键后仪器执行。可在"查询"页面，查询到在实验时已保存的实验的数据。操作者只需按每个实验的提示即可完成操作。除此之外，实验仪面板上的指示灯分别表示：

1）失锁警告指示灯：灯亮，表示频率失锁。说明红外接收器接收到的信号较弱，可能是由于红外发射组件和红外接收器之间有遮挡或超声接收组件及红外发射组件需要充电造成的。用 12V 稳压电源对超声接收组件及红外发射组件充电，充电时间约 6～8s，充电后可以持续使用 4～5min。灯灭，表示频率锁定，即接收信号能够满足实验要求，可以进行实验。

2）充电指示灯：灭，表示正在快速充电；

亮（绿色），表示正在涓流充电；

亮（黄色），表示已经充满；

亮（红色），表示已经充满或充电针未接触。

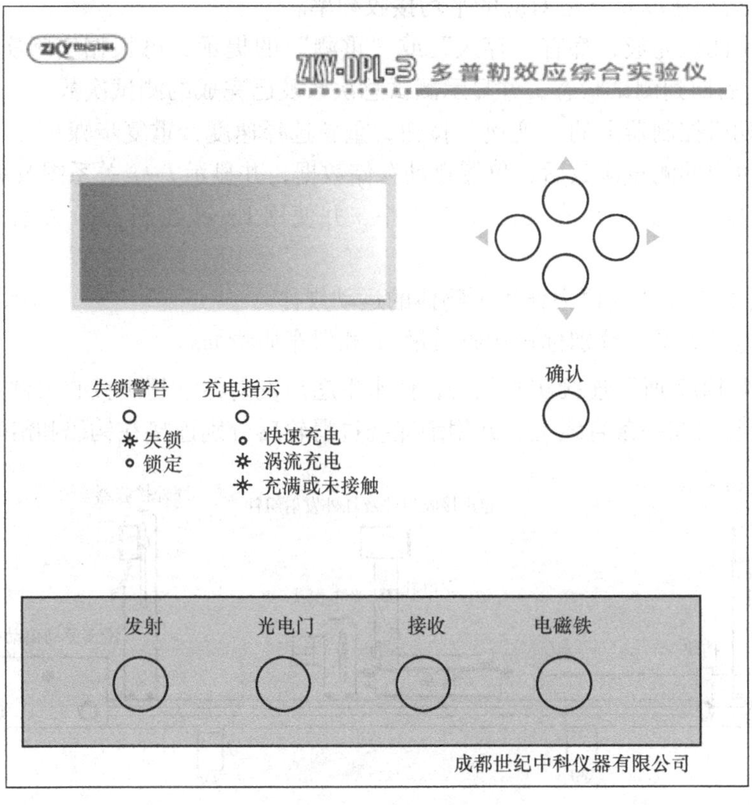

图 4.12-6 ZKY－DPL－3 多普勒效应综合实验仪面板

【实验测量与数据处理】

1. 超声的多普勒效应

当滑车在驱动电动机的作用下运动并掠过光电探头时，小车上的两个遮光杆分别通过光电探头并形成遮光，仪器会测量两次遮光时间并自动使用这个时间计算小车的运行速度，与此同时仪器会记录下滑车通过超声接收组件时所接收到的超声频率。

1）按图4.12-5所示连接实验仪器，使滑车牵引绳绕过滑轮与滑车驱动电动机后两端与滑车的前后端相连，并调整好滑车牵引绳的松紧。

2）打开实验仪控制箱，使用◀▶将室温 t_c 值调到实际室温，按“确认”键后仪器将进行自动检测超声发射器（接收组件）的共振频率 f_0，约几秒钟后将自动得到该频率，将此频率 f_0 记录下来，并按“确认”键进行后面实验。

3）使用▲▼在液晶显示屏上，选中“多普勒效应验证实验”，并按“确认”键。

4）使用◀▶键修改测试总次数（选择范围5~10，因为有5种可变速度，一般选5次），按▼，选中“开始测试”，但不要按“确认”。

5）使用电磁铁组件上加的稳压电源为滑车的超声接收组件及红外发射组件充电，并确认实验仪器控制箱上“失锁警告指示灯”处于“灯灭”的状态。

6）用滑车驱动电动机控制器上的“变速”按钮选定一个滑车速率，并使滑车移动到驱动电动机控制器附近，使车体后端的磁体距离控制器表面1~15mm之间，准备好后，按“确认”，再按电动机控制器上的“启动”键，开始实验，仪器将自动记录小车通过光电门时的平均运动速度及与之对应的平均接收频率。

7）每一次测试完成，都有“存入”或“重测”的提示，可根据实际实验情况选择，按下“确认”后回到测试状态，并显示测试总次数及已完成的测试次数。

8）按电动机控制器上的“变速”按钮，重新选择速度，重复步骤6）、7）。

9）完成设定的测量次数后，仪器自动存储数据，并显示 $f-v$ 关系图及测量数据。

10）记录实验数据，并填入表4.12-1中，并使用Excel绘制 $f-v$ 关系曲线，给出适当的实验分析。

2. 用多普勒效应研究恒力作用下物体的运动规律

1）使用电子天平，分别称量钩码质量 m_1 和滑车质量 m_0。

2）按图4.12-7所示连接实验仪器，使水平超声发射器、超声接收组件及红外发射组件以及红外接收器在一条直线上，并用细绳绕过滑轮后分别连接在钩码和滑车两端。

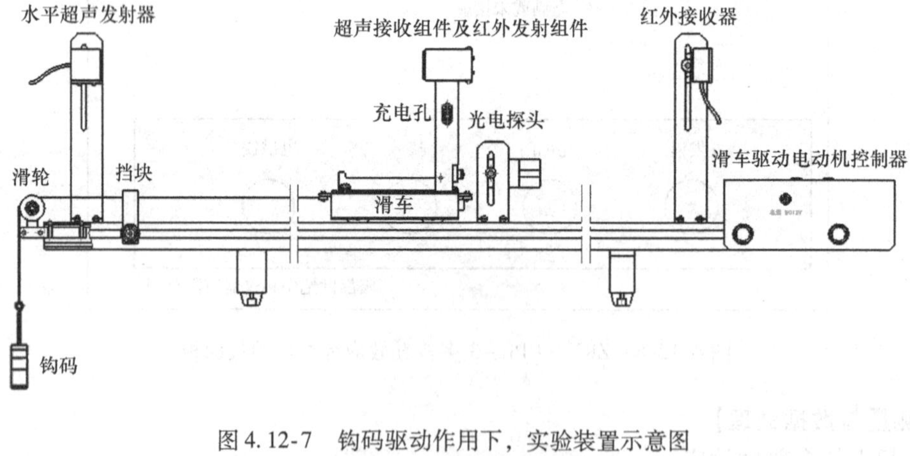

图4.12-7　钩码驱动作用下，实验装置示意图

3）使用◀▶在液晶显示屏上，选中“变速运动测量实验”，并按“确认”键。

4）使用◀▶键修改测量点总数（选择范围8~150），按▼选择采样步距，◀▶修改采样步距（选择范围 10 ~ 100ms），选择适当的测量点总数和采样步距，确保滑车运动过程中仪器测量的数据不少于 10 个实验点。

5）选中“开始测试”完成后，立即松开钩码，使滑车在钩码驱动作用下开始做变速直线运动。

6）测量完成后，记录显示屏上出现的测量数据，并填入表 4.12-2 中，需要指出的是本实验项目中仪器所显示的滑车速度是利用滑车上的传感器测得的观测频率代入式（4.12-4）计算得到的，并非利用光电探头测量得到。

7）在结果显示界面用▶键选择“返回”，“确认”后重新回到测量设置界面，并改变砝码质量，重复步骤 1）~6）。

8）将测得的观测频率 f 代入式（4.12-4）计算得到小车的运动速度 v，式（4.12-4）中的波速 u_0 为声音在空气中的传播速度，可以采用实验 4.11 中的式（4.11-2）代入室温 t_c 计算得到。使用 Excel 绘制 $v-t$ 关系曲线，并对实验数据进行适当的分析。

注意事项：

实验前检查失锁警告指示灯是否亮启，如果处于亮的状态检查红外发射组件和红外接收器之间是否有遮挡，并尝试给超声接收组件及红外发射组件充电。

【研究型题目】

1）设计实验，基于小车的运动速度、运动时间以及运动位移的实验数据，研究小车在恒定力驱动下运动的实验系统中机械能的转化关系。

2）使用多普勒效应综合实验仪研究物体的简谐振动，以及自由落体运动。

【参考文献】

[1] 成都世纪中科仪器有限公司 . ZKY - DPL - 3 多普勒效应综合实验仪使用说明书，2014.

[2] 漆安慎，杜婵英 . 力学 [M] . 2 版 . 北京：高等教育出版社，2005.

[3] 赵峥 . 物含妙理总堪寻 [M] . 北京：清华大学出版社，2013.

【数据表格】

实验者信息：

专业班级：__________ 学号：__________ 姓名：__________同组人姓名：__________

表 4.12-1 多普勒效应的验证与声速的测量

t_c = ________℃ f_0 = ________Hz

测量数据					
次数 i	1	2	3	4	5
v/(m/s)					
f_i/Hz					

表 4.12-2 滑车在钩码驱动作用下的运动规律测量

滑车质量 m_0 = ________ g 采样步距 t_0 = ________ s

序号 i	1	2	3	4	5	6	7	8	9	10	砝码质量 m_1/g
t_i/s											
f_i/Hz											
t_i/s											
f_i/Hz											
t_i/s											
f_i/Hz											
t_i/s											
f_i/Hz											

实验时沿此线剪下

教师签名：__________

实验 4.13 几何光学综合实验

【引言】

光是电磁波，也是光子流，是具有波粒二象性的一种特殊物质，但是人们最早发现的却是光的直线传播、独立传播、光的反射与折射现象。若把光源或物体看成是由许多几何点组成，把它所发出的光束看作是无数几何光线的集合，光线的方向代表光能的传播方向，就可以借助光线概念，运用几何方法来研究光的传播和物体被透镜或其他光学元件成像的问题，这样就形成了光学的重要分支——几何光学。

光线的概念是对真实情况的近似处理，做此近似后，几何光学就可以不涉及光的物理本性，而能以简便的方法解决有关光学系统的成像、设计和计算等光学技术问题，而且在大多数场合下都与实际情况相符。几何光学催生了放大镜、望远镜和显微镜等常见光学仪器。

在几何光学中论及的系统成像，均为限制在近轴条件下的理想成像。对于由几个透镜等光学元件组成的光路，应使各光学元件的主光轴重合（即共轴），并使物体位于透镜的主光轴附近，才能满足近轴光线的要求。因此，正确调节光路对实验成败起着关键的作用，学会光路的调节技术是做光学实验的基本功。

焦距是反映透镜特性的一个重要参数，它与透镜的形状及介质有关，由于使用目的和条件的不同，需要选择不同焦距的透镜或透镜组，为了在实验中能正确选用透镜，必须学会透镜或透镜组焦距的测量方法。

【实验目的】

1）掌握光学系统的共轴调节方法。

2）理解透镜的成像规律，掌握测量薄透镜焦距的几种方法。

3）理解透镜组的基点、基面的概念及特性，掌握透镜组节点和焦距的测量方法。

4）熟悉助视光学仪器（显微镜、望远镜）的构造及其放大原理，学会显微镜、望远镜放大率的测量。

5）自组装投影光学仪器（投影仪），进一步理解透镜成像规律。

【实验仪器】

JGX-1 型几何光学实验装置，含光源、平面镜、透镜（多个）、目镜、测微目镜、透镜架、节点架、通用底座、物屏、像屏、微尺、毫米尺、标尺、幻灯片等。

【预习提示】

1）在光学实验中，对光学系统各元件为什么要进行同轴等高调节？如何判断光学系统各部件已满足同轴等高要求？

2）理解薄透镜焦距测量的几种方法和透镜组基点、基面概念。

3）理解常见光学仪器的原理及成像规律。

4）清楚实验过程与步骤。

【实验原理】

1. 光源、光线、光束

凡是能发出光线的物体，不论是它本身发光或反射光线，均称为光源。如果某光源可看成几何学上的点，它只占有空间位置而无体积和线度，则称为点光源。它是一个理想化模型，与力学中的质点一样，自然界中并不存在真正的点光源，只要其大小与作用距离相比可忽略不计就可认为是点光源，例如宇宙中的星体对地球上的观察者来说就是一个点光源。如果在研究的光学问题中，光源可视为无限远，则发出的光线可认为是平行光入射光学系统。

按照光的波动理论，由光源上一点发出的电磁波被看作是以波面的形式向四周推进。若光所处的介质为各向同性的均匀介质，则波面向各方向的传播速度相同，不同时刻的波面为一系列以发光点为中心的球面波，光能就是沿着波面的法线方向传播的，几何光学中的光线即为波动光学中波面的法线，波面的法线束称为光束，无限远处发光点发出的平面波对应于平行光束，有限远处发光点发出的球面波对应于同心的发散光束和会聚光束，它们被统称为同心光束。同心光束经光学系统反射或折射后，往往不再是同心光束，其中各条光线彼此既不平行又不完全相交于一点，这种光束称为像散光束。

2. 物与像的虚实性

一般光学仪器或实际光路都是由透镜、棱镜及反射镜等光学器件按照一定要求组合而成的，在讨论成像问题时，可看成是若干反射面或折射面的组合，这种光学器件的组合称为光学系统，又称光具组。光学系统的成像过程，实际上就是变换光束的过程。在变换光束时，假如同心光束经光学系统变换后仍为同心光束，则称光束保持同心性，在这种情况下，可得到准确、清晰的完善像。发出同心光束的物点，为实物点，物方同心光束延长后汇聚所成的点，为虚物点。同心光束汇聚在像方形成的点，为实像点；像方发散的同心光束反向延长后汇聚的点，为虚像点。每个发光点都有唯一一个和它相应的像点，具有一定形状与体积的物是无数物点的集合，相应的像也是无数个像点的集合。虚物不能人为设置，也不能独立存在，它只能被前面另一系统给出。实像能用屏或感光器件来接收和记录，虚像则不能在屏上显现出来，但可以通过眼睛观察到。

对光学系统来说，入射光线所在的空间称为物空间或物方，出射光线所在的空间称为像空间或像方。若一个光学系统能在任意大的空间范围内用任意宽的光束成完善的像，即任何同心光束通过系统后仍能保持为同心光束，则称该系统为理想光学系统。除平面反射镜外，任何实际的光学系统都不可能完全达到理想成像的要求，但共轴球面系统在近轴条件下可近似地看成是理想光学系统。一般情况下，在反射和折射时，光点发出的同心光束将遭到破坏，一个物点经过光学系统后所成的像就不再是一个点，这就是实际光学系统的像差。

3. 薄透镜

（1）薄透镜的近轴物像公式　透镜是由两个共轴折射面包围一种折射率为 n 的透明介质而构成的最常用光学系统，折射面可以是球面或非球面，多以球面组成，按透镜球面形式可分为两类，一类是中央比边缘厚的凸透镜，具有使光线会聚的作用，第二类是中央比边缘薄的凹透镜，具有使光束发散的作用。

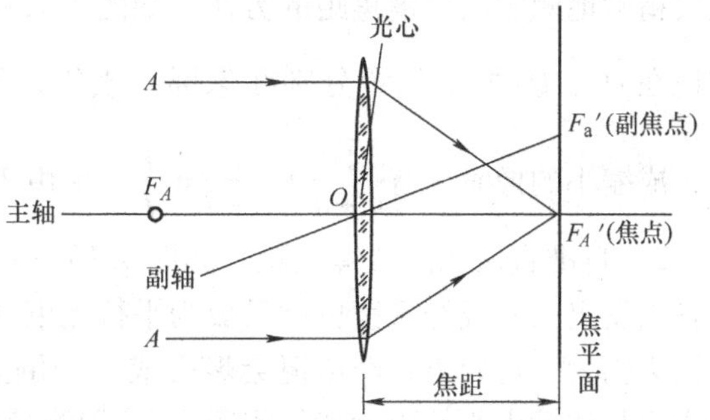

图 4.13-1 薄透镜参数示意图

两个球面顶点间的轴向距离称为透镜的厚度，如果透镜是由两个单球面组成，透镜的厚度和它的与光学性质相关的距离（如物距、像距、曲率半径）相比小得多，从而可以忽略不计，称为薄透镜，两个球面的顶点可以近似认为是与其中心重合的，称为薄透镜的光心，光线通过透镜光心，其方向不改变，如图 4.13-1 所示。通过透镜的光心且与透镜相互垂直的轴称为透镜的主轴，透镜的主轴是唯一的。通过光心且与主轴成一小角度的轴称为副轴，副轴有无穷多个。平行于主轴的平行光线通过透镜折射后，会聚于一点，这一点称为透镜的焦点，凸透镜的焦点是实焦点，凹透镜的焦点是虚焦点。在透镜的两侧各有一个焦点，分别称为透镜的物方焦点 F_A（或第一焦点）和像方焦点 F_A'（或第二焦点）。通过焦点与主轴垂直的平面称为透镜的焦平面，平行于任一副轴的平行光，通过透镜后会聚于这一副轴与焦平面的交点，这一交点对应于这一副轴的副焦点，在透镜的两侧各有一个焦平面，分别称为物方焦平面（或第一焦平面）和像方焦平面（或第二焦平面）。从光心到物方焦点（或第一焦点）的距离称为物方焦距（或第一焦距），从光心到像方焦点（或第二焦点）的距离称为像方焦距（或第二焦距）。如果透镜两侧物方和像方的介质相同，物方焦距 f 和像方焦距 f' 相等。

一般情况下，同心光束经球面折射后，光束的同心性被破坏，只有在近轴条件下，才能近似成像，薄透镜是由两个折射面组成的，其成像也需要满足近轴条件。在近轴光线条件下，薄透镜成像的物像位置关系可表示为

$$\frac{f}{u}+\frac{f'}{v}=1 \tag{4.13-1}$$

此式称为薄透镜的高斯公式。式中，u 为物到光心的距离（物距）；v 为像到光心的距离（像距）。u 恒为正值，对于虚物，u 为负值，像为实像时 v 为正，像为虚像时 v 为负，对于凸透镜焦距恒为正，凹透镜焦距恒为负。

若以物方焦点和像方焦点作为计算物距、像距的基准点，薄透镜成像的物像位置关系可表示为

$$xx'=ff' \tag{4.13-2}$$

此式称为薄透镜的牛顿公式。式中，x 为物到物方焦点的距离；x' 为像到像方焦点的距离。

必须注意，薄透镜成像公式只有在近轴光线的条件下才能成立。为了满足这一条件，应选用一小物体，并把它的中点调到透镜的主光轴上，或在透镜前适当位置上加一光栏以挡住边缘光线，使入射到透镜的光线与主光轴夹角很小。

（2）薄透镜焦距测量　常用的测定透镜焦距的方法有自准法和物距像距法等，对于凸透镜还可以用贝塞尔法进行测量。凹透镜所成的是虚像，像屏接收不到，只有与凸透镜组合起来才可能成实像，凹透镜的发散作用同凸透镜的会聚特性结合得好时，屏上才会出现清晰的像。

1）贝塞尔法（位移法、共轭法）测凸透镜焦距：贝塞尔法是一种通过两次成像能够

比较精确地测定凸透镜焦距的方法，如图 4.13-2 所示，物屏和像屏距离为 l（$l>4f$），凸透镜在 O_1、O_2 两个位置分别在像屏上成放大和缩小的像，成放大的像时，有 $\frac{1}{u}+\frac{1}{v}=\frac{1}{f}$，成缩小的像时，有 $\frac{1}{u+d}+\frac{1}{v-d}=\frac{1}{f}$，又由于 $u+v=l$，可得 $f=\frac{l^2-d^2}{4l}$。

2）自准直法测凸透镜焦距：如图 4.13-3 所示，物体 AB 置于凸透镜 L 焦平面上，物体各点发出的光线经透镜折射后成为平行光束（包括不同方向的平行光），由平面镜 M 反射回去仍为平行光束，经透镜会聚必成一个倒立等大的实像 $A'B'$ 于原焦平面上，这时像的中心与透镜光心的距离就是焦距 f。这种测量透镜焦距的方法称为自准法，能比较迅速、直接测得焦距的数值。自准法也是光学仪器调节中常用的重要方法。

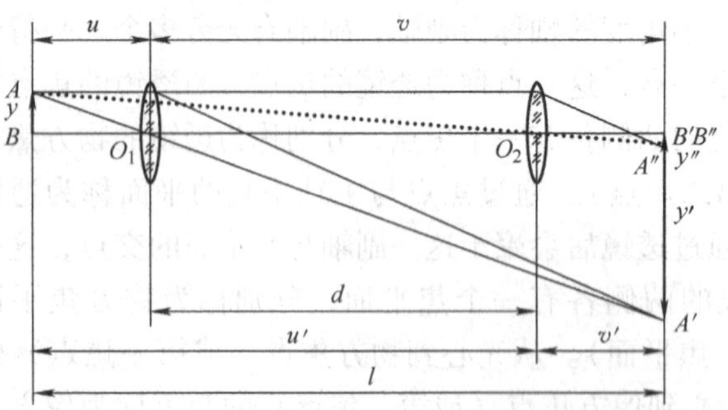

图 4.13-2 贝塞尔法测凸透镜焦距光路

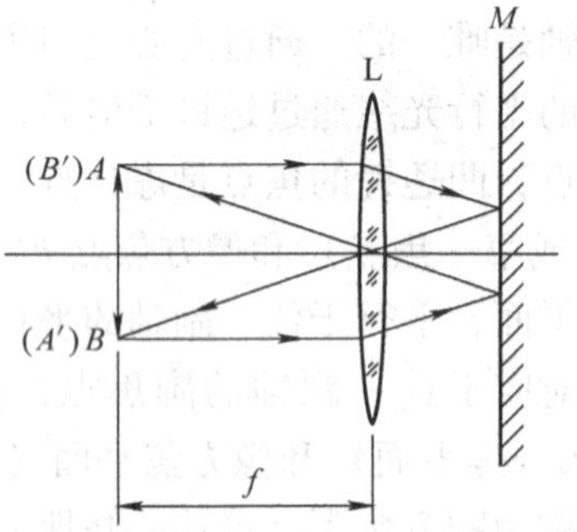

图 4.13-3 自准直法测凸透镜焦距光路

3）物距－像距法测凹透镜焦距：将凹透镜与凸透镜组成透镜组，如图 4.13-4 所示，用凸透镜 L_1 使物 AB 成缩小倒立的实像 $A'B'$，然后将待测凹透镜 L_2 置于凸透镜 L_1 与像 $A'B'$ 之间，如果 $O'B'<|f_2|$（f_2 为凹透镜焦距），则通过 L_1 的光束经过 L_2 折射后，仍能成一实像 $A''B''$。对凹透镜 L_2 来讲，$A'B'$ 为虚物，物距 $u=O'B'$，像距 $v=O'B''$，代入成像公式（4.13-1）即可计算出凹透镜焦距 f_2。

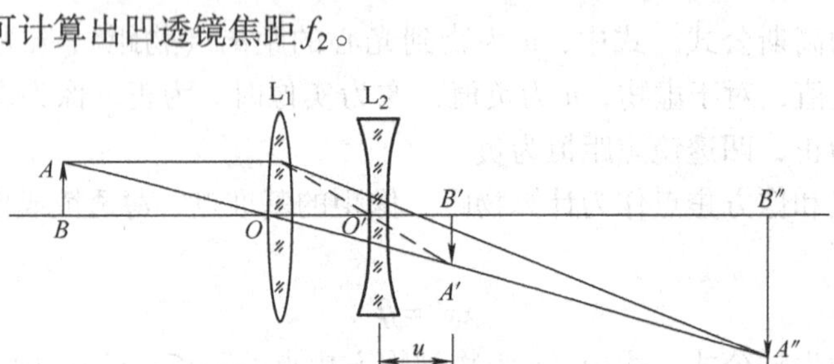

图 4.13-4 物距－像距法测凹透镜焦距光路

4. 共轴球面系统（透镜组）

在实际的光学系统中，为了消除像差、色差，提高像的质量，通常用多个透镜进行组合，如上面讲到的测凹透镜焦距的方法中需要借助凸透镜来实现。两个以上透镜组成的系统称为透镜组。如果所有透镜的主轴都在同一直线上，则这组透镜称为共轴系统，而该直线称为系统的主光轴。在成像过程中，前一个折射面所成的像是后一个折射面的物，用这样的逐次成像法可以求出物体经整个系统后所成的像。对于单个薄透镜系统，若已知光心和一对共轭焦点的位置，则可以方便地解决任何光线的成像问题。对一个共轴球面系统而言，也可以用一些有特殊性质的点来描写，这些点称为基点（主点、焦点、节点）。有了这些基点，把它们作为一个整体，便可用简单的透镜成像高斯公式和牛顿公式以及作图法求解系统成像问题。

（1）基点和基面　如图 4.13-5 所示，一束平行于主光轴的平行光经透镜组折射后，会聚在主光轴上的点称为系统的像方焦点（或第二焦点），记为 F'，而在主光轴上总可以找到一点，由它发出的同心光束经光学系统后成为平行于主光轴的平行光，此点称为系统的物方焦点（或第一焦点），记为 F，F、F'的位置完全由系统的结构决定，它既可以在系统内，也可以在系统外。过 F'垂直于主光轴的平面称为像方焦平面（或第二主焦平面），过 F 垂直于主光轴的平面称为物方焦平面（或第一主焦平面）。

平行于系统主光轴的入射光线经过系统后，其出射光线（或其反向延长线）与入射光线（或其反向延长线）相交于一点 M'，过 M'点且垂直于主光轴的平面称为系统的像方主平面（或第二主平面），像方主平面与主光轴的交点称为系统的像方主点，用 H'表示。依据光路可逆原理，经过系统像方焦点 F'的光线（或其反向延长线）与其共轭的出射光线（或其反向延长线）相交于一点 M，过 M 点且垂直于主光轴的平面称为系统的物方主平面（或第一主平面），物方主平面与主光轴的交点称为系统的物方主点，用 H 表示。主点是一对横向放大率等于 1 的共轭点。主平面是一对横向放大率等于 1 的共轭平面。像方主点 H'到像方焦点 F'的距离称为系统的像方焦距 f'，物方主点 H 到物方焦点 F 的距离称为系统的物方焦距 f。

当入射光线（或其延长线）与出射光线平行时，那么入射光线（或其延长线）与主光轴的交点称为物方节点（或第一节点），用 N 表示，出射光线与主光轴的交点称为像方节点（或第二节点），用 N'表示。通过 N 和 N'并垂直于主光轴的平面分别称为系统的物方节平面（或第一节平面）和像方节平面（或第二节平面），节点是角放大率等于 1 的一对共轭点。节点的性质可用于照相机上，这种照相机称为转机，底片置于以像距（通常等于焦距）为半径的圆弧上，可使较大场面的景物在底片上形成清晰的像。

若物方和像方介质相同，两主点分别与两节点重合。共轴球面系统两主点的位置，将随各组合透镜或折射面的焦距和系统的空间特性而异，薄透镜可以看作是两主点与透镜的光心重合的透镜组。

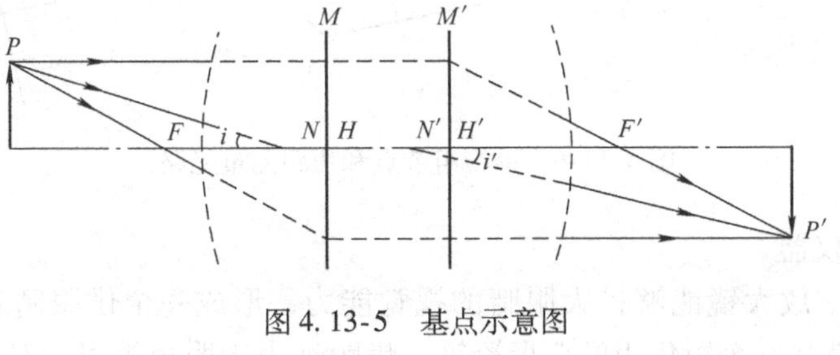

图 4.13-5　基点示意图

（2）成像公式　对于由薄透镜组合成的共轴球面系统，其物和像的位置关系可由式（4.13-3）确定。

$$\frac{1}{f'}=\frac{1}{s'}-\frac{1}{s} \tag{4.13-3}$$

式（4.13-3）称为透镜组的高斯公式，式中，f'为系统的像方焦距；s'为像距（从第二主平面量到像的距离）；s为物距（从第一主平面量到物的距离）。各量的符号从各测量起点，沿光线进行方向测量为正，反向为负。

若以物方焦点和像方焦点作为计算物距、像距的基准点，共轴球面系统的物像位置关系可表示为

$$xx'=ff' \quad (f=-f') \tag{4.13-4}$$

式（4.13-4）称为透镜组的牛顿公式，式中，x为物方焦点到物的距离；x'为像方焦点到像的距离；f为系统的物方焦距；f'为系统的像方焦距，符号规定同上。

（3）透镜组节点和焦距的测量　如图4.13-6所示，当平行光入射透镜组时，平行光束会聚在焦平面上的Q点，保持入射平行光在空间方向不变，使透镜组绕垂直于光轴的固定轴转过一个微小角度θ，如果透镜组是绕第二节点N'转动，N'点不动，入射于节点N的光线方向，则平行光经透镜组后的会聚点F''在焦平面上的位置将不会横向移动，F''点前后稍有移动，放置在焦平面位置的屏上的像会稍有模糊。反之，如果透镜组绕N'点以外的点转动，则F''点会有横向移动。因此，运用节点的性质，可以用实验方法确定透镜组节点的位置和测量透镜组焦距。

使用一个能够转动的导轨，导轨侧面装有刻度尺，这个装置称为节点架。把透镜组装在节点架导轨上，平行光射向透镜组，将透镜组在节点架上沿轴移动，同时使节点架绕轴做微小转动，两个动作配合进行，直到能得到清晰的像，且不发生横向移动为止，这时转动轴必通过透镜组的像方节点N'，它的位置就被确定了。当透镜组置于空气中时，物方和像方介质相同，节点N'与主点H'重合，从转动轴到屏的距离即为透镜组的像方焦距f'。把透镜组转180°，利用同样的方法可测出物方节点N的位置及透镜组的物方焦距f。

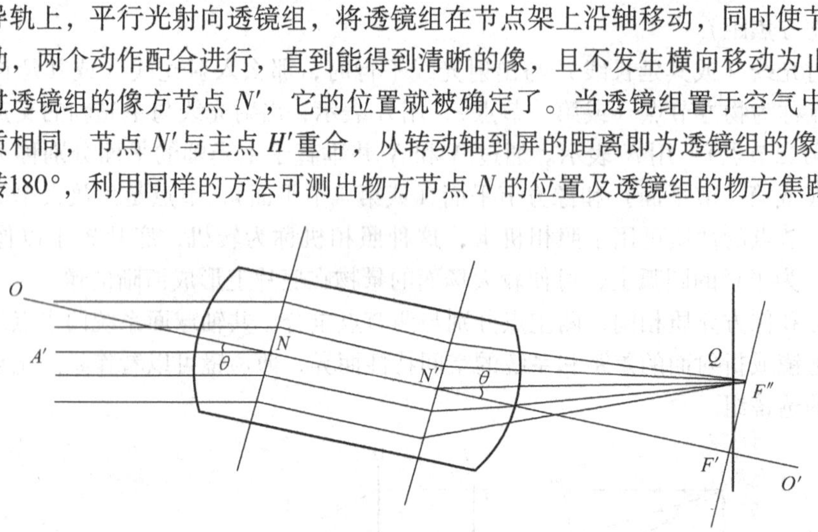

图4.13-6　透镜组节点和焦距测量光路

5. 助视光学仪器

（1）放大镜　放大镜能够扩大眼睛的视觉能力，形成一个供眼睛观察的放大虚像，最简单的放大镜就是一个短焦距的会聚透镜，焦距远小于明视距离。对于目视光学仪器，其放大作用不能简单地以横向放大率来表征，把像所张的视角与用肉眼观察时物体在明视距离处所张的视角之比定义为视角放大率，放大镜的视角放大率为

$$M=\frac{s_0}{f}=\frac{25}{f}\quad (\mathrm{cm}) \tag{4.13-5}$$

可见，焦距越短，放大镜的放大本领越高，但对单透镜而言，减小焦距就应减小透镜表面的曲率半径，给磨制工作带来困难，而且半径越小，像差越大。由单个透镜做成的放大镜，其放大本领只有几倍，如果采用复合透镜，像差减小，放大本领可达到 20 倍左右。

（2）目镜　通常放大镜用来直接放大实物，而目镜则用来放大其他光具组（称为物镜）所成的像，目镜也是放大视角用的仪器。复杂的助视光学仪器总是包括物镜和目镜两部分。

目镜通常由不相接触的两个薄透镜组成，面向物体的透镜称为向场镜（或简称场镜），接近眼睛的透镜称为接目镜（或简称视镜）。目前的设计与制造，不仅要求目镜具有较大的视角放大率，还应尽可能的消除像差，而且要求在目镜的适当位置装一个带有叉丝或刻度尺的透明分划板，以测量物镜所成像的长度或提高测量精度。应用最广泛的目镜有惠更斯目镜和冉斯登目镜。

惠更斯目镜是由两个同种玻璃的平凸透镜组成，两者都是凸面向着物镜，场镜的焦距等于视镜焦距的三倍，两镜间隔 d 等于视镜焦距的两倍。冉斯登目镜也由两个同种玻璃的平凸透镜组成，两者焦距相等，凸面相向，平面向外，两透镜间的距离等于每一透镜焦距的 2/3。

目镜的焦距一般采用物像放大法进行测量，根据透镜组物像关系，近轴成像的横向放大率 M 可表示为

$$M_y=\frac{y'}{y}=\frac{x'}{f'}=\frac{f}{x} \tag{4.13-6}$$

式中，y 是物的大小；y' 是像的大小；x 为物方焦点到物的距离；x' 为像方焦点到像的距离；f 为系统的物方焦距；f' 为系统的像方焦距。若将像屏从成清晰像的位置 a_1 移至位置 a_2，为了再获得清晰的放大像，必须将透镜从原来的位置 b_1 移到位置 b_2 处，如图 4.13-7 所示。设移动前像屏与焦点 F 的距离为 x'，则横向放大率为

$$M_1=\frac{x'}{f'} \tag{4.13-7}$$

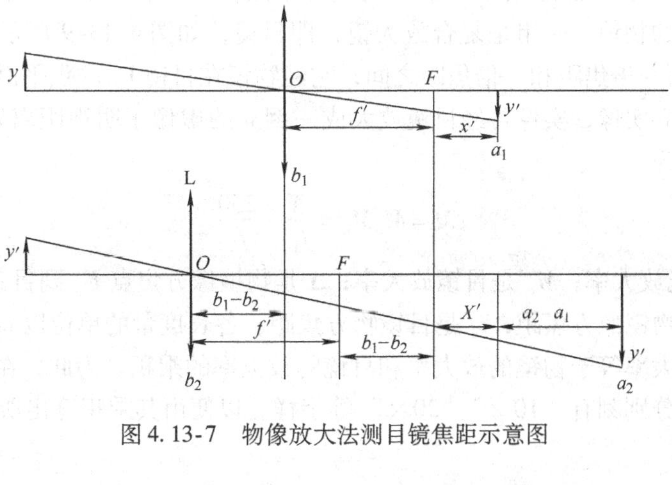

图 4.13-7　物像放大法测目镜焦距示意图

移动像屏后，像与焦点 F 的距离为 $x'+(b_1-b_2)+(a_2-a_1)$，设 $(b_1-b_2)+(a_2-a_1)=s$，则有

$$M_2=\frac{x'+s}{f} \tag{4.13-8}$$

将式（4.13-7）代入式（4.13-8），得

$$f=\frac{s}{M_2-M_1} \tag{4.13-9}$$

因此，只要测出像的位置的改变和横向放大率的改变，就能得到目镜的焦距。

（3）望远镜 望远镜通常由两个共轴光学系统（物镜、目镜）组成，物镜的像方焦平面与目镜的物方焦平面重合，物镜焦距在数值上大于目镜焦距，可以把无限远物成像在观察者眼睛的明视距离与无穷远之间，并扩大观察视角。物镜用反射镜的称为反射式望远镜，用透镜的称为折射式望远镜。目镜是会聚透镜的称为开普勒望远镜，系统成倒立的像；目镜是发散透镜的称为伽利略望远镜，系统成正立的像。

图4.13-8所示为开普勒望远镜的光路示意图，L_o 为物镜，L_e 为目镜。物镜的作用是将远处物体发出的光经会聚后在目镜物方焦平面上生成一倒立的实像，而目镜起一放大镜作用，把其物方焦平面上的倒立实像再放大成一虚像，供人眼观察。用望远镜观察不同位置的物体时，只需调节物镜和目镜的相对位置，使物镜成的实像落在目镜物方焦平面上，这就是望远镜的“调焦”。

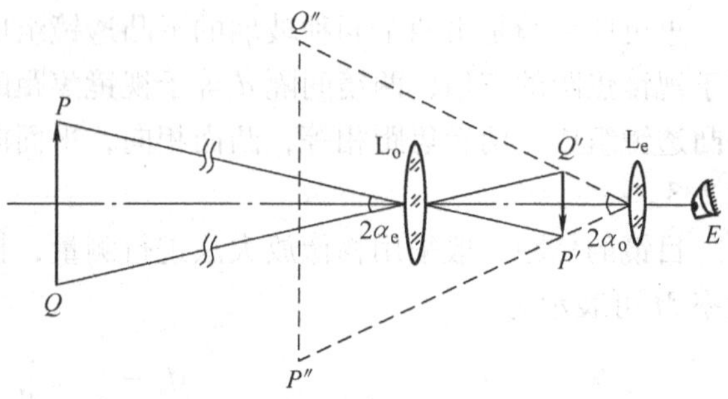

图4.13-8 望远镜成像光路

望远镜的视角放大率决定于物镜和目镜的像方焦距之比

$$\Gamma=\frac{f'_{ob}}{f'_{ey}} \tag{4.13-10}$$

（4）显微镜 显微镜是用来观察和测量有限远微小目标的工具，由两组透镜组成，一组是焦距极短的物镜，一组是复合放大镜，即目镜，如图4.13-9所示。待观察的物体处在物镜 L_o 前面一倍焦距和二倍焦距之间，它经物镜在目镜 L_e 的焦平面上或之后很靠近处成一放大的倒立实像，实像再经目镜放大成一倒立的虚像于明视距离处，供人眼观察。显微镜的放大率为

$$M=M_oM_e=\frac{\Delta}{f_1}\cdot\frac{250}{f_2} \tag{4.13-11}$$

式中，M_o 是物镜放大率；M_e 是目镜放大率；Δ 是物镜像方焦点 F_o 到目镜物方焦点 F_e 之间的距离；f_1 是物镜像方焦距；f_2 是目镜物方焦距；各长度量的单位以mm为单位计。

显微镜的放大率等于物镜的放大率和目镜的放大率的乘积。为此，在实际使用的显微镜物镜和目镜上分别刻有“10×”“20×”等字样，以便由其乘积算出所使用显微镜的放大率。

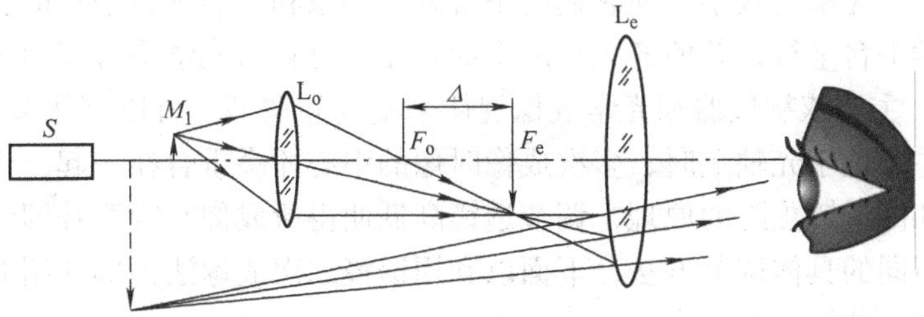

图 4.13-9　显微镜成像光路

6. 投影光学仪器

投影光学仪器是指将影像放大并成像于屏幕上的光学仪器，如电影放映机、幻灯机、投影仪等，广泛应用于科研和生产生活中，其特点是把被观察物映像投影到较大的屏幕上以供观看，而不是用眼睛直接面对仪器观察。

利用光学投影获得放大实像的原理如图 4.13-10 所示，它由照明物体的聚光镜系统和对物体成像的放映或投影物镜两部分合理配置而成。聚光镜 L_1 将发自光源 S 的光线会聚以后，进入投影镜头 L_2，使画片 P 在屏幕 H 上成像。因为镜头到像屏的距离 V_2 比焦距大得多，所以画片必然靠近物方焦面，于是，物距 $U_2 \approx f$，放大率为

$$M = \frac{V_2}{f} \tag{4.13-12}$$

由式（4.13-12）可见放大率与像距成近似正比关系。

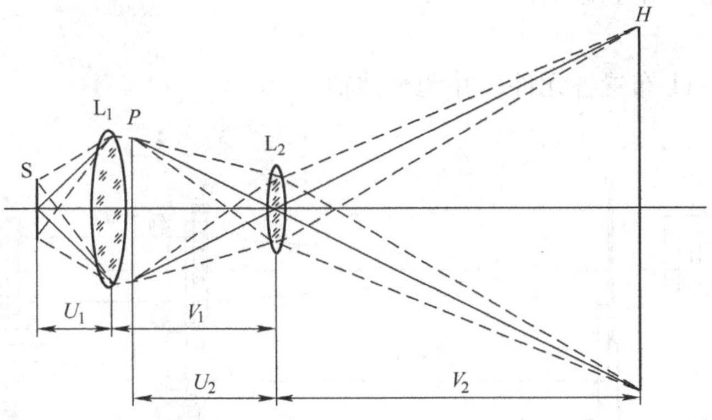

图 4.13-10　投影仪成像光路

【实验内容与测量】

1. 光学元件共轴等高的调节

光学实验中经常要用一个或多个透镜成像。为了获得质量好的像，必须使各个透镜的主光轴重合（即共轴），并使物体位于透镜的主光轴附近，满足近轴光线条件。为达到上述要求的调节我们统称为共轴调节。光学系统的共轴调节方法分为粗调和细调两步。

（1）粗调　将光源、透镜、物屏、像屏等安置在光具座上并将它们靠拢，调节取向、

高低、左右位置，凭眼睛观察，使它们的中心处在一条和光学平台平行的直线上，使透镜的主光轴与光学平台平行，并使各元件的平面互相平行且与光学平台表面垂直。

（2）细调　主要依靠仪器和光学成像规律来鉴别和调节。可以利用多次成像的方法，即只有当物的中心位于光轴上时，多次成像时像的中心才会重合在一起。也可分别利用自准法测凸透镜和凹透镜焦距的原理，调节透镜高低使得所成像与物互补即中心重合。不同的装置可能有不同的具体调节方法，下面以利用透镜二次成像法为例介绍如何判断是否共轴，并进一步调至共轴。

使物与单个凸透镜共轴实际上是指将物上的某一点调到透镜的主光轴上。要解决这一问题，首先要知道如何判断物上的点是否在透镜的主光轴上。根据凸透镜成像规律即可判断。光路如前面图4.13-2所示，当物AB与像屏之间的距离l大于$4f$时，将凸透镜沿光轴移到O_1或O_2位置都能在屏上成像，一次成大像A_1B_1，一次成小像A_2B_2。物点A位于光轴上，则两次像的A_1和A_2点都在光轴上而且重合。物点B不在光轴上，则两次像的B_1和B_2点一定都不在光轴上，而且不重合，但是，小像的B_2点总是比大像的B_1点更接近光轴。若要将B点调到凸透镜光轴上，只需记住像屏上小像的B_2点位置，调节透镜（或物）的高低左右，使像靠拢（大像追小像）。反复调节透镜（或物）直至B_1和B_2重合，即说明点B已调到透镜的主光轴上了。

若要调多个透镜共轴（如凹透镜焦距测量）时，则应先将轴上物点调到一个凸透镜的主光轴上，根据轴上物点的像总在轴上的规律，逐个增加待调透镜，调节它们使之逐个与第一个透镜共轴。

2. 透镜焦距的测定

（1）自准法测薄凸透镜焦距

实验步骤

1）按图4.13-11布置各元件，并调至共轴。

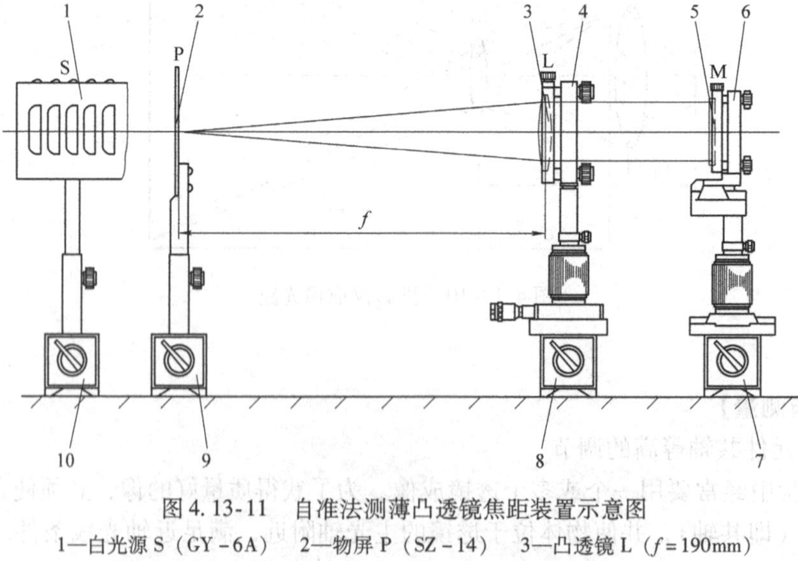

图4.13-11　自准法测薄凸透镜焦距装置示意图

1—白光源S（GY-6A）　2—物屏P（SZ-14）　3—凸透镜L（f=190mm）
4、6—透镜架（SZ-08）　5—平面镜M　7～10—通用底座（SZ-04）

2）紧靠光学平台上的尺子移动 L，直至在物屏上获得镂空图案的倒立实像。

3）调 M 镜，并微动 L，使像最清晰且与物等大（充满同一圆面积）。

4）分别记下 P 和 L 的位置 a_1、a_2；（在实际测量时，由于对成像刚清晰程度的判断不准确，可导致测量值产生一定的误差。为了减小误差，常采用左右逼近法读数，即先使透镜由左向右移动，当像刚清晰时停止，记下透镜位置的读数；再使透镜自右向左移动，在像清晰时又得一读数，取这两次读数的平均值作为成像清晰时凸透镜的位置。）

5）将 P 和 L 都转 180°之后，重复做前 4 步。

6）记下 P 和 L 新的位置 b_1、b_2。

重复测量三次，数据记入表 4.13-1 中，求出平均值及其误差，正确表示测量结果。

（2）贝塞耳法测薄凸透镜焦距

实验步骤

1）按图 4.13-12 布置各元件并调至共轴，使物与像屏距离 $l>4f$。

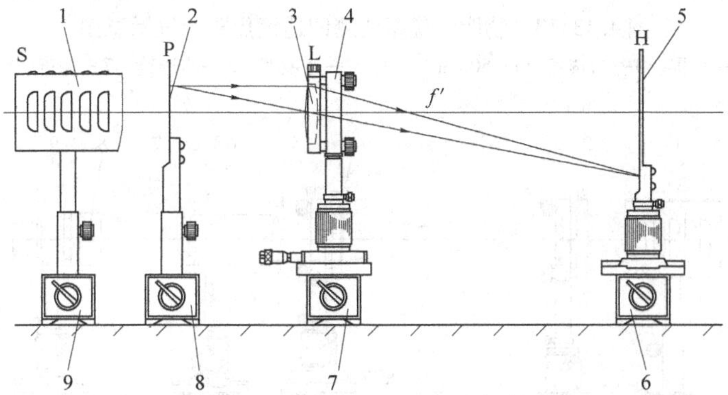

图 4.13-12　贝塞耳法测薄凸透镜焦距装置示意图

1—白光源 S　2—物屏 P　3—凸透镜 L（f=190mm）　4—透镜架（SZ-08）

5—像屏 H（SZ-13）　6~9—通用底座

2）紧靠光学平台上的尺子移动 L，使被照亮的物在像屏 H 上成一清晰的放大像，记下 L 的位置 a_1。

3）再移动 L，直至在像屏上成一清晰的缩小像，记下 L 的位置 a_2。

4）将 P、L、H 转 180°（不动底座），重复做前 3 步。

重复测量三次，数据记入表 4.13-2 中，分别计算出对应于每一组的焦距，然后求出焦距的平均值和误差，正确表示测量结果。

（3）物距-像距法测凹透镜焦距

实验步骤

1）按图 4.13-13 布置各元件，并调至共轴。

2）紧靠光学平台上的尺子移动 L_1，使被光源照亮的物 P_1 在像屏 P_2 上成清晰的像，记下 L_1 和 P_2 的位置读数，P_1 与 P_2 的距离稍大于凸透镜焦距的 4 倍。

3）在凸透镜和像屏之间加入待测的薄凹透镜 L_2，调同轴，向稍远处移动像屏，直至屏上又出现清晰的像。记下 L_2 和像屏 P_2' 的位置读数。

4）对凹透镜 L_2 来说，物距 $u=-|L_2P_2|$，像距 $v=|L_2P_2'|$，将数值代入式（4.13-1），计

算凹透镜的焦距。

重复测量三次，数据记入表 4.13-3 中，分别计算出对应于每一组的焦距，然后求出焦距的平均值。

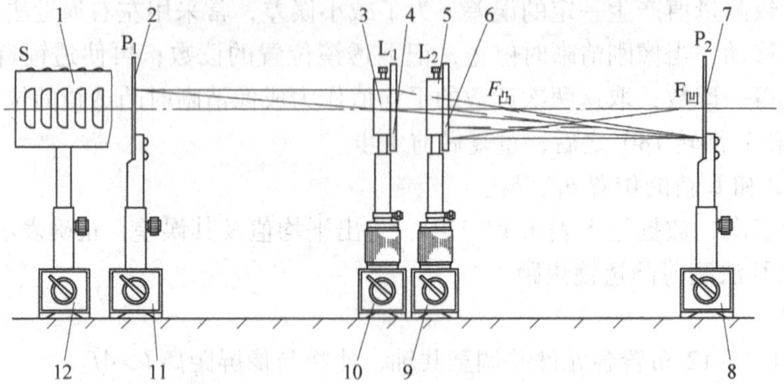

图 4.13-13 物距－像距法测凹透镜焦距装置示意图

1—白光源 S 2—物屏 3—凸透镜（f=50mm） 4、6—透镜架 5—凹透镜 7—像屏 8～12—通用底座

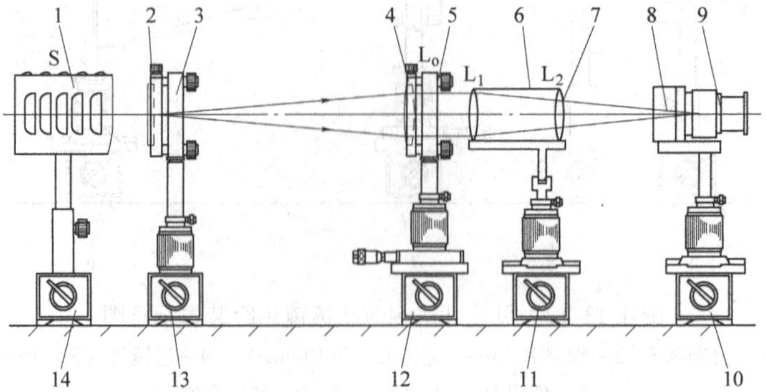

图 4.13-14 透镜组节点和焦距测定装置示意图

1—白光源 S 2—毫米尺 3—双棱镜架（SZ－41） 4—物镜 L_o（f=150mm） 5—透镜架

6—透镜组 L_1、L_2（f_1=100mm；f_2=190mm） 7—节点架 8—测微目镜架 9—测微目镜 10～14—通用底座

3. 透镜组节点和焦距的测定

实验步骤

1）按图 4.13-14 布置各元件，并调至共轴。

2）借助平面镜调节毫米尺与准直物镜 L_o 的距离，使通过 L_o 的光束为平行光束（自准法）。

3）加入透镜组和测微目镜，调共轴，同时移动目镜，找到毫米尺的清晰像。

4）沿节点架导轨前后移动透镜组，同时相应地前后移动测微目镜，直到节点架绕轴做微小的转动时，毫米尺像无横向移动为止，此时像方节点 N' 即在节点架的转轴上。

5）用像屏取代测微目镜，接收毫米尺像。分别记下像屏和节点架转轴的位置 a 和 b，并从节点架导轨上记下透镜组中间位置至节点架转轴中心的偏移量 d。

6）将节点架转动 180°，重复 3、4 两步，测得另一组数据 a'、b'、d'。

重复测量三次，数据记入表 4.13-4 中，计算透镜组的像方焦距 $f' = a - b$、透镜组的物方焦距 $f = a' - b'$；用 1:1 的比例画出被测透镜组及其各种基点的相对位置。

4. 物像放大法测目镜焦距

实验步骤

1）按图 4.13-15 布置各元件，并调至共轴。

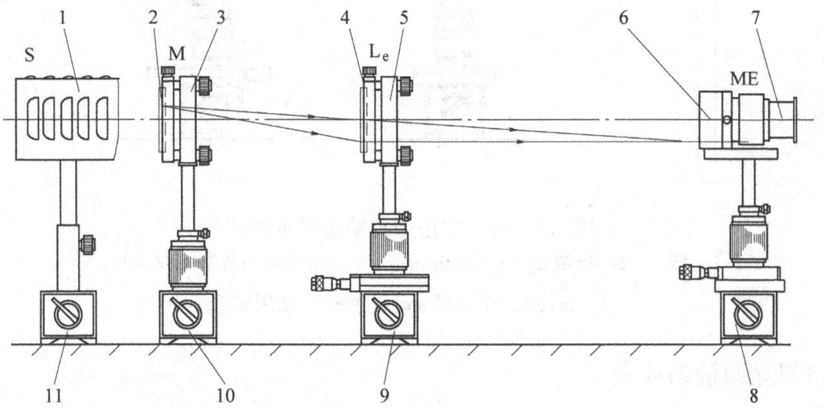

图 4.13-15 物像放大法测目镜焦距装置示意图

1—白光源 S 2—微尺分划板 M（1/10mm） 3—双棱镜架 4—待测目镜 L_e（f_e = 34mm） 5—透镜架 6—测微目镜架 7—测微目镜 ME 8～11—通用底座

2）从 M、L_e、ME 靠近处逐渐移远 L_e，直至在测微目镜中看到清晰的微尺放大像，并与 ME 分划板无视差。

3）测出 1/10mm 微尺刻线的像宽，求出其放大倍率 M_1，并分别记下 ME 和 L_e 的位置 a_1、b_1。

4）把 ME 向后移动 10～25mm，并缓慢前移 L_e，直至在测微目镜中又看到清晰的与 ME 分划板刻线无视差的微尺放大像。

5）测出新的像宽，求出放大率 M_2，记下 ME 和 L_e 的位置 a_2、b_2。

数据记入表 4.13-5 中，利用式（4.13-9）计算目镜焦距。M_x = 像宽/实宽，像距改变量：$s = (a_2 - a_1) + (b_1 - b_2)$。

5. 测自组望远镜的放大率

实验步骤

1）按图 4.13-16 自组开普勒望远镜，向约 3m 远处的标尺调焦，并对准两个红色指标间的“E”字（距离 d_1 = 5cm）。

2）用另一只眼睛直接注视标尺，经适应性练习，在视觉系统获得被望远镜放大的和直观的标尺的叠加像，再测出放大的红色指标内直观标尺的长度 d_2。

数据记入表 4.13-6 中，实验采用将被放大的标尺长度与直观的标尺长度做比较的方法求出望远镜的测量放大率 $\Gamma = \dfrac{d_2}{d_1}$，并与计算放大率做比较。注：标尺放在有限距离 S 远处时，望远镜放大率 Γ' 可做如下修正：$\Gamma' = \Gamma \dfrac{S}{S + f_0}$。

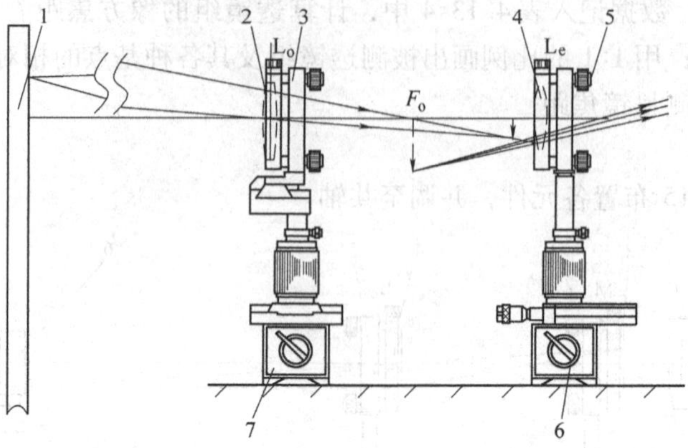

图 4. 13-16　自组望远镜装置示意图

1—标尺　2—物镜 L_o（$f_o=190$mm）　3、5—二维调节架（SZ-07）

4—目镜 L_e（$f_e=45$mm）　6~7—通用底座

6. 测自组显微镜的放大率

实验步骤

1）按图 4. 13-17 自组显微镜，调各元件等高同轴。

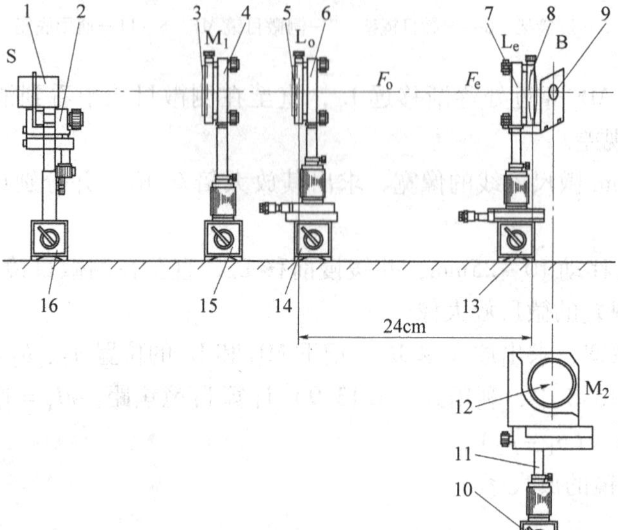

图 4. 13-17　自组显微镜装置示意图

1—光源 S（GY-20，低亮度）　2—干版架（SZ-12）　3—微尺 M_1（1/10mm）　4—透镜架

5—物镜 L_o（$f_o=45$mm）　6、7—调节架　8—目镜 L_e（$f_e=34$mm）

9—45°玻璃架（SZ-45）　11—双棱镜架（SZ-41）　12—毫米尺 M_2（$l=30$mm）　10、13~16—通用底座

2）将透镜 L_o 与 L_e 的距离定为 24cm。

3）沿光学平台上的尺子移动靠近光源毛玻璃的微尺，从显微镜系统中得到微尺放大像。

4）在 L_e 之后置一与光轴成 45°角的平玻璃板，距此玻璃板 250mm 处置一白光源（图中未画出）照明的毫米尺 M_2。

5）微动物镜前的微尺，消除视差，读出未放大的毫米尺 $M_2$30 格所对应的微尺 M_1 的格数 a。数据记入表 4.13-7 中，计算显微镜的测量放大率 $M = \frac{30 \times 10}{a}$，并与显微镜的计算放大率作比较。

7. 自组投影仪

实验步骤

1）按图 4.13-18 自组投影仪，调各元件等高同轴。

2）使 L_2 与 H 相距约 1.2m，可用白墙代屏，前后移动 P，使其在 H 上成一清晰放大的像。

3）使 L_1 固定在紧靠幻灯片 P 的位置，取下 P，前后移动光源，使其成像于 L_2 所在平面。

4）重新装好幻灯片，观察屏上像的亮度和照度的均匀性。

5）取下 L_1，观察像面亮度和照度均匀性的变化。

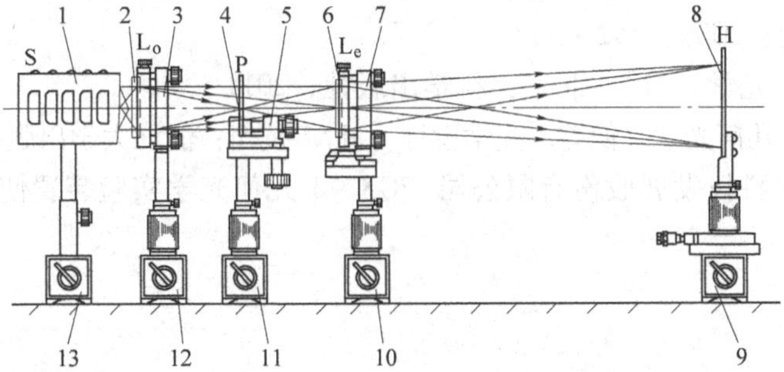

图 4.13-18　自组投影仪装置图

1—白光源 S　2—聚光透镜 L_1（f_1 = 50mm）　3、7—调节架　4—幻灯片 P　5—干版架（SZ－12）
6—放映物镜 L_2（f_2 = 190mm）　8—像屏 H　9～13—通用底座

【注意事项】

1）光学元件使用时要轻拿轻放。

2）注意保持光学表面清洁，不要用手触摸，用完后放进防尘袋。

3）光源点亮一段时间后温度很高，不要触摸，以防烫伤。

4）本实验光学元件比较多，实验前后注意清点，不要搞混。

5）共轴调节要认真细致。在粗调的基础上，还要根据放大像和缩小像中心位置是否重合来进行细调。

【讨论】

1）贝塞尔法测凸透镜焦距时，物屏像屏间的距离 L 为什么要略大于四倍焦距？与物像法相比，有何优点？

2）为什么不能使用物像公式法求目镜焦距？

【结论】

通过对实验现象和实验结果的分析，你能得到什么结论？

【研究性题目】

自行设计光路，采用自准法测凹透镜焦距。

【思考题】

1）用二次成像法调节同轴等高时，如果放大像中心在上，缩小像中心在下，此时物的位置是偏上还是偏下？请画光路图，并加以分析。

2）如何判断像与分划板无视差？

【参考文献】

［1］赵凯华. 光学（上册）［M］. 北京：北京大学出版社，2008：10－96.

［2］孙晶华. 操纵物理仪器，获取实验方法——物理实验教程［M］. 北京：国防工业出版社，2009：352－357.

［3］王文军. 光学［M］. 北京：科学出版社，2011.

［4］李晓彤. 几何光学. 像差. 光学设计［M］. 杭州：浙江大学出版社，2003：3－226.

［5］天津港东科技发展股份有限公司．JGX－1 几何光学实验装置使用说明书.

【数据表格】

实验者信息：

专业班级：__________ 学号：__________ 姓名：__________同组人姓名：__________

表 4.13-1　自准法测凸透镜焦距

物屏位置读数/mm		透镜位置读数/mm	
左	右	左	右

表 4.13-2　贝塞尔法测凸透镜焦距

物屏位置读数：________ mm　像屏位置读数：________ mm

透镜位置读数/mm			
O_1位置		O_2位置	
左	右	左	右

表 4.13-3　物距 – 像距法测凹透镜焦距

L_1位置读数/mm	P_2位置读数/mm	L_2位置读数/mm	P'_2位置读数/mm

表 4.13-4　透镜组节点和焦距的测定

像屏位置读数/mm	节点架位置读数/mm	偏移量/mm

表 4.13-5　物像放大法测目镜焦距

像宽/mm	测微目镜位置读数/mm	待测目镜位置读数/mm

表 4.13-6　自组望远镜放大率测量

直观 E 字长度/mm	放大的 E 字长度/mm

表 4.13-7　自组显微镜放大率测量

微尺 M_1的格数 a/mm	

教师签名：__________

实验时沿此线剪下

实验 4.14　分光仪的调节及三棱镜折射率的测量

【引言】

光线入射到光学元件（如平面镜、三棱镜、光栅等）上时会发生反射、折射或衍射。光的反射定律、折射定律定量地描述了光线在传播过程中方向发生偏折时角度间的相互关系。折射率、光波波长、色散率等物理量可以通过测量相关的角度来确定。因此，精确测量光线偏折的角度是光学实验技术的重要内容之一。分光仪就是一种精确测量入射光和出射光之间偏转角度的光学仪器。这种仪器装置精密，结构较为复杂，调节要求也较高，需要经过学习和训练才能很好地使用。

折射率是材料的基本特性之一。本实验将利用分光仪来测定玻璃的折射率。

【实验目的】

1）学习分光仪的调节和使用。

2）测量三棱镜顶角及最小偏向角。

3）计算玻璃对汞光的折射率及测量不确定度。

【实验仪器】

JJY 分光仪（仪器误差 1′）、双平面反射镜、玻璃三棱镜、汞灯。

【预习提示】

1）熟悉分光仪的结构、原理和各调节螺钉、手轮的作用。

2）了解分光仪的调节要求，熟悉分光仪的调节步骤。**要特别仔细阅读和理解分光仪调节步骤和测量的细节！！！否则在课堂上很难完成实验任务。**

3）如何用自准法测量三棱镜顶角？画出光路图，给出测量公式。

4）如何测量最小偏向角？画出光路图，给出测量公式。

【实验装置】

1. 分光仪的构造

分光仪主要由自准直望远镜、平行光管、载物台、刻度盘及游标盘等四部分组成。分光仪的外形如图 4.14-1 所示。

（1）自准直望远镜　分光仪采用的是自准直望远镜，用以观察和确定平行光方向。这是一种带有阿贝目镜的望远镜，由目镜、分划板和物镜组成，分别装在三个套筒中，彼此可以沿轴向相对滑动，如图 4.14-2a 所示。中间分划板套筒里装有一块分划板，其上刻有如图 4.14-2b 中所示的十字线，中间十字的水平线为分划板的几何中心线。分划板下方与一块 45°全反射小棱镜（阿贝棱镜）的一个直角面紧贴，在这个直角面上刻有一个透光十字，该透光十字位于与分划板上十字线对称的位置，即下十字线处。在套筒上正对着小棱镜另一直角面处开有一个小孔，小孔下方装有一个小灯，并且在小灯和小棱镜之间加入了一块绿色滤光片。小灯发出的光经绿色滤光片后进入小孔，先经小棱镜的直角面射向小棱镜的斜面，再经小棱镜的斜面反射而照亮小棱镜另一直角面上所刻透光十字。如果该透光十字正好处于物镜的焦平面上，则从透光十字发出的绿色的光经物镜后形成平行光束。

目镜套筒装在分划板套筒里并可沿分划板套筒在一小范围内前后滑动，以改变目镜和分划板十字线的距离，使分划板十字线能调到目镜焦平面上。调节望远镜观察平行光时，要使分划板十字线既处于物镜焦平面上，同时又处于目镜焦平面上，成为共焦系统。

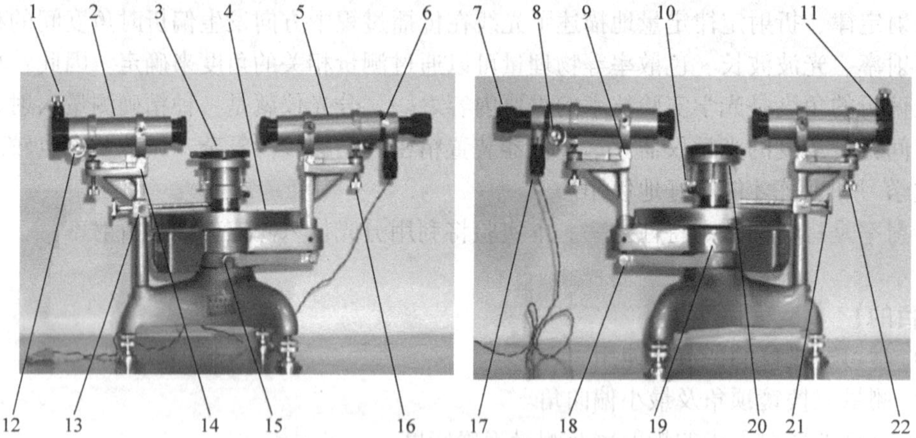

图 4.14-1　JJY 型分光仪的结构

1—狭缝宽度调节旋钮　2—平行光管　3—载物台　4—刻度盘及游标盘　5—望远镜　6—望远镜目镜锁紧螺钉　7—目镜视度调节手轮　8—望远镜目镜体前后移动手轮　9—望远镜水平调节螺钉　10—载物台锁紧螺钉　11—狭缝体锁紧螺钉　12—狭缝体前后移动手轮　13—游标盘微调螺钉　14—平行光管水平调节螺钉　15—望远镜止动螺钉　16—望远镜光轴高低调节螺钉　17—小棱镜照明系统　18—刻度盘微调螺钉　19—刻度盘止动螺钉　20—载物台调平螺钉　21—游标盘止动螺钉　22—平行光管光轴高低调节螺钉

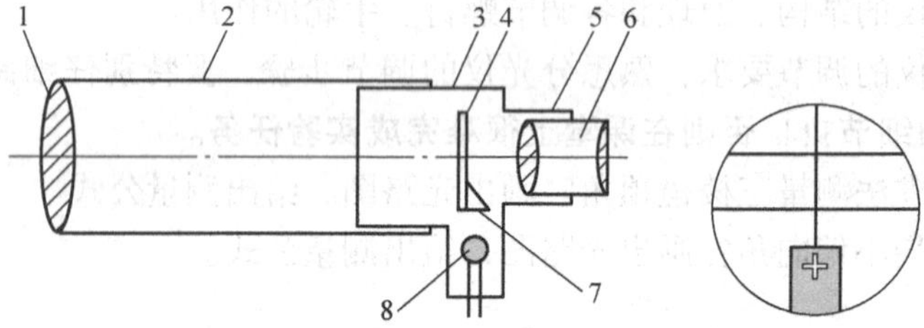

a)　　b)

图 4.14-2　自准直望远镜

a）结构　b）分划板及十字刻线

1—望远镜物镜　2—望远镜套筒　3—分划板套筒　4—分划板　5—目镜套筒　6—目镜　7—阿贝棱镜　8—小灯珠

（2）平行光管　平行光管又称准直管，用来产生平行光束。平行光管由狭缝体和物镜组成，旋转狭缝体系统手轮 12 可改变狭缝与平行光管物镜间的距离。若狭缝位于平行光管物镜焦平面上，则平行光管射出平行光。调节狭缝宽度调节旋钮 1 可以改变狭缝的宽度。松开狭缝体锁紧螺钉 11，可以转动狭缝体，用以改变狭缝的方向，如垂直方向或水平方向等。

注意：狭缝的刀口是经过精密研磨制成的，**不可将狭缝闭合**，以免损伤狭缝。为避免损伤狭缝，只有在望远镜中看到狭缝像的情况下才能调节狭缝的宽度。

（3）载物台　载物台是用来放置平面镜、棱镜、光栅等光学元件的平面，由两块圆盘组成，下面一块是固定的且与中心轴（即仪器的主轴）垂直，上面一块则可通过载物台调平螺钉 20 来调节其高度和倾斜度。平台可绕仪器主轴旋转和沿轴向升降。

（4）刻度盘及游标盘 刻度盘及游标盘用来确定望远镜和载物台的相对方位。刻度盘上刻有 720 条等分的刻线，每一格的格值为 30′，刻度范围为 0 ~ 360°。对径方向设有两个游标读数窗口。游标上刻有 30 条等分的刻线。游标上的 30 格与刻度盘上的 29 格角度值相等，故游标的最小分度值为 1′。读数时，如图 4.14-3 所示，首先看游标的零刻线对应于刻度盘主尺上的读数，可准确读至 30′；不足 30′的角度部分，由游标上与刻度盘主尺对齐的那条刻线的数值给出。

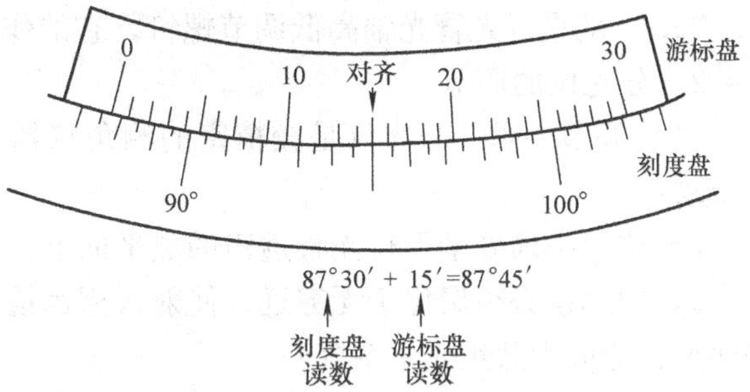

图 4.14-3 分光仪角度的读取

在测量角度时，刻度盘与游标盘分别与载物台和望远镜相连。望远镜和载物台相对转过的角度从相隔 180°的两个游标读数窗口中读出，两个读数取平均值，才是所测角度的数值，这样可消除望远镜转轴与中心轴不同轴心的偏心差（见本实验【补充材料 4.14-1】双游标消除偏心差）。

（5）分光仪的主要调节螺钉和手轮 参见图 4.14-1，分光仪的几个主要调节螺钉和手轮的作用如下：

“1”是狭缝宽度调节旋钮，狭缝宽度调节范围是 0.02 ~ 2.00mm。

“6”是望远镜目镜锁紧螺钉，松开它可以让目镜装置绕望远镜的光轴转动，从而改变目镜中分划板上十字线的方位。

“7”是目镜视度调节手轮。它是目镜调焦装置，转动它可以使眼睛通过目镜很清楚地看到目镜中分划板上的刻线，即看清望远镜中的十字线。

“8”是望远镜目镜体前后移动手轮，转动手轮可以使望远镜目镜体在望远镜套筒内前后滑动，调节目镜中分划板上的十字线位于望远镜物镜的焦平面上。

“10”是载物台锁紧螺钉。松开它时载物台可绕中心轴自由转动，锁紧它则载物台与中心轴固连。

“12”是狭缝体系统前后移动手轮，转动手轮可以使狭缝位于平行光管透镜的焦平面上。

“15”是望远镜止动螺钉。松开它时望远镜可绕中心轴自由转动，锁紧它则望远镜与中心轴固连。

“16”是望远镜光轴高低调节螺钉，它的作用是调节望远镜光轴水平。

“19”是刻度盘与望远镜连接的固紧螺钉（刻度盘止动螺钉），它的作用是：松开它，望远镜与刻度盘之间不连接，转动望远镜，刻度盘不动。**若要测量读数时，必须将“19”拧紧使望远镜与刻度盘固连，转动望远镜时，刻度盘跟着一起转动。**

“20”是载物台调平螺钉（3 个），用于调节载物台平面与刻度盘平行、与中心转轴垂直等。

“21”是游标盘止动螺钉。拧紧它就使游标盘与中心轴固连，松开它则游标盘可绕中心轴转动。**在调节分光仪时要松开这个螺钉，使游标盘可绕中心轴转动，而在测量角度时，要先将游标放在便于读数的位置，然后拧紧这个螺钉。**

“22”是平行光管光轴高低调节螺钉，它的作用是调节平行光管光轴水平。

2. 分光仪的调节

（1）调节要求 分光仪是较精密的测角仪器，为了能准确地测量角度，必须达到如下要求：

1）狭缝必须处于平行光管透镜的焦平面上，由平行光管射出的光是平行光束。

2）望远镜必须聚焦于无穷远，使射入望远镜的平行光会聚在望远镜的分划板十字线平面上，即成为共焦光学系统。

3）望远镜光轴和平行光管光轴都严格垂直于仪器主轴，转动望远镜时，其光轴扫过的平面精确地平行于刻度盘平面。

（2）调节步骤

1）目测粗调：从分光仪侧面用眼睛直接观察望远镜、平行光管、载物台是否水平，可以调节望远镜光轴高低调节螺钉16、平行光管光轴高低调节螺钉22和载物台调平螺钉20满足这一要求。目测粗调好坏是分光仪调节的关键，因为望远镜的视角很小（JJY型分光仪望远镜视角为3°22′）。若望远镜或载物台或平行光管不水平，则载物台上平面镜的反射光或平行光管射出的光线，不能进入望远镜，由望远镜目镜观察不到，进一步调节就难于进行。

2）目镜调焦：目镜调焦的目的是，使眼睛通过目镜能够很清楚地看到目镜分划板上的十字线。调焦方法：先把目镜视度调节手轮7旋出，然后一边旋进一边从目镜中观察，直至分划板上的十字线成像清晰为止。

3）调节望远镜，使其聚焦于无穷远：调节望远镜聚焦于无穷远用的是自准直方法。其原理是分划板的十字线处于望远镜物镜焦平面上，由其下十字线处透光十字发出的绿光经过望远镜物镜成为平行光，若在望远镜的前方放置一平面镜，该平面镜可以把该平行光反射回来，再经物镜成像于望远镜物镜焦平面上，这样就可以从目镜中看到清晰的透光十字的绿色十字反射像，这就是用自准直法调节望远镜使其聚焦于无穷远，适合观察平行光的原理。

将平行平面反射镜如图4.14-4所示放置在载物台上，使其位于任意两水平调节螺钉连线的中垂线方向上，并使其置于载物台的中央。拧紧载物台锁紧螺钉10，使载物台与游标盘固连在一起，松开游标盘止动螺钉21，使游标盘连同载物台可以绕中心轴自由转动。在后面的调节中，应转动游标盘带动载物台绕中心轴转动，而不要直接转动载物台。将望远镜正对平面反射镜，使望远镜光轴大致垂直于反射面，缓缓地左右转动游标盘带动载物台绕中心轴转动，使从平面镜反射回来的绿光进入望远镜，这时在望远镜的视场中将出现一个光团。找到光团后，转动手轮调节望远镜焦距，光团处应呈现反射绿色十字像，如图4.14-5所示。若观察不到，则应改变望远镜及载物台的倾斜度（调整望远镜光轴高低调节螺钉16及载物台调平螺钉20中的B_2或B_3）找到反射像，细心调节，使得能够清晰地看到反射绿色十字像，在头左右移动的同时观察分划板上的十字线和反射绿色十字像，若其间无相对移动（即无视差），则它们处于同一平面上。此时望远镜已调成共焦系统，适合观察平行光。

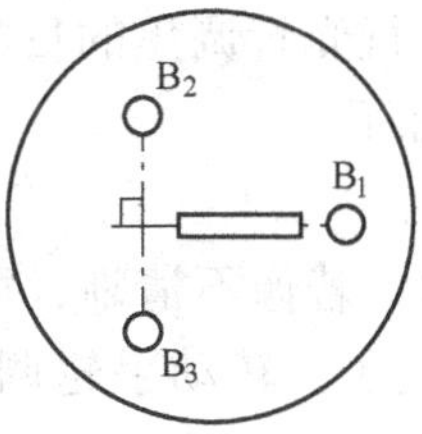

图 4.14-4　平面镜的放置方法

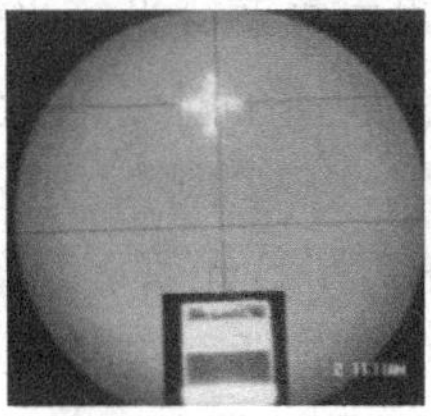

图 4.14-5　望远镜视场中的反射绿十字像

4）用渐进法调节望远镜光轴与仪器主轴垂直：这一步调节的基本原理是：平面镜平面的法线方向就是与仪器主轴垂直的方向。如果望远镜光轴与仪器主轴垂直，则望远镜光轴就是平面镜平面法线方向，根据光线反射原理，入射角应等于反射角，从望远镜分划板下十字处发出的光，经过平面镜反射后，应该出现在望远镜分划板的上十字处。基于这个基本原理，这一步调节的目标就是要使反射绿色十字像出现在分划板上十字线处。

具体调节方法如下：

① 转动游标盘带动载物台及平面镜，依次使平面镜的两个镜面正对望远镜，通过望远镜观察由两个镜面反射回来的绿色十字像。若只能观察到一个镜面有反射像，则可以从望远镜筒外直接看向平面镜，观察平面镜中绿色十字的高度，然后转到平面镜另一面，仍然从望远镜筒外直接看向平面镜，找到平面镜中的绿色十字，调节望远镜光轴高低调节螺钉 16 和载物台下的水平调节螺钉 20（B_2 或 B_3），将平面镜中绿色十字的高度调到与平面镜另一面中绿色十字大致相同的高度，再从望远镜中观察，进一步调节调节望远镜光轴高低调节螺钉 16 和载物台下的水平调节螺钉 20（B_2 或 B_3），直到平面镜两个面的反射绿色十字像均出现在望远镜视场中。

注意：寻找另一面反射像时螺钉调节的幅度要小，望远镜光轴高低调节螺钉 16 和载物台下的水平调节螺钉 20（B_2 或 B_3）联合调节，不要只调一个螺钉，避免另一面已有的反射绿色十字像在视场中消失。

② 当从望远镜中看清平面镜两平面反射回来的绿色十字像时，一般不会处于如图 4.14-5 所示的上十字位置，这是由于望远镜光轴不严格垂直于平面镜反射面的缘故。采用逐步逼近的渐进调节法调节：调节望远镜光轴高低调节螺钉 16，使反射十字像与分划板上十字线水平线间的距离缩小一半，再调节载物台下的螺钉 B_2（或 B_3），使反射十字像水平线与分划板十字线水平线重合，然后转动游标盘带动载物台及平面镜，转过 180°，使平面镜另一面正对望远镜，用上述同样的方法调节望远镜光轴高低调节螺钉 16 和载物台下的螺钉 B_3（或 B_2）。如此反复数次，直至平面镜转过 180°前后的绿色反射十字像水平线均与分划板上十字线水平线重合。至此望远镜的光轴已垂直于仪器主轴了。渐进调节法非常重要，**不遵循渐进调节法的调节，可能会将之前的调节破坏殆尽。**

③ 在平面镜转动过程中，观察反射绿十字像移动方向是否与分划板水平线平行。如果不平行，这是由于分划板歪斜、十字线竖线不平行于仪器主轴的缘故。此时应松开目镜锁紧螺钉 6，转动目镜视度调节手轮 7（分划板随同转动）直至反射绿十字像始终沿分划板十字线水平线方向移动。不要破坏望远镜的聚焦，锁定目镜锁紧螺钉。

注意：此后望远镜的当前状态（除绕仪器主轴转动外）在整个实验过程中均要保持不变。

5）平行光管调焦与平行光管光轴垂直于仪器主轴：平行光管调焦的目的是把狭缝调节到平行光管透镜的焦平面上，使之能产生平行光，方法如下：

① 取下平面镜，开亮汞灯，用汞灯照明狭缝。

② 将望远镜正对平行光管，从望远镜中观察狭缝的像，若像不清晰，可前后移动狭缝体系统手轮 12 使像清晰，这时平行光管已能产生平行光了。转动手轮调节狭缝宽度，使狭缝的像既细锐又足够明亮。

调节平行光管的光轴垂直于仪器主轴是利用已经垂直于仪器主轴的望远镜来调节的。松开狭缝体锁紧螺钉 11，旋转狭缝机构，将狭缝转成水平，调节平行光管光轴高低螺钉 22，使狭缝的像与分划板中十字的水平线重合，这时平行光管光轴与望远镜光轴平行，因而平行光管光轴与仪器主轴垂直。再转动狭缝机构，使狭缝的像与望远镜分划板垂直刻线平行，调节平行光管水平方向调节螺钉 14，使狭缝的像重合于分划板垂直刻线，至此平行光管的光轴与望远镜光轴重合。不要破坏平行光管的调焦，锁紧狭缝体。

至此，分光仪的调节便完成了。

【实验原理】

1. 用分光仪测量三棱镜材料折射率方法的原理

当一束平行单色光从折射率为 n_1 的介质入射到折射率为 n_2 的介质界面时，光会发生反射和折射，如图 4.14-6 所示。入射光、折射光和反射光与过入射点的界面法线共面。入射角 θ_1、折射角 θ_2 和反射角 θ_3 之间的关系如下：

$$\theta_1 = \theta_3 \quad n_2 \sin\theta_2 = n_1 \sin\theta_1 \tag{4.14-1}$$

这就是光的折射定律（Snell 定律）。

三棱镜的横截面如图 4.14-7 所示，用三角形 ABC 表示。AB 和 AC 是透光的光学表面，又称折射面，其夹角 BAC 称为三棱镜的顶角，这里用 A 表示顶角。BC 为毛玻璃面，称为三棱镜的底面。假设一束平行单色光从折射率为 n_1 的介质，入射到折射率为 n_2 的三棱镜的 AB 面，经折射后由另一面 AC 面射出，如图 4.14-7 所示，光的行进方向发生了变化，入射光和出射光行进方向间的夹角 δ 称为偏向角。偏向角与各入射角、折射角的关系如下：

$$\delta = \theta_{i1} - \theta_{r1} + \theta_{r2} - \theta_{i2} = (\theta_{i1} + \theta_{r2}) - (\theta_{r1} + \theta_{i2}) \tag{4.14-2}$$

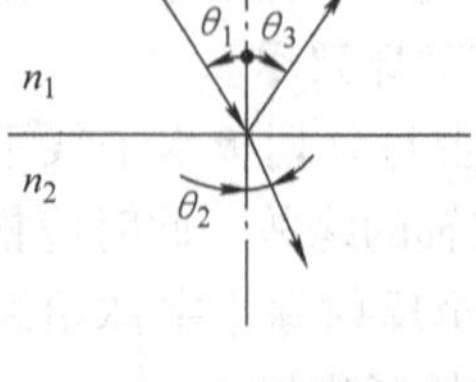

图 4.14-6　光的反射与折射

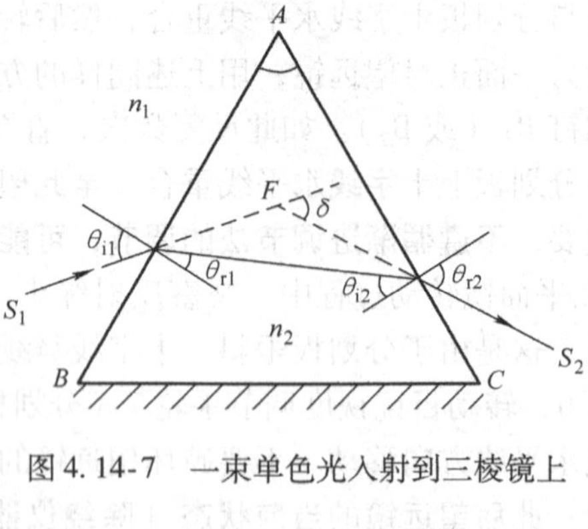

图 4.14-7　一束单色光入射到三棱镜上

入射角 θ_{i1} 改变，则 δ 也会随之变化。实验发现，随着入射角 θ_{i1} 的改变，δ 会经历一

个最小值，称为最小偏向角，记作 δ_{min}。理论证明此时有

$$\theta_{i1} = \theta_{r2} \quad 和 \quad \theta_{r1} = \theta_{i2} \tag{4.14-3}$$

即入射方向和出射方向处于三棱镜的对称位置上，并且有

$$\frac{n_2}{n_1} = \frac{\sin \frac{1}{2}(A + \delta_{min})}{\sin \frac{1}{2}A} \tag{4.14-4}$$

上式意味着如果可以测出三棱镜的顶角和最小偏向角，就可以得到 n_2/n_1 的值。当棱镜置于空气中时，$n_1 = 1$，我们有

$$n_2 = \frac{\sin\left(\frac{A + \delta_{min}}{2}\right)}{\sin\left(\frac{A}{2}\right)} \tag{4.14-5}$$

由于通过分光仪可以测得 δ_{min} 和顶角 A，所以通过式（4.14-5）可求出棱镜对该单色光的折射率 n_2。

2. 用自准法测量三棱镜顶角 A 的原理

所谓自准法就是利用具有自准目镜的望远镜自身的平行光，射出望远镜的物镜后被平面镜（或三棱镜的反射面）反射回来。用自准法测量三棱镜顶角的方法如图 4.14-8 所示。将分光仪调节好后，打开目镜照明系统，将三棱镜放置在载物台上，用望远镜对准三棱镜的一个光学平面，使反射回来的绿十字像垂直线与分划板十字线的垂直线重合，记下望远镜的角位置（P_1，P'_1）。再将望远镜转到与另一光学面垂直的位置，使反射回来的绿十字像垂直线与分划板十字线的垂直线重合，记下望远镜的角位置（P_2，P'_2）。望远镜转过的角度 $|P_1 - P_2|$ 或 $|P'_1 - P'_2|$ 就是三棱镜顶角的补角，即

$$A = 180° - \frac{|P_1 - P_2| + |P'_1 - P'_2|}{2} \tag{4.14-6}$$

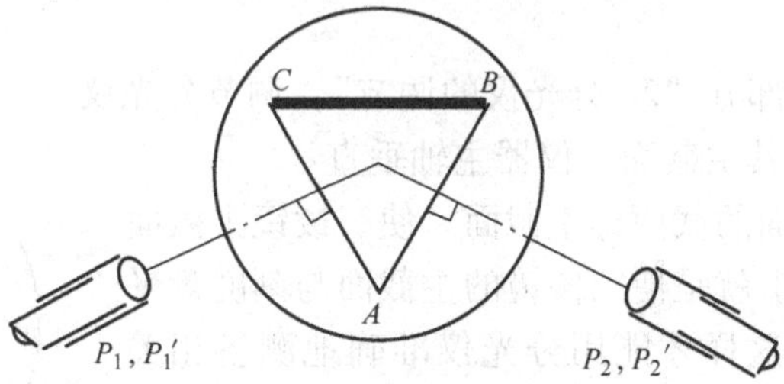

图 4.14-8 测量三棱镜顶角

其中，当 $|P_1 - P_2| > 180°$ 时，式（4.14-6）中的 $|P_1 - P_2|$ 应按 $360° - |P_1 - P_2|$ 代入；同理，$|P'_1 - P'_2| > 180°$ 时，式（4.14-6）中的 $|P'_1 - P'_2|$ 应按 $360° - |P'_1 - P'_2|$ 代入。

3. 最小偏向角的测量原理

测量最小偏向角的原理如图 4.14-9 所示。对于材质、顶角一定的三棱镜来说，单色平行光射入棱镜时，其最小偏向角是唯一的，而大于最小偏向角的偏向角很多，如何找到最小偏向角呢？方法是这样的：如图 4.14-9a 所示放置三棱镜，由平行光管射出的光线经

三棱镜折射而发生偏转，用望远镜观察此出射光线，这时偏向角很可能不是最小的。此时，拧紧游标盘止动螺钉 21，松开载物台锁紧螺钉 10，慢慢转动载物台，在望远镜中观察使绿色亮线向入射光方向靠近，即使偏向角减小。望远镜要跟着出射的绿色亮线转动，使绿色亮线不离开望远镜视场，否则无法测量。当载物台转到某一位置时，再转动载物台，无论是向左或是向右，绿色亮线都是向离开入射线的方向移动，即向偏向角增大的方向移动，这个位置即是最小偏向角的位置。反复试验，找出绿色亮线移动方向发生转折的确切位置，使绿色亮线与分划板垂直线重合，记下此时望远镜的角位置读数（P_1，P'_1）。然后如图 4. 14-9b 放置三棱镜，用同样的方法找出最小偏向角的位置，记下此时望远镜的角位置读数（P_2，P'_2），这种方法测量的是 2 倍最小偏向角，因此有

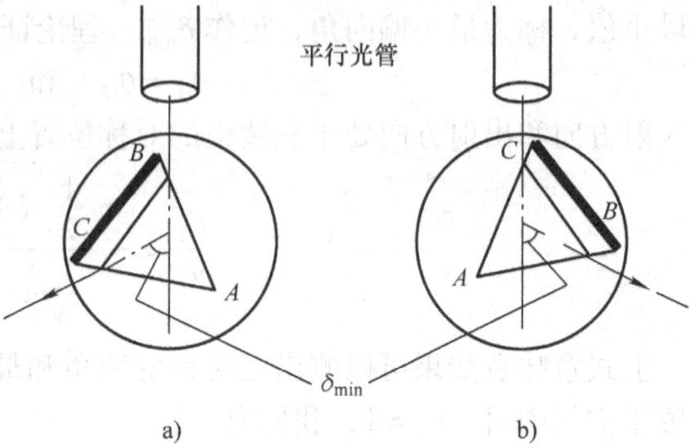

图 4. 14-9　测量最小偏向角

$$\delta_{\min}=\frac{1}{2}\left(\frac{1}{2}|P_1-P_2|+\frac{1}{2}|P'_1-P'_2|\right) \tag{4. 14-7}$$

式中 $|P_1-P_2|$ 或 $|P'_1-P'_2|$ 的处理方法同式（4. 14-6）。

也可以只采用图 4. 14-9a 或图 4. 14-9b 中的任一光路图进行测量，这时测量的就是最小偏向角本身，试自行给出最小偏向角计算公式。

【实验内容与测量】

本实验欲测量三棱镜材料的折射率，为此，要测出三棱镜顶角及最小偏向角。具体实验步骤如下：

1. 调节分光仪

按照【实验装置】部分“2. 分光仪的调节”，调节分光仪。

2. 调节三棱镜，使其主截面与仪器主轴垂直

垂直于棱镜两折射面的截面称主截面。使三棱镜主截面与仪器主轴垂直，实际上就是使三棱镜的主截面与刻度盘平面和望远镜光轴平行，这样才能用分光仪准确地测量相关角度。

将三棱镜的三个角对准载物台调平螺钉 20 的三个螺钉放置，即如图 4. 14-10 所示放置，使三棱镜的 A 角对应 B_1 螺钉，B 角对应 B_2 螺钉，C 角对应 B_3 螺钉。

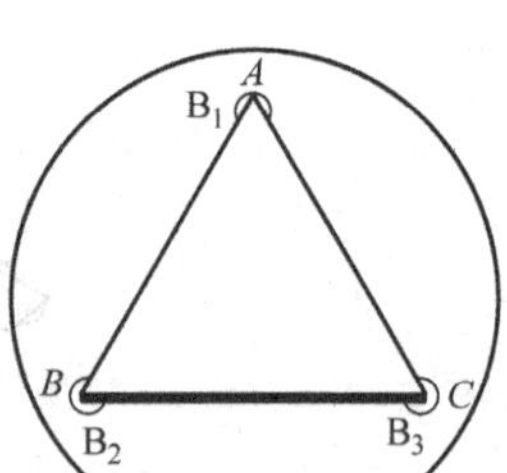

图 4. 14-10　三棱镜在载物台上的放置方法

借助调好的望远镜，用自准法调节棱镜主截面的水平度，使两个光学面法线均与仪器主轴垂直：①打开目镜照明系统，转动载物台使 AB 面正对望远镜，只调节螺钉 B_3，使在望远镜视场中看到的反射绿十字水平线与分划板的上十字线水平线重合（注意：与用平面反射镜做实验时相比较，此时的反射像的强度要弱许多，需仔细观察寻找）。②转动载物台使 AC 面正对望远镜，只调节螺钉 B_2，使在望远镜

视场中看到的反射绿十字水平线与分划板的上十字线水平线重合。反复多次调节，直至 *AB* 面、*AC* 面反射的绿十字像水平线都与分划板的上十字线重合。

3. 测量

1）完成前面的调节后，按照三棱镜顶角测量原理测量三棱镜的顶角，将数据记录于表 4.14-1。

2）用汞灯照亮平行光管的狭缝，按照最小偏向角测量原理，测量汞灯绿色谱线的最小偏向角，将数据记录于表 4.14-2。

【数据处理与分析】

1）计算三棱镜顶角 A 的值。

2）计算汞灯绿光（汞灯绿色谱线的波长为 546.07nm）的最小偏向角及三棱镜材料对该光的折射率。

3）推导式（4.14-6）、式（4.14-7）和式（4.14-5）的误差传递公式，估算三棱镜顶角、最小偏向角和折射率的不确定度。

4）给出三棱镜顶角 A、最小偏向角和折射率测量结果的完整表达。

【讨论】

对实验现象和实验结果进行分析讨论，并将自己的测量结果与文献的数据进行比较。

【结论】

通过对实验现象和实验结果的分析，你能得到什么结论？

【研究性题目】

采用汞灯，对汞灯的不同谱线测量最小偏向角。计算三棱镜对这些谱线的折射率，研究棱镜折射率 n 随波长变化的现象。

【参考文献】

[1] 丁慎训，张孔时. 物理实验教程 [M]，北京：清华大学出版社，1992.

[2] 沈元华，陆申龙，基础物理实验 [M]，北京：高等教育出版社，2003.

【补充材料 4.14-1】　双游标消除偏心差

为了消除刻度盘与分光仪中心轴之间的偏心差，在设计上分光仪在刻度圆盘同一直径的两端各装有一个游标，测量时两个游标都应读数。测量角度时，算出每个游标的两次读数的差，再取平均值，这样可以消除偏心差。

图 4.14-11 表示分光仪存在偏心差的情况。图中，刻度盘中心在 O 点，载物台中心在 O' 点。两游标与载物台固连（拧紧螺钉 10），并在其直径两端与刻度盘弧相接触。通过 O' 的虚线表示两个游标零线的连线。假定载物台从 P_1 转到 P_2，实际转过的角度为 θ，而刻度盘上的读数分别为 P_1 和 P'_1、P_2 和 P'_2，计算得到的转角分别为 $\theta_1 = |P_2 - P_1|$ 和 $\theta_2 = |P'_2 - P'_1|$。

根据几何定理：$\alpha_1=\theta_1/2$、$\alpha_2=\theta_2/2$，而$\theta=\alpha_1+\alpha_2$，故载物台实际转过的角度为

$$\theta=(\theta_1+\theta_2)/2=[|P_2-P_1|+|P'_2-P'_1|]/2$$

由上式可见，两个游标读数转过的角度的平均值即为载物台实际转过的角度，因而使用两个游标的读数装置，可以消除偏心差。

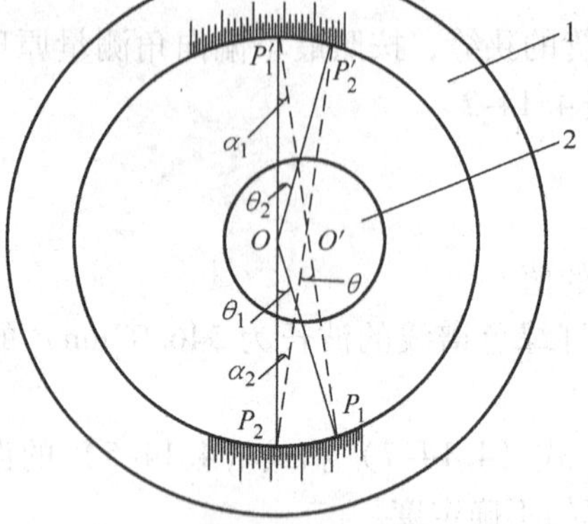

图 4. 14-11 双游标消除偏心差几何图
1—刻度盘 2—载物台

【补充材料 4. 14-2】 汞光谱线的波长

汞在可见光区域光谱线的波长表

谱线颜色	波长/nm	相对强度
紫色	404. 65	强（可以看见）
	407. 78	强（可以看见）
	410. 80	弱（很难看见）
蓝紫	433. 92	弱（很难看见）
	434. 75	弱（很难看见）
蓝色	435. 83	很强（看得很清楚）
蓝绿色	491. 60	较强（可以看见）
	496. 03	弱（很难看见）
绿色	535. 40	弱（很难看见）
	546. 07	很强（看得很清楚）
黄绿	567. 58	弱（很难看见）
黄色	576. 96	很强（看得很清楚）
	579. 06	很强（看得很清楚）
	579. 02	弱（很难看见）
	585. 93	弱（很难看见）
橙色	607. 26	弱（很难看见）
红色	612. 34	较强（可以看见）
	623. 43	强（可以看见）

【数据表格】

实验者信息：

专业班级：__________ 学号：__________ 姓名：__________同组人姓名：__________

表 4.14-1　三棱镜顶角测量数据

P_1	P'_1	P_2	P'_2

表 4.14-2　汞灯谱线最小偏向角测量数据

谱线颜色	P_1	P'_1	P_2	P'_2
绿色				

实验时沿此线剪下

教师签名：__________

实验 4.15　光的等厚干涉

【引言】

根据相干光源的获得方式，可将光的干涉分成两大类：分波面干涉和分振幅干涉。分振幅干涉又包括等倾干涉和等厚干涉两种，它们是光的干涉现象实际应用的主要形式。在本实验中，我们不仅可以观察光的等厚干涉现象，加深对光的干涉理论的理解，还可以学习光的等厚干涉现象的两种实际应用：①用牛顿环产生的等厚干涉测量透镜的曲率半径；②用空气劈尖干涉测量细丝直径。这些应用原则上都可以说是以光的半波长为最小测量单位进行长度测量，因此测量精度大大高于常用长度测量量具。掌握光的等厚干涉现象和原理，你还可以在科学研究与生产实际中发展许多新的应用。

【实验目的】

1）观察牛顿环和空气劈尖产生的干涉现象，了解等厚干涉的特点，加深对干涉原理的理解。

2）掌握用牛顿环测平凸透镜的曲率半径的原理和方法。

3）掌握用空气劈尖测量细丝直径的原理和方法。

4）学习读数显微镜的使用方法。

【实验仪器】

钠光灯及电源、具有分光镜和螺旋测微机构的读数显微镜、牛顿环、空气劈尖等。

【预习提示】

1）实验的具体任务是测量一块平凸透镜的曲率半径和一根细丝的直径。

2）理解用牛顿环测平凸透镜曲率半径的原理，了解需要测量哪些物理量；了解读数显微镜配备的螺旋测微机构，思考如何安排具体实验测量过程以避免空程差的产生。

3）理解用空气劈尖测量细丝直径的原理，厘清需要测哪些量，如何测。

【实验原理】

1. 用牛顿环测平凸透镜的曲率半径

牛顿环属于用分振幅方法产生的干涉现象，它产生的是等厚干涉条纹。把一块曲率半径为 R 的平凸透镜的凸面放在另一块极平的玻璃片上，如图 4.15-1 所示。在两块玻璃面间就形成了一层以接触点 O 为中心而向四周逐渐增厚的空气薄层 - 空气膜。若以单色光从正上方垂直照射，则由空气膜的上下两表面反射的两束光线成为相干光。如果从上方观察由反射光所产生的干涉图案，就会看到以暗点为中心的一组明暗相间的同心圆环，这种图案叫做牛顿环，如图 4.15-2 所示。

如图 4.15-1 所示，当波长为 λ 的单色光垂直入射时，由空气膜上表面和下表面反射的光的光程差为

$$\Delta = 2\delta + \frac{\lambda}{2} \tag{4.15-1}$$

式中，δ 是与牛顿环中心距离为 r 处空气隙的厚度；$\frac{\lambda}{2}$是由于光从下表面（光疏媒质到光密媒质的交界面）反射时，发生半波损失所引起的附加光程差。显然，由于光程差仅随空气隙的厚度 δ 而改变，故干涉条纹是厚度相同的点的轨迹，即以接触点为中心的一系列同心圆环。

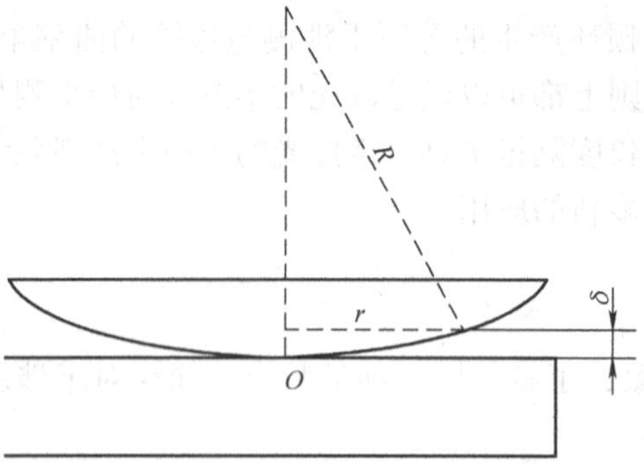

图 4.15-1　牛顿环测平凸透镜的曲率半径的原理示意图

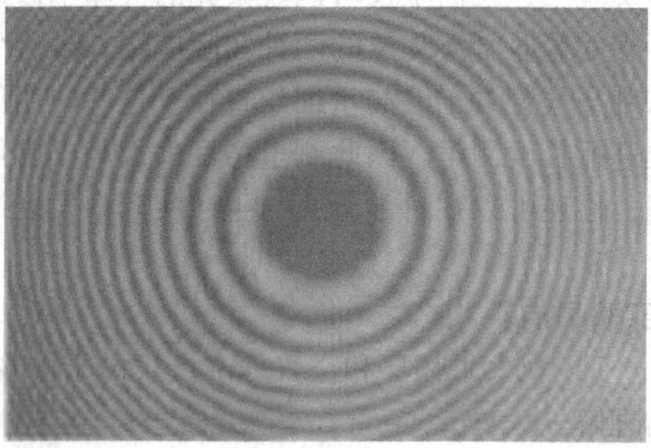

图 4.15-2　牛顿环

由图 4.15-1 所示的几何关系，有

$$R^2 = r^2 + (R-\delta)^2 = r^2 + R^2 - 2R\delta + \delta^2 \tag{4.15-2}$$

当 $R \gg \delta$ 时，由式（4.15-2）可得 $\delta = \frac{r^2}{2R}$，代入式（4.15-1）得

$$\Delta = \frac{2r^2}{2R} + \frac{\lambda}{2} \tag{4.15-3}$$

当光程差为半波长的奇数倍时，产生暗条纹，由式（4.15-3）有

$$\frac{2r_m^2}{2R} + \frac{\lambda}{2} = (2m+1)\frac{\lambda}{2} \quad (m=0,1,2,\cdots) \tag{4.15-4}$$

由式（4.15-4）可以看出，相邻暗环对应的光程差相差一个波长。如图 4.15-2 所示，如果从中心圆斑开始数暗环的个数，数到第 4 个暗环时，就表明第 4 个暗环处的光程差比中心圆斑处多了 4 个波长，由这一数值就可以得到第 4 个暗环处的空气隙的高度。在这里，通过数暗环的个数，我们就实现了以半波长为最小长度单位进行空气隙高度的测量。这种方法可以应用到许多类似场合，以半波长为最小长度单位测出微小长度量，例如测量薄膜变形量，光学元件的平整度，等等。

由式（4.15-4）有

$$r_m = \sqrt{mR\lambda} \tag{4.15-5}$$

对式（4.15-5）可做如下讨论：

1）当 $m=0$ 时，$r=0$ 时，表明在理想接触下，牛顿环中心暗点应为几何点，但实际情况常常是一个暗斑。

2）牛顿环的半径与 m 的平方根成正比，在 R、λ 一定时，m 越大，即暗环级次越高，相邻暗环之间的间距越小，故由 O 点向外，牛顿环越来越密。

3）若测出 m 和 r_m，并知道 λ，就可以算出透镜的曲率半径 R。反之，已知 R，测出 m 和 r_m，也可以算出光波长。

在实际应用上述原理时发现，由于玻璃接触时的弹性形变、接触点不干净等原因，平凸透镜的凸面与平面玻璃不能很理想地只以一个点相接触，观察到的牛顿环中心往往不是一个暗点，而是一个不很规则的圆斑，这样 r_m 不易测量得很准确，干涉环的级数也不能准确确定。为了消除这些问题，我们可以测量两个暗环的半径。设测出第 n 个环的半径 r_n 和第 m 个环的半径 r_m，代入式（4.15-5）得

$$r_n^2 - r_m^2 = nR\lambda - mR\lambda = (n-m)R\lambda \tag{4.15-6}$$

$$R = \frac{r_n^2 - r_m^2}{(n-m)\lambda} \tag{4.15-7}$$

式中，$n-m$ 为暗环的级次差，可以准确测定。

当实际测量时，因为暗环圆心不易准确找出，暗环半径也不易准确测量，所以一般测量暗环的直径。由于暗环圆心不易准确找出，在测量暗环直径时，有可能不是严格的直径而是弦长，设所测弦长距圆心距离为 x，如图 4.15-3 所示，这样就有

$$D_m = 2\sqrt{r_m^2 - x^2} \tag{4.15-8}$$

$$D_n = 2\sqrt{r_n^2 - x^2} \tag{4.15-9}$$

最后可得

$$R = \frac{D_n^2 - D_m^2}{4(n-m)\lambda} \tag{4.15-10}$$

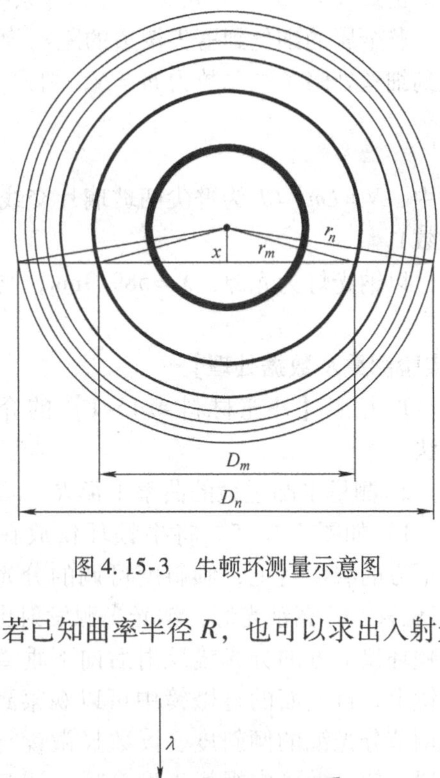

图 4.15-3　牛顿环测量示意图

式中，D_m、D_n 是两个暗环的直径或弦长。本实验入射光用波长为 589.3nm 的纳光，用读数显微镜测出第 m 圈和第 n 圈的直径或弦长，用式（4.15-10）便可算出透镜的曲率半径 R。反过来，若已知曲率半径 R，也可以求出入射光的波长。

2. 用空气劈尖干涉测量细丝直径

如图 4.15-4 所示，取两块光学平面玻璃板，使其一端接触，另一端夹着待测细丝（细丝与接触棱边要相互平行），这样在两块玻璃板之间形成了一个空气劈尖。当平行单色光垂直射向玻璃板时，由空气劈尖下表面反射的光束与空气劈尖上表面反射的光束就有一定的光程差。这两束光在空气劈尖的上表面相遇时发生干涉，形成一组与两玻璃接触的棱边相平行、间隔相等、明暗相

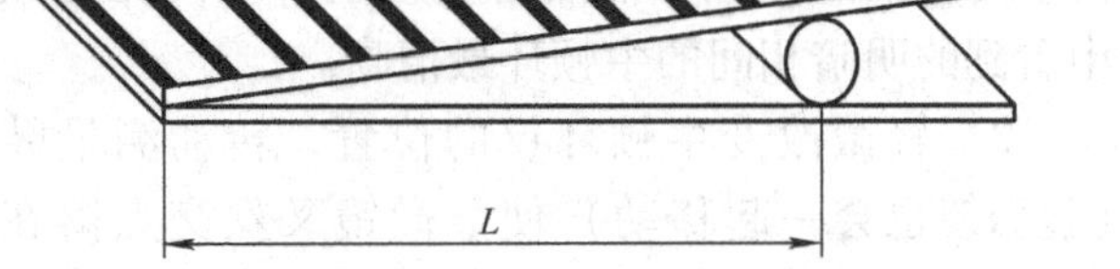

图 4.15-4　劈尖及干涉条纹示意图

间的干涉条纹。这种干涉条纹也是一种等厚条纹。设入射的单色光波长 λ，在空气劈尖厚度为 d 处发生干涉的两束光线的光程差为

$$\Delta = 2d + \frac{\lambda}{2} \tag{4.15-11}$$

式中，$\lambda/2$ 为光线从劈尖下表面反射时发生的半波损失。

若在空气劈尖厚度为 d 处形成暗条纹，光程差必须满足下述干涉条件：

$$\Delta = 2d + \frac{\lambda}{2} = (2m+1)\frac{\lambda}{2} \tag{4.15-12}$$

式中，$m=0, 1, 2, \cdots$为干涉条纹级数。上式可简化为

$$d = \frac{m\lambda}{2} \tag{4.15-13}$$

由式（4.15-12）可见，当 $d=0$ 时，光程差 $\Delta=\lambda/2$，即玻璃板的接触棱边呈零级暗条纹。由式（4.15-13）可见，两相邻条纹之间对应的劈尖空气厚度相差 $\lambda/2$。

若金属的细丝到劈尖棱边的距离为 L，且该处空气厚度为 d（即为细丝直径），由棱边到细丝处暗条纹总数为 $m=N$，则式（4.15-13）变为

$$d = \frac{N\lambda}{2} \tag{4.15-14}$$

式中，$N=Lm_l$（L 为劈尖两玻璃片交线处到夹细线处的总长度，m_l 为单位长度的干涉条纹数）。

以钠光灯为光源，$\lambda=589.3\text{nm}$，测出 N 之后，就可以得到细丝的直径 d。

【实验测量及数据处理】

1. 按照【补充材料 4.15-1】的介绍，熟悉读数显微镜的构造、调节方法和读数方法。

2. 测量平凸透镜的曲率半径 R

1）如图 4.15-5，将牛顿环仪放在读数显微镜正下方的载物台上，倾斜度可调的分光镜大致调到 45°位置。开亮钠光灯，钠光光源发射出来的光通过牛顿环仪上方的分光镜反射后向下垂直入射到平凸透镜上，自上面的显微镜中可以观察到牛顿环。轻微调节分光镜的倾斜度、读数显微镜与光源的相对位置，使显微镜中视场亮度合适。调节读数显微镜的目镜，使目镜中看到的叉丝最清晰，将显微镜镜筒下降到接近牛顿环然后再缓慢上升，使在显微镜中看到的明暗相间的牛顿环最清晰。

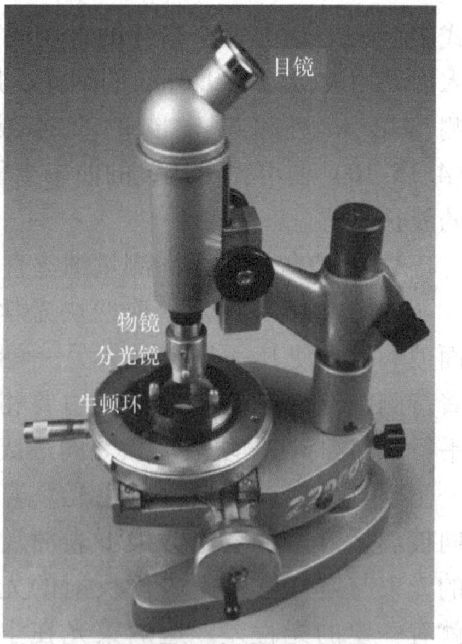

图 4.15-5 牛顿环测试图

2）轻微改变牛顿环仪的位置，转动测量鼓轮（显微镜也会一起移动）使显微镜叉丝交点落在牛顿环中心斑上。本测量欲测出第 5、10、15、20、25、30 环的直径，因此，测量前要观察整个调节范围内能否测出第 30 环的直径（需移动载物平台并数

环数）。

3）测量时，转动测微鼓轮，使显微镜中的叉丝交点从左侧的第 32 环移至与第 30 环暗条纹相重合处，记下读数 d_{30}。以后按递减的次序依次测到第 25、20、15、10、5 环，记录读数 d_{25}、d_{20}、d_{15}、d_{10}、d_5。继续向右移动显微镜，过牛顿环中心，记下叉丝交点依次与另一边的第 5、10、15、20、25、30 环相重合时的读数 d'_5、d'_{10}、d'_{15}、d'_{20}、d'_{25}、d'_{30}。测量 3 次，并将测量数据计入表 4.15-1 中。

注意：整个测量过程中，鼓轮必须单方向旋转，不能倒转，以避免因丝杆与螺母之间存在的空隙引起的空程差。旋转鼓轮时要慢，切不可移过头又返回来再读数，这样将产生较大的误差。

数据处理：同一环左右两边读数之差就是该环的直径。d_5 与 d'_5 为一组数据；d_{10} 与 d'_{10} 为一组数据；d_{15} 与 d'_{15} 为一组数据；d_{20} 与 d'_{20} 为一组数据；d_{25} 与 d'_{25} 为一组数据；d_{30} 与 d'_{30} 为一组数据，分别计算透镜的曲率半径 R。推导误差传递公式，进行不确定度估算，波长的不确定度近似取为 0.3nm。

3. 测量细丝直径

1）取下牛顿环，将空气劈尖放在显微镜正下方，调节显微镜使其正好聚焦在干涉条纹上，从目镜中看到清晰的干涉条纹。

2）调节显微镜及劈尖盒的位置，当转动测微鼓轮使镜筒移动时，十字叉丝的竖丝要保持与条纹平行。

3）转动测微鼓轮，在劈尖面的三个不同部位，分别测出 20 条暗纹的总长度 l，求其平均值及单位长度的干涉条纹数 $m_l = 20/\bar{l}$。

4）测劈尖两玻璃片交线处到夹细线处的总长度 L，测 1 次，并给出 L 的不确定度。

数据处理：用式（4.15-14）计算金属细丝的直径 d。导出误差传递公式，进行不确定度估算，其中条纹数的误差自行给出估计值，波长的不确定度近似取为 0.3nm。

【结论】

通过对实验现象和实验结果的分析，你能得到什么结论？

【研究性题目】

试用空气劈尖方法，自己搭建光路，测量纸张和头发丝的直径。

【思考题】

（1）若看到的牛顿环局部不圆，劈尖干涉条纹局部弯曲，这是为什么？

（2）比较牛顿环和劈尖干涉的共同点，为什么称作等厚干涉？“厚”是指哪一个厚度？

【补充材料 4.15-1】 JLC 型测量显微镜使用说明

15J（JLC 型）测量显微镜外形如图 4.15-6 所示。

目镜 1 安插在棱镜座 3 的目镜套筒内，目镜止动螺钉 2 可以固定目镜的位置。棱镜座 3 能够转动。物镜 5 直接旋转在镜筒 4 上，组合成显微镜。转动调焦手轮 15 使显微镜上下升降进行调焦。支架13借旋手12紧固在主立柱14的适当位置上。45°反射玻璃片（分光镜）安装在圆形套筒内，套筒安装在物镜的下方。

$X-Y$轴直角测量坐标中，旋转测微鼓轮9时，测量工作台沿着X轴方向移动。测微鼓轮9刻有100等分刻线，每格0.01mm。旋转测微鼓轮7时，测量工作台沿着Y轴方向移动，测微鼓轮7刻有50等分刻线，每格0.01mm。

测量工作台6周围刻有角度值，绕垂直轴旋转后由游标读数，格值是6′（1/10度）。测量工作台装配在平台11上，平台与立柱14可用手旋平台固定螺钉10锁紧。为了得到明亮的视场，还可将反光镜装在底座8上，并可根据光源方向四面转动，以得到更好的观察效果。

图4.15-6 读数显微镜

1—目镜 2—目镜止动螺钉 3—棱镜座 4—镜筒 5—安装有分光镜的物镜 6—测量工作台 7—Y轴测微鼓轮 8—底座 9—X轴测微鼓轮 10—平台固定螺钉 11—平台 12—显微镜固定螺钉 13—显微镜支架 14—主立柱 15—调焦手轮

仪器测量精度：若以L表示被测件长度（mm），测量地点的温度为20±3℃时，仪器的示值误差为

$$\Delta_{L仪} = \pm\left(5+\frac{L}{15}\right)\ (\mu m) \tag{4.15-15}$$

【数据表格】

实验者信息：

专业班级：__________ 学号：__________ 姓名：__________同组人姓名：__________

表 4.15-1 牛顿环实验数据表

光波长：λ =________ nm

测量次数 k \ 环数 i		5	10	15	20	25	30
1	d_n						
	d'_n						
	$D_{nk}=d_n-d'_n$						
2	d_n						
	d'_n						
	$D_{nk}=d_n-d'_n$						
3	d_n						
	d'_n						
	$D_{nk}=d_n-d'_n$						

表 4.15-2 空气劈尖数据表

劈尖长度 L =________ mm

次数 n	1	2	3
l_0/mm			
l'_0/mm			
l/mm			

实验时沿此线剪下

教师签名：__________

第 5 章　综合性实验

实验 5.1　受迫振动的研究

【引言】

对由受迫振动导致的共振现象所进行的系统研究，在工程科技领域中具有重要的实用价值。在微观科学研究中，“共振”也是一种重要的研究手段。

表征受迫振动性质的是受迫振动的振幅 - 频率特性和相位 - 频率特性（简称幅频特性和相频特性）。本实验中采用波尔共振仪定量测定机械受迫振动的幅频特性和相频特性，并利用频闪法测定动态的物理量——相差。

【实验目的】

1）研究波尔共振仪中弹性摆轮受迫振动的幅频特性和相频特性。

2）研究不同阻尼力矩对受迫振动的影响，观察共振现象。

3）学习用频闪法测定相差的方法。

4）学习系统误差的修正方法。

【实验仪器】

BG - 2 型波尔共振仪。

【预习提示】

1）了解阻尼振动和受迫振动的性质及特点。

2）了解共振现象的物理本质。

3）了解仪器面板各部件的作用，明确阻尼、驱动力频率的调节方法。

4）了解振动周期、振幅及相差的测量原理和方法。

5）了解幅频特性曲线和相频特性曲线的变化特点，根据实验预期目的，选择适当的测量范围，合理布置测量点。

【实验原理】

物体在周期性外力的持续作用下发生的振动称为受迫振动，周期性的外力称为驱动力（或强迫力）。如果外力按简谐振动规律变化，那么稳定状态时的受迫振动也是简谐振动，其振幅保持恒定，振幅的大小与驱动力的幅值、驱动力的频率、原振动系统无阻尼固有振动频率以及阻尼系数有关。在受迫振动状态下，系统除了受到驱动力的作用外，同时还受到回复力和阻尼力的作用。所以在稳定振动状态时物体的位移、速度变化与驱动力变化不是同相的，存在相差。当驱动力频率接近于系统的固有频率时，物体振动的振幅将增大。

当物体振动振幅达到最大时，称为位移共振。位移共振频率接近振动物体固有频率，但比振动物体固有频率小。阻尼越小，位移共振频率越接近振动物体固有频率。当驱动力频率与振动物体固有频率相同时，受迫振动的速度幅达到最大，产生速度共振，此时物体振动位移比驱动力滞后90°。

本实验所采用的波尔共振仪（具体结构参见本实验【实验装置】中的相关介绍）中的摆轮可在弹性力矩作用下自由摆动，若同时加上阻尼力矩和驱动力矩，摆轮可做受迫振动。用其来研究受迫振动特性，可直观地显示机械振动中的一些物理现象。

当摆轮受到周期性驱动外力矩 $M=M_0\cos\omega t$ 的作用，并在有空气阻尼和电磁阻尼的介质中运动时（阻尼力矩设为 $-\gamma\dfrac{\mathrm{d}\theta}{\mathrm{d}t}$，$\gamma$ 为阻尼力矩系数），其运动方程为

$$J\frac{\mathrm{d}^2\theta}{\mathrm{d}t^2}=-k\theta-\gamma\frac{\mathrm{d}\theta}{\mathrm{d}t}+M_0\cos\omega t \tag{5.1-1}$$

式中，J 为摆轮的转动惯量；$-k\theta$ 为弹性力矩；k 为弹簧的劲度系数；M_0 为驱动力矩的幅值；ω 为驱动力的角频率。令 $\omega_0^2=\dfrac{k}{J}$，$2\beta=\dfrac{\gamma}{J}$，$m=\dfrac{M_0}{J}$，则式（5.1-1）变为

$$\frac{\mathrm{d}^2\theta}{\mathrm{d}t^2}+2\beta\frac{\mathrm{d}\theta}{\mathrm{d}t}+\omega_0^2\theta=m\cos\omega t \tag{5.1-2}$$

当 $m\cos\omega t=0$ 时，即在无周期性驱动外力矩作用时，式（5.1-2）即为阻尼振动方程；且当阻尼系数 $\beta=0$，即无阻尼时，式（5.1-2）变为简谐振动方程，ω_0 即为振动系统的固有角频率。

方程（5.1-2）的通解为

$$\theta=\theta_1\mathrm{e}^{-\beta t}\cos(\omega_1 t+\alpha)+\theta_2\cos(\omega t+\varphi) \tag{5.1-3}$$

由式（5.1-3）可见，受迫振动可分成两部分：

第一部分，$\theta_1\mathrm{e}^{-\beta t}\cos(\omega_1 t+\alpha)$ 表示阻尼振动，经过一定时间后振动衰减至可忽略不计。

第二部分，因驱动力矩对摆轮做功，向振动系统传送能量，使系统最终达到稳定的振动状态。此时振幅不变，其值为

$$\theta_2=\frac{m}{\sqrt{(\omega_0^2-\omega^2)^2+4\beta^2\omega^2}} \tag{5.1-4}$$

它与驱动力矩之间的相差 φ 为

$$\varphi=\arctan\frac{2\beta\omega}{\omega_0^2-\omega^2}=\arctan\frac{\beta T_0^2 T}{\pi(T^2-T_0^2)} \tag{5.1-5}$$

由式（5.1-4）和式（5.1-5）可看出，稳定振动状态的振幅 θ_2 与相差 φ 的数值取决于驱动力矩的幅值 M_0、驱动力的频率 ω、系统的固有频率 ω_0 和阻尼系数 β 四个因素，而与振动的起始状态无关。

受迫振动的振幅与驱动力频率有关，由极大值条件 $\dfrac{\partial\theta}{\partial\omega}=0$ 可知，当驱动力角频率为

$$\omega_r=\sqrt{\omega_0^2-2\beta^2} \tag{5.1-6}$$

时，振幅有极大值

$$\theta_r = \frac{m}{2\beta\sqrt{\omega_0^2 - \beta^2}} \tag{5.1-7}$$

此时，系统产生共振。阻尼系数β越小，共振时驱动力角频率越接近系统固有角频率，振幅就越大。

图 5.1-1 和图 5.1-2 表示出阻尼系数β取不同值时受迫振动的幅频特性和相频特性。

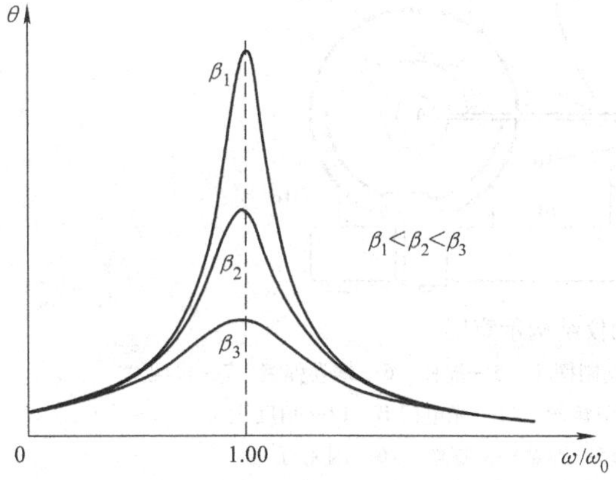

图 5.1-1 幅频特性曲线

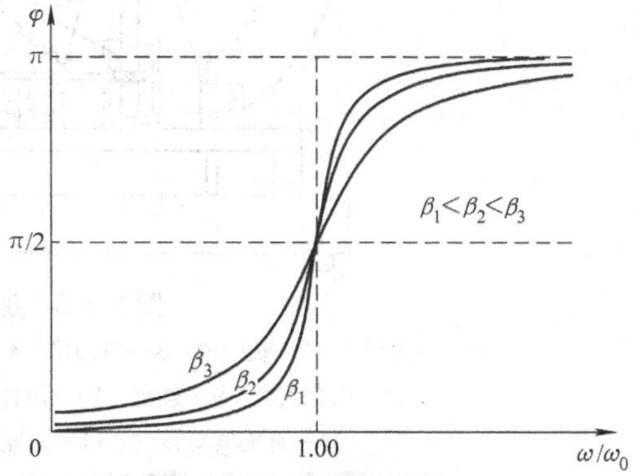

图 5.1-2 相频特性曲线

【实验装置】

BG－2 型波尔共振仪由振动仪与电器控制箱两部分组成。振动仪部分如图 5.1-3 所示。铜质圆形摆轮安装在机架上，弹簧的一端与摆轮的轴相连，另一端用弹簧夹持螺丝固定在机架支柱上，在弹簧弹性力的作用下，摆轮可绕轴自由往复摆动。摆轮外沿有一圈周期为 2°的槽型缺口，其中一个最长的长凹槽用来标志平衡位置。在机架上对准长缺口处安装的光电门 A，可以用来测量摆轮的振幅（角度值）和摆轮的振动周期。摆轮的下部嵌在机架下方带有铁心的一对线圈的空隙中。利用电磁感应原理，当线圈中通过直流电流后，摆轮受到一个电磁阻尼力矩的作用。改变电流的数值即可使阻尼大小相应改变。为使摆轮做受迫振动，在一个转速稳定且可调节的电动机轴上装有偏心轮，通过连杆机构和摇杆带动摆轮。在电动机轴上装有随电动机一起转动的带有零度标志线的有机玻璃转盘，由它可以从角度读数盘读出相差φ。在正对角度读数盘中央上方（90°）处，装有光电门 B，利用有机玻璃转盘上零度标志线两端较粗部分作为两个挡光片，可以测量驱动力矩的周期。

摆轮振幅是利用光电门 A 测出摆轮外圈上槽型缺口所移动的个数来测出，并由电器控制箱的液晶显示屏直接显示数值，精度为 2°。

当受迫振动时，摆轮与外力矩的相差利用频闪法测量。闪光灯受摆轮处光电门 A 控制，每当摆轮上长槽通过平衡位置时，光电门 A 接收光，闪光灯闪光（**注意**：闪光灯应放置在底座上，切勿拿在手中直接照射刻度盘）。在稳定振动时，在闪光照射下的有机玻璃盘上的零度标志线好像一直“停在”某一刻度处（称为频闪现象），此数值就是摆轮与外力矩的相差，测量误差不大于 2°。闪光灯在长槽来回通过光电门 A 时都要闪光，即每一振动周期内闪亮两次。

波尔共振仪电器控制箱的前面板如图 5.1-4 所示。

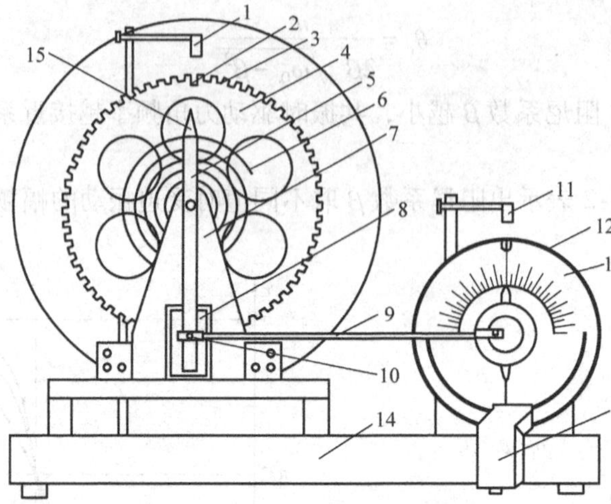

图 5.1-3　振动仪结构示意图

1—光电门 A　2—长凹槽　3—短凹槽　4—铜制摆轮　5—摇杆　6—蜗卷弹簧　7—机架　8—阻尼线圈　9—连杆　10—摇杆调节螺丝　11—光电门 B　12—角度盘　13—有机玻璃转盘　14—底座　15—弹簧夹持螺丝　16—闪光灯

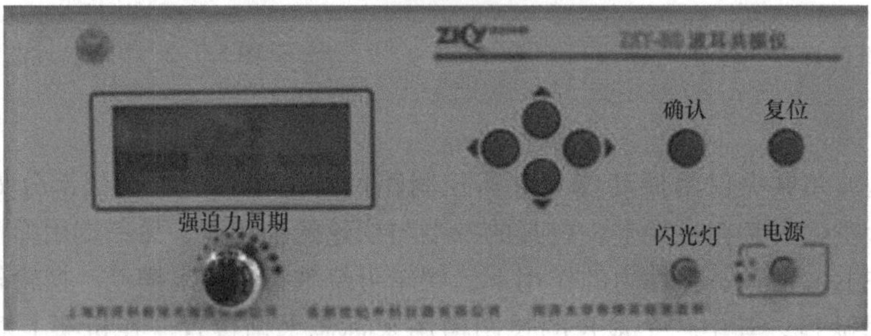

图 5.1-4　电器控制箱前面板图

“强迫力周期”旋钮即电动机转速调节旋钮，是一个带有刻度的十圈电位器（如图 5.1-5），改变旋钮刻度即改变电动机转速，也即改变驱动力矩的周期。当锁定开关偏离图 5.1-5 中所示的锁定位置时，方可调节电位器的刻度。刻度仅供实验中大致确定与驱动力矩周期值相应的旋钮位置时作参考。

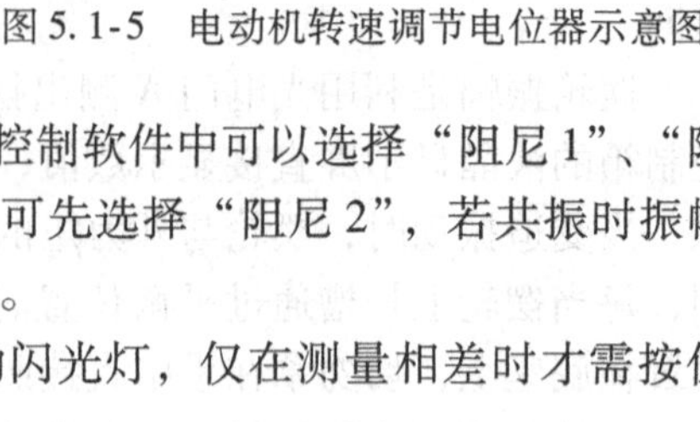

图 5.1-5　电动机转速调节电位器示意图

通过控制软件来调节阻尼线圈内由恒流源提供的直流电流的大小，从而改变摆轮系统的阻尼系数。控制软件中可以选择“阻尼 1”、“阻尼 2”、“阻尼 3”三个阻尼档，实验时视情况选择（可先选择“阻尼 2”，若共振时振幅太小则可改用“阻尼 1”），应使共振振幅不大于 150°。

为延长闪光灯管的使用时间，采用按钮开关启动闪光灯，仅在测量相差时才需按住“闪光灯”按钮。

【实验测量与数据处理】

手动调节有机玻璃盘上零度标志线，使其指向 0，此时的摆轮应静止于平衡位置。微调光电门 A、B 的位置，使其处于通光且不与它物接触磨擦的状态。打开电源开关，屏幕上出现欢迎及按键说明界面，如图 5.1-6a 所示。按“确认”按钮之后选中（通过“▶”或“◀”选择，再按“确认”按钮确定，以下同）“单机模式”，进入图 5.1-6b 界面选中实验类型。

1. 定性观察摆轮的自由振动和阻尼振动

选中进入“自由振荡”（或“阻尼振荡”，再选中“阻尼选择”），出现如图 5.1-6c（或图 5.1-6f）所示的测量界面。在“测量”置于默认的“关”状态下，可以直接从屏幕上读出每次振动的振幅和周期，注意观察振幅变化的特点。

数据的自动记录与查询功能：当测量界面中的“测量”处于被选择时，可以更改（通过按“▲”或“▼”键，以下同）它的状态，将其置于“开”状态，则控制箱可以在摆轮摆动时自动记录屏上所显示的数据。当“测量”回到“关”状态时，可以选中“回查”，进入查询界面，如图 5.1-6d 所示，通过按“▲”或“▼”键查看所有记录的数据，按“确认”按钮可以退出回查状态。

请思考：在观察摆轮的自由振动和阻尼振动时，阻尼分别是怎样设置的？

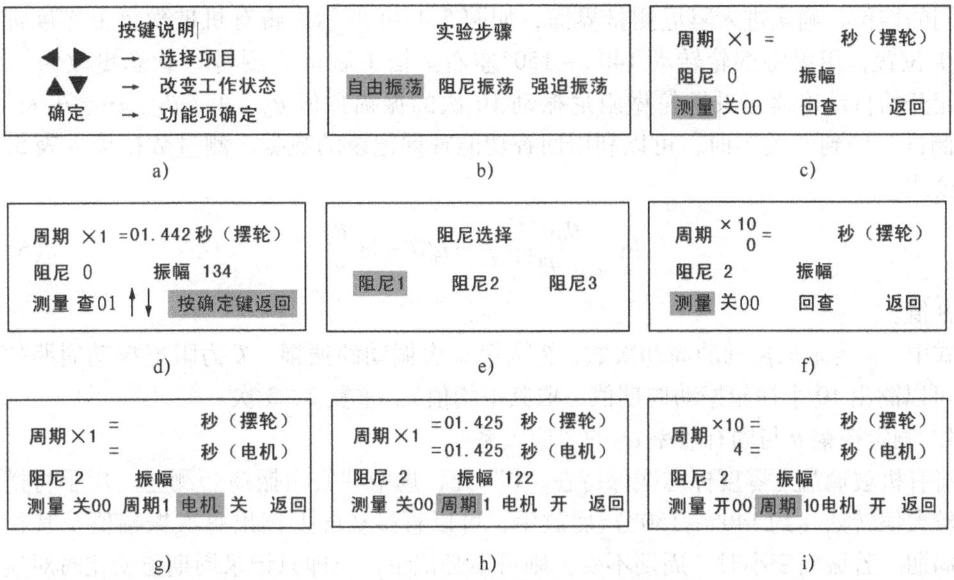

图 5.1-6 控制箱显示屏操作界面图

2. 测定受迫振动的幅频特性和相频特性曲线（至少完成一种阻尼下的测量）

选中“阻尼振荡”，将“阻尼选择”选中于适当的档位（如“阻尼 2”），再由测量界面（见图 5.1-6f）返回到“实验步骤”界面后，才能选中“强迫振荡”进行测量。**注意**在实验过程中“阻尼选择”不能任意改变，或将整机电源切断，否则由于电磁铁剩磁现象将引起 β 值变化，只有在某一阻尼系数 β 的所有实验数据测量完毕，需要改变 β 值时，才可改变“阻尼选择”。进入“强迫振荡”的测量界面如图 5.1-6g（默认选择“电机”）后，更改“电机”状态令其置于“开”，则启动电动机，当保持“周期”为“1”时，屏上可以直接显示摆轮和电动机的周期、振幅值，如图 5.1-6h 所示。改变电动机的转速，即改变驱动力矩的频率 ω。设定某一电动机转速，当受迫振动稳定后，才可以开始准备测量（此时摆轮和电动机的周期必须趋向一致）。选择“周期”，把“周期”更改为“10”，再选择“测量”，更改其状态为“开”，控制箱开始自动记录数据。一次测量完成，“测量”状态显示“关”，读出摆轮的振幅值 θ，记录驱动力矩 10 次振动周期 $10T$，按住“闪光灯”按钮，利用闪光灯测定受迫振动位移与驱动力间的相差 φ。将所测电动机转速刻度值、驱动力周期 $10T$、振幅 θ、相差 φ 等数据填入表 5.1-1。

每次改变强迫力周期钮的刻度（即改变电动机转速）进行测量前，均需返回“周期”为“1”的测量界面如图 5.1-6h 所示，等待系统稳定，之后再进行相应的测量。

强迫振荡测量完毕，选中“返回”，回到“实验步骤”选择界面，如图 5.1-6b 所示。

请思考：欲完整测量共振特性曲线应如何确定数据范围？在共振点附近由于曲线变化较陡，应如何分布测量数据点（此时电动机转速极小变化会引起相差 φ 的很大改变）？

提示：测共振特性曲线时，首先找到使摆轮振幅最大、相差接近 90°的电动机转速刻度，并在此刻度值附近分布数据点（满足 $80° < \varphi < 100°$）；然后使电动机转速刻度值向两侧有较大偏离，适当分布数据点（满足 $\varphi < 80°$ 及 $\varphi > 100°$）。

3. 测定阻尼系数 β

在“实验步骤”界面选中“阻尼振荡”，将“阻尼选择”置于与“强迫振荡”测量时相同的档位，确认进入阻尼测量界面，如图 5.1-6f 所示。将有机玻璃盘上零度标志线放在 0°位置，用手将摆轮转动 140° ~ 150°左右。松手后将“测量”状态更改为“开”，控制箱开始自动连续记录摆轮做阻尼振动 10 次的振幅数值 θ_0、θ_1、θ_2、…、θ_n 及周期。在“测量”回到“关”时，可以利用回查功能查询记录的数据。测量数据填入表 5.1-2。利用公式

$$\ln \frac{\theta_0 \mathrm{e}^{-\beta t}}{\theta_0 \mathrm{e}^{-\beta(t+nT)}} = n\beta T = \ln \frac{\theta_0}{\theta_n} \tag{5.1-8}$$

求出 β 值。

式中，n 为阻尼振动的周期次数；θ_n 为第 n 次振动的振幅，T 为阻尼振动周期的平均值（可以测出 10 个摆轮振动周期值，取其平均值）。重复 2、3 次。

4. 测定振幅 θ 与固有频率 ω_0 的对应关系

将有机玻璃盘上零度标志线保持在“0”处，选中“自由振荡”测量。用手将摆轮拨动到较大偏转处（约 140° ~ 150°）后放手，可以直接从屏上读出每次振幅值及其相应的摆动周期。若振幅变小时，周期不变，则可不必记录，也即只记录周期值变化时对应的振幅值。重复几次即可作出 θ_n 与 T_{0n} 的对应关系数据表 5.1-3。请注意，表 5.1-3 中记录的振幅幅值范围应该涵盖表 5.1-1 中所测量的振幅值。

如果选择控制箱自动记录数据的测量功能（此时只记录摆轮周期值变化时对应的振幅值），则可以利用回查功能对振幅和周期值进行查询。

在“实验步骤”界面，持续按住复位钮几秒钟，仪器自动复位，实验数据全部清除，关闭电源，实验结束。

5. 数据记录和处理

1）绘制幅频特性和相频特性测量曲线：利用表 5.1-2、表 5.1-3 数据完善表 5.1-1，即分别求出阻尼系数 β 和各个振幅所对应的固有振动周期 T_0（频率 ω_0）。作出幅频特性和相频特性曲线（至少作出一种阻尼下的特性曲线）。

2）计算阻尼系数 β

① 利用作图法或直线拟合最小二乘法求出 β 值：根据式（5.1-8），利用表 5.1-2 的数据，采用作图法或直线拟合最小二乘法得到线性关系 $\ln(\theta_0/\theta_n) \sim n$，由该直线的斜率求出 β 值。

② 利用共振曲线确定 β 值：当受迫振动达到稳定状态时，阻尼振动部分可以认为已衰减至零，因而振动位移只需要考虑强迫振动部分，即式（5.1-3）的第二项。阻尼系数较小（满足 $\beta^2 \leqslant \omega_0^2$）时，在共振位置附近（$\omega = \omega_0$），由于 $\omega_0 + \omega = 2\omega_0$，从式（5.1-4）和式（5.1-7）可得出

$$\left(\frac{\theta}{\theta_r}\right)^2 = \frac{4\beta^2\omega_0^2}{4\omega_0^2(\omega-\omega_0)^2 + 4\beta^2\omega_0^2} = \frac{\beta^2}{(\omega-\omega_0)^2 + \beta^2}$$

当 $\theta = \frac{1}{\sqrt{2}}\theta_r$，即 $\left(\frac{\theta}{\theta_r}\right)^2 = \frac{1}{2}$ 时，由上式可得 $\omega - \omega_0 = \pm\beta$。

作幅频特性曲线 $(\theta/\theta_r)^2 - \omega$，对应于图中 $\left(\frac{\theta}{\theta_r}\right)^2 = \frac{1}{2}$，$\omega$ 有两个值 ω_1，ω_2。通常把共振幅频特性曲线上相对强度 1/2 处曲线的宽度定义为共振峰的宽度或共振带宽。由此求出 $\beta = \frac{\omega_2 - \omega_1}{2}$。

3）求解品质因数 Q

① 对于无驱动欠阻尼振动系统，振动的振幅满足关系式 $\theta = \theta_1 e^{-\beta t}$，则其能量（正比于振幅平方）满足关系式 $E = E_1 e^{-2\beta t}$。振动系统的能量减小到初始能量的 1/e 所经历的时间为 $\tau = \frac{1}{2\beta}$ 称为时间常量，或鸣响时间。技术上定义鸣响时间内振动次数的 2π 倍为阻尼振动的品质因数 Q，$Q = 2\pi\frac{\tau}{T} = \omega\tau$。阻尼不严重时，可用振动系统的固有周期或频率计算。

② 对于共振系统，可由幅频特性共振曲线确定 Q 值，即 $Q = \frac{\omega_0}{\text{共振带宽}}$。

【误差分析】

本仪器采用石英晶体作为计时部件，测量周期（角频率）的误差可以忽略不计，误差主要来自阻尼系数 β 的测定和无阻尼振动时系统的固有振动频率 ω_0 的确定。

在进行理论分析时认为弹簧的劲度系数 k 为常数，与扭转的角度无关。实际上，由于制造工艺及材料性能的影响，k 值随着角度的改变而略有微小的变化（3%左右），因而造成在不同振幅时系统的固有频率 ω_0 有变化。如果取 ω_0 的平均值，则将在共振点附近使相差的理论值与实验值相差很大。为此可测出振幅与固有频率 ω_0 的对应关系。在 $\varphi = \arctan\frac{\beta T_0^2 T}{\pi(T^2 - T_0^2)}$ 公式中，T_0 采用对应于某个振幅的数值代入，这样可使系统误差明显减小。

【讨论】

请结合实验现象及所测幅频、相频特性曲线分析受迫振动现象的特性。将用两种方法

求得的 β、Q 值进行比较并讨论。

【结论】

通过对实验现象和实验结果的分析，你能得到什么结论？

【研究性题目】

试研究振动系统的阻尼性质对于系统受迫振动特性的影响。

【思考题】

1）空气中自由振动系统共振时，最大振幅会变成无穷大吗？

2）实验中如何判断受迫振动达到稳定振动状态？

3）实验中如何判断受迫振动达到共振状态？

4）阻尼系数计算的两种方法是否针对同样的振动系统？

5）测量阻尼振动的周期时，测 $10T$ 与测 T 的方法有何区别？

6）阻尼系数 β、品质 Q、能量损耗及共振带宽之间的关系如何？

【参考文献】

[1] 上海同济科教技术物资公司. 波尔共振仪说明书及讲义. 2000.

[2] 张三慧. 大学物理学（第四册 波动与光学）[M]. 2 版. 北京：清华大学出版社，2000.

【数据表格】

实验者信息：

专业班级：__________ 学号：__________ 姓名：__________同组人姓名：__________

表 5.1-1　幅频特性和相频特性测量数据记录表

阻尼选择________，振幅极大值 θ_r = ________，阻尼系数 β = ________

电动机转速刻度	驱动力矩 10 次振动周期 $10T$/s	振幅 θ /(°)	弹簧固有振动周期 T_0/s	φ 测量值 /(°)	φ 理论值/(°) $\arctan\dfrac{\beta T_0^2 T}{\pi(T^2-T_0^2)}$	$\dfrac{\omega}{\omega_0}=\dfrac{T_0}{T}$	$\dfrac{\theta}{\theta_r}$	$\left(\dfrac{\theta}{\theta_r}\right)^2$

表 5.1-2　阻尼系数 β 测量数据记录表

阻尼选择________

幅度/(°)		$\ln(\theta_0/\theta_n)$	幅度/(°)		$\ln(\theta_0/\theta_n)$
θ_0			θ_5		
θ_1			θ_6		
θ_2			θ_7		
θ_3			θ_8		
θ_4			θ_9		

$10T$ = ________ s　$\overline{T}$ = ________ s

表 5.1-3　振幅 θ 与 T_0（ω_0）关系数据记录表

振幅 $\theta/(°)$	T_0/s	ω_0/s^{-1}

教师签名：__________

实验 5.2 霍尔效应

【引言】

1879 年，美国物理学家霍尔（Edwin Herbert Hall）发现，若给流过电流的导体施加与电流方向垂直的磁场，则在与磁场和电流方向均垂直的方向上产生电场，即霍尔效应。1880 年，霍尔在研究磁性金属的霍尔效应时，发现这些磁性样品在不施加外磁场的情况下也可以观察到霍尔效应，这就是反常霍尔效应。需要指出的是，反常霍尔效应与霍尔效应的物理机理不同，不再是由于外磁场对载流子的洛伦兹力的作用而使其运动轨道发生偏转引起的，而是由于电流和磁矩之间的自旋轨道耦合相互作用引起。

霍尔发现霍尔效应和反常霍尔效应 100 年之后，仍有不少科学家在此领域有重大发现。1980 年，德国科学家克利青（Klaus von Klitzing）发现“整数量子霍尔效应”，并于 1985 年因此获得了诺贝尔物理学奖。1982 年，美籍华裔物理学家崔琦（Daniel Chee Tsui）、德国物理学家施特默（Horst L. Störmer）等在更强的磁场作用下研究量子霍尔效应时发现了“分数量子霍尔效应”，这个效应不久由另一位美国物理学家劳弗林（Rober B. Laughlin）给出理论解释，三人因此共同分享了 1998 年诺贝尔物理学奖。2013 年，由清华大学薛其坤院士领衔的团队历时 4 年在磁性掺杂的拓扑绝缘体材料中首先发现了“量子反常霍尔效应”。

霍尔效应在半导体材料研究领域有着重要的应用。半导体材料的掺杂类型、载流子浓度和迁移率是其器件应用中的基本参数，在器件设计和性能优化等方面都起着决定性作用。而霍尔效应测量是获得半导体材料的掺杂类型、载流子浓度和迁移率的最主要的实验手段。霍尔效应在应用技术领域也发挥着重要的作用，例如将霍尔效应与现在集成工业相结合，可以制造出诸如测量磁场的特斯拉计、读取磁条信息的读卡器以及各种角度、位移、速度传感器等设备。

【实验目的】

1）学习霍尔效应原理和霍尔效应实验中的副效应及其消除办法。

2）了解半导体的导电特性，学习确定半导体试样的导电类型、载流子浓度以及迁移率的实验方法。

【实验仪器】

QS－H 型霍尔效应实验组合仪、半导体（硅）样品、导线等。

【预习提示】

1）了解霍尔效应。

2）霍尔电压的大小和方向与哪些因素有关？

3）实验中使用了什么实验手段减少副效应？

【实验原理】

1. 霍尔效应

将一个通电导体置于磁场中，如图 5.2-1 所示，磁场 $\boldsymbol{B}$（沿 Z 方向）垂直于电流 I_S

（沿 X 反方向）的方向，则在导体中垂直于 $\boldsymbol{B}$ 与 I_S 的方向上出现一个电势差 U_H，这个现象称为霍尔效应。其中流过该导体的电流 I_S 称为霍尔电流，由于霍尔效应所产生的电势差 U_H 称为霍尔电压或霍尔电势差。霍尔效应从本质上讲是运动的带电粒子在磁场中受洛仑兹力作用而引起的偏转。当载流子（电子或空穴）被约束在固体材料中，这种偏转就导致在垂直于电流和磁场的方向上产生正负电荷的聚积，从而形成霍尔电压。需要指出的是，霍尔效应对于金属来说并不显著，直到20世纪40年代，半导体材料出现后，人们才在半导体材料中发现了更加显著的霍尔效应并加以应用。

以N型半导体为例，将一个N型半导体薄片放置在垂直于它的磁场中，如图5.2-1所示。磁场 $\boldsymbol{B}$ 的方向沿 Z 轴方向，在 X 的反方向通以电流 I_S，此时N型半导体内的多数载流子（多子）——电子以一定的速度 $\boldsymbol{v}$ 沿 X 方向运动，垂直的磁场会对运动的电子产生一个洛仑兹力的作用，即

$$F_B = q\ (\boldsymbol{v} \times \boldsymbol{B}) \tag{5.2-1}$$

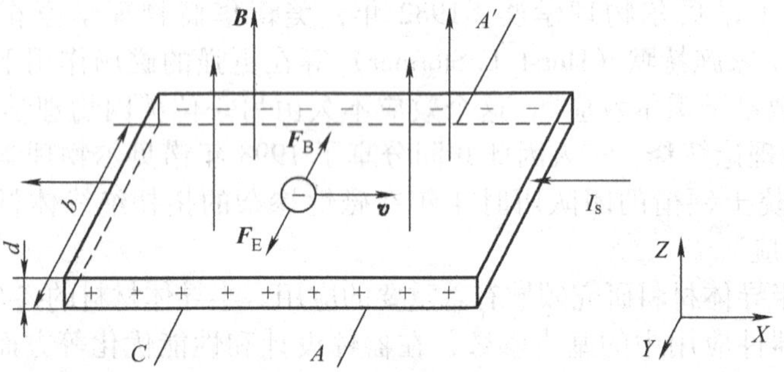

图5.2-1　载流子为电子的导体的霍尔效应示意图

式中，q 为电子电荷。由于洛仑兹力的作用，电荷出现横向偏转并在样品边界处累积，产生一个横向的电场 $\boldsymbol{E}$。当载流子所受的电场力 F_E 与洛仑兹力 F_B 相等时，样品两侧电荷积累将达到动态平衡，此时 $F_E = F_B$，即

$$q\boldsymbol{E} = q(\boldsymbol{v} \times \boldsymbol{B}) \tag{5.2-2}$$

如果该N型半导体薄片的载流子浓度为 n，样品薄片宽度为 b，厚度为 d，则有

$$I = nqvbd \tag{5.2-3}$$

由式（5.2-2）、式（5.2-3）可得

$$U_H = E_H b = \frac{1}{nq} \times \frac{IB}{d} = R_H \frac{IB}{d} \tag{5.2-4}$$

式中，$R_H = \dfrac{1}{nq}$ 称为霍尔系数，是反映材料霍尔效应强弱的重要参数，常用单位为 m^3/C 或 cm^3/C。对于厚度一定的霍尔器件，常采用霍尔灵敏度 K_H 表示霍尔器件的灵敏度。

$$K_H = \frac{1}{nqd} \tag{5.2-5}$$

霍尔灵敏度的常用单位为 m^2/C 或 cm^2/C，也可采用 mV/(mA · T) 或 mV/(mA · kGs) 作为其单位。

2. 半导体材料的参数测量

半导体材料有N型（电子型）和P型（空穴型）两种，前者的多数载流子为电子（带负电），后者的多数载流子为空穴（相当于带正电的粒子）。在图5.2-1所示的实验条

件下，若测得A点电势高于A'点电势，则样品为N型半导体；反之，为P型半导体。利用霍尔效应除了可以确定半导体材料的载流子类型以外，还可以确定待测半导体样品的载流子浓度和迁移率。

（1）载流子浓度n　如果待测半导体材料只有一种载流子导电且所有载流子具有相同的漂移速度，则载流子浓度n为

$$n=\frac{1}{|R_{\mathrm{H}}|q} \tag{5.2-6}$$

若考虑载流子的速度统计分布、能带结构等因素，需引入$3\pi/8$的系数（参阅黄昆等著《半导体物理学》）。

（2）载流子迁移率μ　电导率σ可在图5.2-1所示零磁场下的A、C电极间进行测量，即

$$\sigma=\frac{1}{\rho}=\frac{I_{\mathrm{s}}L}{U_{AC}S}=\frac{I_{\mathrm{s}}L}{U_{AC}bd} \tag{5.2-7}$$

式中，ρ为样品的电阻率；L为A、C电极间的距离；$S=b\cdot d$为样品的横截面积；I_{S}为通过样品的电流；U_{AC}为在零磁场下A、C间的电压。

电导率σ与载流子浓度n以及迁移率μ之间有如下关系：

$$\mu=\frac{\sigma}{nq}=|R_{\mathrm{H}}|\sigma \tag{5.2-8}$$

因此我们可以得到以下结论：

1）要得到较大的霍尔电压，关键是要选择霍尔系数大（即高迁移率，较高电阻率）的材料。

2）金属导体的载流子迁移率μ以及它的电阻率ρ均很低，难以获得较大的霍尔系数。

3）半导体内载流子远比金属中载流子浓度小，且电阻率适中，是制造霍尔元件的理想材料。

4）一般情况下半导体材料中，电子的迁移率比空穴迁移率大，故霍尔元件多采用N型半导体材料。

5）霍尔灵敏度的大小与元件材料厚度成反比，因此，霍尔元件都做得较薄，通常片状硅霍尔器件的霍尔灵敏度K_{H}仅为$2\mathrm{m}^2/\mathrm{C}$左右，而薄膜型霍尔器件的K_{H}与之相比可高两个数量级。

3. 霍尔效应中的副效应

需要注意的是上述推导过程是一种理想情况，事实上，在霍尔效应产生的过程中会伴随有各种副效应产生的附加电压叠加在霍尔电压上。因此，实验中所测的U_{H}并非真实霍尔电压值，必须考虑这些副效应的影响。

（1）由于不等位电势引起的副效应　由于制造工艺的影响，图5.2-1中测量霍尔电压的电极A和A'很难做到在一个理想的等势面上。当电流通过该样品时，即使不加磁场也会产生附加电压$U_0=I_{\mathrm{S}}R$（R为A、A'所在两等势面间的电阻），而U_0只与电流I_{S}有关，与磁场$\boldsymbol{B}$的方向无关。

（2）热磁副效应

1）埃廷斯豪效应（Ettinghausen Effect）：当电流通过霍尔样品时，速度大的载流子受

洛伦兹力作用偏向一侧，使得半导体两侧温度不同，从而产生温差电动势 U_E，并叠加到霍尔电压测量上。埃廷斯豪效应产生的 U_E 与流过样品的电流 I_S 的方向和磁场 $\boldsymbol{B}$ 方向有关。

2）能斯特效应（Nernst Effect）：当霍尔样品的电流两端电极与基底接触电阻不同，将产生不同的焦耳热并造成温度梯度。沿着该温度梯度扩散的载流子受到磁场的作用而偏转，产生电位差 U_N，并叠加到霍尔电压测量上。能斯特效应产生的 U_N 与磁场 $\boldsymbol{B}$ 方向及热流有关。

3）里吉－勒迪克效应（Righi－Ledue Effect）：由于能斯特效应沿着温度梯度扩散的载流子受磁场作用而发生偏转，而速度不同的载流子使得半导体两侧产生附加温差将再次产生爱廷豪森效应，从而产生温差电动势 U_R，并叠加到霍尔电压测量上。里吉－勒迪克效应产生的 U_R 与磁场 $\boldsymbol{B}$ 方向及热流有关。

为了消除这些副效应对霍尔电压测量的影响，在测量时，分别改变样品电流 I_S 或磁场 $\boldsymbol{B}$ 的方向，并测量下列四组不同组合的两电极间电位差并取平均值，则有

$$+B,\quad +I\quad U_1 = U_H + U_0 + U_E + U_N + U_R$$
$$+B,\quad -I\quad U_2 = -U_H - U_0 - U_E + U_N + U_R$$
$$-B,\quad -I\quad U_3 = U_H - U_0 + U_E - U_N - U_R$$
$$-B,\quad +I\quad U_4 = -U_H + U_0 - U_E - U_N - U_R$$

则，
$$\frac{1}{4}(U_1 - U_2 + U_3 - U_4) = U_H + U_E \tag{5.2-9}$$

一般情况下，$U_H \gg U_E$，故可忽略 U_E，于是式（5.2-9）可以改写为

$$U_H = \frac{1}{4}(U_1 - U_2 + U_3 - U_4) \tag{5.2-10}$$

需要指出的是，若采用交变电流测量，可消除直流法中不能消除的副效应，从而获得更高的测量精度。

【实验测量与数据处理】

实验系统由实验台和测试仪两部分组成，实验样品为半导体硅。样品的各参数均由实验室给出，线路连接及实验台实物分别如图5.2-2和图5.2-3所示，其中样品电流、电压的引线分别用红线和黑线区分方向。电磁铁线包绕线方向为实验仪器的电磁铁上箭头所标方向。

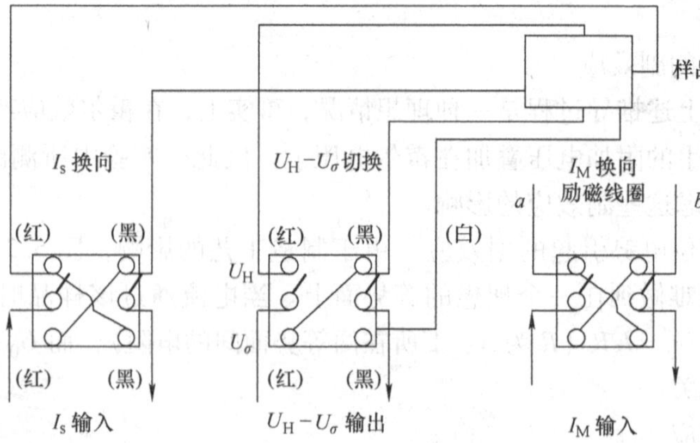

图5.2-2 测量电路

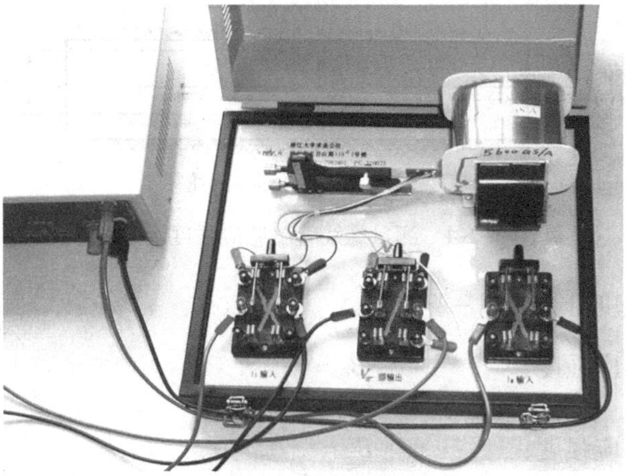

图5.2-3 实验台及接线示意图

1）保持磁场（即励磁电流I_M）大小不变，改变霍尔电流I_S的大小，测绘霍尔电压与电流关系U_H-I_S曲线。取$I_M=0.45A$，电压测量开关选择U_H，分别改变I_S和I_M换向开关方向，将测量数据填入表5.2-1。

2）保持样品电流I_S不变（$I_S=4.0mA$），改变励磁电流I_M的大小，测量霍尔电压与磁场的关系U_H-I_M曲线。电压测量开关选择U_H，分别改变I_S和I_M换向开关方向，将测量数据填入表5.2-2。

根据以上U_H-I_S和U_H-I_M曲线验证在磁场不太强时霍尔电压与电流和磁场的关系式。半导体样品所处电磁铁间隙的磁场$B=\alpha I_M$，其中α值由实验室给出。作图并计算R_H，并计算得到实验样品的载流子浓度n。

3）根据测量电路中的电流、磁场、霍尔电压的接线方向及测量数据的正、负，判断本样品的导电类型。

4）在零磁场（$I_M=0$）下，取$I_S=0.1mA$，电压表开关合向U_σ测A、C间电压，由式（5.2-7）、式（5.2-8）计算该样品的电导率σ和迁移率μ。

5）观察不等势电位差的影响：不加磁场，逐渐增加霍尔电流I_s，并改变电流的方向，观察电压的变化。

【补充材料5.2-1】 霍尔效应的应用实例——利用霍尔效应测量磁场

已知样品霍尔灵敏度K_H，若通过实验测出电流I及霍尔电压U_H，由式（5.2-11）可计算出样品所在磁场的磁感应强度为

$$B=\frac{U_H}{K_H I} \tag{5.2-11}$$

利用霍尔元件还可测量螺线管的磁感应强度。图5.2-4为直螺线管的测量示意图，螺线管的长度为L，匝数为N（单层密绕），导线中的电流为I，磁导率为μ。将霍尔元件沿着螺线管的轴线方向从螺线管的中心向端面移动，并同时测量出各位置的霍尔电压。

利用式（5.2-11）计算出磁感应强度，分别以位置X和磁感应强度B为坐标轴，可

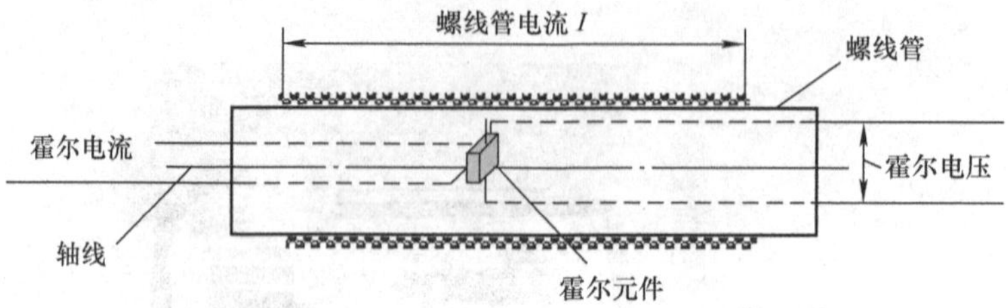

图 5.2-4 测量螺线管磁感应强度示意图

画出螺线管磁感应强度分布的 $B-X$ 曲线。

螺线管中心磁感应强度：
$$B_0=\frac{\mu NI}{L} \tag{5.2-12}$$

螺线管端面磁感应强度：
$$B'=\frac{1}{2}B_0 \tag{5.2-13}$$

利用电磁学知识可与理论曲线作定性比较分析，根据式（5.2-12）和式（5.2-13）分别计算出螺线管中心和端面的磁感应强度的理论值，与实验值比较并可分析产生误差的原因。

【补充材料 5.2-2】 霍尔效应的应用实例——开关型霍尔传感器

开关型霍尔传感器又可称为霍尔开关传感器，是在同一个芯片上集成了霍尔片和信号处理电路，其电路原理如图 5.2-5 所示。开关型霍尔传感器由稳压器、霍尔片、差分放大器、斯密特触发器和输出级组成。其输出特性如图 5.2-6 所示，在外磁场的作用下，当磁感应强度超过导通阈值 B_{OP}时，霍尔电路输出管导通，输出低电平。之后 B 再增加，仍保持导通态。若外加磁场的 B 值降低到 B_{RP}时，输出管截止，输出高电平。B_{OP}称为工作点，B_{RP}称为释放点，$B_{OP}-B_{RP}=B_H$ 称为回差，回差可以增强开关电路的抗干扰能力。

图 5.2-5 开关型霍尔传感器电路原理图

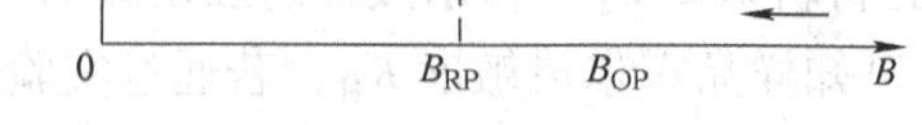

图 5.2-6 开关型霍尔传感器的输出特性

开关型霍尔传感器具有体积小，结构简单，使用方便等优点，被广泛的应用在键盘、报警、通信、印刷、汽车点火器、自动控制和自动监测设备中。图 5.2-7 展示了开关型霍尔传感器在液面控制上的应用。在一个浮子上安装一个磁钢，并将开关型霍尔传感器按装在一固定高度处。当液面上升，磁钢随着浮子上升，当接近传感器时使其输出电压发生跳变，并输出高电平；当液面下降，磁钢远离传感器到一定程度，使其输出电压回复到初始值。使开关型霍尔传感器的输出端与液体流入、流出控制联结即可达到液位控制的目的。

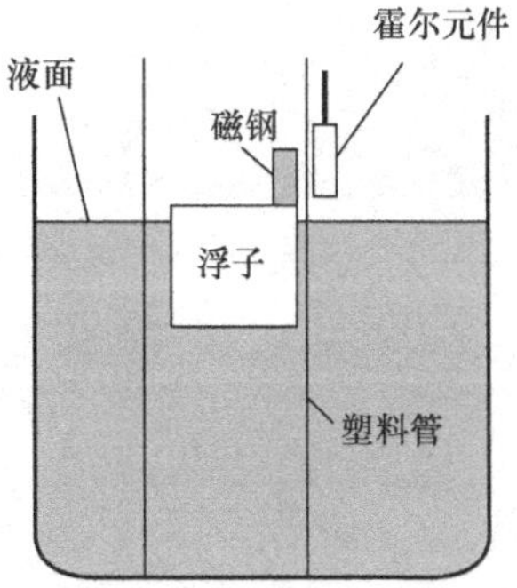

图 5.2-7 浮子式液位控制装置

【参考资料】

[1] 吕斯骅，段家忯．基础物理实验 [M]．北京：北京大学出版社，2002.
[2] 中嶋坚志郎．半导体工程学 [M]．北京：科学出版社，2001.

【数据表格】

实验者信息：

专业班级：__________ 学号：__________ 姓名：__________同组人姓名：__________

表 5.2-1　霍尔电压随霍尔电流变化的关系

励磁电流：I_M =________ A

测量次数	1	2	3	4	5	6	7	8	9	10
I_S/mA										
U_1（$+I$，$+B$）/mV										
U_2（$-I$，$+B$）/mV										
U_3（$-I$，$-B$）/mV										
U_4（$+I$，$-B$）/mV										
$\|U_H\|$/mV										

表 5.2-2　霍尔电压随励磁电流（磁场）变化的关系

样品电流：I_S =________ mA

测量次数	1	2	3	4	5	6	7	8	9	10
I_M/A										
U_1（$+I$，$+B$）/mV										
U_2（$-I$，$+B$）/mV										
U_3（$-I$，$-B$）/mV										
U_4（$+I$，$-B$）/mV										
$\|U_H\|$/mV										

霍尔样品 A、C 间电压：U_{AC}（或 U_σ）=________ mV

载流子类型：________型

教师签名：__________

实验时沿此线剪下

实验 5.3　PN 结的特性

【引言】

常用的温度传感器有热电偶、测温电阻器和热敏电阻等。也可以利用 PN 结正向压降随温度升高而降低的特性，将其作为测温元件。PN 结温度传感器具有灵敏度高、线性性好、热响应快和体积小、轻巧等特点，尤其是在温度数字化、温度控制及微机对温度实时信号处理等方面，具有良好的应用。目前结型温度传感器主要以硅为材料，这类温度传感器在非线性不超过标准值 0.5% 的条件下，其工作温度范围一般为 −50 ~ 150°C，如果采用不同材料如锑化铟或砷化镓 PN 结，还可以展宽低温区或高温区的测量范围。

PN 结以及由其发展起来的晶体管温度传感器，已成为一种新的测温技术被广泛应用。

【实验目的】

1）研究 PN 结正向压降随温度变化的基本规律。
2）学习用 PN 结测温的方法。
3）学习一种测量玻耳兹曼常数的方法。

【实验仪器】

DH－PN－2 型 PN 结正向特性综合实验仪、DH－SJ 温度传感实验装置。

【预习提示】

1）查阅相关资料，了解 PN 结和晶体管的结构及特性。
2）掌握 PN 结测温的基本原理。
3）熟悉仪器的调节方法和实验步骤。

【实验原理】

理想的 PN 结正向电流 I_F 和压降 U_F 之间满足关系式

$$I_F = I_s\left[\exp\left(\frac{qU_F}{kT}\right) - 1\right]$$

考虑到常温（300K）下，$kT/q = 0.026\text{V}$，实际应用中正向压降为十分之几伏，则 $\exp\left(\frac{qU_F}{kT}\right) \gg 1$，故理想的 PN 结正向电流 I_F 和压降 U_F 之间存在如下近似关系

$$I_F = I_s \exp\left(\frac{qU_F}{kT}\right) \tag{5.3-1}$$

式中，q 为电子电荷；k 为玻耳兹曼常数；T 为热力学温度；I_s 为反向饱和电流，它是一个和 PN 结材料的禁带宽度以及温度等有关的系数，可以证明

$$I_s = CT^r \exp\left(-\frac{qU_g(0)}{kT}\right) \tag{5.3-2}$$

式中，C 是与结面积、掺杂浓度等有关的常数；r 是常数，其数值取决于少数载流子迁移

率对温度的关系（通常取 $r=3.4$）；U_g（0）为0K时PN结材料的导带底和价带顶的电势差。

将式（5.3-2）代入式（5.3-1），两边取对数可得

$$U_F = U_g(0) - \left(\frac{k}{q}\ln\frac{C}{I_F}\right)T - \frac{kT}{q}\ln T^r = U_1 + U_{nl} \tag{5.3-3}$$

式中，$U_1 = U_g(0) - \left(\frac{k}{q}\ln\frac{C}{I_F}\right)T$；$U_{nl} = -\frac{kT}{q}(\ln T^r)$。这就是PN结正向压降作为电流和温度函数的表达式，是PN结温度传感器的基本方程。令 I_F = 常数，则正向压降只随温度变化，但是在方程（5.3-3）中，除线性项 U_1外还包含非线性项 U_{nl}。

对于杂质全部电离、本征激发可忽略的温度区间（对于通常的硅二极管来说，温度范围为 -50～150℃），根据对 U_{nl}项所引起的线性误差的分析（见本实验【误差分析】）可知，在恒流供电条件下，PN结的 U_F对 T 的依赖关系主要取决于线性项 U_1，即正向压降几乎随温度升高而线性下降，这就是PN结测温的依据。$U_F - T$ 特性还因PN结的材料而异，对于宽带材料（如GaAs）的PN结，其高温端的线性区宽；而材料杂质电离能小（如InSb）的PN结，则低温端的线性区宽。对于给定的PN结，即使在杂质导电和非本征激发温度范围内，其线性度亦随温度的高低而有所不同，这是非线性项 U_{nl}引起的，由 U_{nl}对 T 的二阶导数$\frac{d^2U_{nl}}{dT^2}=\frac{1}{T}$可知$\frac{dU_{nl}}{dT}$的变化与 T 成反比，所以 $U_F - T$ 的线性度在高温端优于低温端，这是PN结温度传感器的普遍规律。此外减小 I_F，也可以改善线性度，但并不能从根本上解决问题。

将PN结测温电路与恒流、放大等电路集成一体，便构成集成电路温度传感器。

【实验装置】

实验系统由DH-SJ温度传感实验装置和DH-PN-2型PN结正向特性综合实验仪两部分组成。

1. DH-SJ温度传感实验装置

DH-SJ温度传感实验装置是将Pt100作为温度传感器，将Pt100插入恒温炉内由金属铜块构成的温度源，配合PID控温仪，就可对金属铜块温度源进行温度的测量和控制，温控仪控温范围：室温～120℃，温度控制精度：±0.2℃，分辨率：0.1℃。温度传感实验装置的温控仪与恒温炉的连接如图5.3-1所示。将待测PN结样品（将NPN型晶体管的基极与集电极短接作为正极，发射极作为负极，构成一只二极管）安装在金属铜块温度源上的温度插孔中，就可实现Pt100、待测样品与铜块温度源的同步温度测量及控制。温控仪配有风扇，在做降温实验过程中可采用风扇快速降温。**警告：在做实验中或做完实验后，禁止手触传感器的钢质护套，以免烫伤！**

2. DH-PN-2型PN结正向特性综合实验仪

DH-PN-2型PN结正向特性综合实验仪面板如图5.3-2所示。微电流恒流源为PN结提供正向电流 I_F，电流输出值由"正向电流"数显表显示。"正向电压"数显表显示的是PN结的实时正向电压 U_F。"正向电流"数显表示值范围是0～1999，电流量程档位×1、×10、×10^2、×10^3对应量程为1.999μA、19.99μA、199.9μA、1.999mA，开路

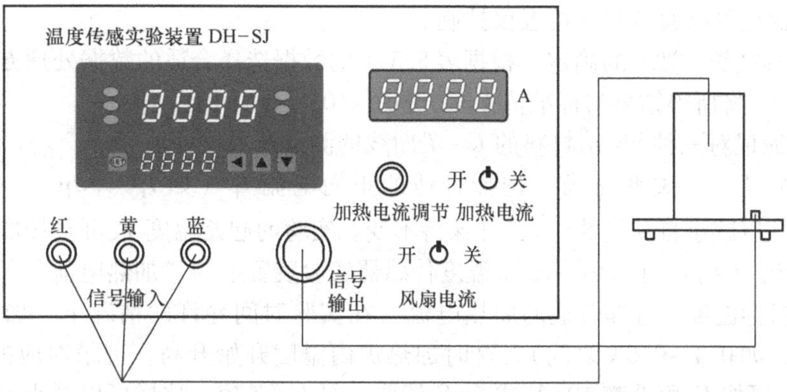

图 5.3-1 DH-SJ 温度传感实验装置的温控仪与恒温炉的连接示意图

注意：Pt100 的插头与温控仪上的插座颜色对应地相连接：红→红；黄→黄；蓝→蓝

档时正向电流源输出为 0。选择电流量程时，在保证测量范围的前提下应尽量选择小档位，以提高精度。

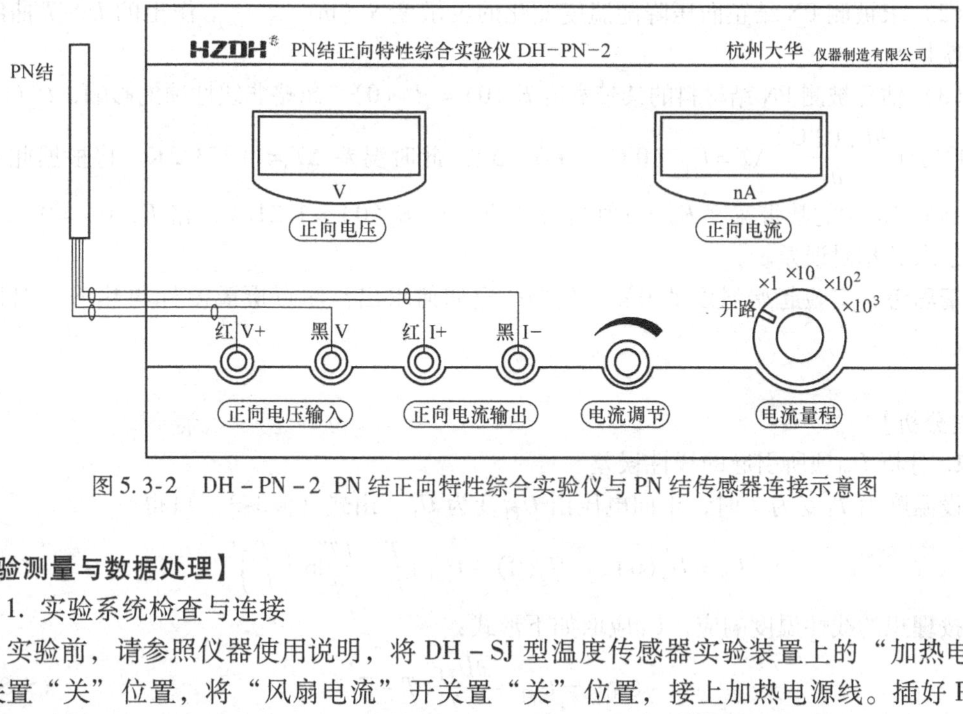

图 5.3-2 DH-PN-2 PN 结正向特性综合实验仪与 PN 结传感器连接示意图

【实验测量与数据处理】

1. 实验系统检查与连接

实验前，请参照仪器使用说明，将 DH-SJ 型温度传感器实验装置上的“加热电流”开关置“关”位置，将“风扇电流”开关置“关”位置，接上加热电源线。插好 Pt100 温度传感器和 PN 结温度传感器，两者连接均为直插式。PN 结引出线分别插入 PN 结正向特性综合试验仪上的 +V、-V 和 +I、-I。注意插头的颜色和插孔的位置。

打开电源开关，温度传感器实验装置上将显示出室温 T_R，记录下起始温度 T_R。

2. 玻耳兹曼常数 k 的测定

（1）PN 结 $I-U$ 关系的测量　式（5.3-1）表明，PN 结正向电流随正向电压按指数规律变化。若能测得 PN 结 $I-U$ 关系，则可求出玻耳兹曼常数 k。请根据所需数据的测量要求，自己设计实验过程、确定实验条件，将 PN 结正向特性综合试验仪上的电流量程置于适当档位，调整电流调节旋钮以改变正向电流 I_F 输出示值，观察记录相应的正向电压 U_F 值读数，将记录数据填入表 5.3-1。

升温过程也可以通过 PID 控温仪控制。

（2）玻耳兹曼常数 k 的确定　根据表5.3-1 的数据选择合适的数据处理方法，确定玻耳兹曼常数 k，将所得结果与标准值 $k = 1.3807 \times 10^{-23}$J/K 相比。

3. 至少完成对一种 PN 结材料的 $U-T$ 曲线的测量及数据处理

（1）测定 $U-T$ 关系曲线　选择合适的正向电流 I_F（如 $I_F = 50\mu A$，一般选小于 100μA 的值，以减小自身热效应），并保持不变。实验的起始温度 T_S 可直接取为室温 T_R，记录相应的 U_F（T_R）。将 DH-SJ 型温度传感器实验装置上的“加热电流”开关置“开”位置，根据目标温度，选择合适的加热电流（在实验时间允许的情况下，加热电流可以取得小一点，如0.3～0.6A 之间）。这时加热炉内温度开始升高，记录对应的 U_F 和 T 填入表5.3-2。可按 U_F 每改变 10mV 或 5mV 读取一组 U、T 值，这样可以减小测量误差。

注意：在整个实验过程中，正向电流 I_F 应保持不变。升温速率要慢，且设定的温度不宜过高（硅管必须控制在120℃以内，锗管必须控制在45℃以内）。

根据表格 5.3-1 的数据，绘制 $U-T$ 曲线。

（2）求被测 PN 结正向压降随温度变化的灵敏度 S（mV/℃）　作出的 $U-T$ 曲线的斜率就是 S。

（3）估算被测 PN 结材料的禁带宽度 $E_g(0) = qU_g(0)$　忽略非线性项的影响，$U_g(0) = U_F(0℃) + \frac{\partial U_F(0℃)}{\partial T}\Delta T = U_F(0℃) + S \cdot \Delta T$。此时温差 $\Delta T = -273.2$K。将根据此式计算得到的 0K 时的禁带宽度 $E_g(0)$ 值与公认值（硅 $E_g(0) = 1.21$eV，锗 $E_g(0) = 0.78$eV）比较，求其相对误差。

请思考，实验起始温度非 0℃，$U_g(0)$ 应如何求出？注意摄氏温标与热力学温标的转换。

【误差分析】

1. 分析 U_{nl} 项所引起的线性误差

设温度由 T_1 变为 T 时，正向电压由 U_{F1} 变为 U_F，由式（5.3-3）可得

$$U_F = U_g(0) - [U_g(0) - U_{F1}]\frac{T}{T_1} - \frac{kT}{q}\ln\left(\frac{T}{T_1}\right)^r \tag{5.3-4}$$

按理想的线性温度响应，U_F 应取如下形式：

$$U_{理想} = U_{F1} + \frac{\partial U_{F1}}{\partial T}(T - T_1) \tag{5.3-5}$$

$\frac{\partial U_{F1}}{\partial T}$ 等于 T_1 温度时的 $\frac{\partial U_F}{\partial T}$ 值。

由式（5.3-4）可得

$$\frac{\partial U_{F1}}{\partial T} = -\frac{U_g(0) - U_{F1}}{T_1} - \frac{k}{q}r \tag{5.3-6}$$

$$\begin{aligned} U_{理想} &= U_{F1} + \left[-\frac{U_g(0) - U_{F1}}{T_1} - \frac{k}{q}r\right](T - T_1) \\ &= U_g(0) - [U_g(0) - U_{F1}]\frac{T}{T_1} - \frac{k}{q}(T - T_1)r \end{aligned} \tag{5.3-7}$$

比较理想线性温度响应式（5.3-7）和实际响应式（5.3-4），则实际响应对线性的理论偏差为

$$\Delta = U_{理想} - U_F = \frac{k}{q} r(T_1 - T) + \frac{kT}{q} \ln \left(\frac{T}{T_1}\right)^r \tag{5.3-8}$$

设 $T_1 = 300K$，$T = 310K$，取 $r = 3.4$，由式（5.3-8），$\Delta = 0.048mV$，相应 U_F 的改变量约 20mV，相比之下误差甚小。当温度变化范围增大时，U_F 温度响应的非线性误差将有所递增，这主要由于 r 因子所致。

2. 分析二极管电流引起的误差

通常测得的二极管电流包括三个成分：

1）严格遵守式（5.3-1）的扩散电流。

2）正比于 exp（$eU/2kT$）的耗尽层复合电流。

3）由界面杂质引起的表面电流，其值正比于 exp（eU/mkT），一般系数 $m > 2$。采用三极管接成共基极电路，由于集电极与基极短接，所测的集电极电流仅是扩散电流，而不包含主要在基极出现的复合电流。选用性能良好的三极管，使其在实验中处于较低的正向偏置，则表面电流的影响也可完全忽略。此时集电极电流与发射极 - 基极电压满足式（5.3-1）。

【讨论】

比较两种 PN 结样管的测量结果，试分析其异同。试分析讨论本实验误差产生的原因，应如何处理？

【结论】

通过对实验现象和实验结果的分析，你能得到什么结论？

【研究性题目】

不同的 PN 结工作电流对正向电压——温度特性线性度的影响如何？如何改善线性度？

【参考文献】

［1］黄昆，韩汝琦. 半导体物理基础［M］. 北京：科学出版社，1979.

［2］杭州大华. DH - PN - 2 型 PN 结正向特性综合实验仪说明书及实验指导.

［3］陆申龙，金浩明，曹正东. 半导体 PN 结电流 - 电压关系的曲线拟合和 e/k 的测定［J］. 物理实验，1992，12（1）：8 - 10.

【思考题】

1）测 U_F（0℃）或 U_F（T_R）的目的何在？

2）在工作电流及环境温度相同的条件下，硅管与锗管的正向压降是否相同？原因何在？

实验时沿此线剪下

【数据表格】

实验者信息：

专业班级：__________ 学号：__________ 姓名：__________同组人姓名：__________

表 5.3-1　$I \sim U$ 曲线测量数据记录表

PN 结材料：　实验温度 T_S =　　℃

U_F/V	
I_F/μA	
U_F/V	
I_F/μA	
U_F/V	
I_F/μA	
U_F/V	
I_F/μA	

表 5.3-2　$U \sim T$ 曲线测量数据记录表

PN 结材料：　　　　实验起始温度 T_S =　℃　工作电流 I_F =　　μA

起始温度为 T_S时的正向电压 U_F（T_S）=　　mV

控温电流 /A	$U_F(T)$ /mV	$\Delta U = U_F(T) - U_F(T_S)$ /mV	T/℃	$T=(273.2+T)$ /K
		-10 -20 … -150		

教师签名：__________

实验 5.4　用落球法测定液体不同温度下的黏度及温度的 PID 调节

【引言】

当液体内各部分之间有相对运动时，接触面之间存在内摩擦力，阻碍液体的相对运动，这种性质称为液体的黏滞性，液体的内摩擦力称为黏滞力。黏滞力的大小与接触面面积以及接触面处的速度梯度成正比，比例系数 η 称为黏度。

对液体黏滞性的研究在流体力学、化学化工、医疗、水利等领域都有广泛的应用，例如在用管道输送液体时要根据输送液体的流量、压力差、输送距离及液体黏度，设计输送管道的口径。

测量液体的黏度可用落球法、毛细管法、转筒法等方法。其中落球法适用于测量黏度较高的液体。

黏度的大小取决于液体的性质与温度，温度升高，黏度将迅速减小。例如对于蓖麻油，在室温附近温度改变 1℃，黏度值改变约 10%。因此，测定液体在不同温度下的黏度有重要实际意义。

在科研、生产及日常生活的许多领域，常常需要对温度进行调节、控制。温度调节的方法有多种，PID 调节是对温度控制精度要求较高时常用的一种方法。物理实验中经常需要测量物理量随温度的变化关系，本实验提供的温控仪可以让学生了解 PID 调节，并能实时观察到对于特定的被控系统和 PID 参数，温度及功率随时间的变化关系及控制精度，加深学生对 PID 调节过程的理解。

【实验目的】

1）用落球法测量不同温度下蓖麻油的黏度。

2）了解 PID 调节，观察实验装置的 PID 控温行为。

【实验仪器】

落球法变温黏滞系数实验仪、ZKY－PID 温控实验仪、停表、千分尺、小钢球若干等。

【预习提示】

1）搞清楚用落球法测量黏度的原理，了解 PID 调节原理。

2）搞清楚实验过程与步骤。

【实验原理】

1. 用落球法测定液体的黏度

一个在静止液体中下落的小球受到重力、浮力和黏滞阻力三个力的作用。如果小球的速度 v 很小，且液体可以看成在各方向上都是无限广阔的，则从流体力学的基本方程可以导出表示黏滞阻力的斯托克斯公式：

$$F = 3\pi\eta v d \tag{5.4-1}$$

式中，d 为小球直径。由于黏滞阻力与小球速度 v 成正比，小球在下落很短一段距离后（参见附录推导），所受的三个力达到平衡，小球将以 v_0 匀速下落，此时有

$$\frac{1}{6}\pi d^3(\rho-\rho_0)g=3\pi\eta v_0 d \tag{5.4-2}$$

式中，ρ 为小球密度；ρ_0 为液体密度。由式（5.4-2）可解出黏度 η：

$$\eta=\frac{(\rho-\rho_0)gd^2}{18v_0} \tag{5.4-3}$$

在本实验中，小球在直径为 D 的玻璃管中下落，液体在各方向无限广阔的条件不满足，此时黏滞阻力的表达式可加修正系数（$1+2.4d/D$），则式（5.4-3）修正为

$$\eta=\frac{(\rho-\rho_0)\ gd^2}{18v_0\ (1+2.4d/D)} \tag{5.4-4}$$

当小球的密度较大，直径不是太小，而液体的黏度值又较小时，小球在液体中的平衡速度 v_0 会达到较大的值，奥西思－果尔斯公式反映出了液体运动状态对斯托克斯公式的影响：

$$F=3\pi\eta v_0 d\ \left(1+\frac{3}{16}Re-\frac{19}{1080}Re^2+\cdots\right) \tag{5.4-5}$$

式中，Re 称为雷诺数，是表征液体运动状态的量纲为一的参数。

$$Re=v_0 d\rho_0/\eta \tag{5.4-6}$$

当 Re 小于0.1时，可认为式（5.4-1）、式（5.4-4）成立。当 $0.1<Re<1$ 时，应考虑式（5.4-5）中1级修正项的影响，当 Re 大于1时，还须考虑高次修正项。

考虑式（5.4-5）中1级修正项的影响及玻璃管的影响后，黏度 η_1 可表示为

$$\eta_1=\frac{(\rho-\rho_0)gd^2}{18v_0(1+2.4\ d/D)(1+3Re/16)}=\eta\frac{1}{1+3Re/16} \tag{5.4-7}$$

由于 $3Re/16$ 是远小于1的数，将 $1/(1+3Re/16)$ 按幂级数展开后近似为 $1-3Re/16$，式（5.4-7）又可表示为

$$\eta_1=\eta-\frac{3}{16}v_0 d\rho_0 \tag{5.4-8}$$

已知或测量得到 ρ、ρ_0、D、d、v_0 等参数后，由式（5.4-4）计算黏度 η，再由式（5.4-6）计算 Re，若需计算 Re 的1级修正，则由式（5.4-8）计算经修正的黏度 η_1。

在国际单位制中，η 的单位是 Pa · s（帕斯卡秒），在厘米克秒制中，η 的单位是 P（泊）或 cP（厘泊），它们之间的换算关系是

$$1\mathrm{Pa\cdot s}=10\mathrm{P}=1000\mathrm{cP} \tag{5.4-9}$$

2. PID 调节原理

闭环自动控制技术是基于反馈来减少被控系统不确定性的。反馈理论的要素包括测量、比较和执行。先测出被控变量的实际值，然后将被控变量的实际值与期望值相比较，用这个偏差来纠正系统的响应，执行调节控制。自动控制系统的控制过程可用图5.4-1来说明。假如被控量与设定值之间有偏差 $e(t)$ = 设定值－被控量，调节器依据 $e(t)$ 及一定的调节规律输出调节信号 $u(t)$，执行单元按 $u(t)$ 输出操作量至被控对象，使被控量逼近直至最终等于设定值。这里，调节器是自动控制系统的指挥机构。

在本实验的温控系统中，执行单元是由可控硅控制加热电流的加热器，操作量是加热

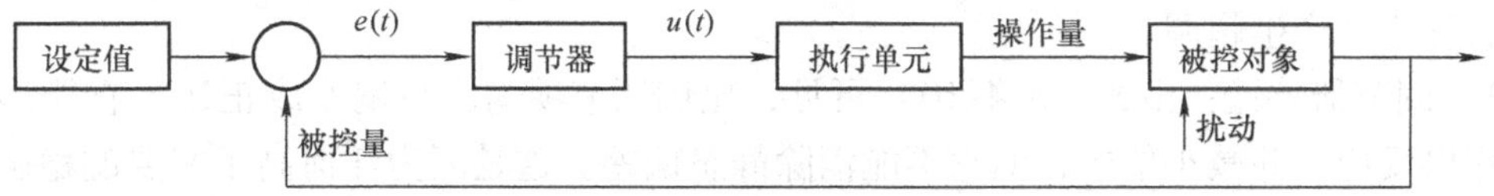

图 5.4-1　自动控制系统框图

功率，被控对象是水箱中的水，被控量是水的温度，调节器采用了比例 - 积分 - 微分控制器。

比例（Proportion） - 积分（Integration） - 微分（Differentiation）控制调节是自动控制系统中应用最为广泛的一种调节控制规律，简称 PID 控制，又称 PID 调节。

PID 调节器是按偏差的比例（proportional）、积分（integral）、微分（differential）进行调节，其调节规律可表示为

$$u(t) = K_{\mathrm{P}}\left[e(t) + \frac{1}{T_{\mathrm{I}}}\int_{0}^{t} e(t)\,\mathrm{d}t + T_{\mathrm{D}}\frac{\mathrm{d}e(t)}{\mathrm{d}t}\right] \tag{5.4-10}$$

式中第一项为比例调节，K_{P}为比例系数。第二项为积分调节，T_{I}为积分时间常数。第三项为微分调节，T_{D}为微分时间常数。

图 5.4-2 给出了 PID 温度控制系统在调节过程中温度随时间的一般变化关系，控制效果可用稳定性、准确性和快速性来评价。

系统重新设定（或受到扰动）后经过一定的过渡过程能够达到新的平衡状态，则为稳定的调节过程；若被控量反复振荡，甚至振幅越来越大，则为不稳定调节过程。不稳定调节过程是有害而不能采用的。准确性可用被调量的动态偏差和静态偏差来衡量，二者越小，准确性越高。快速性可用过渡时间表示，过渡时间越短越好。实际控制系统中，上述三方面指标常常是互相制约、互相矛盾的，需结合具体要求综合考虑。

由图 5.4-2 可见，系统在达到设定值后一般并不能立即稳定在设定值，而是超过设定值后经一定的过渡过程才重新稳定，这种现象称为超调。产生超调的原因可从系统惯性，传感器滞后和调节器特性等方面予以说明。

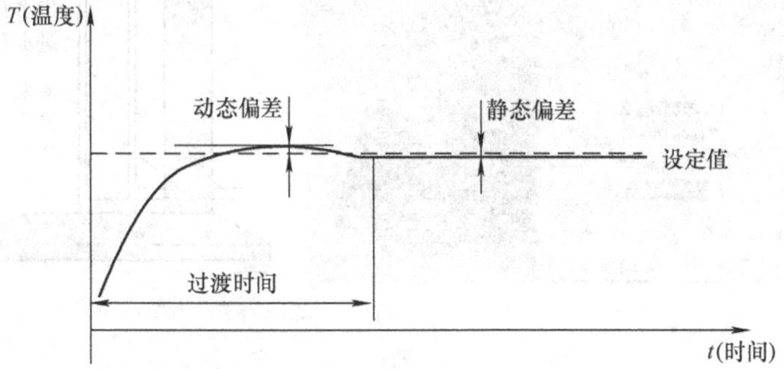

图 5.4-2　PID 调节系统过渡过程

1）系统惯性：系统在升温过程中，加热器温度总是高于被控对象温度，在达到设定值后，即使减小或切断加热功率，加热器存储的热量在一定时间内仍然会使系统升温，降温有类似的反向过程，称之为系统的热惯性。

2）传感器滞后：是指由于传感器本身热传导特性或是由于传感器安装位置的原因，使传感器测量到的温度比系统实际的温度在时间上滞后，系统达到设定值后调节器无法立

即做出反应，产生超调。

3）调节器特性：由式（5.4-10）可见，比例调节项输出与偏差成正比，它能迅速对偏差作出反应，并减小偏差，但它不能消除静态偏差。这是因为任何高于室温的稳态都需要一定的输入功率维持，而比例调节项只有偏差存在时才输出调节量。增加比例调节系数 K_P 可减小静态偏差，但在系统有热惯性和传感器滞后时，会使超调加大。

积分调节项输出与偏差对时间的积分成正比，只要系统存在偏差，积分调节作用就不断积累，输出调节量以消除偏差。积分调节作用缓慢，在时间上总是滞后于偏差信号的变化。增加积分作用（减小 T_I）可加快消除静态偏差，但会使系统超调加大，增加动态偏差，积分作用太强甚至会使系统出现不稳定状态。

微分调节项输出与偏差对时间的变化率成正比，它阻碍温度的变化，能减小超调量，克服振荡。在系统受到扰动时，它能迅速做出反应，减小调整时间，提高系统的稳定性。

对于实际的控制系统，必须依据系统特性设置合适的三个参数（K_P，T_I 和 T_D），即 PID 参数，才能取得好的控制效果。有多种方法可以获得特定系统、特定过程的 PID 参数。PID 调节器的应用已有一百多年的历史，理论分析和实践都表明，应用这种调节规律对许多具体过程进行控制时，都能取得满意的结果。

【仪器装置】

1. 落球法变温黏度测量仪

变温黏度仪的外形如图 5.4-3a 所示。样品管为带有夹层的双层玻璃管。玻璃管夹层为加热水套，其下端设有进水孔，上端设有出水孔，通过水泵使玻璃管夹层内的水循环流

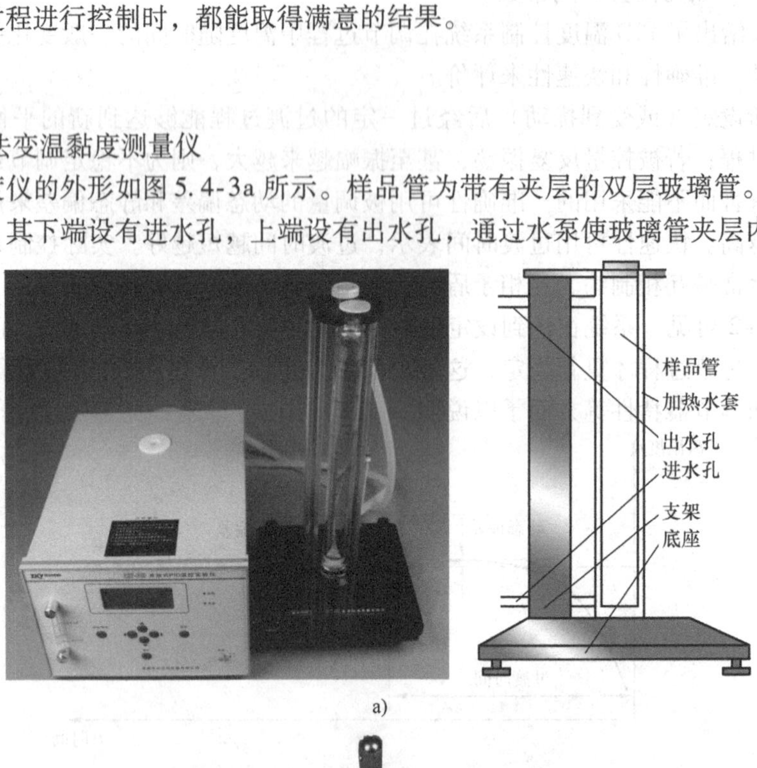

a)

b) c) d)

图 5.4-3 变温黏度仪

a）变温黏度仪主体 b）气泡水平仪 c）磁铁 d）导向管

动，水温用 PID 温控仪控制。待测液体装在细长的样品管内管中，可以使液体温度较快的与加热水套的水温达到平衡。样品管壁上有刻度线，便于测量小球下落的距离。底座下有调节螺钉，用于调节样品管的铅直。

气泡水平仪（图 5.4-3b）用于辅助样品管铅直的调节；实验时将导向管（图 5.4-3d）放置在样品管顶部，可以使小球的下落处于样品管中心线附近区域；掉落在样品管底部的小钢球用磁铁（图 5.4-3c）取出。

2. PID 温控实验仪

温控实验仪包含水箱、水泵、加热器、控制及显示电路等部分。

温控实验仪面板如图 5.4-4 所示。温控实验仪内置微处理器，带有液晶显示屏，操作菜单化，能显示温控过程的温度变化曲线、功率变化曲线以及温度和功率的实时值，能存储温度及功率变化曲线。

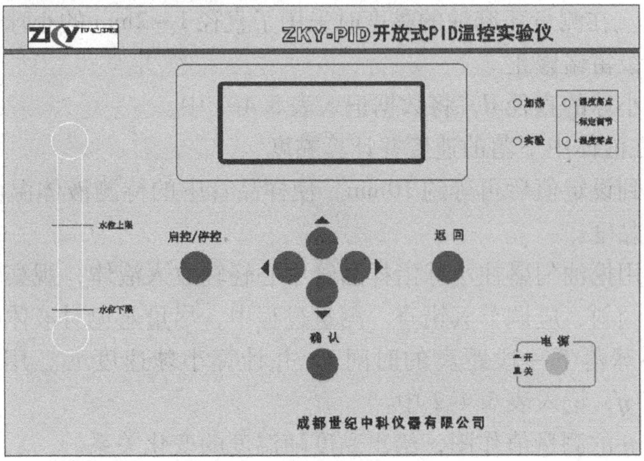

图 5.4-4　温控实验仪面板

按下温控实验仪面板的电源开关后，水泵开始运转，液晶显示屏显示操作菜单，有“进行实验”和“查看数据”两个选项。选择“进行实验”后，进入设置菜单，在此菜单里输入序号和室温，设定温度及 PID 参数。使用温控实验仪面板上的◀▶键选择项目，▲▼键设置参数，按“确认”键进入下一屏测量界面，按“返回”键返回上一屏。

进入测量界面后，屏幕上方的数据栏从左至右依次显示序号、设定温度、初始温度、当前温度、当前功率、调节时间等参数。图形区以横坐标代表时间，纵坐标代表温度（以及功率），并可用▲▼ 键改变温度坐标值。仪器每隔 15s 采集 1 次温度及加热功率值，并将采得的数据标示在图上。温度达到设定值并保持两分钟温度波动小于 0.1℃，仪器自动判定达到平衡，并在图形区右边显示过渡时间 t（s）、动态偏差 σ、静态偏差 e。一次实验完成退出时，仪器自动将屏幕按设定的序号存储（共可存储 10 幅），以供必要时查看、分析和比较。

3. 停表

PC396 电子停表具有多种功能。按功能转换键，待显示屏上方出现符号 - - - - - - - 且第 1 和第 6、7 短横线闪烁时，即进入停表功能。此时按“开始/停止”键可开始或停止记时，多次按“开始/停止”键可以累计记时。一次测量完成后，按“暂停/回零”键使数字回零，准备进行下一次测量。

【实验内容与测量】

实验内容为研究蓖麻油黏度随温度的变化。在室温至55℃温度范围，至少取4个不同温度，测量蓖麻油黏度。具体实验步骤如下：

1）检查温控仪面板上的水位管，将水箱水加到适当值：平常加水从仪器顶部的注水孔注入。若水箱排空后第一次加水，应该用软管从出水孔将水经水泵加入水箱，以便排出水泵内的空气，避免水泵空转（无循环水流出）或发出嗡鸣声。

2）设定PID参数：本仪器的PID的参数已经是通过理论分析和大量的实验得到的一个最符合本仪器的参数，已经达到最佳控制，故不可调节。

3）测定小球直径：由式（5.4-6）及式（5.4-4）可见，当液体黏度及小球密度一定时，雷诺数 $Re \propto d^3$。在测量蓖麻油的黏度时采用了直径1～2mm的小球，这样可不考虑雷诺修正或只考虑1级雷诺修正。

用千分尺测定小球的直径 d，将数据记入表5.4-1中。

4）测定小球在液体中下落的速度并计算黏度

温控仪温度达到设定值后再等约10min，使样品管中的待测液体温度与加热水温完全一致，才能测液体黏度。

借助导向管，用挖油勺盛住小球沿样品管中心轻轻放入液体，观察小球是否一直沿中心下落，若样品管倾斜，应调节其铅直。测量过程中，尽量避免对液体的扰动。

用停表测量小球落下一段距离的时间 t，并计算小球速度 v_0，用式（5.4-4）或式（5.4-8）计算黏度 η，记入表5.4-2中。

用表5.4-2中 η 的测量值作图，给出黏度随温度的变化关系。

实验全部完成后，用磁铁将小球吸引至样品管口，取出放入小钢球盒中保存，以备下次实验使用。

注意：实验结束后，要将仪器及各个配件复位，将实验台收拾整洁。

【讨论】

讨论蓖麻油黏度随温度变化的行为。查阅相关文献，对你的实验结果进行对比分析和评价。

【结论】

通过对实验现象和实验结果的分析，你能得到什么结论？

【参考文献】

[1] 成都世纪中科仪器有限公司，ZKY－NZ落球法变温黏滞系数实验仪实验指导及操作说明书，2013.

【补充材料5.4-1】 **小球在达到平衡速度之前所经路程 L 的推导**

由牛顿运动定律及黏滞阻力的表达式，可列出小球在达到平衡速度之前的运动方程：

$$\frac{1}{6}\pi d^3\rho\frac{\mathrm{d}v}{\mathrm{d}t}=\frac{1}{6}\pi d^3(\rho-\rho_0)g-3\pi\eta dv \tag{5.4-11}$$

经整理后得

$$\frac{\mathrm{d}v}{\mathrm{d}t}+\frac{18\eta}{d^2\rho}v=\left(1-\frac{\rho_0}{\rho}\right)g \tag{5.4-12}$$

这是一个一阶线性微分方程，其通解为

$$v=\left(1-\frac{\rho_0}{\rho}\right)g\cdot\frac{d^2\rho}{18\eta}+C\mathrm{e}^{-\frac{18\eta}{d^2\rho}t} \tag{5.4-13}$$

设小球以零初速放入液体中，代入初始条件（$t=0$，$v=0$），定出常数 C 并整理后得

$$v=\frac{d^2g}{18\eta}(\rho-\rho_0)\cdot\left(1-\mathrm{e}^{-\frac{18\eta}{d^2\rho}t}\right) \tag{5.4-14}$$

随着时间增长，式（5.4-14）中的负指数项迅速趋近于0，由此得平衡速度

$$v_0=\frac{d^2g}{18\eta}(\rho-\rho_0) \tag{5.4-15}$$

式（5.4-15）与式（5.4-3）是等价的，平衡速度与黏度成反比。设从速度为 0 到速度达到平衡速度的 99.9% 这段时间为平衡时间 t_0，即令

$$\mathrm{e}^{-\frac{18\eta}{d^2\rho}t_0}=0.001 \tag{5.4-16}$$

由式（5.4-16）可计算平衡时间。

若钢球直径为 10^{-3}m，代入钢球的密度 ρ，蓖麻油的密度 ρ_0 及 40℃时蓖麻油的黏度 $\eta=0.231\text{Pa}\cdot\text{s}$，可得此时的平衡速度约为 $v_0=0.016\text{m/s}$，平衡时间约为 $t_0=0.013\text{s}$。

小球在达到平衡速度之前所经路径 L 小于平衡速度与平衡时间的乘积，在我们的实验条件下，小于 1mm，基本可认为小球进入液体后就达到了平衡速度。

【数据表格】

实验者信息：

专业班级：__________ 学号：__________ 姓名：__________同组人姓名：__________

表 5.4-1　小球的直径

初读数：　　　　（10^{-3}m）

次数	1	2	3	4	5	6	7	8	平均值
$d/10^{-3}$m									

表 5.4-2　黏度的测定

$\rho=7.8\times10^3$kg/m^3　$\rho_0=0.95\times10^3$kg/m^3　$D=2.0\times10^{-2}$m　$L=$　　m

温度/℃	时间/s						速度/(m/s)	η/(Pa·s)测量值
	1	2	3	4	5	平均		

实验时沿此线剪下

教师签名：__________

实验 5.5　用热波法测量良导体的热导率

【引言】

测量固体材料热导率的方法大体有两类：一类是稳态法，即在稳定的导热条件（如试样只在垂直于横截面的方向有热流、温度分布达到稳定等）下进行测量；另一类是动态法（只需在测量时保证相同的导热实验条件等）。近年来，由于测量技术的进步，动态法因其测量时间短、测量条件容易实现而得到大力发展，在科研和生产中已得到广泛应用。本实验所采用的方法是一种动态测量方法，棒状样品的一端为热端，使其温度随时间做简谐变化，样品的另一端为冷端，保持其温度恒定不变。这样，热量在样品中传播形成热波，利用热波测出材料热导率。这种方法可以将难以准确测量的热学量测量转变为较易准确测量的长度测量，显著提高测量精度。

此外，学生一般对机械波、电磁波比较熟悉，而对热波了解较少，通过本实验可以使他们增加对热波的了解，拓宽对波动理论的认识。

【实验目的】

1）学习一种热导率测量方法。

2）认识热波，加强对波动理论的理解。

3）通过本实验，体会如何依据一种物理现象，设计和实现该物理现象发生的环境与条件，从而利用这种物理现象发展出巧妙解决实际问题的新方法或新技术。

【实验仪器】

热导率动态测量仪主机（样品温度范围 10℃ ~100℃，温度分辨率 ±0.5℃），冷却装置，计算机等。

【预习提示】

1）热量的一维传播是如何实现的？

2）了解热波函数 $T=T_0-\alpha x+T_m e^{-\sqrt{\frac{\omega}{2D}}x}\sin\left(\omega t-\sqrt{\frac{\omega}{2D}}x\right)$ 的物理含义。

3）热端温度随时间按简谐形式变化的边界条件是如何实现的？

4）测量热导率的原理公式（$k=\dfrac{c\rho L^2}{4\pi(t_2-t_1)^2}T$）中各物理量的意义及单位。

5）了解实验装置结构及主要操作步骤。

6）测量哪些量？怎样测量？

【实验原理】

1. 用热波法测量材料热导率的原理

当物体内各处的温度不均匀时，热量会从温度较高处传递到温度较低处，这种现象叫作热传导。

将待测样品制成棒状，取一小段棒元，如图5.5-1所示，设温度沿 x 轴正方向逐渐降低，设热量沿棒长方向做一维传播。

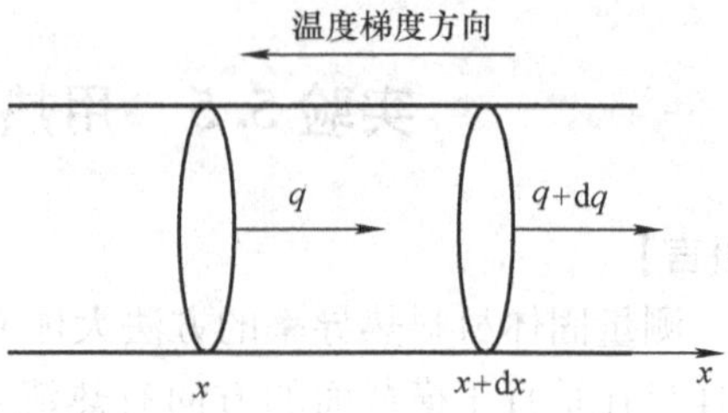

图5.5-1 棒元

根据傅里叶定律，$\mathrm{d}t$ 时间内流过垂直于传播方向面积 $\mathrm{d}S$ 的热量为

$$\mathrm{d}Q = -k\left(\frac{\mathrm{d}T}{\mathrm{d}x}\right)\mathrm{d}S\mathrm{d}t \tag{5.5-1}$$

式中，k 为待测材料的热导率，是反映物质导热能力的重要参数。其物理含义是：每单位时间内，在每单位长度上温度降低1K（开尔文）时，每单位面积上通过的热量；$\frac{\mathrm{d}T}{\mathrm{d}x}$是 x 方向的温度梯度，式中负号表示热量沿温度降低的方向传递。

$\mathrm{d}t$ 时间内通过单位面积流入小棒元的热量为

$$\mathrm{d}Q = \left[\left(\frac{\partial Q}{\partial t}\right)_x - \left(\frac{\partial Q}{\partial t}\right)_{x+\mathrm{d}x}\right]\mathrm{d}t = \left[\left(-k\frac{\partial T}{\partial x}\right)_x - \left(-k\frac{\partial T}{\partial x}\right)_{x+\mathrm{d}x}\right]\mathrm{d}t = -k\frac{\partial^2 T}{\partial x^2}\mathrm{d}x\mathrm{d}t$$

若没有其他热量来源或消耗，根据能量守恒定律，单位面积净流入的热量就等于小棒元在 $\mathrm{d}t$ 时间内温度升高所需要的热量，即

$$\mathrm{d}Q = \left(c\rho\mathrm{d}x\frac{\partial T}{\partial t}\right)\mathrm{d}t$$

式中，c，ρ 分别为材料的比热容与密度。联立上述两式，有

$$c\rho\mathrm{d}x\frac{\partial T}{\partial t} = -k\frac{\partial^2 T}{\partial x^2}\mathrm{d}x \tag{5.5-2}$$

从而得到热流方程

$$\frac{\partial T}{\partial t} = D\frac{\partial^2 T}{\partial x^2} \tag{5.5-3}$$

式中，$D=k/c\rho$ 称为热扩散系数。式（5.5-3）的解可以给出棒状样品各点温度随时间的变化，解的具体形式取决于边界条件。若令热端的温度围绕恒定温度 T_0 按简谐方式变化，即

$$T = T_0 + T_\mathrm{m}\sin\omega t \tag{5.5-4}$$

式中，T_m表征了热端温度的变化幅度；ω 为热端温度变化的角频率。假设棒状样品另一端无反射并保持温度恒定为 T_0，式（5.5-3）的解为

$$T = T_0 - \alpha x + T_\mathrm{m}\mathrm{e}^{-\sqrt{\frac{\omega}{2D}}x}\sin\left(\omega t - \sqrt{\frac{\omega}{2D}}x\right) \tag{5.5-5}$$

式中，α 是温度线性成分的斜率。从式（5.5-5）中可以看出：

1）当热端（$x=0$）温度按简谐方式变化时，这种变化将以衰减波的形式在棒内向冷端传播，称此为热波，也就是温度波。

2）热波波速

$$v = \sqrt{2D\omega} \tag{5.5-6}$$

3）热波波长

$$\lambda = 2\pi\sqrt{\frac{2D}{\omega}} \tag{5.5-7}$$

因此，在角频率 $\omega = 2\pi/T_P$（T_P为脉动热源周期）已知的情况下，只要测出波速或波长就可以计算出 D，然后再由 D 计算出材料的热导率 k。

由式（5.5-6），可得
$$v^2 = 2\left(\frac{k}{c\rho}\right)\omega$$

则
$$k = \frac{v^2 c\rho}{2\omega} = \frac{v^2 c\rho}{4\pi}T_P \tag{5.5-8}$$

沿待测棒长度方向等间距布置一排热电偶，相邻热电偶间距为 L，则波速还可以写作 $v = L/(t_2 - t_1)$，其中 t_2、t_1为相邻热电偶温度对应相同相位时的时间，如相邻热电偶温度均为峰值时的时间，则式（5.5-8）可以写为

$$k = \frac{c\rho L^2}{4\pi(t_2 - t_1)^2}T_P \tag{5.5-9}$$

式中，c 为比热容，单位是 J/(kg · K)；ρ 为密度，单位是 kg/mm^3；L 为相邻热电偶间距，单位是 mm；T_P 为脉动热源周期，单位是 s；时间 t_1、t_2的单位是 s；则热导率 k 的单位为 $J\ K^{-1}s^{-1}mm^{-1}$。

通过上述讨论可以看到，只要我们能够通过适当措施，使样品棒中形成一维热波，就可以通过测量热波波长或波速获得材料热导率。而具体实现这种方法的关键问题是：

1）如何实现热量的一维传播。

2）如何实现热端温度随时间按简谐形式变化的边界条件。

2. 热波法测量材料热导率实验装置

实验装置主要包括主机和计算机。

（1）主机　由棒状样品（本实验中为铜棒样品）、热电偶阵列、脉动热源和冷却装置组成，其结构如图 5.5-2 所示。仪器面板如图 5.5-3 所示。

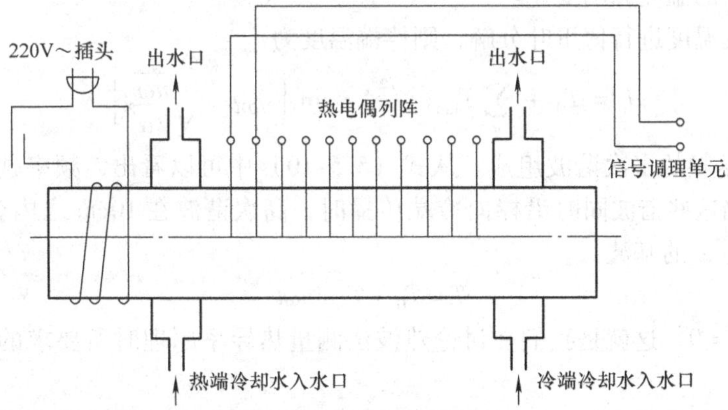

图 5.5-2　主机结构示意图

1）棒状样品及热电偶阵列：为实现热量的一维传播，将材料制成圆棒状，并用绝缘材料紧裹其侧表面，这样热量将只沿轴向传播，并且在任一垂直于棒轴的截面上各点的温度可保持相同。这样，只要测量出轴线上各点的温度分布，就可以确定整个棒体上的温度分布。温度的测量采用热电偶（镍铬 - 康铜）阵列，共配有 12 根热电偶，依次编号为 1，

2，3，4，5，6，7，8，9，10，11，12，并显示于仪器面板上。热电偶偶端均匀插在棒内轴线处，相邻热电偶间距均为2.00cm，为保持棒尾的温度 T_0 恒定，防止引起整个棒的温度分布起伏，用冷却水对棒尾冷却。计算机通过数据采集卡获得各热电偶的热电动势 E，并直接绘出热电动势 E 随时间变化的 $E-t$ 曲线。因为样品温度随时间变化的趋势 $T-t$ 与 $E-t$ 相同，故 $E-t$ 曲线反映的变化规律也就是 $T-t$ 曲线的变化规律。

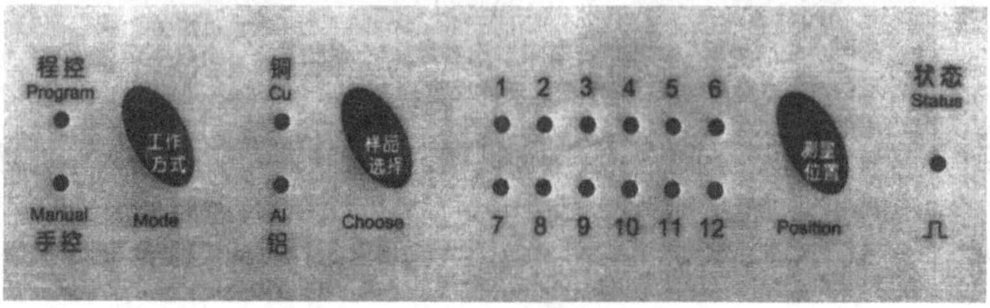

图5.5-3 主机前面板

2）脉动热源及冷却装置：直接控制加热器来产生简谐变化规律的热源显然是比较困难的，但是产生一个脉动变化的热源并不困难，例如在样品棒的一端放上电热器，使电热器处于90s开、90s关的周期为 $T_P=180s$ 的交替加热的状态，电热器便成为一个周期为 $T_P=180s$ 的脉动热源。脉动热源的开和关用控制单元来控制。另外，实验中还需要一个周期为180s的方波作为计算相位差的参考波。参考方波也由控制单元直接输出到计算机。

为提高热源脉动的幅度，在热端采用了冷却水。由于有热滞后，并不是加热器一停止加热，棒端温度就立刻降下来，故此用计算机控制“进水电磁阀”来控制热端冷却水，使加热的半周期内热端不供应冷水，而不加热的半周期热端供冷水。冷端冷却水的作用是保持低温端温度恒为 T_0。

如何产生呈简谐变化的热端温度？当脉动热源加热到一定时间后，棒的热端就会出现稳定的幅度较大的温度脉动变化。

将热端脉动温度进行傅里叶分解，则棒端温度为

$$T = T_0 + \sum_n T_{mn} e^{-\sqrt{\frac{n\omega}{2\alpha}}x} \cdot \sin\left[n\omega t - \sqrt{\frac{n\omega}{2\alpha}}x\right] \tag{5.5-10}$$

说明 T 是由 ω 倍频的多次谐波组成。从式（5.5-10）中可以看出，频率越高的谐波振幅衰减得越快。当这些谐波同时沿棒向冷端传播时，高次谐波在10cm之内就已衰减至零，只剩下角频率为 ω 的基波：

$$T = T_0 + T_m \sin\omega t$$

若将此处取为 $x=0$，这就是我们在讨论热波法测量热导率原理时所要求的边界条件，即式（5.5-4）。

（2）控制单元及其作用　控制单元包括主控单元和其他几个单元，其主要作用是：

1）对来自热电偶的待测温度信号进行调理。

2）提供参考方波。

3）控制加热器半周期开和半周期关的周期性断续供电。

4）控制进水电磁阀在加热的半周期热端停供冷水，停热的半周期供冷水。

采用“程控”工作方式时，计算机对实验系统进行控制以及采集、处理数据。根据

材料热导率的不同，可以按需要改变脉动热源周期。可绘制单个或同时绘制多个测量点温度随时间变化的曲线和参考方波。

【实验内容与测量】

（1）认识和调节实验装置

1）观察仪器面板，了解仪器的功能。

2）观察并了解几个水龙头及进、出水管的功能。

3）调节样品冷端的冷却水流量（由实验室给出要求）；打开计算机后再调节样品**热端冷却水**的流量（由实验室给出要求）。要保持水流稳定，否则热波波形会漂移。

4）开启热导率动态测量仪电源，按下仪器面板上的“工作方式”开关，选择“程控”工作方式。**注意**：在测量过程中要时时监控和保持水流稳定，**严禁无水操作**。

（2）测量样品各测量点温度随时间的变化

1）打开计算机，启动“热导率动态测量”程序（REBO－n1），显示屏上出现程序操作界面，如图 5.5-4 所示。

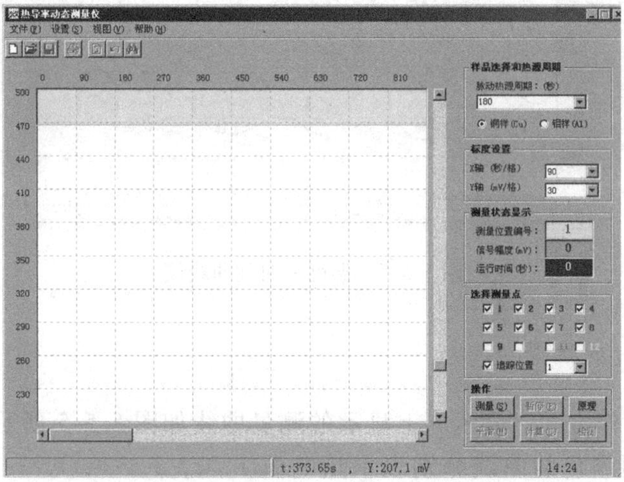

图 5.5-4　热导率动态测量仪控制软件操作界面

2）单击鼠标，设置脉动热源周期为 180s（或 240s）。

3）单击鼠标，选择铜样品进行测量。

4）单击鼠标，设置 x，y 轴，x 方向为时间，单位为 s，y 方向代表信号强度，单位为 mv（每 mv 约为 0.1℃），在“测量状态显示”栏中，会自动显示当前测量位置、运行时间及信号幅度。

5）单击鼠标，在“选择测量点”栏中，选择某一个或某几个测量点（一般选择 1、2、3、4、5、6、7、8 这几个点）；在“追踪位置”处输入欲追踪的测量点点数。如若欲选择 8 个测量点，则输入 8。开始测量后，仪器将自动对 8 个测量点进行轮流测量。仪器面板上 1 ~ 8 个测量点的数码也将轮流闪烁。

6）单击鼠标，按“操作”栏的“测量”键，仪器开始测量工作，在显示屏上渐渐画出 $T-t$ 曲线簇，如图 5.5-5 所示；40 ~ 60min 后，样品内温度趋于稳定，可以看到显示屏

上显示的 $T-t$ 曲线簇基本稳定不变。此时，在“操作”栏中按“暂停（P）”键，显示屏上将出现稳定的 $T-t$ 曲线簇。

7）按顺序**先关闭**热导率测量仪，**再关闭**自来水，最后关闭计算机。（防止无水加热而毁机）；

8）由显示屏上 $T-t$ 曲线簇，可选择测量误差较小的六条曲线（如 3、4、5、6、7、8 测量点所描绘的曲线）按照【数据处理要求】进行处理。

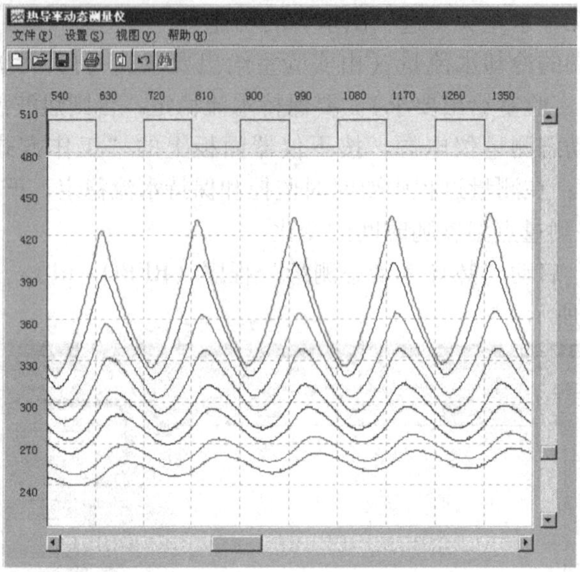

图 5.5-5　温度－时间曲线簇

【数据处理】

在“程控”工作方式，显示屏上显示的测量曲线如图 5.5-5 所示。图中的红、粉、绿、蓝、紫等不同颜色的曲线分别表示热电偶 1，2，3，…，i，…所在位置 x_1，x_2，x_3，…，x_i，…处的 $T-t$ 曲线。欲从这些测量曲线得到材料热导率，可以采用多种数据处理方法，下面给出几种处理方法供参考。

（1）测量温度曲线波峰对应的时间 t，由作图法求出 $\bar{k}$ 值　具体做法如下：

1）分组：把一个参考周期内所测的几个测量点（如 3，4，5，6，7，8 测量点）的 $T-t$曲线作为一组。按时间顺序选出五个周期，即选出五组。

2）测量：在显示屏上用鼠标单击一组中各测量点 $T-t$ 曲线上的波峰，在热导率动态测量仪控制软件操作界面下方将出现与该点对应的 t 的数值：t_3，t_4，t_5，…，t_i，…，单位是 s。将各测量点的波峰时间 t 值填入表 5.5-2 中。对五个周期依次进行测量、记录。

3）作图：用测出的数据作各测量点的位置 x 和峰值时间 t 的 $x-t$ 图。

以 t 为横坐标，x 为纵坐标，作出曲线，由曲线图求出 $\bar{v}$ 值。

4）计算 $\bar{k}$：将求出的 $\bar{v}$ 值代入式（5.5-8），求出 $\bar{k}$ 值。

（注意：铜导体的比热容 $c=0.385\text{J/g}\cdot\text{K}$）

（2）用任意两组数据求出热导率 k，再用多个 k 取平均值　已知相邻热电偶间距 $L=$

2.00cm，热波波速 $v = L/(t_{i+1} - t_i)$，将 v 代入式（5.5-9）得出热导率 k，可对所有测量数据按此方法处理，再用多个 k 求出 $\bar{k}$。

（3）用仪器提供的计算功能直接算出 k 值　在主界面的显示区中（包括参考信号），按鼠标右键，发送对应峰位时刻的数据 t 至“数据处理”窗口，如图 5.5-6 所示。依据程序提示操作，屏幕上可直接显示热导率数值。

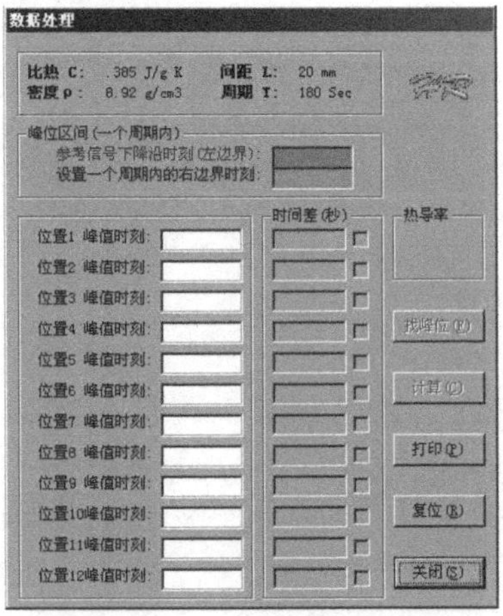

图 5.5-6　“数据处理”窗口

【研究性题目】

用“最小二乘法”处理本实验数据，求出波速及热导率，并对几种数据处理方法进行比较、讨论。

【思考题】

试分析本实验的测量误差。

【参考文献】

［1］吕斯骅，段家忯．基础物理实验［M］．北京：北京大学出版社，2002.

［2］丁慎训，张孔时．物理实验教程［M］．北京：清华大学出版社，1992.

［3］南京大学恒通电子仪器厂．RB－I 型热导率动态测量仪使用说明书．2004.

实验时沿此线剪下

【数据表格】

实验者信息:

专业班级: __________ 学号: __________ 姓名: __________同组人姓名: __________

表 5.5-1　基本数据表

样品	$c/(\mathrm{J/g \cdot K})$	$\rho/(\mathrm{g/cm^3})$	T_P/s	L/mm	

表 5.5-2　温度波峰时间

波峰时间 t/s	第 1 组	第 2 组	第 3 组	第 4 组	第 5 组
x_3					
x_4					
x_5					
x_6					
x_7					
x_8					

教师签名: __________

实验 5.6　迈克耳孙干涉仪

【引言】

迈克耳孙干涉仪是美国物理学家迈克耳孙（Michelson）1880 年发明并用以研究“以太”漂移的精密光学仪器。迈克耳孙使用该仪器和莫雷（Morley）合作证明了：地球与“以太”之间的相对运动在实验误差内不会产生光的干涉条纹移动。这一结论在当时引起了科学界的极大震惊，并被开尔文认为这是 19 世纪笼罩在热光动力理论上空的两朵乌云之一。由于迈克耳孙在精密光学仪器制造和借助这些仪器在光谱学和度量学的研究工作中所做出的贡献，获得了 1907 年度诺贝尔物理学奖。

迈克耳孙干涉仪是根据分振幅干涉的原理制成的一种精密干涉仪，可广泛应用于长度精密计量、光学表面检验以及光谱线的精细结构分析中。

【实验目的】

1）学会使用迈克耳孙干涉仪。

2）观察等倾、等厚和非定域干涉现象。

3）测量氦氖激光的波长、钠黄光谱线的波长和钠光双线的波长差。

【实验仪器】

氦氖激光光源、钠光灯、迈克耳孙干涉仪、毛玻璃屏。

【预习提示】

1）怎样调节迈克耳孙干涉仪使其出现干涉条纹？

2）等倾干涉条纹和等厚干涉条纹各有什么特点？

3）如何用点光源产生的非定域干涉条纹测定激光的波长？

4）实验中如何测量钠光双线的波长差？

【实验原理】

1. 迈克耳孙干涉仪的原理

迈克耳孙干涉仪的光路图如图 5.6-1 所示，光源 S 出发的光经过呈 45°放置的背面镀银的半透玻璃板 P_1（镀有银的表面在图中用加粗的线来表示）被分成相互垂直的强度几乎相等的两束光，光路 1 通过 M_1 镜反射并再次通过 P_1 照射在观察平面 E 上，光路 2 通过厚度、折射率与 P_1 相同的玻璃板 P_2 后由 M_2 镜反射再次通过 P_2 并由 P_1 背面的反射层反射照射在观察平面 E 上。图中平行于 M_1 的 M_2' 是 M_2 经 P_1 反射所成的虚像，即 P_1 到 M_2 与 P_1 到 M_2' 的光程距离相等，故从 P_1 到 M_2 的光路可用 P_1 到 M_2' 等价代替。这样可以认为 M_1 与 M_2' 之间形成了一个空气间隙，这个空气间隙的厚度可以通过移动 M_1 完成，空气间隙的夹角可以通过改变 M_1 镜或 M_2 镜的角度实现。当 M_1 与 M_2' 平行时可以在观察平面 E 处观察到等倾干涉现象，当 M_1 与 M_2' 有一定的夹角时可以在观察平面 E 处观察到等厚干涉现象。

2. 迈克耳孙干涉仪的结构

迈克耳孙干涉仪的型号众多、样式各异，甚至还可以通过自搭光路自行组件进行迈克耳孙干涉实验，上述这些干涉系统的光路与如图 5.6-1 所示的结构原理相同，现在以 WSM－100 型迈克耳孙干涉仪为例说明这种干涉系统的结构。

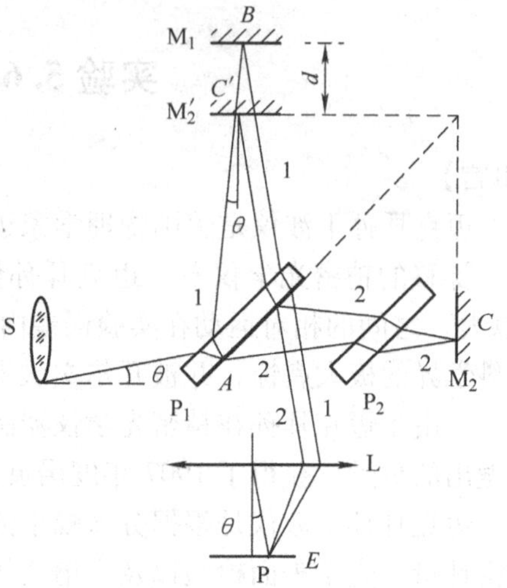

图 5.6-1　迈克耳孙干涉仪的原理光路图

S—光源　P_1—镀有银反射层的玻璃块

P_2—补偿玻璃块　M_1—可移动反射镜

M_2—反射镜

WSM－100 型迈克耳孙干涉仪如图 5.6-2 所示，仪器的主体部分固定在一个稳定的底座上，并有三个调平螺钉支撑。仪器的主体由分光板、补偿玻璃板、可移动反光镜 M_1、固定反光镜 M_2、精密丝杆、粗调手轮以及细调手轮等组成。M_1和M_2的倾角可以通过其后方的角度调节旋钮进行调节。粗调以及细调手轮通过齿轮可带动精密丝杆转动，转动的精密丝杆可通过防转挡块及顶块带动 M_1在导轨面上移动，其位置可以通过仪器侧面的毫米刻度尺、读数窗口以及细调手轮上的刻度精确读出。读数窗口中的圆盘的最小刻度为 0.01mm，细调手轮的最小刻度为 0.0001mm。读数时首先读取装在导轨的侧面的毫米刻度尺，只读到毫米整数位，不估读；再读取在读数窗口处的圆盘指示刻度，读到 0.01mm 位，也不估读；最后读取细调手轮上所指示的刻度，并估读一位，读到 0.00001mm 位，最后的读数是这三部分读数之和，应有 7 位有效位数。

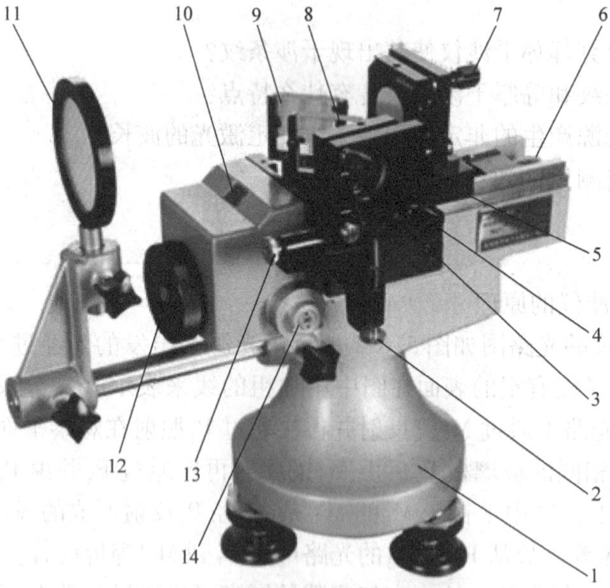

图 5.6-2　迈克耳孙干涉仪实物图

1—底座　2—垂直拉簧螺丝　3—固定反光镜 M_2　4—固定反光镜 M_2 角度调节螺钉　5—可移动反光镜 M_1　6—精密丝杆　7—可移动反光镜 M_1 角度调节螺钉　8—补偿玻璃板 P_2　9—分光板 P_1　10—读数窗口　11—观察屏（毛玻璃）　12—粗调手轮　13—水平拉簧螺钉　14—细调手轮

实验读取数据时还需注意：

实验过程中应避免引入空行程。将微调鼓轮按原方向旋转，直到干涉条纹开始移动以后，才可开始读数测量，且在实验过程中不可回转微调鼓轮。

3. 干涉条纹的形成原理

（1）等倾干涉条纹　调节反光镜 M_1 与 M_2，使之相互垂直，即此时 M_1 与 M'_2 相互平行，在 M_1 与 M'_2 之间形成了一个厚度不变的空气间隙，如图 5.6-3 所示。在扩展光源的情况下，由于入射角相同的光经空气层上下表面反射形成的反射光在相遇点有相同的光程差，也就是说，只要是入射角 θ 相同的光就形成同一条纹，故这些倾角不同的光束经空气层反射后形成的干涉图样是一些明暗相间的同心圆环。这种干涉称为等倾干涉。等倾干涉条纹只呈现在透镜的焦平面上，不用透镜时产生的干涉条纹应在无限远处，所以我们说等倾干涉条纹定域于无穷远处。人的眼睛相当于一个可成像的透镜，这时用眼睛看无穷远处的干涉条纹可以观察到一系列的同心圆，如图 5.6-4 所示。

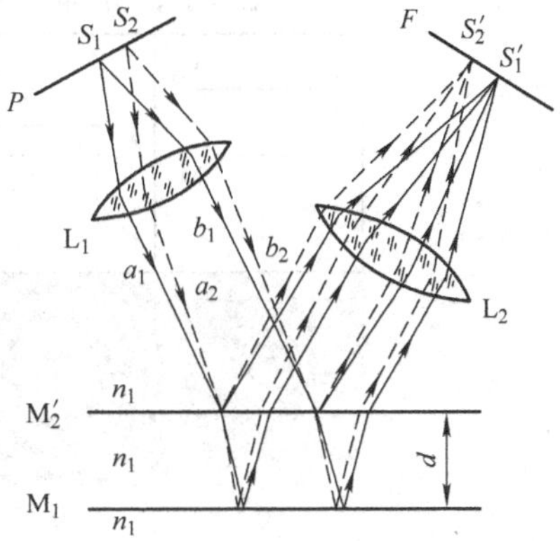

图 5.6-3　等倾干涉光路示意图

分别在 M_1 与 M'_2 反射的两束反射光在 S' 点相遇，其干涉相长或干涉相消的条件为

$$\Delta = 2d\cos\theta = \begin{cases} j\lambda & \text{干涉相长（明条纹中心）} \\ \left(j+\dfrac{1}{2}\right)\lambda & \text{干涉相消（暗条纹中心）} \end{cases} \quad (j=0,\ 1,\ 2,\ \cdots) \qquad (5.6\text{-}1)$$

式中，Δ 为两路光线的光程差；d 为 M'_2 与 M_1 间的间距；θ 为光线入射到 M'_2 与 M_1 的间隙的入射角（倾角）；j 为干涉条纹级次；λ 为光线的波长。

需要指出的是，由于光线在迈克耳孙干涉仪形成的空气间隙中的两次反射为同性质镜面反射，所以没有额外的光程差和半波损失。

等倾干涉条纹的特点：

1）圆心处，$\theta=0$，光程差 $\Delta=2d$，此时光程差最大，条纹级次最高。即：圆心处干涉条纹的级次最高，当 d 变化时，可看到条纹的“吐出”或“吞没”。

对于 j 级亮条纹来说，满足 $2d\cos\theta=j\lambda$。当移动 M_1 增大 d 时，θ 将随之增大，即该级亮环的半径增大。这样，将观察到干涉条纹不断从中心“吐出”并向外扩大。相反，当 d 减小时，条纹圆环将不断向中心收缩，中心点的干涉级变小，看上去圆环好像被一个个“吞没”。若在移动 M_1 的过程中，有 N 个条纹被“吞进”或被“吐出”（或者有 N 个条纹通过某一个参考点），则 M_1 移动的距离为

$$\Delta d = N\frac{\lambda}{2} \qquad (5.6\text{-}2)$$

2）等倾干涉条纹的条纹间距随着 M_1 与 M'_2 间距离 d 的增大而变密。

第 j 级和（$j+1$）级亮条纹满足公式：

$$2d\cos\theta_j = j\lambda$$
$$2d\cos\theta_{j+1} = (j+1)\lambda$$

由泰勒级数

$$\cos\theta = 1 - \frac{\theta^2}{2!} + \frac{\theta^4}{4!} - \frac{\theta^6}{6!} + \cdots + (-1)^n \frac{\theta^{2n}}{(2n)!} + \cdots \tag{5.6-3}$$

当入射角很小时，$\cos\theta \approx 1 - \frac{\theta^2}{2!}$，因此，$\theta_{j+1}^2 - \theta_j^2 = \frac{\lambda}{d}$。由此可见，$M_1$与$M'_2$间距离$d$越大，则$\theta_{j+1}^2 - \theta_j^2$的值越小，亦即相邻的亮条纹之间的距离越小，条纹越密，越不易辨认。

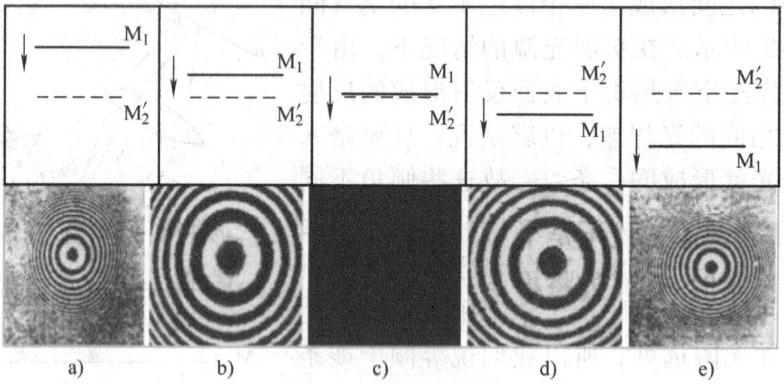

图5.6-4 等倾干涉条纹

3）等倾干涉圆环具有中心疏、边缘密的特点。

第j级和$(j+1)$级亮条纹满足公式：

$$\left.\begin{aligned} 2d\cos\theta_j &= j\lambda \\ 2d\cos\theta_{j+1} &= (j+1)\lambda \end{aligned}\right\} \Rightarrow 2d(\cos\theta_{j+1} - \cos\theta_j) = \lambda$$

因此，
$$2d\sin\theta_j \Delta\theta_j = \lambda$$

第j级和$(j+1)$级亮纹的角距离$\Delta\theta_j$为$\Delta\theta_j = \theta_{j+1} - \theta_j = \frac{\lambda}{2d\sin\theta_j}$，倾角$\theta_j$越大，条纹的角距离$\Delta\theta_j$就越小。在圆环中心，光垂直入射，倾角最小为零，越往外倾角越大，所以等倾干涉中心条纹间距大，越往外条纹越密。

（2）等厚干涉条纹　当平面反射镜M_1与M'_2不严格垂直时，即M_1与M'_2间有一小夹角，形成了一个楔形的空气薄层，此时可产生等厚干涉条纹，条纹呈现在空气薄膜附近。从M_1与M_2反射的两束光的光程差仍可近似地用$\Delta = 2d\cos\theta$来表示。图5.6-5画出了五种情况的等厚干涉条纹以及所对应的平面反射镜的相对位置。对于图5.6-5c的直条纹是只有当M_1与M_2'夹角很小且两平面近于重合时才能看到。这是因为对于图5.6-5c这种情况，d很小，$\cos\theta = 1 - \frac{\theta^2}{2!} + \frac{\theta^4}{4!} + \cdots$，当$\theta \to 0$时，$\cos\theta \approx 1$，这时光程差$\Delta$的变化主要决定于间距$d$的变化，因而干涉条纹趋近于直线，而且平行于$M_1$与$M'_2$的交棱。

当移动M_1镜逐渐远离M'_2镜时，随着d的增大，条纹逐渐向某侧弯曲，且条纹弯曲的方向背向两镜面的交线，如图5.6-5b和图5.6-5d所示。这是由于此时倾角θ的变化对光程差带来的影响不能忽略，同一级干涉条纹乃是等光程差点的轨迹，且满足$2d\cos\theta = j\lambda$。用扩展光源照明时，当θ逐渐增大，必须相应增大d值，以补偿由θ值增大时引起光程差的减小，所以干涉条纹在θ增大的地方要向d增加的方向移动，使条纹成为弧形，如图5.6-6所示。

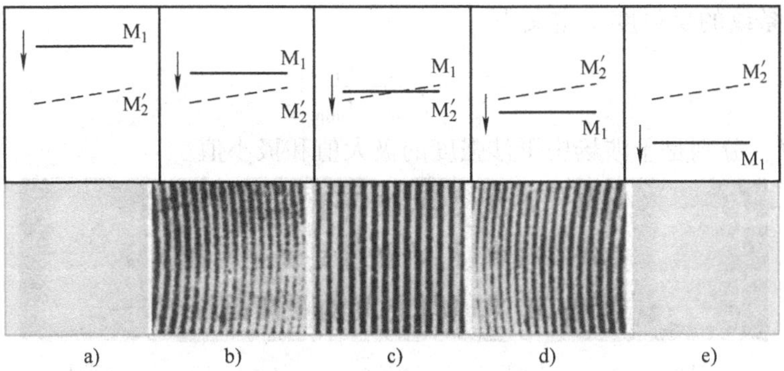

图 5.6-5　等厚干涉条纹

（3）点光源产生的非定域干涉条纹　在迈克耳孙干涉仪中，对于扩展光源 S 所产生的等倾条纹和等厚条纹都在一定的位置上，称为定域干涉。其中等倾条纹定域于无穷远，等厚条纹定域于空气膜附近。如果扩展光源 S 换成点光源，例如激光光束经过透镜会聚之后，可以看成是很好的点光源，这时干涉现象没有确定的区域，只要在两光束相遇的空间内就可产生干涉条纹，因此称作非定域干涉。需要指出的是，只有在点光源的情况下才能产生非定域干涉。进一步分析干涉仪的点光源干涉时，可等效地把它看成是两个相干点光源 S'_1 和 S'_2 发出的两束相干光的干涉，这里 S'_1 和 S'_2 是光源 S 在 P_1 中的虚像再经过 M_1 与 M'_2 两个反射镜所成的虚像，如图 5.6-7 所示。

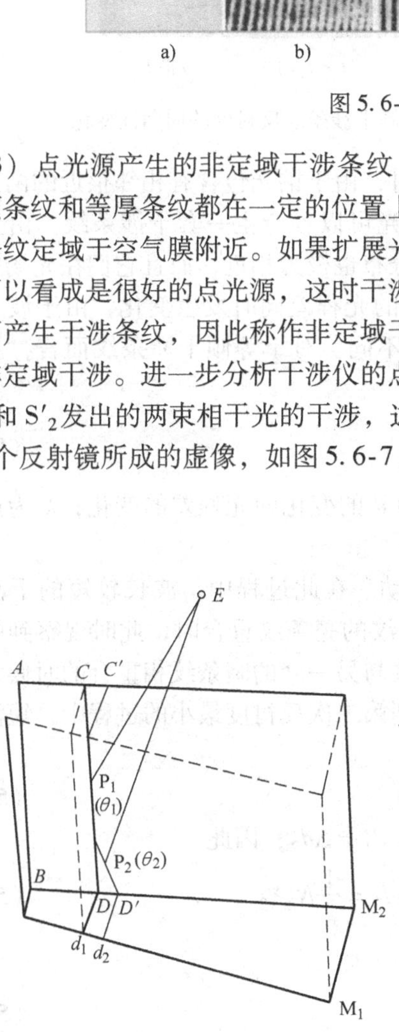

图 5.6-6　等厚条纹的弯曲

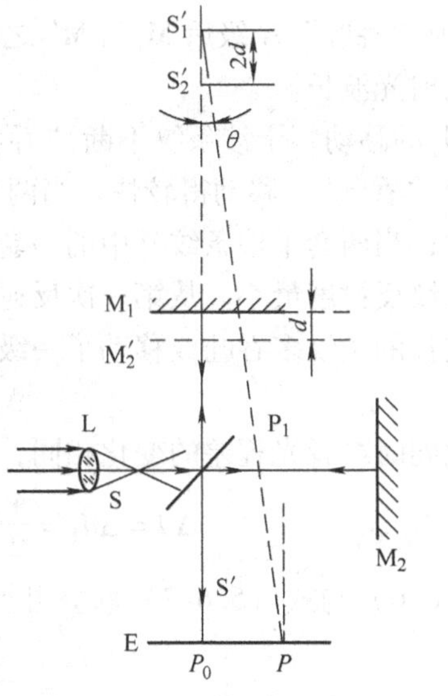

图 5.6-7　点光源的非定域干涉

将观察屏 E 放置在 S'_1 和 S'_2 的连线相垂直的位置上，调整 M_1 镜与 M_2 镜的角度也可以在观察屏上看到等倾、等厚干涉条纹，条纹的形成条件同样遵循式（5.6-1）。

（4）光谱双线使条纹反衬度随光程差作周期性变化　在使用迈克耳孙干涉仪观察低压钠灯双线的等倾干涉条纹时，可以看到随着动镜 M_1 的移动，干涉条纹随着光程差的变化在不停“吞吐”的同时，条纹本身也出现了由清晰到模糊再到清晰的周期性变化，即反衬度从极大（约等于1）到极小（约等于0）再到极大的周期性变化，如图 5.6-8 所

示。其中干涉条纹的反衬度 γ 定义为

$$\gamma = \frac{I_{max} - I_{min}}{I_{max} + I_{min}} \tag{5.6-4}$$

式中，I_{max}和 I_{min}分别是干涉场中干涉强度的极大值和极小值。

图 5.6-8 由光程差变化引起的钠光双线等倾干涉条纹反衬度的周期性变化

当以低压钠灯作为光源观察其等倾干涉条纹时，由于钠光包含有相邻很近的两束黄光 $\lambda_1 = 589.5930\text{nm}$、$\lambda_2 = 588.9963\text{nm}$，而这两束黄光可以各产生一套干涉条纹。由于两束光的波长极为相近，因此，所产生的干涉条纹的分布也极为相近，而且它们在光场中相互非相干叠加。随着 M_1的移动，产生两套干涉条纹的光程差同时发生变化，由于波长的不同，两套干涉条纹随着光程差的变化移动的速度不同。对于等倾干涉条纹而言，条纹的“吞吐”遵循

$$\Delta d = \frac{1}{2} N\lambda \tag{5.6-5}$$

式中，Δd 为“吞吐”N 级后 M_1与 M'_2之间的间距 d 的变化即光程差的变化；λ 为产生干涉条纹的入射光波长。

随着 M_1的移动，干涉条纹不断“吞吐”、移动。在此过程中，波长较短的干涉条纹随 d 的改变“吞吐”、移动得较快。当两套干涉条纹的亮条纹重合时，此时观察到的条纹反衬度最大；当两套干涉条纹其中的一套的亮条纹与另一套的暗条纹相重合的时候，此时观察到的条纹反衬度最小。从第一次反衬度最小到第二次反衬度最小的过程中，短波长的条纹比长波长的条纹多吞吐或移动了一级，即

$$N_1 = N_2 + 1 \tag{5.6-6}$$

而与此同时二者光程差的变化相同，即 $\Delta d = \Delta d_1 = \Delta d_2$，因此

$$\Delta d = \Delta d_1 = \frac{1}{2} N_1 \lambda_1 = \Delta d_2 = \frac{1}{2} N_2 \lambda_2 \tag{5.6-7}$$

式（5.6-6）与式（5.6-7）联立可得

$$\Delta\lambda = \frac{\overline{\lambda}^2}{2\Delta d} \tag{5.6-8}$$

【实验内容与数据处理】

（1）观察非定域干涉条纹

1）通过粗调手轮打开激光光源，调节激光器使其光束大致垂直于平面反光镜 M_2 入射，如图 5.6-1 所示，并取掉投影屏 E，可以看到两排激光点，如图 5.6-9 所示。

2）通过粗调手轮移动 M_1镜的位置，使得通过分光板分开的两路光光程大致相等。

3）调节 M_1、M_2镜后面的两个旋钮（注意要均匀调整），使两排激光点重合为一排，

并使两个最亮的光点重合在一起。此时再放上投影屏 E，就可以观察到干涉条纹。

4）仔细调节 M_1、M_2镜后面的两个旋钮，使 M_1 与 M_2'平行，这时在屏上可以看到同心圆条纹，这些条纹为非定域条纹，如图 5.6-10 所示，当移动投影屏 E 位置或改变两路光的光程差时，圆环将变大或缩小。

5）转动微调（或粗调）手轮，观察干涉条纹的形状、疏密及中心“吞”“吐”条纹随光程差改变的变化情况。

图 5.6-9　直接观察动镜看到两排激光点

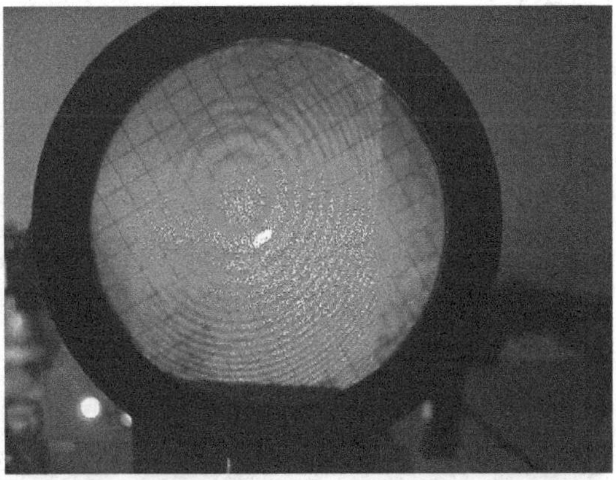

图 5.6-10　投影屏 E 上观察到的非定域干涉条纹

（2）测量 He－Ne 激光波长

向同一个方向缓慢旋动微调手轮，当观察到条纹显著的涌出或缩进时，开始记录此时 M_1 镜的位置 m_0。持续沿同一方向旋动微调手轮，条纹中心每“吞”或“吐”50 条条纹记一次 h 值，连续记录 10 次，并将分别记录的 m_0，m_1，m_2，…，m_9记录在表 5.5-1 中。利用最小二乘法求出 Δm，并计算出激光波长 λ 及其误差。

（3）测量钠黄光波长（两人一组合作完成该实验）

1）将光源换为钠灯，在钠光灯与 P_1之间放置一块磨砂玻璃，并将投影屏 E 取下，通过分光板 A 直接观察干涉条纹。

2）缓慢旋动微调手轮，观察钠灯产生的干涉条纹的吞吐。

3）每“吞”或“吐”25 条条纹记一次 M_1 镜的位置 r 值，连续记录 6 次，并将分别记录的 r_0，r_1，r_2，…，r_5记录在表 5.5-2 中。利用最小二乘法求出 Δr，并计算出波长 λ_{Na}及其误差。

（4）钠光双线波长差 $\Delta\lambda$ 的测定　继续缓慢旋动微调手轮移动 M_1 镜，观察到条纹的反衬度周期变化，记录条纹从反衬度变到极小的位置到下一个极小的位置时 M_1 镜对应的位置 d 值，连续记录 6 次，并将分别记录的 d_1，d_2，…，d_6记录在表 5.5-3 中，利用最小二乘法求出 Δd，计算钠光双线的波长差及其误差。

（5）相关参数

氦氖激光波长：632.8nm

钠黄光平均波长：589.3nm

钠光双线波长差：0.597nm

迈克耳孙干涉仪的仪器误差：$\Delta_{仪}=0.00010\text{mm}$

【讨论】

（1）如果实验中观察到的迈克耳孙干涉条纹呈现椭圆或者双曲状，讨论其形成的物理机理。

（2）本实验中如果不用最小二乘法处理实验数据，你还可以使用什么数据处理方法进行数据处理？请给出具体的数据处理过程。

【结论】

通过对实验现象和实验结果的分析，你能得到什么结论？

【研究性题目】

1）设计实验使用迈克耳孙干涉仪测量玻璃片的折射率。

2）设计实验使用迈克耳孙干涉仪测量单色光源的相干长度（相干长度是指具有一定谱宽的光源能够发生干涉的最大光程差）。

【思考题】

1）迈克耳孙干涉仪上看到的等倾干涉条纹与牛顿环实验中看到的干涉条纹有哪些区别?

2）从你的实验数据中，你能分析出什么问题?

【参考文献】

[1] 姚启钧. 光学教程［M］. 5版. 北京：高等教育出版社，2014.
[2] 吴百诗，张孝林. 大学物理基础［M］. 北京：科学出版社，2007.
[3] 赵凯华，钟锡华. 光学（上册）［M］. 北京：北京大学出版社，1982.
[4] 吴强，郭光灿. 光学［M］. 合肥：中国科学技术大学出版社，2003.
[5] 蔡履中，王成彦，周玉芳. 光学［M］. 济南：山东大学出版社，2002.
[6] 周殿清. 大学物理实验［M］. 武汉：武汉大学出版社，2002.

【数据表格】

实验者信息:

专业班级: __________ 学号: __________ 姓名: __________同组人姓名: __________

表 5.6-1　氦氖激光的波长测量数据表

条纹数 n	刻度 m/mm	条纹数 n	刻度 m/mm
0	m_0 =	250	m_5 =
50	m_1 =	300	m_6 =
100	m_2 =	350	m_7 =
150	m_3 =	400	m_8 =
200	m_4 =	450	m_9 =

表 5.6-2　钠黄光的波长测量数据表

条纹数 n	0	25	50
刻度 r/mm	r_0 =	r_1 =	r_2 =
条纹数 n	75	100	125
刻度 r/mm	r_3 =	r_4 =	r_5 =

表 5.6-3　钠黄光双线波长差测量数据表

次数 n	1	2	3
刻度 d/mm	d_1 =	d_2 =	d_3 =
次数 n	4	5	6
刻度 d/mm	d_4 =	d_5 =	d_6 =

实验时沿此线剪下

教师签名: __________

实验 5.7 全息照相

【引言】

普通照相是立体景物的平面记录。在一张风景照片上，近处的垂柳、远处的高山、天空中的白云等景物都被记录在一张平面相片上。你只能凭借经验和想象来确定它们的远近位置。在照片上近处的垂柳必然会遮掉后面远处高山的一部分。尽管你改变眼睛的观察方向，也绝不可能看到被遮挡的部分。从这个意义上讲，普通照相并没有反映出景物的实际状况。人们渴望看到对实际景物完全、真实、立体的记录。全息照相技术使人们获得了打开完全、真实、立体记录实际景物大门的钥匙。

全息照相的思想最早是加柏于 1948 年提出来的。从那时起到 20 世纪 50 年代末，全息照相都是用水银灯作为光源，由于水银灯光源的相干性太差，所以这一时期里全息照相技术进展非常缓慢，离实际应用有很大差距。1960 年，一种高相干度的光源——激光诞生了，应用激光可以很容易地拍摄到全息图像，并能够很容易地进行全息图像的再现。激光的出现使全息照相技术向实际应用迈出了关键的一步。现在，全息照相技术已经在立体成像、干涉计量检测、信息存储等应用领域获得了巨大进展。

【实验目的】

1）了解全息照相的基本原理。

2）掌握全息照相方法及底片冲洗方法。

3）观察物像再现。

【实验仪器】

激光器、成套全息照相光具元件及隔震光学平台、白屏（用以接收光和观察干涉条纹图样）、硅光电池及电压表、全息干板、被照物体、显影液和定影液等。

【预习提示】

1）了解激光全息照相原理与物像再现原理。

2）明确光路的调节及要求。

【实验原理】

人的眼睛可以看到一个物体，是由于物体所发出的光波（自发光或反射光）携带着物体所包含的信息传播到眼睛，由眼睛在视网膜上成像所致。光信息包含光波的波长、振幅和相位，它们决定了所看见物体的颜色、亮暗、远近和形状。只要能够记录并再现该特定的光波，即是物体不存在，只要人眼看到再现的特定光波，就如同看到逼真的物体一样。因此，要想从照片上看到人的眼睛直接观察物体时获得的图像，就要解决记录和再现这一光波的问题。

图 5.7-1 给出了普通照片与全息照片的差别。普通照相是通过照相机透镜把来自物体的光聚焦于底板上，底板经过曝光冲洗后，我们就得到了物体的负片，负片上各点的沉积

银层透光性与物体上各点的光强一一对应，我们在底板上看到的是物体的负像。由于底板只是记录了物体上各点的光强分布，并没有记录反映物体之间相对位置、远近的相位信息，因而是所拍摄物体的二维平面像。全息照相记录的是整个物体发出的光波（即物体上各点发出的光波的叠加）。借助于参考光，全息照相术用干涉的方法记录了物光波的振幅和相位分布，即记录下物光波与参考光波相干后的全部信息。这些信息以干涉条纹花样的形式被记录，可以说，全息照片就是储存起来的被拍摄物体的干涉图样。所以，全息底片上显现的不是物体的影像，而是细密的干涉条纹，就好像是一个复杂的衍射光栅。若想看到物体的影像，必须对全息底片进行适当的再照明，重建原来的物光波，才能再现物体的三维立体像。

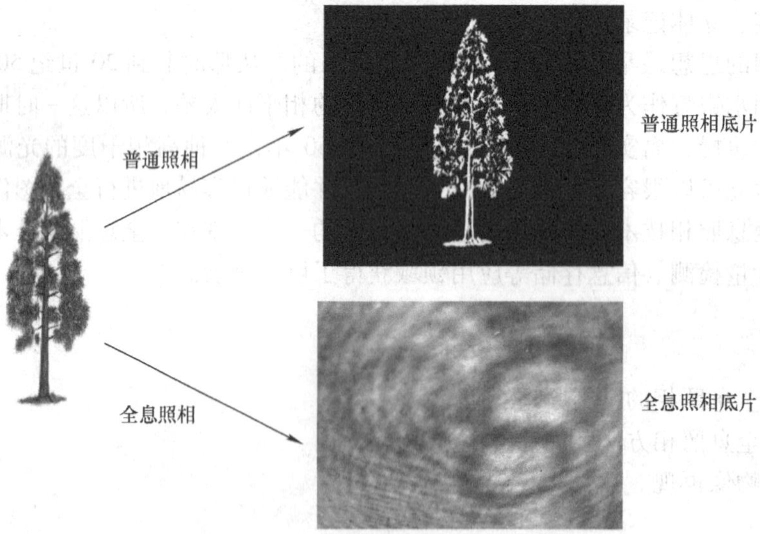

图 5.7-1 普通照相与全息照相的差别

1. 全息记录

全息照相的光路图如图 5.7-2 所示。用激光照射物体，物体因漫反射而发出物光波。波场每一点的振幅和相位都是空间坐标的函数。我们用 O 表示物体每一点发出的物光的复振幅与相位。用同一激光束经分束镜分出的另一部分光直接照射到底板上，这个光波称为参考光波，它的振幅和相位也是空间坐标的函数，其复振幅和相位用 R 表示，参考光通常为平面或球面波。这样在记录光信息的底板上的总光场是物光与参考光的叠加。叠加后的复振幅为 $O+R$，从而底板上各点的光强分布为

$$\begin{aligned} I &= (O+R)(O^*+R^*) \\ &= OO^*+RR^*+OR^*+O^*R \\ &= I_O+I_R+OR^*+O^*R \end{aligned} \tag{5.7-1}$$

式中，O^* 与 R^* 分别是 O 和 R 的共轭量；$I_O=OO^*$，$I_R=RR^*$ 分别为物光波和参考光波独立照射底板时的光强；(OR^*+O^*R) 为干涉项。

在底板上光强 I 的分布就是物光波和参考光波干涉形成的干涉条纹，我们用感光底板将其记录下来。由于干涉条纹在底板上各点的强度取决于物光波和参考光波在各点的振幅和相位，因而底板上就保留了物光波的振幅和相位分布的信息。

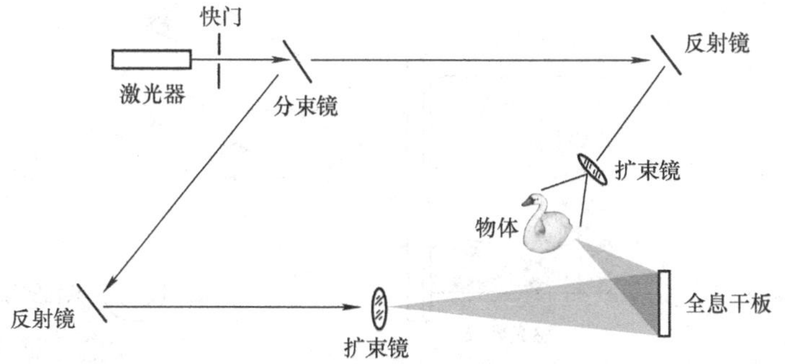

图 5.7-2 全息照相实验光路图

2. 物像再现

底板经过曝光冲洗以后，形成各处透光率不相同的全息照片，它相当于一个复杂的光栅。一般来说，光透过这样的全息照片时，振幅及相位都要发生变化。如果令

$$t = 透过光的复振幅/入射光的复振幅 \tag{5.7-2}$$

则复振幅透过率 t 一般为复数。但对于平面吸收型全息照片（这种底板各处透过率的不同仅仅是由于沉积的银层对光的不同吸收引起的），t 为实数。如果曝光及冲洗合适（线性处理），可使得

$$t = t_0 - KI \tag{5.7-3}$$

式中，t_0为未曝光部分的透过率；t_0和 K 都是常数。

物像的再现是用光照射已经摄制好的全息照片并观察透过光，这个过程称为波前重现。通常，再照光与拍摄全息照片的参考光束 R 相同，因此，透过的光波如果用 W 表示，则

$$W = tR = t_0R - KIR \tag{5.7-4}$$

由于 t_0是实数，根据式（5.7-1），把 I 代入式（5.7-4），得到

$$\begin{aligned} W &= t_0R - KR\ (I_0 + I_R + OR^* + O^*R) \\ &= [t_0 - K\ (I_0 + I_R)]\ R - KI_RO - KRO^*R \end{aligned} \tag{5.7-5}$$

式（5.7-5）右边每一项代表透过全息照片的一个衍射波。第一项与参考波 R 成正比，因而是按一定比例重建的参考波，或者说是直接透过的再照光，相当于零级衍射波。第二项与原来的物光成正比，是按一定比例重建的物光波，相当于一级衍射波，且是发散光。这个光波按惠更斯原理继续传播，与原来物体在原来位置发出的光波相同，仅仅是振幅按一定比例改变，相位改变 180°。因此，全息照片后面的观察者对着这个光波方向观察时，可以看到原来物体的三维立体像（虚像），如图 5.7-3 所示，就好像是通过一个窗口观察原来的物体一样，而且改变方向，可以看到物体各部分之间相对位置的变化（视差）。第三项与物光波的共轭光波 O^* 有关，它是因衍射而产生的另一个一级衍射波，称为孪生波，可成实像，也可成虚像。

为了更直观地理解上述原理，我们来看一个用干涉方法制作光栅的例子。在图5.7-4a 中，光束 1 和 2 是相干的两束平行光，它们在相遇区域产生干涉，形成等间距的干涉条纹，条纹取向垂直于 1、2 两光束构成的平面（即垂直于纸面）。P 是照相底片，曝光后经过显影、定影处理，则底片就是透光、不透光的条纹，这就是一个光栅，其光栅常数

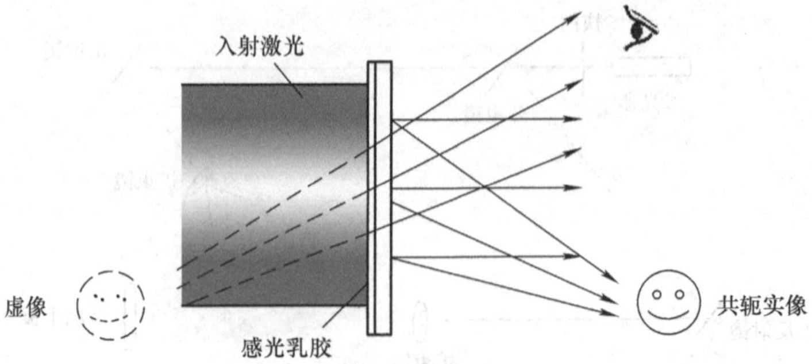

图 5.7-3　物像再现

（干涉条纹间距）为

$$d = \frac{\lambda}{\sin\theta} \tag{5.7-6}$$

将该光栅放回原处，用光束 1 照射，如图 5.7-4b 所示，光栅衍射方程为

$$d \cdot \sin \phi = k\lambda \tag{5.7-7}$$

比较式（5.7-6）、式（5.7-7）两式，$k=1$ 的 +1 级衍射光在 $\phi=\theta$ 方向，所以看到的衍射光 2′就如同看到原光束 2 一样。衍射光 2′对应的就是式（5.7-5）中的第二项，所以对着这个方向观察，可以看到原来物体的虚像。而 −1 级衍射光在 $\phi=-\theta$ 方向，我们把对应的 2″光称为共轭光波。图 5.7-4a 是对 2 光的记录，图 5.7-4b 是对光束 2 的再现，这里光束 1 是参考光，光束 2 是物光。

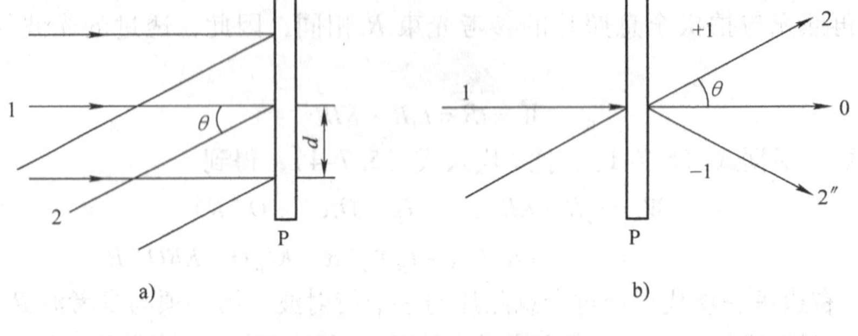

图 5.7-4　用干涉方法制作光栅

由于底片上任何一小部分都包含整个物体的信息，所以只利用拍摄的全息底片的一小部分也能再现整个物像。

3. 全息照片拍摄要素

（1）相干光源　物光和参考光必须是相干光，所以用相干性很强的激光作为光源。利用分束镜把激光器发出的光分成两束，一束作为物光，一束作为参考光，并使其光程大致相等，以使两束光能够发生相干干涉。

（2）避免系统震动　物光和参考光形成的干涉条纹间距很小，每毫米有上千条条纹。在曝光过程（曝光时间 10s ~ 20s）中，如果条纹移动超过半个条纹的宽度，就不能形成全息图；条纹移动小于半个条纹宽度，全息图像虽然可以形成，但清晰度会受到影响。因此，在曝光过程中必须保持干涉条纹稳定不变。为此，光源、光路中各光学元件、被摄物体和感光底板都必须放在防震平台上，使外界各种微小振动不致干扰条纹的记录。

（3）物光、参考光的强度　从干涉理论可知，当物光与参考光在干板处强度相等时，干涉条纹的反衬度最好。但在实际光路中，参考光直射干板，而物光要经过物体表面的散射后射到干板，散射光强与物体表面的反射率有关，因而物光光强相对较弱，很难使物光与参考光的光强相等。调节光路时，一般尽可能使全息干板处物光光强尽可能大，适当减弱参考光的光强，使物光与参考光的光强比为1:3到1:5。

（4）全息记录干板　全息记录干板是表面涂有一层感光乳胶的玻璃，这是由于玻璃有一定刚度，不会变形弯曲。对于不同波长的激光，要选用不同型号的感光乳胶。例如，激光波长为650nm，根据式（5.7-6），$\theta=30°$，$\lambda=650\text{nm}$，$d=1.27\times10^{-6}\text{m}$，则每毫米有上千条条纹，所以要求全息干板具有非常高的分辨率。普通照片底片由于银化合物的颗粒较粗，每毫米只能记录几十到几百条条纹，不能用来记录全息照相中的干涉条纹。全息照相必须用特制的高分辨率的感光底板。实验使用的是天津感光胶片厂出品的全息Ⅰ型干板，分辨率约为3000条/mm，感光波长范围是530～700nm，敏感峰值波长为630nm，对绿光不敏感，所以，显影时可在绿灯下观察。

从式（5.7-6）还可以看出，物光与参考光夹角越大，条纹的间距就越小，对干板的分辨率要求就越高，所以夹角不宜太大。但另一方面，夹角大，物象再现时可在较大范围内从不同角度观察物象，反之则观察窗较小。一般使物光与参考光之间的夹角控制在20°～50°范围内。

【实验内容与测量】

1. 全息图拍摄

1）按图5.7-2所示配置光路系统。

光路系统应满足下列条件：

① 物光束和参考光束由分束镜至感光板之间的光程应大致相等。

② 用扩束镜将物光束扩展到使整个被摄物都能受到光照，参考光束也应扩展使感光板有均匀的光照。注意全息干板与被摄物的距离应控制在5cm之内，且应保证全息干板尽可能正对被摄物，以接收多的物光，参考光应均匀照明并覆盖整块全息干板。

③ 照在感光板上的物光束和参考光束之间的夹角在20°～50°范围为宜。

④ 关闭室内照明灯，在放感光板的地方，物光与参考光的光强比为1:3到1:5范围为宜。可分别遮挡参考光及物光，用实验室搭建的硅光电池相对光强测量装置（见【补充材料5.7-1】）测量。具体测量方法是把硅光电池放在干板平面处，其输出线接至数字电压表上，分别读出物光和参考光照射硅光电池时电压表的示数，则电压表示数之比就是光强比。

2）将激光器出射的激光遮挡住，装夹好全息干板，使乳胶面向着被拍摄物体。静置几分钟使防震台不震动后取消遮挡，激光曝光10～20s（参见实验室给出的参考数据）。**特别要注意在曝光过程中绝对不要触及防震台并保持室内安静。**

3）显影和定影：按显影－水洗－定影－水洗－晾干的程序处理。显影液用D－19显影液，温度（20±0.5）℃，显影时间约为2min（以感光板上出现灰色条纹为宜）。从显影液中取出感光板后用水冲洗，然后放在定影液中定影2～4min，最后再水洗2～3min。

2. 物像再现

1）如图5.7-3所示，将晾干的全息图片放回原位置，感光乳胶面仍向着物体，用原参考光照射，去掉物，在全息图的后方观察，即可看到位置、大小与原物一样的三维立体像（原物虚像，相当于图5.7-4（b）中的+1级衍射光）。试改变观察角度，参考光源到干板的距离，观察物像的变化。

2）挡掉全息图的一部分，仍然可看到完整的物体像。

【注意事项】

1）各种光学镜面严禁用手触摸。

2）实验过程中切忌用眼睛直视激光束，以免损伤视网膜。

3）各组应在相同时间统一曝光，以避免相互干扰。曝光时不能走动、说话，不要有任何振动，以提高拍摄成功率。

【讨论】

1）如果你照的全息照片观察不到物像再现的虚像或实像时，试分析其原因。什么因素影响全息照片的图像质量？

2）当你的全息底片不慎打碎后，用碎片能够观察到物体的整个像吗？为什么？

3）归纳全息照相与普通照相有什么不同。

【结论】

写出通过实验你最想告诉大家的结论。

【研究性题目】

1）研究物光束和参考光束的强度比对拍摄全息照片的影响。

2）研究物光束和参考光束之间的夹角对拍摄全息照片的影响。

3）观察和研究共轭光波的成像规律。

【参考文献】

[1] 代伟．全息照相实验技巧探讨［J］．实验技术与管理，2007，24（8）：35－38.

[2] 张师平，陈森，吴平．全息照相实验中光强的测量［J］．金属世界，2011，（4）：29－30.

[3] 黄水平，张飞雁，张易，等．全息照相实像的优化拍摄与再现［J］．大学物理，2010，29（2）：40－42.

[4] 郭开惠，吴平，严映律，等．全息照相再现成像的深入研究［J］．兰州大学学报（自然科学版），1999，35（2）：43－47.

[5] 韩东峰．全息照相实验相关问题的理论探究［J］．洛阳理工学院学报（自然科学版），2010，20（2）：78－81.

【补充材料5.7-1】 相对光强测量装置

当光照度不是很大、开路电压趋于饱和之前，硅光电池的开路电压随着光强的增大近似线性地增大。利用硅光电池开路电压的这种特性，可以将硅光电池用于全息照相的光强测量，其电路图与实物图如图5.7-5所示。

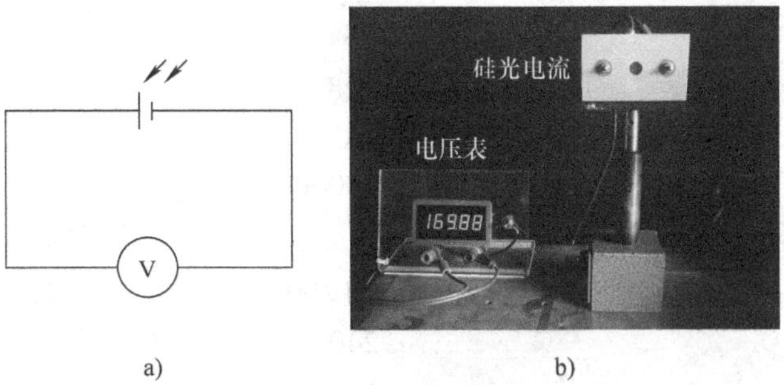

图5.7-5　全息照相光强测量实验装置

a）电路图　b）实物图

光强测量装置由量程为200mV的四位半LED电压表以及一块普通硅光电池组成。采用图5.7-6a所示的光路图测量了全息照相实验条件下硅光电池开路电压与光强之间的关系，实验中通过改变扩束镜与光电池的距离 r 改变激光照射在硅光电池上的光强，实验结果如图5.7-6b所示。在全息照相实验中实际的物光开路电压在1~3mV，参考光的开路电压不超过15mV，从图5.7-6b可以看到，全息照相实验条件下，该光强测试装置基本工作在线性区域，可以满足全息照相光强测量的实验要求。

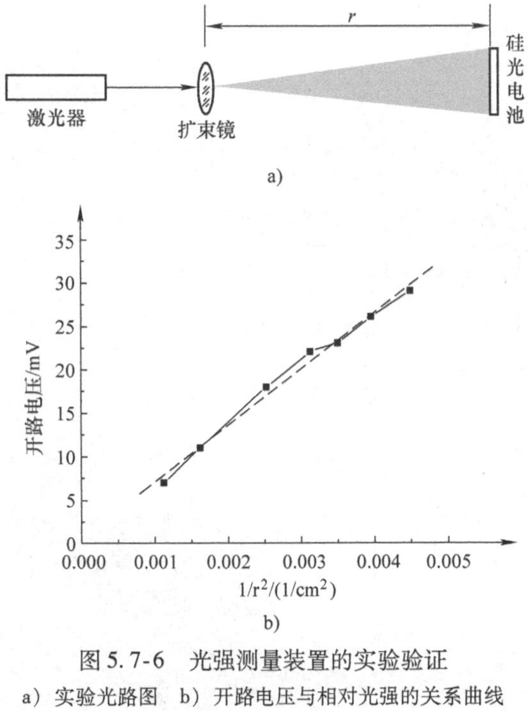

图5.7-6　光强测量装置的实验验证

a）实验光路图　b）开路电压与相对光强的关系曲线

【补充材料5.7-2】　全息照相的显影液和定影液

1. D-19显影液配方

蒸馏水　　　　约500cc

米吐尔	2g
无水亚硫酸钠	90g
对苯二酚	8g
无水碳酸钠	48g
溴化钾	5g
加蒸馏水至	1000cc

2. F－5 定影液配方

蒸馏水	约 500cc
硫代硫酸钠	240g
无水亚硫酸钠	15g
冰醋酸	13.5cc
（或醋酸 28%　48cc）	
硼酸（晶体）	7.5g
（铝）钾矾	15g
加蒸馏水至	1000cc

实验 5.8 用光栅测量光波波长

【引言】

把复色光分成单色光的过程称为分光。复色光通过透明介质或一定的分光元件分解成单色光的现象，称为色散现象。棱镜、光栅都可以把复色光分解成单色光，是光谱仪、单色仪及许多光学精密测量仪器的核心元件。

本实验将利用光栅来测量汞灯在可见光区域的一些谱线的波长，让学生对分光元件的作用以及汞灯光谱特性有直观体验。

【实验目的】

1）学习调节和使用分光仪观察光栅衍射现象。

2）学习利用光栅衍射测量光波波长的原理和方法。

3）了解角色散与分辨本领的意义及测量方法。

【实验仪器】

JJY 分光仪（1′）、光栅、平行平面反射镜、汞灯等。

【预习提示】

1）阅读实验 4.14【实验装置】部分的“1. 分光仪的构造”和“2. 分光仪的调节”内容，了解分光仪的调节要求，熟悉分光仪的调节步骤。

2）利用光栅测量光波波长的方法是什么？

3）光栅的放置和调节方法。

【实验原理】

1. 光栅方程

光栅是一种重要的分光元件，分为透射光栅和反射光栅。本实验中我们使用的是透射光栅。在一块透明的平板上刻有大量相互平行等宽等间距的刻痕，这样一块平板就是一种透射光栅，其中刻痕部分为不透光部分。若刻痕之间透光部分（即狭缝）的宽度为 a，刻痕宽度为 b，则光栅常数为 $d=a+b$。通常，光栅常数是很小的，例如，在 10mm 内刻有 3000 条等宽等间距的狭缝。

当一束波长为 λ 的平行光垂直照射在光栅上时，如图 5.8-1 所示，每一个狭缝透过的光都要发生衍射，向各个方向传播。经过光栅衍射，与光栅面法线成 ϕ 角的平行光，经过透镜后会聚于透镜焦平面处屏上一点 P_1，ϕ 角称为衍射角。由于光栅上各狭缝是等间距的，所以沿 ϕ 角方向的相邻光束间的光程差都等于 $d\sin\phi$，因为光程差一定，它们彼此之间将发生干涉。用透镜将经过光栅衍射的平行光会聚于透镜焦平面处屏上，将呈现由单缝衍射和多缝干涉综合效果所形成的光栅衍射条纹。

当沿 ϕ 角方向传播的相邻光束间光程差 $d\sin\phi$ 等于入射光波长的整数倍时，各缝射出的、聚焦于屏上 P_1 点的光因相干叠加得到加强，形成明条纹。因此，光栅衍射明纹的条

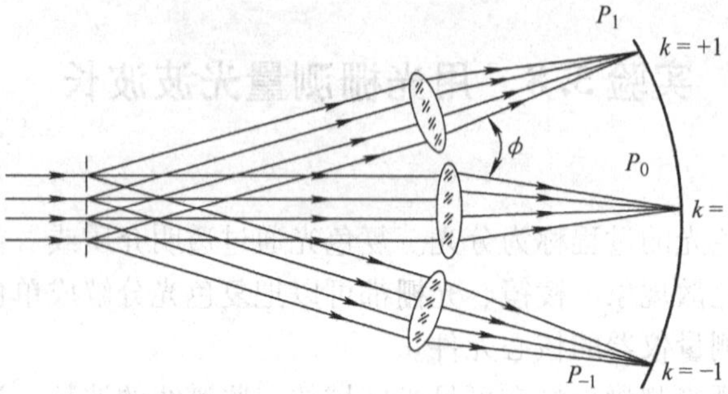

图 5.8-1 光栅衍射示意图

件是 ϕ 必须满足

$$d\sin\phi = k\lambda \quad (k=0,\ \pm1,\ \pm2,\ \cdots) \tag{5.8-1}$$

此式称为光栅方程，它是研究光栅衍射的基本公式。

满足光栅方程的明条纹称为主极大条纹，也称为光谱线，k 称为主极大级数。$k=0$ 时，$\phi=0$，称为零级条纹，对应于中央明条纹，中央明条纹聚集了入射光总能量的大部分，因而较亮。$k=\pm1$，$k=\pm2$，…分别为对称地分布在中央明条纹两侧的第 1 级、第 2 级…主极大条纹。

由 $|\sin\phi|\leqslant 1$ 知，主极大的级数限制是

$$k\leqslant\frac{d}{\lambda} \tag{5.8-2}$$

即在给定光栅常数的情况下，光谱级数是有限的，再综合考虑不同级次谱线光强的变化，实验中通常最多能观察到第 2、第 3 级主极大条纹。

用分光仪测得第 k 级谱线的衍射角后，若已知光栅常数 d，根据式（5.8-1）就可求出入射光的波长，这就是用光栅测量光波波长的基本原理。反之，若给定波长 λ，则根据式（5.8-1）可求出光栅常数 d。

如若单色平行光不是垂直照射在光栅上，而是以入射角 θ 斜入射到光栅上，则光栅方程变为

$$d(\sin\theta+\sin\phi)=k\lambda \quad (k=0,\ \pm1,\ \pm2,\ \cdots) \tag{5.8-3}$$

2. 光栅色散本领与分辨本领

由式（5.8-1）可知，如果入射光波长不同，则同等级光谱衍射角 ϕ 不同，波长越长，衍射角越大，这就是光栅的分光原理。如果入射光是复色光，则由于波长不同，衍射角 ϕ 也各不同，于是不同的波长就被分开，按波长从小到大依次排列，成为一组彩色条纹，这就是光谱，这种现象称色散现象。

光栅作为一种色散元件，角色散率是其主要性能参数之一。角色散率表示光栅将不同波长的同级谱线分开的程度。

设两单色光波波长分别为 λ_1、λ_2，其波长差为 $\delta_\lambda=|\lambda_2-\lambda_1|$，第 k 级衍射角之差为 δ_ϕ，则该级次的角色散率为

$$D_\phi=\frac{\delta_\phi}{\delta_\lambda} \tag{5.8-4}$$

式中，δ_λ的单位为 nm，δ_ϕ的单位为弧度。由式（5.8-1）得

$$D_{\phi}=\frac{\delta_{\phi}}{\delta_{\lambda}}=\frac{k}{d\cos\phi} \tag{5.8-5}$$

式（5.8-5）表明角色散率 D_{ϕ} 与光栅常数成反比，与谱线级数 k 成正比，谱线级次越高，角色散率越大。

光栅分辨本领是光栅的另一重要性能指标，比色散率更具实际意义。有了大的色散，并不能保证能分辨出两条靠近的谱线，而这一性能是由分辨本领来表征的。分辨本领定义为刚好能分辨开的两条单色谱线的波长差 δ_{λ} 与这两种波长的平均值 $\overline{\lambda}$ 之比，即

$$R\equiv\frac{\overline{\lambda}}{\delta_{\lambda}} \tag{5.8-6}$$

【实验内容与测量】

光栅方程（5.8-1）是在平行光垂直入射到光栅平面的条件下得出的，因此，在实验中调节仪器时要注意满足此要求。以下是调节的具体步骤：

1）按实验 4.14【实验装置】部分的“1. 分光仪的构造”和“2. 分光仪的调节”内容调节好分光仪。

2）调节光栅平面使之与平行光管光轴垂直

分光仪调节好后，将光栅按如图 5.8-2 所示的方式放置在载物台上。挡住光源的光，开亮望远镜上的小灯，转动载物台（连同光栅），从望远镜中观察光栅平面反射回来的绿色十字像，如像的水平线不在分划板上十字线水平线处，只能调节载物台水平调节螺钉 20 的 B_2（或 B_3），使二者重合，此时光栅平面已垂直于平行光管光轴。

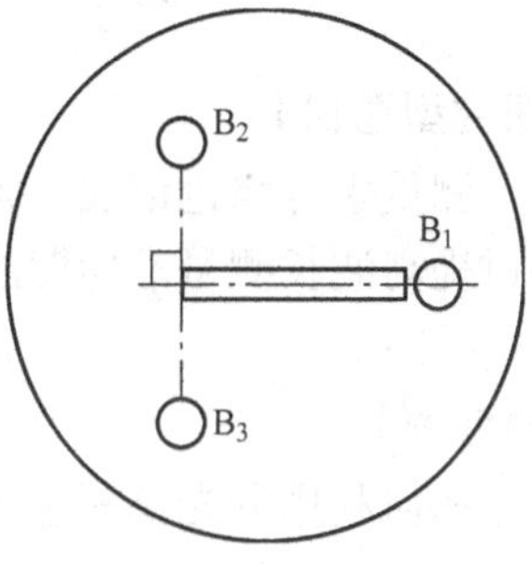

图 5.8-2　光册放置图

注意：由于光栅表面反射率远低于平面反射镜，因此反射回来的绿十字像亮度较弱，寻找起来不那么容易，若观察不到，可用平面镜或其他物体置于光栅前面或后面，加强反射，待找到反射绿色十字像后，撤去平面镜或其他物体，再进行调节。

3）调节光栅使其透光狭条与仪器主轴平行：转动望远镜观察衍射条纹的分布。以分划板横线为参考线，比较左右两侧谱线在视场中的高度是否一致。如果高度不同，说明光栅狭缝与仪器主轴不平行，可调节载物台螺钉 B_1，（千万不能动 B_2 和 B_3）使谱线等高。

经过上述调节以后，就可以进行衍射角的测量了。

4）用汞灯照亮平行光管的狭缝，使平行光垂直照射在光栅上，转动望远镜定性观察谱线的分布规律与特征；然后改变平行光在光栅上的入射角度，转动望远镜定性观察谱线的分布的变化。

5）测量肉眼可以很清楚看到的汞灯蓝色、绿色、黄色Ⅰ、黄色Ⅱ 4 条谱线。使平行光垂直照射在光栅上，先使望远镜对准中央亮线，然后向左转动望远镜，对观察到的每一条汞光谱线，使谱线中央与分划板的垂直线重合，将望远镜此时的角位置（$P_{左}$，$P'_{左}$）记录到数据表 5.8-1 到表 5.8-4 中。向右转动望远镜进行测量，得到各谱线的（$P_{右}$，$P'_{右}$），记录到数据表 5.8-1 到表 5.8-4 中。

【数据处理】

1）求出各谱线衍射角，并求出 λ 和 U_λ。

衍射角计算公式为 $\phi = \frac{1}{2}\left(\frac{1}{2}\left|P_{右} - P_{左}\right| + \frac{1}{2}\left|P'_{右} - P'_{左}\right|\right)$

注意：当 $\left|P_{右} - P_{左}\right| > 180°$ 时，$\left|P_{右} - P_{左}\right|$ 应按 $360° - \left|P_{右} - P_{左}\right|$ 代入。

2）求出角色散 D_ϕ 和分辨本领 R。

【讨论】

讨论光栅的作用、汞光谱线的分布规律与特征、平行光入射角度对谱线分布的影响等，对实验结果进行评价。

【结论】

通过对实验现象和实验结果的分析，你能得到什么结论？

【研究型题目】

测量汞灯绿色谱线（$\lambda = 546.1\text{nm}$）的1、2、3级衍射谱线，计算波长和不确定度，探讨提高波长测量准确度的途径。

【思考题】

如何利用分光仪测量光栅的光栅常数？给出实验方法和主要实验步骤。

【参考文献】

[1] 吴百诗，张孝林. 大学物理基础 [M]. 北京：科学出版社，2007.

实验时沿此线剪下

【数据表格】

实验者信息：

专业班级：__________ 学号：__________ 姓名：__________同组人姓名：__________

表 5.8-1　蓝色谱线衍射角测量数据表

光栅常数 $d=$________　谱线级数 $k=$________

测量次数	$P_{左}$	$P'_{左}$	$P_{右}$	$P'_{右}$
1				
2				
3				

表 5.8-2　绿色谱线衍射角测量数据表

光栅常数 $d=$________　谱线级数 $k=$________

测量次数	$P_{左}$	$P'_{左}$	$P_{右}$	$P'_{右}$
1				
2				
3				

表 5.8-3　黄色谱线 I 衍射角测量数据表

光栅常数 $d=$________　谱线级数 $k=$________

测量次数	$P_{左}$	$P'_{左}$	$P_{右}$	$P'_{右}$
1				
2				
3				

表 5.8-4　黄色谱线 II 衍射角测量数据表

光栅常数 $d=$________　谱线级数 $k=$________

测量次数	$P_{左}$	$P'_{左}$	$P_{右}$	$P'_{右}$
1				
2				
3				

教师签名：__________

实验 5.9　光栅光谱仪的使用

【引言】

光谱仪是一种将复色光分解为光谱线并进行测量的光学仪器。对光谱仪获得的光谱进行分析，可以研究物质的辐射特性，光与物质的相互作用，物质的结构（原子、分子能级结构）与成分，遥远星体的温度、质量、运动速度和方向等。在实际应用中，光谱仪是应用光学原理，对物质的结构和成分进行观测、分析和处理的基本设备，具有分析精度高、测量范围大、速度快和样品用量少等诸多优点，广泛应用于采矿、冶金、地质、石油化工、医药卫生、食品、农业、环境保护、天体与空间物理、军事侦察等领域。

光谱仪依据分光元件的不同，有光栅光谱仪、棱镜光谱仪、干涉光谱仪等不同类型。本实验使用的是平面光栅光谱仪。

【实验目的】

1）了解平面反射式闪耀光栅的分光原理及主要特性。

2）了解光栅光谱仪的结构，学习使用光栅光谱仪。

3）测量钨灯和汞灯在可见光范围的光谱。

4）测定光栅光谱仪的色分辨能力。

5）测定干涉滤光片的光谱透射率曲线。

【实验仪器】

WDS－3 平面光栅光谱仪（200～800nm），汞灯，钨灯 & 氘灯组件，干涉滤光片等。

【预习提示】

1）了解平面反射式闪耀光栅的分光原理。

2）了解光栅光谱仪的结构，了解光线行进的路线。

3）了解光电倍增管的基本结构、工作原理、工作条件及使用注意事项。

4）测量光栅光谱仪的色分辨能力需要测量哪些量？列出主要实验步骤。

5）测量干涉滤光片的光谱透射率曲线需要测量哪些量？应怎样安排实验？

【实验原理】

1. 平面反射式闪耀光栅原理

（1）平面反射式光栅与光栅方程　平面反射式闪耀光栅是目前光学分析法中广泛使用的分光元件，在原子发射、原子吸收、紫外－可见、荧光光谱和红外光谱仪中都用作分光元件。平面反射式光栅是在衬底上周期地刻划很多微细的刻槽，光栅表面涂有一层高反射率金属膜，其横断面如图 5.9-1 所示。

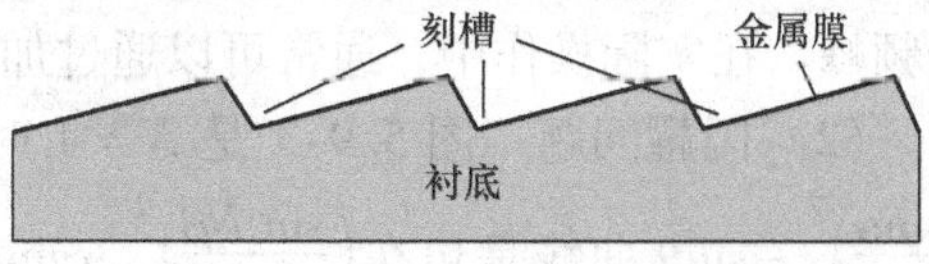

图 5.9-1　平面反射式光栅横断面

为简单起见，假定刻槽的横断面为锯齿形，如图 5.9-2 所示，设光栅共有 N 条刻槽，

光栅常数为 d，光栅平面法线为 n，槽面法线为 n'，槽面与光栅平面的夹角为 γ。平行光以入射角 i 入射到光栅上，经光栅衍射后，考虑 θ 方向上的光的光强 I_θ。理论上可以推出

$$I_\theta \propto \left(\frac{\sin\alpha}{\alpha}\right)^2 \left(\frac{\sin N\beta}{\sin\beta}\right)^2 \tag{5.9-1}$$

其中

$$\alpha = \frac{\pi a[\sin\theta + \sin i - (\cos\theta + \cos i)\tan\gamma]}{\lambda} \tag{5.9-2}$$

$$\beta = \frac{\pi d(\sin\theta + \sin i)}{\lambda} \tag{5.9-3}$$

在式（5.9-1）中，$\frac{\sin\alpha}{\alpha}$是单条刻槽的衍射造成的，通常叫作单槽衍射因子。$\frac{\sin N\beta}{\sin\beta}$是各槽之间的干涉造成的，通常叫作槽间干涉因子。由式（5.9-1）可知，主极大（也是实际上观察到的光谱线）出现在 $\sin\beta = 0$ 的方向上，即出现在 $\beta = k\pi$（$k = 0,\ \pm1,\ \pm2,\ \cdots$）的方向上。把这个值代入式（5.9-3），就得到

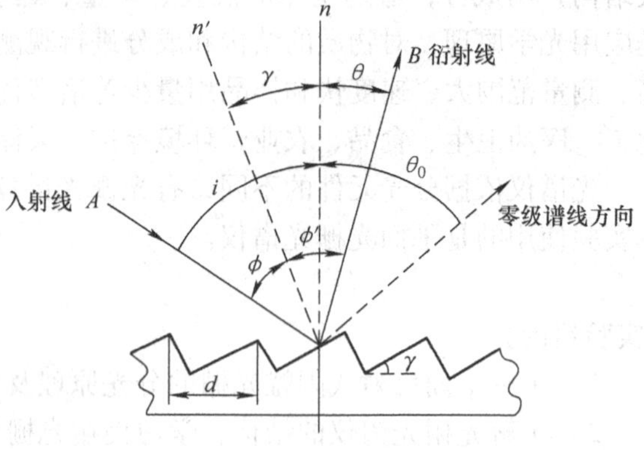

图 5.9-2 平面反射式光栅衍射

$$d(\sin\theta + \sin i) = k\lambda \tag{5.9-4}$$

这便是平面反射式光栅的光栅方程，这里规定衍射角 θ 恒为正，i 与 θ 在光栅平面法线的同侧时为正，异侧时为负，k 是光谱级。

在常用的平面光栅光谱仪里，一般都这样安放光栅：谱板中心到光栅中心的连线与入射光线在同一平面内，因此，对于所获取的谱线来说，衍射角 θ 实际上都可以当作等于入射角 i。在这种情况下，光栅方程（5.9-4）便化为

$$2d\sin\theta = k\lambda \quad (k = 0,\ \pm1,\ \pm2\cdots) \tag{5.9-5}$$

从式（5.9-5）可以看到，$k\lambda$ 值相同的谱线，衍射角度 θ 相同，即在相同的衍射角度 θ 出现衍射级次为 $k=1$、$k=2$、$k=3$、…不同波长的光同时出射的情况，这些波长满足 $\lambda_1 = \frac{\lambda_2}{2} = \frac{\lambda_3}{3}$的关系。在用光栅光谱仪扫描和分析谱线时要注意倍频现象。例如，将一束波长为 325nm 的单色光入射到光栅光谱仪中，光栅光谱仪会在 325nm 波长的位置扫描到一个信号，在 650nm 波长的位置也扫描到一个信号，但这个信号有可能是 325nm 波长单色光经光栅衍射后的 2 级衍射产生的，并不是真的有波长为 650nm 的单色光入射到光谱仪中。一般把这种现象称为光谱仪的倍频现象，由 2 级或 3 级衍射信号所产生的信号称为倍频峰。在实际操作中，通常可以通过加滤光片的办法来消除这种倍频现象。

（2）闪耀问题　图 5.9-3 是 $N=4$ 时的光栅相对光强分布曲线。从图中可以看到，$\left(\frac{\sin\alpha}{\alpha}\right)^2 - \sin\theta$ 曲线是包在$\left(\frac{\sin N\beta}{\sin\beta}\right)^2 - \sin\theta$ 曲线外面的"包络"，它决定后者在什么地方高、在什么地方低，即决定光谱线的强度。由此可见，衍射因子决定光谱线的强度，而干

涉因子则决定光谱线的位置。

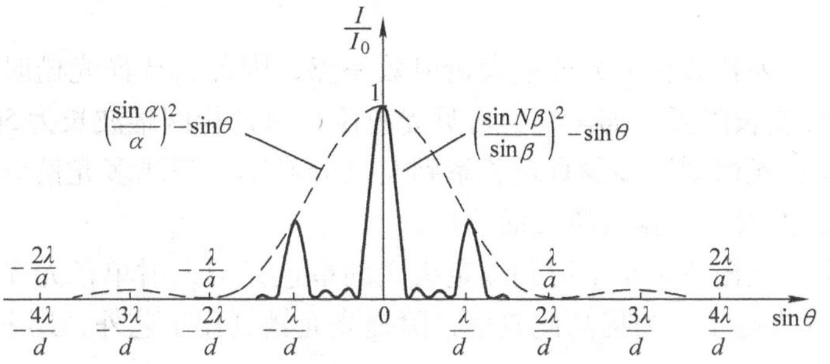

图 5.9-3 光栅相对光强分布曲线

下面我们来看什么方向光谱线光强最大。由光强分布公式（5.9-1）可见，当 $\alpha=0$ 时，干涉因子的值最大，这就是说光强 I_θ 的极大值发生在 $\alpha=0$ 的方向上。把 $\alpha=0$ 代入式（5.9-2）中，可以推出光强最大的方向就是槽面反射定律所规定的方向（参见图 5.9-2，$\phi'=-\phi$ 方向）。也可以这样来理解，把每一个槽面看作是一个小反射镜，它总是把入射光的大部分光强反射到遵守反射定律的方向，结果在槽面反射定律所规定的方向衍射光最强。就好像通常看物体光滑表面反射时耀眼的光一样，我们把这个方向叫作闪耀方向。而干涉图像（即谱线）的位置不受反射面形状的控制，只由各个面对应点的光程差所决定，即仍由光栅方程（5.9-4）所决定，所以 0 级谱线的方向仍然在 $\theta_0=-i$ 的方向上，即光栅平面反射定律所规定的方向上。闪耀方向与 0 级谱线方向不重合，这样我们就把光强最大的方向从原来的 0 级方向转移到某一需要的方向（闪耀方向）了。

于是我们得出结论：0 级光谱出现在光栅平面反射的方向上，而闪耀方向则是刻槽平面的反射方向。

如前所述，在常用的平面光栅摄谱仪里，所拍摄的光谱满足 $\theta=i$，可以推出这时有 $\theta=i=\gamma$，由式（5.9-5）有

$$\lambda=\frac{2d\sin\gamma}{k} \tag{5.9-6}$$

通常就把这个波长叫作闪耀波长。能使闪耀方向落在 0 级光谱以外的光栅叫作闪耀光栅（或定向光栅）。我们知道，透射光栅的能量集中在 0 级光谱里，0 级光谱由于色散为 0，光强虽大但没有用，反而成为有害的杂光，闪耀光栅把能量集中到我们所需要的光谱级里，这样既增加了有用的光强，又减少了有害的杂光，所以比透射光栅优越得多。

使闪耀方向落在我们所需要的光谱级里，是设计制造平面反射光栅的任务。当刻槽的横断面为锯齿形时，根据式（5.9-6），闪耀方向就由槽面与光栅平面的夹角 γ（称为闪耀角）决定。例如，当 $d=\frac{1}{1200}$mm 时，希望在 $\theta=i$ 的情况下闪耀方向落在一级光谱中的 $\lambda=250$nm 处，求 γ 值。

$$\gamma=\arcsin\left(\frac{k\lambda}{2d}\right)=\arcsin\left(\frac{1\times250\times10^{-6}}{2\times\frac{1}{1200}}\right)$$

可以算出闪耀角 γ 为 $8°38'$。

光栅作为重要的分光器件，它的选择与性能直接影响整个系统性能。选择光栅主要考虑如下因素：

1）闪耀波长：闪耀波长为光栅最大衍射效率点，因此，选择光栅时应尽量选择闪耀波长在实验所需要波长附近。如实验为可见光范围，可选择闪耀波长为500nm。

2）光栅刻线：光栅刻线多少直接关系到光谱分辨率，刻线多光谱分辨率高，刻线少光谱覆盖范围宽，两者要根据实验灵活选择。

3）光栅效率：光栅效率是衍射到给定级次的单色光与入射单色光光强的比值。光栅效率越高，信号损失越小。为提高此效率，除提高光栅制作工艺外，还采用特殊镀膜来提高反射效率。

2. 平面光栅光谱仪结构与组成

本实验所用平面光栅光谱仪外观如图5.9-4 所示。光栅光谱仪主要由光学系统、电子系统和计算机组成。整套仪器由计算机控制。

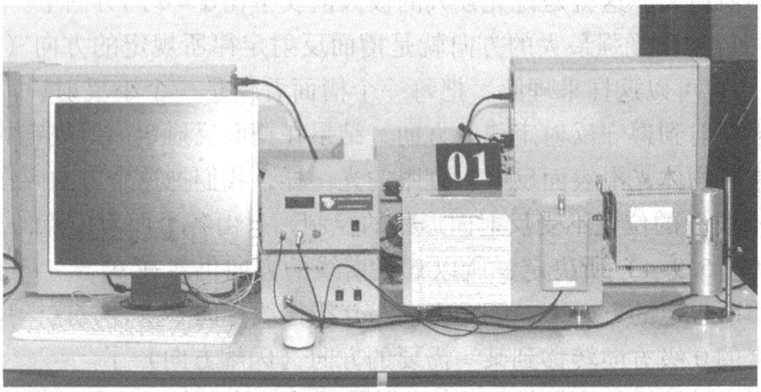

图5.9-4 光栅光谱仪外观

（1）光学系统 光栅光谱仪光学系统原理图如图5.9-5 所示。光源发出的光束进入入射狭缝S1，S1位于反射式准光镜M1的焦面上，通过S1射入的光束经M1反射成平行光束投向平面光栅G上，衍射后的平行光束经物镜M2成像在S2上。光栅G放置在一个平台上，由步进电动机带动，可以绕通过光栅平面的铅垂轴转动，从而可以改变平行光束相对于光栅平面的入射角。

WDS-3型光栅光谱仪所使用的光栅G每毫米刻线为1200条，闪耀波长为250nm，M1、M2凹面镜的焦距为300mm。入射狭缝、出射狭缝均为直狭缝，狭缝宽度0~2mm范围连续可调。顺时针旋转为狭缝宽度加大，反之减小，每旋转一周狭缝宽度变化0.5mm。

（2）电子系统 电子系统主要由电源系统、光接收系统、步进电动机系统等部分组成。我们重点介绍光接收系统。

光接收系统由光电倍增管及放大电路构成。光电倍增管是将光信号转换成电信号的器件，它是测光仪器和光电自动化设备中的主要探测元件，是目前测光信号最灵敏的器件之一，它可以检测每秒几个光子的光强，其绝对灵敏度不亚于人的眼睛，而在定量测量方面则超过了眼睛。因此，它被广泛地应用于紫外、可见和近红外（$\lambda<1.2\mu m$）区域微弱光信号的测量工作上。

1）光电倍增管的基本结构：图5.9-6 是光电倍增管的工作原理图。光电倍增管是利

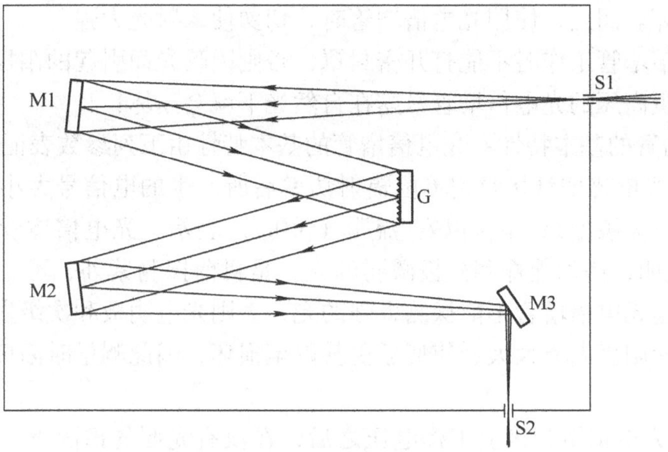

图 5.9-5 光学系统原理图

M1—准光镜 M2—物镜 M3—转镜 G—平面衍射光栅 S1—入射狭缝 S2—出射狭缝

用光电阴极 K 与多级“次级发射极”制成的光电探测器。

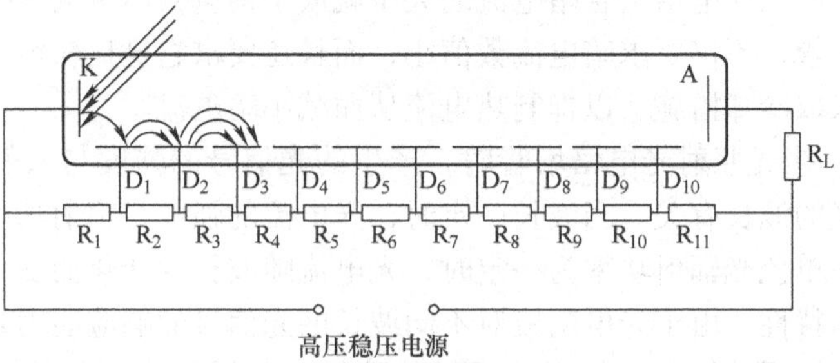

图 5.9-6 光电倍增管工作原理图

光电阴极 K 接负高压，阳极 A 接电源正极，各倍增极电压由直流电源经分压电阻供给，每相邻倍增极间的工作电压控制在 70 ~ 100V 左右，负载 R_L接在阳极处。当光照射到光电阴极 K 上时，只要光子能量大于光电阴极材料的逸出功，光电阴极表面就发射出电子，在真空中被 K 和 D_1间电场加速，而射到第一个“初级发射极”（或称打拿极）D_1上。快速的电子轰击使 D_1产生二次电子发射，出射的电子数为入射电子数的 M（M 为次级发射系数）倍，这些电子又在 D_1和 D_2间的电场作用下飞向 D_2，因而从 D_2上又产生新的二次电子流，它的数量是原来光电子的 M^2倍。如果电子逐一地在各个二次发射极下被倍增，从最后一个二次发射极 D_n 出射的电子数将达到由 K 极出射的电子数的 M^n倍（n 为倍增极个数）。这些电子由阳极 A 收集而成为阳极电流。所以光电倍增管的阳极电流要比没有倍增极的光电管大 M^n倍。此 M^n称为光电倍增管的放大倍数。一般 n 为 10 左右的光电倍增管，其放大倍数可达 10^6量级。

光电倍增管的阳极电流在一定范围内与入射光功率成线性关系，即随入射光功率的增加，阳极电流按比例增长。但当入射光功率大到一定程度时，阳极电流先出现饱和现象，而后反而下降。光电阴极受强光照射后，发射电子的速度太高，以至于光电阴极内部来不及重新补充电子，因而灵敏度下降。轻度疲劳时，停止光照一段时间可以自然恢复其性能。但如果入射光强度太强，管内电流太大，以至光电阴极和倍增极发热而分解，会造成光电管的永久破坏。因此，使用光电倍增管时，切勿使入射光太强。

注意：光电倍增管工作时不能打开密封罩，否则因曝光而引起的阳极电流会使管子烧坏。切记，加有负高压的光电倍增管暴露在自然光下就会损坏！

2）光电倍增管的基本特性：光电倍增管的基本特性由下列参数表征：

① 灵敏度：光电倍增管接收到单位辐射功率后所产生的电信号大小称为响应率（或积分灵敏度，简称灵敏度），单位以安/流明（A/lm）表示。光电倍增管的灵敏度可达几十甚至几百安/流明，因而能探测到极微弱的光，是目前探测紫外、可见和近红外光最灵敏的探测器。但是光电倍增管不能探测太强的光，否则光电阴极和次级发射极极易疲乏而使灵敏度下降，而阳极电流太大会使疲乏更甚以至损坏，因此测量时阳极的工作电流一般不要超过10μA。

② 暗电流：光电倍增管接上工作电压之后，在没有光照的情况下，它仍会有一个很小的阳极电流输出，此电流称为暗电流。产生暗电流的主要原因是由光电阴极和次级的热电子发射所产生的热电流和光电倍增各极间的漏电流。当极间电压较低时，暗电流主要由漏电流决定，在极间电压较高时，暗电流主要来自热电子发射。暗电流的存在限制了对微弱光信号的测量，所以光电倍增管暗电流的大小就成了衡量其质量的重要参数之一。一只质量好的光电倍增管，不仅要求暗电流数值小，而且还要求它是比较恒定的。在高要求的测量工作中，可采取冷却措施，以抑制热电流从而减小暗电流。

③ 光谱特性：当光照射光电倍增管时，产生的光信号的强度与入射光的辐射功率的大小有关，也与光的波长有关。当波长一定时，光电流的强度与辐射功率成正比。当入射光为单色光，且各单色光辐射功率为一定时，光电流随波长的变化而变化，这种现象称为光电倍增管的光谱特性。由于光电阴极对不同波长的光信号的响应能力是不同的，所以光电倍增管特性中都标明其峰值波长（最灵敏的波长）和适用的波长的范围。在一般的使用场合，应根据使用的波段选择相应的光电倍增管，以保证在该波段内有较高的测量灵敏度。

（3）光栅光谱仪操作　光栅光谱仪光电倍增管负高压由专用的高压模块提供，用来供给光电倍增管工作时所需的高压，可调范围为0～1000V，由光栅光谱仪主机前面板上的“高压调节”旋钮来控制。负高压的单位为伏特（V），一般负高压加至500V左右即可，可根据光强信号的强弱适当地进行增减。

调节负高压、入射或出射缝的宽度，均可以改变光电倍增管所接收到的信号的大小。

除入射狭缝宽度、出射狭缝宽度和光电倍增管接收系统的负高压不受计算机控制，需用手工设置以外，WDS－3光栅光谱仪的控制和光谱数据处理操作均由计算机来完成。

软件系统主要功能有：仪器系统复位、光谱扫描、各种动作控制、测量参数设置、光谱采集、光谱数据文件管理、光谱数据的各种计算等。

3. 色分辨率

光栅光谱仪的色分辨率是分开两条邻近谱线能力的度量。本实验中，我们以汞灯的两条黄谱线（波长分别为577.0nm以及579.1nm）计算光栅光谱仪色分辨能力。汞灯光强I与波长λ的关系曲线$I-\lambda$如图5.9-7所示。在坐标纸上画出汞灯光强I与波长λ的关系曲线$I-\lambda$，如果从图上测出两谱线λ_1、λ_2峰间的间隔a，以及峰的半宽度b，则色分辨能力为

$$\Delta\lambda = \frac{b}{a}\delta\lambda \tag{5.9-7}$$

式中，$\delta\lambda = \lambda_2 - \lambda_1$取2.10nm。

4. 滤光片光谱特性

滤光片对不同波长的光的透射能力不一样（如红光滤光片和蓝光滤光片）。当波长为λ、光强I_0（λ）的单色光垂直入射在滤光片上时，透过滤光片的光强若为I_T（λ），我们定义其光谱透射率为

$$T(\lambda) = \frac{I_T(\lambda)}{I_0(\lambda)} \tag{5.9-8}$$

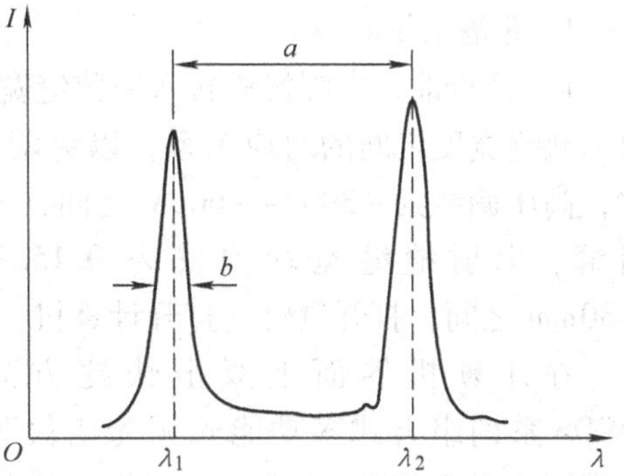

图 5.9-7　光强 I 与波长 λ 的关系曲线

若以白光为光源（在本实验中采用钨灯光源），经单色仪后而出射的单色光由光电倍增管接收并转化成电流，相应的光强值由测光仪显示，出射的单色光所产生的光电流i_0（λ）与入射光光强I_0（λ）、单色仪的光谱透射率T_0（λ）和光电器件的光谱响应率S（λ）成正比，即

$$i_0(\lambda) = KI_0(\lambda)T_0(\lambda)S(\lambda) \tag{5.9-9}$$

式中，K为比例系数。

现将光谱透射率为T（λ）的滤光片插入光路，放置在入射狭缝之前，则光电流变为

$$\begin{aligned} i_T(\lambda) &= KI_T(\lambda)T_0(\lambda)S(\lambda) \\ &= KI_0(\lambda)T(\lambda)T_0(\lambda)S(\lambda) \end{aligned} \tag{5.9-10}$$

由式（5.9-9）和式（5.9-10）可得

$$T(\lambda) = \frac{i_T(\lambda)}{i_0(\lambda)} = \frac{I_T(\lambda)}{I_0(\lambda)} \tag{5.9-11}$$

由式（5.9-11）可知，若测得不同波长的光电流$i_0(\lambda)$和加滤光片后相应的光电流i_T（λ），则可计算出光谱透射率$T(\lambda)$。

透射率$T(\lambda)$随波长变化的曲线如图5.9-8所示，称为透射率曲线。图中T_0为峰值透射率，也就是滤光片透射率的最大值。$\Delta\lambda$为滤光片的通带半宽度，它是透射率为峰值之半所对应的波长范围。通带半宽度越窄，说明滤光片的单色性越好。λ_0为中心波长，是透射率为最大值时所对应的光波的波长，它表征滤光片更适合于哪一种波长。中心波长λ_0、通带半宽度$\Delta\lambda$以及峰值透射率T_0是滤光片的三个特征量。

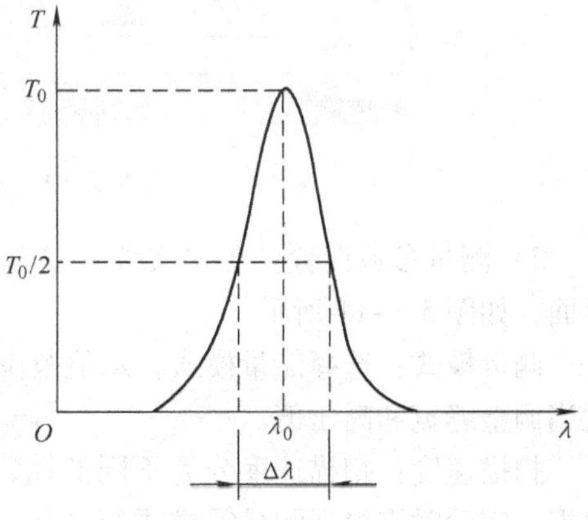

图 5.9-8　透射率 T（λ）随波长变化的曲线

干涉滤光片是利用干涉现象而不是利用吸收或散射来消除那些不需要的光波的，它除了具有吸收滤光片的大部分光谱特征以外，还能透射很窄的波段，甚至窄到0.1nm。

【实验内容与测量】

实验内容为测量汞灯和钨灯光谱，了解两种光源的光谱特性；测量光栅光谱仪的色分辨率；测量滤光片的光谱特性。

1. 准备工作

1）开机前，先缓慢旋转入射狭缝宽度调节旋钮，用眼睛直接观察入射狭缝宽度的示值与狭缝宽度之间的对应关系，以免调节时搞反方向而将狭缝关死。打开光栅光谱仪电源，高压调节到－300～－600V之间，入射缝、出射缝缝宽均预置为0.15～0.30mm之间，打开氘灯。打开计算机。

在计算机界面上双击快捷方式"WDS系列组合式多功能光栅光谱仪"，出现图5.9-9所示画面，根据提示进行系统复位操作，即光谱仪初始化使波长复位。复位完成后按"确定"按钮进入操作主界面，如图5.9-10所示。

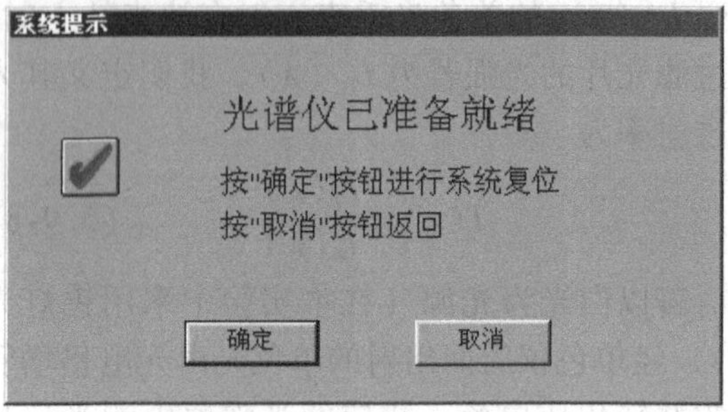

图5.9-9　光栅光谱仪复位提示画面

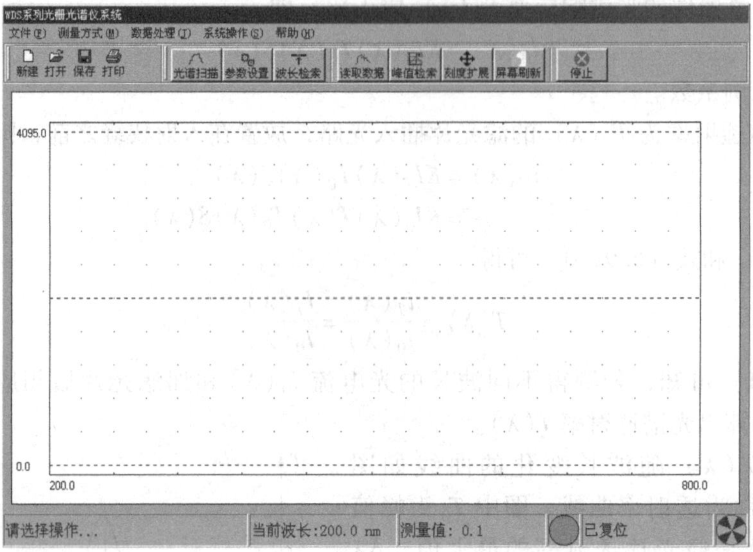

图5.9-10　光栅光谱仪操作主界面

2）测量参数设置：在"文件"菜单中，或通过工具栏的快捷按钮进入"参数设置"界面，如图5.9-11所示。

测量模式：选择能量模式，示值范围0.0～4095.0，测量中如果信号超出此范围，需适当调整缝宽和高压值。

扫描速度：扫描速度分为不同的档，例如"最快"档时，仪器会每隔1nm记录一个数据。实验时需根据测量需求进行选择，如在需要初步了解全部谱线特征时可选择"快速"或"中速"，需要精细测量时可选择"慢速"或"很慢"。

扫描方式：选择重复扫描1次。

波长范围：最大范围为200～800nm，可以根据实验需要分别设定上下限。

光谱带宽：系统设置为手动，即根据测量需要对出射、入射狭缝宽度进行相应的设置。

增益：选择“1”。

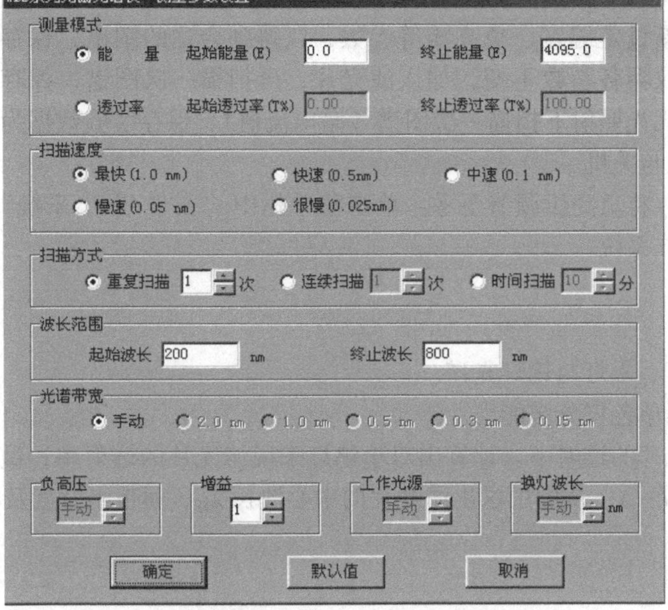

图 5.9-11　光栅光谱仪参数设置

2. 校准光谱仪的波长指示值

利用氘灯波长值为 486.0nm 的谱线校准光谱仪。光源采用氘灯，选择快速扫描，在“测量方式”菜单中，或工具栏的快捷按钮中点选“光谱扫描”进行快速全谱扫描。点选后，光谱仪开始自动扫描。应根据能量信号大小手工调节负高压值、入射狭缝宽度和出射狭缝宽度，获得适当大小的能量信号，然后再选择中速扫描氘灯光谱。如果在扫描过程中进行中断及修改参数等操作，再次扫描时系统仍然继续从上一次的波长扫起。

“数据处理”菜单中包括“读取数据”“峰值检索”“刻度扩展”。“读取数据”时，可以采用列表方式或光标方式读取当前图谱的横、纵坐标。“列表方式”会在屏幕上给出包含波长和强度值的数据表格，“光标”读取时，将光标置于谱线上的某一个数据点处，相应的波长和强度值会在界面下方显示。“峰值检索”可以根据输入的峰值高度，自动检索出当前图谱文件中在一定范围内的峰值，并给出结果。“刻度扩展”可以对当前横纵坐标的起始、终止刻度在系统允许的范围内进行相应的放大或缩小。

利用“数据处理”菜单的功能读出测量的氘灯光谱谱线波长。如果光谱仪给出的氘灯谱线波长值与标准波长有偏差，用“系统操作”菜单中的“波长校正”功能进行校正，即在“当前波长偏差值”对话框中输入仪器显示的波长值与标准波长值的差值，点击确定即可。

校准后，重新扫描氘灯光谱，并保存为 TXT 文件。

3. 汞灯光谱和光谱仪分辨率的测量

1）入射缝宽和出射缝宽设定在 0.15 ~ 0.20mm 之间，负高压 -300 ~ -600V 之间。

2）移去钨灯 & 氘灯组件，将汞灯置于入射狭缝前，进行快速全谱扫描，根据光谱测量结果进一步调节狭缝宽度、负高压等参数，使得记录的谱线高度适当，再进行一次慢速全谱扫描，保存实验数据为 TXT 文件。

4. 滤色片光谱特性的测量

移去汞灯，将钨灯置于入射狭缝前，选择“最快”档进行全谱扫描，根据扫描结果判断是否需要重新设定缝宽、负高压等参数，以得到合适的图谱，保存实验数据为 TXT 文件。然后保持仪器各参数不变，加入滤光片，再扫描一次图谱，保存实验数据为 TXT 文件。最后，在无光照射下扫描一次图谱（暗电流值），保存实验数据为 TXT 文件。

5. 退出系统与关机

测试结束时，将负高压调节至零。单击菜单栏中“文件/退出系统”，按照提示关闭电源退出仪器操作系统。

【数据处理】

1）画出氘灯、汞灯与钨灯光谱。

2）计算光栅单色仪分辨能力。

3）计算滤光片的透射率。计算出对于钨灯来说滤光片的透射率，做出透射率 T 与波长 λ 的关系曲线 $I-\lambda$。从图中求出滤光片的中心波长 λ_0、通带半宽度及峰值透射率 T_0。

【讨论】

1）对汞灯与钨灯光谱特征进行对比讨论。总结所测的汞灯光谱线及谱线强度。

2）你所知道的分光系统的优缺点。

【结论】

通过对实验现象和实验结果的分析，你能得到什么结论？

【研究性题目】

1）用光栅光谱仪研究 LED 的光谱。

2）用光栅光谱仪测量不同浓度氯化铁水溶液的浓度。

3）研究光栅光谱仪的倍频现象。

【思考题】

对单色仪光学系统进行分析，说明为什么出射狭缝 S2 处可得到单色光？

【参考文献】

[1] 张之翔. 平面反射光栅 [J]. 物理教学，1979，(3)：15－19.

[2] 曾泳淮. 关于平面反射式闪耀光栅的问题讨论 [J]. 大学化学，1997，12 (5)：47－49.

[3] 天津市拓普仪器有限公司. WDS 系列组合式多功能光栅光谱仪使用说明书. 2010.

[4] 丁慎训，张孔时. 物理实验教程 [M]. 北京：清华大学出版社，1992.

[5] 刘书声. 现代光学手册 [M]. 北京：北京出版社，1993.

实验5.10 光电效应

【引言】

当具有适当频率的光照射在金属表面上时，从金属表面会发射出电子，这种现象就叫作光电效应。发射出来的电子叫作光电子，依据照射在金属表面上的光的频率，光电子具有不同的动能。

光电效应实验对于光的本质及量子理论的发展具有里程碑的意义。经过长期的研究，人们逐步认识到光具有波动和粒子二象属性。光子的能量 $E=h\nu$ 与频率有关，当光传播时，显示出光的波动性，产生干涉、衍射、偏振等现象；当光和物体发生作用时，它的粒子性又突出了出来。后来科学家发现波粒二象性是一切微观物体的固有属性，并发展了量子力学来描述和解释微观物体的运动规律，使人们对客观世界的认识前进了一大步。

【实验目的】

1）观察光电效应现象，了解光电效应的基本实验规律，加深对光的量子性的理解。

2）测量普朗克常数 h，逸出功和红线频率。

【实验仪器】

ZKY－GD－4 光电效应实验仪。

【预习提示】

1）了解光电效应现象和基本实验事实。

2）熟悉 ZKY－GD－4 光电效应实验仪各部分的作用。

3）了解光电效应现象实验研究方案及具体路线。

【实验原理】

研究光电效应的实验装置中的真空光电管示意图如图5.10-1所示。具有适当频率的入射光通过窗口W照射到光电管金属阴极K上，发射出光电子。这些光电子在电场的作用下向金属阳极A迁移形成光电流。改变外加电压 U_{AK}（也称光电管电压），测量出光电流 I 的大小，即可得出光电管的伏安特性曲线。

光电效应的基本实验事实如下：

（1）光电管电压对光电流的影响　施加在阳极与阴极之间的电压对光电流大小的影响如图5.10-2所示。对于给定的入射光频率和光强，光电流的大小随施加在阳极与阴极之间的电压的增大而增大，当所有的光电子都到达阳极A，光电流达到最大值，这一电流被称为饱和电流。当电压减小时，光电流减小，但当电压减小为零时，光电流并没有变为零。这表明，即使没有加速电压，有些光电子依靠自己的动能也能到达阳极A。当在阳极与阴极之间施加一个负的电压时，在某一特定电压 U_S，光电流变为零，这一电压被称为截止电压。从图5.10-2可以看到，对于光强分别为 P_1 和 P_2 的入射光，截止电压相同，表明入射光的光强对截止电压没有影响。

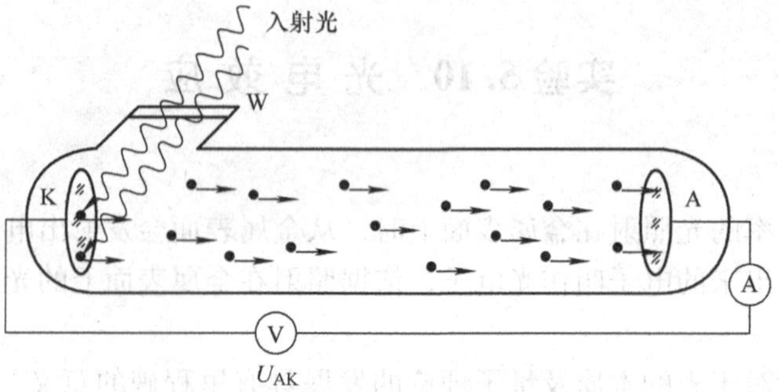

图 5.10-1　真空光电管示意图

K—金属阴极　A—金属阳极　W—窗口　•—光电子

（2）入射光强对光电流的影响　对于给定的入射光频率，饱和光电流 I_M 的大小随入射光强 P 的增大而线性增大，如图 5.10-3 所示。

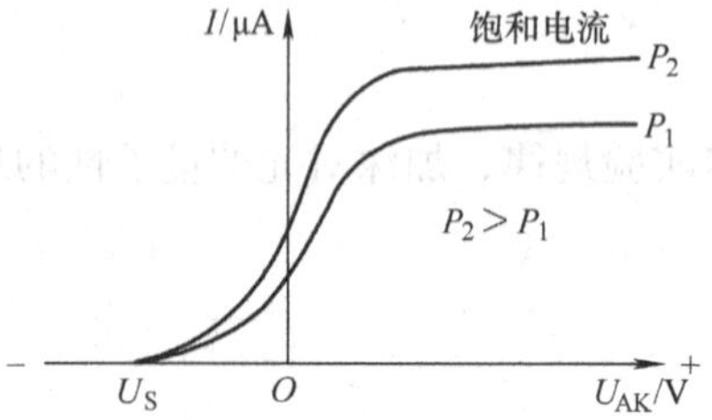

图 5.10-2　施加在阳极与阴极之间的电压对光电流大小的影响

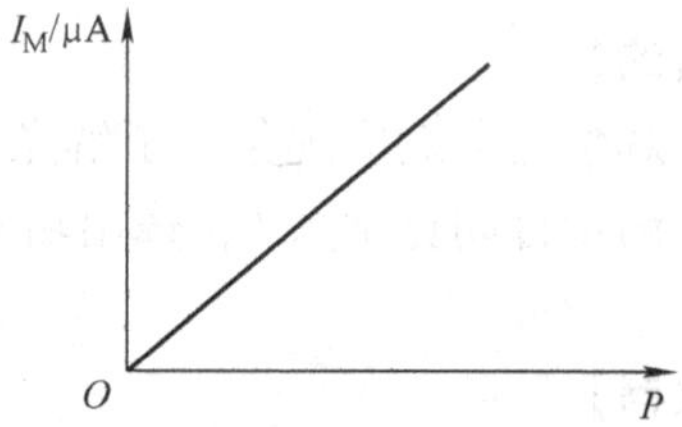

图 5.10-3　入射光强对饱和光电流的影响

（3）入射光频率对光电流的影响　对于给定的入射光强，饱和光电流不依赖于入射光的频率。由于光电流的大小只依赖于逸出的光电子的数量，因而只依赖于入射的光子的数量，而与光子的能量无关，如图 5.10-4 所示。

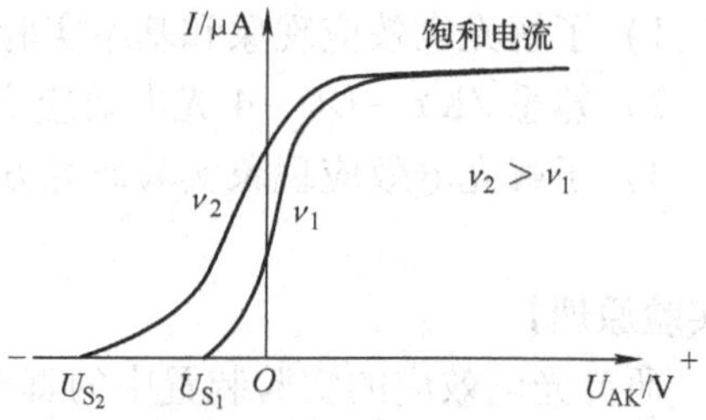

图 5.10-4　入射光频率对光电流的影响

（4）入射光频率对截止电压的影响　对于给定的入射光强，光电流随施加在阳极与阴极之间的电压的增大而增大，直至饱和。但对于不同频率的入射光，饱和电流相同，如图 5.10-4 所示。

从图 5.10-4 还可以看出，随着光电管电压减小，光电流减小，并在截止电压时减小为零，但不同频率的入射光，截止电压不同。入射光频率越高，截止电压也越高。

（5）截止频率　截止电压 U_S 与频率 ν 的关系如图 5.10-5 所示。截止电压 U_S 与频率 ν 成正比关系，但直线并不通过原点。这表明有一个最小频率 ν_0 存在，当入射光频率低于该值时，不论光的强度如何大，都没有光电流产生。这个最小频率被称为截止频率，也称为红限，ν_0 随不同金属而异。

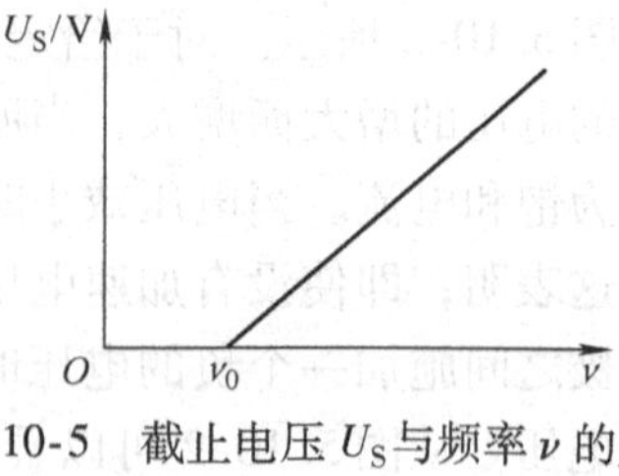

图 5.10-5　截止电压 U_S 与频率 ν 的关系

（6）瞬时过程　光电子发射过程是瞬时过程。即具有适当频率的光一照射到金属上，立即就有光电子发射出来，所经过的时间只有 10^{-8}s 量级。

（7）一对一发射　光电子的发射是一对一发射，即每一个具有适当频率的光子发射一个光电子。

以上就是光电效应的基本实验事实。为了解释光电效应现象，爱因斯坦提出了著名的光电效应方程。按照爱因斯坦的光量子理论，光能并不像电磁波理论所想象的那样，分布在波阵面上，而是集中在被称之为光子的微粒上，但这种微粒仍然保持着频率（或波长）的概念，频率为 ν 的光子具有的能量为 $E=h\nu$，h 为普朗克常量。当具有能量 $h\nu$ 的光子照射到金属表面上时，光子的能量一次被金属中的电子全部吸收，而无需积累能量的时间。电子把这一能量的一部分用来克服金属表面对它的吸引力（即表面势垒）而脱离金属表面，这一部分能量也叫作逸出功（$A=h\nu_0$），余下的能量就变成电子离开金属表面后的动能。按照能量守恒原理，爱因斯坦提出了著名的光电效应方程：

$$h\nu=\frac{1}{2}mv_0^2+A \tag{5.10-1}$$

式中，$\frac{1}{2}mv_0^2$ 为光电子获得的初始动能。

考虑到逸出功 $A=h\nu_0$，式（5.10-1）可改写成

$$\frac{1}{2}mv_0^2=h(\nu-\nu_0) \tag{5.10-2}$$

我们可以根据爱因斯坦光电效应方程（5.10-2）来检验光电效应的实验规律：

1）如果 $\nu<\nu_0$，则$\frac{1}{2}mv_0^2$ 为负值，这是不可能的。所以，只有当 $\nu>\nu_0$ 时，才会有光电子发射。

2）由于一个光子发射一个电子，所以每秒钟发射的光电子数正比于入射光的强度。

3）很明显，由于 h 和 ν_0为常数，$\frac{1}{2}mv_0^2$ 正比于 ν，这表明光电子的动能直接正比于入射光的频率。

4）光电子的发射是由于光子与电子的碰撞，光子的入射和光电子的发射之间不可能有明显的时间滞后，所以这个过程是瞬时过程。

由上述讨论可见，爱因斯坦的光量子理论成功地解释了光电效应现象实验规律。

入射到金属表面的光频率越高，发射出的电子动能越大，所以即使阳极电位比阴极电位低时也会有电子到达阳极形成电流，直至阳极电位低于截止电压，光电流才为零，此时有如下关系：

$$e|U_s|=\frac{1}{2}mv_0^2 \tag{5.10-3}$$

将式（5.10-3）代入式（5.10-1），于是有

$$h\nu=e|U_s|+A \tag{5.10-4}$$

所以

$$|U_s|=\frac{h}{e}\nu-\frac{A}{e} \tag{5.10-5}$$

这表明截止电压 $|U_s|$ 是光波频率的线性函数，直线斜率 $k=h/e$，截距为 A/e。只要用实验方法得出不同的光波频率对应的截止电压，求出直线斜率和截距，就可求得普朗克

常量 h、逸出功 A 和红限频率 ν_0。

【实验内容与测量】

本实验的研究内容包括两部分：

（1）测光电管在不同波长光照射下的伏安特性，并获得普朗克常量 h 和红限频率 ν_0。

（2）研究饱和光电流 I_M 与光强 P 之间的关系。ZKY－GD－4 型光电效应实验仪如图 5.10-6 所示。为了更好地理解实验现象，所有测量均采用手动测量。实际操作前，请仔细阅读仪器上所贴的注意事项，以避免损坏仪器。

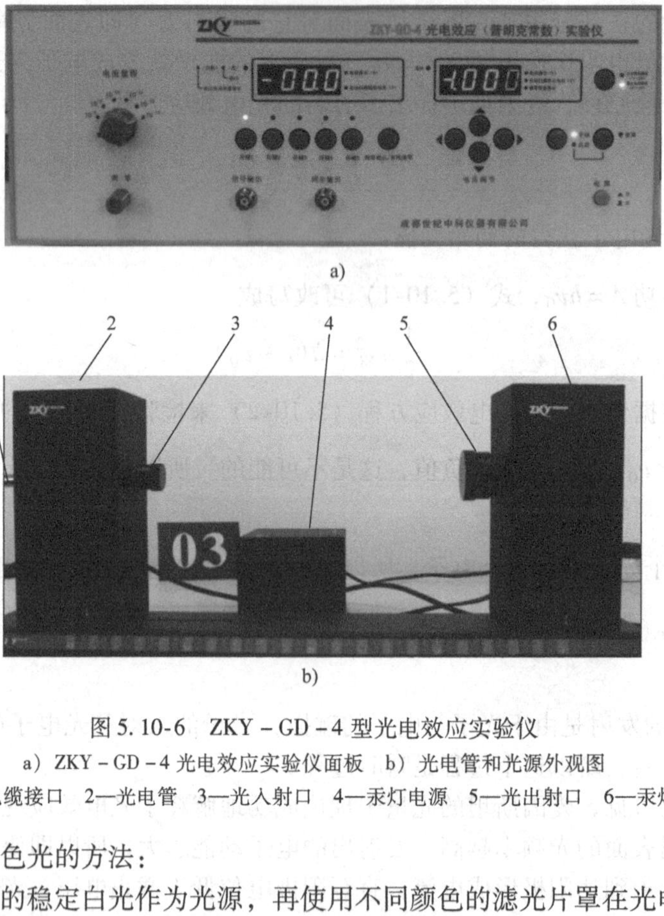

a)

b)

图 5.10-6 ZKY－GD－4 型光电效应实验仪

a）ZKY－GD－4 光电效应实验仪面板 b）光电管和光源外观图

1—电缆接口 2—光电管 3—光入射口 4—汞灯电源 5—光出射口 6—汞灯

实验中获得单色光的方法：

使用汞灯发出的稳定白光作为光源，再使用不同颜色的滤光片罩在光电管的入光口以得到相应颜色的单色光。可见光区汞灯的强谱线列于表 5.10-1 中。

表 5.10-1 可见光区汞灯的强谱线

波长/nm	频率/10^{14} Hz	颜色
577.0	5.198	黄
546.1	5.492	绿
435.8	6.882	蓝
404.7	7.410	紫
365.0	8.216	近紫外

测试前的准备：

1）将汞灯及光电管暗箱遮光盖盖上，再将光电效应实验仪及汞灯的电源接通，预热 20min。

2）调整光电管与汞灯距离约为 40cm 并保持不变。

3）用专用连接线将光电管暗箱电压输入端与实验仪电压输出端（后面板上）连接起来（红—红，蓝—蓝）。

4）使“手动/自动”模式键处于手动模式。将光电效应实验仪面板上“电流量程”选择开关置于所选档位（如“10^{-13}A”档、“10^{-10}A”档等），仪器充分预热后，进行测试前调零。实验仪在开机或改变电流量程后，会自动进入调零状态。调零时应将光电管暗箱电流输出端 K 与实验仪微电流输入端（后面板上）断开，旋转“调零”旋钮使电流指示为 000.0。

5）用高频匹配电缆将光电管暗箱电流输出端 K 与实验仪微电流输入端连接起来，按实验仪面板上的“调零确认/系统清零”键，系统进入测试状态。

（1）测量光电管在不同波长光照射下的伏安特性　测量波长为 365.0nm、404.7nm、435.8nm、546.1nm、577.0nm 的光照射下光电管的伏安特性曲线，研究入射光频率对光电流的影响。

具体实验步骤如下：

1）光电效应实验仪面板上“伏安特性测试/截止电压测试”状态键应为伏安特性测试状态。“电流量程”开关选择“10^{-10}A”档，调零。此时电压表显示 U_{AK}的值，单位为伏；电流表显示对应的光电流值，单位为所选的“电流量程”单位。用电压调节键“←”、“↑”、“→”、“↓”可以调节 U_{AK}的值，其中“←”和“→”键用于选择调节位，“↑”和“↓”键用来调节对应位的数值的大小。

2）将直径 4mm 的光阑及 365nm 的滤色片装在光电管暗箱光输入口上。打开汞灯遮光盖。电压测量范围为 $-1\sim50$V，从低到高调节电压，合理分布测量点，以给出完整的光电管电压 - 光电流变化曲线以及关键特征，将实验数据记录到表 5.10-2 中。

3）依次换上 405nm、436nm、546nm、577nm 的滤色片，重复第 2）步的测量。

4）测量截止电压：理论上，测出不同频率的光照射下，阴极电流为零时对应的 U_{AK}，其绝对值即是该频率的截止电压，然而一般情况下由于光电管的阳极反向电流、暗电流、本底电流及极间接触电位差的影响，所测电流并非阴极电流，因而电流为零时对应的 U_{AK} 也并非截止电压。

光电管制作过程中阳极往往被污染，沾上少许阴极材料，入射光照射阳极或入射光从阴极反射到阳极后都会造成阳极光电子发射，U_{AK}为负值时，阳极发射的电子向阴极迁移构成了阳极反向电流。

暗电流和本底电流是热激发产生的光电流与杂散光照射光电管产生的光电流，可以在光电管制作、或测量过程中采取适当的措施以减小或消除它们的影响。

极间接触电位差与入射光频率无关，只影响 U_s的准确性，不影响 $U_s-\nu$ 直线的斜率，对测定 h 无影响。

此外，由于截止电压是光电流为零时对应的电压，若电流放大器灵敏度不够，或稳定性不好，也会给测量带来较大误差。

本实验所用仪器采用了新型结构的光电管。其特殊结构使光不能直接照射到阳极，由阴极反射照到阳极的光也很少，再加上采用新型的阴、阳极材料及制造工艺，使得阳极反向电流大大降低，暗电流和本底电流都很小。因此，本实验仪器在测量不同频率光波的截止电压 U_s时，可以采用“零电流法”或“补偿法”。“零电流法”是直接将各频率光照射下测得的电流为零时对应的电压 U_{AK}的绝对值作为截止电压 U_s。“补偿法”是调节电压 U_{AK}使电流为零后，保持 U_{AK}不变，遮挡汞灯光源，此时测得的电流 I_1为电压接近截止电压时的暗电流和本底电流。重新让汞灯照射光电管，调节电压 U_{AK}使电流值至 I_1，将此时对应的电压 U_{AK}的绝对值作为截止电压 U_s。此法可补偿暗电流和本底电流对测量结果的影响。

这里将采用零电流法测量波长分别为 365. 0nm、404. 7nm、435. 8nm、546. 1nm、577. 0nm 入射光的截止电压 U_s。具体测量步骤如下：

① 将光电效应实验仪面板上“伏安特性测试/截止电压测试”状态键切换为截止电压测试状态，并按“调零确认/系统清零”键进行确认。“电流量程”开关应处于“10^{-13}A”档。

② 将直径 4mm 的光阑及 365nm 的滤色片装在光电管暗箱光输入口上，打开汞灯遮光盖。从低到高调节电压（绝对值减小），观察电流值的变化，寻找电流为零时对应的 U_{AK}值，以其绝对值作为该波长对应的 U_s的值，将数据记于表 5. 10-3 中。

③ 依次换上 405nm、436nm、546nm、577nm 的滤色片，重复第②步测量。

（2）入射光光强 P 对饱和光电流 I_M的影响　采用改变光阑直径的办法改变照射到光电管入射窗口的光强。入射光波长为 435. 8nm。光电效应实验仪面板上“伏安特性测试/截止电压测试”状态键为伏安特性测试状态。“电流量程”开关选择“10^{-10}A”档，重新调零。在 U_{AK}为 50V 时，测量并记录光阑直径分别为 2mm、4mm、8mm 时对应的电流值，并记录于表 5. 10-4 中。

【数据处理与分析】

1）分别画出 365. 0nm、404. 7nm、435. 8nm、546. 1nm、577. 0nm 波长光照射下光电管的伏安特性曲线。

2）用最小二乘法拟合 $U_s-\nu$ 直线，获得直线斜率和截距，然后求出普朗克常量 h，逸出功和红限频率 ν_0，并与 h 的公认值 h_0 比较求出相对误差 $E=\left|\frac{h-h_0}{h_0}\right|$，式中 $e=1.602\times10^{-19}$C，$h_0=6.626\times10^{-34}$J · s。

3）由于照到光电管上的光强与光阑面积成正比，可以用光阑面积作为光强的一个指示，用表 5. 10-4 数据画出饱和光电流 I_M与入射光强 P 的关系曲线，并进行拟合，给出拟合关系式。

【讨论】

对自己的实验数据进行分析总结，可以得到光电效应的哪些实验规律？

【结论】

通过本实验，你能得出什么样的结论？

【研究性题目】

改变光源与光电管之间的距离，研究该距离对饱和光电流的影响。

【参考文献】

[1] 中科院成都分院成都世纪中科仪器有限公司. ZKY－GD－3 光电效应（普朗克常量）实验指导说明书，2003.

[2] 陈守川. 大学物理实验教程 [M]. 杭州：浙江大学出版社，2000.

【思考题】

1）什么是光电效应？

2）什么是截止频率？

3）阳极反向电流、暗电流、本底电流是如何影响测量结果的？

4）对于同一外加光电管电压，所显示的光电流可能会有波动，为什么？

【补充材料 5.10-1】 ZKY－GD－4 光电效应实验仪仪器规格参数

1. 微电流放大器

电流测量范围：$10^{-8} \sim 10^{-13}$A，分 6 档，三位半显示，最小显示位10^{-14}A

零漂：开机 20min 后、30min 内不大于满度读数的 ±0.2%（10^{-13}A 档）

2. 光电管工作电源

电压调节范围：0～－2V 档，示值精度≤1%，最小调节电压 2mV

0～＋50V 档，示值精度≤5%，最小调节电压 0.5V

3. 光电管

光谱响应范围：340～700nm，暗电流：$I \leqslant 2 \times 10^{-12}$A（$-2\text{V} \leqslant U_{AK} \leqslant 0\text{V}$），最小阴极灵敏度≥1μA/Lm

4. 滤色片

5 片，中心波长 365nm、405nm、436nm、546nm、577nm

5. 汞灯

可用谱线 365.0nm、404.7nm、435.8nm、546.1nm、577.0nm

【数据表格】

实验者信息：

专业班级：__________ 学号：__________ 姓名：__________ 同组人姓名：__________

表 5.10-2　入射光频率对光电流的影响

光电管与汞灯距离 $L=$ 　　mm

365.0nm 光阑 4mm	U_{AK}/V	
	I (×10^( ) A)	
	U_{AK}/V	
	I (×10^( ) A)	
	U_{AK}/V	
	I (×10^( ) A)	
404.7nm 光阑 4mm	U_{AK}/V	
	I (×10^( ) A)	
	U_{AK}/V	
	I (×10^( ) A)	
	U_{AK}/V	
	I (×10^( ) A)	
435.8nm 光阑 4mm	U_{AK}/V	
	I (×10^( ) A)	
	U_{AK}/V	
	I (×10^( ) A)	
	U_{AK}/V	
	I (×10^( ) A)	
546.1nm 光阑 4mm	U_{AK}/V	
	I (×10^( ) A)	
	U_{AK}/V	
	I (×10^( ) A)	
	U_{AK}/V	
	I (×10^( ) A)	
577.0nm 光阑 4mm	U_{AK}/V	
	I (×10^( ) A)	
	U_{AK}/V	
	I (×10^( ) A)	
	U_{AK}/V	
	I (×10^( ) A)	

实验时沿此线剪下

表 5.10-3　入射光频率对截止电压的影响

光电管与汞灯距离 $L=$　　　mm　　光阑孔 $\Phi=$　　　mm　　电流量程：　　　档

波长 λ_i/nm	365.0	404.7	435.8	546.1	577.0
频率 ν_i/（$\times 10^{14}$Hz）	8.214	7.408	6.897	5.490	5.196
截止电压 U_{si}/V					

表 5.10-4　I_M-P 关系

$U_{AK}=$　　V　光电管与汞灯距离 $L=$　　　mm

435.8nm	光阑孔 Φ	2mm	4mm	8mm
	I_M（$\times 10^{(\ )}$A）			

教师签名：________

实验 5.11　电子电荷 e 值的测定

【引言】

从 1897 年到 1907 年，汤森（J. S. E. Townsend）、威耳逊（C. T. R. Wilson）和汤姆孙（J. J. Thomson）等先后对电子电荷 e 值进行过直接测定。稍后，密立根（R. A. Millikan）又在这些工作的基础上花了七年时间（1909 年到 1917 年）对实验做了重大改进，重新测定了电子电荷。他设计的测定电子电荷 e 值的油滴实验装置和方法，在实验物理学中占有很重要的地位。它证明了油滴所带电荷是元电荷——电子电荷的整数倍，明确了电荷的不连续性；并准确地测定了电子电荷的数值，$e = 1.60 \times 10^{-19}$ C；还为从实验上测定其他一些基本物理量提供了可能性。正是由于这一实验的成就，密立根获得了 1923 年诺贝尔物理学奖。目前给出的电子电荷的最好结果为 $e = (1.60217733 \pm 0.00000049) \times 10^{-19}$ C。由于密立根实验设计巧妙、简单，原理清楚，结果准确，所以它历来是一个著名而有启发性的物理实验。

【实验目的】

1）学习密立根油滴实验的设计思想。

2）测量电子的电荷量，验证电荷的不连续性。

【实验仪器】

CCD 显微密立根油滴实验仪、钟表油、油喷雾器等。

【预习提示】

1）了解测量油滴电荷实验的设计思想。

2）了解平衡法和动态法测量油滴电荷所用的计算公式和需要测量的物理量。

【实验原理】

密里根油滴实验测定电子电荷的基本设计思想是使带电油滴在测量范围内处于受力平衡的状态，通过对带电微小油滴的受力分析，把对微小油滴所带电荷的测量转化为对油滴运动速度的测量。油滴实验原理图如图 5.11-1 所示，A、B 为两块相距为 d 的平行板，A 板中央有一小孔，能让微小的油滴从孔中落入到极板间。A、B 板如不加电压，油滴将因重力作用而自由下落，当 A、B 两板加上电压且油滴又带有电荷（由喷雾器喷出油滴时因摩擦可使之带电）时，则油滴要受到电场力的作用，改变电场的方向可使油滴向上或向下运动。由于空气的黏滞性，油滴运动一小段距离后就要做匀速运动。油滴进入匀速运动前的变速运动时间非常短，小于 0.01s，与计时器精度相当，因此在测量上可以认为油滴从静止开始运动立刻进入匀速运动。

设油滴质量为 m，电荷量为 q，当 A、B 两板不加电压，并用开关 S 将其短路使二极板无电场时，则在重力作用下，油滴下落，但空气的黏滞性对油滴所产生的阻力与速度成正比，油滴走一小段距离速度达到一定值 v_g 后，黏滞力 $\boldsymbol{F}$ 就与重力平衡，即 $F = mg$，根

据斯托克斯定律，

$$F = 6\pi\eta r v_g$$

式中，η 为空气的黏度；r 为油滴半径。这时有

$$6\pi\eta r v_g = mg \tag{5.11-1}$$

如果在平行极板上加电场 $\boldsymbol{E}$，设电场力 qE 与重力方向相反，油滴受电场力作用加速上升，由于空气阻力作用，上升一段距离后，油滴所受的空气阻力、电场力与重力达到平衡（空气浮力忽略不计），油滴将以匀速上升，速率为 v_e，有

$$6\pi\eta r v_e = qE - mg \tag{5.11-2}$$

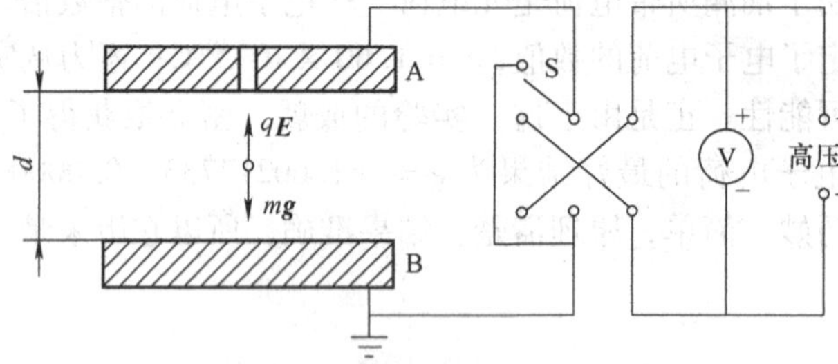

图 5.11-1　油滴实验原理图

由式（5.11-1）、式（5.11-2）两式可得

$$q = \frac{mg}{E}\left(\frac{v_g + v_e}{v_g}\right) \tag{5.11-3}$$

为测定油滴所带电荷 q，除应测出 E、v_e、v_g 外，还需测出油滴质量 m。由于空气中悬浮和表面张力作用，可将油滴视作圆球，其质量为

$$m = \frac{4}{3}\pi r^3(\rho - \sigma) \tag{5.11-4}$$

式中，ρ 为油的密度；σ 为空气密度。用式（5.11-4）计算出的质量是抵消浮力后的相当质量。

由喷雾器喷出的小油滴的半径 r 很小，为微米数量级，难于直接测量，故采用间接测量的办法，利用斯托克斯定律，由式（5.11-1）及式（5.11-4）可得

$$r = \left(\frac{9}{2}\eta\frac{v_g}{(\rho - \sigma)g}\right)^{\frac{1}{2}} \tag{5.11-5}$$

考虑到油滴非常小，空气已不能看作是连续介质，空气的黏度应修正为

$$\eta' = \frac{\eta}{1 + \frac{b}{pr}} \tag{5.11-6}$$

式中，b 为修正常数；p 为空气压强。

实验时取油滴匀速下降和匀速上升的距离相等，设为 l，测出油滴匀速下降的时间 t_g 和匀速上升的时间 t_e，则

$$v_g = \frac{l}{t_g},\quad v_e = \frac{l}{t_e} \tag{5.11-7}$$

将式（5.11-4）、式（5.11-5）、式（5.11-6）、式（5.11-7）以及 $E=\dfrac{U}{d}$（U 为 A、B 两极板上所加电压，d 为极板间距）代入式（5.11-3），可得

$$q=\frac{18\pi}{\sqrt{2(\rho-\sigma)g}}\left(\frac{\eta}{1+\dfrac{b}{pr}}\right)^{\frac{3}{2}}\frac{d}{U}\left(\frac{l}{t_e}+\frac{l}{t_g}\right)\left(\frac{l}{t_g}\right)^{\frac{1}{2}} \tag{5.11-8}$$

由式（5.11-8）可以计算出油滴所带电荷，式中油滴半径可用式（5.11-5）近似计算（即不对黏度进行修正）。

式（5.11-8）为动态（非平衡）法测油滴所带电荷的计算公式。还可以用静态（平衡）法测量油滴所带电荷。用静态法测量油滴电荷时，需要调整两极板上所加的电压，使油滴处于静止状态。此时 $v_e=0$，即 $t_e\to\infty$，由式（5.11-8）可得

$$q=\frac{18\pi}{\sqrt{2(\rho-\sigma)g}}\left(\frac{\eta}{1+\dfrac{b}{pr}}\right)^{\frac{3}{2}}\frac{d}{U}\left(\frac{l}{t_g}\right)^{\frac{3}{2}} \tag{5.11-9}$$

为了求电子电荷 e，对实验测得的各个油滴所带电荷 q 求最大公约数，最大公约数就是电子电荷 e 的值。也可以测同一油滴所带电荷的改变量 Δq（可以用紫外线或放射源照射油滴，使它所带电荷改变），这时 Δq 应近似为某一最小单位的整数倍，此最小单位即为元电荷 e。

【仪器装置】

油滴实验仪主要由油滴盒、CCD 显微镜、监视器和主机等组成。

油滴盒是整个实验装置的重要部件，其结构见图 5.11-2。油滴盒 5 是由两块经过精磨的相互平行的圆电极板 4 和 6 组成。上、下极板之间通过胶木圆环支撑，三者之间的接触面经过机械精加工后可以将极板间的不平行度、间距误差控制在 0.01mm 以下。在上电极板 4 中央有一个油雾落入孔，整个油滴盒装在防风罩 3 中，以防周围空气流动对油滴运动产生影响。防风罩上面是一个可取下的油雾杯 1，油滴用喷雾器从喷雾口 9 喷入，并经油雾孔落入油滴盒内，油雾杯底部中心有一个落油孔和一个挡板 2，挡板 2 可以关闭落油孔。

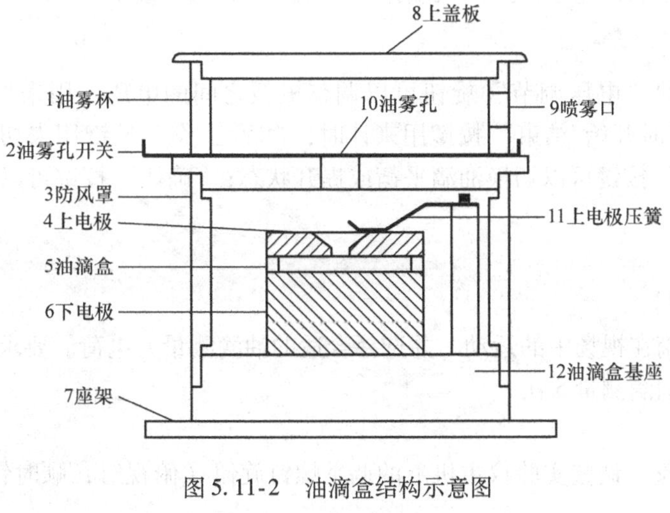

图 5.11-2　油滴盒结构示意图

胶木圆环上开有两个进光孔和一个观察孔，带聚光的高亮发光二极管通过进光孔给油滴室提供照明，而 CCD 显微镜则通过观察孔捕捉油滴的像。

CCD 显微镜将 CCD 摄像头与显微镜集成为一体，其图像信息传给了主机的视频处理模块。实验过程中可以通过调焦旋钮来改变物镜焦距，使油滴的像清晰地呈现在 CCD 传感器的窗口内。监视器是视频信号的输出设备。

主机包括可控高压电源、计时装置、A/D 采样、视频处理等单元模块。其前面板如图 5.11-3 所示。

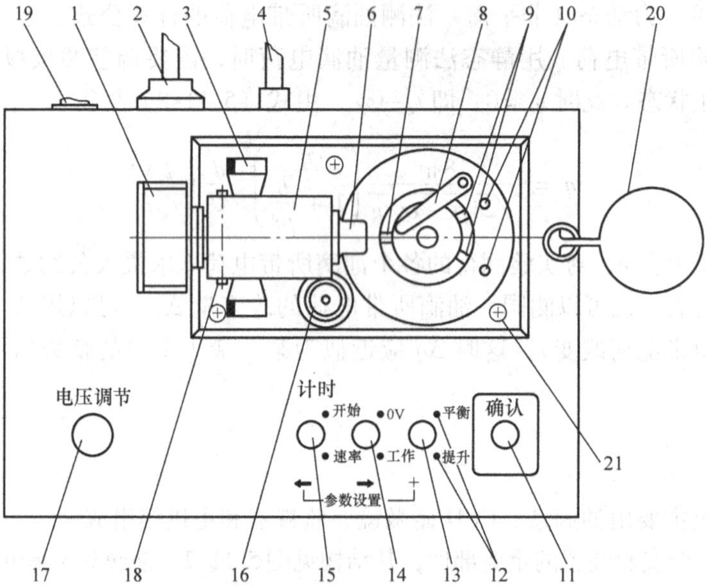

图 5.11-3 主机面板

1—CCD 盒 2—电源插座 3—调焦旋钮 4—Q9 视频接口 5—光学系统 6—镜头 7—观察孔 8—上极板压簧 9—进光孔 10—光源 11—确认键 12—状态指示灯 13—平衡、提升切换键 14—0V、工作切换键 15—定时开始、结束切换键 16—水准泡 17—电压调节旋钮 18—紧定螺钉 19—电源开关 20—油滴管收纳盒安放环 21—调平螺钉（3 颗）

主机面板上的“电压调节”旋钮可以调整极板之间的电压，用来控制油滴的平衡、下落及提升；“计时开始/结束”按键用来计时；“0V/工作”按键用来切换仪器的工作状态；“平衡/提升”按键可以切换油滴平衡或提升状态；“确认”按键可以将测量数据显示在屏幕上。

【实验内容与测量】

学习控制油滴在视场中的运动，并选择合适的油滴测量元电荷。要求至少测量 5 个不同的油滴，每个油滴测量 5 次。

1. 仪器调节

（1）水平调整　调整实验仪主机上的调平螺钉旋钮（俯视时，顺时针旋转平台降低，逆时针旋转平台升高），直到水准泡正好处于中心（注意：不要旋转水准泡上的旋钮），即通过水准仪将实验平台调平，使平衡电场方向与重力方向平行以免引起实验误差。极板平面是否水平决定了油滴在下落或提升过程中是否发生前后、左右的漂移。

（2）喷雾器调整　将少量钟表油缓慢的倒入喷雾器的储油腔内，使钟表油湮没提油管下方。油不要太多，以免实验过程中不慎将油倾倒至油滴盒内堵塞落油孔。将喷雾器竖起，用手挤压气囊，使得提油管内充满钟表油。

（3）仪器硬件接口连接　主机接线：电源线接交流 220V/50Hz。监视器：Q9 视频线缆一端接监视器上的“VIDEO”插座，另一端接主机上的“视屏输出”端口。监视器上前面板调整旋钮自左至右依次为显示开关、返回键、方向键、菜单键（建议亮度调整为 20，对比度调整为 100）。

（4）实验仪联机使用

1）打开实验仪电源及监视器电源，监视器出现仪器名称界面。

2）按主机上任意键，监视器出现参数设置界面。此时，按主机面板上的“平衡/提升”按钮，选择平衡法或动态法，然后设置重力加速度、油密度、大气压强、油滴下落距离等。主机面板上的“←”为左移键、“→”为右移键、“+”为数据设置键。

3）按主机面板上的“确认”键，监视器上出现如图 5.11-4 的实验界面。此时，主机面板上的计时“开始/结束”按钮的“结束”指示灯亮，“0V/工作”按钮的“0V”指示灯亮，“平衡/提升”按钮的“平衡”指示灯亮。

		（极板电压） （经历时间）
0		（电压保存提示栏）
		（保存结果显示区） （共 5 格）
		（下落距离设置栏）
（距离标志）		（实验方法栏）
		（仪器生产厂家）

图 5.11-4　监视器上的实验界面示意图

（5）CCD 成像系统调整　从喷雾口喷入油雾，此时监视器上应该出现大量运动油滴的像。若没有看到油滴的像，则需调整调焦旋钮或检查喷雾器是否有油雾喷出。CCD 显微镜对焦时先将显微镜筒上小黑圈外缘与防风罩边缘大致对齐，然后喷油后再稍稍前后微调即可。如果按上述方法调节始终看不到油滴，则首先要检查喷雾器是否能喷出油滴，将喷雾器对着空中喷一下，用眼睛直接观察有没有油雾即可确定。如果喷雾器喷雾没有问题，则可以打开油雾杯，先清除堵塞上电极落油孔的油污，然后在油滴盒中放一根细金属丝（此时要先将平衡电压放到“0V”档），调显微镜焦距旋钮，使金属丝的像清晰即可。焦距调好后，在使用过程中，前后调焦范围不要过大。

2. 熟悉实验界面

在完成参数设置后，按“确认”键，监视器显示实验界面。平衡法和动态法的实验界面略有不同。

实验界面显示的主要内容有：

1）极板电压：实际加到极板的电压，显示范围：0~9999V。

2）经历时间：定时开始到定时结束所经历的时间，显示范围：0~99.99s。

3）电压保存提示：在每次完整的实验后显示将要作为结果保存的电压。当保存实验结果后（即按下“确认”键）自动清零。显示范围同极板电压。

4）保存结果显示：显示每次保存的实验结果，共5次，显示格式与实验方法有关。

平衡法：（平衡电压）
（下落时间）　　动态法：（提升电压）（平衡电压）
（上升时间）（下落时间）

当需要删除当前保存的实验结果时，按下“确认”键2s以上，当前结果被清除（不能连续删）。

5）下落距离设置：显示当前设置的油滴下落距离。当需要更改下落距离的时候，按住“平衡/提升”键2s以上，此时距离设置栏被激活（注意：动态法1步骤和2步骤之间不能更改），通过“+”键（即“平衡/提升”键）修改油滴下落距离，然后按“确认”键确认修改。距离标志也会相应变化。

6）距离标志：显示当前设置的油滴下落距离，在相应的格线上做数字标记，显示范围：0.2~1.8mm。垂直方向视场范围为2.0mm，分为10格，每格0.2mm。

7）实验方法：显示当前的实验方法（平衡法或动态法），在参数设置画面一次设定。若要改变实验方法，只有重新启动仪器（关、开仪器电源）。对于平衡法，实验方法栏仅显示“平衡法”字样；对于动态法，实验方法栏除了显示“动态法”以外还显示即将开始的动态法步骤。如将要开始动态法第一步（油滴下落），实验方法栏显示“1 动态法”。同样，当做完动态法第一步骤，即将开始第二步骤时，实验方法栏显示“2 动态法”。

3. 选择适当的油滴并练习控制油滴

（1）选择适当的油滴　要做好油滴实验，所选的油滴大小要适中。大的油滴虽然明亮，但一般带的电荷多，下降或提升速度太快，不容易测准确；太小则受布朗运动的影响明显，测量时涨落较大，也不容易测准确。因此应该选择质量适中而带电不多的油滴。建议选择平衡电压在100~400V之间、下落时间在10s（当下落距离为1mm时）左右的油滴进行测量。

具体操作：将“计时”按键置为“结束”，工作状态置为“工作”，“平衡/提升”键置为平衡，调节电压旋钮将电压调至400V左右，喷入油雾，调节调焦旋钮，使监视器上显示大部分油滴，可以看到带电多的油滴迅速上升出视场，不带电的油滴下落出视场，约10s后油滴减少。选择那种上升缓慢的油滴作为暂时的目标油滴，切换“0V/工作”键，这时极板间的电压为0V，在暂时的目标油滴中选择下落1格的时间约2s左右的油滴作为最终的目标油滴，调节调焦旋钮使该油滴最为清晰（即最小最亮）。

注意：喷油时，先在喷雾器中注入几滴油，然后将油从油雾室旁喷雾口中喷入，监视器视场中将出现大量油滴，有如夜空繁星。注意喷雾器内的油不可装得太满，否则会喷出很多“油珠”而不是“油雾”，堵塞上电极的落油孔。喷油时喷雾器的喷头不要深入喷油孔内，防止大颗粒油滴堵塞落油孔。

（2）平衡电压的确认　目标油滴聚焦到最小最亮后，仔细调整平衡电压旋钮使油滴平衡在某一格线上，等待一段时间（约 2min 左右），观察油滴是否飘离格线。若油滴始终向同一方向飘动，则需重新调整平衡电压；若其基本稳定在格线或只在格线上下做轻微的布朗运动，则可以认为其基本达到了力学平衡。这时的电压就是平衡电压。

（3）控制油滴的运动　如图 5.11-5，将油滴平衡在监视器屏幕顶端的第一条格线上，将工作状态按键切换至“0V”，绿色指示灯点亮，此时上下极板同时接地，电场力为零，油滴将在重力、浮力及空气阻力的作用下做下落运动，当油滴下落到有 0 标记的刻度线时，立刻按下“计时”键，计时器开始记录油滴下落的时间；待油滴下落至有距离标志（例如 1.6）的格线时，再次按下“计时”键，计时器停止计时（计时位置见图 5.11-5），油滴将停止下落。而后，“0V/工作”按键自动切换至“工作”，“平衡/提升”按键处于“平衡”，此时，可以按下“确认”键将此次测量数据记录到屏幕上。将“平衡/提升”按键切换至“提升”，这时极板电压将在原来平衡电压的基础上再增加约 200V 电压，油滴立即向上运动，待油滴到达监视器屏幕顶端时，“平衡/提升”按键切换至“平衡”，找平衡电压，进行下一次测量。每颗油滴共测量 5 次，系统会自动计算出这颗油滴所带电荷量。在测量过程中油滴如果变得模糊，可微调显微镜调焦旋钮使其聚焦。

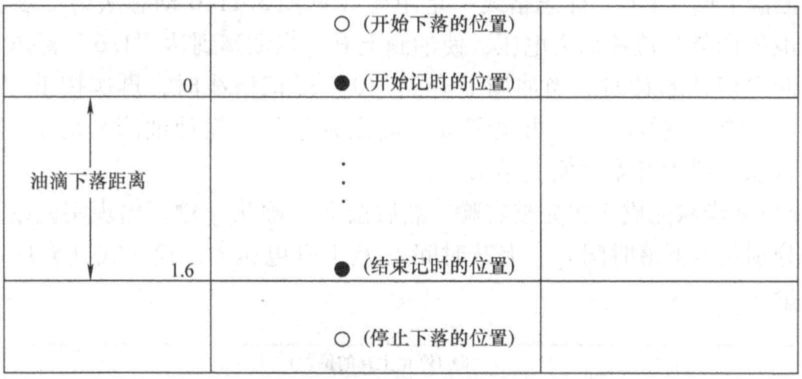

图 5.11-5　平衡法示意图

4. 正式测量

可采用平衡测量法或动态测量法（选做）。

（1）平衡法

1）开启主机和监视器电源，进入实验界面，将“0V/工作”按键切换至“工作”，红色指示灯点亮；将“平衡/提升”按键置于“平衡”。

2）将平衡电压调整为 400V 左右，通过喷雾口向油滴盒内喷入油雾，此时监视器上将出现大量运动的油滴。选取适当的油滴，仔细调整平衡电压，使其平衡在监视器屏幕顶端的第一条格线上（见图 5.11-5 平衡法示意图）。

3）将“0V/工作”按键切换至“0V”，此时油滴开始下落，当油滴下落到有“0”标记的格线时，立即按下“计时”键，计时器启动，开始记录油滴的下落时间。

4）当油滴下落至有距离标记的格线时（例如：1.6），立即按下“计时“键，计时器停止计时，油滴停止移动。而后“0V/工作”按键将自动切换至“工作”，此时按下“确认”按键，这次测量的平衡电压和匀速下落时间将同时记录在监视器屏幕上。

5）将“平衡/提升”按键置于“提升”，油滴将被提升向上运动，当回到高于有“0”标记格线时，将“平衡/提升”按键置回“平衡”，油滴停止上升，然后重新调整平衡电压，使其静止，得到新的平衡电压（注意：如果此处的平衡电压发生了突变，则该油滴得到或失去了电子。这次的测量无效，需从步骤②开始重新找油滴）。

6）重复3）、4）、5），并将平衡电压及下落时间数据记录到屏幕上。当5 次测量完成后，按“确认”键，系统将计算5 次测量的平均平衡电压和平均下落时间，进而自动计算和显示出该油滴的电荷量。

7）重复2）、3）、4）、5）、6）步，测量5 颗油滴，获得每颗油滴的电荷量。

（2）动态法（选做） 选择5 颗油滴。油滴的运动距离取为1.6mm。对于每颗油滴，动态法分两步完成。

1）第一步骤是油滴下落过程，其操作同平衡法（参看平衡法）。完成第一步骤后，如果对本次测量结果满意，则可以按下“确认”键保存这个步骤的测量结果，如果不满意，则可以删除（删除方法见前面所述）。

2）第一步骤完成后，油滴处于距离标志格线以下。通过“0V/工作”、“平衡/提升”按键配合使油滴下偏“1.6”标志格线一定距离（见图5.11-6 动态法第二步骤示意图）。然后调节“电压调节”旋钮加大电压，使油滴上升。当油滴到达“1.6”标志格线时，立即按下“计时”键开始计时。当油滴上升到“0”标记格线时，再次按下“计时”键，停止计时。但油滴会继续上移，再次调节“电压调节”旋钮使油滴平衡于“0”格线以上。按下“确认”键保存本次实验结果。

3）重复以上步骤完成5 次完整实验，然后按下“确认”键，出现实验结果画面。动态测量法是分别测出下落时间 t_g、上升时间 t_e 及上升电压 U，代入式（5.11-8）即可求得油滴电荷量 q。

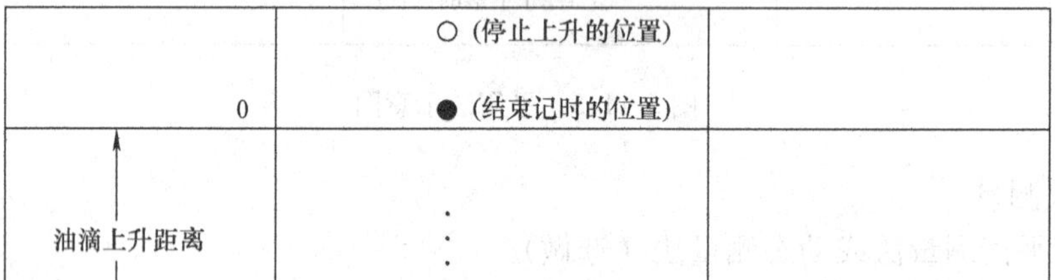

图 5.11-6　动态法第二步骤示意图

【注意事项】

用细丝插入油滴盒对显微镜调焦或清洁上极板落油孔油污时，油滴仪两极板绝对不允许加电压，以免触电和损坏仪器。

【数据处理】

1）将测量数据带入相应公式求出每个油滴所带电荷量。

2）求元电荷 e 值。求元电荷 e 值的方法有多种，这里给出一种简易方法，其他方法可参阅参考文献［3］～［8］。根据电荷的不连续性，应有 $q=ne$，此为一过原点的直线方程，n 为自变量，q 为因变量，e 为斜率。由 q_i 除以电子电荷的公认值 $e_0=1.602\times10^{-19}$C 并取整来确定元电荷数 n_i，再用最小二乘法（参阅第 2 章 2.7 节）进行直线拟合，若为一过原点的直线，则斜率即为元电荷实验测量值。

将元电荷实验测量值与公认值比较，求百分差。

【讨论】

对实验结果造成影响的主要因素有哪些？

【结论】

写出通过对实验的分析和归纳总结，你最想告诉大家的结论。

【研究性题目】

参阅参考文献［3］～［8］，研究密立根油滴实验数据的处理方法。

【参考文献】

［1］成都世纪中科仪器有限公司. ZKY－MLG－6 CCD 显微密立根油滴仪实验指导及操作说明书. 2013.

［2］杨述武. 普通物理实验［M］. 北京：高等教育出版社，2000.

［3］赵仁. 密立根实验数据的一种处理方法［J］. 物理实验，2000，20（6）：39－40.

［4］史志强. 油滴实验方法的研究［J］. 物理实验，2002，22（6）：29－32.

［5］刘才明. 密立根油滴实验数据处理方法分析［J］. 浙江大学学报：工学版，1996，30（6）：736－741.

［6］陈西园，徐铁军. 密立根油滴实验测量结果的不确定度评价［J］. 大学物理，1999，18（1）：34－35.

［7］王广涛，陈健，魏建宇，等. 密立根油滴实验数据的处理方法［J］. 物理实验，2004，24（12）：22－24.

［8］陈森，刘昳，付硕，等. 一种密立根油滴实验数据处理的新方法［J］. 大学物理，2014，33（9）：32－34.

实验时沿此线剪下

【数据表格】

实验者信息：

专业班级：__________ 学号：__________ 姓名：__________同组人姓名：__________

表 5.11-1　电子电荷测定数据表

第________个油滴

测量次数	1	2	3	4	5
平衡电压 U/V					
下落时间 t_g/s					

第________个油滴

测量次数	1	2	3	4	5
平衡电压 U/V					
下落时间 t_g/s					

第________个油滴

测量次数	1	2	3	4	5
平衡电压 U/V					
下落时间 t_g/s					

第________个油滴

测量次数	1	2	3	4	5
平衡电压 U/V					
下落时间 t_g/s					

第________个油滴

测量次数	1	2	3	4	5
平衡电压 U/V					
下落时间 t_g/s					

有关参数：

重力加速度　$g=9.801\ \text{m}\cdot\text{s}^{-2}$（北京）（具体数值以实验室所给为准）

空气黏滞系数　$\eta=1.83\times10^{-5}\text{kg}\cdot\text{m}^{-1}\text{s}^{-1}$（20℃）（具体数值以实验室所给为准）

修正常数　$b=8.23\times10^{-3}\text{m}\cdot\text{Pa}$

大气压强　$p=1.013\times10^{5}\text{Pa}$（具体数值以实验室所给为准）

油密度　$\rho=981\text{kg}\cdot\text{m}^{-3}$（具体数值以实验室所给为准）

空气密度　$\sigma=1.207\text{kg}\cdot\text{m}^{-3}$（20℃）（具体数值以实验室所给为准）

平行极板距离　$d=5.00\times10^{-3}\text{m}$

分划板分度　0.2mm/格

教师签名：__________

实验 5.12　弗兰克 - 赫兹实验

【引言】

1913 年，丹麦物理学家玻尔（N. Bohr）将量子概念应用于当时人们尚未接受的卢瑟福（E. Rutherford）原子核结构模型上，提出了原子结构的量子理论，成功地解释了氢光谱，为量子力学的创建起了巨大的推动作用。但玻尔理论的定态假设与经典电动力学明显对立，频率定则带有浓厚的人为因素，故在当时很难为人们所接受。在这样的历史背景下，1914 年，德国实验物理学家弗兰克（J. Frank）和赫兹（G. Hertz）采用慢电子与稀薄气体原子碰撞的方法，利用两者的非弹性碰撞将原子激发到较高能态，通过测量电子与原子碰撞时交换的一定值的能量，直接证明了原子能级的存在，并验证了频率定则，为玻尔理论提供了独立于光谱研究方法的直接的实验证明。由于这项卓越的成就，这两位物理学家获得了 1925 年的诺贝尔物理学奖。

【实验目的】

1）观察弗兰克 - 赫兹管板极电流与栅极电压的关系，了解电子与原子碰撞和能量交换的过程，验证原子能级的量子化。

2）测量氩原子的第一激发电位，加深对原子能级的理解。

【实验仪器】

FD - FH - B 弗兰克 - 赫兹实验仪

【预习提示】

1）原子内部能量量子化的有关理论。

2）理解弗兰克 - 赫兹实验的设计思想，了解弗兰克 - 赫兹管中设置的各个电极，各电极的电位及其作用。

3）考虑如何布置实验数据测量点，设计测量方案。

【实验原理】

玻尔提出的量子理论指出：

1）原子只能较长久地停留在一些稳定状态（简称定态）。原子处在这些状态时，不发射或吸收能量。各定态有一定的能量，其数值是彼此分立的。原子的能量不论通过什么方式发生改变，它只能使原子由一个定态跃迁到另一个定态。

2）原子从一个定态跃迁到另一个定态而发射或吸收辐射时，辐射频率是一定的。如果用 E_m 和 E_n 代表有关两定态的能量，辐射的频率 ν 由下式确定：

$$h\nu = E_m - E_n \tag{5.12-1}$$

式中，h 为普朗克常量，其值为 $6.6260 \times 10^{-34}\,\mathrm{J \cdot s}$。

为了使原子从低能级向高能级跃迁，可以通过具有一定频率 ν 的光子来实现，也可以通过具有一定能量的电子与原子非弹性碰撞，进行能量交换的方法来实现。

设初速度为零的电子在电势差为 U 的加速电场作用下，获得 eU 的能量。在充氩的弗兰克－赫兹管中，具有一定能量的电子将与氩原子发生碰撞。如果以 E_1 代表氩原子的基态能量，E_2 代表氩原子的第一激发态的能量，当电子与氩原子相碰撞传递给氩原子的能量恰好是

$$eU_0 = E_2 - E_1 \tag{5.12-2}$$

则氩原子就会从基态跃迁到第一激发态。而相应的电势差 U_0 称为氩原子的第一激发电位。其他元素气体原子的第一激发电位也可以按此法测量得到。

在实验中，氩原子与电子碰撞是在弗兰克－赫兹管（F－H 管）内进行的。F－H 管结构如图 5.12-1 所示，管内共设有四个电极：①发射电子的阴极 K，它由管中的灯丝 F 通电加热而造成热电子发射；②用于消除空间电荷对阴极电子发射的影响以提高发射效率的第一栅极 G_1；③用于加速电子的第二栅极 G_2；④收集电子的板极 P。

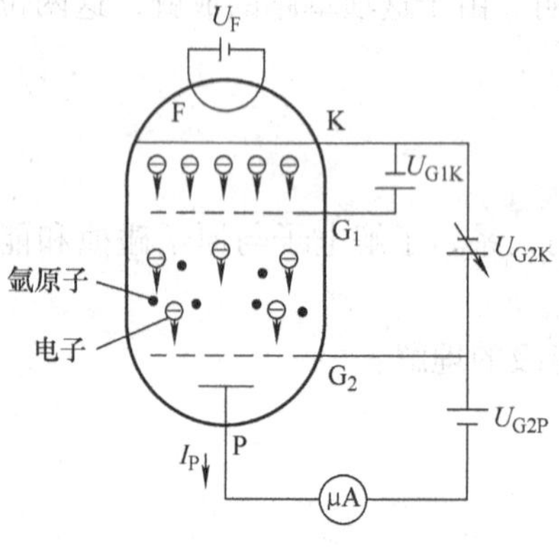

图 5.12-1 F－H 管结构示意图

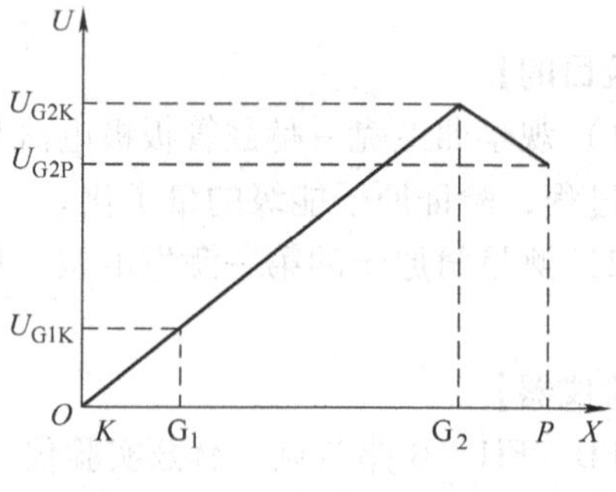

图 5.12-2 F－H 管空间电位分布

F－H 管内空间电位分布如图 5.12-2 所示。电子由热阴极 K 发出，阴极 K 和栅极 G_2 之间的可调加速电压 U_{G2K} 使电子加速。在板极 P 和栅极 G_2 之间加有反向拒斥电压 U_{G2P}。当电子通过栅极 G_2 进入 G_2P 空间时，如果能量大于 $e(U_{G2K} - U_{G2P})$，就能冲过 G_2P 空间到达板极，形成板极电流 I_P，为微电流计检出。如果电子在 G_1G_2 空间与氩原子发生了碰撞，电子本身剩余的能量小于 $e(U_{G2K} - U_{G2P})$，则电子不能到达板极。

实验时，使栅极电压 U_{G2K} 逐渐增加并观察微电流计的电流指示。如果原子能级确实存在，而且基态与第一激发态之间有确定的能量差，就能观察到如图 5.12-3 所示的 $I_P - U_{G2K}$ 的关系曲线。该曲线反映了氩原子在 KG_2 空间与电子进行能量交换的情况。当 KG_2 空间电压逐渐增加时，电子在

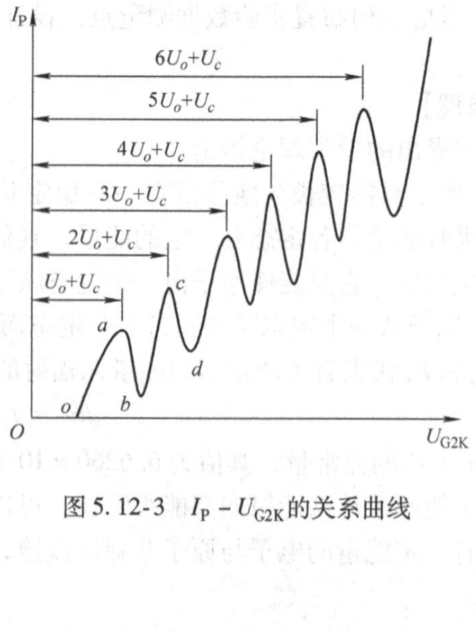

图 5.12-3 $I_P - U_{G2K}$ 的关系曲线

KG_2空间被加速而取得越来越大的能量。在起始阶段由于电压较低，电子的能量较小，即使运动过程中电子与氩原子碰撞，电子的能量几乎不会减少（弹性碰撞），穿过栅极的电子形成的板极电流I_P将随栅极电压U_{G2K}的增加而增大，即图中 oa 段。图中 oa 段前的 Oo 段电压是 F－H 管的阴极 K 和栅极 G_2之间由于存在接触电位差而出现的。图中的接触电位差 U_c 是正的，它使整个曲线向右平移。如果接触电位差 U_c是负的，则整个曲线向左平移。

当 KG_2间的电压达到（U_o+U_c）时，电子在栅极 G_2附近与氩原子碰撞，将自己从加速电场中获得的能量交给氩原子，并使氩原子从基态激发到第一激发态。而电子由于把能量给了氩原子，自身能量所剩无几，即使穿过栅极也不能克服反向拒斥电场而被折回栅极，因而板极电流I_P将显著减小，如图中 ab 段。随着栅极电压U_{G2K}的增加，电子的能量也随之增加，在与氩原子相碰撞后，一部分能量（E_2-E_1）交换给氩原子，还留下一部分能量足够克服反向拒斥电场而达到板极 P，这时板极电流I_P又开始上升，即曲线中的 bc 段，直到 KG_2间的电压是（$2U_o+U_c$）时，电子在 KG_2空间会因与氩原子发生两次碰撞而失去 $2eU_o$的能量，又造成了第二次板极电流下降，即图中的 cd 段。在加速电压较高的情况下，电子在运动过程中，将与氩原子发生多次非弹性碰撞，在I_P-U_{G2K}关系曲线上就表现为多次下降，也即凡是在

$$U_{G2K}=nU_o+U_c\quad（n\text{ 为正整数}）\tag{5.12-3}$$

板极电流都会下降，形成规则起伏变化的曲线。而各次板极电流开始下降（或上升），即曲线上的相邻峰（或谷）之间对应的阴极和栅极之间的电位差$(U_{G2K})_{n+1}-(U_{G2K})_n$就是氩原子的第一激发电位 U_o。曲线的极大极小的出现呈现明显的规律性，这是量子化能量被吸收的结果。原子只吸收特定能量而不是任意能量，这证明了氩原子能量状态的不连续性。

【实验内容与测量】

通过实验测定充氩 F－H 管的I_P-U_{G2K}曲线，观察电子与氩原子碰撞和能量交换的过程，观察原子能量量子化的情况。

1. 认识实验仪器

FD－FH－B 型弗兰克－赫兹实验仪采用充氩气的 F－H 管，实验装置如图 5.12-4 所示。

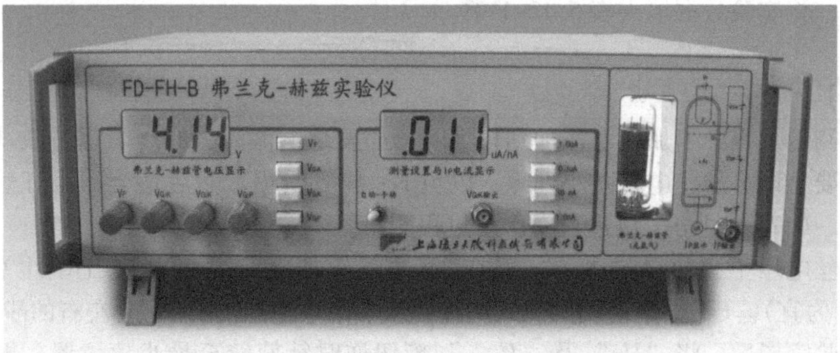

图 5.12-4　FD－FH－B 型弗兰克－赫兹实验仪

FD－FH－B 型弗兰克－赫兹实验仪采用的是双栅柱面型四极式 F－H 管，其结构如图 5.12-5 所示，板极 P 为敷铝的铁皮圆筒；控制栅 G_1和加速栅 G_2分别采用钼丝绕制的螺

旋线构成；阴极 K 为镍管，管的外壁敷有三元氧化物，管内有加热用的热子 F，它是双向绞绕的钨丝，钨丝表面涂敷有氧化铝绝缘层。热子 F 与阴极 K 构成傍热式氧化物阴极，发射系数远大于直热式阴极。各电极同轴地固定在云母绝缘片上，装入玻壳内，然后接到真空系统上抽空、除气和处理，最后充入惰性气体氩。各电极作用如下：

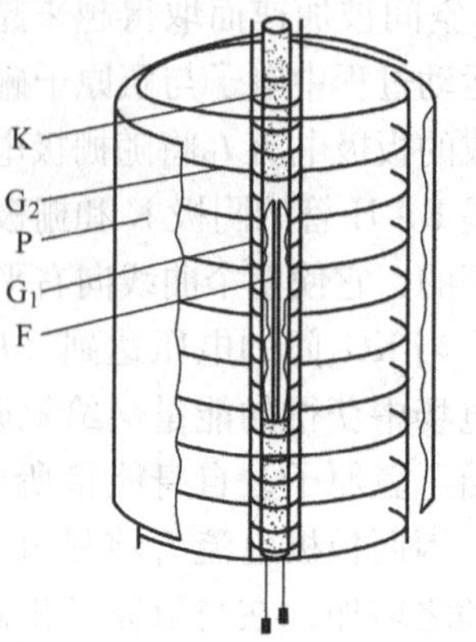

图 5.12-5　双栅柱面型四极式 F－H 管结构图

1）灯丝电压 U_F：灯丝温度对阴极的发射系数有很大的影响。阴极发射出来的电子的速度分布与阴极温度有关。阴极温度低，电子速度分布窄。

2）控制栅电压 U_{G1K}：它用于消除电子在阴极附近的堆积效应，控制阴极发射的电子流的大小。U_{G1K}过大时，会减小进入碰撞空间的电子流，导致板极电流下降，一般取 1V 左右。由于阴极的发射系数各不相同，而且 G_1 与 K 的间距也可能略有差异，因此在实验中应选取最佳的 U_{G1K}值。

3）电子的加速电压 U_{G2K}：加速电压的上限是以管子不发生电离为界，不同的实验条件，加速电压的上限有很大差异。

4）减速电压 U_{G2P}：使 G_2处的能量较低的电子不能到达板极。减速电压越大，板极电流越小，一般控制在 2～8V，最佳值则需要在实验中根据实测结果来选定。

2. 实验测量

1）调节 U_{G2K}至最小，扫描开关置于"手动"档，打开主机电源，预热仪器数分钟。

2）分别调节 U_F、U_{G1K}、U_{G2P}电压（可以先参考仪器给出值）至合适值，将"测量设置与 I_P电流显示"切换至 0.1μA 档，调节 U_{G2K}旋钮逐渐增大 U_{G2K}（以 F－H 管不击穿为界），同时观察 I_P变化，可以看到至少出现 7 个峰。

3）选取合适的电流表档位，恰当布置实验测量点（特别是在波峰和波谷位置附近多布置几个实验测量点，以提高测量精度），分别由表头读取 I_P和 U_{G2K}值（I_P电流读数方法为表头显示值乘以档位，如表头数值 0.0642，档位为 10nA，则 I_P电流数值为 0.642nA，以此类推），将实验数据填入表 5.12-1 中。

【注意事项】

1）在测量过程中当加速电压加到较大时，如发现电流表大幅度量程过载（即产生电离击穿），要立即将加速电压减小到零，以免 F－H 管受损。然后适当减小灯丝电压（每次减小 0.1～0.2V 为宜），再进行一次全过程测量。

2）灯丝电压不宜放得过大，一般在 3V 左右，如电流偏小再适当增加（每次增大 0.1～0.2V 为宜）。F－H 管采用间热式阴极，改变灯丝电压后有 1min 左右的滞后。

3）实验完毕后，将"U_F"及"U_{G2K}"旋钮逆时针旋转至最小值位置，再关闭仪器电源。

【数据处理】

作出 $I_P - U_{G2K}$ 关系曲线。参阅 2.7 节，用最小二乘法确定第一激发电位 U_0 和接触电位差 U_c，并计算不确定度。

【分析讨论】

对实验现象和实验结果进行分析讨论。

【结论】

通过对实验现象和实验结果的分析，你能得到什么结论?

【研究性题目】

研究灯丝电压和反向拒斥电压对 $I_P - U_{G2K}$ 关系曲线的影响。

【参考文献】

[1] 上海复旦天欣科教仪器有限公司. FD-FH-B 型弗兰克-赫兹实验仪仪器使用说明. 2011.

[2] 丁慎训，张连芳，等. 物理实验教程 [M]. 2 版. 北京：清华大学出版社，2002.

实验时沿此线剪下

【数据表格】

实验者信息：

专业班级：__________ 学号：__________ 姓名：__________同组人姓名：__________

表 5.12-1　弗兰克－赫兹实验曲线数据表

测量值	U_{G2K}/V	
	I (____ A)	
测量值	U_{G2K}/V	
	I (____ A)	
测量值	U_{G2K}/V	
	I (____ A)	
测量值	U_{G2K}/V	
	I (____ A)	
测量值	U_{G2K}/V	
	I (____ A)	
测量值	U_{G2K}/V	
	I (____ A)	

注：请自行添加表格中电流的单位量级，如 $\underline{\times 10^{-10}}$A

表5.12-2 $U_{G2K}-n$ 数据表

序号 n	1	2	3	4	5	6
U_{G2K}						

教师签名：__________

实验 5.13 氢与氘原子光谱

【引言】

原子光谱的观测为量子理论的建立提供了坚实的实验基础。1885 年，巴尔末（J. J. Balmer）根据人们的观测数据，总结出了氢光谱线的经验公式。1913 年 2 月，波尔（N. Bohr）得知巴尔末公式后，3 月 6 日就寄出了氢原子理论的第一篇文章，他说：“我一看到巴尔末公式，整个问题对我来说就清楚了。”1925 年，海森伯（W. Heisenberg）提出的量子力学理论，更是建筑在原子光谱的测量基础之上。现在，原子光谱的观察研究仍然是研究原子结构的重要方法之一。

20 世纪初，人们根据实验预测氢有同位素。1919 年，物理学家用质谱仪测得氢的原子量为 1.00778，而化学家由各种化合物测得为 1.00799。基于上述微小差异，伯奇（R. T. Birge）和门泽尔（D. H. Menzel）认为氢有同位素^{2}H（元素左上角标代表原子量），它的质量约为^{1}H 的两倍，据此他们计算出^{1}H 和^{2}H 在自然界中的含量比大约为 4000∶1。由于里德伯（J. R. Rydberg）常量和原子核的质量有关，^{2}H 的光谱相对于^{1}H 的应该会有移位。1932 年，尤雷（H. C. Urey）将 3L 液氢在低压下细心蒸发至 1mL 以提高^{2}H 的含量，然后将那 1mL 液氢注入放电管中，用它拍得的光谱，果然出现了相对于^{1}H 移位了的^{2}H 的光谱，从而发现了重氢，取名为氘，化学符号用 D 表示。

【实验目的】

1）了解光栅光谱仪的工作原理，学会调节和使用。

2）测定氢氘原子光谱。

3）计算氢与氘原子核质量比以及里德伯常量，加深对氢光谱规律和同位素移位的认识，并理解精确测量的重要意义。

【实验仪器】

WGD-8 型组合式多功能光栅光谱仪、氢氘光谱灯、低压汞灯、汞氦氖氮四种多组放电灯光源等。

【预习提示】

1）了解光栅光谱仪的结构原理及其使用。

2）了解氢和氘光谱线的规律，并利用巴尔末公式计算氢原子 α、β、γ、δ 谱线的波长。

【实验原理】

原子光谱是线光谱。光谱排列的规律不同，反映出原子结构的不同。研究原子结构的基本方法之一就是进行光谱分析。

氢原子光谱由许多谱线系组成，在可见光区的谱线系是巴尔末系，其代表线为 H_α，H_β，H_γ，H_δ等，这些谱线的间距和光强都向着短波方向递减，并满足下列规律：

$$\lambda = 364.56 \times \frac{n^2}{n^2 - 4} \text{ nm} \tag{5.13-1}$$

式中，n 为正整数，当 $n=3$，4，5，6 时上式分别给出 H_α，H_β，H_γ，H_δ 各谱线的波长，式（5.13-1）就是巴尔末公式。

若改用波数表示谱线，由于

$$\tilde{\nu} \equiv \frac{1}{\lambda} \tag{5.13-2}$$

则式（5.13-1）变为

$$\tilde{\nu} = 109678 \times \left(\frac{1}{2^2} - \frac{1}{n^2}\right) \text{cm}^{-1} \tag{5.13-3}$$

式中，109678cm^{-1} 为氢的里德伯常量。

由波尔理论或量子力学得出的类氢离子的光谱规律为

$$\tilde{\nu}_A = R_A \left[\frac{1}{(n_1/z)^2} - \frac{1}{(n_2/z)^2}\right] \text{cm}^{-1} \tag{5.13-4}$$

上式中的

$$R_A = \frac{2\pi^2 m e^4 z^2}{(4\pi\varepsilon_0)^2 c h^3 (1 + m/m_A)} \tag{5.13-5}$$

是元素 A 的理论里德伯常量，z 是元素 A 的核电荷数，n_1，n_2 为整数，m 和 e 是电子的质量和电荷，ε_0 是真空介电常量，c 是真空中的光速，h 是普朗克常量，m_A 是核的质量。显然，R_A 随 A 不同而略有不同，当 $m_A \to \infty$ 时，便得到里德伯常量

$$R_\infty = \frac{2\pi^2 m e^4 z^2}{(4\pi\varepsilon_0)^2 c h^3} \tag{5.13-6}$$

所以

$$R_A = \frac{R_\infty}{1 + m/m_A} \tag{5.13-7}$$

应用到 H 和 D 有

$$R_H = \frac{R_\infty}{1 + m/m_H} \tag{5.13-8}$$

$$R_D = \frac{R_\infty}{1 + m/m_D} \tag{5.13-9}$$

氘是氢的同位素，它们有相同的质子和外电子，只是氘比氢多了一个中子而使原子核的质量发生变化，可见，R_D 和 R_H 是有差别的，其结果就是 D 的谱线相对于 H 的谱线会有微小移位，称为同位素移位。λ_H、λ_D 是能够直接精确测量的量。测出 λ_H、λ_D，就可以计算 R_D，R_H 和里德伯常量 R_∞。

由式（5.13-8）和式（5.13-9）还可以解出

$$\frac{m_D}{m_H} = \frac{m}{m_H} \cdot \frac{\lambda_H}{(\lambda_D - \lambda_H + \lambda_D m/m_H)} \tag{5.13-10}$$

m/m_H 为电子质量与氢原子核质量之比，为已知值（取值为 1/1836.1527），通过实验测出 λ_H、λ_D，就可算出氢与氘的原子核质量比。

【仪器装置】

WGD－8 型组合式多功能光栅光谱仪由光栅单色仪、接收元件、扫描系统、电子放大器、A/D 采集单元以及计算机等组成，整套仪器由计算机控制。

图 5.13-1 是 WGD－8 型组合式多功能光栅光谱仪的光学系统的俯视示意图。该系统采用平面反射式闪耀光栅作为分光元件。由狭缝 S1 进入的光，经平面反射镜 M1 射至凹面镜 M2 上，S1 位于反射式准光镜 M2 的焦面上，通过 S1 射入的光束经凹面镜 M2 反射后成平行光束投射在平面光栅 G 上，经过光栅的衍射，分解成不同方向的单色平行光束射在凹面镜 M3 上，然后聚焦成像在 S2 或 S3 上。光栅 G 放置在一平台上，由一步进电动机带动，可以绕通过光栅平面的铅垂轴转动，以改变平行光束相对于光栅平面的入射角。

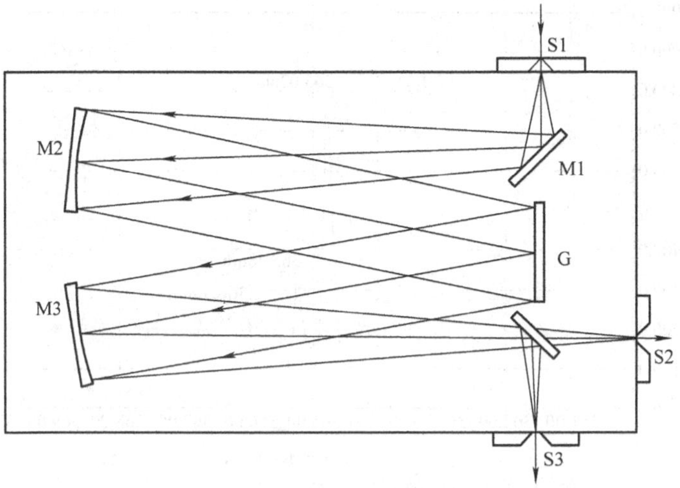

图 5.13-1 平面光栅光谱仪光学系统俯视图

M1—反射镜 M2—准直镜 M3—物镜 G—平面衍射光栅

S1—入射狭缝 S2—光电倍增管接收狭缝 S3—CCD 接收狭缝

WGD－8 型组合式多功能光栅光谱仪所使用的光栅 G 每毫米刻线为 1200 条，闪耀波长为 250nm，M1、M2 凹面镜的焦距为 500mm。

本实验所用光源为气体原子发光光源，氢氘光源用于测定氢氘的谱线，低压汞灯、汞氦氖氮四种多组放电灯光源等用于光谱仪的定标。

【实验测量和数据处理】

使用 WGD－8 型组合式多功能光栅光谱仪测量原子光谱谱线时，根据谱线接收方式的不同，可以分为光电倍增管接收方式和 CCD 接收方式两种方式。

1. 使用光电倍增管接收方式测量氢和氘原子谱线

（1）准备工作

1）把光栅光谱仪上的接收方式选择开关扳到光电倍增管位置，然后接通光栅光谱仪电控箱电源，接通计算机电源。

2）从计算机的程序菜单中选择 WGD－8 型组合式多功能光栅光谱仪，启动 WGD－8 型组合式多功能光栅光谱仪控制软件。

3）WGD－8 型组合式多功能光栅光谱仪控制软件启动后，进入 WGD－8 软件平台。弹出一个对话框，显示“光电倍增管接收”和“CCD 接收”两个选项，选择“光电倍增管接收”选项。

4）选择“光电倍增管接收”选项后，弹出一个对话框，让用户选择光谱仪当前已存储的波长位置是否有效，如果选择“是”，则确认当前波长位置，不进行初始化；反之，则重新初始化，波长位置回到 200nm 位置。通常初始化需要几分钟的时间，此期间不要操作计算机。完成上面几步后，就可以在 WGD－8 软件平台上工作了。

（2）校准光谱仪的波长指示值 用汞的 365.02nm、365.48nm、366.30nm 三条谱线（谱线分布如图 5.13-2 所示）作为标准，校准光谱仪的波长指示值。

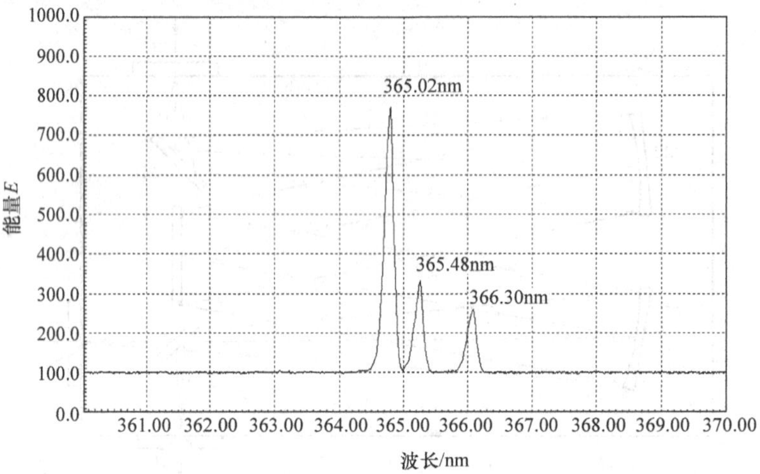

图 5.13-2 汞 365.02nm，365.48nm，366.30nm 三条谱线的强度分布（光谱仪校准前）

校准光谱仪波长指示值的操作步骤如下：

1）把汞灯放于入射狭缝处，入射狭缝宽度调节为 0.05mm，出射狭缝宽度调为 0.05mm，打开汞灯电源。

2）从 WGD－8 软件窗口中选择“参数设置”项，进行参数设置：

模式：E 扫描间隔：0.025nm 增益：2 负高压：3

最大值：1000 最小值：0 起始波长：200nm 终止波长：800nm

重复间隔：0s 重复次数：1 次。

3）选择“扫描方式”为“单程扫描”，光谱仪即从当前波长开始向波长增加的方向进行扫描。扫描完毕后，在计算机屏幕上会得到光电倍增管所接收到的汞的光谱的强度分布曲线。如果获得的谱线强度过高或高低，要适当调节狭缝宽度和扫描参数，再次进行扫描，直到获得强度适当的光谱强度分布曲线。

4）与图 5.13-2 对比，在汞光谱曲线上找到与汞三线形状相似的谱线部分，对其进行“扩展”：先选择“读取数据”菜单里的“扩展”项，则在屏幕的左下角出现一红线，利用“→”“←”光标移动键或〈PageUp〉，〈PageDown〉键移动红线至所需要展宽的部分的起始位置，按〈Enter〉键确定，这时会出现第二条红线，同样用光标移动键或〈Page Up〉〈PageDown〉键移动红线至所需要展宽的部分的终点位置，按〈Enter〉键确定，则两条红线中间的区域会被放大。

5）利用 WGD－8 软件提供的“检峰”功能读取谱线波长：从菜单中选择“检峰”，输入最小峰高值（一般在 5～20 之间），随后屏幕上弹出一个窗口，给出所有谱线峰高高于设定的最小峰高值的谱线的波长。

6）一般情况下光谱仪所给出的谱线波长示值与标准值不同，因此需要对仪器进行校准和修正。可以用正的或负的修正值使光谱仪示值与标准值一致。例如，汞三线中第一条谱线的理论值为 365.0nm，现检峰显示的波长值为 363.1nm，比理论值小 1.9nm，修正的方法为在波长修正项处输入 +19Å（$1Å=10^{-10}m$），则光谱仪示值向波长增大的方向平移 1.9nm（警告：波长修正值的正负不能搞反，否则可能造成光谱仪卡死，损坏仪器）。WGD－8 光谱仪波长修正一次的修正值不能超过 500Å～－500Å 的范围，因此，当光谱仪示值与标准值的差大于这个范围时，需要进行多次修正，直到光谱仪示值与标准值一致为止。

（3）测量氢氘原子巴尔末系光谱

1）校准光谱仪以后，换上氢氘灯。由于氢氘灯的光强比汞灯弱一些，有时需要适当调宽狭缝宽度和调整扫描参数，利用“单程扫描”功能在 300～700nm 范围进行扫描，获取氢氘原子的巴尔末系光谱。如果光谱曲线不理想，可在修改“增益”，“负高压”等参数和调节狭缝宽度后重新进行单程扫描。

2）获取理想的氢、氘光谱曲线后，对谱线进行“扩展”操作，利用“读取数据”，“检峰”读出氢、氘的 α、β、γ、δ 谱线的波长，并记录数据，保存文件，打印曲线。图 5.13-3 所示为用光电倍增管获取的氢氘原子的 α 谱线，其中峰高较小的谱线为氘的谱线。

（4）数据处理　用测量得到的氢、氘原子的 α、β、γ、δ 谱线波长计算 R_D，R_H 和里德伯常量 R_∞，以及氢与氘的原子核质量比。

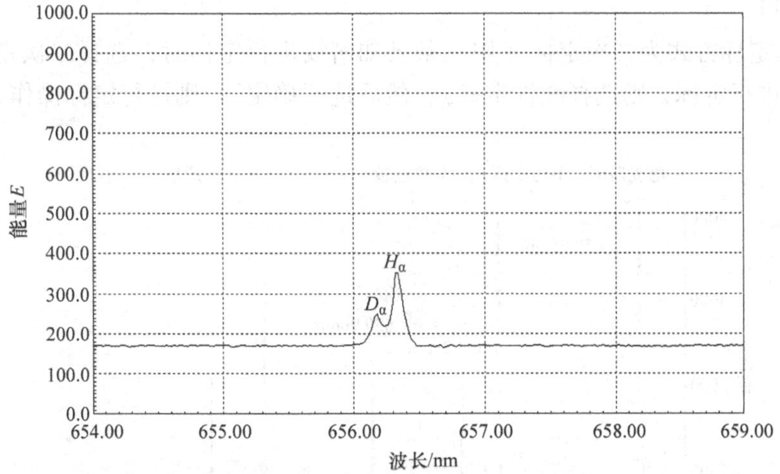

图 5.13-3　氢氘原子的 α 谱线

2. 使用 CCD 接收方式测量氢和氘原子光谱线（选做）

（1）准备工作　将光栅光谱仪上的接收方式选择开关扳到“CCD 接收”位置，重新启动 WGD－8 型组合式多功能光栅光谱仪控制软件，然后选择“CCD 接收”选项，随后屏幕上弹出一个对话框，让用户选择光谱仪当前已存储的波长位置是否有效，如果选择“是”，则确认当前波长位置，不进行初始化；反之，则重新初始化，波长位置回到200nm位置。完成上面几步后，就可以在CCD控制处理平台上工作了。

（2）光谱仪定标　在CCD模式下，需要对光谱仪进行定标。由于CCD线阵只有2048个感光单元，一次数据采集所能覆盖的波长范围较窄，因此，需要在所测波长附近对光谱仪进行定标。在这里，以测定氢、氘原子的巴尔末系α谱线为例来说明定标过程。采用氖的三条谱线659.90nm、653.29nm、650.65nm作为已知标准谱线进行定标，步骤如下：

1）将氖灯放在入射狭缝处，入射狭缝宽度调为0.05mm，出射狭缝宽度调为0.05mm。

2）选择显示模式为“全屏模式”，选择设置菜单中的参数设置为标准设置。注意光栅应选每毫米刻线为1200条的光栅。

3）选择运行菜单中的“实时采集”，屏幕上弹出一个对话框，要求选择存储器，选择之后仪器即开始实时采集。用鼠标左键点住手动前进或手动后退按钮，扫描位置会前进或后退，当松开鼠标时扫描位置停止移动。图5.13-4所示为氖650.65nm、653.29nm、659.90nm三条谱线的CCD接收谱线，当扫描至这三条谱线时，停止实时采集。

4）对所得谱线进行“扩展”、“检峰”等操作。

5）定标：用手动定标进行光谱仪的波长标定。

① 先用“→”“←”光标移动键或〈PageUp〉〈PageDown〉键控制光标移动到选定的谱线上，按〈Enter〉键弹出定标窗口。

② 键入该谱线的标准波长后单击确定。

③ 重复以上两步，标定其他谱线。

④ 如果是用三条已知谱线进行定标，标定完三条谱线后，按〈Esc〉键，则弹出定标方式选择窗口。

⑤ 选择定标方式为二次定标（用三条已知谱线进行定标时，选择二次定标；若用两条已知谱线进行定标，则选择线性定标），然后选“确定”，则进行定标操作，选“取消”则取消定标。

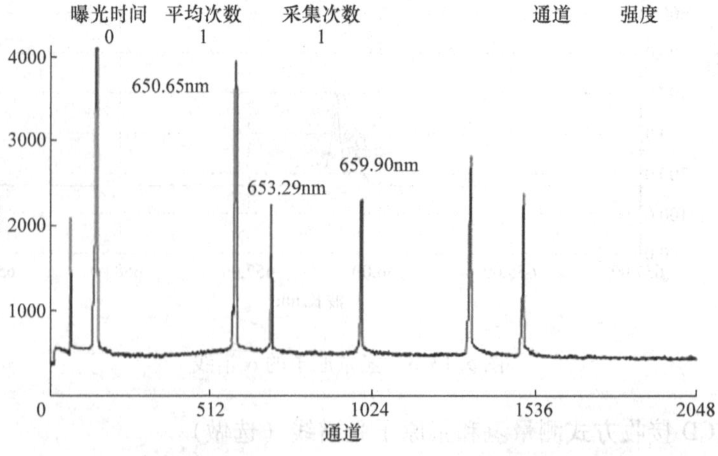

图5.13-4　氖650.65nm、653.29nm、659.90nm谱线的CCD接收谱线（光谱仪定标前）

（3）测量氢氘原子巴尔末系的 α 谱线

1）换上氢氘灯进行实时采集扫描，利用定标好的标度测量氢、氘的巴尔末系 α 谱线。

2）获取理想的氢、氘光谱曲线后（图 5.13-5 给出了用 CCD 采集的氢氘原子 α 谱线的例图），记录数据，保存文件并打印。

测定氢氘原子巴尔末系的 β、γ、δ 谱线时，可用氮（见图 5.13-6）、汞（见图 5.13-7）的相应谱线来定标光谱仪。

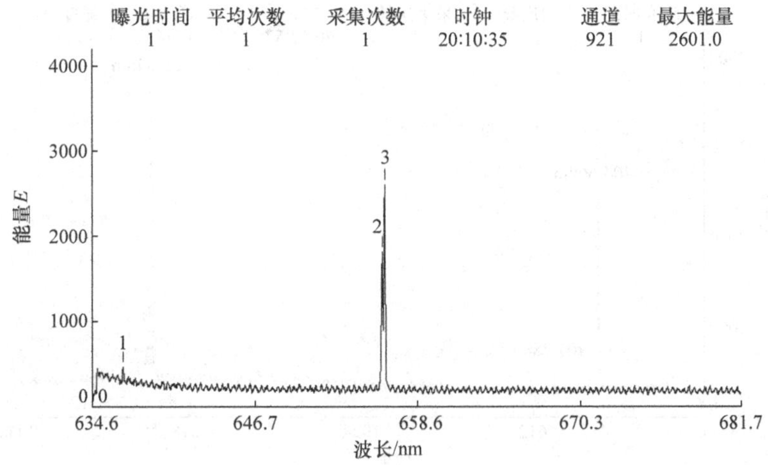

图 5.13-5　用 CCD 采集的氢氘原子巴尔末系 α 谱线

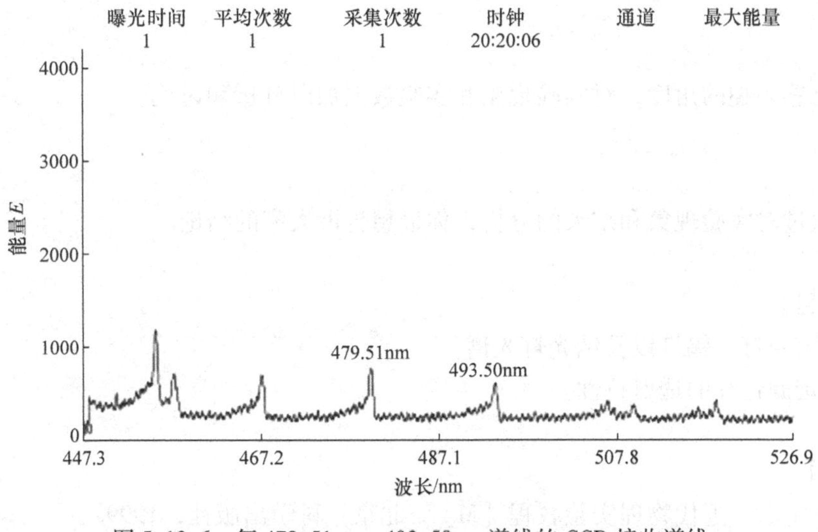

图 5.13-6　氮 479.51nm、493.50nm 谱线的 CCD 接收谱线

（4）数据处理　用测量得到的氢、氘原子的 α、β、γ、δ 谱线波长计算 R_D，R_H 和里德伯常量 R_∞，以及氢与氘的原子核质量比。

【注意事项】

1）光栅光谱仪是精密贵重仪器，应严格按照说明书进行操作。狭缝的操作一定要小心，逆时针转为狭缝闭合方向，在闭合狭缝时，注意千万不可使狭缝完全闭合，以免损坏狭缝。

2）注意开、关机顺序，开机一定要先接通硬件再启动软件，关机顺序则正好相反。

3）设置光栅光谱仪工作参数时，注意参数不要选的太大；如果扫描的光谱曲线不够理想，可以逐步调整参数，有时还需要适当调整狭缝宽度。

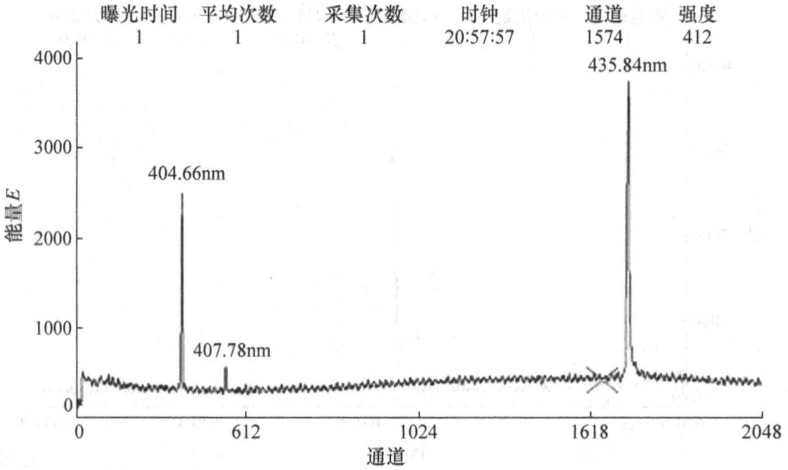

图 5.13-7　汞404.66nm、407.78nm、435.84nm谱线的CCD接收谱线（光谱仪定标前）

【讨论】

从自己感兴趣的角度，对实验现象和实验数据加以分析和讨论。

【结论】

写出通过对实验现象和结果的分析，你最想告诉大家的结论。

【研究性题目】

1）测定汞灯、钨灯以及钠光灯光谱。

2）测定滤色片的透射特性。

【参考文献】

[1] 林木欣．近代物理实验教程［M］．北京：科学出版社，1999.

[2] 吴思诚，王祖铨．近代物理实验［M］．2版．北京：北京大学出版社，1995.

[3] 天津市港东科技发展有限公司．WGD－8组合式多功能光栅光谱仪使用说明书，2000.

【补充材料 5.13-1】　WGD－8 组合式多功能光栅光谱仪技术参数

波长范围：光电倍增管接收　200～800nm

CCD 接收　300～900nm

焦距：500mm

相对孔径：$D/F=1/7$

波长精度：±0.4nm

波长重复性：0.2nm

分辨率：0.1nm

杂散光：$\leqslant 10^{-3}$

狭缝：直狭缝，0～2mm 连续可调，示值精度 0.01mm/格。

光栅：每毫米刻线 1200 条，闪耀波长：250nm

滤光片工作区：白片：350～600nm

红片：600～800nm

实验 5.14 微波光学实验

【引言】

微波是指真空中波长在 1mm ~ 1m 范围的电磁波，其相应的频率范围为 $3\times10^5 \sim 3\times10^2$ MHz。微波在电磁波频谱中的位置，如图 5.14-1 所示，微波波段介于超短波和红外线之间。微波既具有光波的某些特性，如能产生反射、折射、干涉和衍射，又具有无线电波的某些特性，具有量子性，能畅通无阻地穿透地球上空的电离层，同时具有很强的方向性，通信容量大等特点。正是因为这些特点，微波具有很强的实用价值，在许多行业，如现代通信传播、雷达检测、气象观察、医学研究、物质结构探索等方面都具有广泛的应用。

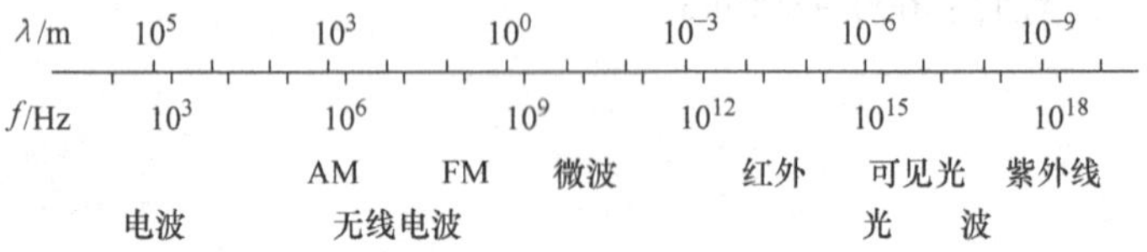

图 5.14-1 电磁波频谱

光波也是一种电磁波，波动光学的规律也是所有电磁波共同遵守的规律。用波长较长的电磁波同样能够进行波动光学中的各种实验。衍射光强分布取决于衍射物几何尺寸与波长的比值，干涉中的相位差正比于光程差和波长之比，若按照同样的倍数增大波长和器件的尺寸，光强的空间角分布就将保持不变，光学中的一些现象就会在其他电磁波波段内重演。

微波光学实验就是利用微波做诸如干涉、衍射之类的实验。由于微波波长远大于光波波长，因而实验所用的器件尺寸可以做得很大，从而使实验现象更为直观，而且环境不必很暗，这些都是微波光学实验的优点。

【实验目的】

1）学习一种测量微波波长的方法。

2）观察微波的衍射现象并进行定量测量。

3）测量微波的布拉格衍射强度分布。

【实验仪器】

微波分光仪、分束玻璃板、固定和移动反射板、单缝板、双缝板、模拟晶体等。

【预习提示】

1）测量微波波长时，如何配置光路？应测量什么物理量？

2）测量单缝和双缝衍射强度分布时，如何配置光路，怎样布置测量点？

3）测量微波布拉格衍射强度分布时，掠射角 θ 是哪个角？怎样在测量过程中保证微波入射角和反射角相等?

【实验原理】

1. 用微波分光仪测量微波波长

用微波分光仪测量微波波长时，采用的是迈克尔逊干涉仪的原理。其光路如图5.14-2所示。由发射喇叭天线（T）发射出平面微波，在平面微波前进的方向上放置与其成45°的半透射玻璃板，由于该板的作用，入射波被分成两束，一束波向固定反射板（M1）方向传播，另一束波向可移动反射板（M2）方向传播。两块反射板均用金属铝板制成。由于金属铝板对微波近于全反射的作用，两束波经过移动反射板和固定反射板的反射后将再次回到半透射玻璃板并到达接收喇叭（D）产生波的干涉。

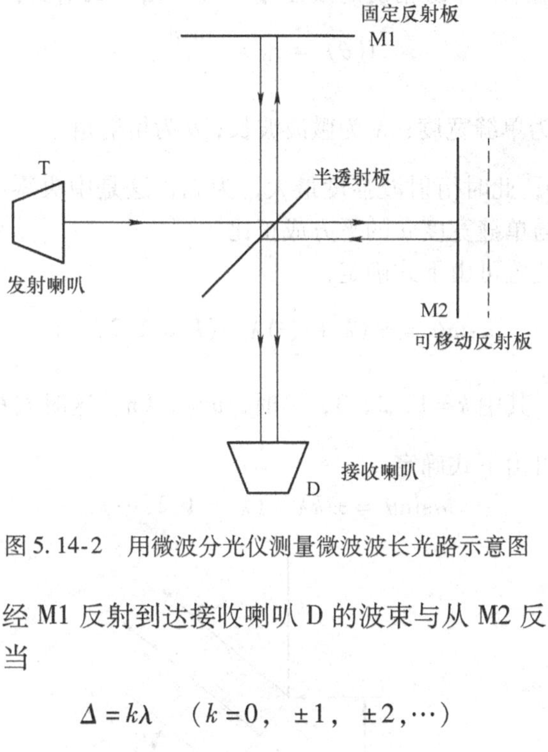

图 5.14-2　用微波分光仪测量微波波长光路示意图

设微波波长为 λ，经 M1 反射到达接收喇叭 D 的波束与从 M2 反射到达接收喇叭 D 的波束的波程差为 Δ，则当

$$\Delta = k\lambda \quad (k=0,\ \pm1,\ \pm2,\cdots) \tag{5.14-1}$$

时，两束波干涉加强，得到各级波强极大值。同样，当

$$\Delta = (2k+1)\frac{\lambda}{2} \quad (k=0,\ \pm1,\ \pm2,\cdots) \tag{5.14-2}$$

时，两束波干涉减弱，得到各级波强极小值。

将可移动反射板 M2 移动一段距离 L 时，两束波的波程差改变了 $2L$。假定从某一波强极小值位置开始移动反射板，使接收喇叭的信号出现 N 个波强极小值（即微安表的指示出现 N 次极小值），读出可移动反射板 M2 移动的总距离 L，则有

$$\begin{aligned} 2L &= [2(k+N)+1]\frac{\lambda}{2} - (2k+1)\frac{\lambda}{2} \\ &= N\lambda \end{aligned}$$

从而

$$\lambda = \frac{2L}{N} \tag{5.14-3}$$

考虑到微波波长较长，半透射玻璃板较薄，因而半透射玻璃板对波程差的影响可以忽略。

由于波强极小值位置不易测准，可以在微安表指针开始指向其示值最低点时记下可移动反射板的位置，然后沿可移动反射板原来移动的方向继续移动可移动反射板，在微安表指针开始离开最低点时记下可移动反射板的位置，取这两个位置的平均值作为极小值出现的位置。

2. 微波的单缝衍射和双缝衍射

（1）单缝衍射　将平面微波垂直地投射于一块开有一条缝的铝板上，如图 5. 14-3 所示，根据波动光学的结果，单缝衍射的波强分布 $I(\theta)$ 由下式给出：

$$I(\theta) = I_0 \times \frac{\sin^2 u}{u^2} \tag{5.14-4}$$

式中，$u = \frac{\pi a \sin\theta}{\lambda}$；$a$ 为单缝宽度；λ 为微波波长；θ 为衍射角。

当 $\theta = 0$ 时，$u = 0$，此时衍射波强度最大，为 I_0，这是中央零级极大。I_0 的大小取决于微波源的强度，并与单缝宽度 a 的平方成正比。

其他次极强所在位置可由下式确定：

$$a\sin\theta = \pm\left(k + \frac{1}{2}\right)\lambda \quad (k = 1,2,\cdots) \tag{5.14-5}$$

当 $\sin\theta = \pm k\frac{\lambda}{a}$，其中 $k = 1, 2, 3, \cdots$时，$u = \pm k\pi$。这时 $I(\theta) = 0$，即出现暗条纹。因此，暗条纹的位置可由下式确定：

$$a\sin\theta = \pm k\lambda \quad (k = 1,2,\cdots) \tag{5.14-6}$$

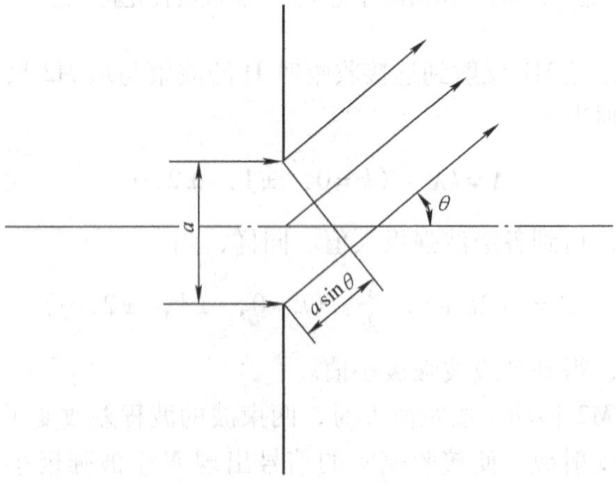

图 5. 14-3　单缝衍射

根据式（5. 14-4）可以画出如图 5. 14-4 所示的衍射强度分布曲线。由于微波具有较光波大很多的波长，因而能够用很宽的缝（几个厘米）来实现单缝衍射并进行定量测量。

（2）双缝衍射　平面微波垂直投射到一块开有两条缝的铝板上，如图 5.14-5 所示，两缝面内波是同相位的，由惠更斯原理，每一缝的波面上各点都是发出子波的波源。来自两缝平面向 θ 方向传播的子波相叠加，决定了这个方向的波强。当

$$d\sin\theta = \pm\left(k + \frac{1}{2}\right)\lambda \quad (k = 0, 1, 2, \cdots) \tag{5.14-7}$$

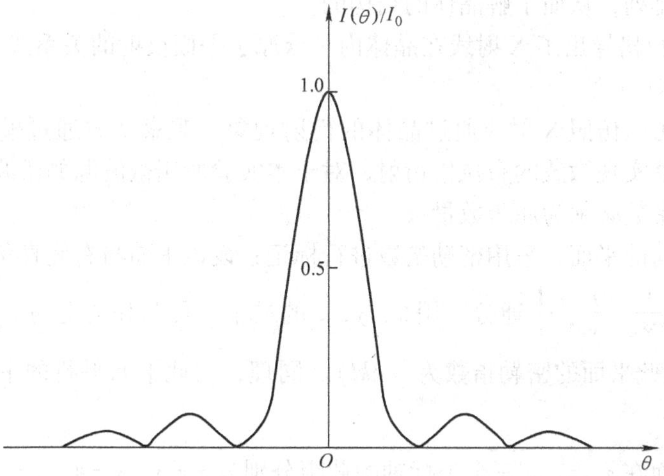

图 5.14-4　单缝衍射的相对强度分布曲线

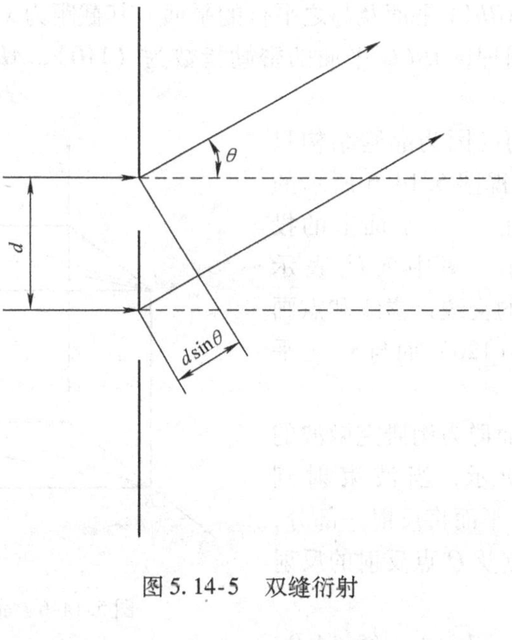

图 5.14-5　双缝衍射

时为相消干涉（波强为极小），当

$$d\sin\theta = \pm k\lambda (k = 0, 1, 2, \cdots) \tag{5.14-8}$$

时为相长干涉（波强为极大）。

转动接收喇叭，由微安表指针偏转的大小，可测出各波强极大和极小出现的位置。

3. 微波的布拉格衍射

晶体是由离子，原子或分子在三维空间周期性地排列构成的。为了反映晶体中原子排列的周期性，在三维空间以一个点代表一个原子或一个原子团，这样的点叫作阵点。阵点在空间作周期性无限分布所形成的阵列叫作空间点阵。点阵中相邻两阵点的距离约为0.1nm的数量级，X射线结构分析学就是利用X射线在晶体点阵的衍射现象来研究晶体点阵的间隔和位置排列，从而了解晶体的结构的。

1921年，布拉格导出了X射线在晶体内一族原子平面反射的关系式——布拉格公式，以说明X射线衍射现象。

对于微波，可以仿照X射线通过晶体的衍射现象，观察微波通过模拟晶体点阵的衍射现象。为了能够实现微波的布拉格衍射，对于本实验所用微波源的微波波长$\lambda \approx 3.2$cm，模拟晶体的点阵常数必须为厘米数量级。

对于特定取向的平面，采用密勒指数进行标记：设该平面与右旋直角坐标系的截距分别为x，y，z，对$\frac{1}{x}$，$\frac{1}{y}$，$\frac{1}{z}$通分，用x，y，z的最小公倍数作为分母，得出三个分子分别为h，k，l，则此平面的密勒指数为（hkl）。同理，与此平面平行的平面的密勒指数也是（hkl）。

例如，某平面在x，y，z三个坐标轴的截距分别为$x=3$，$y=4$，$z=2$，对$\frac{1}{3}$，$\frac{1}{4}$，$\frac{1}{2}$通分，用3、4、2的最小公倍数12作为分母，得出三个分子分别为4、3、6，所以该平面密勒指数为（436）。

图5.14-6所示的$ABB'A'$平面及与之平行的平面，其截距为$x=1$，$y=\infty$，$z=\infty$，则密勒指数为（100）。同理，$ABCC'$平面的密勒指数为（110），$ABDD'$平面的密勒指数为（120）。

如略去晶胞的结构（因为晶胞结构只影响波束的强度），俯视图5.14-6所示的空间，可得立方晶体在$x-y$平面上的投影，如图5.14-7所示。图中实线表示（100）面与$x-y$平面的交线，虚线和点画线分别表示（110）与（120）面与$x-y$平面的交线。

下面以（100）平面群为例研究微波的衍射。如图5.14-7所示，当波束射到（100）平面群上，每个平面将反射一部分，从相邻两个平面上O点及Q点反射的反射波之间的波程差为

$$PQ + QR = 2d\sin\theta \quad (5.14\text{-}9)$$

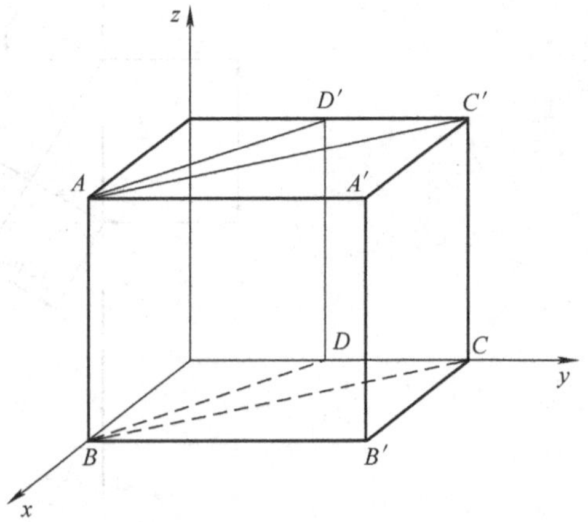

图5.14-6 晶面与密勒指数

式中，d为晶面间距，对于（100）晶面，它等于晶胞边长；θ为入射波（或反射波）与所研究晶面之间的夹角，即掠射角，入射波与反射波之间的夹角2θ称为衍射角。

当

$$2d\sin\theta = k\lambda \quad (k = 0,1,2,\cdots) \tag{5.14-10}$$

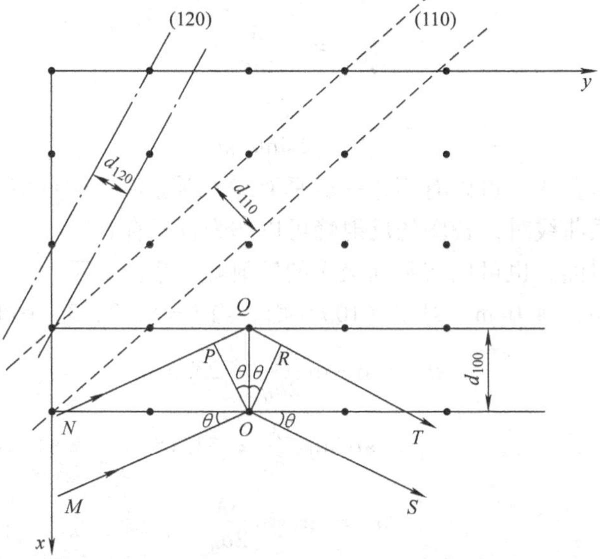

图 5.14-7 立方晶体在 $x-y$ 平面上的投影

时，两波同相位，互相加强。对应于 $k=0, 1, 2, \cdots$，分别得到中央极大和一组次级极大。式（5.14-10）称为布拉格公式，从式（5.14-10）可以看出，发生布拉格衍射的条件是$\frac{k\lambda}{2d}\leqslant 1$。为使物理意义更清楚，考虑 $k=1$（即 1 级衍射）的情况，此时，$\frac{\lambda}{2}\leqslant d$，这就是能够产生衍射的条件。它说明用波长为 λ 的波照射晶体时，晶体中只有面间距 $d\geqslant\frac{\lambda}{2}$ 的晶面才能产生衍射。

对同一个立方晶体（晶胞边长为 a_0）中的不同平面群，当平面间距减小时，平面上单位面积里的衍射中心数减少，因而平面上的衍射中心减少，衍射波强就会减弱。以（100）、（110）、（120）三个平面群为例，它们的面间距 $d_{100}=a_0$，$d_{110}=\frac{a_0}{\sqrt{2}}$，$d_{120}=\frac{a_0}{\sqrt{5}}$依次减少，它们的单位面积上的衍射中心数 $P_{100}=\frac{1}{a_0^2}$，$P_{110}=\frac{1}{\sqrt{2}a_0^2}$，$P_{120}=\frac{1}{\sqrt{5}a_0^2}$也依次减小，故衍射波强度依次减弱，如图 5.14-8 所示。

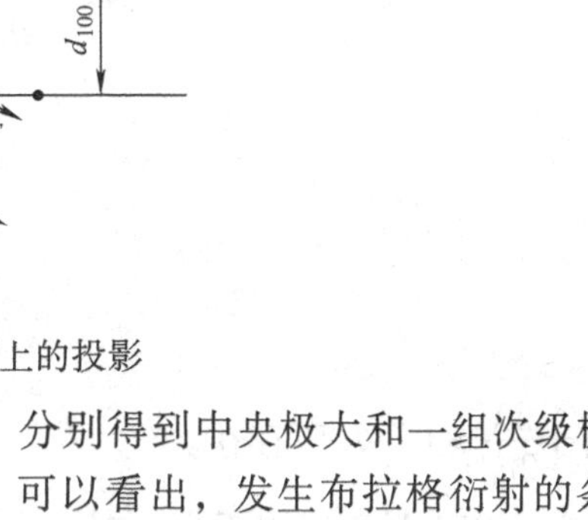

图 5.14-8 反射波谱

分析某一波长已知的单色波对晶体的衍射时，可以得到随掠射角 θ 分布的反射波谱。如将对应于最强反射峰的 θ 值代入布拉格公式，就可算出产生这一反射峰的平面群的面间距。对于立方晶系，晶面间距与密勒指数的关系为 $d_{hkl}=\frac{a_0}{\sqrt{h^2+k^2+l^2}}$（$a_0$ 为晶胞边长），

测出面间距 d，就可以由此式定出该立方晶体晶胞的边长。例如，与（120）晶面1级衍射对应的掠射角为 θ_{120}，则可按下式计算：

$$2d_{120}\sin\theta_{120} = 1 \times \lambda$$

$$d_{120} = \frac{\lambda}{2\sin\theta_{120}}$$

$$a_0 = \frac{\sqrt{5}\lambda}{2\sin\theta_{120}}$$

只要满足布拉格公式，可以有不止一群平面对入射微波产生反射，因此对某群平面作相对强度与 θ 的关系曲线时，较弱的反射峰可以作为背景存在。

对于同一群反射面，也可以有不同级次的反射峰。举例如下：

设 $\lambda = 3.2\text{cm}$，$a_0 = 4.0\text{cm}$，对于（100）面，当 $k = 1, 2, 3, \cdots$ 时，分别有

$$\theta_1 = \arcsin\frac{\lambda}{2a_0} = 23.6°$$

$$\theta_2 = \arcsin\frac{2\lambda}{2a_0} = 53.1°$$

$$\theta_3 = \arcsin\frac{3\lambda}{2a_0}$$

$$\cdots$$

由于 $\frac{3\lambda}{2a_0} > 1$，$\theta_3$ 不存在。

由以上计算可以看出，对于（100）面，只能测出两个衍射强度极大。

对于（110）面，$d_{110} = \frac{a_0}{\sqrt{2}} = 2.83\text{cm}$，则只有一级衍射 $\theta_1 = 34.5°$ 存在，即只能出现一个衍射强度极大值。

【实验装置】

微波分光仪主要由发射部分、接收部分、分度盘和附件四部分组成，其结构如图5.14-9所示。

发射部分：由3cm固态源和固态源电源箱、固定悬臂上安装的发射喇叭天线组成。固态源产生具有单一波长的微波信号送至发射喇叭天线。

接收部分：由可转动的悬臂和在其上安装的接收喇叭天线、可变衰减器、晶体检波器和微安表组成。可变衰减器用来改变微波信号幅度的大小，衰减器上的螺旋测微计的示数越大对信号的衰减越小。晶体检波器可将微波交流信号变成直流信号，以便用微安表直接检测。

分度盘：微波分光仪中心部位可绕中心轴转动、均分为360°的圆形平台，其上可根据实验需要放置分光板，模拟晶格点阵等。用分度盘可测量悬臂转角。

附件：用来做微波波长测量、单缝衍射、双缝衍射、布拉格衍射所需要的部件。

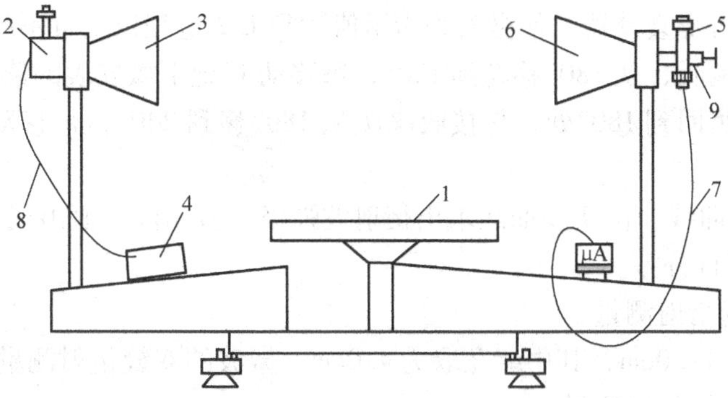

图 5.14-9　微波分光仪结构示意图

1—分度盘　2—3cm 固态源　3—发射喇叭天线　4—3cm 固态源电源箱　5—晶体检波器
6—接收喇叭天线　7、8—电缆　9—可变衰减器

【实验测量与数据处理】

1. 微波波长的测量

用迈克耳孙干涉法测量微波波长的仪器布置如图 5.14-2 所示。使发射喇叭轴线与接收喇叭轴线互相垂直，半透射玻璃板通过支架座放置在刻度转盘正中，并与两喇叭轴线成 45°角。将读数测微机构通过其基座上的两个螺钉固定在底座盘面上，再插上反射板（M2），使其法线与发射喇叭轴线一致。插上固定反射板（M1），使其法线与接收喇叭轴线一致。注意使各反射板和各喇叭保持等高。

1）开机前注意先不要将固态源的连线插入其电源机箱的“输出插孔”。按下固态信号发生器电源机箱的电源按键，其余按键置于“电压”和“等幅”位置。此时电源指示灯亮，电压表指针升至接近 10V 左右（满刻度指示为 15V），再按下电流指示，指针应指示在零，此时表明电源是正常的。

2）将固态源的连线插入固态信号发生器电源盒的“输出插孔”内，固态源便开始振荡，微波能量从发射喇叭输出。

3）转动测微机构手柄，使可移动反射板 M2 移动，观察接收部分微安表的变化情况，如电流超过 100μA，可调节接收喇叭后面的可变衰减器使信号幅度适当减少一些。

4）调节可移动反射板 M2，使其从读数机构的一侧向另一侧移动（移动范围 0 ~ 70mm）。从某一波强极小值位置开始，使微安表的指示出现 N 次极小值（3 ~ 4 个），利用测微读数机构读出可移动反射板 M2 移动的总距离 L，则微波波长为

$$\lambda = \frac{2L}{N}$$

重复测量 5 次，计算出平均波长 λ 及相应的标准差 $S_{\bar{\lambda}}$。

2. 微波单缝衍射实验测量

1）取下 M1、M2 反射板，读数测微机构和半透射玻璃板。

2）将固定发射喇叭（T）放在 0°位置，可移动接收喇叭放在 180°位置。

3）调节单缝缝宽为 $a = 6.0$cm，将单缝板连同底座放在小转台上，底座与小转台轴同心。

4）将单缝板放在90°位置。

5）适当调节可变衰减器，使微安表指示值达到1/2量程以上且不超过它的量限。

6）转动接收喇叭，从180°移动到120°，每移动1°记下微安表的读数。

7）使接收喇叭回到180°处，将接收喇叭从180°移到240°，每移动1°记下微安表的读数。

8）做出 $\theta - I$ 曲线，由实验曲线求出衍射波强极大值和极小值出现的角度，并与理论值进行比较，计算百分差。

3. 微波的双缝衍射测量

将双缝 d 取为11.0cm，其中缝宽取为4.0cm。微波的双缝衍射测量步骤与单缝相同。

4. 微波的布拉格衍射测量

1）用梳形铝制模片一层一层地将模拟晶体间距调好，使模拟晶体成为一晶格常数为4.0cm的简单立方点阵。

2）将模拟晶体架固定在刻度盘的中心位置，使模拟晶体架下小圆盘上的某一条刻线与所研究的晶面法线一致，并将此刻线与刻度盘的90°刻线对齐，这时所研究的晶面（100）面或（110）面的法线方向便与90°刻线平行。

3）测（100）面群的衍射强度分布：转动模拟晶体架下的小圆盘，将掠射角调至一级衍射极大位置（约23°）处，使微安表指示值不超过它的量限（100μA），然后掠射角从15°开始到60°，每改变1°（相应的接收喇叭则要沿相同转动方向转动2°以保证入射角等于反射角），测出相应的微安表电流值。模拟晶体与接收喇叭的这种转动模式与X射线衍射仪的 $\theta \sim 2\theta$ 联动扫描模式相同（在X射线衍射仪中，试样台与转臂上的探测器始终以1:2的角速度同步旋转）。测量过程中如果微安表电流超过100μA，则需要重新调节可变衰减器，整个测量应重新进行。

4）测量（110）面群的衍射强度分布，掠射角从25°开始，测至45°为止，测量步骤与测量（100）面群时一样。

5）根据所测得的 λ 及（100）面与（110）面群两相邻晶面之间的间距，计算出相应的一级、二级掠射角，与实验曲线中的掠射角数值进行比较，并计算百分差。

【讨论】

1）比较讨论（100）面与（110）面1级衍射峰的强度。

2）讨论你所测出的衍射强度分布曲线，分析产生异常现象的可能原因。

【结论】

写出通过对实验的分析和归纳总结，你最想告诉大家的结论。

【研究性题目】

1）单缝缝宽取不同值，测量衍射强度分布曲线，研究单缝几何参数对衍射强度分布的影响。

2）运用计算机，计算不同单缝几何参数时的理论衍射强度分布曲线（单缝几何参数和微波波长取实验值），并与实验结果进行对照讨论。

【参考文献】

[1] 陈熙谋. 光学：近代物理 [M]. 北京：北京大学出版社，2002.

[2] 周上祺. X 射线衍射分析 [M]. 重庆：重庆大学出版社，1991.

[3] 陈森，郭敏勇，张师平，等. 微波布拉格衍射实验中发射喇叭张角引起的奇异峰 [J]，大学物理，2013，32 (10)：38－40.

实验 5.15 核磁共振

【引言】

核磁共振（简称 NMR）的研究始于核磁矩的测量。1939 年美国物理学家拉比（I. I. Rabi）在他所创立的分子束共振法中首先实现了核磁共振，精确地测定了一些原子核的磁矩，为此他获得了 1944 年度诺贝尔物理奖。但分子束技术要把样品物质高温蒸发后才能做实验，这就破坏了凝聚物质的宏观结构，使其应用范围受到了限制。1945 年底和 1946 年初，珀塞尔（E. M. Purcell）小组和布洛赫（F. Bloch）小组分别在石蜡和水中观测到稳态的 NMR 信号，从而宣告 NMR 在宏观的凝聚物质中取得成功。为此，布洛赫和珀塞尔荣获了 1952 年度诺贝尔物理奖。NMR 技术在当代科技中有着极其重要的应用，已广泛应用于许多学科的研究，成为分析测试不可缺少的技术手段。用 NMR 方法测量磁场强度，其准确度达 0.001%。20 世纪 80 年代后发展起来的核磁共振成像技术具有清晰、快速、无害等优点，在医学上可准确地诊断肿瘤等疾病……目前，核磁共振技术仍在蓬勃发展之中。

所谓核磁共振，是指磁矩不为零的原子核处于恒定磁场中，由射频或微波电磁场引起塞曼能级之间的共振跃迁现象。

【实验目的】

1）观察核磁共振稳态吸收现象。

2）了解核磁共振的实验原理、方法和基本实验装置。

3）掌握用 NMR 测量磁场强度的方法。

4）测量^{19}F 的 g_N 因子。

【实验仪器】

NM－Ⅱ型核磁共振实验装置、水样品和聚四氟乙烯样品。

【预习提示】

1）了解发生核磁共振的条件。

2）了解核磁共振实验装置基本结构，了解观察核磁共振信号有哪几种方法以及怎样调节出共振信号。

3）怎样用核磁共振测量磁场？提纲性地列出主要实验步骤。

4）怎样测量^{19}F 的 g_N 因子？提纲性地列出主要实验步骤。

【实验原理】

解释核磁共振现象有经典的和量子的两种观点，下面分别叙述。

1. 量子理论

（1）原子核的自旋和磁矩　原子核具有自旋角动量和磁矩是核磁共振实验的基础。原子核自旋角动量的数值是量子化的，在数值上可表示为

$$P = \sqrt{I(I+1)}\hbar \tag{5.15-1}$$

其中，I 可取 0，1/2，1，3/2，…，$\hbar = \dfrac{h}{2\pi}$，$h = 6.6262 \times 10^{-34}\,\mathrm{J\cdot s}$。

I 为核自旋量子数，数值随核而异。当原子核的中子数和质子数皆为偶数时，$I=0$，观察不到共振现象，例如^{12}C，^{16}O。当原子核的中子数和质子数的和为奇数时，I 为半整数，$I=\dfrac{1}{2}$，这是一类重要的核，例如^{1}H，^{19}F 等。当原子核的中子数和质子数皆为奇数时，I 为正整数，如^{6}Li，^{14}Na 等。后两类原子核都可以观察到 NMR 现象。

核的磁矩 μ 和角动量 P 之间有确定的线性关系，如果设核是质量为 m_N、电荷量为 q 的自旋体，若核的质量密度和电荷密度是处处成比例的，则核磁矩 μ 和角动量 P 之间的数量关系为

$$\boldsymbol{\mu} = \frac{q}{2m_N}\boldsymbol{P} \tag{5.15-2}$$

但核磁矩的实测值与上式不符，例如^{1}H 的核磁矩为计算值的 5.5854 倍。这是由于核内质量和电荷量的结构并非上述所设想的情况，因此需将上式乘以（修正）因子 g_N，从而将式（5.15-2）改写为

$$\boldsymbol{\mu} = g_N\frac{q}{2m_N}\boldsymbol{P} \tag{5.15-3}$$

引入一个核磁单位 μ_N：

$$\mu_N = \frac{e\hbar}{2m_p} = 5.0493 \times 10^{-27}\,\mathrm{J/T}$$

作为核磁矩的单位，式中 e 为电子的电荷量，m_p 为质子的质量。μ_N 称为玻尔核磁子，它是玻尔磁子的 1/1848。式（5.15-3）可写为

$$\boldsymbol{\mu} = g_N\frac{\mu_N}{\hbar}\boldsymbol{P} \tag{5.15-4}$$

式（5.15-4）定义了核的 g_N 因子，g_N 因子也叫郎德因子。不同的核有不同的 g_N 因子，例如，质子^{1}H：$g_N=5.585$，中子^{1}N：$g_N=-3.286$。

通常定义磁矩和角动量之比为旋磁比（也称为回磁比），用 γ 表示，即有

$$\boldsymbol{\mu} = \gamma\boldsymbol{P} \tag{5.15-5}$$

$$\gamma = \frac{g_N\mu_N}{\hbar} \tag{5.15-6}$$

我们已经知道 g_N 因子联系着核结构的类型，因此，旋磁比是一个反映核固有性质的物理量。当 γ 由实验测出时，g_N 值即可求得。

定义$\dfrac{\gamma}{2\pi}$为回旋频率，表 5.15-1 中给出了几种核素的自旋数、磁矩和回旋频率。

核磁矩处于恒定外磁场$\boldsymbol{B}_0$时，核在$\boldsymbol{B}_0$方向（定为 z 轴方向）的核磁矩分量为

$$\mu_z = \gamma P_z = \gamma m\hbar = mg_N\mu_N \tag{5.15-7}$$

式中，m 为磁量子数，取值范围是 $-I \leqslant m \leqslant I$，其最大磁矩分量为

$$\mu_z = Ig_N\mu_N \qquad (I = m) \tag{5.15-8}$$

通常将$\boldsymbol{B}_0$方向的最大磁矩作为核的磁矩，例如对^{1}H 有

$$\mu_z = \frac{1}{2}g_N\mu_N = \frac{1}{2}\times 5.5854\mu_N = 2.7927\mu_N \tag{5.15-9}$$

表 5.15-1 几种核素的自旋数和回旋频率

核素	自旋数 I	磁矩 μ/μ_N	回旋频率 /MHz·T^{-1}
^{1}H	1/2	2.79270	42.577
^{2}H	1	0.85738	6.536
^{3}H	1/2	2.9788	45.414
^{12}C	0		
^{13}C	1/2	0.70216	10.705
^{14}N	1	0.40357	3.076
^{15}N	1/2	−0.28304	4.315
^{16}O	0		
^{17}O	5/2	−1.8930	5.772
^{18}O	0		
^{19}F	1/2	2.6273	40.055
^{31}P	1/2	1.1305	17.235

（2）核磁共振条件　核磁矩在外磁场$\boldsymbol{B}_0$中具有磁位能

$$E_m = -\boldsymbol{\mu}\cdot\boldsymbol{B}_0 = -\mu_z B_0 = -mg_N\mu_N B_0 \tag{5.15-10}$$

在$\boldsymbol{B}_0$方向分裂为$2I+1$个分立能级，能级间的跃迁服从$\Delta m = \pm 1$的选择定则。

对常用的^{1}H、^{19}F 等，$I=\frac{1}{2}$，在$\boldsymbol{B}_0$方向分裂为两个次能级：

$$E_{+\frac{1}{2}} = -\frac{1}{2}g_N\mu_N B_0$$

$$E_{-\frac{1}{2}} = \frac{1}{2}g_N\mu_N B_0$$

如图 5.15-1 所示，相邻两能级之间的能量差为

$$\Delta E = E_2 - E_1 = g_N\mu_N B_0 = \gamma\hbar B_0 \tag{5.15-11}$$

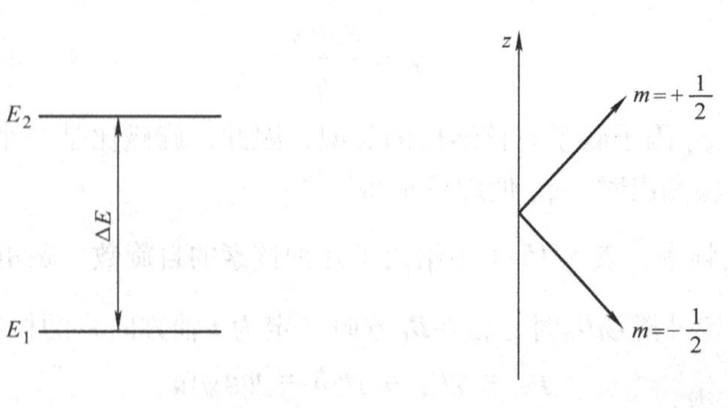

图 5.15-1　^{1}H 能级在磁场中的分裂

能量差 ΔE 的值与磁场$\boldsymbol{B}_0$的大小成正比。就一般可提供的磁场强度来说，ΔE 的大小落在射频段能量子 $h\nu$（即 $\hbar\omega$）的数量级范围。

如果在垂直于磁场$\boldsymbol{B}_0$的方向加一射频场$\boldsymbol{B}_1$，当$\boldsymbol{B}_1$的频率等于某一适当的频率 ω_0（即核磁矩在恒定磁场中作拉莫尔进动的角频率）时，使得射频能量 $\hbar\omega$ 等于磁能级差值，即

$$\hbar\omega = g_N\mu_N B_0$$

这时低能级核磁矩可从射频场吸收能量而跃迁到高能级，出现共振吸收现象。共振时射频场的角频率为

$$\omega_0 = \frac{g_N\mu_N}{\hbar}B_0 = \gamma B_0 \tag{5.15-12}$$

式（5.15-12）称为核磁共振条件。

2. 经典描述

在经典电磁学中，用陀螺在重力场中的进动来类比分析磁矩在磁场中的行为。这样的分析，能够得到比较清楚的物理图像，有助于宏观理论的分析、理解。

设有一个孤立的核，具有自旋角动量$\boldsymbol{P}$、核磁矩$\boldsymbol{\mu}$，并有$\boldsymbol{\mu}=\gamma\boldsymbol{P}$。如果该核受到在 z 方向的恒定磁场$\boldsymbol{B}_0$ 的作用，如图 5.15-2 所示，则核磁矩将受到一力矩 $\boldsymbol{\tau}$ 的作用，即有

$$\boldsymbol{\tau} = \boldsymbol{\mu}\times\boldsymbol{B}_0$$

于是得到运动方程

$$\boldsymbol{\tau} = \frac{\mathrm{d}\boldsymbol{p}}{\mathrm{d}t} = \boldsymbol{\mu}\times\boldsymbol{B}_0$$

$$\frac{\mathrm{d}\boldsymbol{\mu}}{\mathrm{d}t} = \gamma\boldsymbol{\mu}\times\boldsymbol{B}_0$$

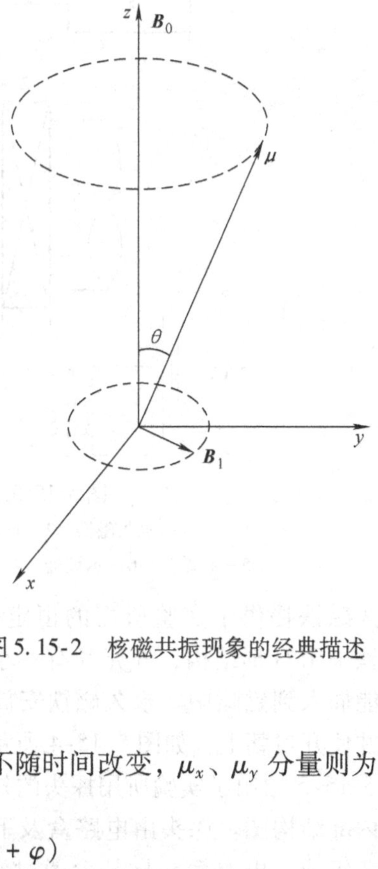

图 5.15-2 核磁共振现象的经典描述

设外加恒定磁场$\boldsymbol{B}_0$ 的方向沿 z 轴，并令 $\gamma B_0=\omega_0$，写出上式各分量方程：

$$\frac{\mathrm{d}\mu_x}{\mathrm{d}t} = \gamma\mu_y B_0 = \omega_0\mu_y$$

$$\frac{\mathrm{d}\mu_y}{\mathrm{d}t} = -\gamma\mu_x B_0 = -\omega_0\mu_x$$

$$\frac{\mathrm{d}\mu_z}{\mathrm{d}t} = 0$$

由上式可知，在 z 方向上，μ 的分量为常量，不随时间改变，μ_x、μ_y 分量则为时间的函数，解微分方程得

$$\mu_x = \mu_{xoy}\cos(\omega_0 t+\varphi)$$
$$\mu_y = \mu_{xoy}\sin(\omega_0 t+\varphi)$$

式中 $\mu_{xoy}=\sqrt{\mu_x^2+\mu_y^2}$，为 μ 在 $x-y$ 平面上的投影，φ 为积分常数，决定于方程的初始条件，由上两式可知，μ_x、μ_y 组成了在 $x-y$ 平面内的一个旋转矢量，其角频率为

$$\omega_0 = \gamma B_0$$

ω_0 称为拉莫尔进动频率，它与$\boldsymbol{\mu}$ 和$\boldsymbol{B}_0$ 之间的夹角无关。

如果在垂直于$\boldsymbol{B}_0$ 的平面，即 $x-y$ 平面加一个旋转磁场$\boldsymbol{B}_1$，其角频率为 ω_0，则 $\boldsymbol{B}_1$ 相对于绕 $\boldsymbol{B}_0$ 进动的$\boldsymbol{\mu}$ 为静止，这时$\boldsymbol{\mu}$ 将受到另一转矩$\boldsymbol{\mu}\times\boldsymbol{B}_1$ 的作用，绕 $\boldsymbol{B}_1$ 进动，这样，$\boldsymbol{\mu}$ 和 $\boldsymbol{B}_0$ 间的夹角 θ 将被改变，使磁矩$\boldsymbol{\mu}$ 在磁场 $\boldsymbol{B}_0$ 中的磁位能 $E_m = -\boldsymbol{\mu}\cdot\boldsymbol{B}_0 = -\mu B_0\cos\theta$ 发生变化，这意味着射频场 $\boldsymbol{B}_1$ 与处于恒定外磁场 $\boldsymbol{B}_0$ 中的$\boldsymbol{\mu}$ 具有的磁位能系统发生能量交换，这一能量变化可借助仪器加以探测，即可观察到核磁共振现象。

当 $\boldsymbol{B}_1$ 的角频率 $\omega\neq\gamma B_0$ 时，则 $\boldsymbol{B}_1$ 与$\boldsymbol{\mu}$ 有相对旋转，$\boldsymbol{B}_1$ 对$\boldsymbol{\mu}$ 的平均力矩为零，θ 角不会改变，就观察不到核磁共振现象。

【实验装置】

核磁共振实验装置主要由永久磁铁、扫场线圈、探头（由电路盒和样品盒组成）、小变压器、木座组成，它们与配套使用的可调变压器、示波器和数字频率计连接的框图如图 5.15-3 所示。

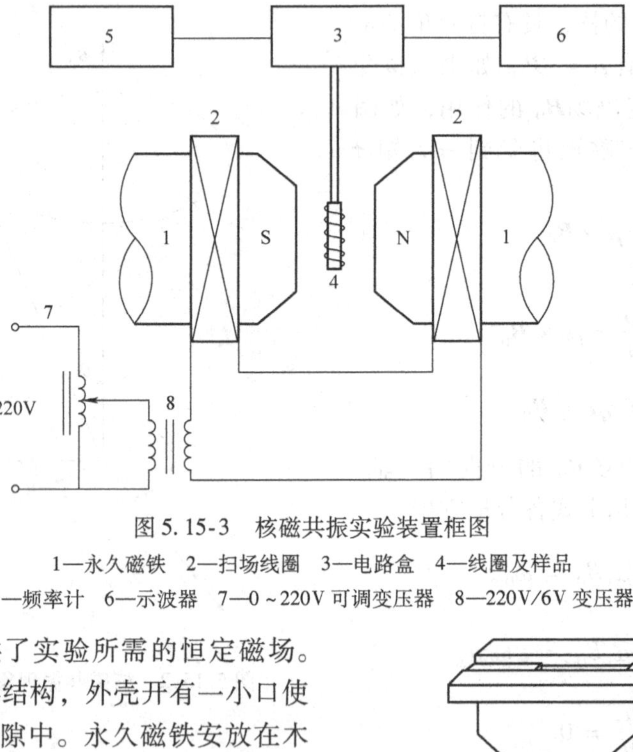

图 5.15-3 核磁共振实验装置框图

1—永久磁铁 2—扫场线圈 3—电路盒 4—线圈及样品
5—频率计 6—示波器 7—0 ~ 220V 可调变压器 8—220V/6V 变压器

永久磁铁提供了实验所需的恒定磁场。永久磁铁采用 O 形结构，外壳开有一小口使样品盒能插入到磁隙中。永久磁铁安放在木座上，并使开口朝上，如图 5.15-4 所示。

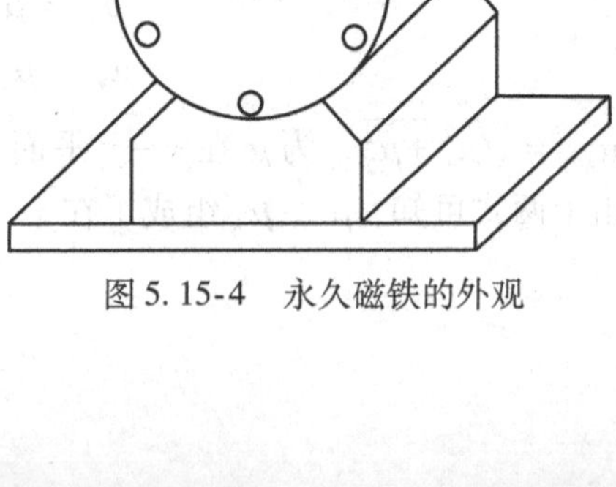

图 5.15-4 永久磁铁的外观

图 5.15-5 给出了实验所用探头的外观及样品盒内部结构图。探头由电路盒及下方的样品盒 7 组成。电路盒与样品盒通过铜管 6 连接固定在一起。样品盒内绕在样品上的线圈既是射频场的发射线圈，又是共振信号的探测线圈。电路盒前面板上除电源开关 3 外，还有两个十圈电位器 1 和 2，分别用来

调节射频场的频率和幅度。电路盒后面板上的“频率测试”端 4 用来与数字频率计的输入端连接，由数字频率计指示射频场的频率，后面板上的“检波输出”端 5 用来与示波器的纵轴输入端连接，用来观察共振信号。使用时把电路盒安放在木座上方并使下端的样品盒插入磁铁的开口处进入磁隙，木座上的标尺用来指示电路盒在木座上的左右位置。

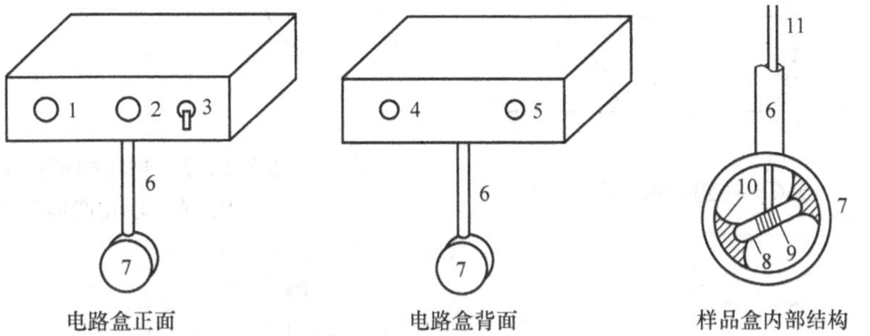

图 5.15-5　探头外观及样品盒内部结构

1—射频场频率调节旋钮　2—射频场幅度调节旋钮　3—电源开关　4—射频场频率测试端　5—检波输出端　6—连接杆　7—样品盒　8—样品　9—线圈　10—固定物料　11—同轴电缆

观察核磁共振吸收信号可有两种方法：一种是 B_0 固定，让射频场 B_1 的频率 ω 连续变化通过共振区域，当 $\omega=\omega_0=\gamma B_0$ 时出现共振峰，称为扫频的方法；另一种是把射频场的频率 ω 固定，而让磁场 B_0 连续变化通过共振区域，称为扫场的方法。本实验采用后一种方法，即在稳恒磁场 B_0 上叠加一个同方向的交变低频调制磁场 $B'=B'_m\sin 2\pi ft$，使样品所在的实际磁场为 $B=B_0+B'$，如图 5.15-6a 所示，相应的核磁矩的进动频率 $\omega_0=\gamma(B_0+B')$ 也周期性地变化。如果射频场的角频率 ω 是在 ω_0 的变化范围之内，则当 B' 变化使 B 扫过 ω 所对应的共振磁场时，就会发生共振，从示波器上观察到如图 5.15-6b 所示的共振吸收信号。扫场频率不同时，所观察到的吸收信号曲线不同。如果扫场变化十分缓慢，则观察到的吸收信号如图 5.15-7 所示，如果扫场变化太快，则观察到的吸收信号如图 5.15-8 所示，为带有尾波的衰减振荡曲线，并且磁场越均匀，尾波中振荡的次数越多。

改变 B' 或 ω 都会使信号位置发生相对移动，当共振信号间距相等且重复频率为 $4\pi f$ 时，表示共振发生在调制磁场 $2\pi ft=0$、π、2π、…等处，如图 5.15-9 所示，此时

$$B=B_0=\frac{\omega}{\gamma}=\frac{2\pi\nu}{\gamma}。$$

若已知样品的 γ，测出此时对应的射频场频率 ν，即可算出 B_0。反之若已知磁场 B_0，测出此磁场下使样品发生共振的射频场频率 ν，则可算出 γ 和 g_N 因子。

扫场由安装在磁铁内部并固定在两个磁极上的扫场线圈产生。扫场线圈由 50Hz 的市电经 0～220V 可调变压器和一个 220V/6V 的小变压器隔离、降压后供电，并可利用可调变压器改变扫场的幅度。扫场线圈的引线与 220V/6V 小变压器的低压输出端连接在一起。小变压器固定安装在木座内部，位于永久磁铁下方。木座下方一侧备有“交流 0～220V 输入”引线。

实验样品为液态的水（掺有三氯化铁）和固态的聚四氟乙烯，每一个样品单独使用一个电路盒。

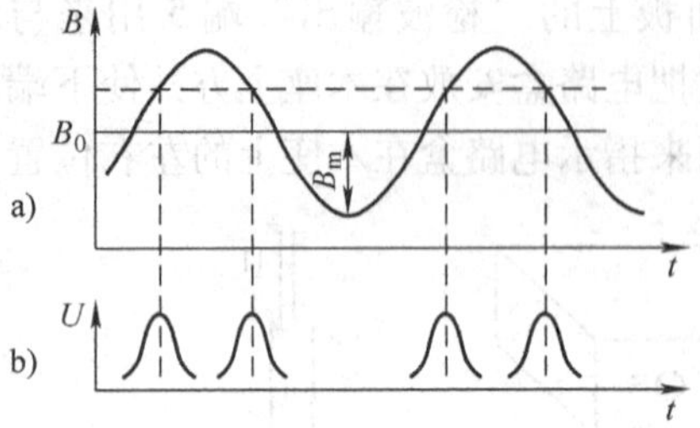

图 5.15-6 核磁共振信号

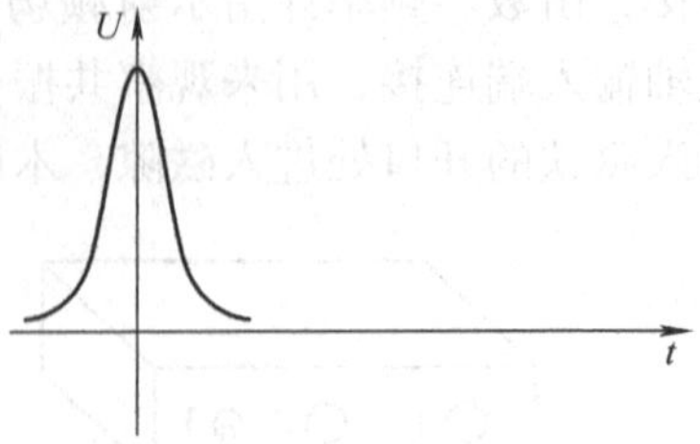

图 5.15-7 扫场扫描速度趋于零时的 NMR 吸收信号

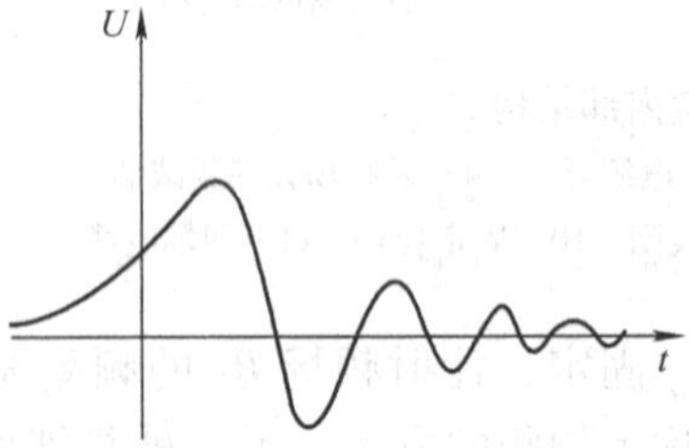

图 5.15-8 扫场扫描速度较快时的 NMR 吸收信号

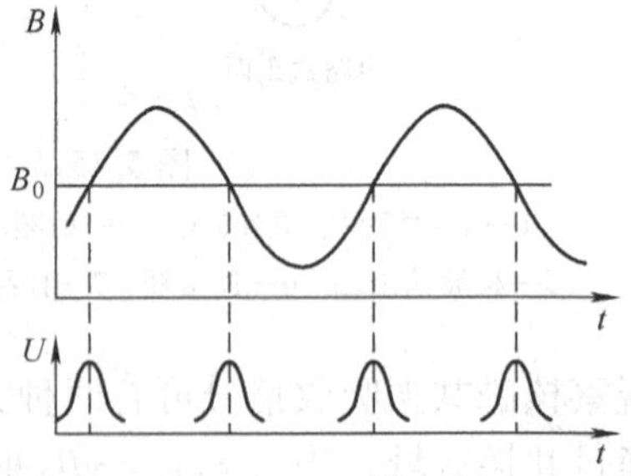

图 5.15-9 等间距核磁共振信号

【实验测量与数据处理】

1. 观察掺有三氯化铁的水样品中质子的共振信号，并测量与永久磁铁磁感应强度 B_0 相对应的共振频率

实验步骤：

1）小心地将样品为水的探头下端的样品盒通过磁铁上方的开口插入磁隙中，轻轻地把电路盒安放在木座上面，左右移动电路盒，使之大致处于中间位置。

2）将电路盒后面板的“频率测试”端与数字频率计连接并把频率计的灵敏度调节在灵敏度最大或输入信号不衰减位置；把电路盒后面板的“检波输出”端与示波器的纵轴信号输入端连接，并把示波器的扫描速度旋钮调节在 5ms/格位置，纵向放大旋钮调节在 0.1V/格或 0.2V/格的位置。

3）打开电路盒开关，调节幅度调节旋钮，使频率计有频率读数，这时示波器上能观察到噪声信号。

4）断开可调变压器的电源，把可调变压器的输出端与木座下方一侧“0－220V 输入”端的连线连接在一起，然后接通可调变压器的电源并把输出电压调到 100V 左右。

5）用电路盒上的“频率调节”旋钮缓慢改变频率并同时监视示波器，当示波器上出现质子的共振信号后，在木座上左右移动电路盒，寻找使共振信号幅度最大、尾波中振荡次数最多的位置（为便于比较，此时可适当调节示波器的扫描速度旋钮，把尾波适当展开），从而使样品处于磁场中最均匀的地方。保持这时电路盒的位置，并记下电路盒一侧边缘在木座上的标尺上的读数。

6）分别改变射频场的频率和扫场幅度，观察共振信号波形和分布的变化，并对实验现象做记录。

7）适当调节幅度旋钮，使共振信号幅度达到最大或较大数值（注意：调节“幅度旋钮”时，实质上是调节振荡管的工作电流，从而改变振荡管的极间电容，对频率有影响，因此要相应调节“频率调节”旋钮进行补偿，使频率保持不变）。

8）逐步降低可调变压器的输出电压以逐步减少扫场幅度。在减少扫场幅度过程中要相应调节频率，使示波器上的共振信号保持等间距排列。当扫场幅度已尽可能小且共振信号为等间距排列时，记下频率计的读数。此读数就是与样品所在处的磁感应强度相对应的质子的共振频率。已知质子的回旋频率为 42.577MHz · T^{-1}，由核磁共振公式可以计算出样品所在位置的磁场 B_0。

9）B_0 测量误差的估计。在扫场幅度已足够小的前提下，保持扫场幅度不变，调节频率，使共振先后发生在扫场的波峰（此时 $B=B_0+B'$，共振频率 $\nu'_{\mathrm{H}}>\nu_{\mathrm{H}}$）和扫场的谷底（此时 $B=B_0-B'$，共振频率 $\nu''_{\mathrm{H}}<\nu_{\mathrm{H}}$），在这个过程中，在示波器上观察到的原先等间隔排列的共振信号中，两个相邻的峰逐渐靠拢合并成一个峰，从而使共振峰数目减少一半。记下共振发生在扫场峰顶和扫场谷底的共振频率 ν'_{H} 和 ν''_{H}，求出扫场幅度 B'，粗略的估计可取 B'的 1/10 作为 B_0 的测量误差 Δ_{B_0}。

2. 观察聚四氟乙烯（固态）样品中氟核的共振信号，并测量氟核的 g_{N} 因子

用样品为固态聚四氟乙烯的探头代替样品为水的探头，并使电路盒放在同样的位置，以使聚四氟乙烯探头处在与前面水探头相同的磁场中。由于聚四氟乙烯样品信号较弱，可把示波器的纵向放大旋钮放在 20mV/格或 50mV/格的位置，把可调变压器的输出电压调至 100V，打开电路盒开关并调节频率，找到共振信号后采用与实验测量 1 中相同的方法观察共振信号波形，测出 ν_{F}、ν'_{F}和 ν''_{F}。

根据实验测量 1 中测得的探头所在处的磁场 B_0 和 Δ_{B_0}，以及本节中测得的氟核与 B_0 对应的共振频率 ν_{F} 计算 g 因子。

利用$\dfrac{\Delta_{g_{\mathrm{N}}}}{g_{\mathrm{N}}}=\sqrt{\left(\dfrac{\Delta_{\nu_{\mathrm{F}}}}{\nu_{\mathrm{F}}}\right)^2+\left(\dfrac{\Delta_{B_0}}{B_0}\right)^2}$求出 g_{N} 因子的相对误差，其中，$\Delta_{\nu_{\mathrm{F}}}$可采用与估计 Δ_{B_0} 相似的办法估计，取 $\Delta_{\nu_{\mathrm{F}}}=(\nu'_{\mathrm{F}}-\nu''_{\mathrm{F}})/20$。

给出氟核 g_{N} 因子测量结果的完整表达式。

【讨论】

试讨论聚四氟乙烯样品和水样品共振信号波形的差别。

【结论】

写出通过对实验的分析和归纳总结，你最想告诉大家的结论。

【研究性题目】

1）磁场均匀性对共振信号波形和分布的影响。

2）扫场幅度对共振信号波形和分布的影响。

【参考文献】

[1] 北京大学实创新技术公司. NM-II 型核磁共振实验装置使用手册，2002.

[2] 林木欣. 近代物理实验教程 [M]. 北京：科学出版社，2002.

[3] 吴思诚，王祖铨. 近代物理实验 [M]. 北京：北京大学出版社，1995.

[4] 吴永华. 大学近代物理实验 [M]. 合肥：中国科学技术大学出版社，1992.

[5] 周孝安. 近代物理实验教程 [M]. 武汉：武汉大学出版社，1996.

[6] 晏于模，王魁香. 近代物理实验 [M]. 吉林：吉林大学出版社，1995.

【补充材料 5.15-1】 宏观物体的核磁共振和弛豫作用

在［实验原理］部分讨论的是单个原子核的情形，实际处理的样品具有大量相同的核，且这些核处于热平衡状态。实验中所加的恒定磁场和射频场都是作用在这样的一个核系统上，下面作进一步的讨论。

1. 粒子在磁能级上的热平衡分布和纵向弛豫分布

在外磁场中的磁核，当处于热平衡时，核粒子在上下两能级间的分布，服从玻耳兹曼定律

$$\frac{N_{20}}{N_{10}} = \exp\left(-\frac{\Delta E}{kT}\right) \tag{5.15-13}$$

式中，$\Delta E = E_2 - E_1 = g_N \mu_N B_0$；$k$ 为玻耳兹曼常量；T 为热力学温度；N_{20}、N_{10} 为上下能级处于热平衡时各自的粒子数。

一般情况下，$\frac{\Delta E}{kT} << 1$，因此，式（5.15-13）可以化为

$$\frac{N_{20}}{N_{10}} \approx 1 - \frac{\Delta E}{kT} \tag{5.15-14}$$

由式可见，在相同的 ΔE 下，N_{20} 与 N_{10} 的差值随温度的增加而减少。对 ^1H，当 $T = 300K$，$B_0 = 1T$ 时，可求得

$$\frac{N_{20}}{N_{10}} \approx 0.999993 \tag{5.15-15}$$

即在室温下，样品中每百万个粒子，低能级上的粒子数仅比高能级上的粒子数多7个，宏观的共振跃迁强度将依赖于 N_{20} 与 N_{10} 间的差值。

在热平衡状态时，上下能级间相互的粒子跃迁数应相等，设粒子由下能级跃迁到上能级的概率为 ω_{12}，而由上能级到下能级的概率为 ω_{21}，则有

$$N_{10}\omega_{12} = N_{20}\omega_{21} \tag{5.15-16}$$

所以

$$\frac{\omega_{12}}{\omega_{21}} = \frac{N_{20}}{N_{10}} \approx 1 - \frac{\Delta E}{kT} \tag{5.15-17}$$

由式可见，因 N_{10} 略大于 N_{20}，ω_{21} 略大于 ω_{12}。

现在研究当粒子分布数不同于热平衡分布时，由于热弛豫跃迁引起的粒子分布状态的变化。

设 n_0 为热平衡时上下能级间粒子的差数，n 为未达到热平衡时上下能级粒子数为 N_2、N_1 时的差数，即

$$n_0 = N_{10} - N_{20}, \qquad n = N_1 - N_2$$

由于热弛豫跃迁，能级间粒子差数对时间的变化率为

$$-\frac{\mathrm{d}n}{\mathrm{d}t} = -\frac{\mathrm{d}(N_1 - N_2)}{\mathrm{d}t} = 2(\omega_{12}N_1 - \omega_{21}N_2) \tag{5.15-18}$$

式中的系数 2 是因为无论 N_1 或 N_2，每发生一次跃迁，上下能级粒子的差数变化为 2。利用式（5.15-16），可以把式（5.15-18）改写成

$$\begin{aligned}-\frac{\mathrm{d}n}{\mathrm{d}t} &= 2(\omega_{12}N_1 - \omega_{12}N_{10} + \omega_{21}N_{20} - \omega_{21}N_2)\\ &= 2[\omega_{12}(N_1 - N_{10}) + \omega_{21}(N_{20} - N_2)]\\ &= (\omega_{12} + \omega_{21})(n - n_0)\end{aligned}$$

式中 $N_1 - N_{10}$ 和 $N_2 - N_{20}$ 均等于 $\frac{1}{2}(n - n_0)$。

令 ω_{12} 和 ω_{21} 的平均值为 $\overline{\omega_1}$，则有

$$-\frac{\mathrm{d}n}{\mathrm{d}t} = 2\,\overline{\omega_1}(n - n_0)$$

积分得 $n - n_0 = \mathrm{e}^{-2\overline{\omega_1}t}$，其中 $\frac{1}{\overline{\omega_1}}$ 具有时间量纲的性质，令 $\frac{1}{2\,\overline{\omega_1}} = T_1$，可得

$$n - n_0 = \mathrm{e}^{-t/T_1} \tag{5.15-19}$$

此结果表明：

1）当有不同于热平衡时的粒子数差 n 时，在只存在热弛豫跃迁的情况下，差数 n 将随时间按指数曲线趋向于 n_0，即趋向于恢复热平衡状态。

2）T_1 表示指数曲线的时间常数，其大小决定 n 趋向于 n_0 的快慢，即所谓的弛豫过程。弛豫过程是指核自旋系统受到外界作用离开平衡状态后自动地向平衡态恢复的过程。T_1 称为纵向弛豫时间或自旋－晶格弛豫时间，它描述了磁核与晶格的作用。

2. 产生共振跃迁的射频磁场 $\boldsymbol{B}_1$ 对上下能级粒子分布的影响

当加射频磁场 $\boldsymbol{B}_1$，并发生共振跃迁时，根据爱因斯坦的电磁辐射理论，受激辐射和受激跃迁的概率是相等的，而粒子的自发辐射，因跃迁频率远远低于光频，故可忽略，因此有

$$\mathrm{d}N_1 = -pN_1\mathrm{d}t + pN_2\mathrm{d}t$$
$$\mathrm{d}N_2 = -pN_2\mathrm{d}t + pN_1\mathrm{d}t$$

式中，N_2、N_1 是时间 t 时上下能级各自的粒子数；p 为粒子受激跃迁的概率。两式相减可得

$$\begin{aligned}\mathrm{d}n &= \mathrm{d}(N_1 - N_2) = -2p(N_1 - N_2)\mathrm{d}t\\ &= -2pn\mathrm{d}t\\ n &= n_0\mathrm{e}^{-2pt}\end{aligned} \tag{5.15-20}$$

式中，$n_0 = N_{10} - N_{20}$，即开始加射频场时（$t=0$）的上下能级间的粒子数差。

由式（5.15-20）可以看到，如果只有射频场 $\boldsymbol{B}_1$ 在持续起作用，则上下能级间的粒子

数差将按指数减少，最后 $n\to0$，上下能级分布的粒子数趋于相等。由于从射频场吸收的能量与粒子差数成正比，当 $n\to0$ 时，将不再能观察到共振吸收现象，即样品饱和了。

3. 热弛豫作用和受激跃迁同时存在时对共振吸收信号强度的影响

射频场$\boldsymbol{B}_1$ 产生的共振跃迁使上下能级的粒子数趋向相等，而热弛豫作用则使能级间粒子差数趋向于热平衡时具有的粒子差数，这两种作用对样品的同时作用，将使能级间粒子差数趋向于一个动态平衡，它决定了核磁共振的实际信号强度。现分析如下：

由于射频场$\boldsymbol{B}_1$ 的作用，粒子差数的变化率是

$$\left.\frac{\mathrm{d}n}{\mathrm{d}t}\right|_{B_1}=-2np$$

由于热弛豫的作用，粒子差数的变化率是

$$\left.\frac{\mathrm{d}n}{\mathrm{d}t}\right|_{T_1}=-\frac{1}{T_1}(n-n_0)$$

当这两个过程共同作用达到动态平衡时，总的$\frac{\mathrm{d}n}{\mathrm{d}t}=0$，即 $\left.\frac{\mathrm{d}n}{\mathrm{d}t}\right|_{B_1}+\left.\frac{\mathrm{d}n}{\mathrm{d}t}\right|_{T_1}=0$，由此得

$$2n_{\mathrm{s}}p+\frac{1}{T_1}(n_{\mathrm{s}}-n_0)=0$$

式中，n_{s} 为达到动态平衡时的粒子差数，于是可得

$$n_{\mathrm{s}}=\left(\frac{1}{1+2pT_1}\right)n_0 \tag{5.15-21}$$

由式（5.15-21）可知

1）n_{s} 总比 n_0 小（因为 $1+2pT_1>1$，$\frac{1}{1+2pT_1}$称为饱和因子）。

2）当 $pT_1\ll1$ 时，$n_{\mathrm{s}}\approx n_0$，维持共振吸收的粒子差数最大，可观察到强的共振吸收信号。

3）当 $pT_1\gg1$，$n_{\mathrm{s}}\to0$，观察不到共振吸收信号。

因此，在实验中要得到强的吸收信号，pT_1 乘积应尽可能小。概率 p 与 $\boldsymbol{B}_1$的振幅平方成比例，所以要求 $\boldsymbol{B}_1$射频场强度小，但 $\boldsymbol{B}_1$ 的振幅关系到总的射频能量，即可能的吸收信号能量的上限，因此 $\boldsymbol{B}_1$ 要适当地用较小的振幅。而对于减小 T_1，常常采用在样品中添加顺磁物质的方法。

4. 共振吸收谱的宽度和横向弛豫时间

实际样品中，每一个核磁矩由于近邻处其他核磁矩造成的局部场略有不同，它们的进动频率也不完全一样。假设借助于某种方法，在 $t=0$ 时能够使所有核磁矩在 $x-y$ 平面上的投影位置相同，由于不同的进动频率，经过时间 T_2 后，这些核磁矩在 $x-y$ 平面上的投影位置将均匀分布，完全无规。T_2 称为横向弛豫时间，因为它给出了磁矩在 x，y 方向上的分量变到零所需要的时间。T_2 起源于自旋粒子与相邻的自旋粒子之间的相互作用，这一过程称作自旋-自旋弛豫过程。

实际的核磁共振吸收不是只发生在由式（5.15-12）所决定的单一频率上，而是发生在一定的频率范围，即谱线有一定的宽度，这说明能级是有一定的宽度的。根据“测不准关系”有

$$\delta E\cdot\tau\approx\hbar$$

式中，δE 为能级的宽度；τ 为粒子在能级上的寿命。由此产生的谱线宽度 $\delta\omega$ 为

$$\delta\omega = \frac{\delta E}{\hbar} \approx \frac{1}{\tau}$$

这表明谱线宽度实质上归结为粒子在能级上的平均寿命。弛豫过程越强烈，粒子处于某一能级上的时间越短，共振吸收线就越宽。一般定义共振吸收信号的 1/2 高度的宽度为线宽 $\Delta\omega$，并有关系式

$$T_2 = \frac{1}{\Delta\omega} \tag{5.15-22}$$

事实上粒子处于某一较高能级上的平均寿命取决于 T_1 和 T_2 中较小者。对常见的物质，T_1 大约在$10^{-4} \sim 10^4$s 之间，T_2 的数值一般小于 T_1 的数值。

使共振吸收谱线变宽的因素还有：射频场 $\boldsymbol{B}_1$ 越大，粒子受激跃迁概率 p 越大，使 τ 变小，谱线变宽；外磁场不均匀，使不同外磁场处样品的进动频率不同，使谱线加宽；加进顺磁性物质增强自旋-自旋作用，使 T_2 减小，谱线增宽。

5. 顺磁粒子的影响

顺磁粒子指具有电子磁矩的粒子，如过渡族金属的粒子。一个电子磁矩等于一个玻尔磁子，它比核磁子大三个数量级。因此在样品中加入一定的顺磁粒子，它附近的局部场就会大大增强，加快核的弛豫过程，使 T_1 和 T_2 减小。T_1 的减小有利于信号的加强，T_2 的减小会使谱线变宽，谱线太宽会淹没精细结构，所以顺磁性粒子要适当加入。

实验5.16 核蜕变的统计规律和物质对β射线的吸收

【引言】

放射性是指元素从不稳定的原子核自发地放出射线（如α射线、β射线、γ射线等）而衰变形成稳定元素的现象。最早发现的衰变是α衰变、β衰变、γ衰变。α衰变是原子核放出α粒子（氦原子核）。α粒子有很强的电离本领，在致密物质中射程很短，如天然放射性物质发射的能量最高的α粒子刚刚能够穿过人体皮肤的角质层，所以α辐射在人体之外时（外照射），对人体的危害远比其他外来辐射要小。但一旦进入体内（内照射），α粒子射程短就非常有害，会对人体组织造成损伤。β衰变是原子核释放出正电子、电子及微中子。β辐射被认为是一种轻微的外部危害因素，用很薄的铅层（例如1mm的铅层）就能完全屏蔽掉β辐射源。β粒子在体内的危害不如α粒子大。γ射线是原子核发射出来的辐射，X射线是原子核外部产生的辐射，它们在空气和其他物质中具有很大的射程，有很强的穿透物质的能力，为了保证不受危害，绝大多数情况下都需要屏蔽。相反，在内照射情况下，γ射线和X射线对人体的危害不如α射线和β射线那么大。

由于核科学技术的蓬勃发展，放射性在科学技术中获得了越来越广泛的使用。如基于被测物质对β射线的吸收作用而设计的测厚仪表，在现代工业的生产过程中获得了十分广泛的应用，可以对一定厚度的橡胶布、铝箔（带）、铜箔（带）、聚苯乙烯薄膜、塑料布等制品的厚度进行穿透式、非接触、连续的自动测量，以达到监测制品的均匀度、提高产品质量的目的。特别在高温、高压、剧毒、强腐蚀等恶劣条件下，这类仪器装置是其他测量仪表所无法代替的。

本实验将使同学们对核蜕变所服从的统计规律、放射性测量和应用有初步了解。

【实验目的】

1）测量闪烁计数器的工作特性曲线。

2）验证核蜕变所服从的统计规律，学习放射性测量的数据处理方法。

3）了解β射线被物质吸收的指数衰减规律，掌握β射线吸收法检测材料厚度的原理。

4）学习对放射性物质进行防护的知识。

【实验仪器】

闪烁计数器、$Sr^{90}-Y^{90}$β射线源、铝吸收片等。

【预习提示】

1）了解闪烁计数器的工作原理和工作特性。

2）了解核蜕变所服从的统计规律。

3）了解β射线在物质中的吸收规律。

4）掌握确定测量条件的方法。

5）了解直流电平阈（甄别阈）的作用。

6）了解β射线防护的基本知识。

【实验原理】

1. 闪烁计数器

闪烁计数器是一种探测射线的装置。利用射线在某些物质中产生荧光的现象来记录粒子，其特点是探测效率高，分辨时间短（10^{-11}s），可以记录强度高达 10^6/s 的放射性。闪烁计数器的主要缺点是能量分辨率较低。

图 5.16-1 是闪烁计数器的结构框图。闪烁计数器主要由密封在暗盒中的闪烁体、光电倍增管和前置放大器组成。闪烁体：实验中经常用到的闪烁体有三种：硫化锌（银）闪烁体（用于测量 α 射线）、碘化钠（铊）闪烁体（用于测量 γ 射线）、塑料闪烁体（用于 β 射线的测量）。本实验所要测量的射线是 β 射线，故使用塑料闪烁体，塑料闪烁体具有容易制备、对大小形状限制小等优点。塑料闪烁晶体的发光机理是，当 β 射线照射到闪烁体后，其中电子将得到能量，电子从分子的低振动能级跃迁到高振动能级上去，当电子从高振动能级回到基态时发出荧光，荧光光子进入光电倍增管。光电倍增管：光电倍增管的作用是把闪烁体放出的光子转换成电流脉冲，并且使其得到放大（放大倍数可达 10^6 量级）。经光电倍增管放大后的电流脉冲，再进入前置放大器，最后由定标器记录。

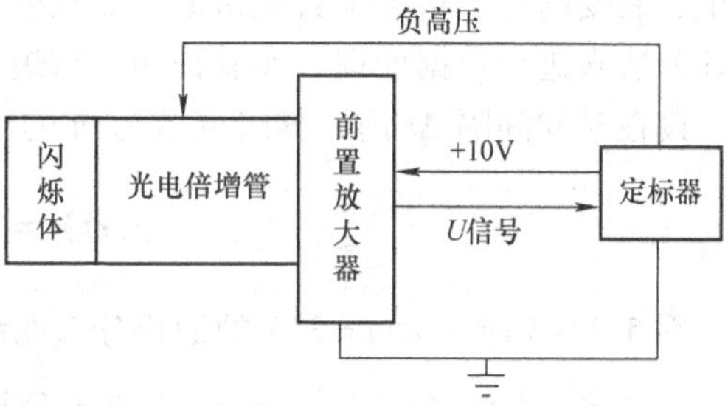

图 5.16-1　闪烁计数器结构框图

闪烁计数器记录粒子的过程为：

1）闪烁体吸收入射带电粒子的能量，产生电离激发，并发射荧光光子。

2）光子通过光导介质（如硅油）引入光阴极，光阴极产生光电子。

3）光电子在光电倍增管中倍增，最后在阳极负载电阻上产生电压脉冲。

4）电压脉冲经过前置放大器放大后，进入定标器被记录下来。

在用闪烁计数器测量放射性强度之前，应首先测量它的工作特性曲线，以确定光电倍增管的工作电压。图 5.16-2 所示为闪烁计数器的典型特性曲线，曲线 1 是本底计数率和工作电压的关系曲线；曲线 2 是源计数率和工作电压的关系曲线。在没有 β 源时，由于光电阴极和联极的热电子发射，经倍增放大后会引起计数。此外，宇宙射线也会引起计数。这些计数称为本底计数，其脉冲幅度甚小。在定标器输入端设有直流电平阈（甄别阈），当本底脉冲幅度低于阈时，不能通过阈触发定标器计数。调节

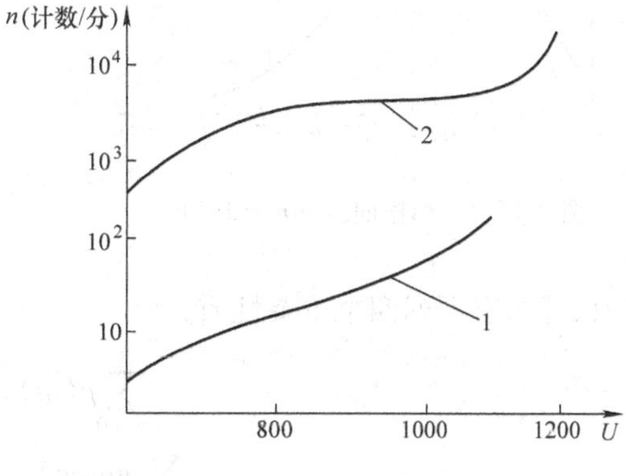

图 5.16-2　闪烁计数器的典型特性曲线

阈值，可将大部分本底脉冲剔除。

用闪烁计数器测量放射强度时，工作电压应选在：源计数率高而本底计数率相对低以及源计数率随工作电压变化较小的电压上。

2. 核蜕变的统计规律及数据处理

在一般实验测量中，被测物理量本身的大小没有起伏变化，只有测量仪器与测量者引起的随机误差，误差不会太大，但对于核蜕变的测量则大不相同。核的蜕变在相同时间间隔里，衰变的原子核数是有起伏的，而且射出的粒子在方向上的分布也有起伏，这就要用统计方法来进行数据处理。实验证明，核蜕变的起伏遵从泊松（possion）分布规律。

设在时间间隔 Δt 内，核蜕变数为 m 的出现概率 $p(m)$ 是

$$p(m) = \frac{(\overline{m})^m}{m!}e^{-\overline{m}} \tag{5.16-1}$$

图 5.16-3 所示为 $\overline{m}=3.5$ 的泊松分布曲线，泊松分布在平均数 $\overline{m}$ 比较小的情况下比较适用，如果 $\overline{m}$ 值相当大时，则计算起来十分复杂，实际应用中很不方便，因此一般使用高斯（Gauss）分布，如图 5.16-4 所示：

$$p(m) = \frac{1}{\sqrt{2\pi\overline{m}}}e^{-\frac{(\overline{m}-m)^2}{2\overline{m}}} \tag{5.16-2}$$

在式（5.16-1）中，若 $\overline{m}$ 很大，利用斯蒂令近似公式

$$m! \approx \sqrt{2\pi m}\cdot m^m \cdot e^{-m} \tag{5.16-3}$$

则泊松分布可化为式（5.16-2）所表示的高斯分布。由此可知，当 $\overline{m}$ 值大时，这两种分布是很接近的。

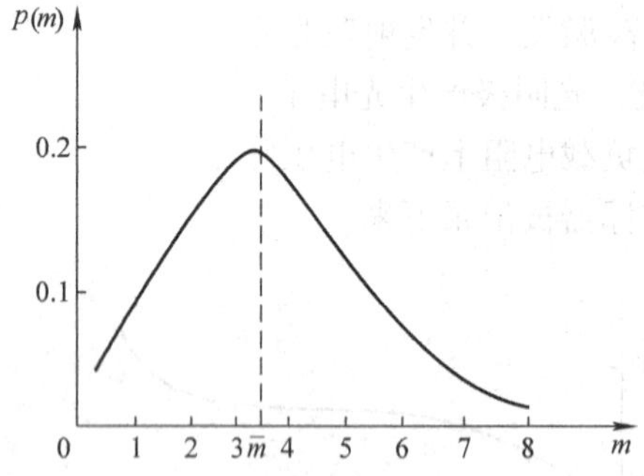

图 5.16-3　泊松曲线（$\overline{m}=3.5$）

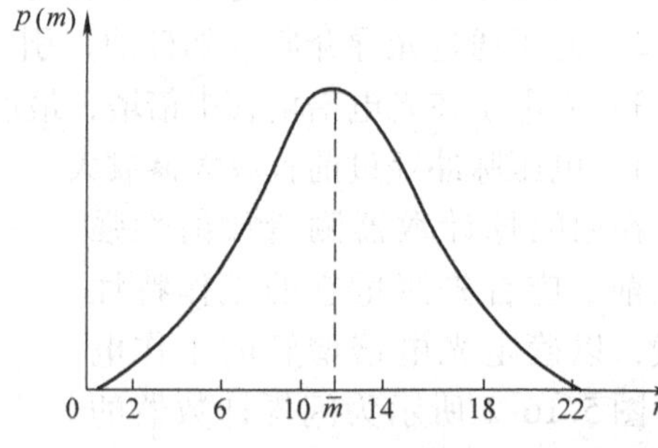

图 5.16-4　高斯分布曲线（$\overline{m}=12$）

泊松分布有下列四个重要性质：

$$\sum_{m=0}^{\infty} p(m) = 1 \tag{5.16-4}$$

$$\overline{m} = \frac{\sum mp(m)}{\sum p(m)} = \sum mp(m) \tag{5.16-5}$$

$$\overline{(\overline{m}-m)}=\sum_{m=0}^{\infty}(\overline{m}-m)p(m)=0 \tag{5.16-6}$$

$$\sigma^2=\overline{(\overline{m}-m)^2}=\sum_{m=0}^{\infty}(\overline{m}-m)^2p(m)=\overline{m} \tag{5.16-7}$$

式（5.16-4）是归一化条件，它表示各种 m 值出现的概率的总和应当等于 1。式（5.16-5）是平均数的定义，因各种 m 值出现的概率不一样，故平均值$\overline{m}$不是用算术平均方法来求。式（5.16-6）指出每次测量的衰变数 m 与平均衰变数$\overline{m}$之间的偏差的平均值恒等于0，所以通常用上述偏差的均方根值 σ 来表示衰变的统计涨落的大小。σ 称为均方根误差，其定义如式（5.16-7）所示，式（5.16-7）还可表示成

$$\sigma=\pm\sqrt{\overline{m}} \tag{5.16-8}$$

这就是放射性测量中计算误差的基本公式。理论和实践都证明，若再做同样的测量，所得的计数，有 68.3% 的概率会落在$\overline{m}-\sqrt{\overline{m}}$与 $\overline{m}+\sqrt{\overline{m}}$之间，用这样的方法求得的误差比其他几种误差求法要合理些，故称之为标准误差。

实际测量中不可能根据式（5.16-5）通过无限多次测量来求$\overline{m}$，因此，实验室里都将一次测量结果当作平均值，即用一次测量值 N 代替$\overline{m}$，因而测量结果表示成

$$N\pm\sqrt{N} \tag{5.16-9}$$

而相对误差就是

$$E=\pm\frac{\sqrt{N}}{N}=\pm\frac{1}{\sqrt{N}} \tag{5.16-10}$$

如果此计数是在时间 t 内测得的，则计数率 $n=\dfrac{N}{t}$，而计数率 n 的误差是$\dfrac{\sqrt{N}}{t}=\sqrt{\dfrac{N}{t^2}}=\sqrt{\dfrac{n}{t}}$。从这个式子可以看出，测量时间 t 越长，误差越小。然而 t 太长也不经济，它可根据对测量准确度的要求来确定：设所要求的测量准确度为 E，则由 $E\geqslant\dfrac{\sqrt{n/t}}{n}$推出

$$t\geqslant\frac{1}{nE^2} \tag{5.16-11}$$

例如 n 约为 100 次/s，要求测量准确度为 1%，则有 $t\geqslant\dfrac{1}{100\times10^{-4}}=100\text{s}$，故只要测量约 2min 即可。

3. 物质对 β 射线的吸收

放射性原子核在发生 β 衰变时放射出的高速电子流称为 β 射线。其能量从零到最大值呈连续分布，通常用最大能量 E_{m}来代表 β 射线的能量。不同放射性核，β 衰变时放射出的 β 射线最大能量也不相同。

一束 β 射线穿过物质时，其强度随着物质厚度的增加而减弱，主要原因有：

1）β 射线是高速电子束，当它穿过物质时，会被物质中原子核的库仑场所散射而离开原来的电子束。在吸收层很薄时，这是电子束强度减弱的主要原因。

2）它使物质中原子激发或电离而损失能量。因此，β 射线在物质中逐渐损失能量和偏离原来方向，致使到达 β 粒子计数器的 β 粒子数随物质厚度的增加而减少。透射出吸收体的 β 射线强度 N 随吸收体厚度 d（cm）的增加按指数规律衰减：

$$N = N_0 e^{-\mu d} = N_0 e^{-\left(\frac{\mu}{\rho}\right)(\rho d)} = N_0 e^{-\mu_m d_m} \tag{5.16-12}$$

式中，N_0 为到达吸收体前的 β 射线的强度；μ 称为线性吸收系数，单位为 cm^{-1}；$\mu_m = \frac{\mu}{\rho}$ 称为质量吸收系数，单位为 cm^2/g；$d_m = \rho d$ 为吸收体的质量厚度，单位为 $g \cdot cm^2$。

不同能量的 β 粒子，被物质吸收的情况也不同，低能 β 粒子很容易被吸收。β 射线在物质中的吸收曲线如图 5.16-5 所示。随着吸收体厚度 d 的增加，β 射线强度起初衰减很快，μ 值也随之减小，当 d 超过 d_0 以后，β 射线强度的对数值直线下降，μ 趋于恒定值 $\overline{\mu}$。此时有

$$\ln N = \ln N'_0 - \overline{\mu} d = \ln N'_0 - \overline{\mu}_m d_m \tag{5.16-13}$$

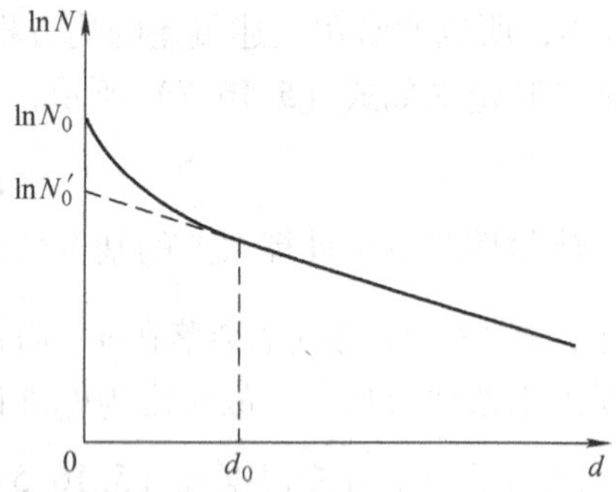

图 5.16-5 β 射线在物质中的吸收曲线

式（5.16-13）为一直线方程，直线斜率即为平均吸收系数 $\overline{\mu}$。$\overline{\mu}$ 与 β 射线的能量和吸收体的性质有关。原则上，利用吸收曲线的直线段，在知道被测材料的 $\overline{\mu}$ 值时，由作图法得到的 N'_0、测量得到的 N 值，就可确定吸收材料的厚度 d；在知道材料的厚度 d 时，由（5.16-13）式可确定 $\overline{\mu}_m$ 或 ρ 的值，进而鉴别是什么材料。利用这个原理，在工业中做成各种 β 射线测厚仪、密度计来检测材料的厚度和密度。

【仪器装置】

图 5.16-6 是实验装置框图。整套仪器主要由三部分组成：放置 β 源和吸收片的暗盒（抽屉式）、β 射线探头（塑料闪烁体和光电倍增管）和电子仪器（直流稳压高压电源和定标器）。β 源 4 放在源台上的有机玻璃定位环 3 内，β 射线经准直孔 5 后穿过待测吸收片 6 进入塑料闪烁体 7 使其受激发射荧光，荧光到达光电倍增管的光电阴极 8 被转换成光电子。光电倍增管内有十个电子倍增联极，分别加上 100V 左右稳定直流电压，光电子被电场加速到达第一倍增联级产生二次电子，这些二次电子又被电场加速依次到达各联极并逐级倍增，总增益可达 $10^6 \sim 10^8$（取决于总电压），最后在阳极输出回路形成电压负脉冲，经前置放大器放大 10 倍后用电缆输至定标器计数，一个 β 粒子对应一个计数。

【实验内容与测量】

（1）测量前的准备

1）开机前先将闪烁探头的前置放大器放大倍数放在“×10”档；定标器输入极性开关置于“-”；高压细调旋钮向左调到最小位置，高压开关扳向朝下关断的位置。

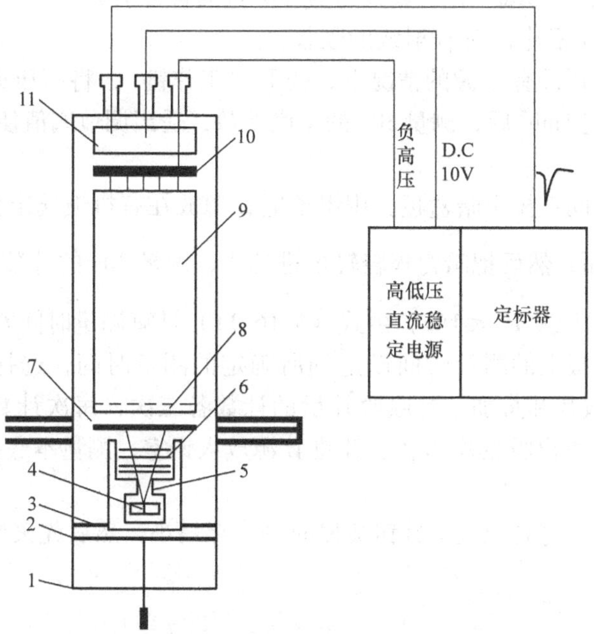

图 5.16-6　实验装置框图

1—暗盒　2—β 源台　3—定位环　4—β 源　5—准直孔　6—吸收片　7—塑料闪烁体　8—光电阴极　9—光电倍增管　10—管座　11—前置放大器

2）打开定标器电源开关使仪器预热 1min。然后打开高压开关，使高压预热，但此时不要调节高压细调旋钮。

3）检查定标器“自检”工作是否正常：将时间设置成 1s（或 10s），选择“256”或“32768”键，按下“计数”键，如果定标器显示值为 256（或 2560），或者 32768（或者 327680），则表示定标器“自检”工作正常。

（2）测定闪烁计数器的工作特性曲线。

1）测本底计数率和工作电压的关系曲线。从 700V 开始，每隔 100V 测一次，至 1100V 为止，每次测量时间不小于 1min，将测量数据记录于表5.16-1。

2）放上放射源，测出源计数率与工作电压的关系曲线，将测量数据记录于表 5.16-1。按图 5.16-2 画出闪烁计数器工作特性曲线，并定出最佳工作电压值。

（3）测闪烁计数器的本底计数的统计分布

1）取出放射源，将高压调至最佳工作电压值，测量本底计数至少 200 次。测量时间自己选择，使在该时间段（一般不超过 10s）本底计数为几个左右（不超过 5 为宜）。此时，使用“自动”测量档比较方便。将测量数据记录于表 5.16-2。

2）把数据按计数 N、计数 N 出现的次数 $n(N)$ 和概率 $p(N)=\dfrac{n(N)}{\sum n(N)}$ 列表，并作出 $p(N)-N$ 的统计分布曲线。求出平均的本底计数率$\overline{N}$。

由泊松公式 $p(N)=\dfrac{(\overline{N})^N}{N!}e^{-\overline{N}}$ 计算出理论值，并作出 $p(N)-N$ 的理论分布曲线。

将这条曲线画在一张坐标纸上，比较其与实验测量的符合情况。

（4）测量物质（铝片）对β射线的吸收

1）确定阈值：在没有β源的情况下，按下“工作键”，将高压调节旋钮慢慢调至最佳工作电压值，稳定1min后，测量30s的本底计数，适当调节阈值使本底计数控制在100左右。

2）确定测量时间：拉出暗盒板，用镊子把β源放在有机玻璃定位环内，再把全部吸收片放在放射源上面，然后把暗盒板轻轻推进到头，测量30s的计数N，则计数率$n=\frac{N}{30}$次/s，要求计数相对误差$E_N \leqslant 1\%$，由式（5.16-11）计算测量时间t。

3）将定标器面板上的测量时间设定到所确定的测量时间，选择“半自动”工作方式，分别测量无吸收片和每加一片吸收片后的计数各三次，每次计数前先按“复位”后按“计数”。最后，取出吸收片和β源并将β源放入铅室，测量本底计数三次。实验数据记录表为表5.16-3。

4）测量完毕后，将高压调节旋钮缓慢向左旋至最小，然后先关断高压开关最后关电源开关。

操作注意事项：

1）调节高压时，一定要缓慢升、降，不得超过规定值，若未将高压调节旋钮转至最小就开、关高压，会损坏光电倍增管和前放晶体管。

2）在整个测量过程中β源的位置不能变动，否则会因立体角变化引起计数误差。所以每次加吸收片时，一定轻拉、轻推到头。

3）取拿β源时，镊子尖不要碰坏源薄窗，更不能用手直接拿β源，用完一定要及时放回铅室，以免造成污染和丢失。

【实验数据与分析】

整理实验数据，绘制闪烁计数器的工作特性曲线，确定最佳工作电压；绘制本底计数的统计分布曲线，对其所服从的统计分布进行讨论；作$\ln N-d$关系图，用最小二乘法计算质量吸收系数μ的最佳值及其不确定度，写出给定物质的$\ln N$，$\bar{\mu}$，d的线性方程。对实验结果进行必要的说明与讨论。

【讨论】

同样的测量条件为什么计数值不同？

【结论】

通过对实验现象和实验结果的分析，你能得到什么结论？

【研究性题目】

利用测得的吸收系数，测量实验室给出的厚度未知铝片的厚度。

【思考题】

1）为什么在确定测量时间时要利用全部吸收片，而不是一片时的计数率，原因何在？

2）在日常生活中应当如何进行放射性防护？

【参考文献】

[1] 王魁香，韩炜，杜晓波．新编近代物理实验［M］．北京：科学出版社，2007.

实
验
时
沿
此
线
剪
下

【数据表格】

实验者信息：

专业班级：__________ 学号：__________ 姓名：__________同组人姓名：__________

表 5.16-1　测量闪烁计数器工作特性曲线　　测量时间：　　min

工作电压/V	700	800	900	1000	1100
本底计数率/min^{-1}					
源计数率/min^{-1}					

表 5.16-2　测量闪烁计数器本底计数的统计分布　　测量时间：　　s　　测量次数：　　次

计数 N	0	1	2	3	4	5	6	7	8	9
计数 N 出现的次数 n（N）										
$p(N)=\dfrac{n(N)}{\sum n(N)}$										

表 5.16-3　ln$N$ 与吸收片数的关系

高压＝　　V，阈值＝　　格，t＝　　s

吸收片数 k	0	1	2	3	4	5	6	本底
计数 N_1								
计数 N_2								
计数 N_3								
平均 N								
$N=N-N_{底}$								
$\ln N$								

教师签名：__________

第6章 设计性（研究性）实验

【引言】

设计实验是使学生自主运用所学的物理原理以及实验知识和技能，在实验思想的构建、实验方法的形成、实验测量手段与仪器的选择、实验测量条件的确定以及实验步骤的形成等方面受到系统科学的实验基本训练的过程。它侧重培养学生的独立性和创造性，着重提升学生对问题进行分析和总结的能力。设计性实验对激发学生的创造性，培养科学实验能力，提高综合素质有着重要的作用。

研究性实验要求学生在对一些基础实验有一定认识的基础上，从实验原理、实验条件以及对实验结果的影响因素等方面，进行系统而深入的研究，从而培养学生综合分析问题的能力以及探索科学问题的精神。

设计性（研究性）实验的要求稍高于基础实验，与基础实验不同的是：本部分实验没有给出实验原理、实验步骤、数据记录表格以及数据处理方法等，而只是给出了一些问题以及实验要求和任务，因此实验前必须通过查阅一些相关的资料文献，弄清楚实验原理，设计出实验方案并拟出实验步骤。

完成设计实验的基本思想是，明确实验原理（理论依据及测量公式），优化实验方法（测量可行性），选择实验仪器、确定实验条件（参数选择满足精度要求），搭建实验环境（完整的线路图、光路图、实验组件连接），制定测量步骤（设计符合测量目的以及数据处理要求的测量数据表格），获得实验数据（完成所有的实验实际测量），总结实验结果（对实验数据给出合理恰当的分析与讨论）。

1. 实验原理的选择

对某一物理量的测量往往可以采用和依照不同的物理原理来进行设计。这就需要实验者根据实验目的和要求，在查阅资料的基础上，收集各种可能的实验方案，并根据物理学原理及相关实验基础知识，建立合理的物理实验模型，确定被测量量与可测量量之间的关系，推出有关测量公式，提出初步实验方案。如对重力加速度的测定，既可依照运动学原理也可依照单摆或复摆的振动学原理进行测量。

2. 实验方法的选择

提出初步实验方案后，要对实验方案可测性进行论证，即结合测量公式中各个物理量的特性，考察所提出的方案是否可以通过特定的实验方法来实现测量，判断现有实验条件是否满足原理要求，系统误差能否得到很好的处理，实验测量装置及仪器选配是否适用，粗略估算测量结果能否达到所要求的精度等。通过分析比较，选择出一种实验测量方法上可行、实验测量条件允许的，能够保证测量精度的最佳实验测量方案。所谓最佳实验方法是指，能够结合实验实际条件、依据对测量结果的精度要求、选择恰好符合要求且最经济的实验方法。例如对于微小位移量的测量，就要根据被测微小位移量的大小、测量精度的要求、实验装置的特点等可以合理选用光放大法、光杠杆法、光的干涉法、微位移传感器等不同的实验方法。

3. 测量条件（仪器及参数）的选择

在实验方法确定后，要对各种测量仪器的选择及测量条件等进行筛选，以使各种测量结果误差满足测量精度要求。在选择测量仪器时，主要考虑仪器的分辨率、精确度、量程、实用性、经济性等，对于较复杂多参量的实验来说，会用多种测量仪器以完成对多个物理量的测量，只要能够达到实验要求的测量精确度，且保证每个仪器的相对不确定度基本相当的选择就是最合适的。同时还需要对间接测量与直接测量之间的关系进行研究，对误差来源及误差传递进行分析。估算各物理量的误差及其范围，把注意力集中在那些对最后结果的误差起主要作用的物理量。按“仪器误差均分原则”选择各直接测量量的测量仪器误差，使它们在数量级上大致均衡，是设计性物理实验中仪器选择的重要原则（即“误差等分配原则”，也可参阅本书实验4.9相关原理的介绍）。在实验方法、测量方法及仪器已经选定的情况下，有时还需通过确定实验测量参数等条件，来减少系统误差的产生、减小测量仪器误差的影响、满足测量量数据处理不确定度的要求等。

4. 数据表格及数据处理方法的选择

数据表格的设计，要紧紧围绕实验目的，服务于最终实验规律的讨论。了解实验中各个数据参量之间的因果关系，明确对实验数据结果讨论的目标，通过设置适当的实验条件以及合理控制实验变量，使得到的数据之间便于对比分析，从而有利于得到各个变量之间系统性、规律性的相关结论。数据表格的设计往往是达成某一实验规律目标设计思想的最直接体现，当然它的最终目标是为最终的数据处理提供素材。物理实验中某些系统误差或者实验参量难于或者是不便于处理或测量，往往可以通过选择适当的数据处理方法来回避，例如通过改变测量条件得到多个数据点以作图法处理数据，令不易控制或测量的物理量以特定的参数（截距、斜率、耦合系数等）形式出现等。因此，数据的获得和处理在设计实验中尤为显得重要，不同的数据处理要求和数据处理方法对实验方案的确定以及实验操作步骤均有着决定性影响。

5. 实验测量方案及详细规划

根据实验原理、实验方法、测量手段的选择，绘制出完整的实验电路图、光路图、仪器组件关系图，明确选用测量仪表的规格，标注实验测量条件及参数设定，绘制完整的数据表格，制定完备的实验操作步骤。

6. 实验报告的撰写

在设计实验的报告中，应首先阐明实验原理、实验方法的选择，指出实验仪器及测量条件的确定依据，给出完整的实验方案，列出数据结果以及数据处理，分析和讨论实验现象及实验规律，并通过对实验结果的评价与分析判断实验方案制定及选择的合理性。

学生在设计实验预习准备阶段，要围绕实验任务要求查阅参考资料，解决实验中的相关问题，明确实验原理、了解实验仪器、提出设计方案并和指导老师讨论后完成预习报告。预习报告的主要内容有：

1）确定实验方法，画出必要的原理图，推证有关理论公式，估算出线路参数。

2）设计出合理的测量方案，并拟出初步的实验步骤。

3）提出数据处理方法。

4）列出数据处理表格。

本章包括7个设计性实验及部分研究性实验题目，为了让学生更好地适应设计性

（研究性）实验的实验思路，其中选择了两个与基础实验内容有关的实验（实验 6.1——利用单摆测量重力加速度和实验 6.2——弹簧质量对弹簧振子振动周期的影响），其实是给出了新的研究内容。希望学生通过本部分实验进一步提高自己的自学能力、分析问题以及解决问题的能力，通过自行设计实验，进行深入的实验研究，激发探索问题的兴趣。

实验 6.1　利用单摆测量重力加速度

【实验内容及实验要求】

1）利用单摆测量重力加速度，要求测量相对不确定度小于 1.0%。

2）比较不同摆角 θ 对测量重力加速度带来的影响。

3）分析空气阻力对实验结果的影响。

4）根据所学物理原理，提出几种测量重力加速度的方法并给出具体实验方案。

【实验前应考虑并回答的问题】

1）在理论上，当单摆的摆角 θ 小于 5°时，可认为单摆做简谐振动，此时其振动周期 $T=2\pi\sqrt{\dfrac{l}{g}}$。如果当摆角 θ 为任意角度时，其振动周期应做怎样的修正？

2）如果考虑摆线的质量，其振动周期 $T=2\pi\sqrt{\dfrac{l}{g}}$ 又应做怎样的修正？

3）单摆的摆线长度和计时的时间间隔对测量结果有何影响？

4）在实验上确定单摆做谐振动的最大摆角的方法是根据微小偏差准则，即要求系统误差小于实际测量一个周期所产生的误差的三分之一。在本实验中，试在该准则要求内，分析单摆的最大摆角为何值，其实际振动可视为简谐振动？

【实验室可提供的主要器材】

1）单摆（长度可以调节）。

2）停表（0.01s）。

3）游标卡尺（13cm，0.02mm）。

4）米尺（2m，1mm）。

【实验报告的要求】

1）实验的目的和意义。

2）实验涉及的基本原理。

3）实验的设计思路、设计过程、实验结果及误差分析。

4）实验中遇到的问题及解决的办法，特别是有创新和有体会的内容。

5）实验的收获和体。

【操作要点及操作提示】

阅读本实验给出的参考书籍，也可以查阅其他相关文献，找出利用单摆测量重力加速度产生误差的各种因素。

由单摆的周期公式 $T=2\pi\sqrt{l/g}$ 可知，测量重力加速度的相对不确定度可表示为 $U_g/g=\sqrt{(U_l/l)^2+(2U_T/T)^2}$，因此可知测量时引入误差的因素主要有长度的测量和周期的测量。长度测量与测量工具精度有关，周期测量除了与停表精度有关外，还与测量次数、摆角等因素有关。在相对不确定度小于1%的前提下，如何确定测量测量条件是本实验需要考虑的主要问题。下面简单分析单摆摆角对测量周期的影响。

单摆的振动只有在振幅很小时（一般小于5°，即有 $\theta\approx\sin\theta$）才可以看作是简谐振动，其周期为 $T=2\pi\sqrt{l/g}$，本实验需要研究简谐振动的最大摆动角究竟为多大的问题。

设单摆的摆锤处于最低点时势能为零，摆角为 θ 时摆锤上升的高度为

$$y=l(1-\cos\theta) \tag{6.1-1}$$

摆的总的机械能为

$$E=\frac{1}{2}mv^2+mgy=\frac{1}{2}ml^2\left(\frac{\mathrm{d}\theta}{\mathrm{d}t}\right)^2+mgl(1-\cos\theta) \tag{6.1-2}$$

摆锤达到最大摆角 θ_0 时，$\mathrm{d}\theta/\mathrm{d}t=0$，其机械能为

$$E=mgl(1-\cos\theta_0) \tag{6.1-3}$$

不计空气阻力影响，则单摆的机械能守恒，由式（6.1-2）、式（6.1-3）得

$$\frac{1}{2}ml^2\left(\frac{\mathrm{d}\theta}{\mathrm{d}t}\right)^2+mgl(1-\cos\theta)=mgl(1-\cos\theta_0) \tag{6.1-4}$$

化简为

$$\int\frac{\mathrm{d}\theta}{\sqrt{\cos\theta-\cos\theta_0}}=\int\sqrt{\frac{2g}{l}}\mathrm{d}t \tag{6.1-5}$$

令 $k=\sin(\theta_0/2),\sin u=\sin(\theta/2)/\sin(\theta_0/2)$，则式（6.1-5）变为

$$\int_0^{\pi/2}\frac{\mathrm{d}u}{\sqrt{1-k^2\sin^2u}}=\sqrt{\frac{g}{l}}\int_0^{T/4}\mathrm{d}t \tag{6.1-6}$$

由式（6.1-6）可得

$$T=4\sqrt{\frac{l}{g}}\int_0^{\pi/2}\left(1+\frac{1}{2}k^2\sin^2u+\frac{3}{8}k^4\sin^4u+\cdots\right)\mathrm{d}u \tag{6.1-7}$$

因为 $k<<1$，$\sin u<1$，所以可不计式（6.1-7）被积函数二次方以上项的影响，于是有

$$T=2\pi\sqrt{\frac{l}{g}}\left(1+\frac{1}{4}\sin^2\frac{\theta_0}{2}\right) \tag{6.1-8}$$

这就是周期和角振幅之间的关系式。根据振动理论可知，若单摆做简谐振动，则其周期为 $T=2\pi\sqrt{\frac{l}{g}}$，这种情况是忽略了式（6.1-8）括号内的二次方项，因此，如果摆角较大，将引起测量系统的误差。

一般在实验上确定单摆做简谐振动的最大摆角的方法是根据微小偏差准则，即系统误差小于实际测量一个周期所产生系统误差的三分之一。如果实验中测量周期的秒表的仪器误差为 $c=0.01\mathrm{s}$，即最小可分辨时间，由式（6.1-8）得

$$|\Delta T|=|T_0-T|=2\pi\sqrt{\frac{l}{g}}\left(\frac{1}{4}\sin^2\frac{\theta_0}{2}\right)<\frac{1}{3}\times0.01 \tag{6.1-9}$$

如果取 $g = 9.8\text{m/s}^2$，将 $l = 65.0\text{cm}$ 代入式（6.1-9）解得 $\theta_0 < 10.72°$，即只有单摆的最大摆角小于 10.72°，在实验精度内，单摆的实际振动才可视为简谐振动，而且摆长不同，单摆做简谐振动的最大摆角也不同。

请根据自己的设计方案列出类似表 6.1-1 的数据表格：

表 6.1-1　不同摆角、不同摆长、不同振动次数所测得的重力加速度

次数		摆长	振动次数	振动周期/s	周期/s	重力加速度	重力加速度平均值
1	5°	65cm	15				
	10°	65cm	15				
	20°	65cm	15				
2	5°	100cm	15				
	10°	100cm	15				
	20°	100cm	15				
3	5°	65cm	50				
	10°	65cm	50				
	20°	65cm	50				
4	5°	100cm	50				
	10°	100cm	50				
	20°	100cm	50				标准值 $g = 980\text{cm/s}^2$

有关摆线质量的问题，《实验教学与仪器》1996 年第 6 期“摆线质量对单摆周期的实验验证”一文有专门讨论，其理论推导也可以查阅相关文献。

【参考文献】

[1] 吕金钟，刘柏松，丁红胜，等．大学物理辅导［M］．北京：清华大学出版社，2004.

[2] 陈早生，任才贵．大学物理实验［M］．上海：华东理工大学出版社，2003.

[3] 张雄，王黎智．物理实验设计与研究［M］．北京：科学出版社，2001.

实验 6.2 弹簧质量对弹簧振子振动周期的影响

【实验内容及实验要求】

1）在弹簧振子运动规律研究实验中，弹簧的质量是忽略不计的。本实验要求精确考虑弹簧的质量，研究弹簧质量对振子振动周期的影响。

2）利用图解法求弹簧的等效质量并与天平称量的弹簧质量进行比较。

3）根据所提供实验仪器的精度，分析在什么情况下，可以忽略弹簧的质量。

【实验前应考虑并回答的问题】

1）在考虑弹簧自身质量时，振子的振动是否还是周期振动？

2）弹簧的自身质量与弹簧的有效质量是一回事吗？

3）考虑弹簧自身质量时，随着砝码的增加，是否还存在 $T\propto\sqrt{m}$？

4）在不考虑弹簧自身质量时，振子的振动周期理论值为 $T=2\pi\sqrt{m/k}$，如果考虑弹簧自身质量，其周期公式应如何修正？

5）什么是微小偏差准则？实验中的测量误差如何确定？

【实验室可提供的主要器材】

1）砝码 10 个（其中 5g 砝码 5 个，20g 砝码 5 个）。

2）钩码 2 个（其中 5g 钩码 1 个，20g 钩码 1 个）。

3）停表（0.01s）。

4）支架和镜尺。

5）弹簧（不同粗细弹簧 3 根）。

6）电子天平（JA3103，0.310kg，感量 0.02g）。

【实验报告的要求】

1）实验的目的和意义。

2）实验涉及的基本原理。

3）实验的设计思路、设计过程、实验结果及误差分析。

4）实验中遇到的问题及解决的办法，特别是有创新和有体会的内容。

5）实验的收获和体会。

【操作要点及操作提示】

本实验是在“弹簧振子运动规律的研究”的基础上进一步研究弹簧质量对其振动周期的影响。首先需要从理论上对这一问题进行探讨（可查阅后面列出的相关文献），其次要根据实验要求寻找一套合理的研究方案，特别是在什么情况下才能使要观察的实验现象明显（弹簧质量与砝码质量可比）。实验中可依照“弹簧振子运动规律的研究”所用方法测量弹簧的劲度系数，然后研究 $T=2\pi\sqrt{(m+m_s/3)/k}$关系，下面给出了该关系式的简单分析与理论推导。

弹簧振子做简谐振动，一般其振动周期 $T=2\pi\sqrt{m/k}$，式中 m 仅是悬挂物体的质量，而没有考虑弹簧本身的质量。假如弹簧的质量为 m_s，可以肯定 $T\neq2\pi\sqrt{(m+m_s)/k}$，因为在讨论的振动系统中，弹簧也参与了振动，但其上各点的振动情况是不同的，因此只有弹簧的有效质量才是对振动周期产生影响的因素。那么怎样考虑弹簧质量对振动周期的影响呢?

设弹簧原长为 S，如图 6.2-1 所示，处于平衡状态时，弹簧伸长量为 ΔS。取弹簧弹性力与重力平衡时，悬挂物的位置为 x 轴的原点 O，x 轴正方向竖直向下。当系统处于平衡状态时，物体 m 及弹簧上各点的位移均为零，当把物体 m 拉离 O 点，系统进行振动时，弹簧上各点的位移不再一样。弹簧上端（固定点 a）的位移始终为0，沿弹簧由上而下，位移逐点增大，弹簧的下端（与物体 m 相连的点 b）位移最大，它等于物体 m 的位移。

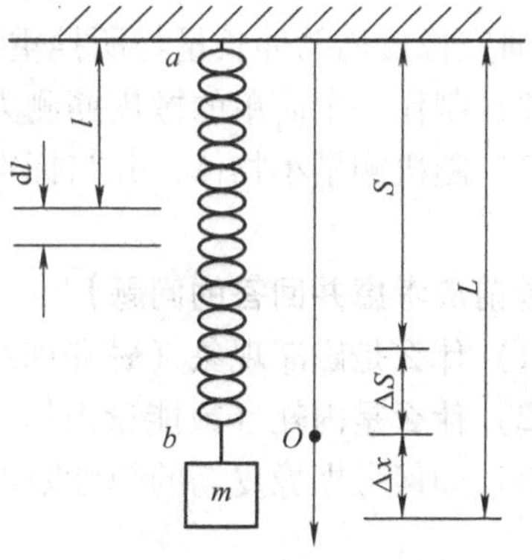

图 6.2-1 弹簧振子示意图

设在某一瞬时 t，弹簧的长度为 $L=S+\Delta S+\Delta x$，物体 m 的振动速度为 v。取距离固定点 a 为 l 的一小段弹簧元 dl 进行说明。为简便起见，可以近似认为弹簧上各点的速度由上而下，逐点线性递增，即 dl 段的速度为

$$v_s = \frac{l}{L}v \tag{6.2-1}$$

弹簧元 dl 的动能为

$$\mathrm{d}E_{ks} = \frac{1}{2}\mathrm{d}m_s v_s^2 = \frac{1}{2}\frac{m_s v^2 l^2}{L^3}\mathrm{d}l \tag{6.2-2}$$

整个弹簧的动能为

$$E_{ks} = \int_0^L \mathrm{d}E_{ks} = \frac{1}{2}\left(\frac{m_s}{3}\right)v^2 \tag{6.2-3}$$

从整个弹簧的动能表达式中可清楚地看出，振动中弹簧的有效质量为原来质量的三分之一。因此在弹簧的劲度系数 k 一定的情况下，弹簧的有效质量与悬挂物体的质量相加之和决定系统的振动周期，即其振动周期公式应表示为 $T=2\pi\sqrt{(m+m_s/3)/k}$。

【参考文献】

[1] 张雄，王黎智．物理实验设计与研究 [M]．北京：科学出版社，2001.

[2] 陈早生，任才贵．大学物理实验 [M]．上海：华东理工大学出版社，2003.

实验 6.3 橡皮筋测力计的研究

【实验内容及实验要求】

1）通常测力计使用弹簧，因为弹簧在弹性限度内，其伸长量与所挂重物具有很好的线性关系（即胡克定律）。橡皮筋有类似于弹簧受力伸长的特性，但是其伸长量与所挂重物之间不是简单的线性关系。要求利用类似“弹簧振子运动规律研究”实验中的实验设备，研究橡皮筋的伸长量与所挂重物之间的规律。

2）制作一个简单的橡皮筋测力计，并说明其使用方法。

3）随机测量小物体，并与标准弹簧测量测力计所测结果进行比较，分析误差。

【实验前应考虑并回答的问题】

1）什么是磁滞现象（磁滞回线）？什么是电滞现象（电滞回线）？

2）什么是内耗（或能量内损耗）？如何从物理原理上解释应变滞后于应力？

3）如何考虑橡皮筋的弹性限度？

【实验室可提供的主要器材】

1）钩码 1 个（20g）。

2）砝码 10 个（每个 20g）。

3）支架和镜尺。

4）标准弹簧测力计一只。

5）被测小物体若干。

6）橡皮筋。

【实验报告的要求】

1）实验涉及的基本原理。

2）记录实验过程和实验数据。

3）实验的设计思路、设计过程、实验结果及误差分析。

4）实验中遇到的问题及解决的办法。

5）实验的收获和体会。

【操作要点及操作提示】

本实验是一个趣味性的设计实验，实验的目的是要求自己动手制作一个简单的橡皮筋测力计。由于橡皮筋不同于弹簧，它在弹性限度内还存在力的回滞现象。通过本实验可以了解什么是力的回滞，此外要使用所制作的测力计测量物体的重量，需要对测力计进行标定，标定方法是本实验的重点。

【参考文献】

［1］张雄，王黎智．物理实验设计与研究［M］．北京：科学出版社，2001.

实验 6.4 用混合法测量固体的比热容

【实验内容及实验要求】

1）测定物质比热容的方法很多，最常用、最简单的为混合法，即在一系统内各部分温度原来不等，混合后一部分物体放出的全部热量（假设在实验过程中，既没有热量散逸，也没有从周围吸热）为另一部分吸收，最后达到热平衡状态。本实验中，铁丸是系统中放热部分，而量热器内筒和冷水构成系统的另一部分，它们吸收铁丸放出的热量。要求推导热平衡方程，写出待测固体比热容表示式。

2）已知水的比热容、量热器的比热容，通过实验测量铁的比热容。

【实验前应考虑并回答的问题】

1）什么是热平衡状态？什么是孤立系统？混合法测量固体的比热容的理论依据是什么？

2）传热的方式有哪几种？实验中使用量热器的目的是什么？

3）由于混合过程中系统与外界存在热交换，如何考虑对散热进行修正？（由于实验系统不可能与环境温度始终一致，因此不满足绝热条件，可能会吸收或散失能量，由牛顿冷却定律可知，一个系统的温度 T 如果略高于环境温度 T_0（如两者的温度差不超过10℃），系统就会散失热量，散热速率与温度差成正比，用数学形式表示为 $\frac{dQ}{dt}=K(T-T_0)$，考虑能否根据牛顿定律粗略对散热进行修正？）

4）实验中，如何操作才能有效减小系统向环境散失的热量？

5）对于固体而言（例如铁或铝），其比热容是一常量吗？

6）实验中的误差来源主要有哪些？测量中，水和待测金属量的多少是否可以任意？

【实验室可提供的主要器材】

1）铝质量热器、加热筒、电炉、量筒、搅拌器。

2）温度计（0～100℃一支，准确度为1℃，0～50℃一支，准确度0.1℃）。

3）DJ2000A 型电子天平，称量2000g，分度值0.1g。

4）停表（0.01s）。

5）待测铁丸若干。

【实验报告的要求】

1）实验的目的和意义。

2）实验涉及的基本原理及装置介绍。

3）实验的设计思路、设计过程、实验结果及误差分析。

4）实验中遇到的问题及解决的办法。

5）实验的收获和体会。

【操作要点及操作提示】

比热容是一个重要的物理量，常用的测量方法也很多。本实验要求利用最常用的一种混合法来测量固体的比热容。首先要根据实验内容自己推导测量公式，拟出实验方案，分析误差来源，并提出减小误差的方案（即在实验中，如何操作才能有效减小系统向环境散失的热量是需要分析和总结的重要内容）。比热容的定义是单位质量的物体在热交换过程中升高（或降低）1℃时所吸收（或放出）的热量，其数学表达式为 $c=\dfrac{\Delta Q}{m\Delta T}$，式中，$c$ 是比热容，单位 J/g·℃，ΔQ 是 m 克物体吸收（或放出）的热量，单位 J。ΔT 是物质在热交换中温度的改变量，单位℃。所谓混合法即先将试样（本实验是铁丸，质量 $m_{铁}$）加热于100℃，再放入质量为 $m_{水}$，初温为 $T_1<100℃$ 的水中进行混合，由于热传导作用，铁丸放出的热是 $\Delta Q_{铁}$，其值等于水吸收的热量 $\Delta Q_{吸}$，设达到平稳时温度为 T_2，则铁的比热容为 $c_{铁}=\dfrac{m_{水}\cdot c_{水}(T_2-T_1)}{m_{铁}(100-T_2)}$。

1）用天平称出铁丸质量 $m_{铁}$，量热器筒和搅拌器总质量 m_1，水的质量 $m_{水}$，并设法量得温度计在量热器中浸入水中部分的体积 V（单位：mm^3）。

2）将试样放入蒸汽罐中并在电炉上加热到100℃。

3）用50℃的精密温度计测量量热器中水的初温，为了减少系统误差，此时温度最好低于室温4℃左右，由于低于室温4℃的水要不断由外界吸热，所以初温无法确定，要每隔1min测量一次，共测5次左右，然后作图求出初温。

4）将加热到100℃的铁丸放入水中进行混合，用50℃的温度计插入水中，同时轻轻搅拌，测出水温的变化，连续10～12min左右。

5）画出温度随时间变化的曲线，由此曲线找出初温 T_1 与末温 T_2，代入公式 $c_{铁}=\dfrac{(m_{水}\cdot c_{水}+m_1\cdot c_1+0.49V)(T_2-T_1)}{m_{铁}(100-T_2)}$，其中 m_1 为量热器和搅拌器质量；c_1 为铝的比热容；$0.49V$ 是温度计浸入水中部分体积 V 的热容量（可以查阅相关文献了解 $0.49V$ 的来源，当然忽略此项引起的误差也很小，但必须知道测温时温度计的影响）。$c_{铁}$ 的标准值为0.4477J/g·℃。

【参考文献】

［1］张雄，王黎智．物理实验设计与研究［M］．北京：科学出版社，2001.

实验 6.5 电阻温度计的设计与标定

【实验内容及实验要求】

1）电阻温度计包括金属电阻温度计和半导体温度计，本实验要求利用金属材料和半导体材料制成的热敏电阻各一支设计出能够测量常温的温度计，实验的测温范围约 15～100℃。

2）对温度计进行标定，绘制 $T-I$（温度－电流）或 $T-U$（温度－电压）定标曲线。

3）用标定后的温度计测量室温、人体掌心的温度并与标准温度计所测结果进行比较。

4）研究两种电阻的电流－电压关系特性。

【实验前应考虑并回答的问题】

1）金属、半导体、超导体的电阻随温度变化大致有什么样的规律？

2）金属或半导体材料制成的热敏电阻的阻值随温度变化是线性的吗？

3）了解金属或半导体热敏电阻的测温范围、灵敏度。

4）传感器为什么需要标定？了解常用传感器标定的方法。

5）测量热敏电阻的电流－电压关系特性时，温度可以变化还是必须要求恒定？

6）将热敏电阻用作温度测量仪器与常用水银温度相比有什么优缺点？

【实验室可提供的主要器材】

1）金属铂热敏电阻，半导体 NTC 热敏电阻各一支。

2）稳压电源、微安表、电压表、万用表。

3）电炉、烧杯、多功能智能温控仪。

4）水银温度计一支（0～100℃一支，准确度为 1℃）。

5）滑线变阻器（滑－14 型，30Ω，3A）。

6）简易电桥、电阻箱、开关、导线、插线板等。

【实验报告的要求】

1）实验的目的和意义。

2）实验涉及的基本原理。

3）记录实验过程和实验数据，绘制热敏电阻的定标曲线。

4）实验中遇到的问题及解决的办法。

5）实验的收获和体会。

【操作要点及操作提示】

物质的电阻率随温度而变化的现象称为热电阻效应。某些金属如铜、铂和半导体都具有热电阻效应。在一定的温度范围内，可以通过测量电阻值的变化而进行温度变化的测量。本实验提供了曾使用过的仪器，如稳压电源、惠斯通电桥、多功能智能温控仪、微安表、万用表、电阻箱、温度计等，元件有铂热电阻、半导体 NTC 热敏电阻，插线板等，要求自行设计测量铂热电阻和 NTC 热敏电阻的温度特性的实验方案。根据所测出的温度特性，自行选择合适的元件将微安表改装成温度表，并确定测温量程范围。

热电阻根据其电阻温度特性的不同可分为金属热电阻（如铂热电阻、铜热电阻）和半导体热电阻或称热敏电阻（如 NTC 热敏电阻、CTR 热敏电阻等）。目前，随着低温和超低温测量技术的发展，已可用铟、锰和碳等作为热电阻材料。铂热电阻是国际公认的成熟产品，它的性能稳定，重复性好，精度高，测温范围一般在 $-200\sim650$℃，温度偏差在 ±0.5℃，其特性方程为：当温度在 $-200℃<t<0℃$ 时，$R_t=R_0[1+At+Bt^2+Ct^3(t/℃-100)]$。当温度在 $0℃\leqslant t\leqslant650℃$ 范围时，$R_t=R_0(1+At+Bt^2)$，式中 R_t 是铂热电阻温度为 t 时的电阻值，R_0 为铂热电阻在 0℃时的电阻值；相关系数 $A=3.968\times10^{-3}/℃$，$B=-5.847\times10^{-7}/℃^2$，$C=-4.22\times10^{-12}/℃^4$。用半导体材料制成的热敏电阻，一般具有负的电阻温度系数，如 NTC 热敏电阻的特性方程为 $R_T=R_0e^{b[1/T-1/T_0]}$，式中 R_T 为热敏电阻在热力学温度为 T 时的电阻值；R_0 为热敏电阻在热力学温度为 T_0 时的电阻值；T_0、T 为介质的起始热力学温度和变化热力学温度；b 为热敏电阻材料常数，一般为 2000 ~ 6000K。b 值的大小取决于热敏电阻制作所用的材料，对于氧化物半导体热敏电阻，材料常数 $b=\Delta E/2k$，式中 ΔE 为杂质在半导体中的电离能，k 为玻耳兹曼常数。

热电阻铂和 NTC 热敏电阻的温度特性研究实验的要求是：①设计研究铂热电阻和 NTC 热敏电阻的温度特性的实验电路图；②测两种热电阻从 10℃至 100℃时的电阻值，每隔 5℃测一个点，实验中可采用智能温控仪控制加热温度；③绘制两种热电阻温度特性曲线并进行比较。

实验中应注意，惠斯通电桥是采用平衡法精确测量电阻的，为了保护电桥中的检流计不至于长时间超量程指示，可在此之前用万用表粗测电阻的值，确定其阻值范围，再用电桥快而准确地测量，这样可起到保护电桥的作用。

改装温度表实验：研究所测试的热电阻的温度特性。自行选择其中一种热电阻作为电桥的一个测臂，如图 6.5-1 所示。由于温度的变化使 R_t 发生变化，随之在桥上产生不平衡电流。在忽略电源内阻的情况下，其不平衡电流为 $I_g=(R_1R_3-R_2R_t)/[R_g(R_1+R_t)(R_2+R_3)+\Delta]$，式中 $\Delta=R_1R_2R_3+R_2R_3R_t+R_3R_tR_1+R_tR_1R_2$，由于一定的温度对应一定的 $I_g(t)$，因而可将微安表改装成温度表。由于 I_g 随 t 的变化是非线性的，所以改装的温度表刻度是非均匀的。实验中应注意合理选取电路参数，要求将微安表零刻度线对应 +10℃，满刻度对应 +100℃，每间隔 5℃标定一刻度。为达到要求，可在微安表上并联一个合适的分流电阻 R'，且需在实验中确定分流电阻 R' 的阻值。

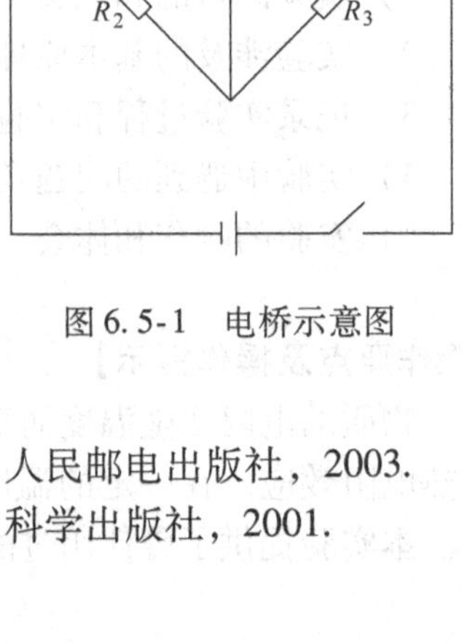

图 6.5-1　电桥示意图

【参考文献】

[1] 贾小兵，杨茂田. 大学物理实验教程［M］. 北京：人民邮电出版社，2003.
[2] 张雄，王黎智. 物理实验设计与研究［M］. 北京：科学出版社，2001.

实验 6.6　磁场测量与磁阻特性的研究

随着科学技术的发展，磁场的应用也越来越广，如磁导航、导弹磁导（角度控制）、质谱仪、粒子回旋加速器、地球资源探测、地震预测、无损检测、伪钞检测、磁性材料研究等，这些应用都涉及磁场的测量问题。测量磁场的方法有很多种，如磁通门、磁敏（磁电阻）传感器、霍尔片、冲击电流计、超导量子干涉器（SQUID）、磁光技术、小角度的中子散射、μ 介子自旋、比特装饰、扫描电子显微镜、扫描隧道显微镜、磁力显微镜、扫描霍尔探针显微镜等。

【实验内容及实验要求】

1）本实验要求掌握利用磁通门、霍尔片测量磁场的原理和方法，研究磁敏传感器电阻与磁感应强度之间的关系。

2）分别用磁通门、霍尔片测量长直螺线管的内部磁场和端部磁场，并和螺线管磁场理论计算值进行比较，分析误差来源。

3）利用霍尔片测量不同方位的地磁场。

4）根据地磁场分布的特点，分析霍尔片在工业、军事等领域有何应用以及如何应用。

【实验前应考虑并回答的问题】

1）磁通门测量磁场的原理是什么？该方法有何特点？

2）什么是磁阻效应？什么是磁阻元件？利用磁阻效应测量磁场有何特点？如何标定磁阻传感器？其灵敏度如何？磁阻传感器的磁阻是否受温度的影响？

3）什么是霍尔效应？什么是霍尔电势差？说明副效应产生的原因。

4）霍尔片测量磁场的原理是什么？该方法有何特点？

5）在理论上，长直螺线管的磁场表达式是什么？

6）地磁场的强度大约为多少特斯拉？地磁场分布有什么特点？

7）测量螺线管的磁场时，是否应考虑地磁场的影响？

8）如何考虑弱磁测量时的磁屏蔽问题？磁屏蔽罩（壳）一般采用什么材料制作？

9）什么是相对磁场强度和绝对磁场强度？

【实验室可提供的主要器材】

1）磁通门测量仪。

2）磁敏电阻。

3）自制简易电桥。

4）电阻箱（0~99999.9Ω，0.1 级，0.25W）。

5）电流计（JO409 型）。

6）霍尔传感器（带放大器，放大倍数×10）（也可利用改装的 QS－H 型霍尔效应实验组合仪）。

7）密绕长直螺线管（螺线管长度300mm，内径30mm，外径50mm，线卷层数12层，线圈匝数~3500匝，中央均匀磁场区大于100mm）。

8）稳压电源、导线、开关等。

【实验报告的要求】

1）实验的目的和意义。

2）实验涉及的基本原理及装置介绍。

3）记录实验数据，比较实验中几种磁场测量方法的优缺点。

4）实验中遇到的问题及解决的办法。

5）实验的收获和体会。

【操作要点及操作提示】

磁场的测量方法很多，通常是根据磁场与物质相互作用的规律，利用传感器把它转换成易于测量的物理量来进行，例如根据电磁感应原理，测量置于磁场中的“探测线圈”输出的感应电动势；根据霍尔效应，测量置于磁场中的“霍尔片”的霍尔电压；根据磁光效应测量光通过置于磁场中的介质后偏振面的旋转角等，然后根据被测量与磁场的关系，定出磁场的方向与强弱。本实验要求了解磁通门、霍尔片、磁敏电阻测量磁场的原理和方法，着重研究三者在测量磁场方面的性能。

如何测量和研究地磁场的方向性，如何测量和研究螺线管的磁场分布，特别是磁电阻中电路的设计与使用是本实验要求思考完成的重点。

磁通门：磁通门测量磁场是基于法拉第定律，通常用两铁磁材料的棒（也可以用环）绕以初级和次级的导线。绕着初级线圈的两根棒产生方向相反的驱动磁场。在初级线圈内通以频率为f的交变电流，在驱动磁场的影响下，两根棒的磁化方向相反，用次级线圈测量两根铁磁棒的净磁通，当没有外加磁场时，如果两根棒和初级线圈均为理想情况时，次级线圈中净磁通为零，因此该线圈没有信息产生。当沿着棒的轴线有一外加磁场时，一根棒将比另一根棒先磁饱和，磁通门的输出为驱动频率f的二次谐波，对于一个小的外加磁场，二次谐波的振幅与外加磁场成正比。磁通门非常灵敏，分辨率可达1μGs，可用来测量直流和交流的磁场，频率上限为10kHz，同霍尔元件和磁阻传感器相比，磁通门体积较大。

霍尔传感器测量磁场的原理参见本书的综合性实验“5.2 霍尔效应”。

磁阻传感器：在铁磁性材料中会发生磁阻的非均质性现象（AMR），当沿着一条带状玻莫合金膜的长度方向施加一个电流，在垂直于电流的方向施加一个磁场时，合金带自身的阻值发生变化，如图6.6-1所示。磁阻传感器沿着空间的一个方向感应磁场，它通常用来测量微高斯到10Gs的磁场。磁阻传感器由长而薄的玻莫合金薄膜制成。利用标准的半导体工艺，将薄膜附着在硅片上，薄膜厚度为150~500Å，宽度为10~50μm，长度为几百到几千微米。

电桥式磁阻传感器的构成如图6.6-2所示，电桥供电电压为U_b，在电阻中有电流流过，电桥上施加一个偏置磁场，它与所有电阻的磁化方向和电流夹角约为45°，四个电阻的阻值在理想情况下相等，均为R，一个横向的磁场H，使得两个相对放置的电阻的磁化

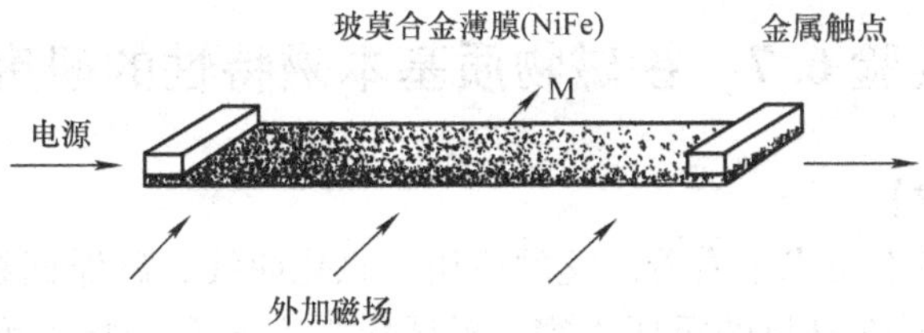

图 6.6-1 磁阻传感器测量磁场示意图

方向朝着电流方向转动，引起电阻阻值增加一个 ΔR；另外两个相对放置的电阻的磁化方向背向电流方向转动，引起电阻阻值减少一个 ΔR。电桥输出为 $\Delta U_{out}=(\Delta R/R)U_b$，作为外加磁场的函数，电桥输出 ΔU_{out} 称作传感器的传递函数，在线性区域，输出和外加磁场成正比（$\Delta U=SHU_b$），灵敏度 S 和传递函数的线性区域是传感器的重要指标，传递函数的线性区域和灵敏度成反比。

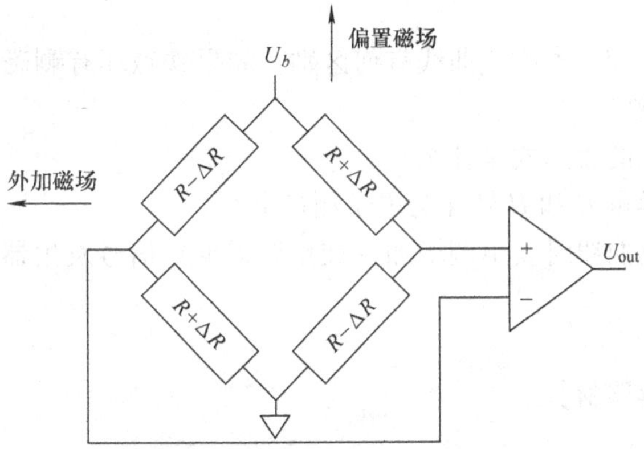

图 6.6-2 磁阻传感器测量磁场的电桥结构图

【参考文献】

[1] 张雄，王黎智．物理实验设计与研究［M］．北京：科学出版社，2001.
[2] 李平舟，陈秀华，吴兴林．大学物理实验［M］．陕西：西安电子科技大学出版社，2002.
[3] 沈元华．设计性研究性物理实验教程［M］．上海：复旦大学出版社，2004.

实验 6.7 铁磁物质基本磁特性的研究

【实验内容及实验要求】

1）磁性材料在科学技术上有着广泛的应用，磁化曲线、磁滞回线、磁导率等方面的描绘与测量也是研究磁性材料的重要内容。磁感应强度 B 和磁场强度 H 均是示波器不能直接观测的物理量，本实验要求设计简单的电路，实现利用示波器观察磁滞回线。

2）描绘起始磁化曲线及磁导率曲线 $\mu - H(\mu = B/H)$。

【实验前应考虑并回答的问题】

1）顺磁质、抗磁质、铁磁质各有什么特点和用途？

2）软磁材料、硬磁材料、巨磁材料各有什么特性？在应用方面有何特点？

3）如何描述铁磁材料磁化的物理过程（磁滞回线形成的过程）？什么叫剩磁和矫顽力？

4）起始磁化曲线和基本磁化曲线有何区别？如果铁磁环有剩磁，测得的磁滞回线会有什么变化？如何消磁？

5）电磁感应定律的表达式是什么？

6）如何将非电学量 B 和 H 转化为电学测量量？

7）测量基本磁化曲线时要单调增加（或单调减少）信号发生器的输出电压，能否时增时减？

【实验室可提供的主要器材】

1）双踪示波器。

2）低频信号发生器。

3）待测铁磁物质样品环（带初级线圈和次级线圈）。

4）电阻（10Ω，100Ω）、电容（0.22μF）、实验电路板。

5）万用表、导线、开关等。

【实验报告的要求】

1）实验的目的和意义。

2）实验涉及的基本原理及装置介绍。

3）实验的设计思路、设计过程、实验结果及误差分析。

4）实验中遇到的问题及解决的办法。

5）实验的收获和体会。

【操作要点及操作提示】

由于铁磁材料的磁化特性是非线性的，所以表述磁化特性的两个参数磁感应强度 B 和磁场强度 H 的关系是曲线。同时，材料的“磁滞”特性使得 B 不仅由 H 决定，还和材料磁化的历史有关，即 B 与 H 的关系不是单值的，而是一个闭合的回线，即磁滞回线。

从磁滞回线图上可以得到饱和磁感应强度 B_s，剩磁感应强度 B_r，矫顽磁场强度 H_c 等参数。不同的最大激磁电流形成的一组磁滞回线，把它们的顶点连起来，就是一条基本磁化曲线，在基本磁化曲线上还可得到起始磁导率 μ_s，最大磁导率 μ_m 等参数。

在交流磁化情况下，磁滞回线是 $B(t)$ 和 $H(t)$ 瞬时值间的关系曲线，可以用示波器观察其形状，并进行定量测量。图 6.7-1 给出了观察和测量时的参考示意图，其中 B1 是调压器，B2 为隔离变压器，用来防止示波器的外壳与电网直接相连而带电，B3 是绕在被测铁磁材料上的两组线圈，N1 为激磁线圈，N2 为感应线圈。

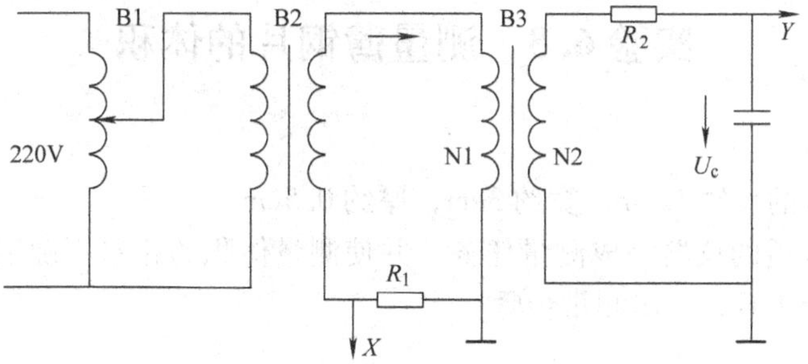

图 6.7-1　示波器观测磁滞回线电路原理示意图

【参考文献】

[1] 贾小兵，杨茂田．大学物理实验教程 [M]．北京：人民邮电出版社，2003.
[2] 张三慧．大学物理学：电磁学 [M]．北京：清华大学出版社，1999.
[3] 张雄，王黎智．物理实验设计与研究 [M]．北京：科学出版社，2001.

可供选择的设计性实验

本部分实验只给出了实验任务和实验要求，由于没有给出具体的测量原理和测量工具，因此测量的方法可能有很多种，这将给学生提供比较大的自由想象空间。学生可以根据已具备的物理知识，或查阅相关的文献，提出自己的实施方案（设计过程），包括实验原理、实验中使用仪器的确定，测量的具体方法和步骤等。

实验 6.8　测量薄钢片的体积

【任务和要求】

已知：薄钢片的长约 12cm，宽约 3cm，厚约 0.5cm。

要求：选择合适的仪器完成测量任务，并使测量体积的相对不确定度 $U_V/V \leqslant 2.0\%$。说明如何选择测量工具，写出测量步骤。

实验 6.9　测量固体的密度

【任务和要求】

已知：铝柱的直径约 3cm，高约 3.5cm，密度约 2.7g/cm^3。水的密度 $\rho_0 = 1.000\mathrm{g/cm^3}$。

要求：测量密度的相对不确定度 $U_\rho/\rho \leqslant 0.4\%$。说明测量原理（要求用数学公式表示出直接测量量和间接测量量）和方法，如何选择测量工具，写出测量步骤。

实验 6.10　测量音叉的固有频率

【任务和要求】

已知：音叉。

要求：设计出两种不同的方法来测量音叉的固有频率，写出实验原理（要求用数学公式表示出直接测量量和间接测量量）、实验方法和实验步骤。

实验 6.11　测量电风扇的转速

【任务和要求】

已知：家用电风扇，转速可以调节。

要求：设计两种不同的方法来测量电风扇的转速，写出实验原理（要求用数学公式表示出直接测量量和间接测量量）、实验方法和实验步骤。

实验 6.12　用 CCD 测量导线的直径

【任务和要求】

已知：线阵 CCD（电荷耦合器件），待测金属丝。

要求：了解 CCD 成像原理，利用 CCD 提供的输出信号，设计出计算机自动测量金属线直径的光路图，实验原理（要求用数学公式表示出直接测量量和间接测量量），并说明信号采集与处理方法。

第7章　应用物理实验

实验7.1　传感器信号的数据采集

【引言】

数据采集（Data Acquisition，DAQ），是指从传感器和其他待测设备等模拟和数字被测单元中自动采集信息的过程。数据采集系统是结合基于计算机的测量软硬件产品来实现灵活的、用户自定义的测量系统。

被测量的任何信号都需要被变换成电信号（电压或电流）。自然界的各种物理量，如温度、水位、风速、压力等，基本上都可以通过**传感器**转换为电信号，可以是模拟量，也可以是数字量。采集一般是采样方式，即隔一定时间（称采样周期）对同一点数据重复采集。采集的数据大多是瞬时值，也可是某段时间内的一个特征值。通过对电信号进行数据采集，可以实现对象状态监控和环境参数测量等应用。计算机参与的数据采集系统的流程图如图7.1-1所示。

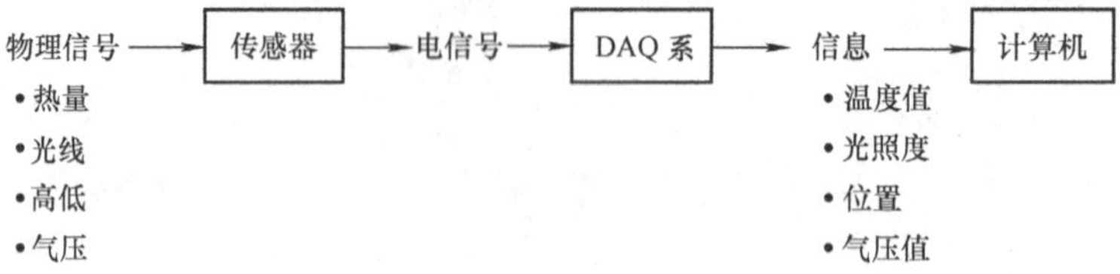

图7.1-1　计算机数据采集系统的流程图

在计算机广泛应用的今天，数据采集的重要性是显而易见的，它是计算机与外部物理世界连接的桥梁。本实验将使让学生有机会经历从传感器元件、外围电路设计搭建、数据采集卡使用、数据采集软件编制到数据采集的全过程，为学生未来搭建自己的数据采集应用打下基础。

【实验目的】

1）了解模/数转换的相关知识，掌握采样频率的参数调节。

2）学会使用多功能数据采集卡，掌握对不同类型信号的数据采集方法。

3）了解温度传感器、红外测距传感器、扩散硅气体压力传感器的工作原理及信号输出形式。

4）学会使用电压放大器、差动放大器、低通滤波器等硬件信号调理电路，对信号进行调理。

5）学会使用LabView软件进行简单的编程，实现对采集信号的调理、输入和显示。

【实验仪器】

多功能数据采集卡、温度传感器实验板、红外测距传感器实验板、扩散硅气体压力传感器实验板，低通滤波器电路板、电压放大器实验板、差动放大器实验板、相关电子元器件等。

【预习提示】

1）了解数据采集的相关基础概念，了解 USB 多功能数据采集卡的应用领域和使用方法。

2）学习有关 LabView 软件的基础知识，了解 LabView 编程的特点和应用领域。

3）查阅相关文献，了解传感器的分类方法和各自用途，了解不同类型传感器的输出信号的形式和一般的信号采集方法。

4）查阅文献，掌握模－数转换的技术种类和技术参数。

【实验原理】

1. 信号的分类

在物理量被转换成为电信号之后，需要根据处理方法的不同将信号进行分类。

首先将信号划分为模拟信号和数字信号。模拟信号是指相对时间连续变化的信号，数字信号仅有两种电平——高电平和低电平。

在生产生活中的很多物理量都是连续变化的，通过传感器的转换往往成为连续变化的电信号，被称为模拟信号。最典型的模拟信号就是有线电话，人的声音被通过声波传感器（MIC）变换连续变化的电压信号，在送入电话线路进行传输。电信号的种类划分如图 7.1-2 所示。

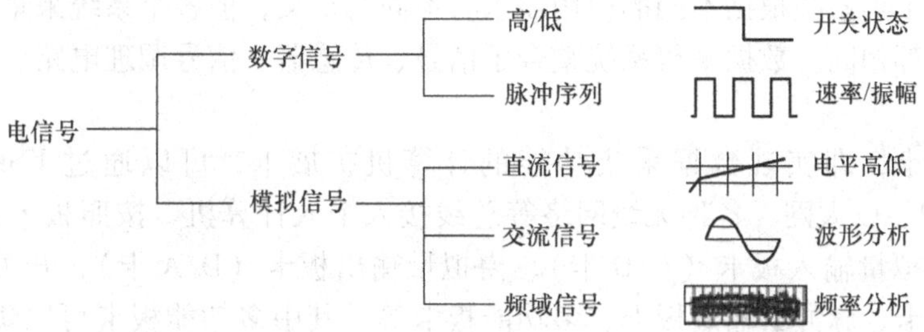

图 7.1-2 信号的分类及常表征的物理量

数字信号指自变量是离散的、因变量也是离散的信号，这种信号的自变量用整数表示，因变量用有限数字中的一个数字来表示。在计算机中，数字信号的大小常用有限位的二进制数表示。

由于数字信号是用两种电平状态来表示 0 和 1 的，故其抵抗材料本身干扰和环境干扰的能力都比模拟信号强很多；在现代技术的信号处理中，数字信号发挥的作用越来越大，几乎复杂的信号处理都离不开数字信号。

2. 模/数转换和数据采集

（1）模/数转换（analogue－to－digital conversion，ADC 或 A/D） 模/数转换是指将

连续变化的模拟信号转换为离散的数字信号的技术。一些典型的模拟信号，例如温度、压力、声音或者图像等，需要转换成计算机能够处理、存储和传输的数字形式。典型的模/数转换过程如图 7.1-3 所示，首先将模拟信号按照采样的原理进行离散化，再以数字信号的形式输出。

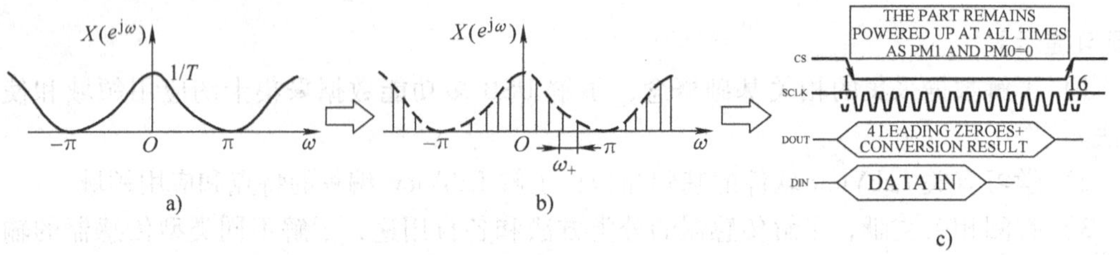

图 7.1-3 模/数转换的流程图

a）模拟信号 b）离散采样 c）数字信号

在模/数转换的过程中有若干个重要的参数来度量信号转化的精确度、准确性及实时性，其中最重要的参数是采样频率。

采样频率：又称为采样率、采样速率。定义了每秒从模拟信号中提取并组成离散信号的采样个数，它用赫兹（Hz）来表示。采样频率的倒数是**采样周期**或者叫作**采样时间**，它是采样之间的时间间隔。通俗地讲采样频率是指模数转换器每秒钟采集多少个信号样本，是描述模/数转换的质量标准。

（2）数据采集技术及设备 数据采集的重要技术基础之一就是以模/数转换为核心的信号采集。

基于计算机的数据采集，通过模块化硬件、应用软件和计算机的结合，进行信号测量。尽管数据采集系统根据不同的应用需求有不同的定义，但各个系统采集、分析和显示信息的目的却都相同。数据采集系统整合了信号、传感器、信号调理电路、数据采集设备和应用软件。

数据采集卡，即实现数据采集功能的计算机扩展卡，可以通过 USB、PCI、PXI、RS485、RS232、以太网、各种无线网络等总线接入个人计算机。按照板卡处理信号的不同可以分为模拟量输入板卡（A/D 卡）、模拟量输出板卡（D/A 卡）、开关量输入板卡、开关量输出板卡、脉冲量输入板卡、多功能板卡等。其中多功能板卡可以集成多个功能，如数字量输入/输出板卡将模拟量输入和数字量输入/输出集成在同一张卡上。根据通信总线的不同，可分为 PXI 板卡、PCI 板卡、USB 板卡等，其中多功能数据采集卡通常是 USB 通信接口，其硬件组成如图 7.1-4 所示。

以 USB 通信总线的多功能数据采集卡为例，其主要的由微控制器（单片机）、8 通道 12 位 ADC、2 个单通道 12 位 DAC、USB 接口电路、模拟 I/O 端口、数字 I/O 端口组成，多功能数据采集卡的外形及内部功能模块组成，如图 7.1-5 所示。

在搭建数据系统时，采集模拟信号时需要选择模拟端口作为信号的输入端。多功能数据采集卡的模拟端口单端信号采集端口（AI）及差分信号采集端口（AI +、AI -），模拟端口的分布及说明见表 7.1-1。同时多功能数据采集卡还具有模拟量输出端口（AO），用户可通过编程控制在此端口输出任意波形的模拟信号（电压）。

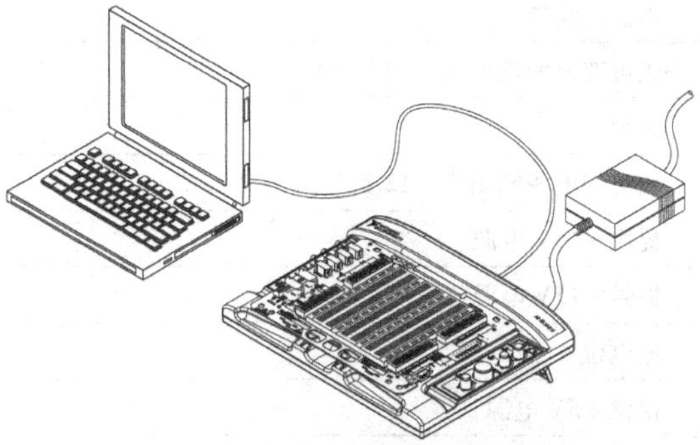

图 7.1-4　USB 多功能数据采集卡的硬件结构

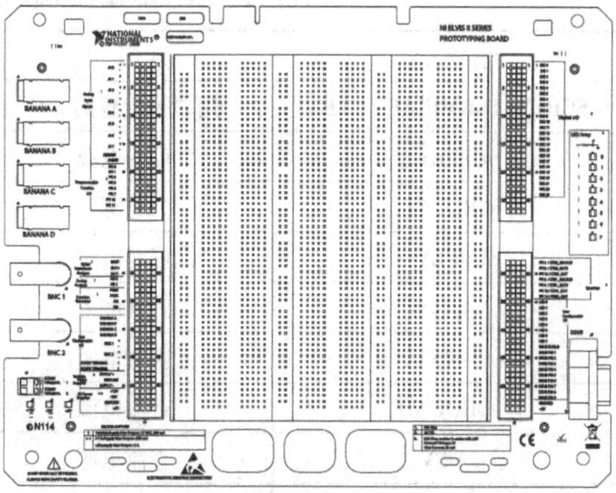

图 7.1-5　USB 多功能数据采集卡的电路结构

表 7.1-1　ELVIS 基础实验平台的模拟量采集端口

NI ELVISII 系列模型板接线端子	差分模式（默认）	RSE/NRSE 模式
AI0 +	AI0 +	AI0
AI0 -	AI0 -	AI8
AI1 +	AI1 +	AI1
AI1 -	AI1 -	AI9
AI2 +	AI2 +	AI2
AI2 -	AI2 -	AI10
AI3 +	AI3 +	AI3
AI3 -	AI3 -	AI11
AI4 +	AI4 +	AI4
AI4 -	AI4 -	AI12
AI5 +	AI5 +	AI5
AI5 -	AI5 -	AI13
AI6 +	AI6 +	AI6
AI6 -	AI6 -	AI14
AI7 +	AI7 +	AI7
AI7 -	AI7 -	AI15
AISENSE	—	AISENSE
AIGND	AIGND	AIGND

同时，在采集数字信号时需要使用多功能数据采集卡的数字端口（DIO），数字端口的分布和说明见表 7.1-2。将数字信号接到数字端口在进行信号采集。需要注意的是，目前主流的多功能数据采集卡的数字端口都同时具有输入输出能力，即在采集数据信号的同时，可以输出用户定义的数字信号。

表 7.1-2 ELVIS 基础实验平台的数字端口及其他硬件资源

信号名称	类　型	描述说明
SCREW TERMINAL <1.2>	用户可配置的 I/O	连接螺纹端子
SUPPLY +	可变电源	正可变电源输出为 0 到 12 伏
GROUND	电源	接地
SUPPLY -	可变电源	负可变电源输出为 -12 到 0 伏
+15V	直流电源	提供 +15V 电源
-15V	直流电源	提供 -15V 电源
GROUND	直流电源	地电位
+5V	直流电源	提供 +5V 电源
DIO <0.23>	数字量输入输出	数字线路 0 到 23 - 这些通道是通用的 DIO 线，用来读或写数据
PFI8/CTR0 _ SOURCE	可编程函数界面	静态数字 I/O，线 P2.0 的 PFI8（功率因数指示器），默认功能：计数器 0 源
PFI9/CTR0 _ GATE	可编程函数界面	静态数字 I/O，线 P2.1 的 PFI9

3. 传感器信号的数据采集

DAQ 系统最常采集的传感器输出信号有电流信号和电压信号。电压信号又可以分为单端接地（RES）电压、单端浮地（NRES）电压和差分电压信号。

（1）单端接地电压输出型传感器信号采集　红外距离传感器具有典型的单端接地电压输出信号。红外距离传感器基于三角测距原理，如图 7.1-6a 所示，按照一定的角度发射红外光束，遇到物体以后光束会反射回来，反射回来的红外光线被 CCD 检测器检测到以后，会获得一个偏移值 L。利用三角关系，已知发射角度 α，偏移距 L，中心矩 X，以及滤镜的焦距 f 以后，传感器到物体的距离 D 就可以通过几何关系计算出来。红外线距离传感器的内部信号处理电路如图 7.1-6b 所示，传感器的信号是与距离一一对应的单端接地电压信号。

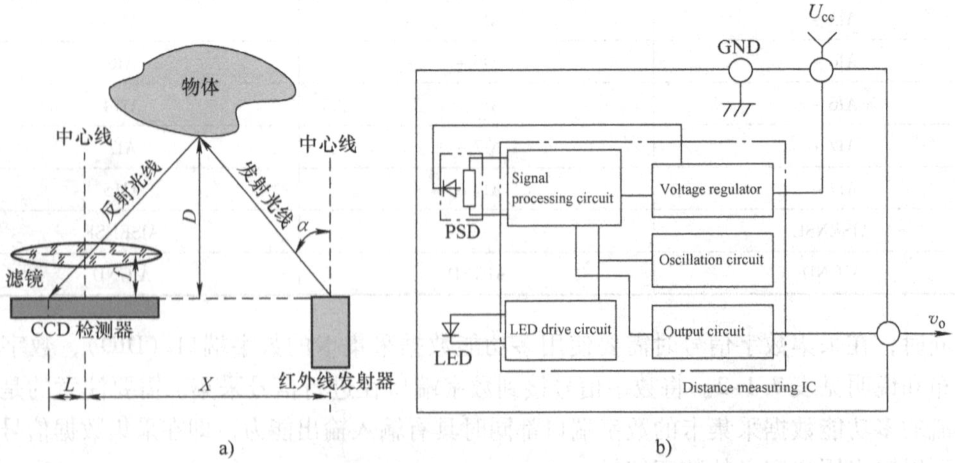

图 7.1-6　红外距离传感器的测距原理及功能框图

a）三角测距原理示意图　b）红外测距传感器的组成模块

对于单端接地电压信号的采集，在确定信号的不超过数据采集卡的输入电压范围后，即可直接将信号接入采集卡的信号输出端口，进行模/数转换并采集信号。

对于单端接地电压信号，可以采用电压放大器对其进行线性放大，以提高数据采集的稳定性和精度。

（2）差分电压输出型传感器信号采集　扩散硅压阻式气压传感器具有典型的差分电压输出信号。在具有压阻效应的半导体材料上用扩散或离子注入法，可以制备各种压力传感器。在单晶硅膜片表面形成 4 个阻值相等的电阻条，如图 7.1-7a 所示，将它们连接成惠斯通电桥，电桥电源端和输出端引出，用制造集成电路的方法封装起来，制成扩散硅压阻式压力传感器。

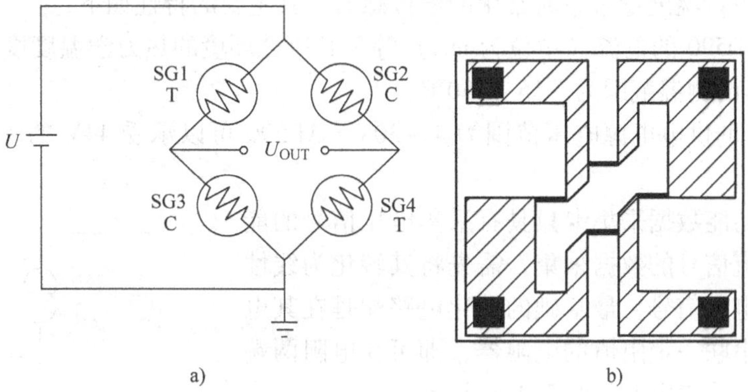

图 7.1-7　扩散硅压阻式压力传感器的原理

a）压阻式压力传感器的惠斯通电桥结构　b）扩散工艺制作的惠斯通电桥

扩散硅压阻式压力传感器的核心是一个扩散硅敏感元件，当图 7.1-7b 所示的硅杯两侧存在压力差时，硅膜片产生变形，四个应变电阻在应力的作用下，阻值发生变化，电桥失去平衡，输出电压与膜片两侧的压差成正比，故扩散硅压阻式压力传感器输出的是差分电压信号。

在对差分电压信号进行采集时，需要启用两个数据采集卡的电压输入管脚，并需要在多功能数据采集卡的采样设置中将“接线端配置”设置为“差分”，然后将差分信号直接输出数据采集卡进行信号采集。同时也可以采用差动放大器实现信号放大并转换为单端接地信号在送入数据采集卡进行采集。

（3）电流输出型传感器信号采集　PN 结温度传感器是利用半导体材料 PN 结的正向电流与温度的关系制成的电流输出型两端温度传感器，属于典型的热敏器件。二极管作为温度传感器虽然工艺简单，但线性度差，因而将 NPN 晶体管的 bc 结短接，利用 be 结作为感温器件。晶体管形式更接近理想 PN 结，其线性度更接近理论推导值。本实验选用的 PN 结温度传感器为 AD590，如图 7.1-8 所示。

调整工艺，可以使集成 PN 结温度传感器输出值直接表示为热力学温度，并且具有良好的线性度。一般来说，灵敏度修正为 1μA/K，即输出电流以绝对零度（-273℃，0K）为基准，温度每增加 1K，其输出电流会增加 1μA。例如当其处于室温 25℃时，其输出电流 $I_0=(273+25)\mu A=298\mu A$。

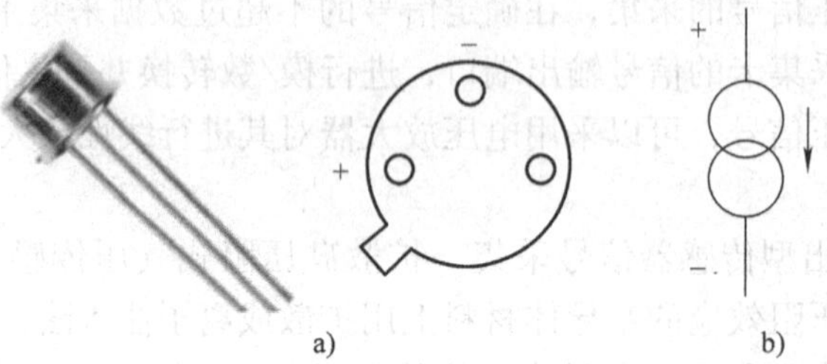

图 7.1-8 AD590 型 PN 结温度传感器的外形封装及原理图
a) AD590 的外形及管脚分布图 b) PN 结温度传感器的电路符号

AD590 是进行温度量采集时常用的温传感器，其主要的特性如下：

1) 流过 AD590 的电流（单位为 mA）等于其所处环境的热力学温度度数（单位 K）。

2) AD590 的测温范围为 −55 ~150℃。

3) AD590 的供电电源电压范围为 4 ~30V。AD590 可以承受 44V 的正向电压和 20V 的反向电压。

一般的多功能数据采集卡只具有采集电压信号的能力，故对于电流信号的数据采集，需先将其转化为线性相关性较好的电压信号，最基础的转化电路就是在其电流输出回路上串联一定阻值的电阻器，即可在电阻两端测量电压信号。采集电路如图 7.1-9 所示。

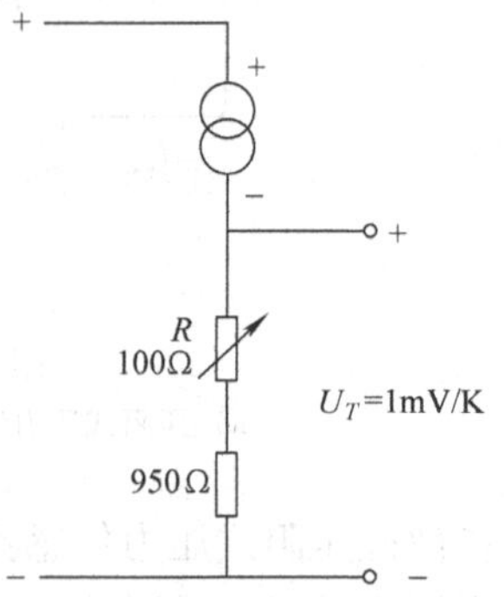

图 7.1-9 PN 结温度传感器的信号转换电路

在图 7.1-9 的电路中，AD59 的输出电流流过 100Ω 的可调电阻和 950Ω 的固定电阻，通过对可调电阻的调节使二者的总阻值为 1kΩ，这样输出电压 $U_T = I_O \times 1000\Omega$。以室温 25℃ 为例，此温度下得到的 $U_{25℃} = 298\mu A \times 1000\Omega = 298mV$，即表示当前温度为 298K。转换出的电压即可送入数据采集卡的信号输入管脚直接采集。

（4）多路电压输出型传感器信号采集（选做） 三轴加速度传感器是具有典型的三路单端接地电压输出信号的多路输出传感器。

加速度传感器是利用了一些功能材料由于加速度而引起的压电效应、压阻效应、电容效应、光效应等，通过测量这些效应并利用相关电路转换成电信号输出。目前常见的加速度传感器大多采用压阻式、压电式和电容式工作原理，产生的加速度正比于电阻、电压和电容的变化，通过相应的放大和滤波电路进行采集。进而将三个单轴加工于一个传感器上，从而制备出集成的三轴加速度传感器。两轴的加速度传感器已经能满足多数应用，但是有些方面的应用例如在数采设备，贵重资产监测，碰撞监测，测量建筑物振动，风力涡轮机和其他敏感的大型结构振动等需要精度较好的三轴加速度传感器。集成三轴加速度传感器的功能如图 7.1-10 所示。

ADXL335 是美国模拟器件公司（ADI）推出的一款带有信号调理电路的高精度模拟三轴加速度传感器，它可以使用于测量倾斜检测应用中的静态重力加速度，以及运动、冲击或振动导致的动态加速度等。ADXL335 型集成三轴加速度传感器的内部组成如图

7.1-11所示。

ADXL335 是一款小尺寸、薄型、低功耗、完整的三轴加速度计，提供经过信号调理的电压输出，能以最小 ±3g 的满量程范围测量加速度。ADXL335 输出为比率式，因此，输出灵敏度（或比例因子）与电源电压成比例变化。U_S = 3.6V 时，输出灵敏度典型值为 360mV/g。U_S = 2V 时，输出灵敏度典型值为 195mV/g。0g 偏置输出也是比率式的，因此，所有电源电压情况下，0g 输出的标称值均等于 $U_S/2$。

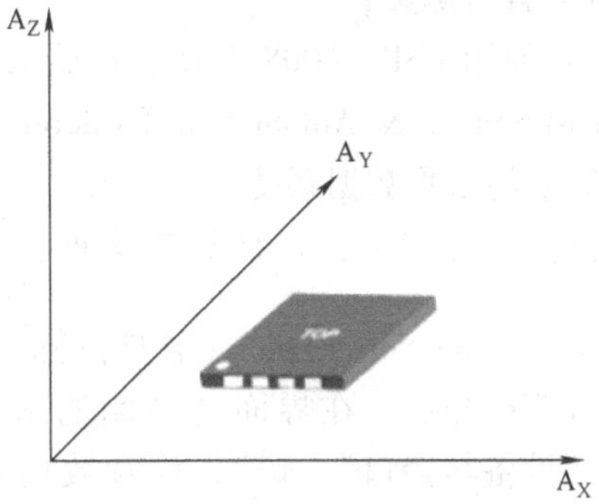

图 7.1-10　集成三轴加速度传感器的外形及其加速度灵敏度轴

实验将使用如图 7.1-12 的 ADXL335 基本模块，模块提供了 ADXL335 芯片所需的基本电路和器件，并将其供电管脚、信号管脚以插针的形式引出，方便进行信号采集所需的连线操作。

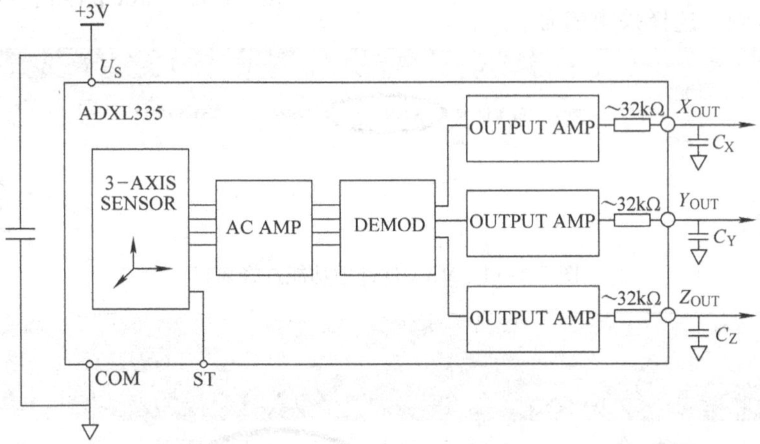

图 7.1-11　ADXL335 三轴加速度传感器的功能框图

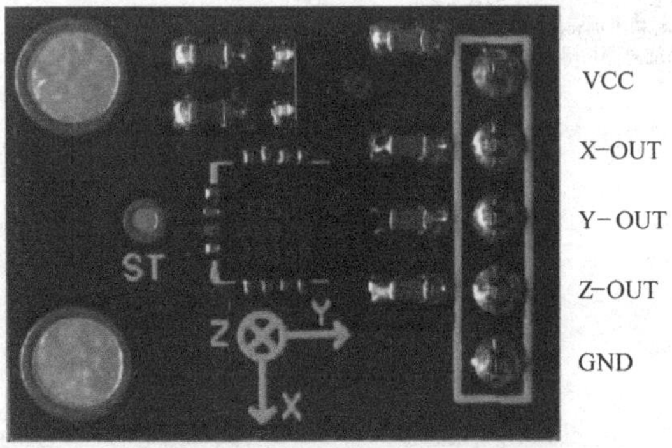

图 7.1-12　ADXL335 基本应用模块

【实验内容与测量】

1）使用 USB－6008 多功能数据采集卡及其自带的 Measurement & Automation Explorer（MAX）软件建立简单的采集数据系统。

操作步骤如下：在计算机桌面上找到 Measurement & Automation Explorer 软件图标双击打开。

软件打开后，在界面的左侧如图 7.1-13 所示，打开“设备与接口”选项，检查数据采集卡是否被软件识别。若成功识别，则在左侧的列表中会出现绿色的设备名称。

选中已经识别的选项卡，单击“创建任务”按钮，如图 7.1-14 中所示。创建给予已经识别的数据采集卡的数据采集测量任务。

在弹出的“选择任务的测量类型”窗口（见图 7.1-15）的右侧，选择采集信号。

图 7.1-13 MAX 软件中的设备与接口列表

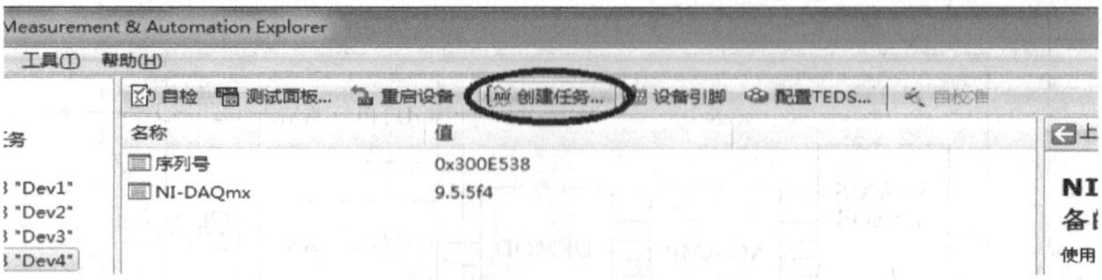

图 7.1-14 MAX 软件中功能选择窗口

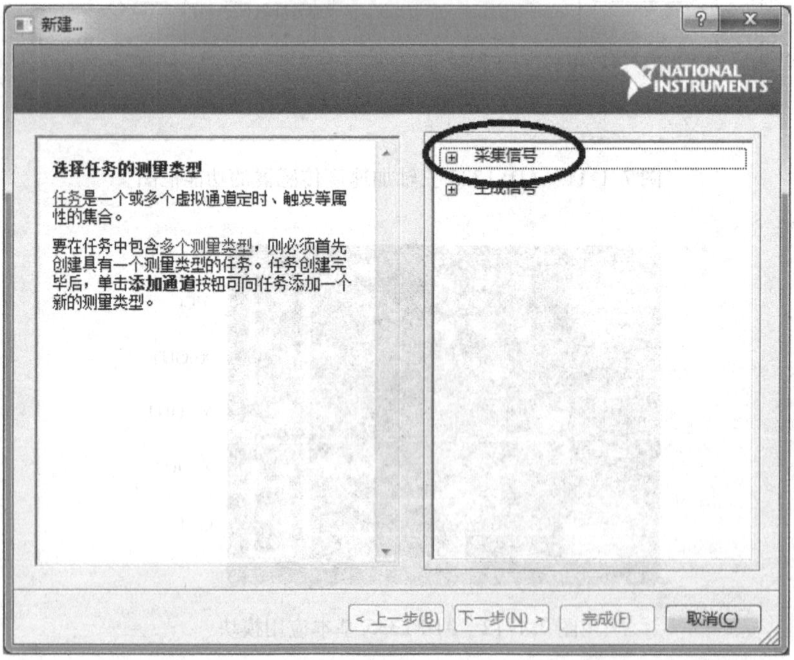

图 7.1-15 MAX 软件中的任务测量类型选择窗口

选择“模拟输入”，展开后再选择“电压”信号，选择采集传感器输出的电压量信号，如图 7.1-16 所示。

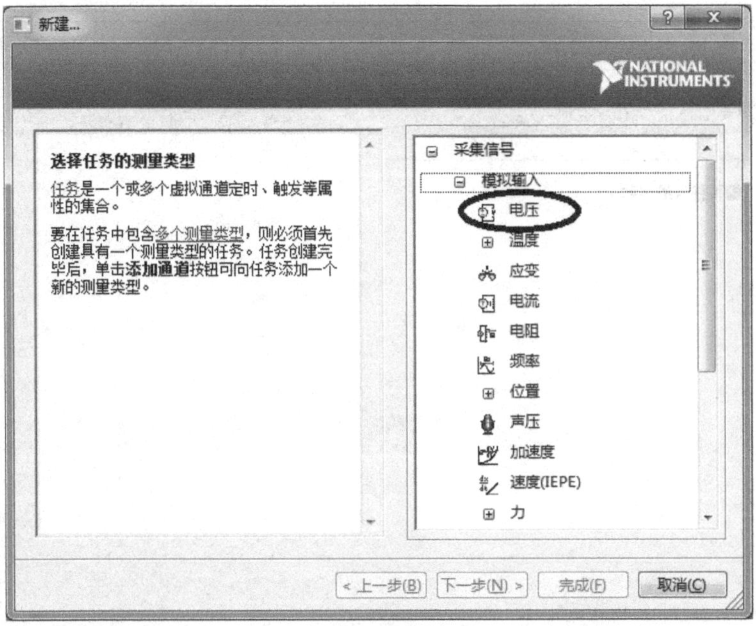

图 7.1-16 选择采集的信号类型

选择多功能数据卡的采集通道，如图 7.1-17。选择的电压采集通道需要与连接到传感器的实际接线一一对应。其中，单端信号电压选择一个 AI 通道，差分电压信号需要选择两个差分输入 AI 通道。

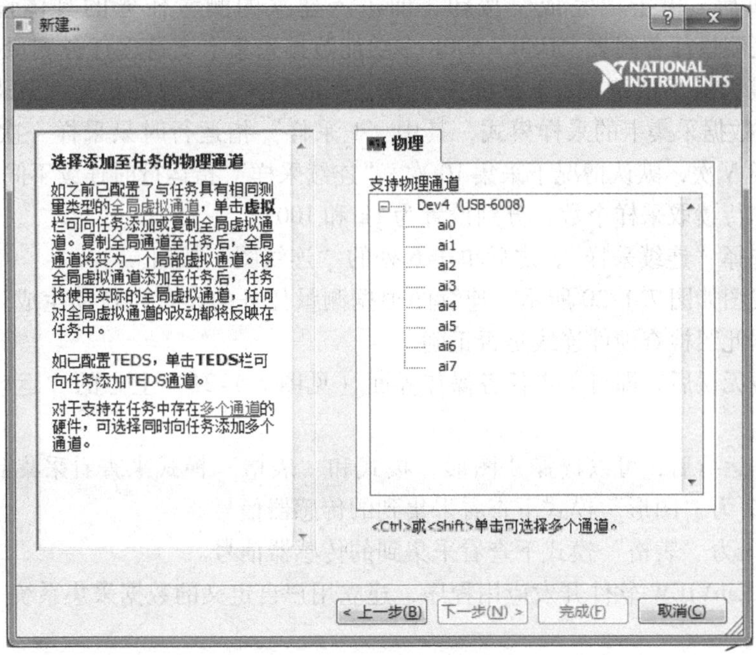

图 7.1-17 选择任务的信号采集物理通道

单击“下一步”按钮，进入测量任务命名窗口，如图 7.1-18 所示，自己命名即将开始的测量任务。

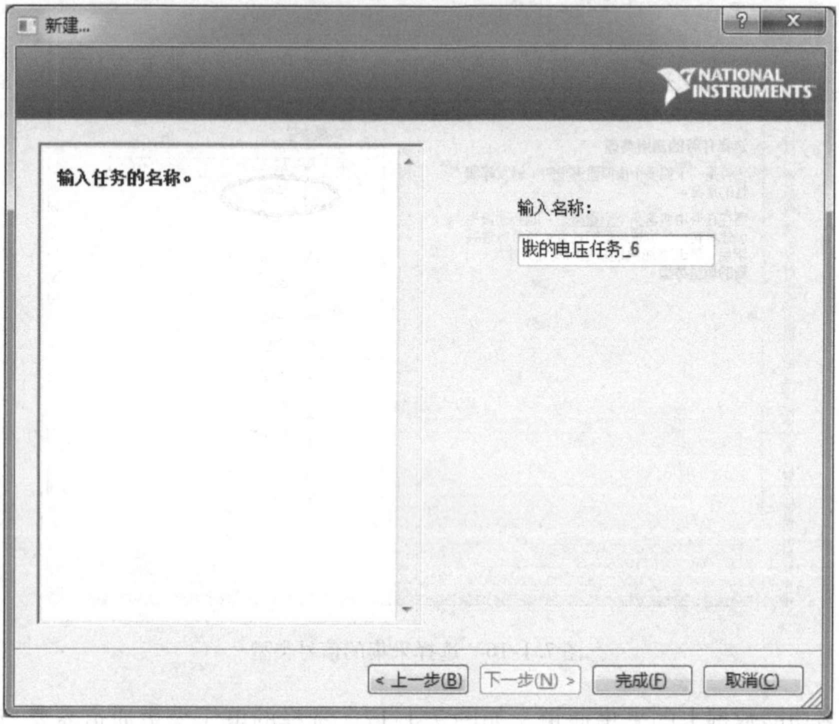

图 7.1-18 对已选择的采集任务进行命名

命名完成后，单击“完成”按钮，即进入建立的测量任务的具体设置界面，图 7.1-19中 1 是测量任务列表，USB－6008 多功能数据采集卡支持多任务测量；2 是设置测量电压值的最大最小值范围；3 是设置采集电压的制式，是单端电压（RES）或差分电压；4 是设置数据采集卡的采样模式，其中“1 采样”指运行时只采样一次，“N 采样”指运行时采样 N 次，默认情况下采集 10 次，“连续采样”指运行时连续不间断采样；5 是设置采样率和待读取采样个数，分别设置为 1k 和 100。

本实验选择“连续采样”，之后单击 6 处的“连线图”按钮。

打开连线图如图 7.1-20 所示，连续图根据测量任务的设置，自动生成正确连线的示意图。请根据此图检查硬件连线是否正确。

检查连线无误后，即可单击任务操作界面（见图 7.1-21）上方的“运行”按钮，运行测量任务。

测量任务运行后，可以选择“图形”模式和“表格”模式来查看采集到的传感器信号。图 7.1-22 为“图形”模式下查看采集到的传感器信号。

图 7.1-23 为“表格”模式下查看采集到的传感器信号。

2）使用 LabVIEW 软件开发应用程序，建立用户自定义的数据采集系统

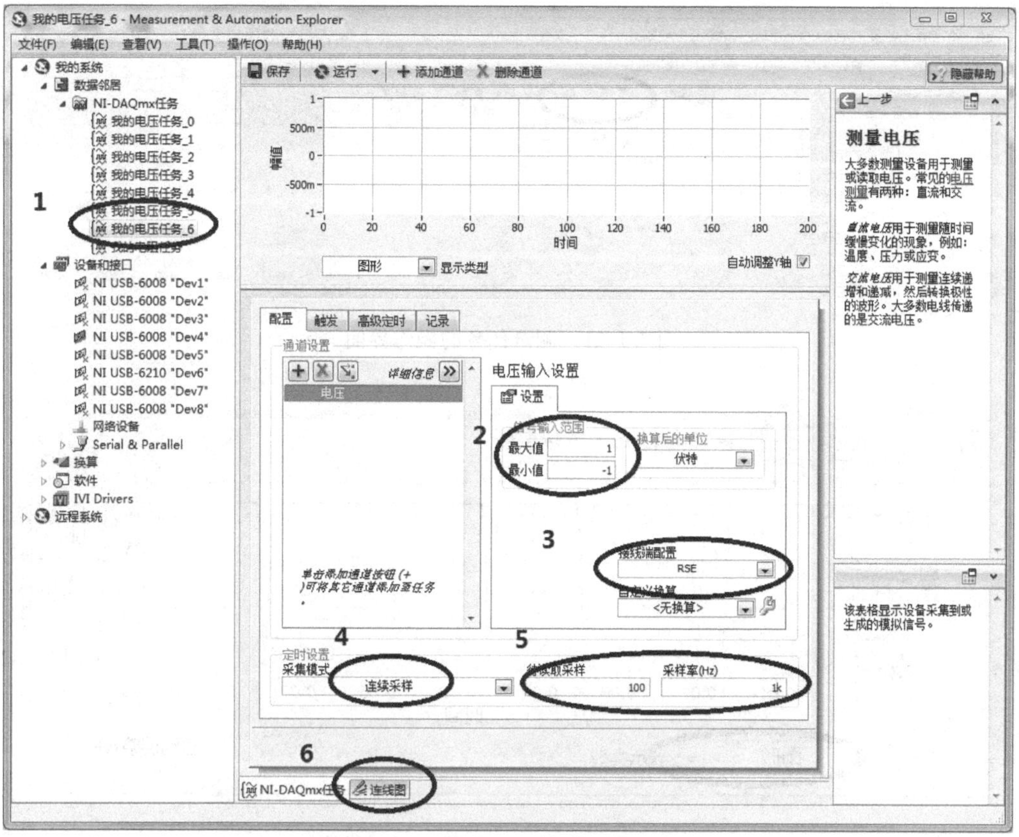

图 7.1-19 新建测量任务的参数设置窗口

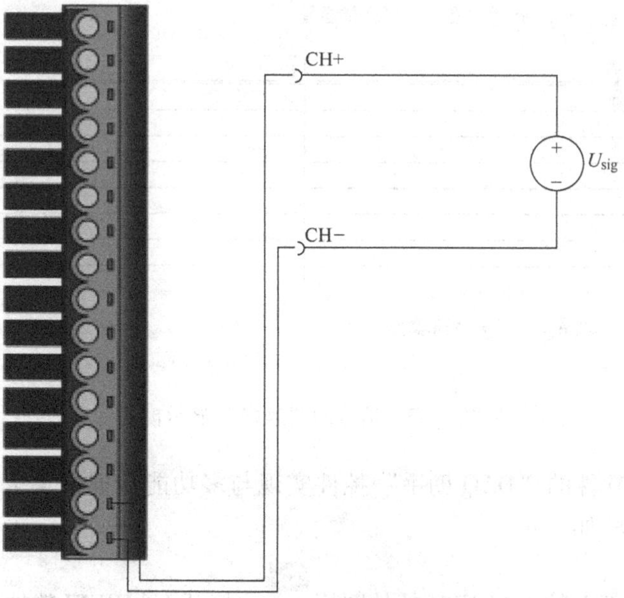

图 7.1-20 MAX 软件生成的新建测量任务的连线图

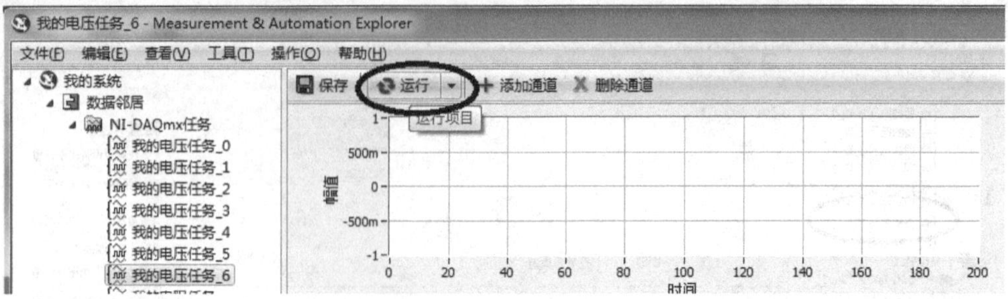

图 7.1-21 测量任务的操作界面

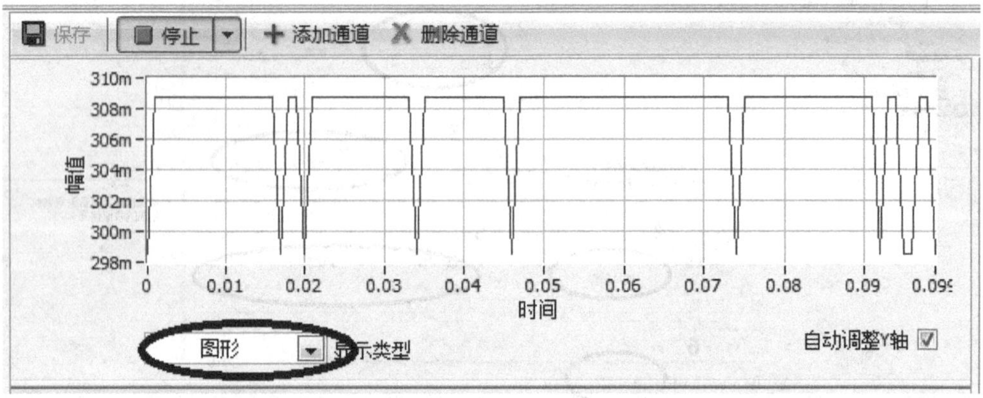

图 7.1-22 信号的“图形”显示模式

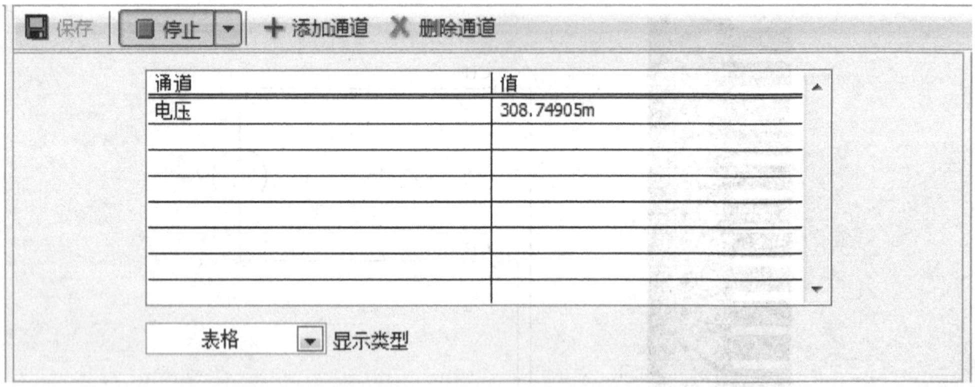

图 7.1-23 信号的“表格”显示模式

通过 LabView 软件的“DAQ 助手”控件实现与多功能数据采集卡的连接，并获取其采集到的信号，步骤如下：

首先，双击桌面上的 LabVIEW 软件图标，打开 LabVIEW 软件。

打开软件后，初始的界面如图 7.1-24，单击“文件”，并选择“新建 VI”，创建 LabVIEW 软件最编程单元——VI（Virtual instrument）

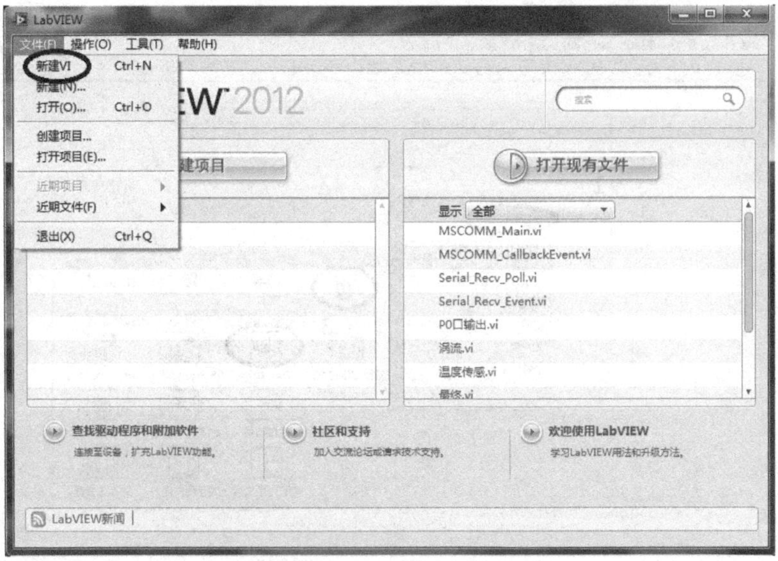

图 7.1-24　在初始界面下新建 VI

创建的 VI 会自动弹出两个窗口，分别是 VI 的程序框图和前面板，如图 7.1-25 所示。

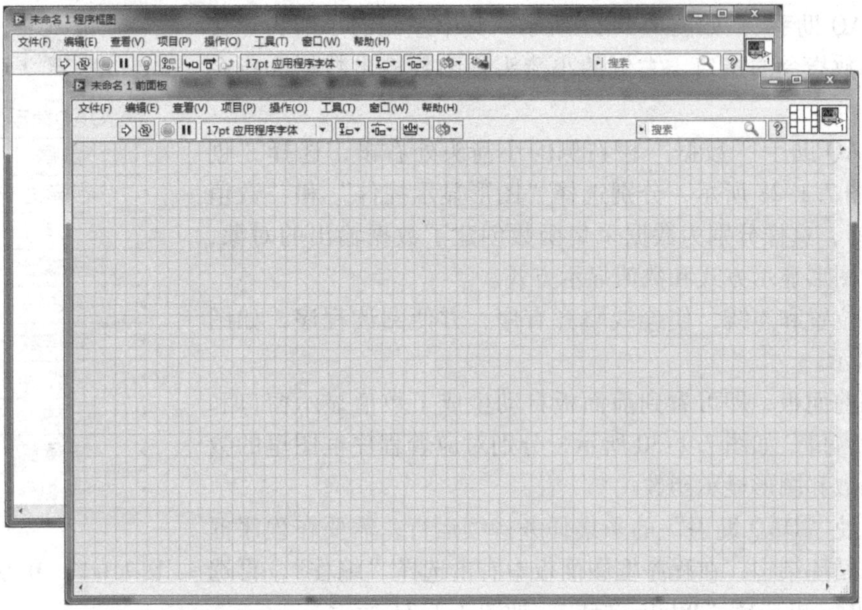

图 7.1-25　新建 VI 的程序框图界面和前面板界面

在程序框图界面，见图 7.1-26，鼠标右击弹出函数选项工具箱，单击“Express”，选择“输入”，选择“DAQ 助手”，这样即是将 NI 数据采集卡的链接函数添加到了程序框图中来。

添加后，DAQ 助手自动打开了数据采集卡的设置窗口，设置保持和 Measurement & Automation 软件中的设置一致。

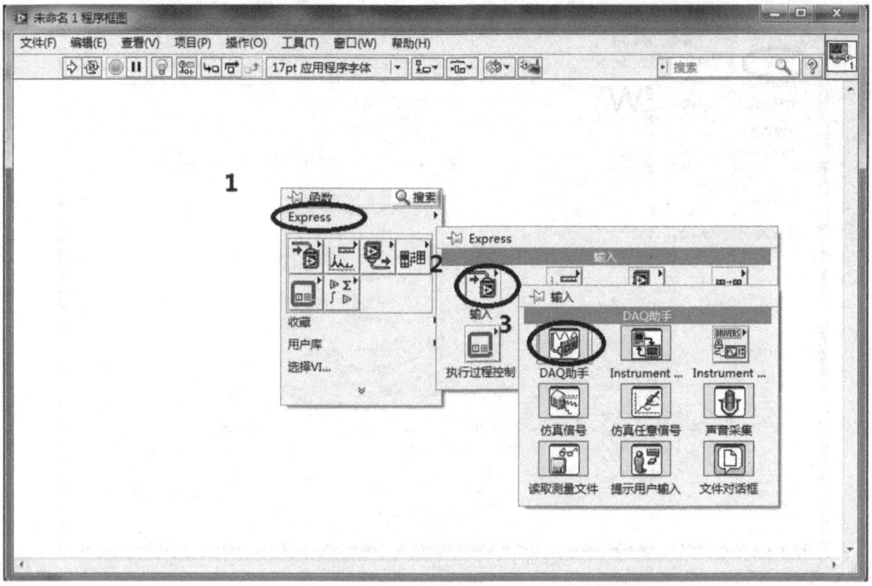

图 7.1-26 程序框图界面

设置完成后，即可看到 LabVIEW 为数据采集卡专用的链接函数“DAQ 助手”，如图 7.1-27 所示。其中左侧的小箭头是接收其他函数指令的接口，右侧的小箭头是函数输出数据和指令的接口。

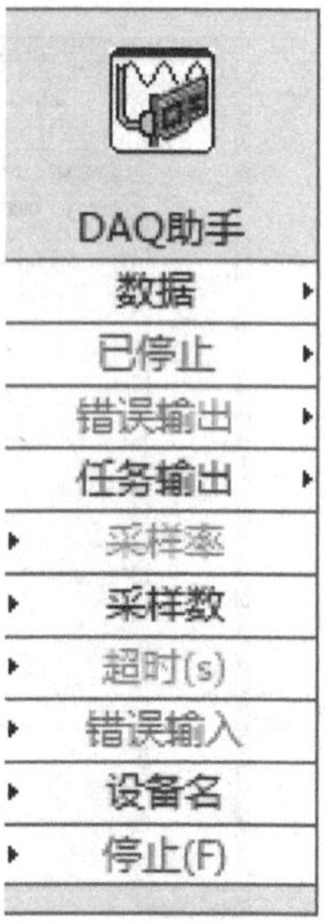

图 7.1-27 DAQ 助手

在 DAQ 助手“数据”栏右侧的小箭头处右击，选择“创建”，如图 7.1-28 所示，分别选择“图形显示控件”和“数值显示控件”，这样分别为数据采集函数创建了数据输出的对象，即数据的图形显示方式和数值显示方式。

调整位置和连线，使连线整齐有序，方便阅读程序，如图 7.1-29 所示。

回到前面板，即可看到前面板自动生成了数值显示窗口和图形显示窗口，如图 7.1-30 所示，分别对应着程序框图里的数值显示函数和图形显示函数。

为了使“DAQ 助手”的采集任务持续运行，需要在程序框图中添加循环结构，在程序框图面板中右击选择“编程”，再选择“结构”，再选择“While 循环”，如图 7.1-31 所示。

拖动弹出的控件使得 While 函数将 DAQ 助手包围在其中。这类似于 C 语言中的 while 循环，循环体的内容即是控件包围的内容，如图 7.1-32 所示。这是以 LabVIEW 为代表的 G 语言，即图形化编程语言的编程特点。

在前面板添加虚拟仪器（VI）的关闭按钮，用来关闭连续运行的 VI，在前面板上右击，选择“新式”或“经典”，选择“开关”，再选择“按钮开关”，这样即在虚拟仪器中添加了一个虚拟按钮，同时在程序框图中自动生成了对应的按钮输出函数，如图7.1-33

所示。

修改按钮的显示名称为“停止”在程序框图中自动生成了对应的按钮输出函数，连线使得按钮的布尔值输出到 While 循环的跳出循环条件上，如图 7.1-34 所示。

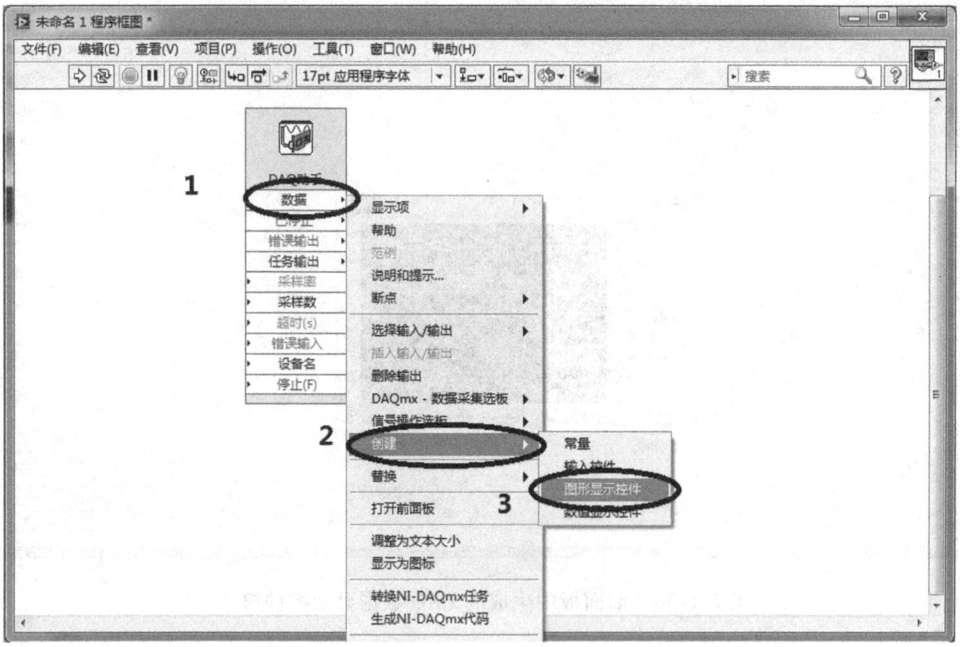

图 7.1-28 为 DAQ 助手添加数据显示控件

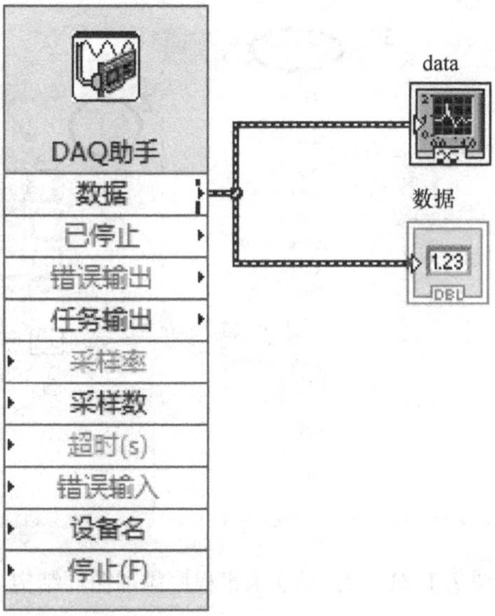

图 7.1-29 DAQ 助手的数据显示基本程序框图

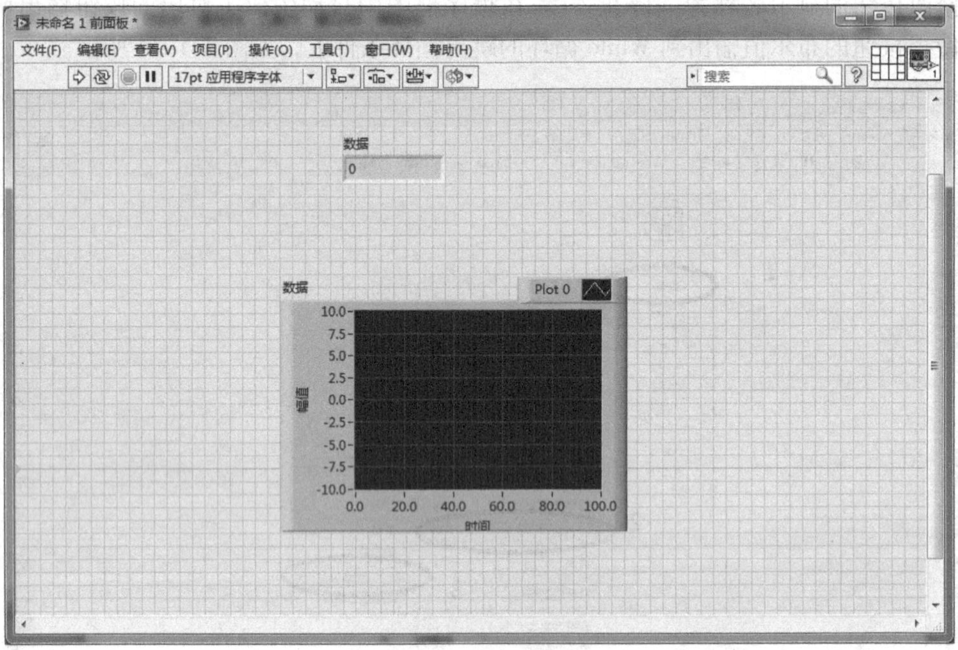

图 7.1-30　前面板中生成的 DAQ 数据显示控件窗口

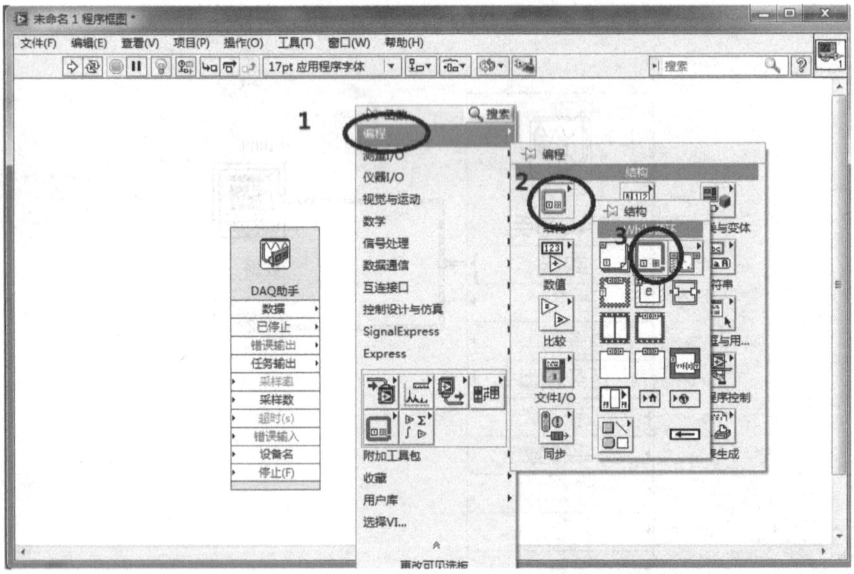

图 7.1-31　为 DAQ 采集程序添加循环结构

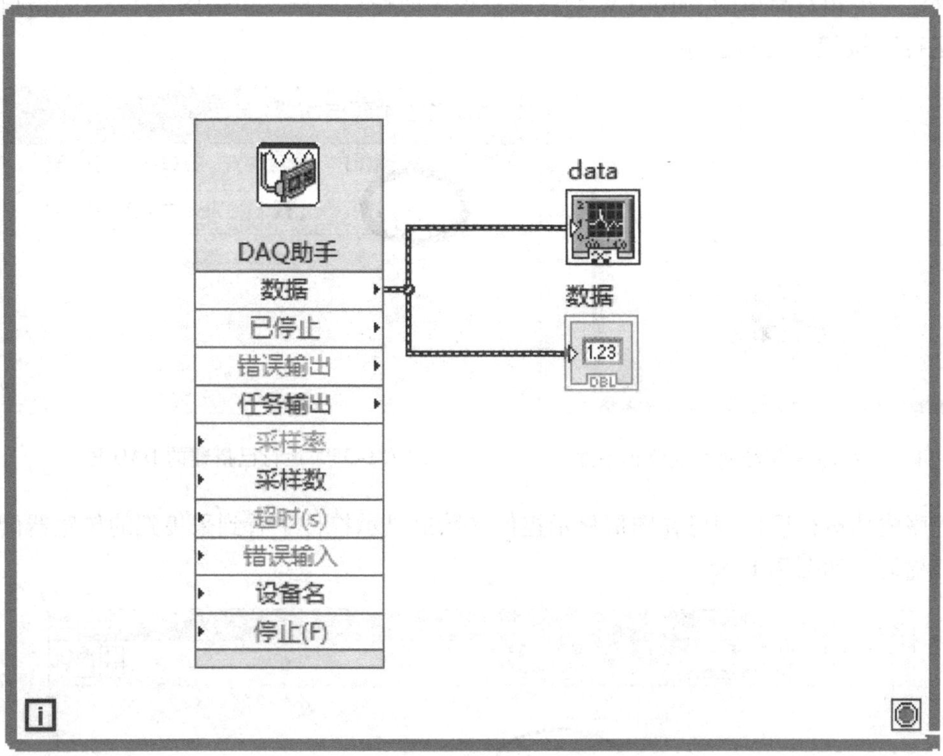

图 7.1-32　DAQ 数据采集程序的循环程序框图

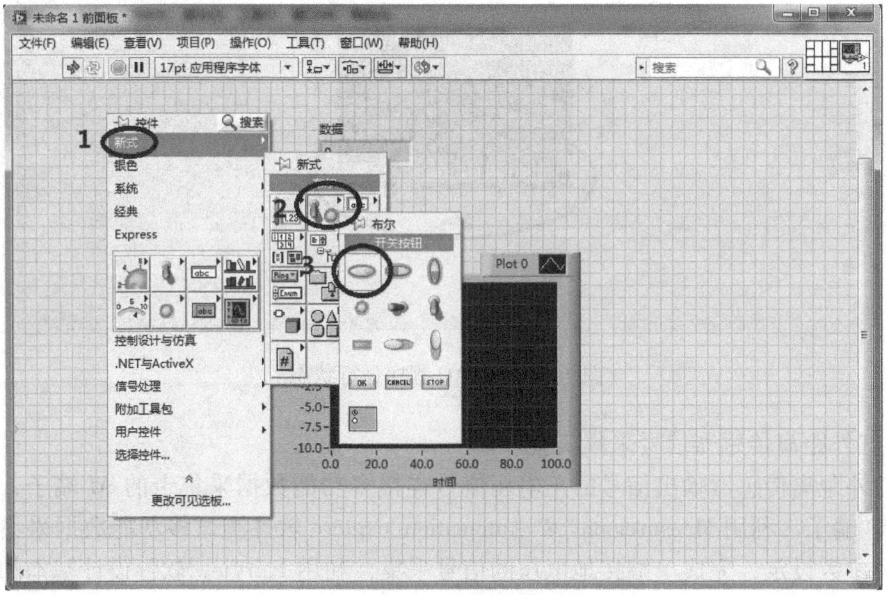

图 7.1-33　为 DAQ 采集程序添加控制按钮

这样一个相对简单的 LabVIEW 数据采集程序即编写完毕，单击图 7. 1-35 的窗口上方的“运行”按钮，运行程序。

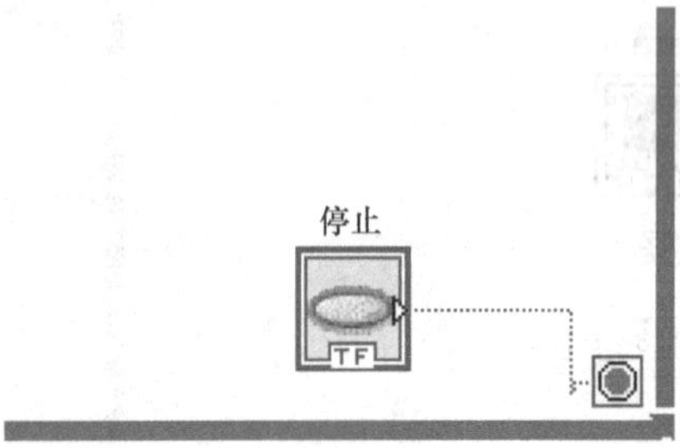

图 7. 1-34　为 DAQ 循环结构添加停止条件

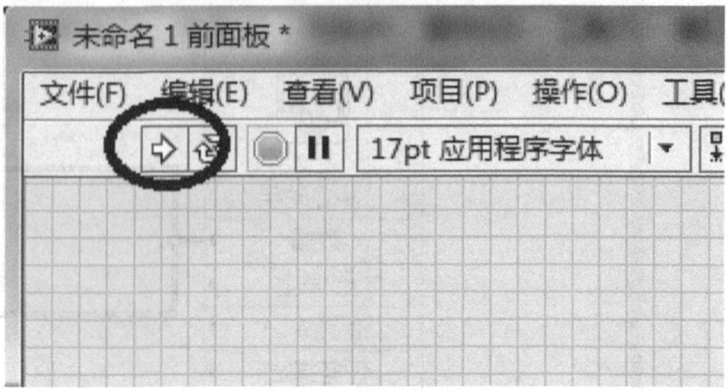

图 7. 1-35　运行已搭建的 DAQ 程序

程序成功运行后，即可在图形显示控件和数值显示控件中看到采集到的传感器信号的波形和幅值，如图 7. 1-36 所示。

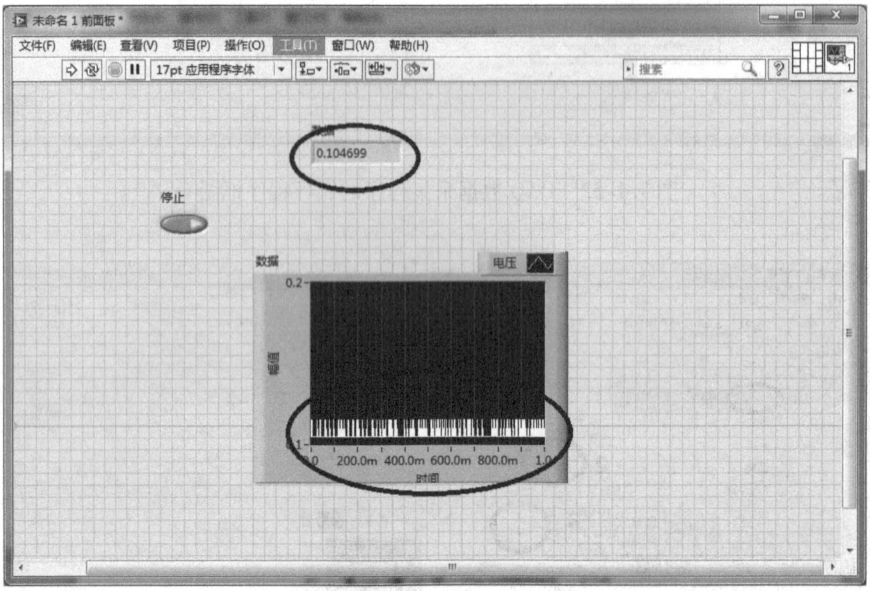

图 7. 1-36　DAQ 程序运行状态

3）红外距离传感器信号采集实验

将红外距离传感器输出信号的正电压信号连接多功能数据采集卡的 AI 端子，地信号连接 GND 端子，利用 Measurement & Automation explore 软件测试多功能数据采集卡的端子选择及参数设定，完成单端接地电压的信号采集，利用 LabView 软件设计基本的数据采集程序，完成数据采集系统的搭建，并分析采集到的数据的准确性。

4）扩散硅压力传感器信号采集实验

将扩散硅压力传感器的差分电压信号的正极连接多功能数据采集卡的 AI + 端子，信号负极连接 AI - 端子。利用 Measurement & Automation explore 软件测试多功能数据采集卡的端子选择及参数设定，完成单端接地电压的信号采集，利用 LabView 软件设计基本的数据采集程序，完成数据采集系统的搭建，并分析采集到的数据的准确性。

5）AD590 温度传感器信号采集实验

自主搭建电流－电压信号转换电路，利用 Measurement & Automation explore 软件测试多功能数据采集卡的参数设定，完成 AD590 的信号采集，完成 LabView 程序设计，搭建自定义的数据采集系统。同时分析信号转换电路中电阻值对信号采集稳定性的影响。

6）三轴加速度传感器的多路信号采集实验（选做）

利用数据采集卡可同时采集多路信号的功能，在 MAX 软件中开启数据采集卡的三路模拟输入信号端口，将 ADXL335 传感器模块的三个模拟输出信号分别接至数据采集卡的模拟信号采集端口。搭建自定义的多路信号采集系统，同时采集传感器输出的三路单端接地电压信号。

【数据处理】

画出采集的距离、气压、温度数据曲线，对测量结果进行评价。

【注意事项】

1）多功能数据采集卡的信号输入端子的最大对地电压为 ±10V。差分输入模式可测量 ±20V 量程内的信号，但任意端子相对于 GND 的最大电压为 ±10V。例如，AI1 端子为 +10V，AI5 端子为 -10V，则设备的测量值为 +20V。

2）如数据采集卡的模拟输入端子未连接任何信号，且模拟输入端配置为 RSE 时，内部电阻分压器将把端子浮接电压置为约 1.4V。连接信号后，此电压不会影响测量结果。

【讨论】

1）多功能数据采集卡的采样频率选择对信号的采样精度的有何影响？

2）设置数据采集卡的采样模式时，怎样与 LabView 编程中的循环结构配合，实现连续的数据采集？有几种搭配方式？

3）采集到的红外测距传感器的输出信号与被测物体的形状有无关系？

4）在对扩散硅压力传感器进行数据采集时，如果按照单端接地电压进行采集，能否看到随气压变化而变化的电压信号？与差分采集得到的电压是什么关系？

5）在对 AD590 的输出电流进行电压变化时，电流是否被后级电路进行了分流？若是，分流是否影响采集精度？这种影响如何处理才能得到比较精确的温度数据？

【结论】

通过对数据采集系统搭建，分析数据采集系统的优缺点。

【研究性题目】

1）根据实验室提供的设备，设计实验方案，完成上述三种传感器的输出值标定，并进行误差分析。

2）研究数据采集系统搭建过程中可以采用的硬件滤波及软件滤波的可行性方案，设计多窗口数据采集软件，对比观察滤波前后的信号稳定性和准确性。

3）自己查阅关于多功能数据采集卡的数字端口的使用方法，选择适当的元器件，完成开关量信号及脉冲序列信号的采集。设计 LabView 程序，通过对脉冲序列的信号采集，计算电机转速并显示。

【参考文献】

[1] 美国国家仪器公司. NI USB－6008/6009 用户指南和产品规范. 2009.

[2] 美国国家仪器公司. LabVIEW 入门指南. 2013.

[3] ADXL335 中文版数据手册. 2010.

【补充材料 7.1-1】　LabView 入门指南

LabView 程序称为虚拟仪器（VI），它的外观和操作类似于真实的物理仪器（例如，示波器和万用表）。LabView 拥有的整套工具可用于采集、分析、显示和存储数据，以及解决用户在编写代码过程中可能出现的问题。LabView 通过输入控件和显示控件创建用户界面（前面板）。输入控件指旋钮、按钮、转盘等输入装置。显示控件指图形、指示灯等输出显示装置。前面板创建完毕后，可添加代码，使用 VI 和结构控制前面板上的对象。程序框图包含代码。LabView 不仅可与数据采集、视觉、运动控制设备等硬件进行通信，还可与 GPIB、PXI、VXI、RS232 以及 RS485 等仪器进行通信。

1. 数据流及连线

LabView 按照数据流的模式运行 VI。程序框图上的节点只有在接收到所有必要输入端的数据后才开始执行。节点执行后产生输出端数据，并将该数据传递给数据流路径中的下一个节点。数据流在节点中流动的过程决定了程序框图上 VI 和函数的执行顺序。通过连线可以在程序框图对象之间传输数据。数据类型不同，连线的颜色、粗细和式样也不同，如图 7.1-37 所示。

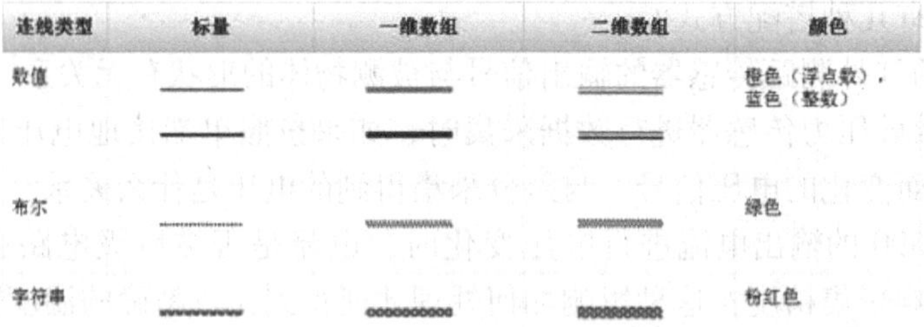

图 7.1-37　LabView 常见的连线类型

在 LabView 中，连线连接 VI 中的多个接线端来传递数据。连线连接的输入端和输出端数据必须兼容。例如，不能将数组输出端连接到数值输入端。另外，连线的方向也必须正确。连线必须仅有一个输入和至少一个输出。举例来说，两个显示控件之间不能连线。决定连线兼容性的因素包括输入/显示控件的数据类型和接线端的数据类型。例如，一个绿色边框的开关可与 Express VI 上任意带绿色标签的输入端相连；一个橙色边框的旋钮可与任意带橙色标签的输入端相连。但是，一个橙色旋钮不能与带绿色标签的输入端相连。连线的颜色与接线端的颜色相同。

2. 常用的程序结构

程序结构内部包含图形化的代码段，并能控制代码段运行的时间和方式。常见的程序结构有 While 循环、For 循环和条件结构。如需要多次运行同一段代码或需要按不同的条件执行不同代码，可考虑使用这些结构。

（1）While 循环　While 循环与文本编程语言中的 Do 循环或 Repeat – Until 循环类似，循环地执行所包含的代码直到满足某个条件为止，如图 7.1-38 所示。

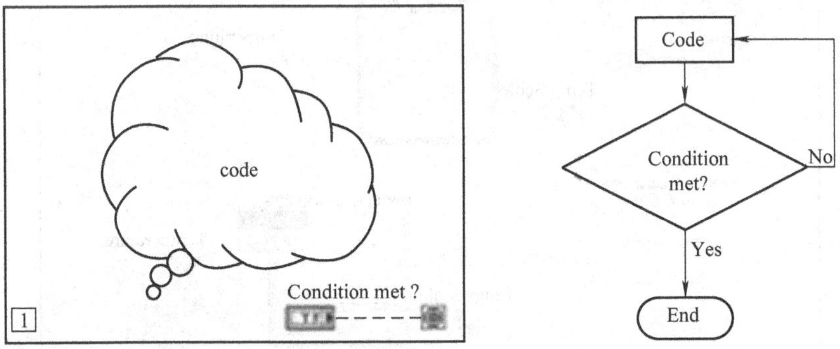

图 7.1-38　LabView 中的 While 循环流程图

While 循环在结构选板上。在选板上选中 While 循环后，在程序框图上用鼠标在需重复执行的代码周围拖曳出一个矩形。释放鼠标后，选中的代码部分即被 While 循环的边框包围。通过拖放将程序框图中的对象放进 While 循环。While 循环重复执行所包含的代码，直到条件接线端（一个输入接线端）接收到特定的布尔值为止。While 循环的条件接线端也可用于进行基本的错误处理。此时可将错误簇连接到条件接线端，错误簇的“状态”参数的 TRUE 或 FALSE 值将传递到该接线端。同时，“真（T）时停止”和“真（T）时继续”快捷菜单将自动转换为“错误时停止”和“错误时继续”。

（2）For 循环　For 循环按既定的次数执行子程序框图。图 7.1-39 显示了 LabView 中的 For 循环、For 循环的流程图。

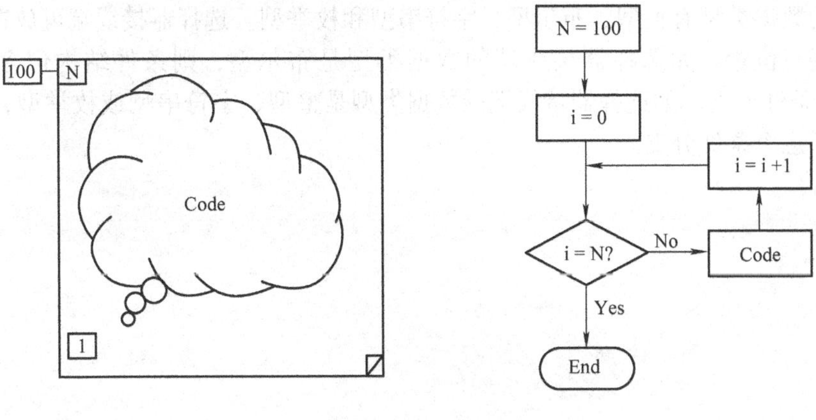

图 7.1-39　LabView 中的 For 循环流程图

For 循环与 While 循环的区别在于：For 循环只执行指定的次数，而 While 循环会重复执行，直至条件接线端接收到特定的值才停止。While 循环也可转换为 For 循环，只需右键单击 While 循环的边框，然后从快捷菜单中选择“替换为 For 循环”，即可实现。

（3）条件结构　条件结构包括两个或两个以上子程序框图（也称“条件分支”），如图 7.1-40 所示。条件结构每次只能显示一个子程序框图、执行一个条件分支。执行哪个子程序框图由输入值决定。条件结构类似于文本编程语言中的 switch 语句或 if...then...else 语句。

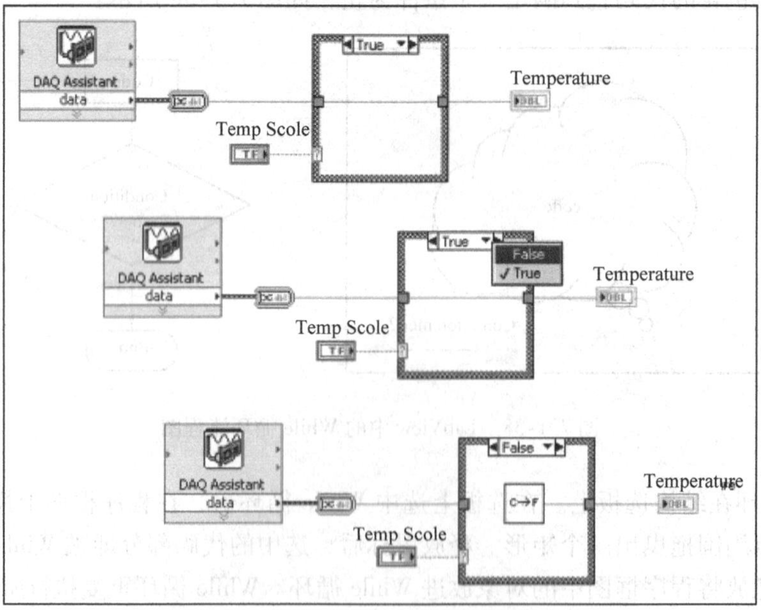

图 7.1-40　条件结构在程序中应用

分支选择器标签位于条件结构顶部，中间是当前分支在选择器中的名称，左右两边是递增和递减箭头。单击递减和递增箭头可浏览所有条件分支。也可单击分支名旁边的向下箭头，在下拉菜单中选择一个条件分支。

将一个输入值或选择器连接至选择器接线端，即可决定将执行的条件分支。选择器接线端支持的数据类型有整型、布尔型、字符串型和枚举型。选择器接线端可放在条件结构左边框的任意位置。如选择器接线端的数据类型是布尔型，则条件结构包含“真”和“假”两个条件分支。如选择器接线端的数据类型是整型、字符串型或枚举型，则条件结构可以有任意个条件分支。

实验 7.2　用横振动法测量固体材料在高温下的弹性模量

【引言】

在工程技术中，人们要求金属材料以及其他材料不仅要有足够的强度，还要有一定的刚度。刚度指的是弹性变形的难易程度，刚度大表示要使材料产生一定的弹性变形所需要的应力大。弹性模量就是表征刚度大小的物理量，它标志着材料抵抗形变的能力。它的定义是：$E=\dfrac{\sigma}{\varepsilon}$，其中，$\sigma$ 表示作用在试样上的应力，ε 表示应变。在工程中，根据材料弹性模量的数值可以计算各种负荷下构件的变形。因此，弹性模量就成为机械设计人员必须掌握的数据之一。

在理论工作中和新材料开发中也需要知道材料的弹性模量，因为它反映了材料中原子之间的结合力，弹性模量的变化反映了材料结构的某种变化。因此，测定材料的弹性模量可以研究金属及合金中原子之间的相互作用。总之，弹性模量的测定越来越受到人们的重视。

弹性模量的测定方法分为两大类：静态法和动态法。在静态法中有静态拉伸法和静态弯曲法，这些方法通常用于大弯形和常温下。其缺点是：由于试验载荷大，加载速度慢，存在弛豫过程，尤其在高温下由于蠕变和弛豫作用，不能很真实地反映材料内部结构的变化。另外，有些脆性材料难以用静态法测量。用动态法则可避免以上缺点。动态法根据试样所处振动状态的不同又可分为横振动法和纵振动法等。

本实验采用的方法是悬丝耦合横振动法，它的特点是试样做横向弯曲振动，其振动频率在声频范围内，试样振动的激发信号和接收信号由两根拴在试样节点附近的悬丝来传递。

采用上述方法的优点是：实验装置简单，加载小，加载速度快，不含各类弛豫过程，测得的弹性模量能较真实地反映原子之间结合力的强弱，测量易于向高温区延伸。缺点是寻找和判断共振状态要有一定经验，有时会把其他杂信号误认为试样的共振信号。

经过多年的实践，该方法于 1979 年 9 月以“国标发［1979］303 号文”发布为国家标准。国标（GB）规定的方法是“动态悬挂法”，其基本方法是：将一根截面均匀的试样（棒）悬挂在两只传感器（一只激振，一只拾振）下面，在两端自由的条件下，使做自由振动。实验时监测出试样振动时的固有基频，并根据试样的几何尺寸、密度等参数，测得材料的弹性模量。

【实验目的】

学习用动态悬挂法测定金属材料的弹性模量。

【实验仪器】

细长圆棒试样、信号发生器、加热炉、数显温控仪、示波器、游标卡尺、千分尺、电子天平等。

【预习提示】

1）测量材料弹性模量所用的基本公式是什么？需要测量哪些物理量？

2）了解测量材料弹性模量的装置。

3）了解测量材料弹性模量的基本实验步骤，列出实验数据记录表。

【实验原理】

本实验采用一个细长圆棒做试样，要求试样几何形状规则、表面光滑。该试样在做横向振动时，在一定的条件下，它的振动频率只能取某些确定的数值，这些频率叫作试样的固有频率。理论证明：固有频率与试样的几何尺寸、质量以及弹性模量有确定的关系。如果测出了试样固有频率、几何尺寸以及质量，就可以通过公式把弹性模量计算出来，改变试样温度进行测量，就可以测出材料弹性模量与温度的关系曲线。

根据弹性力学原理，一个细长杆横振动的微分方程为

$$\frac{\partial^4 y}{\partial x^4}+\frac{\rho S}{EJ}\cdot\frac{\partial^2 y}{\partial t^2}=0 \tag{7.2-1}$$

式中，y 表示横振动的位移；x 表示杆在任意一点的纵向位置；ρ 为样品的密度；J 为横截面对中性层的惯量矩（$J=\int_S y^2\mathrm{d}S$）；S 为试样的横截面积；E 为弹性模量。

用分离变量法求解方程（7.2-1），令 $y(x,t)=X(x)T(t)$ 代入方程（7.2-1）得

$$\frac{1}{X(x)}\cdot\frac{\mathrm{d}^4 X}{\mathrm{d}x^4}=-\frac{\rho S}{EJ}\cdot\frac{1}{T(t)}\cdot\frac{\mathrm{d}^2 T}{\mathrm{d}t^2}$$

等式两边分别是 x 和 t 的函数，这只有在等式两边都等于一个任意常数时才有可能，设此常数为 k^4，于是得到

$$\frac{\mathrm{d}^4 X(x)}{\mathrm{d}x^4}-k^4 X(x)=0 \tag{7.2-2}$$

$$\frac{\mathrm{d}^2 T(t)}{\mathrm{d}t^2}+\frac{k^4 EJ}{\rho S}T(t)=0 \tag{7.2-3}$$

解方程（7.2-2）得

$$X(x)=A_1\sin kx+A_2\cos kx+A_3\operatorname{sh}kx+A_4\operatorname{ch}kx$$

令

$$\omega^2=\frac{k^4 EJ}{\rho S}$$

代入式（7.2-3），得

$$\frac{\mathrm{d}^2 T(t)}{\mathrm{d}t^2}+\omega^2 T(t)=0$$

解得

$$T(t)=A\cos(\omega t+\varphi)$$

所以，细杆的横振动方程式的通解为

$$y(x,t)=(A_1\sin kx+A_2\cos kx+A_3\operatorname{sh}kx+A_4\operatorname{ch}kx)\cdot A\cos(\omega t+\varphi) \tag{7.2-4}$$

式中，ω 为固有角频率；k 为方程的本征值。方程的本征值有多个，对于第 n 个本征值，我们用 k_n 表示，对应的角频率用 ω_n 表示。下式称为频率公式

$$\omega_n^2=k_n^4\frac{EJ}{\rho S} \tag{7.2-5}$$

频率公式对任意形状截面、不同边界条件的试样都是成立的，只要用特定的边界条件定出常数 k，代入特定截面的惯量矩，就可以得到具体条件下的计算公式了。由于

$$f_n = \frac{\omega_n}{2\pi}$$

故
$$f_n^2 = \frac{\omega_n^2}{4\pi^2} = \frac{k_n^2 EJ}{4\pi^2 \rho S}$$

从而有

$$E = \frac{4\pi^2 \rho S f_n^2}{k_n^4 J} = \frac{4\pi^2 L^4}{(k_n L)^4} \cdot \frac{\rho S}{J} \cdot f_n^2 \tag{7.2-6}$$

式中，L 为试样的长度；J 为试样惯量矩，它由试样的横截面形状决定。

下面以圆柱状试样做进一步的说明。对于直径为 d 的圆棒来说

$$J = \int_S y^2 \mathrm{d}S = \left(\frac{d}{4}\right)^2 S$$

又因为试样的密度可写成 $\rho = \dfrac{m}{\frac{\pi}{4}d^2 L}$，$m$ 为试样的质量，将 J、ρ 的公式代入式（7.2-6）得

$$E = \frac{256\pi}{(k_n L)^4} \cdot \frac{L^3 m}{d^4} \cdot f_n^2 \tag{7.2-7}$$

由式（7.2-7）可知，只要求出本征值 k_n，弹性模量就可以计算出来。

本征值 k_n 要由振动的边界条件来确定，如果悬线悬挂在试样的节点，则边界条件为自由端边界条件。细长圆棒自由横振动的边界条件是：试样两端自由，两端面处弯矩和切变力都为 0，因为弯矩为 $M_{弯} = EJ\dfrac{\partial^2 y}{\partial x^2}$，切变力为 $F = -\dfrac{\partial M_{弯}}{\partial x} = -EJ\dfrac{\partial^3 y}{\partial x^3}$，于是上述边界条件可写成

$$\left.\frac{\mathrm{d}^3 X}{\mathrm{d}x^3}\right|_{X=0} = 0, \quad \left.\frac{\mathrm{d}^2 X}{\mathrm{d}x^2}\right|_{X=0} = 0$$

$$\left.\frac{\mathrm{d}^3 X}{\mathrm{d}x^3}\right|_{X=L} = 0, \quad \left.\frac{\mathrm{d}^2 X}{\mathrm{d}x^2}\right|_{X=L} = 0$$

将方程解代入这些公式可得如下结果：

$$\cos k_n L \cdot \mathrm{ch} k_n L = 1$$

用数值求解方法可以求得本征值 k_n 和棒长 L 应满足：

$$k_0 L = 0$$
$$k_1 L = 4.730$$
$$k_2 L = 7.853$$
$$k_3 L = 10.996$$
$$k_4 L = 14.137$$
$$\vdots$$

这些根可近似用公式 $k_n L = (n + 1/2)\pi$ 表示。其中根“0”相应于静态情况，故将第二个根作为第一个根记作 $k_1 L$。一般将 $k_1 L$ 所对应的频率称为基频频率。在上述 $k_n L$ 值中，第

1、3、5、…个数值对应着“对称形振动”，第2、4、6、…个数值对应着“反对称形振动”。最低级次的对称形和反对称形振动的波形如图7.2-1所示。

由图7.2-1可见，试样在做基频振动时，存在两个节点，它们的位置距离端面分别为0.224L和0.776L。将第一本征值$k_1=\frac{4.730}{L}$代入式（7.2-7），得到在基频振动下弹性模量的计算公式

$$E=\frac{256\pi}{(4.730)^4}\cdot\frac{L^3m}{d^4}\cdot f^2=1.6067\cdot\frac{L^3m}{d^4}f^2(\mathrm{N/m^2})\tag{7.2-8}$$

式中，L为细长圆棒长度（以m为单位）；d为细长圆棒直径（以m为单位）；m为细长圆棒质量（以kg为单位）；f为基频频率（以Hz为单位）。

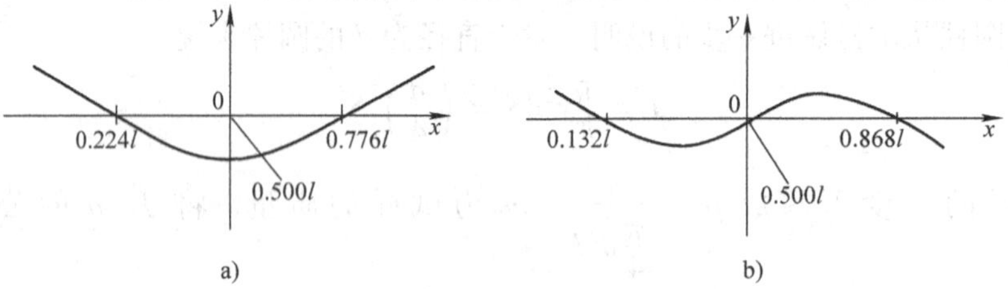

图7.2-1 细长圆棒最低级次振动波形

a）对称形 b）反对称形

应该指出，在试样振动方程的推导过程中，曾假定杆做纯弯曲振动，忽略了试样任一截面两侧的剪切作用，并认为杆各基元之间不存在相对回转运动，这些假设只有在试样直径与长度之比趋于零时才满足，实际上d/L不为零，因而造成E值偏低，为了消除这一系统误差，引入一个修正系数K，K值的大小与径长比有关，见表7.2-1。

表7.2-1 修正系数K值表

d/L	0.01	0.02	0.03	0.04	0.05	0.06
K	1.001	1.002	1.005	1.008	1.014	1.019

经过修正的公式为

$$E=1.6067\cdot K\cdot\frac{L^3m}{d^4}\cdot f^2\tag{7.2-9}$$

【实验测量与数据处理】

本实验的基本问题是测量试样在不同温度时的固有频率。由于本实验中样品的固有频率与共振频率相差极小，因此可以用样品的共振频率来替代。为了测出共振频率，实验时采用如图7.2-2所示装置。

由信号发生器输出的等幅正弦波信号，加在传感器Ⅰ（激振）上。通过传感器Ⅰ把电信号转变成机械振动，再由悬丝把机械振动传给试样，使试样受迫做横振动。试样另一端的悬丝把试样的振动传给传感器Ⅱ（拾振），这时机械振动又转变成电信号，该信号经过放大后送到示波器中显示。

当信号发生器的频率不等于试样的共振频率时，试样不发生共振，示波器上几乎没有信号波形或波形很小。当信号发生器的频率等于试样的共振频率时，试样发生共振。这时

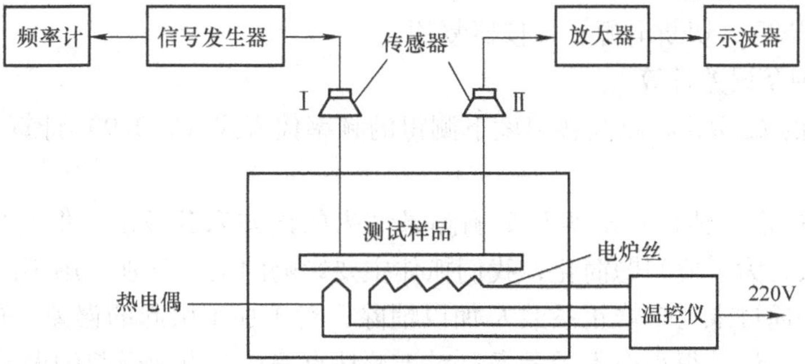

图 7.2-2　动态弹性模量实验装置示意图

示波器上的波形突然增大，读出的频率，就是试样在该温度下的共振频率。根据式（7.2-9）即可计算出该温度下的弹性模量。不断改变加热炉的温度，可以测出在不同温度时材料的弹性模量。

1. 实验测量

1）测定试样的长度 L，直径 d 和质量 m。

2）在室温下不锈钢的弹性模量约为 $2\times10^{11}\,\mathrm{N/m^2}$，铜的弹性模量约为 $1\times10^{11}\,\mathrm{N/m^2}$，由弹性模量的测量计算公式先估计出共振频率 f，以便寻找共振点。

3）按图搞清楚实验装置配置。注意悬线应悬挂在试样的节点附近，不要使悬丝与炉体小瓷管接触，使悬丝保持自由状态。

4）接通电源，进一步调整各仪器参数，直到示波器屏幕上出现大小适中的波形。缓慢调节音频信号发生器的频率和输出信号的幅度，观察示波器上波形变化，当波形达到最大时表示试样处于共振状态，这时可从频率计上读出共振频率。因为试样共振状态的建立需要有一个过程，且共振峰十分尖锐，因此在共振点附近调节信号频率时，必须十分缓慢地进行。

在测定中，激发换能器、接收换能器、支架、悬丝等部件都有自己的共振频率，都可能以自己的基频或高次谐波频率发生共振，因此，正确判断示波器上显示的信号是否是试样的共振频率是测量的关键。除了根据样品参数预先估计样品共振频率外，还可以用下述简单方法帮助判断：①测量时尽可能采用较弱的信号激发，这样发生虚假信号的可能性较小；②发生共振时，迅速切断信号源，试样共振信号是逐渐衰减的，而其他假共振信号会很快消失；③在共振频率附近调节激发频率时，示波器上显示的接收信号的振幅有张弛现象；④若换能器或悬丝等部件发生共振，则对这些部件施加负荷（如用力夹紧）时，共振信号会变化或消失。

5）测出室温下的频率后，接通加热炉电源，将数显温控仪设定到预定值，对样品进行加热。注意：因加热炉存在热惯性，当设定炉温在某温度时，通电加热到该温度时，虽然炉子停止加热，但炉温会继续上升，然后缓缓下降。因此，在设定炉温时，应预留因加热惯性炉温上冲的空间。

6）随着样品温度升高，不断调节音频信号发生器的输出频率，跟踪试样共振频率的变化，使示波器上的波形保持最大。每隔 50℃ 左右测一次样品共振频率，记入实验数据纪录表格中（最高温度测到约500℃）。

7）测量完毕后，切断电源，各仪器复原。

2. 数据处理及误差计算

1）将测得的 L, d, m 以及各温度下测得的频率代入式（7.2-9）计算 E，画出 $T-f$、$T-E$ 曲线。

2）测量不确定度估计：本实验影响测量结果的误差来源较多，但它们的影响不同，关系也比较复杂，为了使问题简化，我们抓住主要影响因素，分别采用不同办法处理。例如，径长比误差通过乘一个修正系数 K 加以消除；对于加工引起的误差，严格加工要求，从而可以认为加工误差很小而不予考虑；对于悬挂点偏离节点而引起的误差合并到频率计测量误差中去考虑；对于测温误差主要考虑炉温不均匀和温度测量不准确引起的误差。

本实验的测量不确定度可分成如下两部分来考虑：

① 由 E 的计算公式可推出相对不确定度公式

$$\left(\frac{U_E}{E}\right)_1^2=\left(\frac{3U_L}{L}\right)^2+\left(\frac{4U_d}{d}\right)^2+\left(\frac{U_m}{m}\right)^2+\left(\frac{2U_f}{f}\right)^2 \tag{7.2-10}$$

式中，U_L，U_d，U_m 可取为游标卡尺、千分尺和天平的仪器误差限。U_f 为频率的测量不确定度，其中包括：频率计仪器误差，悬挂点不在节点上引起的误差，人眼判断波形最大有一定的误差。

② 测温误差对 E 的影响：在不同温度下测得的温度误差不相同，测温高时误差大，因而引起 E 的误差也大。一般我们从 $E-T$ 曲线上取中段部分加以估算，其方法如下：

在 $E-T$ 曲线中段，取两点（T_1，E_1）和（T_2，E_2），由

$$\left|\frac{\Delta E}{\Delta T}\right|=\left|\frac{E_2-E_1}{T_2-T_1}\right|$$

算出温度每变化1℃引起 E 的变化。

我们可把 ΔT 分解成两项：其一为炉内温度不均项，设为 ΔT_1；其二为用热电偶测温引起的测量误差 ΔT_2。总的测温误差为 $\Delta T=\Delta T_1+\Delta T_2$。

由温度测量引起的测量不确定度分量可写成

$$\left(\frac{U_E}{E}\right)_2=\frac{(\Delta E/\Delta T)(\Delta T_1+\Delta T_2)}{E} \tag{7.2-11}$$

总的测量相对不确定度为

$$\frac{U_E}{E}=\sqrt{\left(\frac{U_E}{E}\right)_1^2+\left(\frac{U_E}{E}\right)_2^2} \tag{7.2-12}$$

【讨论】

从自己感兴趣的角度，对实验现象和实验数据加以分析和讨论。

【结论】

通过对实验现象和实验结果的分析，你能得到什么结论？

【研究性题目】

研究悬丝悬挂点位置对频率测量的影响，并估计悬挂点偏离节点引起的频率测量误差。

【参考文献】

[1] 梁昆淼．数学物理方法［M］. 2 版．北京：人民教育出版社，1979.

[2] 潘人培，赵平华．悬丝耦合弯曲共振法测定金属材料杨氏模量［J］．物理实验，2000，20（9）：5－9.

[3] 丁慎训，傅敏学，丁小冬，等．用动力学法测杨氏模量实验及其实验装置的研制［J］．大学物理，1999，18（7）：25－27.

[4] 杨俊材，何焰蓝．大学物理实验［M］．北京：机械工业出版社，2004.

[5] 胡跃辉，彭庶修，王艳香．用悬丝耦合法测陶瓷样品动态杨氏模量的实验［J］．中国陶瓷，1999，35（6）：19－22.

【补充材料 7.2-1】　YM 型弹性模量实验装置技术指标

1. 测试台

拾振器输出灵敏度 >10mV（激振电压 1V，试样共振时）

2. YM－2 型信号发生器

频率范围	500～2kHz	显示方式	LED 数字直接显示
频率细调	±0.1Hz	频率稳定度	±0.1Hz

3. YM－3 型试样加热炉

升温范围	室温～800℃	炉壳温度	<50℃（炉温 600℃时）
有效炉温区长 >0.2m		有效炉温区不均匀度 <1%	

4. YM－3 型数显控温仪

热电偶	镍铬－镍铝	显示方式	LED 数字直接显示
设定点误差	±1 个字		

整机综合误差：室温时　<1%；　600℃时　<3%

实验 7.3 高温超导电性测量

【引言】

高温超导电性是凝聚态物理的前沿课题，具有重要的学术价值和广泛的应用前景。近年来，超导材料和器件已经在科研、军事、医疗、通信等领域得到广泛的应用。本实验通过对高温超导样品 $R-T$ 曲线的测量，使学生对低温测试技术有初步的了解，并使学生对导体、半导体和超导体的低温物性有进一步的认识。

【实验目的】

1）了解高温超导材料的基本特性及测试方法。

2）了解金属和半导体 PN 结的伏安特性随温度的变化及温差电效应。

3）学习几种低温温度计的使用方法和一种低温控制的简便方法。

【实验仪器】

1）低温恒温器（俗称探头）。

2）不锈钢杜瓦容器和支架。

3）PZ158 型直流数字电压表（5 1/2，1μV）。

4）BW2 型高温超导材料特性测试装置。

【预习提示】

1）了解低温杜瓦和低温恒温器的结构。

2）掌握四引线法测量低电阻原理及电测量电路。

3）理解降温速率的控制方法——液面计法。

4）掌握几种常用温度计（铂电阻温度计、硅二极管温度计和温差电偶温度计）的原理。

【实验原理】

1. 高温超导电性

1911 年，卡麦林 · 翁那斯发现，当用液氦冷却汞使其温度下降到 4.2K 时，汞的电阻完全消失。材料的直流电阻率在一定的低温下突然消失，这种特殊的导电性能被称为超导电性（或称零电阻现象）。通常称具有超导电性的物体为超导体，而把超导电阻突然变为零的温度称为超导转变温度（或临界温度 T_c）。在实际测量中，超导转变往往发生在并不太窄的温度范围内，通常采用起始转变温度 $T_{c,onset}$、零电阻温度 T_{c0} 和超导（中点）转变温度 T_{cm} 等来描述超导体的特性，如图 7.3-1 所示。通常所说的超导转变温度是指 T_{cm}。

超导体有两个基本特性：零电阻效应（$T<T_c$，电阻率小于 $10^{-18}\Omega\cdot cm$）和完全抗磁性（$T<T_c$，内部磁感应强度为零）。自从发现超导现象之后，人们一直在致力于提高超导体的转变温度。1973 年，发现了临界超导温度为 23.2K 的超导合金——铌锗合金；1986 年，缪勒和柏诺兹发现了一种成分为钡、镧、铜、氧的陶瓷性金属氧化物LaBaCuO4，

其临界温度约为 35K，打开了混合金属氧化物超导体的研究方向；同年美国贝尔实验室研究的超导材料的临界超导温度达到 40K，液氢的“温度壁垒”（40K）被跨越。1987 年，美国科学家吴茂昆、朱经武以及中国科学家赵忠贤相继在钇钡铜氧系（YBCO）材料上把临界超导温度提高到 90K 以上，突破了液氮的“温度壁垒”（77K）。随后相继又发现了临界超导温度 110K 的铋锶钙铜氧系（BiSrCaCuO）材料、125K 的铊钡钙铜氧系（TlBaCaCuO）材料以及 135K 的汞系（HgBaCaCuO）化合物超导材料。

目前实验上已经发现的超导材料主要可以划分金属和合金超导体、铜氧化物超导体、重费米子超导体、有机超导体、铁基超导体以及其他氧化物超导体等几大类。因其超导机理可以用传统超导微观理论——BCS 理论来解释，故金属和合金超导体被称为常规超导体，其他非常规超导体则不适用于 BCS 理论解释的范畴。BCS 超导理论认为，在微观上超导态时费米面附近的电子将通过相互作用媒介而两两配对形成库珀对，配对电子将同时处于稳定的低能组态（凝聚体），它们将在外加电场驱动下“步调一致”（物理上叫作相位相干，即具有相同相位）地整体运动，即使受到杂质等散射也将保持总动量不变，从而在外加电场作用下能够不损失能量而运动——这就是零电阻态的起源。脱离超导态就必须打乱库珀对的整齐步调，需要提供能够破坏电子对相互作用的能量，即存在超导能隙，因此，超导态是在低温和低磁场下稳定的电子对宏观量子凝聚态。而超导临界温度可以超过 BCS 理论预言的 T_c上限 40K 的铜氧化物和铁基超导体又被称为高温超导体。它们的超导机理完全不同于常规超导体，但是目前还没有足够的实验和理论工作能够完全揭示其内在机制。

超导材料都是在极低温下才能进入超导态，低温技术是观察超导态的必要条件。对于超导临界温度在氮气液化温度（77K）以上的铜氧化合物高温超导材料，用相对便宜的液氮就可以实现冷却超导。

2. 金属电阻随温度的变化

电阻随温度变化的性质反映了物质内在的属性，对它的研究已经成为研究物质性质的基本方法之一。金属的电阻主要由两部分组成：一部分是由电子受到晶格散射而出现的电阻 R_i，另一部分是由杂质对电子的散射造成的电阻 R_r。理论计算表明，当金属纯度很高时，总电阻的近似表达式为：$R = R_i + R_r$。在液氮温度以上，$R_i >> R_r$，因此有 $R \approx R_i \propto T$。在液氮正常沸点到室温的温度范围内，铂电阻温度计具有良好的线性温度电阻关系，可以近似表示为

$$R(T) = AT + B \qquad 或\ T(R) = aR + b \tag{7.3-1}$$

式中，A、B 和 a、b 都是不随温度变化的常量。因此，根据所给出的铂电阻温度计在液氮正常沸点和冰点的电阻值可以确定 A、B 和 a、b 的值，而且由此可得到铂电阻温度计任一电阻阻值所对应的温度值。

3. 半导体电阻随温度的变化

半导体是介于导体和绝缘体之间非离子性导电的物质。半导体中的杂质含量和外界条件的改变（如温度变化、受光照射等），都会使半导体的导电性能发生显著变化。纯度很高、内部结构完整的半导体，在极低的温度下几乎不导电，接近绝缘体。不同于绝缘体的是半导体具有较窄的禁带。没有掺杂的本征半导体可以通过本征激发（热学、光学、碰撞电离本征激发等）实现价带电子到导带的跃迁，使导带上带有载流子（电子），而在价

带上带有相同数量的载流子（空穴），即产生电子－空穴对作为载流子导电。温度越高，由本征激发所产生的电子－空穴对越多，本征半导体内部载流子的数目也越多，本征半导体的导电能力就越强，这就是半导体导电能力受温度影响的直接原因。半导体靠导带中的电子或价带中的空穴导电，它的导电性一般通过掺入杂质原子取代原来的原子来控制。掺入的原子如果比原来的原子多一个价电子，则产生电子导电；如果掺入的杂质原子比原来的原子少一个价电子，则产生空穴导电。杂质半导体中，除了因本征激发而存在的电子－空穴对外，还有因杂质元素而产生的自由电子（N型，多子为电子）或空穴（P型，多子为空穴），掺入的杂质越多，多子的密度越高，导电能力就越强。杂质半导体中，杂质能级要么处于未离化的中性态，要么电离成为离化态。在低温区，杂质不完全电离，电离产生的载流子数目随温度增加而增加；随着温度升高，因杂质完全电离产生的载流子浓度远大于本征激发且数目基本不变；温度进一步提升，则不能忽视本征激发产生的载流子浓度的增加；高温区，本征激发占据主导地位，杂质半导体呈现本征半导体的特征。显然半导体的电阻温度变化关系会因导电机理的不同而在不同的温度区间有不同的表现。

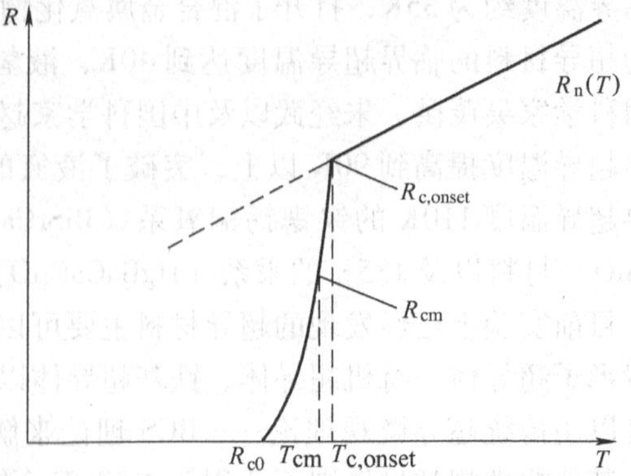

图 7.3-1 超导体的电阻转变曲线

半导体内部同时存在着自由电子和空穴移动所形成的电流，是半导体导电方式的最大特点，也是半导体与金属导体在导电机理上本质的差别。通过对材料电阻随温度变化特性的研究，可以了解材料导电的内在机理。

4. PN 结的正向电压随温度的变化

把N型和P型半导体材料紧密结合起来外端连上导线，就形成了半导体二极管。二极管中N型和P型两种材料的结合区，称为PN结。在二极管中，PN结的电阻最大，P区电阻最小，N区电阻在二者之间。如果在二极管加上反向直流电压，因电子不能由P流向N，则电路不导通；在二极管上加上正向直流电压，电子易于由N流向P形成电流导通，即形成二极管的单向导电性能。理想的PN结正向电流 I_F 和压降 U_F 之间存在近似关系 $I_F = I_s \exp\left(\dfrac{qU_F}{kT}\right)$。对于杂质全部电离、本征激发可忽略的温度区间（对于通常的硅二极管来说，温度范围为－50～150℃），PN结正向压降几乎随温度升高而线性下降。如果温度低于或高于上述范围时，由于杂质电离因子减小或本证载流子迅速增加，PN结正向压降几乎随温度变化关系将产生新的非线性特性。

在恒定电流下，硅和砷化镓二极管PN结的正向电压－温度曲线如图7.3-2所示，表现为负的电阻温度系数，具有很高的灵敏度，可用做二极管温度计和温控元件。

5. 温差电偶温度计

当将两种金属材料（铜－康铜线）连成回路，并使两个接触点维持在不同的温度时，因电子浓度梯度和温度梯度的存在，该回路中就会产生温差电动势，这种回路称作温差电偶（也称热电偶）。其温差电动势的大小除了与材料有关外，还是两触点温差的函数。如果将回路中一个接触点固定在一个已知的温度，例如液氮的正常沸点 77.4K，则可由测量得到的温差电动势确定回路的另一接触点的温度。利用这种原理制成的温度计被称为温差电偶温度计（铜－康铜温度计的测温范围是－200～350℃）。

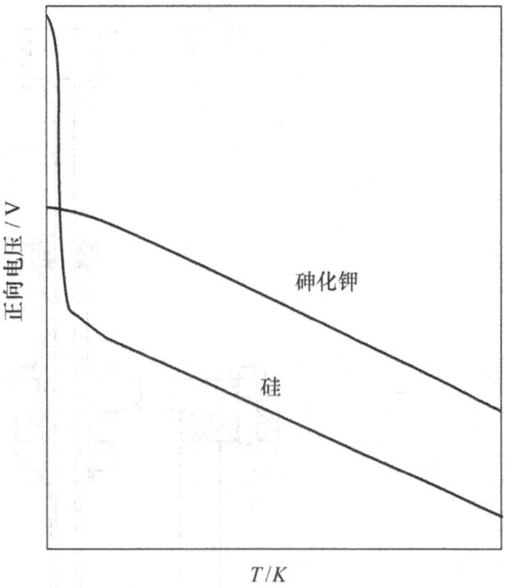

图 7.3-2 二极管电压温度关系曲线

【实验内容与测量】

本实验的主要内容是用铂电阻为温度计来测量高温超导体（YBCO 样品）的电阻－温度转变曲线。同时，利用该降温过程测量硅二极管正向电压－温度特性曲线和铜－康铜热电偶温差电动势－温度特性曲线（这实际上是用铂电阻温度计作为温度标准来校准硅二极管温度计和温差电偶温度计）。

1. 低温恒温器和不锈钢杜瓦容器

低温恒温器和不锈钢杜瓦的结构如图 7.3-3 所示，该结构设计的目的是得到从液氮的正常沸点到室温的任意温度。正常沸点为 77.4K 的液氮盛在不锈钢真空夹层杜瓦容器中，借助手电筒可通过有机玻璃盖看到杜瓦容器内部。拉杆固定螺母可用来调节和固定引线拉杆及其下端低温恒温器的位置。低温恒温器的核心部件是纯铜恒温块，其内部安装有超导样品和温度计。此外还包括纯铜圆筒及其上下盖，上、下挡板，引线拉杆和 19 芯引线插座等部件。其中，纯铜圆筒包围着纯铜块起均温的作用，而上、下挡板起阻挡来自室温的辐射热的作用。

为了使恒温块以我们所需的速率降温，应适当控制其浸入液面的深度。通常使液面维持在纯铜圆筒底和下挡板之间距离的 1/2 处，为了灵敏地调节这一距离，在该处安装有可调定点液面指示计。（可调定点液面指示计是利用温差热电偶实现的，热电偶温度计的参考端置于液氮中，测温端即液面指示点置于纯铜圆筒底和下挡板之间距离的 1/2 处。当该指示点刚刚浸入液氮（即液氮液面处于纯铜圆筒底和下挡板之间距离的 1/2 处）时，热偶计测温端（液面指示点）与参考点同在液氮中，因此，热偶计输出电压变为零。）为了得到远高于液氮温度的稳定的中间温度，在纯铜块上绕有加热器线圈。另外，为使温度计和超导样品具有较好的温度一致性，铂电阻温度计、硅二极管和温差电偶的测温端均塞在纯铜块内部的小孔中，并用低温胶将待测超导样品粘贴在纯铜恒温块平台的长方形凹槽内。而温差电偶的参考端从低温恒温器底部小孔伸出，以使其在整个实验过程中都浸没在液氮中。

2. 电测量原理及测量设备

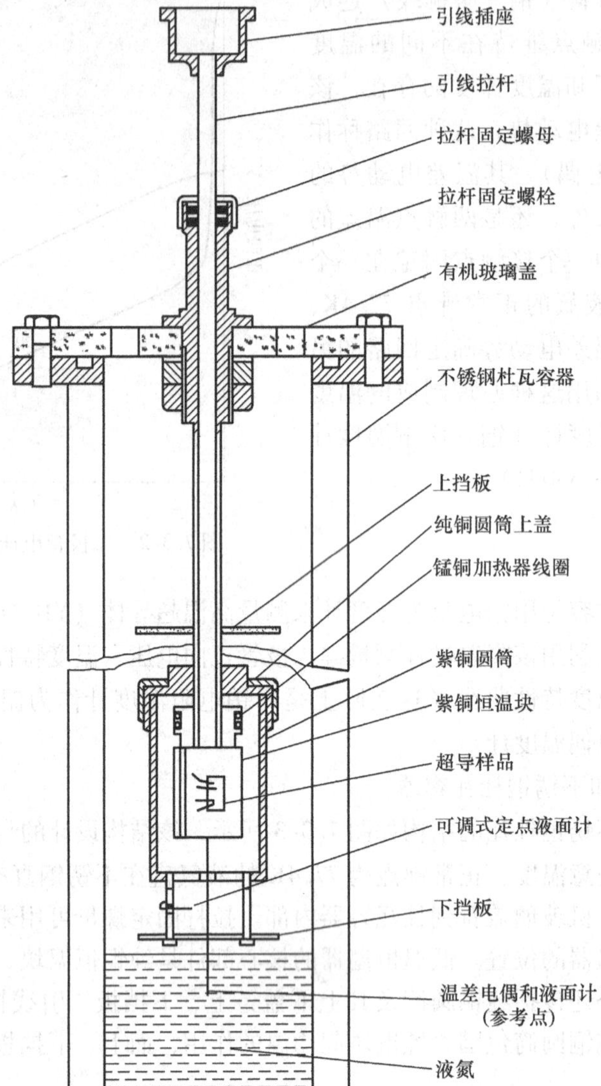

图 7.3-3 低温恒温器和杜瓦容器的结构

电测量设备的核心是“BW2 型高温超导材料特性测试装置”主机箱和一台灵敏度为 1μV 的 PZ158 型直流数字电压表。BW2 型高温超导材料特性测试装置主要由铂电阻、硅二极管和超导样品等三个电阻测量电路构成，每一电路均包含恒流源、标准电阻、待测电阻、数字电压表和转换开关等五个主要部件，均采用了比较法四端接头测低电阻的测量方法（具体原理可参阅本书实验 4.9 中“低值电阻测量中的比较法”）以实现各个电阻的测量。

（1）铂电阻和硅二极管测量电路　在铂电阻和硅二极管的测量电路中，提供电流的都是只有单一输出的恒流源，它们的输出的标称值分别为 1mA 和 100μA。在实际测量中，要调节电源使其输出与标称值一致，将测量选择档拨至“电流”档，通过调节“微调”

旋钮可以分别在 100Ω 和 10kΩ 的标准电阻上得到 100.00mV 和 1.0000V 的电压。

在铂电阻和硅二极管的测量电路中，使用两个灵敏度分别为 10μV 和 100μV 的 4 1/2 位数字电压表，通过转换开关分别测量铂电阻、硅二极管以及相应的标准电阻上的电压，由此可确定纯铜块的温度。

（2）超导样品测量电路　在超导样品测量电路中采用多档输出的恒流源来提供电流。在本装置中，内置电流源可以提供 100μA、1mA、5mA、10mA、50mA、100mA 六档电流输出。为了提高测量精度，使用一台外接的灵敏度为 1μV 的 5 1/2 位的 PZ158 型直流数字电压表来测量标准电阻和超导样品上的电压，由此可以确定超导样品的电阻。另外，为了消除直流测量电路中乱真电动势的影响，在电路中增加了反向开关。

（3）温差电偶及定点液面计的测量电路　在低温恒温器内装有两支铜－康铜温差热电偶，一支用来做液氮液面指示器，一支用于测量恒温块温度。利用转换开关和 PZ158 型直流数字电压表可以检测铜－康铜温差电偶的电动势以及可调式定点液面计的指示值。

（4）电加热器电路　BW2 型高温超导材料特性测量装置中，一个内置恒压源和一个指针式电压表构成一个为安装在探头中的锰铜加热线圈供电的电路。利用电压调节按钮可提供 0～5V 的输出电压，从而使低温恒温器获得所需要的热功率。

（5）实验电路图　本实验的测量线路图如图 7.3-4 所示。实验开始时，必须用带有香蕉插头的导线将面板上用虚线连接起来的插座两两连好，并用一根两头带有 19 芯插头的装置连接电缆将 BW2 型高温超导材料特性装置与低温恒温器连为一体。

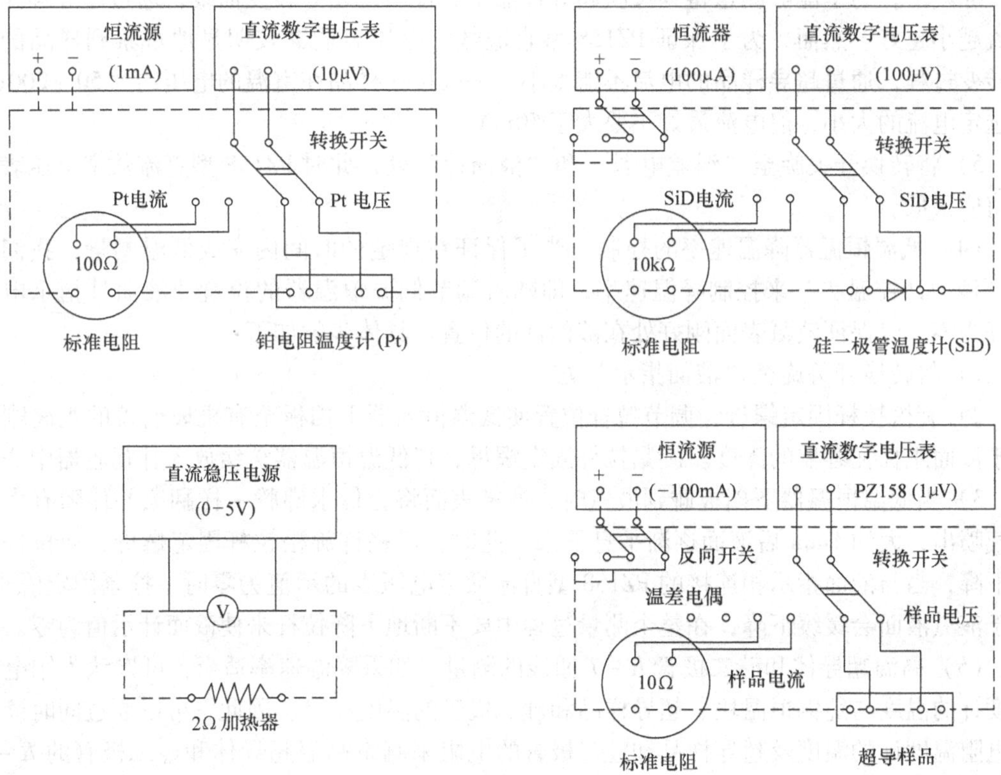

图 7.3-4　实验电路图

3. 测量步骤

（1）液氮的灌注　使用液氮时一定要注意安全，不要将液氮溅到人的身体、有机玻璃板、测量仪器或引线上。实验之前，应先清理杜瓦内剩余液氮和其他杂物。若实验室配备有液氮输液管，可将输液管道一端插入储存液氮的杜瓦容器中并拧紧固定螺母，将另一端插入实验用杜瓦容器中。然后关闭储存杜瓦容器上通大气的阀门，使其中氮气压强逐渐升高将液氮压入实验用不锈钢杜瓦容器中。（也可将储存液氮的杜瓦容器中的液氮先倒入保温瓶中，再用保温瓶将液氮灌注到实验用不锈钢杜瓦容器中。）

（2）电路的连接　将“装置连接电缆”两端的19芯插头分别插在低温恒温器拉杆顶端及电源盒右侧面的插座上，同时接好电源盒面板上虚线所示的待连接导线，并将PZ158型直流数字电压表与电源盒面板上的“外接”PZ158相连接。

（3）室温检测

1）打开PZ158型直流数字电压表的电源开关（将其电压量程置于200mV档）和主机箱的总电源开关。

2）依次打开铂电阻、硅二极管和超导样品三个分电源开关。

3）调节铂电阻、硅二极管两支温度计的工作电流（其中铂电阻100Ω标准电阻电压调为100.00mV，硅二极管10kΩ标准电阻电压调为1.0000V），测量并记录其室温的电流和电压数据。

4）调节通过样品的工作电流。

原则上，为了能够测量得到反映超导样品本身性质的超导转变曲线，通过超导样品的电流越小越好。然而，为了保证PZ158型直流数字电压表能够较明显地观察到样品的超导转变过程，通过超导样品的电流不能太小。一般按使样品在室温的电压约为50～200μV来选定电流的大小，但电流最好不要大于50mA。

5）将转换开关旋至“温差电偶”和“液面计”处，此时PZ158型直流数字电压表的示值应很低。

（4）低温恒温器降温速率的控制　为了保证在规定的时间内完成低温测量，我们采用“液面计控温法”来控制降温速率，即随时调节低温恒温器的位置使液面计指示电压刚好为零，以保证液氮表面刚好处在液面计的位置。具体步骤如下：

1）将转换开关旋至“液面指示”处。

2）旋松拉杆固定螺母，调节拉杆位置使低温恒温器下挡板至有机玻璃盖的距离刚好等于液面距杜瓦容器的深度。旋紧拉杆固定螺母，将低温恒温器缓缓放入杜瓦容器中。

3）当低温恒温器下挡板碰到液氮时，液氮表面将会像水沸腾一样翻滚并伴随有大量冷气喷出，大约1min后液面逐渐平息下来。此时，可稍许旋松拉杆固定螺母，使拉杆缓缓下降，当与液面指示相连接的PZ158型直流数字电压表的示值为零时，拧紧固定螺母。由于液氮液面会缓缓下降，在整个测量过程中要不断地下降拉杆来使液面计示值为零。

（5）高温超导体和硅二极管$R-T$曲线的测量　如果降温速率适当，可以认为铂电阻温度计的温度与纯铜恒温块、超导样品和硅二极管的温度相等。因此，可以通过同时读出铂电阻温度计的温度及超导样品和硅二极管的电阻来测量高温超导体和硅二极管的$R-T$曲线。具体测量过程如下：

1）当纯铜块的温度开始降低时，大约每隔5min记一次数，即同时读取超导样品电压、铂电阻温度计的电压、硅二极管温度计的正向电压。由这些电压值和每个恒流源的电流值（见步骤（3））可以计算出超导样品、铂电阻及硅二极管温度计的电阻。

2）将转换开关打至温差电偶温度计档，同时读出铂电阻温度计和温差电偶温度计的电压。

3）在超导转变之前可以每隔 5min 测量一次，逐步接近超导转变温区时，测量间隔可以逐步减小至每半分钟测量一次，而在超导转变过程中应尽可能逐点记录数据（在最后的转变区，电阻快速趋于零的过程中可以利用视频录像的手段辅助测量数据的记录，以便整理得到最多的数据点）。在测量这些数据点时应同时测量各温度计的测温参量以便进行温度计的对比。（在超导样品接近零电阻时，可以只测量铂电阻和超导体的电压，以免错过零电阻时的温度）。

4）零电阻状态的判断：由于电路中的乱真电动势不随电流反向而改变，因此可利用电流反向后电压是否改变来判定样品的电压是否为零，然后按反向开关重复测量。若这两次测量所得到的数据相同，则表明超导样品达到了零电阻状态。记下样品刚好达到零电阻时的温度 T_{c0}。

5）恒温器浸入液氮时温度的测量：在超导样品达到零电阻之后，可将低温恒温器直接浸入液氮中，使纯铜块的温度尽快降至液氮温度。当铂电阻温度计的电压不再变化时，读出该温度下超导样品、铂电阻温度计、硅二极管温度计和温差电偶温度计的电压。

6）样品的取出：由于水汽对超导样品性能的影响很大，因此，将低温恒温器从杜瓦中取出，应用电吹风加热使其温度接近室温。依次关闭铂电阻、硅二极管和超导样品三个分电源开关以及 PZ158 型直流数字电压表的电源开关和主机箱的总电源开关。

（6）数据处理

1）温度计的标定：由于铂电阻温度计已经标定，性能稳定，且具有良好的线性电阻温度关系，故可利用本装置所给出的铂电阻温度计的简化关系 $T(R)=aR+b$，并由测出的铂电阻温度计的电阻值计算出纯铜块的温度。各台仪器铂电阻温度计简化关系式中 a、b 由实验室给出。

2）以温度为横坐标，分别以所测的超导样品的电阻、硅二极管的正向电压和温差电偶的温差电动势为纵坐标，画出它们随温度变化的曲线。

3）在画出超导样品的 $R-T$ 曲线上标出超导样品的起始转变温度 $T_{c,\text{onset}}$ 和零电阻温度 T_{c0} 以及液氮点的温度 T_{LN}。

【讨论】

1）导体、半导体、超导体的 $R-T$ 曲线有何特点？

2）四引线法测量电阻和两引线法相比有何优点？

3）如何消除测量系统中的乱真电动势？

【结论】

通过对实验现象和实验结果的分析，你能得到什么结论？

【研究性题目】

1）请设计一个简单实验来判断一种未知材料的导电类型。

2）请设计一种消除测量系统中的乱真电动势的方法。

3）请举出两种控制降温速率的方法。

【思考题】

1）如何判断低温恒温器的下挡板或纯圆铜筒底部碰到了液氮面？

2）在“四引线测量法”中，电流引线和电压引线能否互换？为什么？

3）确定超导样品的零电阻时，测量电流为何必须反向？这种方法所判定的“零电阻”与实验仪器的灵敏度和精度有何关系？

4）如何利用装置获得比较接近温室的稳定的中间温度？

5）如何减小变温测量时，由于测量温度计、样品处于不同点带来的温度误差？

【参考文献】

[1] 阎守胜，陆果．低温物理实验的原理与方法［M］．北京：科学出版社，1985.

[2] 北京大学．BW2 型高温超导材料特性测试装置使用说明书．2000.

[3] 罗会仟，周兴江．神奇的超导［J］．现代物理知识，2012，24（2）：33－39.

实验 7.4　超声波在物质中的传播与超声成像

【引言】

超声波是指频率在 $2\times10^4\sim10^{12}$ Hz 的声波。1830 年，F. Savart 曾用一个多齿轮，第一次人工产生了频率为 2.4×10^4 Hz 的超声；1912 年 Titanic 客轮事件后，科学家提出利用超声预测冰山位置；1916 年第一次世界大战期间 P. Langevin 领导的研究小组开展了水下潜艇超声侦察的研究，为声呐技术奠定了基础；1927 年，R. W. Wood 和 A. E. Loomis 发表超声能量作用实验报告，奠定功率超声基础；1929 年俄国学者 Sokolov 提出利用超声波良好穿透性来检测不透明体内部缺陷，美国科学家 Fireston 将超声波无损检测发展成为一种实用技术。

超声波可以在气体、液体、固体中传播，它在传播过程中携带物体性能的很多信息，这些信息可以用于表征物体的性能。它的声速、衰减、声阻抗等传播特性与物体的很多状态参量有关，通过提取超声波在物体传播特性中的特征信息，可以实现工业上非声学参数的测量，如密度、厚度、弹性、强度、黏度等。而超声测量就是指用超声波入射材料，并且采集透过材料的信号，将检测得到的波形在超声检测仪上显示出来的一种无损检测方法。在医学中，可以利用超声波进行人体内部器官的组织结构扫描（B 超诊断）和血流速度的测量（彩超诊断）等。

【实验目的】

1）掌握超声波的产生方法、传播规律和测试的原理。

2）通过对固体弹性常数的测量掌握超声波在测试方面应用的特点。

3）掌握超声成像的基本原理。

【实验仪器】

JDUT-2 型超声波实验仪、示波器、CSK-IB 型铝试块、超声波成像专用试块、直探头、斜探头、5MΦ6 专用直探头、钢板尺、耦合剂（水）。

【预习提示】

1）了解超声在物质中传播的原理。

2）简述超声在铝块中纵波和横波传播声速测量的调节方法和步骤。

3）简述超声成像的基本实验步骤。

【实验原理】

1. 压电晶体材料

有某些材料（晶体）在外力作用下而变形时，其晶体内正负电荷中心相对位置发生移动，从而导致晶体两端表现出符号相反的束缚电荷，而且其电荷密度与压力成正比。这种由于压力而产生的电极化现象称为正压电效应（Direct Piezoelectric Effect），而这些具有压电效应的晶体，当其处于外电场作用下，由于库仑力作用致使晶体内部正负电荷中心相对位置发生移动，从而致使晶体产生形变。这种由于电极化现象而产生机械形变的现象称为逆压电效应（Converse Piezoelectric Effect）。平常所述的压电效应是正压电效应和逆压电效应的统称。

物质的压电效应与其内部的结构有关，如果某个晶体其内部结构（晶体结构）中无对称中心，这种晶体就具有压电效应的产生条件，否则，当晶体受到外力作用时，由于结构对称而导致在其形变过程中正负电荷中心无法分离。石英晶体是最早应用于声呐系统（换能器）使之产生超声波的压电材料，石英晶体的化学成分是 SiO_2，它可以看成由 +4 价的 Si 离子和 -2 价 O 离子组成。晶体内，两种离子形成有规律的六角形排列，如图 7.4-1a 所示，其中三个硅正离子组成一个向右的正三角形，正电中心在三角形的重心处；三个氧负离子对（六个负离子）组成一个向左的正三角形，其负电中心也在这个三角形的重心处。当晶体不受力时，两个三角形重心重合，六角形单元是电中性的，而整个晶体由许多这样的六角形单元构成，因此晶体本身也呈电中性。

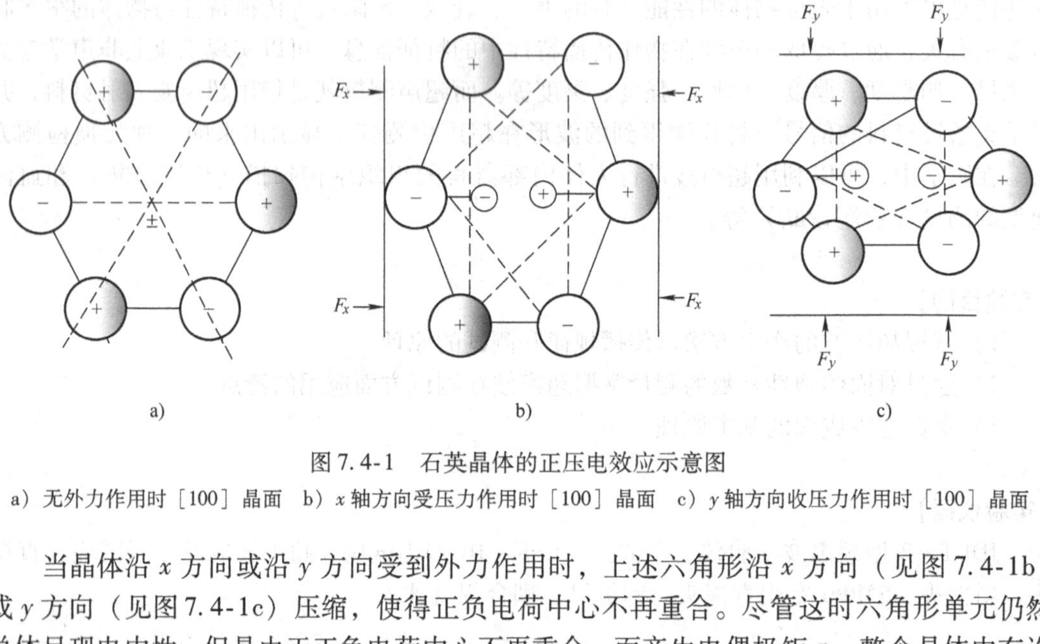

图 7.4-1 石英晶体的正压电效应示意图

a）无外力作用时［100］晶面 b）x 轴方向受压力作用时［100］晶面 c）y 轴方向收压力作用时［100］晶面

当晶体沿 x 方向或沿 y 方向受到外力作用时，上述六角形沿 x 方向（见图 7.4-1b）或 y 方向（见图 7.4-1c）压缩，使得正负电荷中心不再重合。尽管这时六角形单元仍然总体呈现电中性，但是由于正负电荷中心不再重合，而产生电偶极矩 $\boldsymbol{p}$。整个晶体中有许多这样的电偶极矩有序排列，使得晶体整体发生极化，晶体表面出现束缚电荷，发生正压电效应。当外力撤去时，晶体恢复原有形状，晶体极化随之消失。需要指出的是，石英晶体的压电效应是有方向性的，当外力沿 z 轴方向（垂直于图 7.4-1 中的纸面方向）作用时，由于不能造成正负电荷中心的相对移动，因而不能产生压电效应。相反，将一个不受外力的石英晶体放置于电场中，在库仑力的作用下，正负电荷中心向相反的方向移动，最终导致晶体发生机械变形，即逆压电效应。

在压电晶体中还包括一类铁电性压电晶体，如钛酸钡（$BaTiO_3$）、电陶瓷锆钛酸铅 Pb（Zr_xTi_{1-x}）O_3（简称 PZT）。在室温下即使不受外力作用其正负电荷中心也不重合，而有一个自发偶极矩，在外力作用下这类晶体的自发偶极矩也可以发生变化从而产生压电效应。这类晶体多是由人工制成的陶瓷材料，而称为压电陶瓷。压电陶瓷一般都具有十分优异的机电性能，具有十分稳定的压电性能以及居里温度，广泛应用于制造超声换能器、水声换能器、电声换能器、陶瓷滤波器、陶瓷变压器、陶瓷鉴频器、高压发生器、红外探测器、声表面波器件、电光器件中的主要部件。

2. 脉冲超声波的产生及其特点

本实验中用于制造超声波换能器的压电陶瓷被加工成平面状，并在正反两面分别镀上银电极，称为压电晶片。当给压电晶片两极施加一个电压短脉冲时，由于逆压电效应，晶片将发生弹性形变而产生弹性振荡，振荡频率与晶片的材料、厚度有关。可以通过改变晶片的厚度调整发生声波的频率，适当的晶片厚度可以得到超声频率范围的声波。在一次电压短脉冲作用下，晶片的振动幅度先迅速增大又迅速降低，因此，压电晶片发射出的是一个超声波波包，即通常所述的脉冲波，如图 7.4-2 所示。超声波在材料内部传播时，与被检对象相互作用发生散射，散射波被同一压电换能器接收，由于正压电效应，振荡的晶片在两极产生振荡的电压信号，该信号被放大后可以通过示波器检测。

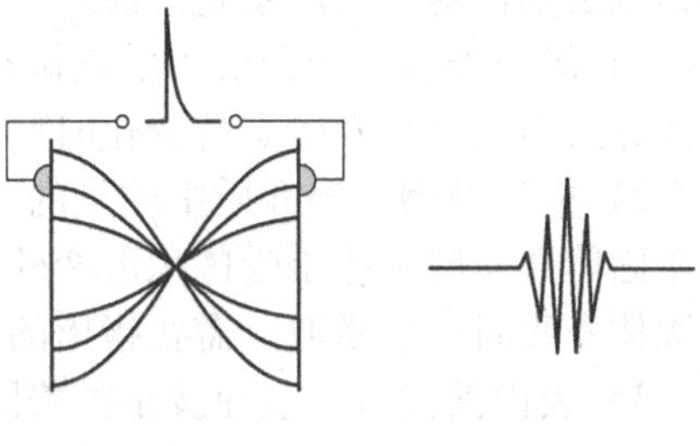

图 7.4-2 脉冲波的产生

图 7.4-3 为超声波在试块中传播及示波器检测到的超声波信号示意图，图中的 t_0 是电脉冲施加在压电晶片的时刻，t_1 是超声波传播到试块底面又反射回来被同一个探头接收的时刻。如果不考虑探头延迟时间等其他因素的影响，超声波传播到试块底面的时间为

$$t=\frac{1}{2}(t_1-t_0) \tag{7.4-1}$$

如果试块材质均匀超声波声速 v 一定，则超声波在试块中的传播距离为

$$s=v\cdot t \tag{7.4-2}$$

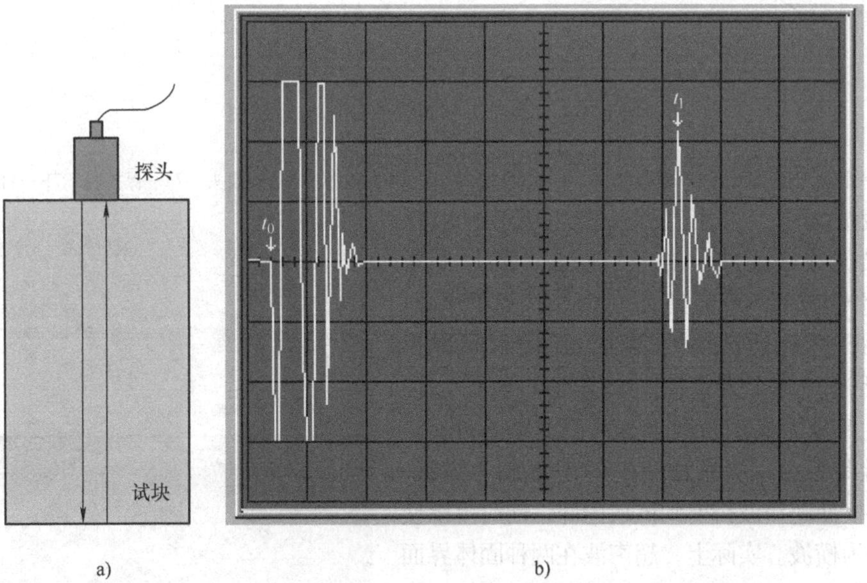

图 7.4-3 脉冲超声波在试块中的传播及示波器的接收信号

a）超声在试块中传播示意图 b）示波器显示的接收信号

3. 超声波波型及换能器种类

如果压电晶片内部质点的振动方向垂直于压电晶片平面，那么换能器将向外发射的超声波为纵波。超声波在介质中传播通常有三种不同的波型，并取决于介质可以承受何种作用力以及如何对介质激发超声波。

1）纵波波型：当介质中质点振动方向与超声波的传播方向一致时为纵波波型。任何固体介质当其体积发生交替变化时产生纵波。

2）横波波型：当介质中质点的振动方向与超声波的传播方向相垂直时为横波波型。由于固体介质除了能承受体积形变外，还能承受切变形变，因此，当其有剪切力交替作用于固体介质时产生横波。需要指出的是横波只能在固体介质中传播。

3）表面波波型：表面波是沿着固体表面传播的既具有纵波性质，又具有横波性质的超声波。表面波可以看成是由平行于表面的纵波和垂直于表面的横波合成而来，在距表面1/4 波长深处振幅最强，随着深度的增加迅速衰减，在距离表面一个波长以上的地方，质点振动的振幅就十分微弱了。

在实际应用中，通常把超声波换能器称为超声波探头。常用的超声波探头有直探头和斜探头两种，其结构如图 7.4-4 所示。探头通过保护膜或斜楔向外发射超声波，吸收背衬可以吸收晶片向背面发射的声波减少杂波的产生，匹配电感可以调整脉冲波的形状。

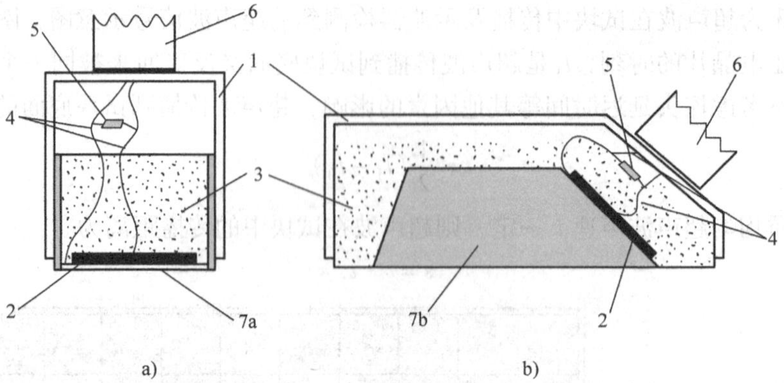

图 7.4-4 直探头和斜探头的结构示意图

a）直探头 b）斜探头

1—外壳 2—晶片 3—吸收背衬 4—电极接线 5—匹配电感 6—接插头 7a—保护膜 7b—斜楔

一般情况下，采用直探头产生纵波，斜探头产生横波或表面波。对于斜探头，晶片受激发产生超声波后，声波首先在探头内部传播一段时间后，才到达试块的表面，这段时间称为探头的延迟。对于直探头，一般延迟较小，在测量精度要求不高的情况下，可以忽略不计。

在斜探头中，从晶片产生的超声波为纵波，它通过斜楔使超声波折射到试块内部，同时可以使纵波转换为横波。实际上，超声波在两种固体界面上发生折射和反射时，纵波可以折射和反射为横波，横波也可以折射和发射为纵波，超声波的这种现象称为波型转换，其图解如图 7.4-5 所示。

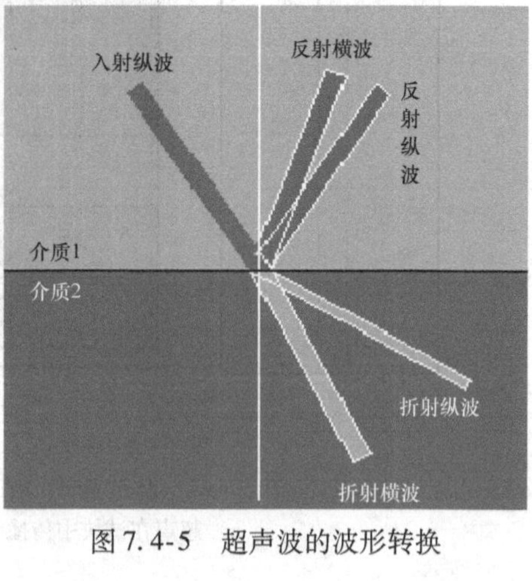

图 7.4-5 超声波的波形转换

反射：
$$\frac{\sin\alpha}{v}=\frac{\sin\alpha_L}{v_{1L}}=\frac{\sin\alpha_S}{v_{1S}}$$

折射：
$$\frac{\sin\beta}{v}=\frac{\sin\beta_L}{v_{2L}}=\frac{\sin\beta_S}{v_{2S}}$$

式中，α_L和α_S分别是纵波反射角和横波反射角；β_L和β_S分别是纵波折射角和横波折射角；v_{1L}和v_{1S}分别是第 1 种介质的纵波声速和横波声速；v_{2L}和v_{2S}分别是第 2 种介质的纵波声速和横波声速。

4. 超声波在固体中的传播

在气体介质中声波只是纵波，而在固体介质中由于固体可以承受切变形变，所以声波可以按纵波或横波两种波型传播。在各向同性的固体材料中，根据应力和应变满足的胡克定律，超声波传播的特征方程为

$$\nabla^2\Phi=\frac{1}{v^2}\frac{\partial^2\Phi}{\partial^2 t^2}\tag{7.4-3}$$

式中，Φ 为势函数；v 为超声波传播速度。

无论是材料中传播的声波是纵波还是横波，其速度都可表示为

$$v=\frac{d}{t}\tag{7.4-4}$$

式中，d 为声波传播距离；t 为声波传播时间。

对于同一种固体材料（弹性介质），其纵波声速和横波声速的大小一般不同，而与材料自身的密度、弹性模量和泊松系数等弹性参数有关。固体在外力作用下，其长度沿力的方向产生变形，变形时的应力与应变之比就定义为弹性模量（E）；在应力作用下，沿纵向有一正应变（伸长），沿横向就将有一个负应变（缩短），横向应变与纵向应变之比被定义为泊松系数（σ）。在各向同性固体介质中，不同波型的超声波传播速度为

纵波声速：
$$v_L=\sqrt{\frac{E(1-\sigma)}{\rho(1+\sigma)(1-2\sigma)}}\tag{7.4-5}$$

横波声速：
$$v_S=\sqrt{\frac{E}{2\rho(1+\sigma)}}\tag{7.4-6}$$

式中，v_L 为材料中纵波声速；v_S 为材料中横波声速；E 为弹性模量；σ 为泊松系数；ρ 为材料的密度。

相应地，通过测量材料中的纵波声速和横波声速，并用式（7.4-5）和式（7.4-6）可以计算介质的弹性常数。

弹性模量：
$$E=\frac{\rho v_S^2(3T^2-4)}{T^2-1}\tag{7.4-7}$$

泊松系数：
$$\sigma=\frac{T^2-2}{2(T^2-1)}\tag{7.4-8}$$

式中，T 为纵横波速度比，即 $T=\frac{v_L}{v_S}$。

【实验测量与数据处理】

1. 观察仪器接收到超声回波（直探头与倾斜探头）

1）在铝试块 CSK－IB 表面加上适量的耦合剂（水）使用直探头的探测面与试块紧密接触。

2）调节示波器，使其工作在 YT 耦合模式下，并调节扫描速率为 10μs/格（可根据实际测量略做调整）、Y 轴灵敏度为 1V/格。

3）观察直探头接收到的超声在试块中传播后的回波信号，并适当调节超声波实验仪上的衰减值，使得到的信号未达到饱和且有较明显的回波信号。

4）更换斜探头，同样适当调节超声波实验仪上的衰减值，观察斜探头接收到的超声在试块中传播后的回波信号。

2. 测量斜探头所产生的超声波（横波）入射铝块时的折射角

使用铝试块 CSK－IB 上的 A、B 横通孔测量斜探头所产生的超声波（横波）入射铝块时的折射角，如图 7.4-6 所示。分别使斜探头对准 A 孔和 B 孔，对准时示波器得到的信号为最大值，分别用钢板尺测量图中的 L_{A1}、L_{B1}、H 和 L 即可得到该超声横波的折射角 β_S。需要指出的是，铝试块 CSK－IB 的边界处也会反射超声，实验中应注意鉴别。

$$\beta_S = \arctan\left(\frac{L_{B1} - L_{A1} - L}{H}\right) \tag{7.4-9}$$

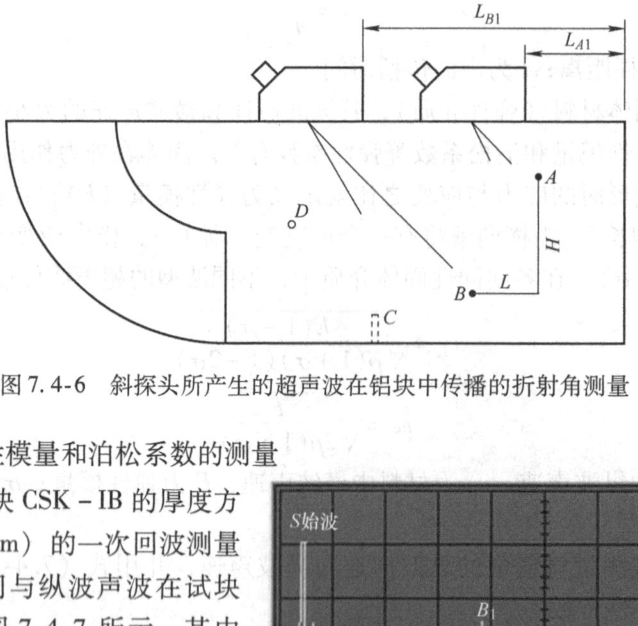

图 7.4-6 斜探头所产生的超声波在铝块中传播的折射角测量

3. 铝块的弹性模量和泊松系数的测量

1）使用铝试块 CSK－IB 的厚度方向（其厚度为 45mm）的一次回波测量直探头的延迟时间与纵波声波在试块中传播速度，如图 7.4-7 所示。其中 B_1 是试块的一次底面回波，对应声波从发出传播到试块的下表面并反射回到接收端的信号；B_2 是试块的二次底面回波，对应发出传播到试块的下表面并反射回到样品的上表面再次反射到下表面再反射回上表面并在接收器接收到的信号。分别从示波器上读出超声波（纵波）在试块内一次往复传

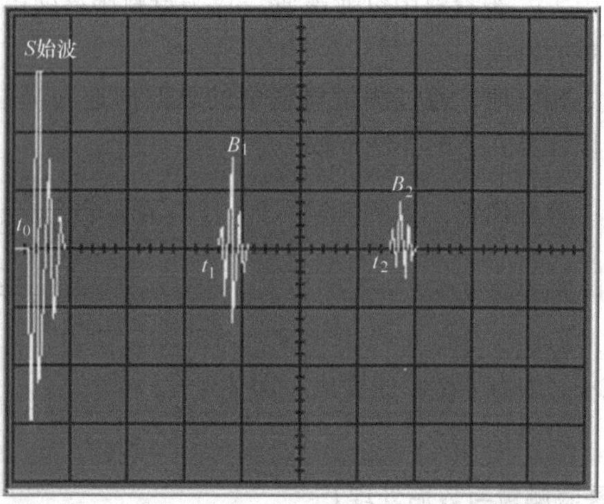

图 7.4-7 直探头的延迟时间与纵波声速的测量

播的时间 t_1 和两次往复传播时间 t_2，则直探头的延迟时间为

$$t = 2t_1 - t_2 \tag{7.4-10}$$

在试块内纵波的声速为

$$v_L = \frac{2L'}{t_2 - t_1} \tag{7.4-11}$$

式中，L'为试块上下表面的距离。

2）使用铝试块 CSK－IB 的圆弧面测量斜探头的延迟时间与横波声波在试块中的传播速度，如图 7.4-8 所示。使斜探头对准圆弧面，并使探头的斜射声波可以同时入射到 R_1 和 R_2 弧面上并在示波器上可以分别观察到其反射信号 B_1 和 B_2，测量它们所对应的时间 t_1 和 t_2。则斜探头的延迟时间 $t_{斜}$ 为

$$t_{斜} = \frac{R_2 t_1 - R_1 t_2}{R_2 - R_1} \tag{7.4-12}$$

如果 $R_2 = 2R_1$，则延迟时间为

$$t_{斜} = 2t_1 - t_2 \tag{7.4-13}$$

在试块内横波的声速为

$$v_S = \frac{2(R_2 - R_1)}{t_2 - t_1} \tag{7.4-14}$$

将实验数据填写在表 7.4-1 中，并用式（7.4-7）和式（7.4-8）计算铝块的弹性模量和泊松系数。

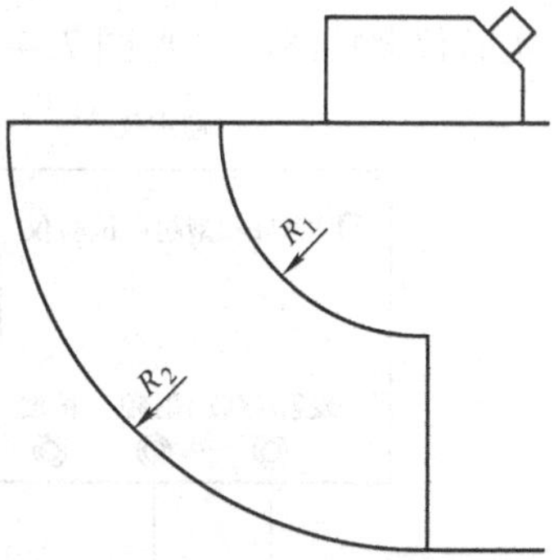

图 7.4-8　斜探头延迟时间测量示意图

4. 超声成像

1）使用无缺陷超声成像试块（小），测量 5MΦ6 直探头产生的超声在该试块材料中的传播速度。

2）用 5MΦ6 专用直探头在有缺陷超声成像试块（大）上测量其缺陷分布，横纵分别每隔 10mm 测量一个实验点，分别记录探头的测量位置坐标以及缺陷波的接收时间。如果测量过程中，前面的回波明显高于噪声信号，则说明探头所探测位置内部存在缺陷。记录缺陷波的接收时间，并利用测得超声在该试块材料中的传播速度计算缺陷深度，将缺陷深度数据填写在表 7.4-2 中。

3）使用 Excel 的“曲面图”绘图功能或其他绘图工具绘制超声波成像专用试块的缺陷分布图。

【讨论】

对本实验中你观察到的实验现象中的科学问题进行讨论。

【结论】

通过对实验现象和实验结果的分析，你能得到什么结论？

【研究性题目】

利用 CSK－IB 试块上的缺陷孔测量不同探头的声束扩散角，以及这些缺陷的位置和深度。

【补充材料 7.4-1】

1. 铝试块 CSK－IB 参数（见图 7.4-9）

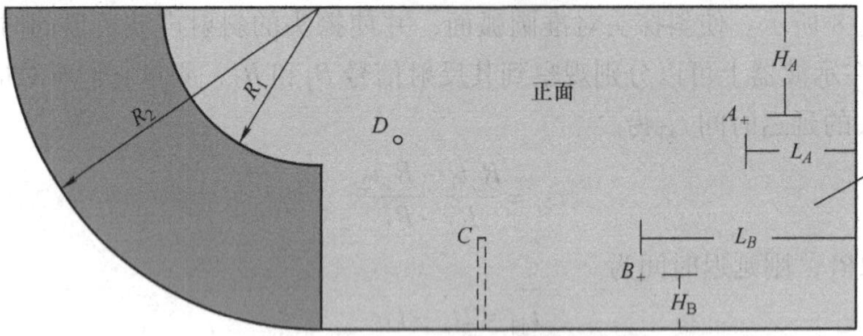

图 7.4-9 铝试块 CSK－IB 结构图

图中：$R_1=30\text{mm}$，$R_2=60\text{mm}$，$L_A=20\text{mm}$，$H_A=20\text{mm}$，$L_B=50\text{mm}$，$H_B=10\text{mm}$，$\rho_{铝}=2.7\times10^3\text{kg/m}^3$。

2. 实验仪器接线图（见图 7.4-10）

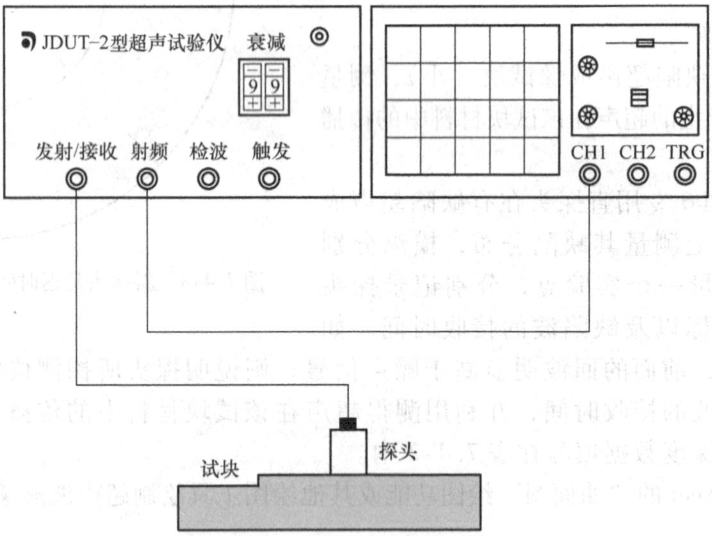

图 7.4-10 超声波实验仪接线图

【参考文献】

［1］北京交通大学工科物理基地．JDUT－2 型超声波实验仪实验教学指导书．2006.

［2］孔祥华，杨穆，王帅．材料物理基础［M］．北京：冶金工业出版社，2010.

【数据表格】

实验者信息：

专业班级：__________ 学号：__________ 姓名：__________同组人姓名：__________

斜探头所产生的超声波在铝块中传播的折射角测量数据：

L_{A1} = ________ cm；L_{B1} = ________ cm；H = ________ cm；L = ________ cm

表 7.4-1　铝块的弹性模量和泊松系数测量数据表

表中物理量单位：________

	铝块几何参数		t_1	t_2
直探头（纵波声速）	铝块的厚度 =			
斜探头（横波声速）	R_1 =	R_2 =		

表 7.4-2　超声在无缺陷超声成像试块内传播速度的测量

试块厚度________ mm

	t_1	t_2
5MΦ6 专用直探头		

表 7.4-3　超声成像测试数据表

表中物理量单位：________

	1	2	3	4	5	6	7	8	9	10
1										
2										
3										
4										
5										
6										
7										
8										
9										
10										

教师签名：__________

实验时沿此线剪下

实验 7.5 $LiNbO_3$晶体音频信号横向电光调制

【引言】

当晶体或液体加上电场后，其折射率发生变化，这种现象称为电光效应。通常我们将电场 E 引起的折射率 n 的变化用下式表示：

$$n = n^0 + aE + bE^2 + \cdots \tag{7.5-1}$$

式中，a、b 为常数；n^0 为 $E=0$ 时的折射率。由一次项 aE 引起的折射率变化的效应称为一次电光效应，也称线性电光效应或普克尔（Pokells）效应，是 1893 年普克尔发现的。由二次项 bE^2 引起的折射率变化的效应称为二次电光效应，也称为平方电光效应或克尔（Kerr）效应，是 1875 年克尔发现的。一次电光效应只存在于没有对称中心的二十种晶类中，而二次电光效应则可存在于所有的电介质中。在没有对称中心的晶体中，除了有一次电光效应外，还存在二次电光效应，但后者与前者相比小很多，通常不必考虑。

电光效应在工程技术和科学研究中有许多重要应用。其响应时间很短，可以跟上频率为 10^{10}Hz 的电场的变化，可在高速摄影中做快门或在光速测量中做光束斩波器等。在激光出现以后，电光效应的研究和应用得到了迅速发展，电光器件被广泛应用于激光通信、激光测距、激光显示和光学数据处理等方面。

激光为光传递信息提供了一种理想的光源（激光具有极好的时间相干性和空间相干性，易于调制，光波频率高，传递信息的容量大，且发散角极小）。激光通信是激光技术应用的一个重要方面。利用电光调制的方法可以使信息加载于激光辐射，再通过光电检测系统，将信息解调出来，达到光通信的目的。本实验装置也是一个简单的模拟激光通信的装置。

【实验目的】

1）观察电光效应引起的铌酸锂（$LiNbO_3$）晶体光学性质的变化和会聚偏振光的干涉现象。

2）掌握晶体电光调制的原理和实验方法。

3）学习测量晶体半波电压和电光常数的实验技术。

【实验仪器】

激光器、电光调制电源、铌酸锂晶体调制器、偏振片、1/4 波片、PIN 光电接收探头和接收放大器、数字万用表、示波器等。

【预习提示】

1）了解电光效应。

2）了解晶体电光调制的原理。

3）了解仪器装置的组成及其调节方法。

4）怎样测量电光调制器的调制曲线？

【实验原理】

1. 调制的基本概念

欲用激光作为传递信息的工具，首先要解决如何将信号加载到激光辐射上去的问题。我们把欲传输的信息加载于激光辐射的过程称作激光调制，把完成这一过程的装置称为激光调制器，把从已调制的激光辐射还原出所加载的信息的过程称为解调。因为激光实际上只起到了“携带”低频信号的作用，所以称为载波，而起控制作用的低频信号是我们所需要传递的信号，称为调制信号，被调制的载波称为已调波或调制光。

（1）调制　按调制的性质而言，激光调制与无线电波调制相类似，可以采用连续的调幅、调频、调相以及脉冲调制等形式，但激光调制多采用强度调制。强度调制是依据光载波电场振幅的平方与调制信号成正比，即 $A_c^2 \propto a(t)$，使输出的激光辐射强度按照调制信号的规律变化，如图 7.5-1 所示。激光调制之所以常采用强度调制形式，主要是因为光接收器（探测器）一般都是直接响应其所接收的光强度的变化的缘故。

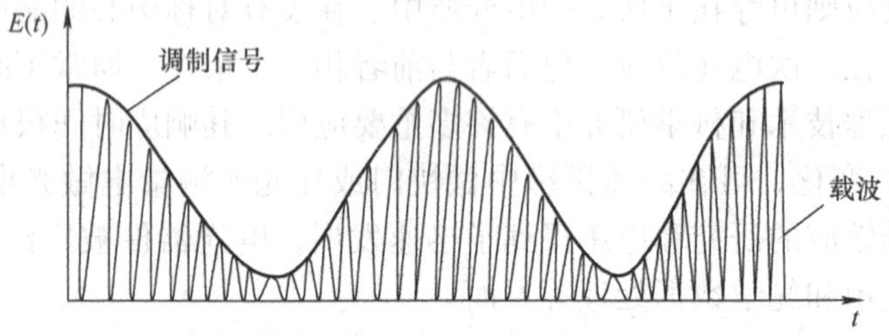

图 7.5-1　强度调制

（2）电光调制器　它是利用某些晶体材料在外加电场的作用下所能产生的电光效应而制成的器件。调制晶体是按照相对于光轴的一些特殊方向切割而成的，其形状一般为长方形或圆柱形，并且要使外加电场沿着晶体的主轴 x，y，z 中的某一方向加到晶体上。

2. 晶体的双折射

由于晶体结构特点，不是所有方向上光的折射率都相同，从而表现为晶体折射率各向异性。当光线穿过某些晶体（如方解石、铌酸锂、钽酸锂等）时，会折射成两束光，即发生双折射现象。其中一束光符合一般折射定律，称之为寻常光（o 光），折射率以 n_o 表示；而另一束光的折射率随光的入射角度不同而不同，称为非常光（e 光），折射率以 n_e 表示。通常晶体总有一个或两个方向，当光在晶体中沿此方向传播时，不发生双折射现象，称此方向为光轴方向，只有一个光轴的晶体称为单轴晶体，铌酸锂（$LiNbO_3$）晶体就是单轴晶体。由晶体光轴和光线所决定的平面称为晶体的主截面。实验表明，o 光和 e 光都是线偏振光，o 光所对应的振动方向与光线方向及光轴垂直，而 e 光所对应的振动方向总包含在光轴与光线方向的平面内。当光轴在入射面内时，o 光和 e 光的振动方向互相垂直。

3. 一次电光效应

光在各向异性晶体中传播时，因光的传播方向不同或者是电矢量的振动方向不同，光的折射率也不同。通常用折射率椭球来描述折射率与光的传播方向、电矢量振动方向的关系。在主轴坐标系中，折射率椭球方程为

$$\frac{x^2}{n_1^2}+\frac{y^2}{n_2^2}+\frac{z^2}{n_3^2}=1 \tag{7.5-2}$$

式中，n_1，n_2，n_3 为椭球的三个主轴方向上的折射率，称为主折射率。晶体的三个主折射率中有两个相同时称为单轴晶体，三个主折射率都不相同时称为双轴晶体，三个主折射率都相同的晶体，其光学特性为各向同性。如图 7.5-2 所示，从折射率椭球的坐标原点 O 出发，向任意方向作一直线 OP，令其代表光波的传播方向 $\boldsymbol{k}$。然后，通过 O 垂直于 OP 作椭球的中心截面，该截面是一个椭圆，其长、短半轴的长度 OA 与 OB 分别等于波法线沿 OP、电位移矢量振动方向分别与 OA 及 OB 平行的两个线偏振光的折射率 n'和 n''。显然，$\boldsymbol{k}$、OA、OB 三者互相垂直。如果光波的传播方向 $\boldsymbol{k}$ 平行于 x 轴，则两个线偏振光的折射率等于 n_2 和 n_3；同样，当光波的传播方向 $\boldsymbol{k}$ 平行于 y 轴和 z 轴时，相应的光波折射率亦可知。

当晶体加上电场后，折射率椭球的形状、大小、方位都发生变化，椭球方程变为

$$\frac{x^2}{n_{11}^2}+\frac{y^2}{n_{22}^2}+\frac{z^2}{n_{33}^2}+\frac{2}{n_{23}^2}yz+\frac{2}{n_{13}^2}xz+\frac{2}{n_{12}^2}xy=1 \tag{7.5-3}$$

只考虑一次电光效应，上式与式（7.5-2）相应各项的系数之差与电场强度的一次方成正比，由于晶体的各向异性，电场在 x、y、z 各个方向上的分量对椭球方程的各个系数的影响是不同的，我们用下列形式表示：

$$\begin{cases}\dfrac{1}{n_{11}^2}-\dfrac{1}{n_1^2}=r_{11}E_x+r_{12}E_y+r_{13}E_z\\ \dfrac{1}{n_{22}^2}-\dfrac{1}{n_2^2}=r_{21}E_x+r_{22}E_y+r_{23}E_z\\ \dfrac{1}{n_{33}^2}-\dfrac{1}{n_3^2}=r_{31}E_x+r_{32}E_y+r_{33}E_z\\ \dfrac{1}{n_{23}^2}=r_{41}E_x+r_{42}E_y+r_{43}E_z\\ \dfrac{1}{n_{13}^2}=r_{51}E_x+r_{52}E_y+r_{53}E_z\\ \dfrac{1}{n_{12}^2}=r_{61}E_x+r_{62}E_y+r_{63}E_z\end{cases} \tag{7.5-4}$$

上式是晶体一次电光效应的普遍表达式，式中 r_{ij} 叫作电光系数（$i=1$，2，…，6；$j=1$，2，3），共有 18 个；E_x，E_y，E_z 是电场 $\boldsymbol{E}$ 在 x、y、z 方向上的分量。

晶体的一次电光效应分为纵向电光效应和横向电光效应两种。纵向电光效应是指加在晶体上的电场方向与光在晶体里传播的方向平行时产生的效应；横向电光效应是指加在晶体上的电场方向与光在晶体里传播的方向垂直时产生的效应。通常 $LiNbO_3$类型的晶体用的是它的横向电光效应。

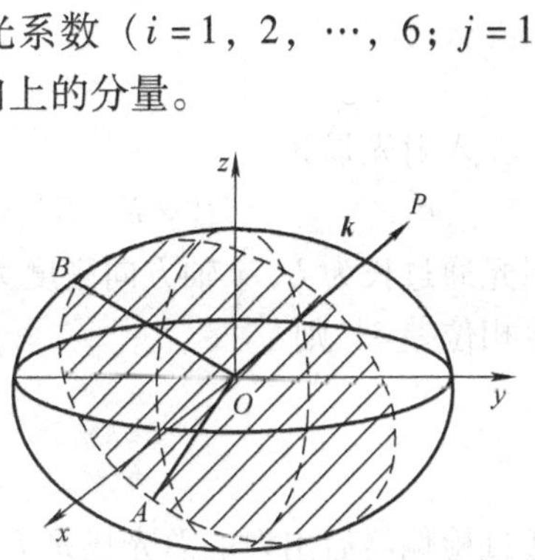

图 7.5-2　折射率椭球

铌酸锂晶体属于三角晶系，3m 晶类，主轴 z 方向有一个三次旋转轴，光轴与 z 轴重合，为单轴晶体。通常

将晶体切割成长方形，x、y、z 轴为晶体的主轴，且 z 轴为光轴，如图 7.5-3 所示。

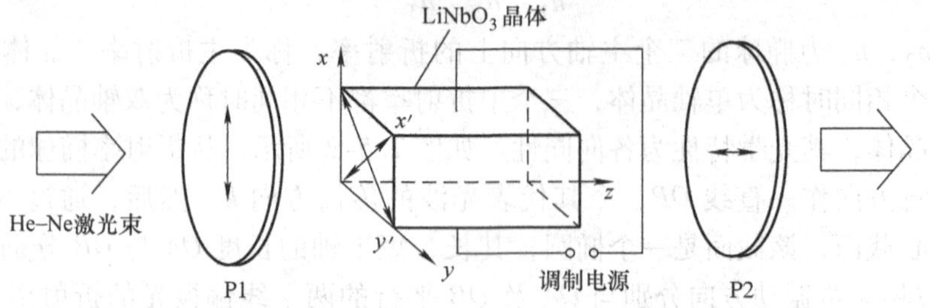

图 7.5-3 晶体横向电光调制器结构示意图

下面讨论光束平行于晶体 z 方向传播、外加电场在晶体 x 轴方向（即 $E_x \neq 0$，$E_y = E_z = 0$）的横向电光效应。当光沿 z 轴方向传播时，在 x 方向（横向）加上电场 E_x 后，晶体将由单轴变成双轴，其主轴（x 和 y）绕 z 轴转 45°，成为新的主轴 x'，y'（又称感应轴），如图 7.5-3 所示。这时，在 $z=0$ 处垂直于 z 轴的折射率椭球的截面由圆变成了椭圆，对其解析表达式进行主轴变换后，得到感应轴方向折射率的表达式为

$$\begin{cases} n_{x'} = n_o + \dfrac{1}{2} n_o^3 r_{22} E_x \\ n_{y'} = n_o - \dfrac{1}{2} n_o^3 r_{22} E_x \\ n_{z'} \approx n_e \end{cases} \tag{7.5-5}$$

式中，r_{22} 为晶体的电光系数。

由于电光晶体折射率的改变与外电场有关，当一束线偏振光从晶体中射出后，沿感应轴 x'，y' 的两个振动分量将产生一个确定的相位差，用这种晶体制成的由外电场调制相位差的晶片，称为电光调制器。

图 7.5-3 为晶体横向电光调制器结构示意图。其中起偏器（P1）的偏振方向平行于电光晶体的 x 轴，检偏器（P2）的偏振方向平行于电光晶体的 y 轴。因此，入射光经过起偏器后振动方向变为平行于 x 轴的线偏振光。由于起偏器的偏振轴与电光晶体的 x'，y' 轴的夹角为 45°，该平行于 x 轴的线偏振光在晶体的感应轴 x' 和 y' 上投影的振幅和位相均相等，因此，在电光晶体前端面（$z=0$）处入射偏振光的电场强度为

$$\begin{cases} E_{x'}(z=0) = A e^{i\omega t} \\ E_{y'}(z=0) = A e^{i\omega t} \end{cases} \tag{7.5-6}$$

入射光强为

$$I_\lambda \propto E \cdot E^* = |E_{x'}(z=0)|^2 + |E_{y'}(z=0)|^2 = 2A^2 \tag{7.5-7}$$

当光通过长为 L、x 轴方向高度为 d 的电光晶体后，x' 和 y' 两分量之间因折射率不同而产生相位差 δ，则

$$\begin{cases} E_{x'}(z=L) = A e^{i\omega t} \\ E_{y'}(z=L) = A e^{i\omega t - i\delta} \end{cases} \tag{7.5-8}$$

通过检偏器后出射的总光场是 $E_{x'}(z=L)$ 和 $E_{y'}(z=L)$ 在检偏轴方向（y 轴）上的分量之和，即

$$E_{出}=\frac{A}{\sqrt{2}}(e^{-i\delta}-1)e^{i\omega t} \tag{7.5-9}$$

与之相应的出射光强为

$$I_{出}\propto E_{出}\cdot E_{出}^{*}=\frac{A^2}{2}(e^{-i\delta}-1)(e^{i\delta}-1)=2A^2\sin^2\frac{\delta}{2} \tag{7.5-10}$$

透过率 T 为入射光强与出射光强之比，由式（7.5-7）和式（7.5-10）得

$$T=\frac{I_{出}}{I_{入}}=\sin^2\frac{\delta}{2} \tag{7.5-11}$$

由式（7.5-5）得相位差 δ 为

$$\delta=\frac{2\pi}{\lambda}(n_{x'}-n_{y'})L=\frac{2\pi}{\lambda}n_o^3 r_{22}E_x L \tag{7.5-12}$$

由于 $E_x=U/d$，U 为晶体上的横向外加电压，则式（7.5-12）可写成

$$\delta=\frac{2\pi}{\lambda}n_o^3 r_{22}\frac{L}{d}U \tag{7.5-13}$$

当电压 U 增加到某一值时，x'和 y'方向的偏振光经过晶体后产生 $\lambda/2$ 的光程差，相位差 $\delta=\pi$，此时相对透过率 $T=\frac{I_{出}}{I_{入}}=\sin^2\frac{\delta}{2}=100\%$，这一电压叫作半波电压，记作 U_π。由式（7.5-13）得

$$U_\pi=\frac{\lambda}{2n_o^3 r_{22}}\frac{d}{L} \tag{7.5-14}$$

式中，d 和 L 分别是晶体的 x 方向的厚度和 z 方向的长度；U_π 是描述晶体电光效应的重要参数，在实验中，这个电压越小越好，如果 U_π 小，则需要的调制信号电压功率小。

（1）直流电压的调制　在电光晶体两极加上直流电压 U，则由式（7.5-13）和式（7.5-14）得

$$\delta=\pi\frac{U}{U_\pi} \tag{7.5-15}$$

由式（7.5-10）得

$$I_{出}=I_{入}\sin^2\frac{\pi}{2U_\pi}U \tag{7.5-16}$$

由式（7.5-16）可知，透射光的光强由电压 U 决定，当 $U=\pm 2kU_\pi(k=0,1,2,\cdots)$时，有 $I_{出}=0$；当 $U=\pm(2k+1)U_\pi(k=0,1,2,\cdots)$时，有 $I_{出}=I_{入}$；当 U 取其他值时，$I_{出}$介于0 和 $I_{入}$之间，如图 7.5-4 所示。从调制曲线可以得出半波电压。

（2）正弦信号电压的调制　在晶体上除了加直流电压外，同时也加上正弦信号电压。令 $U=U_0+U_m\sin\omega t$，其中 U_0 为直流偏压，$U_m\sin\omega t$ 为正弦调制信号。由式（7.5-16）得

$$I_{出}=I_{入}\sin^2\frac{\pi}{2U_\pi}(U_0+U_m\sin\omega t) \tag{7.5-17}$$

改变 U_0 或 U_m，输出特性将相应地变化，如图 7.5-5 所示。

由于输出光强与所加电压的关系是非线性的，若工作点选择不合适，会使输出信号发生畸变，但在 $U_\pi/2$ 附近有一近似直线部分，这一直线部分称作线性工作区。由图 7.5-5 可以看出，当 $U=U_\pi/2$ 时，$\delta=\pi/2$，$T=50\%$。

当 $U_0=\frac{U_\pi}{2}$，$U_m \ll U_\pi$ 时，由式（7.5-17）得

$$\begin{aligned} I_{出} &= I_{入}\sin^2\left(\frac{\pi}{4}+\frac{\pi}{2}\frac{U_m}{U_\pi}\sin\omega t\right) \\ &= \frac{1}{2}I_{入}\left[1+\sin\left(\pi\frac{U_m}{U_\pi}\sin\omega t\right)\right] \\ &\approx \frac{1}{2}I_{入}\left(1+\pi\frac{U_m}{U_\pi}\sin\omega t\right) \end{aligned} \tag{7.5-18}$$

输出光强 $I_{出}$ 与晶体上的外加调制电压 $U_m\sin\omega t$ 之间近似有线性关系，即线性调制。

当 $U_0=0$，$U_m \ll U_\pi$ 时，由式（7.5-17）得

$$\begin{aligned} I_{出} &\approx I_{入}\left[1-\cos\left(\pi\frac{U_m}{U_\pi}\sin\omega t\right)\right] \\ &\approx \frac{1}{4}I_{入}\left(\pi\frac{U_m}{U_\pi}\right)^2\sin^2\omega t \\ &\approx \frac{1}{8}I_{入}\left(\pi\frac{U_m}{U_\pi}\right)^2(1-\cos2\omega t) \end{aligned} \tag{7.5-19}$$

输出光强的变化频率是调制信号频率的 2 倍，即产生了“倍频失真”。

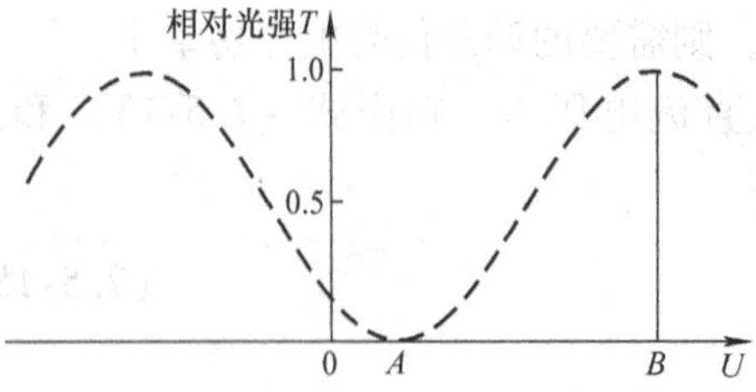

图 7.5-4 直流电压调制时电光调制器输出光强与所加直流电压 U 的关系曲线

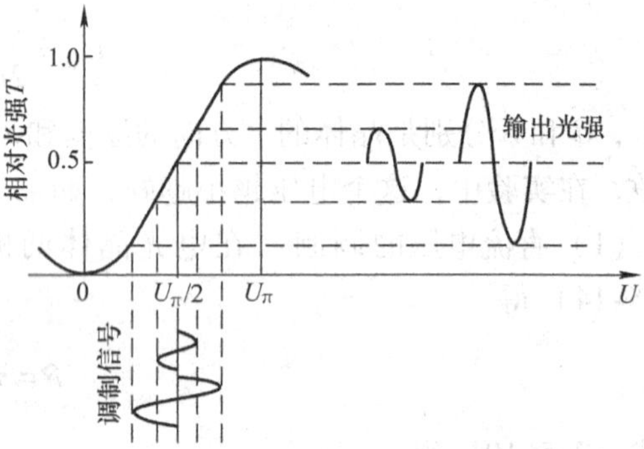

图 7.5-5 正弦信号电压调制时电光调制器输出光强与所加电压的关系曲线

当 $U_0=U_\pi$，$U_m \ll U_\pi$ 时，由式（7.5-17）经过类似的推导可得

$$I_{出} \approx I_{入}\left[1-\frac{1}{8}\left(\pi\frac{U_m}{U_\pi}\right)^2(1-\cos2\omega t)\right] \tag{7.5-20}$$

这时看到的仍然是“倍频失真”的波形，只是光强比 $U_0=0$ 时明显增强。

直流偏压为其他任意值时，输出光强中基频信号、倍频信号及较高次的奇次、偶次谐波成分都存在，因而输出光强的变化规律是不规则的。

（3）语音信号电压的调制　语音信号调制实际上是多种频率的正弦波同时调制的情况，因此前面讨论的正弦波的调制规律在这里完全适用。根据上面的分析，只有当调制器工作在直流偏压 $U_0=U_\pi/2$ 的情况（线性调制）下，输出光强才能按照调制信号，即语音信号的规律变化，因而可以实现模拟激光通信。

4. 1/4 波片对输出特性的影响

在正弦信号电压调制时，如果不加直流偏压（即令 $U_0=0$，$U=U_m\sin\omega t$），而是在电光晶体与检偏器之间插入一块 1/4 波片，可以证明，1/4 波片能够起到与直流偏压一样的作用。使 1/4 波片快、慢轴分别与 x' 和 y' 平行，从而使两振动光波间的相位延迟变为 $\pi/2+\delta$，也可使晶体工作在线性区。

1）当 1/4 波片主轴与晶体的感应轴（x' 或 y' 轴）平行时，从晶体射出的光垂直穿过 1/4 波片，产生了 $\pi/2$ 的相位差，则

$$\begin{aligned} I_{出} &= \frac{1}{2}I_{入}\left[1-\cos\left(\delta\pm\frac{\pi}{2}\right)\right] \\ &= \frac{1}{2}I_{入}(1\pm\sin\delta) \\ &= \frac{1}{2}I_{入}\left[1\pm\sin\left(\pi\frac{U_m}{U_\pi}\sin\omega t\right)\right] \end{aligned} \tag{7.5-21}$$

当 $U_m \ll U_\pi$ 时，有

$$I_{出} \approx \frac{1}{2}I_{入}\left(1\pm\pi\frac{U_m}{U_\pi}\sin\omega t\right) \tag{7.5-22}$$

可以看到，此时仍为线性调制。在此，1/4 波片使得调制器的工作点移到了线性区。

2）当 1/4 波片主轴与晶体的主轴（x 或 y 轴）平行时，1/4 波片对相位没有影响，这时

$$\begin{aligned} I_{出} &= \frac{1}{2}I_{入}(1-\cos\delta) \\ &= \frac{1}{2}I_{入}\left[1-\cos\left(\pi\frac{U_m}{U_\pi}\sin\omega t\right)\right] \end{aligned} \tag{7.5-23}$$

当 $U_m \ll U_\pi$ 时,有

$$I_{出} \approx \frac{1}{8}I_{入}\left(\pi\frac{U_m}{U_\pi}\right)^2(1-\cos 2\omega) \tag{7.5-24}$$

出现了倍频失真。

当波片的主轴与晶体的主轴（x 或 y 轴）及感应轴（x' 或 y' 轴）都不平行时，调制器工作在非线性区，输出波形失真，但不是倍频失真。

由以上讨论可知，改变 1/4 波片主轴与晶体间的角度（绕 z 轴旋转波片）时，在晶体感应轴的角度上获得线性调制，在晶体主轴的角度上出现倍频失真，其他角度时为非倍频失真，每转动 45°，各种情况会交替出现。

【仪器装置】

图 7.5-6 为仪器结构示意图。实验仪器由激光器及电源、晶体电光调制电源、光学系统和接收部分等组成。

（1）激光器及电源　He－Ne 激光器输出 ≥1mW，点燃电压 DC8000V，工作电压 2000V，工作电流 3～6mA，在激光器电源面板上有电流粗调旋钮和细调旋钮，以及显示工作电流的毫安表。

（2）晶体电光调制电源　提供直流偏压和调制输出信号。直流偏压由 －360～350V

的连续可调直流电源提供，电源面板上的偏压旋钮用来调节偏压的大小，电源面板上的三位数字表显示直流偏压值。调制信号可由机内正弦振荡发生器或音乐门铃片提供，也可由外部输入的任意信号提供。面板上的幅度旋钮用来调节正弦信号、音乐信号、外调信号的幅度，三个琴键开关自左至右分别为正弦、音乐、外调信号的选择开关，即左档将一个正弦信号施加到晶体上，中档将一个音乐信号施加到晶体上，右档将输入的外部调制信号或D/A 输出的反馈信号施加到晶体上。面板右上方插口是外部调制信号输入端，右下方插口是内部调制信号输出端。

（3）光学系统　由 He－Ne 激光器（632.8nm）、偏振片、$LiNbO_3$晶体、三维调节平台、1/4 波片、特制光具座组成。

（4）接收部分　由 PIN 光敏二极管和接收放大器组成。PIN 光敏二级管是一种光伏型光电器件，当光信号照射到二极管光敏面时，在其外电路中便有了与光强成正比的光电流流过。接收放大器面板上的左旋钮用于调节放大器的增益，右旋钮用于调节光敏二极管的工作电压。接收放大器面板下方还有两个插孔，一个为直流输出孔，可接数字万用表，用以观察电光调制器上施加直流电压时输出特性的变化；另一个插孔为交流输出孔，可与示波器连接，用以观察电光调制器上施加交变信号时输出特性的变化。

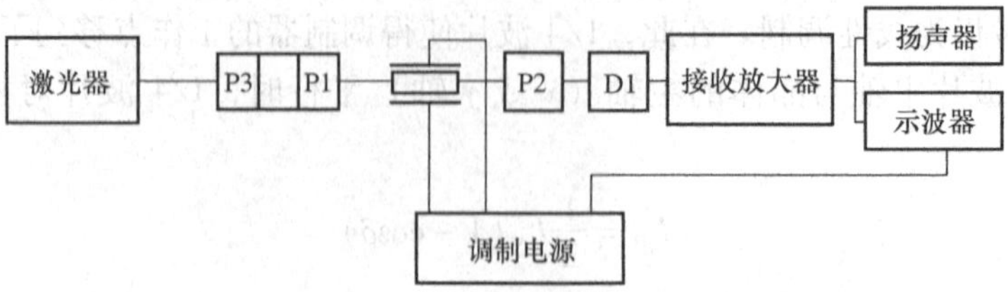

图 7.5-6　$LiNbO_3$晶体音频信号横向电光调制仪器结构示意图

P3—调节光强的偏振片　P1—起偏器　P2—检偏器　D1—接收光敏二极管

【实验测量与数据处理】

1. 仪器调节

（1）连线　将激光器、晶体电光调制电源、接收放大器的电源插头插到交流电源上；将激光电源输出电极与电光调制器里的激光管的电极相连，注意正负极不要接反；将晶体电光调制电源后面板上的电压输出端与晶体电光调制器上的电压输入端相连；将光敏二极管信号输出端与接收放大器后面板上信号输入端相连。

（2）光路调节

1）关闭所有电源开关，将所有旋钮沿逆时针方向旋转到零位，只打开 He－Ne 激光器电源开关，使激光器点亮且稳定发光。

2）通过旋转电光调制器调节架上的螺钉，调节晶体方位，也可适当调节激光管的方位，使 He－Ne 激光管发出的激光束从晶体中心通过。

3）调节偏振片：使起偏器 P1 平行于 x 轴（偏振片架上的画线为大致的透振方向），旋转偏振片 P2 使其与 P1 正交，即使偏振片 P2 平行于 y 轴。

4）置一白屏于偏振片 P2 之后，由于晶体的不均匀性，在白屏上可观察到一弱光点。然后在偏振片 P1 与电光晶体之间放一毛玻璃片，并尽可能地靠近晶体的前通光面，在白屏上即可看到晶体未加调制电压时的单轴会聚偏振光的锥光干涉图形。仔细调节晶体的方位和旋转起偏器 P1 和检偏器 P2，使暗十字线干涉图形清晰、对称，黑十字图样应为横平竖直的端正“十”字形状，中间的光点圆整且恰好处于锥光干涉图的中心，如图 7.5-7 所示。

图 7.5-7 锥光干涉图形

2. 实验内容

（1）观察并记录晶体的会聚偏振光干涉图

1）晶体电光调制电源开关未打开时，晶体是单轴晶体，形成的干涉图是单轴晶体锥光干涉图，描出该干涉花样。

2）打开晶体电光调制电源的开关，将偏压调至几十伏，直流偏压即被加到晶体上，此时晶体由单轴晶体变为双轴晶体，白屏上原来的单轴晶体锥光干涉图变成双轴晶体锥光干涉图。将两个偏振片的透光方向旋至平行时锥光干涉图与两个偏振片正交时的锥光干涉图互补。

（2）测定电光调制器调制曲线

1）撤去观察干涉图用的白屏，将锥光图的中心光点对准光电接收探头。注意光强不要调得太强，以免烧坏光电管。

2）将数字万用表与接收放大器前面板上直流输出端相连，打开接收放大器的电源开关，适当旋转偏振片 P3 的方向，确保直流偏压从 −360V 变化到 350V 时，数字万用表示值最大不超过 200mV。由小到大按一定间隔逐渐改变晶体电光调制电源施加在晶体上的直流偏压，偏压值由晶体电光调制电源前面板的数字显示表读出，同时使用万用表读出接收放大器前面板上直流输出端电压值。

3）以直流偏压值为横坐标，数字万用表读数为纵坐标，做出如图 7.5-4 所示的电光调制器调制曲线。

（3）晶体的半波电压和电光系数的测定　从电光调制器调制曲线上可以确定最大和最小输出电压对应的直流偏压值，两者相减即为半波电压，把有关数据代入半波电压的表达式，即可求出电光系数 r_{22}。（本实验所用 $LiNbO_3$ 晶体参数：长 4.900cm，厚 0.200cm，o 光折射率 $n_o=2.2956$，e 光折射率 $n_e=2.2044$）

（4）电光调制器输出特性的观察

1）将晶体电光调制电源前面板上的调制信号输出端连接到双踪示波器 Y1 端口上，按下晶体电光调制电源前面板上的正弦信号选择开关，则正弦信号输入到双踪示波器 Y1 端。将接收放大器交流输出端接到示波器的 Y2 端，即可从双踪示波器上观察到电光调制器的输出特性。

2）改变加在晶体上的直流偏压，分别使 $U_0=0$，$U_\pi/2$，同时适当调节由晶体电光调制电源上输出的正弦信号的幅度，在示波器上观察输出波形，比较输出信号的频率、幅度与原始调制信号频率、幅度之间的关系，描出波形图并给以说明。

（5）激光通信的演示

1）将调制方式按键由内正弦（左档）切换至音乐（中间档），将光电接收探测器移至距电光调制器较远处，将接收放大器前面板上的交流输出端连线插头拔下来，断开与示波器 Y2 端间的连接。

2）工作点仍用1/4波片做光偏置，晶体电光调制电源上输出的音乐信号通过电光晶体的调制加载于激光，再由PIN光电接收器接收、解调并通过扬声器播放，通过遮光与通光即可进行激光通信演示。

【讨论】

从自己感兴趣的角度，对实验现象和实验数据加以分析和讨论。

【结论】

通过对实验现象和实验结果的分析，你能得到什么结论？

【研究性题目】

通过实验研究1/4波片的偏置作用。

【参考文献】

[1] 张国林，孙为，唐军杰，等．对晶体电光调制实验中两种选择工作点方法的理论解释［J］．物理实验，2002，22（10）：6-8.
[2] 吴思诚，王祖铨．近代物理实验［M］．2版．北京：北京大学出版社，1995.
[3] 赵凯华，钟锡华．光学［M］．北京：北京大学出版社，1984.
[4] 吉林大学物华应用技术开发公司．电光调制器说明书．2000.
[5] 张国林，邵长金，孙为．晶体电光调制实验中半波电压的测定［J］．实验技术与管理，2003，20（2）：102-105.
[6] 巫建坤．电光调制技术在激光通信中的应用［J］．北京机械工业学院学报，2003，18（1）：10-15.
[7] 李叶芳，潘洁，梁秀萍．电光调制通信实验的改进［J］．物理实验，2001，21（1）：39-42.

实验 7.6　低真空的获得、测量与用直流溅射法制备金属薄膜

【引言】

在真空技术里，真空是指相对大气而言，压强小于一个标准大气压的稀薄气体空间。现代许多高精密度产品在制造过程中的某些阶段必须使用真空，例如在薄膜材料的制备以及薄膜器件制造的主要加工工艺过程中，大量采用真空条件。薄膜是人工制作的厚度约在 1μm（10^{-6}m）以下的固体膜。一般来说薄膜被制备在一个衬底（如：玻璃、半导体硅等）上。本实验将在低真空条件下采用直流溅射法制备金属薄膜。通过这个实验，学生可以学习和了解真空基本知识、真空的获得和测量基础知识及操作规程，以及薄膜材料的一种物理气相沉积方法。

【实验目的】

1）学习真空基本知识和真空的获得与测量技术基础知识。

2）学习用直流溅射法制备薄膜的原理和方法。

3）实际操作一套真空镀膜装置，使用真空泵和真空测量装置，研究该真空系统的抽气特性。

4）用直流溅射法制备一系列不同厚度的金属薄膜，为实验研究金属薄膜厚度对其电阻率影响制备样品。

【实验仪器】

SBC－12 小型直流溅射仪（配有银靶）、机械泵、氩气瓶、超声波清洗器、玻璃衬底（长 20mm、宽 15mm、厚 1mm）等。

【预习提示】

1）获得真空的主要设备及其工作条件。

2）真空度的测量装置及使用条件。

3）直流溅射法制备薄膜的基本原理。

4）弄清楚并列出所用的银薄膜制备参数。

5）制备银薄膜的主要实验操作步骤与注意事项。

【实验原理】

1. 真空基本知识及真空的获得与测量

（1）真空基本知识　在真空技术里，真空是指相对大气而言，压强小于一个标准大气压的稀薄气体空间，常用“真空度”这个习惯用语和“压强”这一物理量来表示某一空间的真空程度。真空度越高，气体压强越低。

通常气体的真空度直接用气体的压强来表示，真空度的单位也采用压强的单位，常用帕斯卡（Pa）或托（Torr）作为单位。它们之间的换算关系为

1 托(Torr) = 1 毫米汞柱(mmHg) = 133 帕斯卡(Pa)

按气体压强大小的不同，通常把真空范围划分为：低真空 $1\times10^{5}\sim1\times10^{2}$Pa，中真空 $1\times10^{2}\sim1\times10^{-1}$Pa，高真空 $1\times10^{-1}\sim1\times10^{-5}$Pa，超高真空 $1\times10^{-5}\sim1\times10^{-9}$Pa，极高真空 1×10^{-9}Pa 以下。

（2）真空的获得　真空的获得就是人们常说的抽“真空”，是利用各种真空泵将被抽容器里的气体抽出，使该容器中的压强低于一个大气压。任何真空泵都不可能在整个真空范围内工作，通常真空泵按工作条件的不同可分为两大类：①可从一个大气压开始抽气的泵——“前级泵”，如机械泵、吸附泵。它们的极限真空度都不高（一般为 $1\sim10^{-2}$Pa），可实现低真空的获得或作为高一级真空泵的前级泵；②只能从较低的气压（通常是在 $1\sim10^{-1}$Pa 真空度以下）开始抽气到更低压力的泵——“次级泵”，如扩散泵、分子泵、离子泵等。真空泵有两个重要参量：极限真空（真空泵能抽得的最高真空度）和抽气速率。实际应用时要根据真空泵的有效使用范围，合理地选择真空泵。

下面主要介绍机械泵和涡轮分子泵的结构与工作原理。

1）机械泵：凡是利用机械运动（转动或滑动）来获得真空的泵，称为机械泵。机械泵有不同种类，其中以旋片式机械泵最为常见。图 7.6-1 是旋片式机械泵结构示意图。泵体主要由定子、转子、旋片、进气管和排气管等组成。定子两端被密封形成一个密封的泵体。泵腔内偏心地装有转子，它与泵内腔顶部紧密相切。沿转子的轴线开一个槽，槽内装有两块旋片，旋片中间用弹簧相连，弹簧使转子旋转时旋片始终沿定子内壁滑动。

图 7.6-2 是旋片式机械泵工作原理图。旋片将泵腔分成了两部分。当转子转动时，A 区体积缩小，压强增高，当压强高于一个大气压时，气体推开排气阀门排出气体；B 区体积扩大，同时吸入气体（抽气）；当 B 区到达最大位置时完成抽气过程，C 区开始抽气；当 A 区排气完毕，B 区压缩排气，C 区继续抽气。转子的不断转动使抽气、排气过程循环进行。

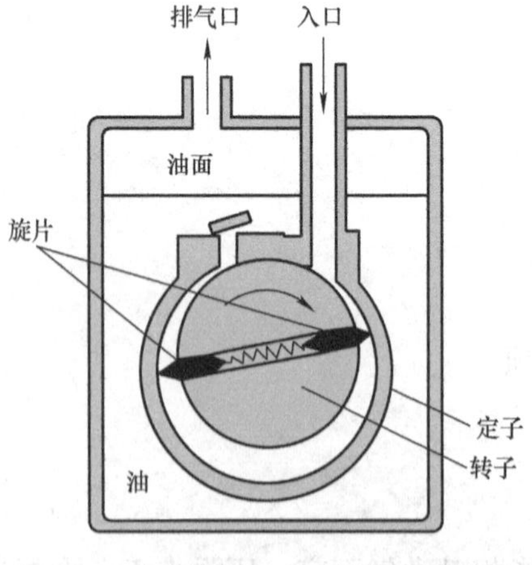

图 7.6-1　旋片式机械泵结构示意图

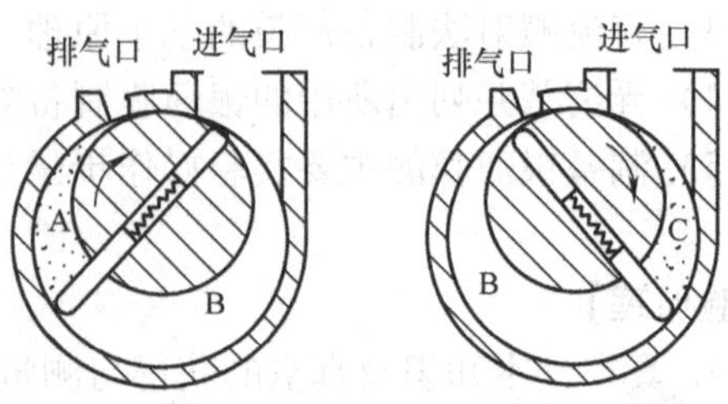

图 7.6-2　旋片式机械泵工作原理图

机械泵是一种从一个大气压开始工作的真空泵，可以单独使用来获得低真空，也可以作为高真空泵或超高真空泵的前级泵。单级旋片泵的极限真空可以达到 1Pa，双级旋片泵的极限真空可以达到 10^{-2}Pa 数量级。

2）涡轮分子泵：涡轮分子泵是利用高速旋转的动叶轮将动量传给气体分子，使气体产生定向流动而抽气的真空泵。

图 7.6-3 所示为一种涡轮分子泵。这种泵是由转子、定子、马达、轴承和外壳等部件组成。泵中的旋转的涡轮叶列称为转子，被装在由轴承支撑的轴上。两个转子叶片圆盘之间有静止的涡轮叶片称作定子，被安装在泵壳内。每一对转子和定子构成一级压缩，一般有 20 ~ 40 级。气体分子通过泵的入口经多级叶列压缩后排到出口处，多级压缩可有很高的压缩比，故在入口处可获得非常低的压力。

图 7.6-3　涡轮分子泵

涡轮分子泵的工作原理比较简单。当气体分子碰撞到运转速度为 400m/s 的动叶表面上，就会被携带转向到叶片的运动方向上。涡轮分子泵叶片在非常高的速度下，使气体分子被连续不断地折射、转向和压缩，气体分子被叶列压缩到前级侧后被前级泵排出。

涡轮分子泵主要用作高真空泵和超高真空泵，但它不能直接对大气排气，需要配置工作压力为 $1 \sim 10^{-2}$Pa 的前级真空泵，旋片式机械泵是常见的前级泵。涡轮分子泵工作压力范围为 $1 \sim 10^{-8}$Pa，抽气速率一般在 5000L/s。

（3）真空的测量　真空测量是指用特定的仪器或装置，测定某一特定空间内的真空度。测量真空度的仪器或装置称为真空计（或真空规）。真空计种类很多，下面仅介绍常用的热偶真空计、热阻真空计和电离真空计。

1）热偶真空计和热阻真空计：热偶真空计和热阻真空计都是以气体热导率随气体压力的变化为基础的。图 7.6-4 为热偶真空计的结构示意图。热偶真空计规管主要由加热灯丝和用来测量热丝温度的热电偶组成。热电偶的热端接热丝，用毫伏计测量热偶电动势。测量时，热偶规管接入真空系统，热丝通以恒定电流而发热。达到热平衡时，电流提供的加热功率与通过空间热辐射、金属丝热传导以及气体分子热传导而损失的功率相等，这样热丝的温度就随管内真空度的不同而变化。在 0.1 ~ 100Pa 压强范围内，气体的热导率随着气体压力的增加而增大，因而管内气体压强高时热丝温度低；反之管内气体压强低时，灯丝温度高。灯丝温度决定了热电偶电动势，测出热电偶电动势就相应测出了规管内的气体压强。热偶真空计通常用于低真空测量，测量范围为 100 ~ 0.1Pa。

热阻真空计的真空测量元件为热阻式真空规，又称为皮拉尼真空规，其工作原理与热偶真空规相似，是通过测量热丝的电阻随温度的变化来实现对真空度的测量的。热阻真空计测量的真空度范围为 0.1MPa ~ 0.1Pa。

2）电离真空计：电离真空计是利用气体分子电离原理进行真空度测量的。图 7.6-5 为电离真空计的结构示意图。电离规管主要有 3 个电极：发射电子的灯丝 2，螺旋状加速并收集电子的栅极 1 和圆筒形离子收集极 3。灯丝（阴极）在玻璃管中央，其外为螺旋状栅极，最外层的金属筒为离子收集极，其中栅极接正电位（几百伏），收集极接负电位（几十伏）。灯丝通电后发射的电子，被栅极加速，穿过栅极后又减速，最后返回栅极。

电子在栅极和收集极之间的空间反复运动，与气体分子不断发生碰撞，使气体分子不断发生电离，电离产生的正离子被负电位的收集极吸收并形成离子流。在发射电流不变的条件下，离子流与气体压强成正比，因此，测出离子流的大小便可知真空度的大小了。当气体压强高于0.1Pa时，灯丝会因离子流过大而烧坏，因此使用时应注意，在真空度达到要求时方能开始使用电离真空计。常见的电离真空计的测量范围是$10^{-1}\sim10^{-5}$Pa。

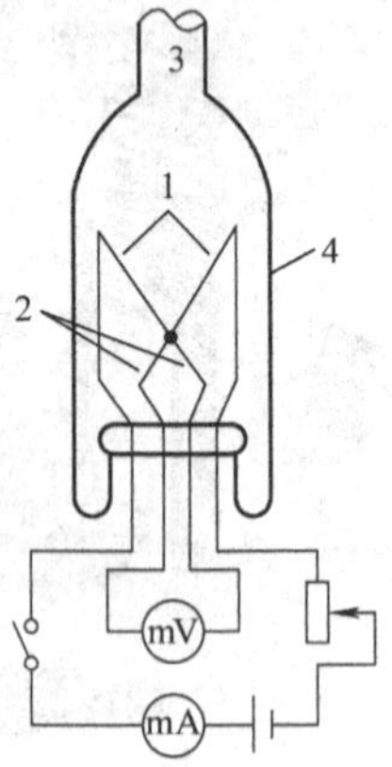

图7.6-4　热偶真空计结构示意图
1—加热灯丝　2—热电偶
3—接真空系统　4—玻壳

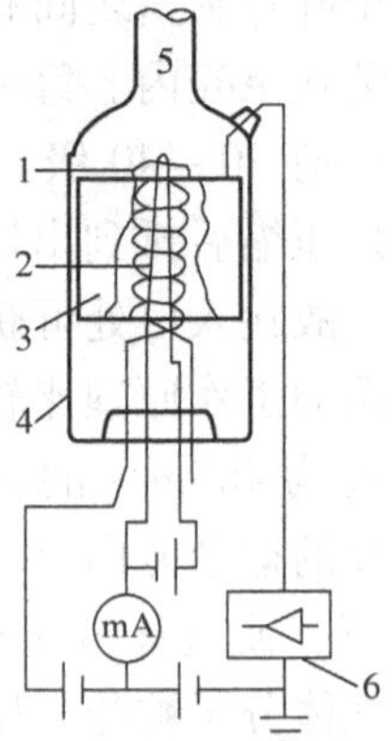

图7.6-5　电离真空计结构示意图
1—阳极栅　2—阴极灯丝　3—离子收集极
4—玻壳　5—接真空系统　6—离子流放大器

2. 用直流溅射法制备薄膜的原理

“溅射”是指具有足够高能量的粒子（荷能粒子）轰击固体（称为靶材）表面，使固体表面的原子（或分子）从表面射出的现象。这些从固体表面射出的粒子大多呈原子状态，通常称为被溅射原子。常用的轰击靶材的荷能粒子为惰性气体离子（如氩离子）和其快速中性粒子，它们又被称为溅射粒子。溅射粒子轰击靶材，使靶材表面的原子离开靶材表面成为被溅射原子，这些被溅射出来的原子带有一定的动能，会沿着一定的方向射向衬底，沉积到衬底上就形成了薄膜，所以这种制备薄膜的方法被称为溅射法。溅射法又可以细分为直流溅射法、磁控溅射法、射频溅射法和反应溅射法。

溅射法基于荷能粒子轰击靶材时的溅射效应，而溅射过程都是建立在辉光放电的基础之上的，即溅射粒子都来源于气体放电。干燥气体在正常状态下是不导电的，是良好的绝缘介质，但当气体中存在自由带电粒子时，它就变为电的导体。这时若在气体中安置两个电极并加上电压，气体在强电场作用下，少量初始带电粒子与气体原子（或分子）相互碰撞，当碰撞能量超过某一临界值时，会使束缚电子脱离气体原子而成为自由电子。逸出电子后的原子成为正离子，使气体中的带电粒子增殖，这时有电流通过气体，这个现象称为气体放电。

气体放电的根本原因在于气体中发生了电离的过程，在气体中产生了带电粒子。气体电离的基本形式有：

（1）碰撞电离　在电场作用下，那些散在气体中的带电粒子（电子或离子）被加速而获得动能，当它们的动能积累到一定数值后，在和中性的气体分子发生碰撞时，有可能使中性的气体分子发生电离，这种电离过程称为碰撞电离。在碰撞电离中，由于电子的尺寸小、重量轻，其平均自由行程也较大，所以在电场中容易被加速并积累起电离所需的能量。因此，电子是碰撞电离中最活跃的因素，它在强电场中产生的这种碰撞电离是气体放电中带电粒子极为重要的来源。

（2）光电离　由光辐射引起的气体分子的电离称为光电离。光子的能量与光的波长有关，波长越短，能量越大。各种短波长的高能辐射线如宇宙射线、γ 射线、X 射线以及短波紫外线等都具有较强的电离能力。

（3）热电离　因气体热状态引起的电离过程称为热电离。所有的气体都能发出热辐射，这也是电磁辐射。在高温下，热辐射光子的能量达到一定数值即可造成气体的热电离。

从基本方面来说，碰撞电离、热电离及光电离是一致的，都是能量超过某一临界值的粒子或光子碰撞分子使之发生电离，只是能量来源不同。在实际的气体放电过程中，这三种电离形式往往同时存在，并相互作用。比如，在电场作用下，总会有碰撞电离发生。在放电过程中，当处于较高能位的激发态原子回到正常状态，以及异号带电粒子复合成中性粒子时，又都会以光子的形式放出多余的能量，由此可能导致光电离，同时产生热能而引发热电离，高温下的热运动则又加剧碰撞电离过程。

（4）表面电离　气体中的电子也可以由电场作用下的金属表面发射出来，称为金属电极表面电离。从金属电极表面发射电子同样需要一定的能量，称为逸出功，它比气体的电离能小得多，所以金属电极表面发射电子要比直接使气体分子电离容易。可以用各种不同的方式向金属电极供给能量，如对阴极加热、正离子对阴极碰撞、短波光照射以及强电场等都可以使阴极发射电子。

气体放电的形式和现象是多种多样的，依气体压力、施加电压、电极形状、电源频率的不同，气体放电的形式总体上可以分为以下几类：①当气压较低，电源容量较小时，气隙间的放电则表现为充满整个间隙的辉光放电；②在大气压下或者更高气压下，放电表现为跳跃性的火化，称为火花放电；③当电源容量较大且内阻较小时，放电电流较大，并出现高温的电弧，称为电弧放电；④在极不均匀电场中，还会在间隙击穿之前，只在局部电场很强的地方出现放电，但这时整个间隙并未发生击穿，这种放电称为局部放电，高压输电线路导线周围出现的电晕放电就属于局部放电；⑤当发生气体放电时，电极间交换的频率很高的放电形式叫高频放电；⑥此外，在气体放电中还有一种特殊的放电形式，即在气体介质与固体介质的交界面上沿着固体介质的表面而发生在气体介质中的放电，称为沿面放电。当沿面放电发展到使整个极间发生沿面击穿时称为沿面闪络。例如，在输电线路上出现雷电过电压时，常常会引起沿绝缘子的表面的闪络。

辉光放电发生在较低气压气体中，如 1 ~ 100Pa 的低气压气体。不同的溅射技术所用的辉光放电方式有所不同。直流溅射法利用的是直流电压产生的辉光放电；射频溅射法利用的是射频电磁场产生的辉光放电；磁控溅射法是利用平行于靶材表面的磁场控制下的电场或电磁场产生的辉光放电；反应溅射法可以利用惰性气体和活性气体的混合气体在电场或电磁场中产生的辉光放电，常用的活性气体有氧气、氮气等。

本实验所使用的薄膜制备方法是直流溅射法，利用了直流电压产生的辉光放电。图 7.6-6 是直流溅射沉积装置示意图，其中溅射靶为阴极，衬底为阳极，阴极相对于阳极可加负的数千伏电压。在对系统预抽真空以后，充入适当压力的惰性气体，例如 10^{-1} ~

10Pa 的氩气作为气体放电的载体。在正、负极之间的高压作用下，极间的气体分子（原子）被大量电离，并伴随发出辉光。图 7.6-7 给出了靶材（阴极 C）和衬底（阳极 A）之间电位的变化情况，可以看到，两极间的电位的变化不是均匀的，有所谓的阴极电压降（U_C），即两极间的电压降主要发生在阴极附近。由放电形成的气体正离子被朝着阴极（靶材）方向加速，并且由于两极间的电压降主要出现在靶材（阴极）附近，这些正离子和由其产生的快速中性粒子以它们在阴极电压降区域获得的几乎一样的能量（速度）到达靶材。阴极电压降的大小取决于气体的种类和阴极材料。在这些能量离子和中性粒子的轰击下，靶材原子被从其表面溅射出来，被溅射出来的靶材原子冷凝在阳极（衬底）上，从而形成了薄膜。直流溅射法适用于金属靶材。

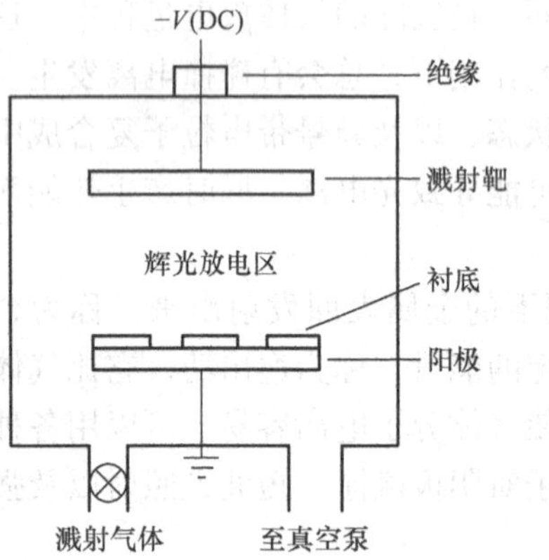

图 7.6-6　直流溅射沉积装置示意图

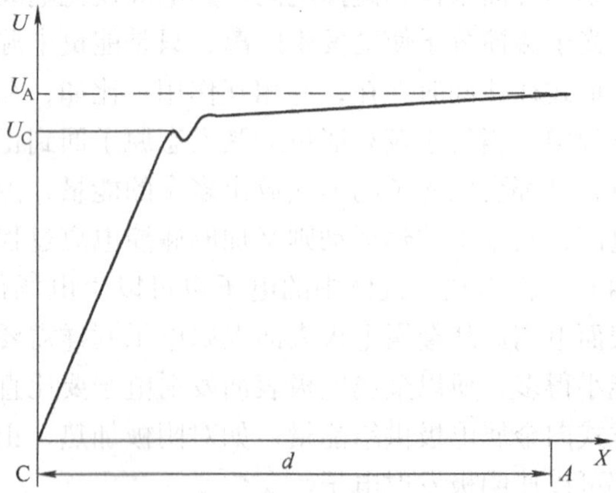

图 7.6-7　等离子体辉光放电中的电位随空间位置的变化

3. 直流溅射沉积装置

金属银具有较强的化学惰性，在空气中不氧化。采用银靶，可以在较低真空度下进行直流溅射而获得银金属薄膜，只需用机械真空泵提供 1 ~ 2Pa 的真空度即可，这样真空系统就大大简化了。本实验采用 SBC－12 小型直流溅射仪，外观如图7.6-8所示。整个系统由真空系统和直流溅射镀膜系统组成。真空系统由一个直联旋片机械真空泵（2L/s）和一个带石英观察窗的金属圆筒真空室组成，真空室内部结构如图 7.6-9 所示，金属圆筒与基座和顶盖间用橡胶圈密封。系统真空度由皮拉尼真空规和真空度显示仪表给出。溅射电压为 2480V。镀膜时间用定时器控制，范围为 10 ~ 110s。

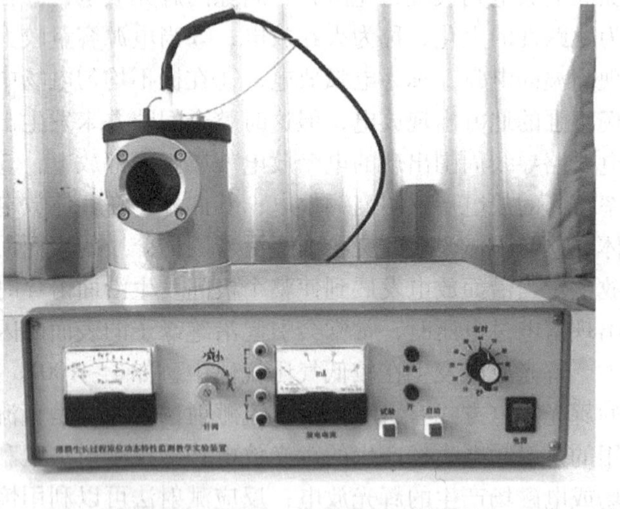

图 7.6-8　SBC－12 小型直流溅射仪

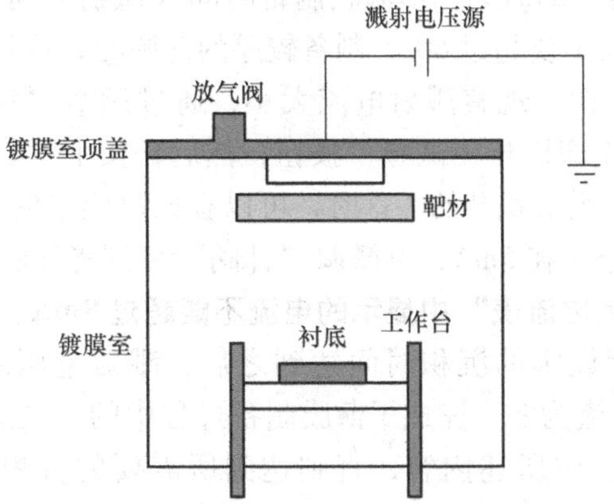

图7.6-9 SBC-12小型直流溅射仪真空室结构示意图

【实验内容与测量】

1. 小型直流溅射镀膜仪真空系统真空特性测量

以小型直流溅射镀膜仪作为一个实际真空系统，通过实际操作，了解获得低真空的手段，熟悉抽真空的基本操作规程，观察和测量系统真空度随抽气时间的变化规律以及系统的极限真空。

1）安装好小型直流溅射仪真空系统，轻轻左右转动金属圆筒和顶盖几次，使金属圆筒与基座和顶盖之间的橡胶密封圈密切接触，关闭顶盖上的放气阀和仪器面板上的针阀。

2）打开小型直流溅射仪的“总电源开关”，机械泵开始对镀膜室抽真空，从真空表上定性观察镀膜室的真空度（气压）随抽气时间的变化趋势。

3）根据定性观察趋势，制定定量测量镀膜室真空度随时间变化的数据测量点，记录镀膜室的真空度随抽气时间的变化，参见数据表格7.6-1，直到镀膜室真空度基本不变化为止。

2. 制备不同厚度的银薄膜

1）参见图7.6-9，银靶装在镀膜室顶盖上。把银靶到工作台的距离调至40mm。将氩气瓶阀门打开。

2）将玻璃衬底放入盛有无水乙醇的烧杯中，再将烧杯放入超声波清洗器中清洗3~5min。取出玻璃衬底，使玻璃衬底倾斜，以便无水乙醇流动时带走污物，并用吹风机彻底烘干玻璃衬底，然后放在镀膜室工作台中心位置。盖上镀膜室顶盖，轻轻左右转动金属圆筒和顶盖几次，使金属圆筒与基座和顶盖之间的橡胶密封圈密切接触。**注意：彻底烘干玻璃衬底非常重要，否则镀出的银膜会氧化！**

3）打开“电源”开关，机械泵开始对镀膜室抽真空，从真空表上观测镀膜室的真空度。当真空度上升至20Pa时，溅射单元的“准备”灯亮，当真空度到达极限真空（不同镀膜装置略有差异，例如2~4Pa）时，打开氩气充气阀“针阀”（逆时针转动“针阀”为开，氩气流量加大；顺时针转动“针阀”为关，氩气流量减少。**注意**：调节“针阀”时，氩气流量变化会有所滞后，故调节“针阀”要缓慢。）向镀膜室中充入氩气，使镀膜室的气压较充气前增加1~2Pa。

4）设定好“定时器”的时间，即薄膜制备时间（溅射时间或沉积时间）。为防止过热，单次连续溅射的时间不要超过60s，制备较厚的薄膜时，可采取多次溅射的办法。

5）按下“试验”按钮，观察溅射电流大小，通过调节“针阀”使“溅射电流表”中显示的电流为5mA，立即松开“试验”按钮；然后，按下“启动”按钮，银靶被加上2480V的溅射电压，银薄膜沉积开始。这时，可以看见镀膜室内发出蓝色的辉光。“溅射电流表”显示的电流应稳定在5mA，可微调“针阀”控制氩气流量，保持溅射电流稳定。**微调时要特别注意“溅射电流表”中显示的电流不能超过8mA，以免烧坏设备。**

6）当“定时器”所设定的沉积时间达到之后，溅射电压降为零，溅射自动停止，“溅射电流表”显示的电流为零，完成了薄膜制备过程中的一次溅射沉积。如果需要多次溅射沉积，继续重复5）中所述内容，直到达到所需要的沉积时间，最终完成薄膜的制备。

7）由于工作台温度较高（约70℃左右），需等待几分钟（待工作台温度降低再打开真空室，可避免银薄膜氧化），然后关闭氩气控制阀“针阀”，关上“电源”开关，开启镀膜室顶盖上的“放气阀”，给镀膜室放入空气（这时发出“嗞嗞”的声响）。镀膜室回到大气压下后（“嗞嗞”的声响消失），打开镀膜室上盖，取出薄膜样品。

8）通过上述2）~7）的操作，分别制备出沉积时间为4min、8min、12min、18min、25min的银薄膜样品（在制备过程中，其他溅射条件均应保持一致），并将样品制备条件记录到表7.6-2中。不同的沉积时间使我们获得了不同厚度的银薄膜。这些银薄膜样品将被用于实验7.8“金属薄膜电阻率的测量”实验。上述五种沉积时间下制备的银薄膜的厚度可以用以下方法获得：①测量某一沉积时间下（这里推荐用15min）制备的薄膜的厚度，然后用这一薄膜厚度除以这一沉积时间就获得了单位时间沉积的薄膜厚度，即薄膜的沉积速率；②用沉积速率乘以沉积时间可以获得不同沉积时间的薄膜厚度。

注意：①不要使“溅射电流表”中显示的电流超过8mA，以免烧坏设备；②不要接触镀膜室顶盖上的电压输入端头，以免触电；③针阀关闭后应再反向拧两圈，以防止针阀长时间不用出现针阀回弹不灵活的现象。如遇到打开针阀时不向工作室放气，请将针阀右旋到底后再重新打开即可。

【讨论】

1）根据实验观察和实验数据，总结实验所用镀膜系统的抽气行为。

2）本实验所用溅射镀膜系统的极限真空为多少？

3）为什么不同厚度的银薄膜有不同的颜色？

4）自然光照射到不同厚度的银薄膜上后，反射光和透射光各为什么颜色？试讨论。

【结论】

通过对实验现象和实验结果的分析和讨论，你能得到什么结论？

【研究性题目】

1）观察辉光放电的颜色与溅射束流、氩气压强之间的相互关系，探讨影响薄膜沉积速率（单位时间所沉积的薄膜厚度）的主要因素。

2）设计实验方案，通过实验来研究某一影响因素对薄膜沉积速率的影响。

【思考题】

采用直流溅射法制备薄膜时，膜厚的均匀性如何保证？

【参考文献】

[1] 唐伟忠．薄膜材料制备原理、技术及应用［M］．北京：冶金工业出版社，1998.

[2] 郑伟涛．薄膜材料与薄膜技术［M］，2 版．北京：化学工业出版社，2007.

[3] Wagendristel A，Wang Y. An Introduction to Physics and Technology of Thin Films［M］. London：World Scientific Publishing，1994.

[4] 王力衡，黄远添，郑海涛．薄膜技术［M］．北京：清华大学出版社，1991.

[5] 埃克托瓦 L. 薄膜物理学［M］．北京：科学出版社，1986.

[6] 吴自勤，王兵．薄膜生长［M］．北京：科学出版社，2001.

[7] 杨乃恒，巴德纯，王晓冬，等．如何选择和使用涡轮分子泵［J］．真空，2010，47（2）：1－6.

[8] 杨乃恒．关于涡轮分子泵的安全使用问题［J］．真空，2008，45（4）：24－28.

[9] 吴平，邱宏，黄筱玲，等．金属薄膜制备及物性测量系列实验［J］．大学物理，2006，25（5）：39－41.

[10] 吴平，邱宏，赵云清，等．低真空条件下制备的银薄膜的电阻率特性及结构［J］．物理实验，2007，27（3）：3－6.

【数据表格】

实验者信息：

专业班级：__________ 学号：__________ 姓名：__________同组人姓名：__________

表 7.6-1　真空室气压随抽气时间的变化

抽气时间/s	
真空室压强/Pa	
抽气时间/s	
真空室压强/Pa	

表 7.6-2　银薄膜制备条件

银靶到工作台的距离：　　　　　　　　　　预真空：

样品标号						
沉积时间/min						
氩气压强/Pa						
溅射电流/mA						
薄膜外观						

实验时沿此线剪下

教师签名：__________

实验 7.7　用多光束干涉方法测量薄膜厚度

【引言】

薄膜是人工制作的厚度在 1μm（10^{-6}m）以下的固体膜，“厚度 1μm 以下”并不是一个严格的区分定义。薄膜一般来说都是被制备在一个衬底（如：玻璃、半导体硅等）上，它的厚度（简称：膜厚）是薄膜材料的一个最为基本、最为重要的物理量，它在很大程度上决定着薄膜材料的物理特性，如电学性质、光学性质、磁学性质、力学性质等。因此，膜厚的测量在薄膜材料的研究开发和生产中占有非常重要的地位。膜厚的测量方法主要有干涉法、台阶仪测量法、扫描电子显微镜观测法、断面透射电子显微镜观测法、椭圆偏振仪法、电阻测量法、Rutherford 背散射法等方法，其中干涉法在设备上的投入上最为经济，测量最为简便、快速。干涉法是非接触式测量，不会对膜表面造成任何伤害，精度很高，不仅可以用于透明薄膜，也可以用于不透明薄膜。因此，现在用干涉方法测量薄膜膜厚的技术已被广泛地应用在科研开发和生产中。但干涉法应用于不透明薄膜时，要求膜面具有较好的反光率，才能在利用反射光的干涉时得到对比清晰的干涉条纹，所以这种方法不适合于黑色的不透明薄膜。

【实验目的】

1）掌握用空气劈尖产生的多光束干涉的方法测量薄膜膜厚的原理和方法。

2）学习如何制备台阶样品和半透膜板。

3）了解提高干涉条纹清晰度（对比度）的方法及清晰度对测量精度的影响。

【实验仪器】

SBC－12 小型直流溅射仪、机械泵、氩气瓶、超声波清洗器、钠光灯、具有分光镜和螺旋测微机构的读数显微镜、玻璃板等。

【预习提示】

1）理解用空气劈尖产生的多光束干涉方法测量薄膜膜厚的原理和方法，掌握基本公式及式中各物理量涵义。

2）搞清楚如何制备台阶样品和半透膜。

3）搞清楚测量过程和主要实验步骤。

【实验原理】

1. 多光束干涉方法测量薄膜厚度原理

图 7.7-1　空气劈尖及等厚干涉条纹示意图

如图 7.7-1 所示，取两块光学平面玻璃板，使其一端接触，另一端用细丝或薄片垫起，这样在两块玻璃板之间就形成了一个空气劈尖。当平行单色光垂直射向玻璃板时，由空气劈尖下表面反射的光束与空气劈尖上表面反射的光束就有一定的光程差。这两束光在空气劈尖的上表面相遇时发生干涉，形成一组与两玻璃接触的棱边相平行，间隔相等，明暗相间的干涉条纹。这种干涉是一种分振幅干涉，干涉条纹的可见度（也称对比度，即干涉条纹亮暗反差的程度）受两束光的振幅比影响。当两束光的振幅相等时，条纹对比度最好，条纹最清楚；当两束光的振幅不相等时，条纹可见度变差，特别是当其中一束光的振幅趋于零时，条纹模糊不清，不可分辨。这种干涉条纹是等厚条纹，两相邻条纹之间对应的劈尖空气厚度相差 $\lambda/2$。利用这一原理，可以测量薄膜的厚度。

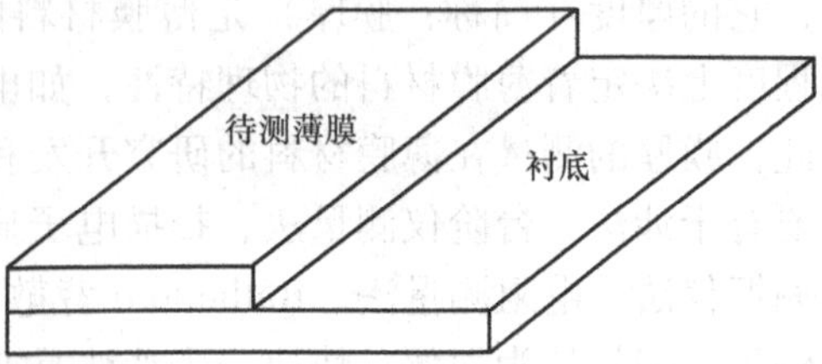

图 7. 7-2 台阶样品示意图

在衬底上镀如图 7. 7-2 所示的待测厚度的薄膜，整个样品形状如台阶，称为台阶样品。然后用这个台阶样品与一个半反半透板（称为半透膜板）构成空气劈尖，如图 7. 7-3 所示。在单色光的照射下，半透膜和薄膜（或衬底）之间光的多次反射产生等厚干涉条纹。由于衬底一侧镀有薄膜，另一侧没有，干涉条纹发生移动。由于两相邻条纹之间对应的劈尖空气厚度相差 $\lambda/2$，因此当干涉条纹移动距离为一个干涉条纹间距时，台阶高度恰为 $\lambda/2$，这一点让我们再次体会到了怎样以光波长（更具体地说是半波长）为度量单位测量距离。由此可以推出，当相邻两干涉条纹间距为 a、干涉条纹移动距离为 b、入射光波长为 λ 时，台阶高度（对应着薄膜厚度）h 为

$$h=\frac{b}{a}\times\frac{\lambda}{2} \tag{7.7-1}$$

通常，利用波长 λ 已知的入射光波进行实验，只要测出 a 和 b 的值，就可以用式（7. 7-1）计算得出待测薄膜的膜厚 h。

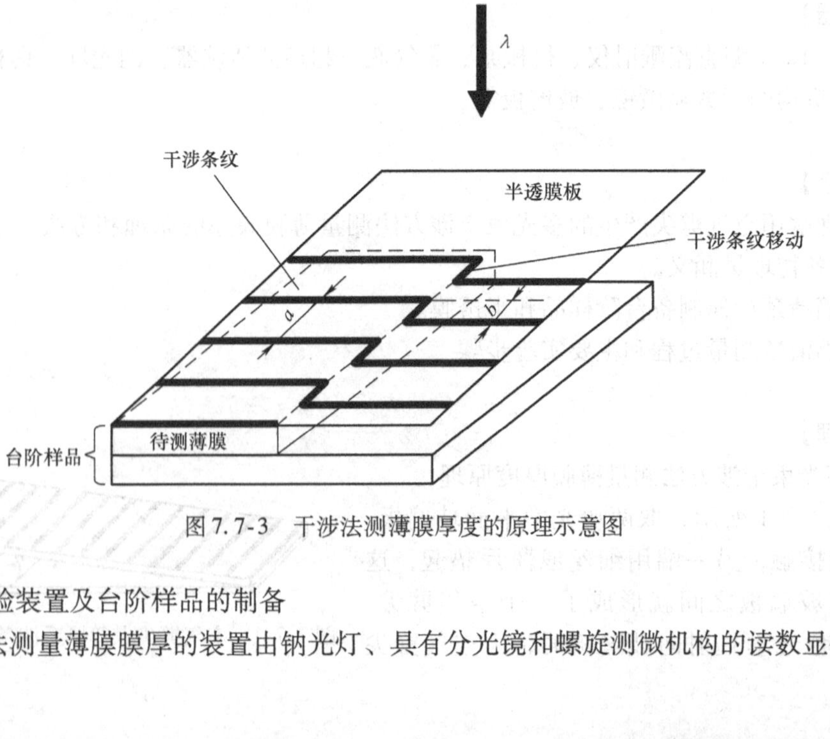

图 7. 7-3 干涉法测薄膜厚度的原理示意图

2. 实验装置及台阶样品的制备

干涉法测量薄膜膜厚的装置由钠光灯、具有分光镜和螺旋测微机构的读数显微镜以及

半透膜板三部分组成。钠光灯作为光源，其平均波长为 589.3nm。读数显微镜放大倍数为 25 倍，用来观察干涉条纹和测量干涉条纹间距。半透膜板可以由在玻璃板上镀上一层厚度约为 20nm 的银薄膜制成。

台阶样品可以采用遮挡法制备，即先用遮挡物（如薄片）遮住衬底的一部分，放入镀膜室中镀待测其厚度的薄膜，然后取下遮挡物，就得到了台阶样品。为了获得对比清晰的干涉条纹，对于不透明薄膜，一般应在台阶上下均匀地沉积一层高反射率的金属膜。

【实验内容与测量】

1. 制备薄膜台阶样品与半透膜

玻璃衬底清洗和用 SBC－12 小型直流溅射仪制备薄膜的实验操作步骤参见实验 7.6。制备不透明薄膜台阶样品时，首先在玻璃衬底上制备一层金薄膜（也可以是银薄膜），靶与衬底之间的距离为 40mm，溅射电流为 5mA，沉积时间为 4min。其次，把上述沉积有金薄膜的玻璃衬底的一半用玻璃片覆盖，另一半裸露着，用胶带把覆盖玻璃片固定在工作台上，如图 7.7-4 所示。最后，将各制备参数设定为所需要条件，沉积待测厚度的薄膜。例如，欲确定实验 7.6 所制备的银薄膜的沉积速率，就可以将各制备参数设定为实验 7.6 所用的参数（设定靶与衬底之间的距离为 40mm，溅射电流为 5mA），设定沉积时间为 15min。沉积完成后，去掉覆盖玻璃片就获得了待测膜厚的台阶样品，台阶的高度 h 就是所要测量的沉积时间为 15min 的银薄膜的膜厚。在薄膜台阶样品的背面标上黑色圆点，便于以后使用。若待测薄膜为透明薄膜，可以直接将玻璃衬底的一半用玻璃片覆盖，放入镀膜室中沉积待测薄膜，制成台阶样品。

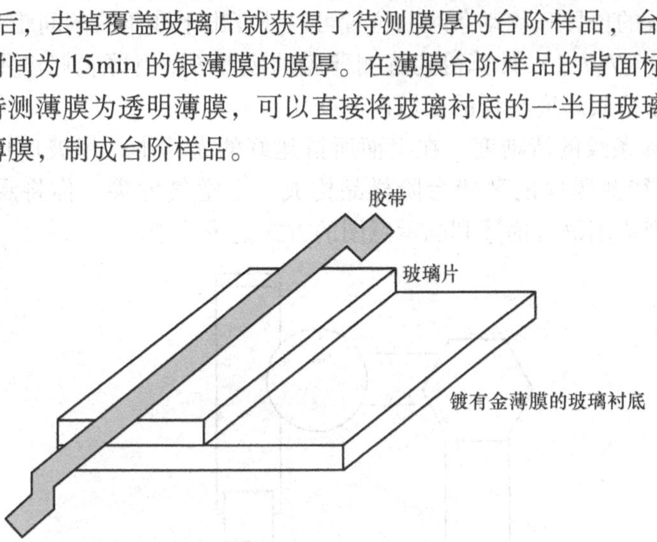

图 7.7-4 制备干涉法测量膜厚的台阶样品示意图

制备半透膜板：对于不透明薄膜，可以在靶与衬底之间的距离为 40mm、溅射电流为 5mA 条件下，在玻璃板上沉积 2min 银薄膜制成半透膜板；对于透明薄膜，沉积时间可选为 30s。为了获得清晰的干涉条纹，还可以制备不同厚度银薄膜的半透膜板，通过实验观察来选取合适的半透膜板。

将台阶样品与半透膜板制备条件记录于表 7.7-1 和表 7.7-2 中。

2. 用干涉法测量薄膜膜厚

（1）搭建测量光路　如图 7.7-5 所示，在读数显微镜的载物台上放上待测膜厚的薄膜台阶样品（薄膜样品的背面标有黑色圆点）。根据图 7.7-3 所示的干涉法测量薄膜厚度的原理示意图，自己搭建测量光路，特别注意，在光路中用半透膜板同待测膜厚的薄膜台阶样品构成一个空气劈尖。搭空气劈尖时，应将半透膜板有膜的一面朝下（请思考其原因），且半透膜板与薄膜之间不能有过大的灰尘颗粒（请思考其原因）。调节空气劈尖的夹角时，要防止因摩擦损坏两个面上的薄膜，必要时可用气鼓吹净半透膜板和待测样品的表面。

在图 7.7-5 中，钠光光源发射出来的光通过待测样品上方的一个倾斜度可调的分光镜 M（其支架未画出）反射后垂直入射到待测样品上。分光镜 M 的作用一方面是使光源射来的光经它反射后垂直入射到待测样品上，另一方面它又可以透过光，故可自上面的显微镜观察到由待测样品和半透膜板 P 构成的空气劈尖产生的干涉条纹。由于干涉条纹的间距很窄，需用读数显微镜来测量它们之间的间距。需仔细调节光路中各个可调节的部分（如：读数显微镜、分光镜 M 的角度、半透膜板 P 和待测样品的相对位置），观察到如图 7.7-3 所示的清晰的干涉条纹，并使台阶分界线在读数显微镜载物台的 X 方向上。

（2）测量等厚干涉条纹的间距 a 和干涉条纹的移动距离 b　转动读数显微镜载物台的 X 方向移动旋钮，可以在读数显微镜下观察到等厚干涉条纹沿 X 方向发生平移。测量干涉条纹的位置和移动条纹的位置，将数据记录于表 7.7-3。注意在测量过程中，为避免空程差对测量的影响，X 方向移动旋钮必须单方向旋转。

通过干涉条纹的位置和移动条纹的位置可以计算出干涉条纹的间距 a 和干涉条纹移动的距离 b，利用式（7.7-1）计算得到待测薄膜的膜厚 h。当薄膜厚度不均匀时，应分区域计算，以便比较薄膜厚度在样品区域内的变化。

（3）考察干涉条纹的清晰度　在上面所搭建好的光路中，用玻璃板来替代半透膜板 P，即用玻璃板同待测膜厚的薄膜台阶样品构成一个空气劈尖，你将观察到什么样的现象？把观察到的现象用语言描述和画示意图的方式记录下来。

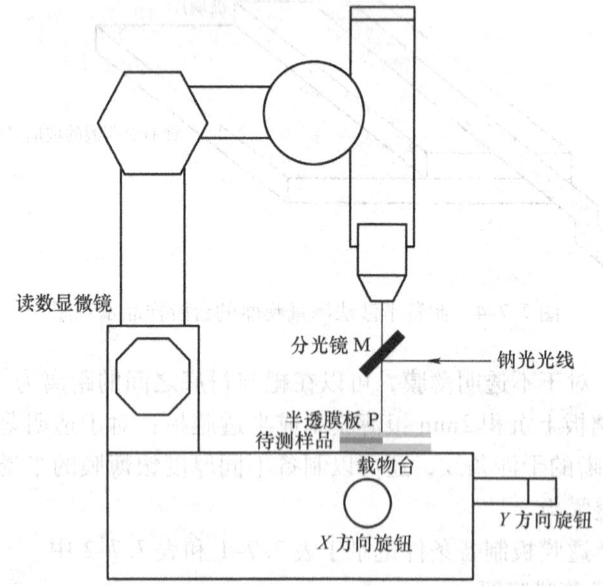

图 7.7-5　用干涉法测量膜厚的仪器示意图

【讨论】

1）为什么用半透膜板而不用普通玻璃板同待测膜厚的薄膜台阶样品构成一个空气劈尖？其理论依据是什么？

2）你认为在本实验中用干涉法测量薄膜的膜厚时可能存在什么问题？如何改进？

3）通过实验观察，叙述普通空气劈尖产生的干涉条纹同本实验薄膜测厚的空气劈尖产生的干涉条纹有什么不同。其原因是什么？（有关普通空气劈尖的知识及干涉条纹特点，请参考普通物理教材的光学部分）。

【结论】

通过对实验现象和实验结果的分析，你能得到什么结论？

【研究性题目】

用干涉法测量薄膜的膜厚时，我们还能获得哪些有关薄膜膜厚的信息？请用实验数据来支持你的观点。

【参考文献】

[1] Wagendristel A, Wang Y. An Introduction to Physics and Technology of Thin Films [M]. London: World Scientific Publishing, 1994.

[2] 唐伟忠．薄膜材料制备原理、技术及应用 [M]．北京：冶金工业出版社，1998.

【思考题】

当用干涉法测量薄膜的膜厚时，会不会出现错误的膜厚结果？为什么？有没有办法避免这种错误？

【数据表格】

实验者信息:

专业班级: __________ **学号:** __________ **姓名:** __________ **同组人姓名:** __________

表 7.7-1 台阶样品制备条件

靶到工作台的距离:

反射金属层	靶材		待测薄膜	靶材	
	预真空/Pa			预真空/Pa	
	沉积时间/min			沉积时间/min	
	氩气压强/Pa			氩气压强/Pa	
	溅射电流/mA			溅射电流/mA	
	薄膜外观			薄膜外观	

表 7.7-2 半透膜板制备条件

靶到工作台的距离:

半透膜	靶材	
	预真空/Pa	
	沉积时间/min	
	氩气压强/Pa	
	溅射电流/mA	
	薄膜外观	

表 7.7-3 干涉法测量薄膜膜厚测量数据记录表

干涉条纹位置	A1	A2	A3	A4	……
移动条纹位置	B1	B2	B3	B4	……

实验时沿此线剪下

教师签名: __________

实验 7.8　金属薄膜电阻率的测量

【引言】

微电子技术是当今高新技术领域中最为重要的领域之一。支持微电子技术发展的重要材料之一就是薄膜材料。由于薄膜的厚度（简称膜厚）非常薄，膜厚对薄膜材料的物理特性（如电学性质、光学性质、磁学性质、力学性质、铁电性质等）有很大影响。薄膜材料的物理特性受膜厚影响的现象被称为尺寸效应。尺寸效应决定了薄膜材料的某些物理、化学特性不同于块体材料，使薄膜材料表现出一些新的功能和特性。因此，尺寸效应是薄膜材料科学中基本而又重要的效应之一。

四探针法是材料学及半导体行业电学表征较常用的方法，依据测试结构不同，四探针法可分为直线形、方形、范德堡和改进四探针法，其中直线四探针法最为常用。这种方法是四端接线法测量低电阻的实际应用，原理简单，能消除接触电阻影响，具有较高的测试精度。

金属薄膜的电阻率是金属薄膜材料的一个重要物理特性，是科研开发和实际生产中经常测量的物理特性之一。本实验使学生学习在科研和生产实际中广泛应用的直线四探针法测量金属薄膜电阻率的原理和方法，并通过测量不同厚度的金属薄膜的电阻率，了解薄膜材料的尺寸效应。

【实验目的】

1）了解和学会使用直线四探针法测量金属薄膜电阻率的原理和方法。

2）了解薄膜的膜厚对金属薄膜电阻率的影响，即金属薄膜电阻率的尺寸效应。

3）分析用四探针法测量金属薄膜电阻率时可能产生误差的根源。

【实验仪器】

四探针金属/半导体电阻率测量仪（配有 SB118 精密直流电流源、PZ158A 直流数字电压表和四探针组件，SB118 精密直流电流源电流输出范围：1nA ~ 50mA，最高输出电压 5V；量程分五档：20μA、200μA、2mA、20mA、50mA，带有粗调和细调旋钮；精度为 ±0.03%。PZ158A 直流数字电压表具有 6 位半字长、0.1μV 电压分辨率，量程分五档：200mV、2V、20V、200V、1000V，精度为 ±0.006%。四探针组件由固定在支架上的具有引线的四根探针组成，相邻两探针的间距为 3mm，探针针尖的直径约为 200μm），不同膜厚的银薄膜样品。

【预习提示】

1）了解使用直线四探针法测量金属薄膜电阻率的原理和方法。

2）了解主要测量步骤和需要测量的物理量。

【实验原理】

1. 薄膜厚度对金属薄膜电阻率的影响

金属块体材料的电阻率是由金属中自由电子的平均自由程决定的。在外加电场的作用下，金属中的自由电子在金属中做定向运动，从而形成电流。当做定向运动的自由电子同金属中的声子（由原子晶格的热振动产生）、缺陷（如点缺陷、杂质、空洞、晶粒间界等）发生碰撞，其运动方向就会发生改变，由碰撞引起的自由电子原定向运动方向的改变是金属块体材料具有电阻的根源。相继两次碰撞之间自由电子运动的平均距离就称为自由电子的平均自由程。因此可以预见，金属中自由电子的平均自由程越短，金属材料的电阻率越大；反之，金属中自由电子的平均自由程越长，金属材料的电阻率越小。

根据薄膜的定义，薄膜材料在厚度（膜厚）上是非常薄的。如果金属薄膜的膜厚小于某一个值时，薄膜的厚度将对自由电子的平均自由程产生影响，从而影响薄膜材料的电阻率，这就是所说的薄膜的尺寸效应。如何来理解薄膜的尺寸效应呢？图 7.8-1 给出了说明薄膜尺寸效应的示意图。

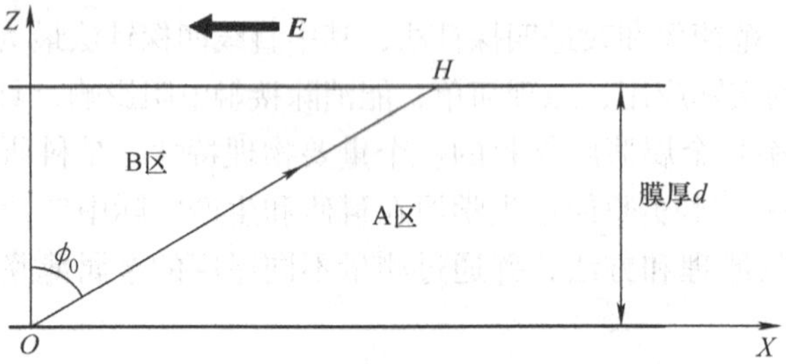

图 7.8-1 薄膜电阻率尺寸效应示意图

如图 7.8-1，金属薄膜的膜厚为 d，电场 $\boldsymbol{E}$ 沿 $-X$ 方向。假定自由电子从 O 点出发到达薄膜的表面 H 点，OH 的距离同金属块体材料中自由电子的平均自由程 λ_B 相等，即

$$OH=\lambda_B$$

自由电子的运动方向与 Z 轴（薄膜膜厚方向）的夹角为 ϕ_0，在 ϕ_0 所对应的立体角范围内（图 7.8-1 中显示的 B 区），由 O 点出发的自由电子运动到薄膜表面并同其发生碰撞时所走过的距离小于自由电子的平均自由程 λ_B。这意味着，B 区中的自由电子在同声子和缺陷发生碰撞之前就已同薄膜表面发生了碰撞，也就是说，B 区中的自由电子的平均自由程小于块体材料中自由电子的平均自由程。但是，在大于 ϕ_0 所对应的立体角范围内（图 7.8-1 中显示的 A 区），由 O 点出发的自由电子运动到薄膜表面并同其发生碰撞时所走过的距离大于自由电子的平均自由程 λ_B，即自由电子的平均自由程没有受到薄膜表面的影响。综合上述分析，金属薄膜材料中有效自由电子平均自由程是由 A 区和 B 区两部分组成，由于 B 区中自由电子的平均自由程小于块体材料中自由电子的平均自由程，所以金属薄膜材料中有效自由电子平均自由程小于块体材料中自由电子的平均自由程，从而使薄膜材料的电阻率高于块体材料的电阻率。而当薄膜的膜厚远远大于块体材料的自由电子的平均自由程时，薄膜表面对在电场作用下自由电子的定向运动将没有影响，这时薄膜的电阻率将表现出块体材料的电阻率，即当薄膜的膜厚很厚时，薄膜也就变成了块体材料。图 7.8-2 给出了金属薄膜厚度对金属薄膜中平均电子自由程的影响。一般来说，室温下的金属块体材料，其自由电子的平均自由程为十几纳米至几十纳米，如金的自由电子的

平均自由程约为 40nm。

1938 年法奇斯（Fuchs）提出了金属薄膜的膜厚引起薄膜电阻率改变的求解方法，随后 1950 年桑德海默尔（Sondheimer）把法奇斯的理论进一步完善，直到现在还有很多学者在不断修改、完善薄膜电阻率同膜厚的关系式。目前，较为简单、又能很好地反映出连续金属薄膜电阻率尺寸效应的公式是 Lovell - Appleyard 公式，其表达式如下：

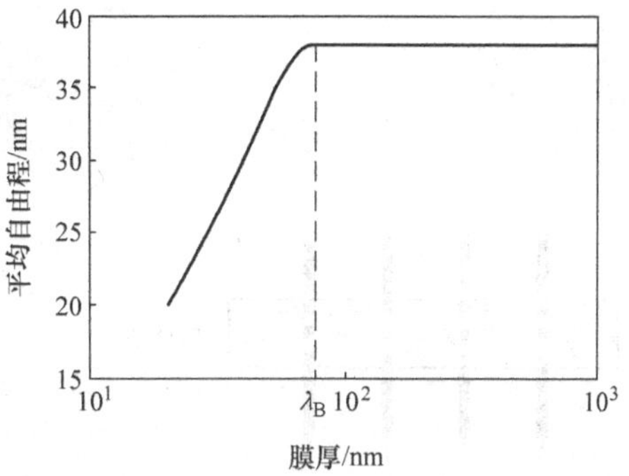

图 7.8-2　金属薄膜膜厚对电子平均自由程的影响

$$\rho_F = \rho_B \times \left(1 + \frac{3}{8} \times \frac{\lambda_B}{d}\right) \qquad (7.8\text{-}1)$$

式中，ρ_F是连续金属薄膜的电阻率；ρ_B是金属块体材料的电阻率；λ_B是金属块体材料的自由电子的平均自由程；d 是薄膜的膜厚。从式（7.8-1）中可以看出，当薄膜的膜厚同块体材料的自由电子的平均自由程可比时，薄膜的电阻率是大于块体材料的电阻率的；当薄膜的膜厚远远大于块体材料的自由电子的平均自由程时，式（7.8-1）中右边第二项趋近于零，薄膜的电阻率趋于块体材料电阻率。

2. 金属薄膜电阻率的测量

金属块体材料的电阻很低，测量其电阻时要注意消除接触电阻的影响，需要采用四端接线法。金属薄膜的电阻也很低，所以测量金属薄膜的电阻率时也需要采用四端接线法。在生产、科研、开发中测量金属薄膜电阻率的四端接线法已经发展成为四探针法，其中直线四探针法最为常用。直线四探针的结构如图 7.8-3 所示。四探针组件是由具有引线的四根探针组成，这四根探针被固定在一个支架上，本实验所采用的四探针组件相邻两探针的间距为 3mm，探针针尖的直径约为 200μm。

图 7.8-4 为四探针法测量金属薄膜电阻率的原理图。如图 7.8-4 所示，让四探针的针尖同时接触到薄膜表面上，四探针的外侧两个探针同恒流源相连接，四探针的内侧两个探针连接到电压表上。当电流从恒流源流出流经四探针的外侧两个探针时，流经薄膜产生的电压将可从电压表中读出。在薄膜的面积为无限大或远远大于四探针中相邻探针间距离的时候，金属薄膜的电阻率ρ_F可以由下式给出：

$$\rho_F = \frac{\pi}{\ln 2} \times \frac{U}{I} \times d \qquad (7.8\text{-}2)$$

式中，d 是薄膜的膜厚；I 是流经薄膜的电流，即图 7.8-4 中所示恒流源提供的电流；U 是电流流经薄膜时产生的电压，即图 7.8-4 中所示电压表的读数。

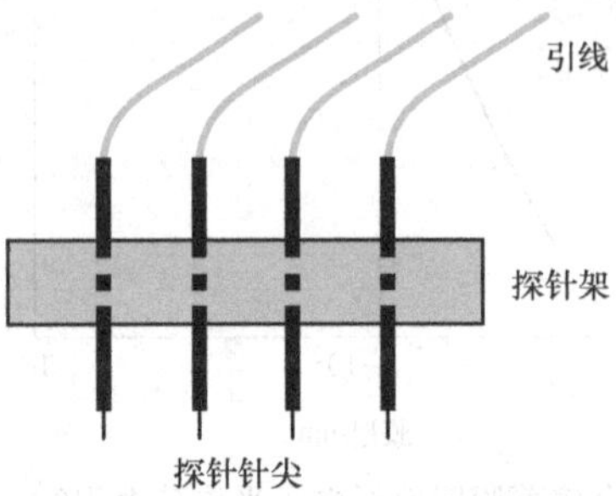

图 7.8-3 四探针组件的结构示意图

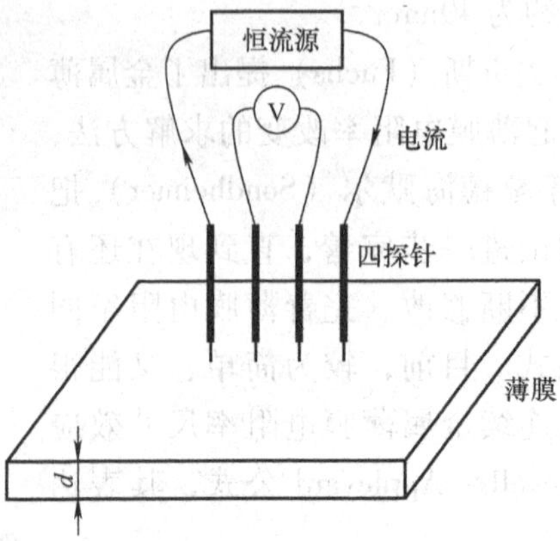

图 7.8-4 四探针法测量金属薄膜电阻率的原理图

【实验测量及数据处理】

1）打开 SB118 精密直流电流源和 PZ158A 直流数字电压表的开关，使仪器预热 15min。

2）把四探针引线的端子分别正确地插入相应的 SB118 精密直流电流源的“电流输出”孔和 PZ158A 直流数字电压表的“输入”孔中。注意电流的流动方向和电位的高低关系。

3）认真观察镀有银薄膜的玻璃衬底（样品），确定具有银薄膜的一面。

4）把样品放在样品台上，使具有银薄膜的一面向上。让四探针的针尖轻轻接触到银薄膜的表面，然后轻缓拧动四探针架上的螺钉把四探针架固定在样品台上（观察电压表示数，待电压表示数刚刚稳定便停止拧动四探针架上的螺钉），使四探针的所有针尖同银薄膜有良好的接触。**注意**：①不要让四探针在样品表面滑动，以免探针的针尖滑伤薄膜；②在拧动四探针架上的螺钉时，不要拧得过紧，以免四探针的针尖严重划伤、扎透银薄膜，只要四探针的所有针尖同银薄膜有良好的接触即可。

5）使用 SB118 精密直流电流源，从“200μA”档开始，适当选择“量程选择”的按键以及适当调节“电流调节”的“粗调”和“细调”旋钮，从而测量九个不同电流值所对应的电压值。切换“量程选择”的按键时，应该先将电流降为零。在某一电流值下，测量电压时，应分别测量正反向电压（通过按下“正向”、“反向”按键来实现），再取其大小的平均值。注意：测量时最大的电流值对应的电压值不能超过 5mV，以免流过薄膜的电流太大导致样品发热，从而影响测量的准确性。上述九个具体电流值的选取，学生自己考虑确定。做出电压随电流变化的关系图，从图中的斜率求出式（7.8-2）中的 U/I。数据记录于表 7.8-1 中。

6）分别测量不同膜厚的银薄膜的 U/I，应用式（7.8-2）计算出它们的电阻率。注意：换测量样品时，一定要把 SB118 精密直流电流源的电流调为零。

7）实验完成后，关上各仪器的电源。把测量样品从样品台上取下来。整理好工作台面。

【讨论】

1）根据求出的电阻率绘制银薄膜电阻率和膜厚的实验曲线，通过对电阻率和膜厚的实验曲线的分析，你能得到什么结论？

2）本实验中测量电压时为什么要求测量同一电流状况下的正反向电压，再取其平均值？如果不这样做会产生误差吗？用实验数据来支持你的观点。

【结论】

通过对实验现象和实验结果的分析，你能得到什么结论？

【研究性题目】

1）根据式（7.8-1），从银薄膜的电阻率和膜厚的关系给出银的块体材料的电阻率、自由电子的平均自由程，并把实验获得电阻率同实际块体材料的值相比较，根据比较的结果你能够给出哪些分析？提示：以薄膜的电阻率为纵轴，膜厚的倒数为横轴做图。

2）本实验中有哪些因素能够使实验结果产生误差？用实验数据来支持你的观点。

【参考文献】

[1] Wagendristel A, Wang Y. An Introduction to Physics and Technology of Thin Films [M]. London: World Scientific Publishing, 1994.

[2] 王力衡，黄远添，郑海涛. 薄膜技术 [M]. 北京：清华大学出版社，1991.

[3] 唐伟忠. 薄膜材料制备原理、技术及应用 [M]. 北京：冶金工业出版社，1998.

[4] 李建昌，王永，王丹，等. 半导体电学特性四探针测试技术的研究现状 [J]. 真空，48（3）：1-7，2011.

[5] 林育琼，冯仕猛，王坤霞，等. 金属薄膜厚度小于电子自由程对其光反射率的影响 [J]. 光子学报，2011，40（2）：263-266.

[6] 范平，伍瑞锋，赖国燕. 连续金属薄膜的电阻率研究 [J]. 真空科学与技术，1999，19（6）：445-451.

[7] 卢春凤，董亚峰. 四探针电阻率测试仪电阻率参数的不确定度评定 [J]. 仪表技术，2011（7）：38-39.

[8] 邱宏，吴平，王凤平，等. 把“四探针测量金属薄膜电阻率”引入普通物理实验 [J]. 大学物理，2004，23（5）：59-62.

[9] 吴平，邱宏，赵云清，等. 低真空条件下制备的银薄膜电阻率特性及结构[J]. 物理实验，2007，27（3）：3-6.

【数据表格】

实验者信息：

专业班级：__________ 学号：__________ 姓名：__________同组人姓名：__________

表 7.8-1　银薄膜电阻率测量数据记录表

膜厚：

电流 I/mA	正向电压 U_+/mV	反向电压 U_-/mV	$U=(\lvert U_+\rvert+\lvert U_-\rvert)/2$/mV

膜厚：

电流 I/mA	正向电压 U_+/mV	反向电压 U_-/mV	$U=(\lvert U_+\rvert+\lvert U_-\rvert)/2$/mV

膜厚：

电流 I/mA	正向电压 U_+/mV	反向电压 U_-/mV	$U=(\lvert U_+\rvert+\lvert U_-\rvert)/2$/mV

实验时沿此线剪下

膜厚：

电流 I/mA	正向电压 U_+/mV	反向电压 U_-/mV	$U=(\lvert U_+\rvert+\lvert U_-\rvert)/2$/mV

膜厚：

电流 I/mA	正向电压 U_+/mV	反向电压 U_-/mV	$U=(\lvert U_+\rvert+\lvert U_-\rvert)/2$/mV

教师签名：__________

实验 7.9　金属薄膜生长过程中电阻的动态监测

【引言】

薄膜是将原子、分子或离子物质凝聚在基片上的低维材料，其典型的厚度小于 1μm。由于薄膜的尺寸效应，它表现出与块体材料不同的物理性质，有着广泛应用。为了提高薄膜质量，人们总是通过调整薄膜制备工艺条件来控制成膜的微观过程。因此，要想尽快地探索出成膜的最佳工艺条件，就需要对粒子在薄膜衬底上的生长过程及各种参数对薄膜生长的影响有较深入的了解。薄膜生长是一个典型的非平衡随机的原子聚集过程，它集中表现为原子在表面上的沉积、吸附、扩散、成核、生长、以及原子岛之间的相互作用、兼并、失稳、退化等一系列复杂过程。

在本实验中，通过对薄膜生长过程进行原位实时监测，测量、记录薄膜电阻的动态变化，可以间接反映金属薄膜的生长过程和形成的物理机制。对薄膜技术感兴趣的学生，可通过查阅参考资料或其他相关资料，深入了解有关薄膜形成的基本理论、薄膜的微观结构、薄膜材料的物理特性、薄膜器件加工工艺等知识。

【实验目的】

1）理解薄膜形成的物理机制。

2）掌握薄膜沉积过程的电学性质。

【实验仪器】

SBC-12 小型直流溅射仪（配有金靶或银靶）、机械泵、超声波清洗器、氩气、玻璃衬底、数字万用表、直流电源。

【预习提示】

1）了解薄膜的生长机理。

2）金属薄膜电阻的动态监测实现方法。

3）金属薄膜电阻的动态监测主要实验操作步骤与注意事项。

【实验原理】

1. 薄膜生长过程

薄膜生长过程是一个随机过程，薄膜生长过程直接影响到薄膜的结构以及它最终的性能。薄膜的生长过程大致可以分为两个阶段：新相形核阶段、薄膜生长阶段。

在薄膜沉积的过程中，到达基片的原子不仅与飞来的其他原子相互作用，同时也与基片的原子或分子相互作用，形成有序或无序排列的薄膜。薄膜的形成过程和薄膜结构决定于原子的种类、基片的种类及制备工艺条件。从薄膜的生长过程来看，可分为三类：核生长型（生成三维的核）、层生长型（单层生长）和层核混合生长型（薄膜生长的最初一、两层按层生长模式生长，而后转为按核生长模式生长）。

（1）核生长型　岛状生长如图7.9-1所示，这种类型的薄膜生长特点是：到达基片的原子首先凝结成核，后来的原子不断聚集在核附近，使核沿着三维方向不断生长成为岛，进而这些岛相互连接成通道网络，最终形成薄膜。大部分薄膜的生长过程都属于此种类型。电子显微镜观察和理论分析的结果表明，核生长型薄膜的生长过程可分为四个阶段：

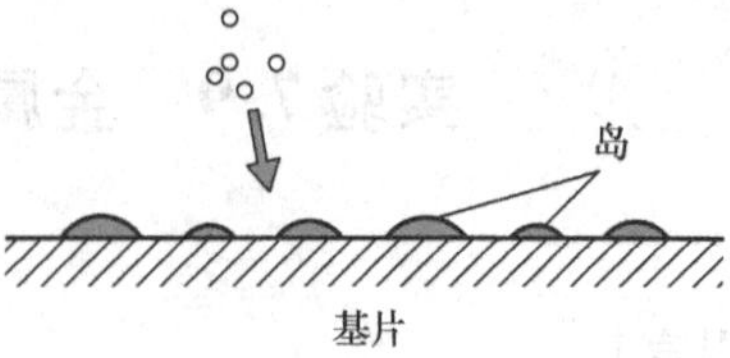

图7.9-1　岛状生长

1）成核阶段：到达基片上的原子，一部分仍具有相当大能量的原子返回气相，另一部分则被吸附在基片表面上，此时为物理吸附。由于原子本身还具有一定能量，同时还可以从基片得到热能，因此原子有可能在基片表面进行迁移或扩散。在这一过程中，原子有可能再蒸发，也可能与基片的原子或分子发生化学作用而形成化学吸附，还可能与其他的蒸发原子形成原子对或原子团。发生后两种情况时，原子再蒸发或迁移的可能性极小，从而成为稳定的凝聚的晶核。

2）小岛阶段：当凝聚的晶核达到一定的密度后，新蒸发来的吸附原子不再形成新的晶核，而是通过表面迁移聚集在已有的晶核上，晶核生长并形成小岛，这些小岛通常是三维结构，且多数已具有该种物质的晶体结构，即已形成微小的晶粒。

3）网络阶段：随着小岛的生长，相邻的小岛相互接触并彼此结合，形成一些具有沟道的网络状薄膜。

4）连续薄膜阶段：继续蒸发时，吸附的原子将填充沟道，也有可能在沟道中形成新的小岛，由小岛的生长来填充沟道，最后形成连续薄膜。

不同的物质在经历了上述四个阶段时，情况会有所不同。

（2）层生长型

层状生长如图7.9-2所示，这种类型的薄膜生长特点是：到达基片表面的原子首先以单原子的形式均匀地覆盖一层，然后再生长第二层，第三层……此生长方式多数发生在基片原子与蒸发原子间的结合能接近于蒸发原子间的结合能的情况下。到达基片表面的原子，经过表面扩散并与其他原子碰撞后形成二维的核，二维核捕捉周围的吸附原子生成二维小岛。由于小岛的半径均小于吸附原子的平均扩散距离，到达小岛的原子扩散后都被小岛边缘捕获，小岛表面的原子密度很低，不容易向三维方向生长。也就是说，只有在第 N 层的小岛长到足够大（已接近完全形成）时，第 $N+1$ 层的二维晶核或二维小岛才有可能形成。因此，薄膜是以层状的形式生长的。

（3）层核混合生长型　层核混合生长如图7.9-3所示，在基片和薄膜原子相互作用特别强的情况下，最容易出现层核混合生长型。在基片表面先生长1~2层单原子层，这种二维结构强烈地受基片晶格的影响，晶格常数有较大的畸变。吸附原子在连续层上又以核生长的方式生成小岛，最终形成薄膜。在半导体表面上形成金属薄膜时，通常是层核混合生长型。

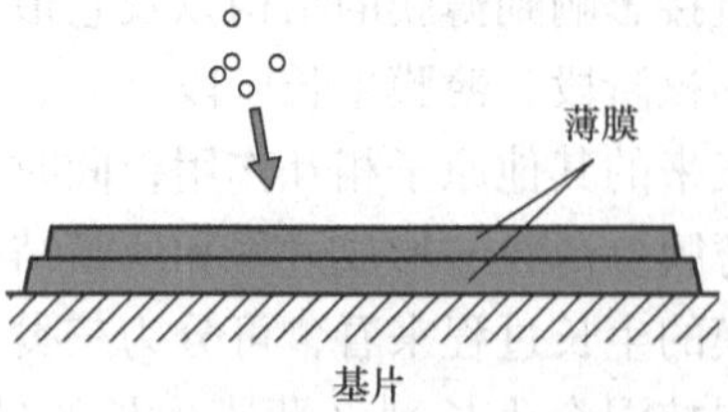

图7.9-2　层状生长

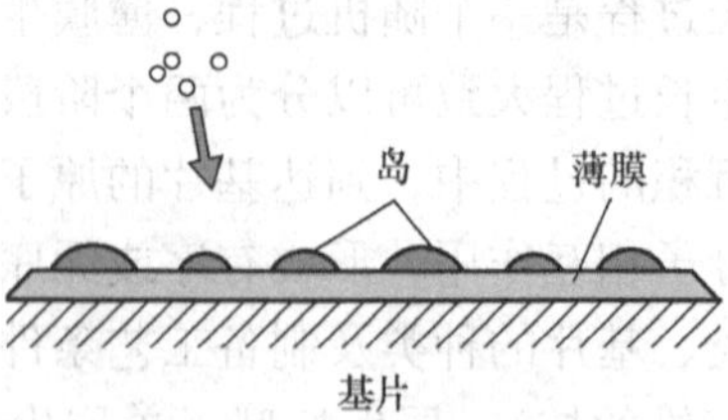

图7.9-3　层核混合生长

2. 沉积过程中金属薄膜的电学性质

薄膜生长的过程、生长模式以及最终形成的薄膜结构及其性质，在很大程度上取决于沉积原子之间的相互作用、沉积原子与衬底原子之间的相互作用。

薄膜的形成过程是由不连续薄膜到连续薄膜的转变过程，它包含了由气相到固相的急剧转变过程，这一过程中产生的薄膜结构缺陷（如晶体缺陷、晶格畸变、杂质等），对薄膜的物理性质将产生极大影响，对金属薄膜的电学性质而言，其厚度是影响其电阻率的重要因素之一。当金属膜结构为岛时，称为非连续薄膜。其导电机制多用热发射和场发射理论来解释。随着薄膜继续生长为网络结构时（网络结构膜），导电机构是由粒子、粒子构成的桥和粒子间隙组成。逐渐成为连续膜且薄膜的厚度较小时，电阻率与薄膜厚度大致成反比的关系，当厚度达到一定值时，薄膜的电阻率趋于一个定值。

3. 金属薄膜电阻的动态监测

采用四端接线法测量金属薄膜电阻，在衬底基片上预先镀膜制作出用于低电阻测量的四端电极，利用数字电表在镀膜过程中，瞬态、原位测量薄膜的电压、电流。在薄膜生长过程中，随着薄膜成核、网状导通、薄膜连续后厚度的增加等变化，可以清楚地观察到其电压和电阻值与沉积时间的变化关系，通过宏观物理量的变化关系间接反应出微观薄膜物理性能与薄膜生长过程的对应关系。

【实验装置】

实验装置如图 7.9-4 所示，由改装的 SBC－12 小型直流溅射仪（具有金靶或银靶）、数字多用表、直流电源、玻璃基片等组成。

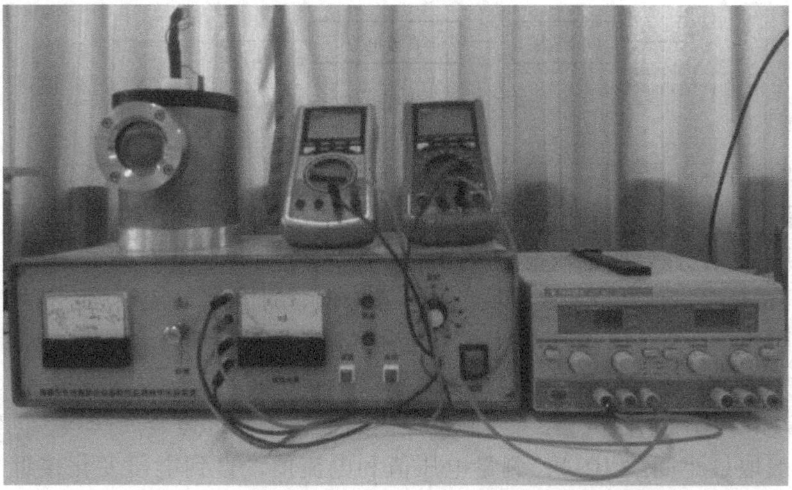

图 7.9-4　直流溅射镀膜及薄膜电阻动态监测实验装置

实验中使用的 SBC－12 小型直流溅射仪不需要很高的真空度就可以进行离子溅射镀膜，从而可以在背景真空度约 2Pa 左右的条件下，完成离子溅射镀膜及金属薄膜生长过程原位动态特性的监测实验。

溅射工作室设计尺寸较小，抽真空的过程在短时间内即可完成。主机包括两部分：真空控制部分、直流溅射部分。真空表被设计在面板上，计量单位为 mmHg 或 Pa，用于显示镀膜室的真空度。电流表显示溅射电流值，单位为mA；“针阀”与“试验”按钮配合，控制镀膜室内的氩气量，以调节溅射电流的大小；主电源开关控制仪器电源和机械泵；按“启动”按钮开始直流溅射镀膜。面板上设置了一组电压和电流接线柱，分别与样品台上的四个引线电极相连，实验时可将数字多用表和直流电源分别与其接通进行测量。

【实验内容与测量】

实验中采用数字电压表来记录薄膜的电压随镀膜时间的变化关系。通过测量薄膜电极两端的电压变化验证薄膜的形成是由不连续到连续的过程。在电路中串联数字电流表，可同时记录流过薄膜的电流值，用测得的电压值除以测得的相应的电流值，就可以获得薄膜生长过程中薄膜电阻随镀膜时间的变化规律。为测量方便，需要预先镀出如图7.9-5所示的四个引线电极（图中阴影部分1、2、3和4）。其中，电极1、2与直流电源相连接，电极3、4接数字电压表。根据薄膜的生长机理可知，薄膜的厚度随镀膜时间的增加而增加，由直流电源提供恒定电压、电流时，电压表记录的电压也随镀膜时间的增加而发生变化。再根据“电压-时间”曲线和电流的测量值，由欧姆定律可求出“电阻-时间”关系。

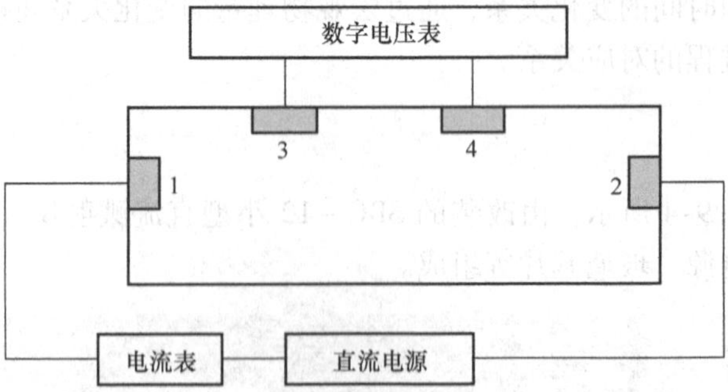

图7.9-5 测量电路示意图

具体实验步骤：

1）用超声波清洗器先后在丙酮、无水乙醇中清洗玻璃基片，烘干后放在镀膜室的工作台上，然后将事先做好的电极掩模板固定在基片上，如图7.9-6所示。

2）打开机械泵，抽真空，真空度约2Pa左右时，打开氩气控制阀，按照实验室提供的供气和溅射条件，镀金属薄膜电极。完成后，先关闭“针阀”，再停止抽真空。放气，取出掩模板并按图7.9-7所示引线电极接线示意图接好电极。

3）重复步骤2）的操作，参考实验室提供的工艺条件，镀金属薄膜，同时按预定时间间隔（一般取最小间隔10s），测量电压值和电流值，直到电压变化接近平缓时结束实验。

参考工艺条件（以银靶为例）：

镀引线电极：靶与基片的距离40mm，溅射电流5mA，时间8min。

金属薄膜电阻的动态监测：靶与基片的距离40mm，直流电源电压5V，电流60～100mA，溅射电流3mA。

数据记入表7.9-1中，用作图法得到“电压-时间”关系曲线和“电阻-时间”关系曲线，总结金属薄膜电阻随时间的变化规律，解释如何通过“电压-时间”的变化规律反映出薄膜的生长过程。

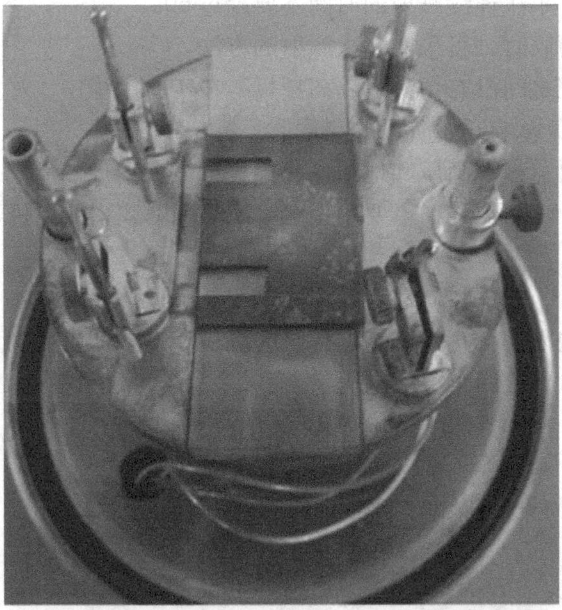

图 7.9-6　引线电极制备

图 7.9-7　引线电极接线方法

【注意事项】

1）在本实验中，为了监测薄膜生长过程中电阻动态变化行为，实验时溅射电流一般不要超过 5mA，通常取 3mA。

2）为防止过热，单次连续溅射的时间不要超过 60s。

3）制备较厚的薄膜时，可采取多次溅射的方法。

4）由于基片与靶之间没有预溅射隔离挡板，在实验过程中，尽量不要按“试验”按钮观察溅射电流，以免影响开始阶段的测量值。

5）不要触摸溅射盖板上高压和地线插头。

6）注意保持基片表面清洁，不要用手触摸、划伤薄膜引线电极。

【讨论】

1）实验中有哪些因素会直接影响到薄膜的沉积和电学性质的测量?

2）实验中为什么要镀四个引线电极?

【结论】

通过对实验现象和实验结果的分析和讨论，你能得到什么结论?

【研究性题目】

1）研究基片到靶的距离、溅射电流对实验结果的影响。

2）对比研究金、银两种金属薄膜的沉积过程。

【思考题】

探讨薄膜生长中沉积粒子的动力学过程?

【参考文献】

[1] 王力衡. 薄膜技术 [M]. 北京：清华大学出版社，1991.

[2] 唐伟忠. 薄膜材料制备原理技术及应用 [M]. 北京：冶金工业出版社，1998.

[3] 薛增泉，等. 薄膜物理 [M]. 北京：电子工业出版社，1991.

[4] 张平则，张高会，等. 薄膜生长过程的分子尺度模拟 [J]. 电子工艺技术，2004，25 (4)：171－173.

[5] 杨宁，陈光华，等. 薄膜生长的理论模型与 Monte Carlo 模拟 [J]. 物理学报，2000，49 (11)：2225－2229.

【数据表格】

实验者信息：

专业班级：__________ 学号：__________ 姓名：__________同组人姓名：__________

表 7.9-1 金属薄膜电阻动态监测数据记录表（直流电源电流________ mA；溅射电流________ mA）

溅射时间/s	
电压/mV	
电流/mA	
溅射时间/s	
电压/mV	
电流/mA	
溅射时间/s	
电压/mV	
电流/mA	

实验时沿此线剪下

教师签名：__________

实验 7.10 用干涉方法测量薄膜应力

【引言】

薄膜中应力的大小和分布对薄膜的结构和性质有重要的影响，它可以导致薄膜的光、电、磁、机械性能改变。例如，薄膜中的应力是导致膜开裂或与基体剥离的主要因素，薄膜中存在的残余应力很多情况下影响 MEMS 器件结构的特性，有时甚至严重劣化器件的性能，薄膜的内应力对薄膜电子器件和薄膜传感器的性能有很大的影响。因此，薄膜应力研究在薄膜基础理论和应用研究中起到十分重要的作用，薄膜应力的测量备受人们关注。

【实验目的】

初步了解薄膜应力的起源、影响薄膜应力的主要因素，学习利用光的干涉测量薄膜应力的方法，掌握目前在科研、生产中广泛使用的一种薄膜应力测量方法。

【实验仪器】

钠光灯、带分光镜的读数显微镜、镀有 Al 或 Ag 半透膜的标准平面玻璃、SBC－12 小型直流溅射镀膜仪（配有银靶）、直径 18mm 厚度 0.15mm 的圆形玻璃基片等。

【预习提示】

1）初步了解薄膜的应力分类及起源。

2）测量薄膜应力所用的基本公式是什么？需要测量哪些物理量？

3）了解测量薄膜应力的装置。

【实验原理】

1. 利用光的干涉测量薄膜应力的原理

应力是薄膜制备和生产过程中存在的普遍现象。薄膜所受的应力分外应力和内应力。外应力是外部对薄膜施加的力，内应力是在薄膜制造过程中，在内部自己产生的应力。内应力又分热应力和本征应力。热应力是由于薄膜和基底的热膨胀系数差别而引起的，它是可逆的。本征应力来自薄膜的结构因素和缺陷，它是内应力中的不可逆部分。人们研究得较多的是薄膜的本征应力，对本征应力的起源提出了很多种模型和理论，但迄今为止尚无一个模型可以解释所有的实验事实。因此，研究薄膜内应力的起源和规律仍是内应力研究的重点。总之，薄膜应力取决于材料、淀积工艺技术和各种环境参数，不同的沉积条件和生长过程将使薄膜处于不同的应力状态。

薄膜应力测量的基本方法有两种，一种是晶格常数法，例如 x 射线法。该方法虽然测试灵敏度高，受样品尺寸影响小，但是无法对非晶结构材料进行测量。另一种是基片弯曲法，它是通过测量应力所引起的材料宏观形变得到应力。

本实验基于基片弯曲法和牛顿环的基本原理，用钠光灯、带分光镜的读数显微镜、镀有 Al 或 Ag 半透膜的标准平面玻璃搭建一套薄膜应力测量装置，测量薄膜应力。

在圆形的平面基片上镀膜以后，通常圆形的平面基片都会发生形变，其表面变成碗形的空间曲面。可以认为，基片所发生的形变完全是由薄膜内存在的残余应力作用的结果。把这个曲面视作球面的一部分，就可以近似地用Stoney公式，由镀膜前后基片的曲率半径的变化计算出薄膜内残余应力的大小，即

$$\sigma_f=\frac{1}{6}\cdot\frac{E_s}{1-\nu_s}\cdot\frac{t_s^2}{t_f}\cdot\left[\frac{1}{R_{Post}}-\frac{1}{R_{Pre}}\right] \tag{7.10-1}$$

式中，σ_f 为薄膜应力；E_s 为基片的弹性模量；ν_s 为基片的泊松比；t_s 为基片的厚度；t_f 为薄膜的厚度；R_{Pre} 和 R_{Post} 为镀膜前后基片的曲率半径。

Stoney公式采取了如下基本假设：①$t_f \ll t_s$；②$E_f \approx E_s$，即基底与薄膜的弹性模量相近；③基底材料是均质的、各向同性的、线弹性的；④薄膜材料是各向同性的，薄膜残余应力为双轴应力；⑤薄膜残余应力沿厚度方向均匀分布；⑥小变形，并且薄膜边缘部分对应力的影响非常微小。

在式（7.10-1）中，E_s，ν_s，t_s 的大小由基片材料本身决定，在镀膜前已明确。t_f 的大小可以通过制作台阶样品用干涉方法测出，R_{Pre} 和 R_{Post} 的大小可以用牛顿环法进行测量。如果逐点测量出镀膜前后基片各点的曲率半径，就可以由式（7.10-1）计算得到薄膜样品的应力分布。在很多场合，人们关注薄膜样品的平均应力情况，这时可以通过测出镀膜前后圆形基片半径范围内的干涉条纹数目计算平均应力。设基片直径为 d，光波长为 λ，N_{Post} 与 N_{Pre} 分别为圆形基片的半径范围内沉积有薄膜的基片与未沉积薄膜的基片的干涉条纹数目，则式（7.10-1）可以写为

$$\sigma_f=\frac{1}{6}\cdot\frac{E_s}{1-\nu_s}\cdot\frac{t_s^2}{t_f}\cdot\frac{4\lambda}{d^2}\left[N_{Post}-N_{Pre}\right] \tag{7.10-2}$$

对于玻璃基片，其弹性模量和泊松比近似取石英的数值：$E_s=53\text{GPa}$（取对应于厚度为0.19mm的石英的值），$\nu_s=0.17$。

沉积在基片上的薄膜内存在的应力会使基片发生一定程度的形变。这种形变的类型有两种：①应力造成基片朝膜的一侧凸起，即薄膜表面呈凸形，此时应力为压应力；②应力造成基片朝背向膜的一侧凸起，即薄膜表面呈凹形，此时应力为张应力。薄膜表面凸凹性的简单判断方法是：用手指轻轻压一下半透膜（相当于半透膜与样品间距离有一极微小的缩短），如条纹向外围扩展，则样品呈凸形；如条纹向中心收缩，表明样品呈凹形。以 $\sigma_f>0$ 表示张应力，$\sigma_f<0$ 表示压应力。

2. 实验装置搭建

实验装置由钠光灯，读数显微镜（带分光镜）和镀有半透膜的标准平面玻璃组成。图7.10-1是样品放置图。薄膜样品放在工作平台上，膜面朝上，样品两边放置厚度很均匀的硅片（0.429mm）作为垫片（见图7.10-1a），镀有半透膜的平面玻璃放在两垫片上，镀有半透膜的一面朝下，与样品之间形成空气隙（见图7.10-1b）。测量装置光路图如图7.10-2所示。由钠光灯发出的光投射到分光镜上。分光镜（倾斜度可调）的作用一方面是使光束经它反射后垂直入射到待测样品上，另一方面它也可以透过光，故可在其上面的显微目镜中观察到由空气劈尖产生的干涉条纹。垂直入射的钠光照射到半透膜平面和待测膜表面上，两表面反射光产生的等厚干涉条纹，经一系列光学透镜显现在测微目镜中。

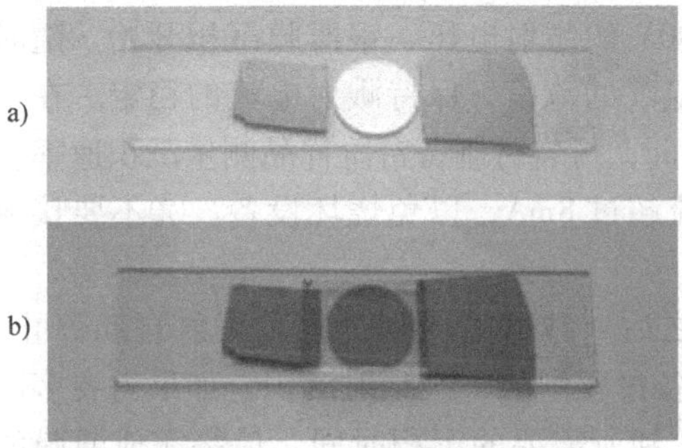

图 7.10-1　样品放置图

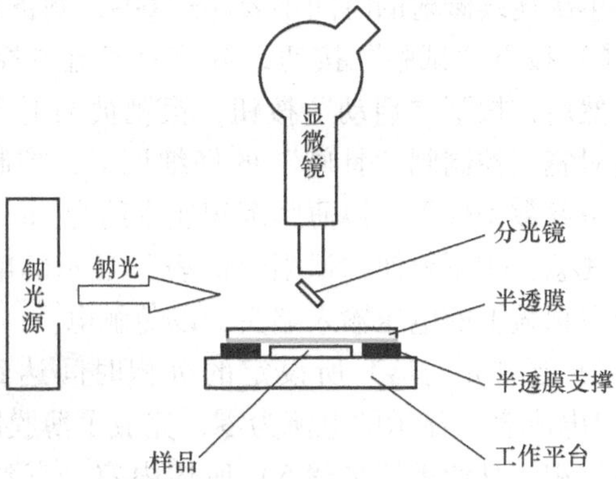

图 7.10-2　牛顿环薄膜应力测量装置示意图

图 7.10-3 所示为用本套实验装置在钢基底上制备 2μm 厚氧化铝薄膜的样品上观察到的牛顿环，而在沉积氧化铝薄膜前对钢基底的观察没有看到牛顿环。

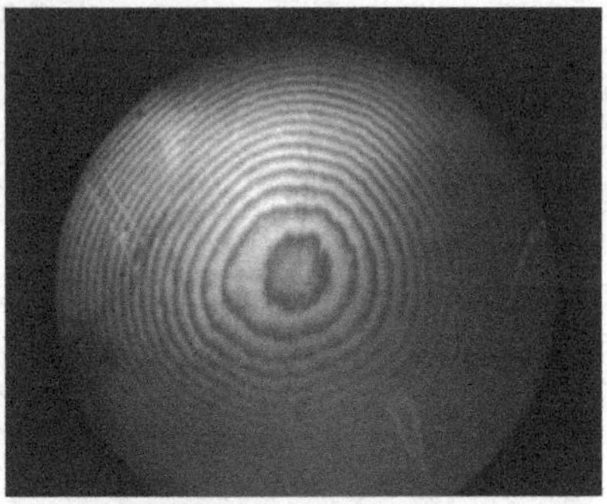

图 7.10-3　钢基底上制备 2μm 厚氧化铝薄膜后在样品上观察到的牛顿环

【实验内容与测量】

制备不同厚度的银薄膜，测量银薄膜应力随薄膜厚度的变化。薄膜厚度由沉积时间控制，沉积时间分别取为 5、6、7、7.5、8、9、10、13、16、20min，其余制备参数在下面具体实验步骤中给出，注意在整个样品制备过程中保持这些制备参数不变。

具体实验步骤：

1）在沉积薄膜前，测量每片圆形基片半径范围的干涉条纹数目，并做好记录。

2）把银靶与工作台间的距离调到 50mm。

3）用超声波清洗器先后在丙酮、无水乙醇中清洗圆形玻璃基片，把玻璃基片烘干后放在镀膜室的工作台上；盖上镀膜室的顶盖，顶盖上带有银靶。

4）打开“总电源开关”，机械泵开始对镀膜室抽真空，从真空表上观测镀膜室的真空度。当真空度小于 2Pa 时，打开氩气控制阀“针阀”（逆时针转动“针阀”为开，氩气流量加大；顺时针转动“针阀”为关，氩气流量减少），向镀膜室中充入氩气，使镀膜室的真空度达到 3 ~ 4Pa（以溅射电流值在 5 ~ 10mA 为准）。

5）设定好“定时器”的时间，即薄膜制备时间（溅射时间或沉积时间）。为防止过热，单次连续溅射的时间不要超过60s，制备较厚的薄膜时，可采取多次溅射的办法。

6）按下“试验”按钮，调节氩气流量控制溅射电流为6mA，立即松开“试验”按钮；然后，按下“启动”按钮，银靶被加上2480V的溅射电压，银薄膜沉积开始。随时通过对氩气控制阀“针阀”的仔细调节，控制氩气的流量，保持溅射电流的稳定。在上述制备参数条件下，银薄膜沉积速率约为5nm/min，可自行制备台阶样品测量沉积速率。

注意：①不要使“溅射电流表”显示的电流超过8mA，以免烧坏设备。②不要接触镀膜室顶盖上的电压输入端头，以免触电。

7）当“定时器”所设定的沉积时间达到之后，溅射电压降为零，溅射自动停止，“溅射电流表”显示的电流为零，完成了薄膜制备过程中的一次溅射沉积。如果需要多次溅射沉积，继续重复步骤5）所述内容，直到达到所需要的沉积时间，最终完成薄膜的制备。

8）关闭氩气控制阀“针阀”，关上“总电源开关”，用手拉起镀膜室顶盖上的“放气阀”，给镀膜室放入空气（这时发出“嗞嗞”的声响）。镀膜室回到打气压下后（“嗞嗞”的声响消失），打开镀膜室顶盖，取出薄膜样品。注意：工作台温度较高（约70℃左右），要避免被烫伤。

9）测量不同沉积时间制备的薄膜样品半径范围的干涉条纹数目，做好记录，应用式（7.10-2）计算出薄膜应力。

【讨论】

银薄膜应力随薄膜厚度的变化规律。

【结论】

通过对实验现象和实验结果的分析，你能得到什么结论？

【研究性题目】

沉积速率对银薄膜应力的影响。

【参考文献】

［1］杨于兴，穆树人，张榴凤. 高温氧化薄膜应力的测定［J］. 上海交通大学学报，1997，31（1）：80－82.

［2］唐壁玉，靳九成，李绍绿，等. CVD金刚石薄膜的应力研究［J］. 高压物理学报，1997，11（1）：56－60.

［3］朱长纯，赵红坡，韩建强，等. MEMS薄膜中的残余应力问题［J］. 微纳电子技术，2003，（10）：30－34.

［4］向鹏，金春水. Mo/Si多层膜残余应力的研究［J］. 光学精密工程，2003，11（1）：62－66.

［5］邵淑英，范正修，范瑞英，等. 薄膜应力研究［J］. 激光与光电子进展，2005，42（1）：22－27.

［6］范玉殿，周志烽. 薄膜内应力的起源［J］. 材料科学与工程，1996，14（1）：

5 – 12.
[7] 熊胜明，张云洞，唐晋发．电子束反应蒸发氧化物薄膜的应力特性［J］．光电工程，2001，28（1）：13 – 15.
[8] 王成，张桂彦，马莹，等．薄膜应力测量方法研究［J］．激光与光电子学进展，2004，41（9）：28 – 32.
[9] Stoney G. The tensions of metalic films deposited by electroplating［J］. Proc. Royal Society，1990，82：172.
[10] 范玉殿，周志烽．薄膜应力的测量［J］．薄膜科学与技术，1992，25（3）：1 – 9.
[11] 吴平，邱宏，姜德怀，等．用干涉方法测量薄膜应力［J］．物理实验，2006，26（9）：7 – 9.

实验 7.11 透明电极材料的研究

【引言】

太阳电池和平板显示技术（例如，液晶显示屏）已经被广泛地应用在现实生活当中，透明电极薄膜是这些实用技术的重要材料。目前，已经进入实用阶段的透明电极薄膜是铟锡氧化物薄膜（三氧化二铟和二氧化锡组成的混合物薄膜，或锡掺杂的三氧化二铟和二氧化锡组成的混合物薄膜，简称为 ITO 薄膜）。但是，制备 ITO 薄膜所用的 ITO 靶材成本比较高。为了降低生产成本，用铝掺杂的氧化锌薄膜（ZnO: Al 薄膜，简称为 ZAO 薄膜）代替 ITO 薄膜成为当今透明电极薄膜研究领域的研究热点。随着对 ZnO: Al 薄膜研究开发的深入，结果发现：与 ITO 薄膜相比，ZnO: Al 薄膜不仅具有相同水平的导电特性和透光率，而且具有制备成本低、制备温度低、对后续微电子加工工艺的稳定性高等优点。ZnO: Al 薄膜具有非常大的实际应用潜力。目前，透明电极薄膜的研究还是一个新兴的研究领域，并且随着光电子技术的发展，更加凸现其重要性。

【实验目的】

1）学习直流溅射制备透明电极薄膜的原理和方法。

2）通过实验研究薄膜的膜厚对透明电极薄膜电阻率的影响。

【实验仪器】

SBC-12 小型直流溅射仪（配有 ZnO: Al 靶）、机械泵、超声波清洗器、氩气、玻璃衬底（长约 20mm、宽约 20mm、厚约 1mm）、四探针组件、SB118 精密直流电流源、PZ158 直流数字电压表。

【预习提示】

1）了解用直流溅射法制备透明电极材料的实验原理与注意事项。

2）影响薄膜沉积速率的因素有哪些?

3）有哪些方法可以提高薄膜厚度的均匀性?

【实验原理】

1. 直流溅射制备 ZnO: Al 薄膜

与直流溅射法制备金属薄膜类似，直流溅射制备 ZnO: Al 薄膜时也将 ZnO: Al 靶材放置在阴极位置，衬底放置在阳极位置。在对系统预抽真空以后，充入适当压力的氩气（一般为 $10^{-1}\sim10\text{Pa}$）作为放电载体。当阴阳电极之间施加一个高电压（对于 SBC-12 小型直流溅射仪来说该电压为 2480V）时，在正、负极之间的高压作用下，极间的氩原子被大量电离，并伴随发出辉光。由放电形成的带正电的氩离子在电场作用下朝着阴极方向，即 ZnO: Al 靶材方向加速，并且在这些高速氩离子和其带动下的高速中性粒子的轰击下，ZnO: Al 靶材原子被从其材料表面轰击、溅射出来。被溅射出来的靶材原子冷凝在被放置在阳极的衬底上，并在衬底表面形成 ZnO: Al 薄膜。本实验所用的 ZnO: Al 靶材为具有 1% 质量分数掺杂的氧化锌靶（$ZnO-1wt\%\ Al_2O_3$）。

2. 薄膜的膜厚对连续 ZnO: Al 薄膜电阻率的影响

透明电极薄膜（透明导电薄膜），例如：ITO 薄膜、ZnO: Al 薄膜，通常具有半导体特性。对于 ZnO: Al 薄膜而言，用铝对 ZnO 进行掺杂，过多的铝原子、铝原子占据锌原子位置后产生的间隙锌原子、氧缺陷等都可以成为 ZnO: Al 薄膜中的导电载流子，这些载流子将影响 ZnO: Al 薄膜的电学性质。此外，薄膜的微观结构、薄膜表面、薄膜和衬底的界面也都将影响 ZnO: Al 薄膜的电学性质。

通常作为电极材料的金属薄膜的电阻率随薄膜厚度的增加而单调减小，当薄膜厚度达到某一值时，金属薄膜的电阻率不再随膜厚的增加而变化，达到一个稳定值，这一现象被称为金属薄膜电阻率的尺寸效应，参考实验 7.8。但是，对于 ZnO: Al 薄膜而言，由于决定其电学性质（电阻率）的因素较多并且复杂，因此，ZnO: Al 薄膜的电阻率同薄膜厚度的关系也表现出一定的复杂性。有些研究者发现 ZnO: Al 薄膜的电阻率随薄膜厚度的增加而单调减小，并达到一稳定值，而另一些研究者则发现 ZnO: Al 薄膜的电阻率并不随膜厚的增加而单调减小。目前，研究者们还在继续对 ZnO: Al 薄膜的结构、电学性质、光学性质等物理性质进行深入地研究。

3. ZnO: Al 薄膜电阻率的测量

由于 ZnO: Al 薄膜的电阻较低，所以它的电阻率测量也需要采用四探针法，参考实验 7.8。当四探针的针尖同时接触到薄膜表面上时，四探针的外侧两个探针与恒流源相连，四探针的内侧两个探针与电压表相连。当电流从恒流源流出流经四探针的外侧两个探针时，流经薄膜产生的电压降可从电压表中读出。在薄膜的面积为无限大或远远大于四探针中相邻探针间距离的时候，ZnO: Al 薄膜的电阻率 ρ_F 可以由下式给出：

$$\rho_F = \frac{\pi}{\ln 2} \times \frac{U}{I} \times d \qquad (7.11\text{-}1)$$

式中，d 是薄膜的膜厚；I 是流经薄膜的电流即恒流源提供的电流；U 是电流流经薄膜时产生的电压即电压表的读数。需要指出的是，式（7.11-1）虽然是薄膜电阻率的计算公式，但并不能用于薄膜电阻率微观机理的解释。

【实验测量及数据处理】

1. 直流溅射法制备 ZnO: Al 薄膜

1）把 ZnO: Al 靶到工作台（衬底）的距离，即靶基距调到 20mm。

2）用超声波清洗器在无水乙醇中清洗玻璃衬底，把玻璃衬底烘干后放在镀膜室的工作台上，盖上镀膜室的上盖（上盖上带有 ZnO: Al 靶）。

3）打开“总电源开关”，此时机械泵开始对镀膜室抽真空，从真空表上观测镀膜室的真空度。当真空度小于 2Pa 时，打开氩气控制针阀。逆时针转动“针阀”为加大氩气流量；顺时针转动“针阀”为减小氩气流量。向镀膜室中充入氩气，调节镀膜室的真空度比背底真空增加 1 ~ 2Pa。

4）设定好“定时器”的时间，即薄膜制备时间（溅射时间或沉积时间）。为防止过热，单次连续溅射的时间不要超过 60s，制备较厚的薄膜时，可采取多次溅射的办法，且相邻的测射过程中间至少需要间隔1min。

5）按下“试验”按钮，观察溅射电流值，通过调节氩气的流量（针阀大小）来控制溅射电流，并使之显示的电流为5mA。调整后立即松开“试验”按钮；然后，按下“启动”按钮，ZnO: Al靶上被加上2480V的溅射电压，ZnO: Al薄膜沉积开始。这时，可以看见镀膜室内发出蓝色的等离子体辉光放电现象，“溅射电流表”中显示的电流稳定在5mA。随时通过对氩气控制阀“针阀”的精细调节，控制氩气的流量，保持溅射电流的稳定。

需要注意的是，实验过程中都不要使溅射电流超过10mA，以免烧坏设备；不要接触镀膜室上盖上的ZnO: Al靶的电压输入端头，以免触电。

6）当“定时器”所设定的沉积时间达到之后，溅射电压降为零，溅射电流变为零，溅射停止，此时完成了薄膜制备过程中的一次溅射沉积。如果需要较厚的薄膜，可以多次溅射沉积，重复步骤5），直到达到所需要的沉积时间即可最终完成薄膜的制备，将薄膜的制备条件记录于表7.11-1中。

7）关闭氩气控制阀“针阀”，关上“总电源开关”，旋开或拉起“镀膜室上盖”上的“放气阀”，给镀膜室放入空气（这时仪器会有“嗞嗞”的放气声）。当镀膜室内的气压回到大气压后，放气声消失，小心打开镀膜室上盖，取出薄膜样品。

8）通过上述1）~6）的操作，分别制备出沉积时间为5min、10min、15min、20min和25min的ZnO: Al薄膜样品（在制备过程中，使溅射电流和靶基距保持一致），从而获得不同厚度的ZnO: Al薄膜。

2. ZnO: Al薄膜电阻率的测量

1）打开SB118精密直流电流源和PZ158直流数字电压表的开关，使仪器预热15min。

2）认真观察镀有ZnO: Al薄膜的玻璃（样品），确定具有ZnO: Al薄膜的面。

3）把样品放在样品台上，使具有ZnO: Al薄膜的面向上。让四探针的针尖轻轻接触到ZnO: Al薄膜的表面，然后拧动四探针架上的螺钉把四探针架固定在样品台上，使四探针的所有针尖同ZnO: Al薄膜有良好的接触。

注意：①不要让四探针在薄膜样品表面滑动，以免探针的针尖滑伤薄膜。

②在拧动四探针架上的螺钉时，不要拧得过紧，以免四探针的针尖严重划伤（压伤）薄膜，只要四探针的所有针尖同薄膜有良好的接触即可。

4）把四探针引线的端子分别正确地插入相应的SB118精密直流电流源的“电流输出”孔和PZ158直流数字电压表的“输入”孔中。注意电流的流动方向和电位的高低关系。

5）使用SB118精密直流电流源中的电流源部分，从“20μA”的按键开始，适当选择“量程选择”的按键以及适当调节“电流调节”的“粗调”和“细调”旋钮，从而测量九个电流值所对应的电压值。切换“量程选择”的按键时，应该先将电流降为零。在某一电流值下，测量电压时，应分别测量正反向电压（通过按下“正向”、“反向”按键来实现），再取其大小的平均值。注意：测量时最大的电流值对应的电压值不能超过5mV，以免流过薄膜的电流太大导致样品发热，从而影响测量的准确性。上述九个具体电流值的选取，同学们自己考虑确定。做出电压随电流变化的关系图，从图中的斜率求出式（7.11-1）中的U/I。数据记录于表7.11-2中。

6）分别测量不同膜厚的ZnO: Al薄膜的U/I，应用式（7.11-1）计算出它们的电阻率。

注意：换测量样品时，一定要把 SB118 精密直流电流源的电流调为零。

7）实验完成后，关上各仪器的电源。把测量样品从样品台上取下来。整理好工作台面。

【讨论】

1）根据求出的电阻率绘制 ZnO: Al 薄膜电阻率和膜厚的实验曲线，通过对电阻率和膜厚的实验曲线的分析，你能得到什么结论?

2）本实验中测量电压时为什么要求测量同一电流状况下的正反向电压，再取其平均值? 如果不这样做会产生误差吗? 用实验数据来支持你的观点。

【结论】

通过对实验现象和实验结果的分析，你能得到什么结论?

【研究性题目】

本实验中有哪些因素能够使实验结果产生误差? 用实验数据来支持你的观点。

【参考文献】

[1] S D Song, P Widenborg, W Chin, et al. Investigation of lateral parameter variations of Al – doped zinc oxide films prepared on glass substrates by rf magnetron sputtering [J]. Solar energy materials and solar cells, 2002, 73 (1): 1 – 20.

[2] X T Hao, J Ma, D H Zhang, et al. Comparison of the properties for ZnO: Al films deposited on polyimide and glass substrates [J]. Materials Science and Engineering: B, 2002, 90 (1): 50 – 54.

[3] X T Hao, J Ma, D H Zhang, et al. Thickness dependence of structural, optical and electrical properties of ZnO: Al films prepared on flexible substrates [J]. Applied Surface Science, 2001, 183 (1 – 2): 137 – 142.

[4] C Agashe, O Kluth, G Schope, et al. Optimization of the electrical properties of magnetron sputtered aluminum – doped zinc oxide films for opto – electronic applications [J]. Thin Solid Films, 2003, 442 (1): 167 – 172.

[5] S S Lin, J L Huang. The effect of thickness on the properties of heavily Al – doped ZnO films by simultaneous rf and dc magnetron sputtering [J]. Ceramics international, 2004, 30 (4): 497 – 501.

[6] 邱宏，吴平，李腾飞，等. 透明电极薄膜的制备及其电阻率测量普通物理实验 [J]. 实验技术与管理，2007，24 (2): 25 – 28.

【思考题】

通过本实验你认为作为电极材料，透明电极薄膜材料的发展方向是什么? 在实际科研开发中应该如何具体实施?

实验时沿此线剪下

【数据表格】

实验者信息：

专业班级：__________ 学号：__________ 姓名：__________同组人姓名：__________

表 7.11-1　透明电极薄膜制备条件

ZnO: Al 靶到工作台的距离：　　　　　　　　　　　　预真空：

样品标号						
沉积时间/min						
氩气压强/Pa						
溅射电流/mA						

表 7.11-2　透明电极薄膜电阻率测量数据记录表

膜厚：

电流 I/mA	正向电压 U_+/mV	反向电压 U_-/mV	$U=(\lvert U_+\rvert+\lvert U_-\rvert)/2$/mV

膜厚：

电流 I/mA	正向电压 U_+/mV	反向电压 U_-/mA	$U=(\lvert U_+\rvert+\lvert U_-\rvert)/2$/mV

膜厚：

电流 I/mA	正向电压 U_+/mV	反向电压 U_-/mV	$U=(\lvert U_+\rvert+\lvert U_-\rvert)/2$/mV

膜厚：

电流 I/mA	正向电压 U_+/mV	反向电压 U_-/mV	$U=(\lvert U_+\rvert+\lvert U_-\rvert)/2$/mV

膜厚：

电流 I/mA	正向电压 U_+/mV	反向电压 U_-/mV	$U=(\lvert U_+\rvert+\lvert U_-\rvert)/2$/mV

教师签名：__________

实验 7.12 磁性薄膜的磁电阻测量

【引言】

人们早在一百多年前就对铁磁金属输运特性受磁场影响的现象有所了解，但是直到磁电阻尤其是巨磁电阻薄膜材料得到广泛应用，才使磁性尤其是磁性薄膜的研究有了突飞猛进的发展，同时也给计算机存储技术带来了革命性变化。

本实验涉及到有关磁性薄膜材料和磁电子学的基础知识，提供了一个接触和了解磁性以及磁性薄膜材料科学研究和高新技术领域的机会。

【实验目的】

1）了解磁性薄膜材料科学和磁电子学的一些基本概念和知识。

2）了解目前广泛应用的磁电阻（MR），各向异性磁电阻（AMR），巨磁电阻（GMR）和庞磁电阻（CMR）等基本概念。

3）了解和掌握四探针法测量磁性薄膜磁电阻的原理和方法。

【实验仪器】

亥姆霍兹线圈、四探针组件、HY1791－10S 直流电源、SB118 精密直流电压电流源、PZ158A 直流数字电压表、待测磁性薄膜样品。

【预习提示】

1）了解各种磁电阻的含义，掌握磁性薄膜各向异性磁电阻的测量方法和计算公式。

2）理解实验仪器和测量电路的工作原理，了解所测物理量的量级及对测量仪器精度的要求。

3）明确和熟悉实验过程和测量步骤。

4）查阅本实验【参考文献】部分所列的相关文献，学习有关磁电阻的知识。

【实验原理】

1. 物质的磁性简介

物质的磁性是物质极其复杂又丰富多彩的物理性质，是人们最早认识的物性之一。它对科技的发展起到重要的推动作用，人们十分关注对磁性的研究，并由此诞生了磁电子学，但人类对物质磁性的认识还远未十分清楚。

自然界中的所有物质均有磁性，即其在外磁场中会被磁化而获得磁矩。单位体积的磁矩称为磁化强度，用 M 表示；磁化强度 M 与磁场强度 H 的比值定义为磁化率，用 χ 表示，即 $\chi = M/H$。

物质的磁性大体可分为五类，即抗磁性、顺磁性、反铁磁性、铁磁性及亚铁磁性。

抗磁性物质的磁化率为负值，其磁化强度 M 与磁场 H 反向；顺磁性物质的磁化率为正，M 与 H 同向。这两种物质磁化率的数值均很小，约为 $10^{-4} \sim 10^{-7}$；反铁磁性物质的磁化率也为正值，其数值亦很小。因此上述三种物质均属弱磁性物质，但反铁磁性物质有磁相变点，称为奈耳点 T_N。当温度高于 T_N时，反铁磁性物质呈顺磁性；当温度低于 T_N时，原子磁矩自发地反平行排列，或按螺旋形或其他形式排列，原子磁矩相互抵消，不加磁场时，$M=0$，在磁场作用下，M 很小，χ 约 $10^{-5} \sim 10^{-4}$。

铁磁性物质、亚铁磁性物质及反铁磁性物质均为磁有序物质，只有前两种物质属于强磁性物质，它们都有相变点，称为居里点 T_C，当温度高于 T_C时，物质呈顺磁性，只有当温度低于 T_C时才呈现铁磁性或亚铁磁性。强磁性的特点是，其磁化率远高于弱磁性的磁化率，χ 约 $10^0 \sim 10^5$，其磁化曲线呈非线性，较易于达到磁饱和，磁化率 χ 与 μ（$\mu = B/H$，B 为磁通密度或磁感应强度）磁导率随磁场而变，有磁滞现象等。

根据应用上的不同要求和材料表现出的磁性差别，可将磁性材料分为软磁和硬磁两类。

软磁材料有硅钢片、铁镍合金等，其特点是磁导率高、矫顽力低，在外磁场较弱时，磁化强度即可达到较高值，取消外磁场时，材料保留的剩余磁感应值很小，很容易退磁，宏观上不显磁性。

硬磁材料有碳钢、稀土钴等，这类材料在磁场中难于被磁化，一旦被磁化又难于退磁，因此硬磁材料也称永磁材料。其特点是剩余磁感应值高、矫顽力高。

2. 磁性薄膜的发展

早在一百多年前就观测到铁磁金属输运特性受到磁场影响的现象。磁场可以使许多金属的电阻发生改变，只不过变化率很小，一般不超过 2% ~3%，这种由磁场引起的电阻变化称为磁致电阻（Magneto Resistance，MR）。

Thomson 于 1857 年发现铁磁多晶体的各向异性磁电阻效应。直到 1971 年，Hunt 提出利用铁磁金属的各向异性磁电阻效应制作磁盘系统的读出磁头的设想，磁电阻效应才引起人们广泛的关注。磁头制作技术中所采用的坡莫合金薄膜的各向异性磁电阻效应，室温值仅为 2.5% 左右。

20 世纪 80 年代末，Baibich 发现 Fe/Cr 多层膜的磁电阻效应比坡莫合金大一个数量级，故命名为巨磁电阻效应（giant magnetoresistance，GMR。随后发现，不仅在“铁磁金属/非磁金属”多层膜中，在“铁磁金属/非磁金属”的颗粒膜中同样存在巨磁电阻效应。“铁磁金属/非磁金属”多层膜的 GMR 值虽较高，但所需饱和磁场高达 1T（特斯拉），其磁场灵敏度也不高，为此，人们又提出和发展了“铁磁层/非磁隔离层/铁磁层/反铁磁层”钉扎型自旋阀结构，“铁磁层/非磁隔离层/铁磁层”不同矫顽力型自旋阀结构和“磁性金属/绝缘体/磁性金属”隧道结（注：隧道结为一种材料结构）结构等。1994 年在类钙钛矿 La－Ca－Mn－O 系列中发现了超大磁电阻（Colossal Magneto Resistance，CMR）效应。

3. 金属薄膜电阻率的主要机制和来源

参阅本书实验“7.8　金属薄膜电阻率的测量”中相关原理的介绍。

4. 磁性薄膜的磁电阻效应

磁电阻效应 MR 是指物质在磁场的作用下电阻发生变化的物理现象。磁电阻效应的大小可用下式定义的磁电阻变化率来表示

$$\frac{\Delta\rho}{\rho} = \frac{\rho(H) - \rho(0)}{\rho(0)} \times 100\% \tag{7.12-1}$$

式中，$\rho(H)$ 和 $\rho(0)$ 分别表示物质在磁场 $\boldsymbol{H}$ 中和磁场为零时的电阻率。磁电阻效应按磁电阻值的大小和产生机理的不同可分为：正常磁电阻效应（OMR）、各向异性磁电阻效应（AMR）、巨磁电阻效应（GMR）和超巨磁电阻效应（CMR）等。

（1）正常磁电阻效应　正常磁电阻效应（OMR）是普遍存在于所有金属中的磁致电阻效应，它由英国物理学家 W. Thomson 于 1856 年发现。其特点是：

1）磁电阻 $\Delta\rho/\rho>0$。

2）各向异性，$\rho_{\perp}>\rho_{//}$（$\rho_{\perp}$ 和 $\rho_{//}$ 分别表示外加磁场与样品电流方向垂直及平行时的电阻率）。

3）当磁场不高时，$\Delta\rho/\rho$ 正比于 H^2。

OMR 来源于磁场对电子的洛伦兹力，该力导致载流子运动发生偏转或产生螺旋运动，使电子碰撞概率增加，从而使电阻升高。大部分材料的 *OMR* 都比较小，以铜为例，当 $H=10^{-3}$T 时，铜的 *OMR* 仅为 $4\times10^{-8}\%$。

（2）各向异性磁电阻效应　在居里点以下，铁磁金属的电阻率随电流 I 与磁化强度 M 的相对取向而异，称之为各向异性磁电阻效应。即 $\rho_{\perp}\neq\rho_{//}$。各向异性磁电阻变化率通常定义为

$$\frac{\Delta\rho}{\rho}=\frac{\rho_{//}-\rho_{\perp}}{\rho_0} \tag{7.12-2}$$

这里的 ρ_0 为铁磁材料在理想退磁状态下的电阻率。不过由于理想的退磁状态很难实现，通常 ρ_0 近似等于平均电阻率 ρ_{av}，即 $\rho_0\approx\rho_{av}=\frac{1}{3}\rho_{//}+\frac{2}{3}\rho_{\perp}$。温度为 5K 时，铁、钴的各向异性磁电阻比约为 1%，而坡莫合金（$Ni_{81}Fe_{19}$）为 15%；室温下坡莫合金的各向异性磁电阻比仍有 2% ~3%。图 7.12-1 所示为不同衬底温度下沉积的 NiFe 薄膜的磁电阻变化曲线（磁场强度 H 平行于样品电流 I），图中可以明显地观察到磁滞现象。

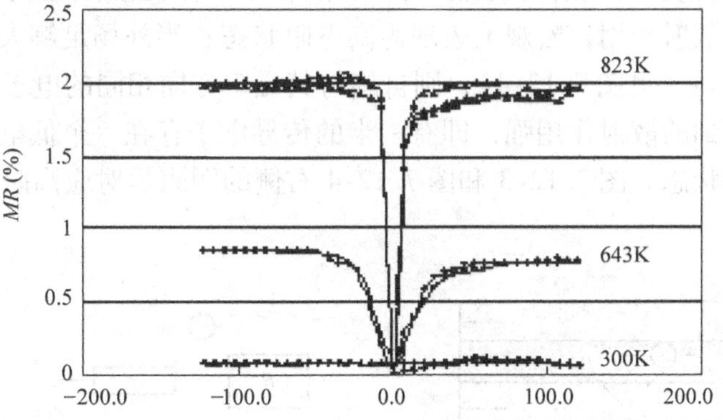

图 7.12-1　NiFe 薄膜的磁电阻变化曲线（H 平行于 I）

（3）金属多层磁性薄膜中的巨磁电阻效应　金属多层磁性薄膜是人为生长的、由金属磁性材料（铁、钴、镍及其合金等）和金属非磁性材料（铜、铬、银和金等）构成的金属超晶格材料。在（100）GaAs 基片上用分子束外延（MBE）生长的单晶（100）Fe/Cr/Fe 三层膜和 Fe/Cr 超晶格，当 Cr 层的厚度为 9Å 时，在 4.2K 下 20kOe[㊀] 的外磁场

㊀ Oe，奥斯特，是磁场强度的非法定计量单位，1Oe = 79.5775A/m。——编辑注

磁电阻值 MR 高达 100%，故命名为巨磁电阻（GMR）。Fe/Cr 超晶格的磁电阻效应在低温 1.5K 高至 200%。用溅射方法制备的 Fe/Cr 多层膜，在室温和低温 4.2K 时，$\Delta\rho/\rho$ 分别为 25% 和 100%。各种铁磁层（Fe、Ni、Co 及其合金）和非磁性层（包括 3d、4d 以及 5d 非金属）交替生长而构成的磁性多层膜中，许多都具有巨磁电阻效应，其中尤以多晶 Co/Cu 多层膜的磁电阻效应最为突出，在低温 4.2K 和室温时 $\Delta\rho/\rho$ 值分别为 130% 和 70%，所加饱和磁场约为 10kOe。Co/Cu 多层膜室温的 $\Delta\rho/\rho$ 值远大于多晶 Fe/Cr 多层膜的值，仅在一定 Fe 含量的 Co/Fe/Cu 多层膜中，其磁电阻值比 Co/Cu 多层膜的有所增加。图 7.12-2 为 Fe/Cr、Co/Cu 多层膜的磁电阻变化曲线。

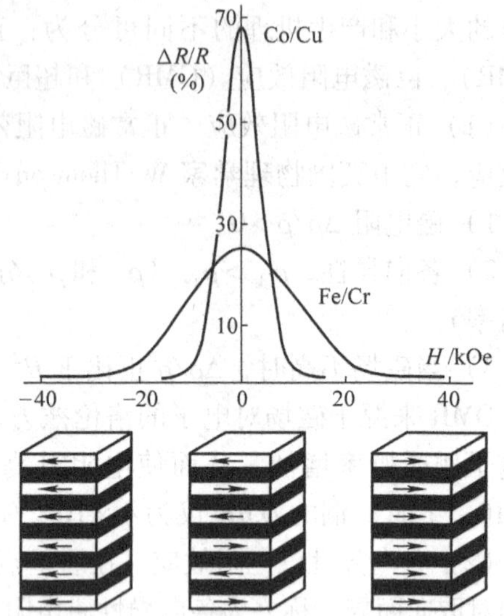

图 7.12-2　Fe/Cr，Co/Cu 多层膜的磁电阻变化曲线

（4）磁性多层膜巨磁电阻的理论解释　Mott 提出二流体模型对巨磁电阻给予简单的解释。图 7.12-3 和图 7.12-4 分别为零场及较大外磁场作用下传导电子的运动情况。图 7.12-3 对应着零场时传导电子的运动状态，此时多层膜中同一磁性层中原子的磁矩排列方向一致，但相邻磁层原子的磁矩反平行排列。按照 Mott 的二流体模型，传导电子分为自旋向上和自旋向下的电子，多层膜中非磁性层对这两种状态的传导电子的影响是相同的，而磁性层的影响却完全不同。当两个磁层的磁矩方向相反时，两种自旋状态的传导电子在穿过磁矩与其自旋方向相同的磁层后，必然在下一个磁层处遇到与其方向相反的磁矩，并受到强烈的散射作用，宏观上表现为高电阻状态；当外场足够大时，使得磁层的磁矩都沿外场方向排列（见图 7.12-4），则自旋与其磁矩方向相同的电子受到的散射小，而方向相反的电子受到的散射作用强，即有一半的传导电子存在一个低电阻通道，宏观上多层膜表现出低电阻状态。图 7.12-3 和图 7.12-4 右侧的图表示对应高阻态和低阻态的等效电路图。

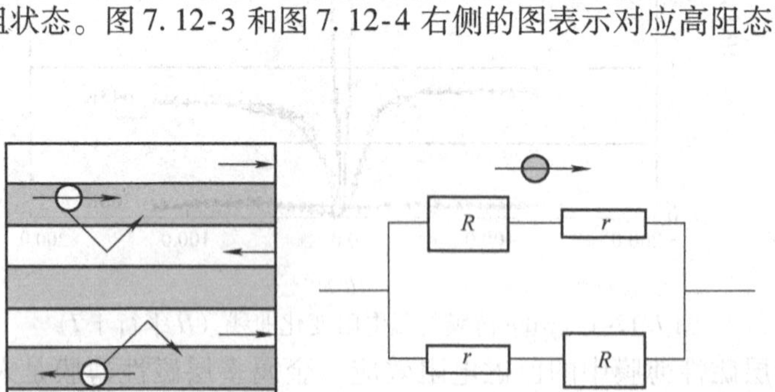

图 7.12-3　零场时传导电子的运动状态

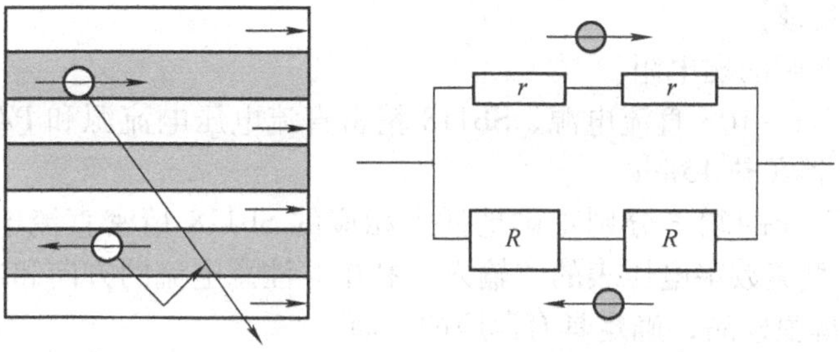

图 7.12-4　强场时传导电子的运动状态

【仪器装置与电路】

磁性薄膜样品上所加的磁场由亥姆霍兹线圈提供，磁场可从零线性增加到 180Oe，磁场灵敏度可达到 0.5Oe；样品放在位于线圈中心的样品台上，线圈可在 360°范围内绕样品旋转；四探针组件是由具有引线且被固定在一个架子上的四根探针组成，相邻两探针的间距为 3mm，探针针尖的直径约为 200μm；SB118 精密直流电压电流源提供一个精密恒流源，它的输出电流在 1μA～200mA 范围内可调，其精度为 ±0.03%；PZ158A 直流数字电压表是具有 6 位半字长、0.1μV 电压分辨率的带单片微机处理技术的高精度电子测量仪器，分别具有 200mV、2V、20V、200V、1000V 的量程，其精度为 ±0.006%，为亥姆霍兹线圈提供电流的 HY1791－10S 直流电源的输出电流在 0～10A，其精度为 ±0.1%。

铁磁金属薄膜的磁电阻很低，它的电阻率测量需要采用四端接线法。本实验中采用四探针法，图 7.12-5 显示了四探针法测量铁磁金属薄膜磁电阻的原理图。如图所示，让四探针的针尖同时接触到薄膜表面上，外侧两个探针同恒流源相连接，内侧两个探针连接到电压表上。薄膜面积为无限大或远远大于四探针中相邻探针间距离的时候，金属薄膜的电阻率 ρ_F 可由下式给出：

$$\rho_F = \frac{\pi}{\ln 2} \times \frac{U}{I} \times d \tag{7.12-3}$$

式中，d 是薄膜的膜厚；I 是流经薄膜的电流，即恒流源提供的电流；U 是电流流经薄膜时产生的电压，即电压表的读数。

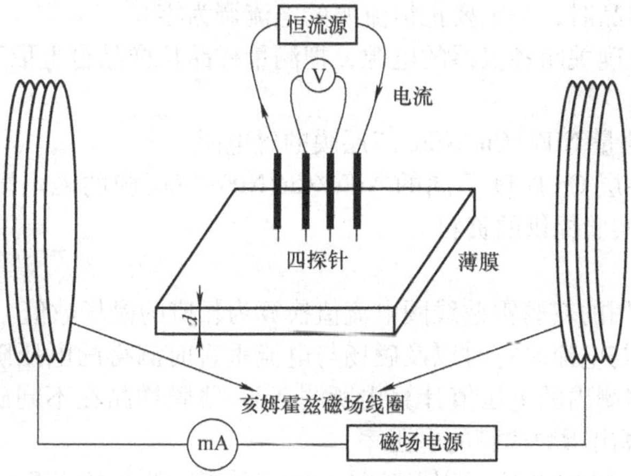

图 7.12-5　四探针法测量铁磁金属薄膜磁电阻原理图

【实验测量与数据处理】

1. 测量 NiFe 薄膜的磁电阻

1）打开 HY1791 －10S 直流电源、SB118 精密直流电压电流源和 PZ158A 直流数字电压表的开关，使仪器预热 15min。

2）把四探针引线的端子分别正确地插入相应的 SB118 精密直流电流源的“电流输出”孔和 PZ158A 直流数字电压表的“输入”孔中。注意电流的方向和电位的高低关系。

3）认真观察薄膜样品，确定具有薄膜的一面。

4）调整样品台的高低，使样品台表面恰在两个亥姆霍兹线圈的中心，以保证样品处于均匀磁场中。

5）把样品放在样品台上，使具有薄膜的一面向上。拧动四探针架上的螺钉，让四探针的针尖轻轻接触到薄膜的表面，把四探针架固定在样品台上，使四探针的所有针尖同薄膜有良好的接触。

注意：①在拧动四探针架上的螺钉时，用手扶住四探针架，不要让四探针在样品表面上滑动，以免探针针尖滑伤薄膜；②在拧动四探针架上的螺钉时，不要拧得过紧，以免四探针的针尖严重扎透薄膜，只要四探针的所有针尖同薄膜有良好的接触即可。

6）使用 SB118 精密直流电压电流源中的电流源部分，适当选择“量程选择”的按键以及适当调节“电流调节”的“粗调”和“细调”旋钮，在样品上施加一个与磁场平行的恒定电流。

7）调节 HY1791—10S 直流电源的输出，并使磁场从零慢慢增大，测量不同磁场下对应的样品电压值，直到磁电阻不再增加（即达到饱和）为止；再将磁场慢慢降为零，测量不同磁场下对应的电压值。然后让磁场反向，重复以上操作。

注意：保证磁场线圈电流调节的单调性。

8）调节样品台与亥姆霍兹线圈的相对方位，在样品上施加一个与磁场垂直的恒定电流，重复 7）中的测量。

注意：在选择电流值时，最大的电流值对应的电压值不能超过 5mV，以免流过薄膜的电流太大导致样品发热，从而影响测量的准确性。

按步骤 7）和 8）测量不同条件（基片温度、溅射气压）下制备的 NiFe 薄膜磁电阻。具体制备条件见实验室提供的资料。

注意：换测量样品时，一定要把恒流源的电流调为零。

实验完成后，正确关闭各仪器的电源，把测量样品从样品台上取下收好，整理好工作台面。

2. 选做内容：测量 NiFe/Cu/NiFe 三层膜的磁电阻

分别测量非磁性层 Cu 厚度不同的 NiFe/Cu/NiFe 三层膜的磁电阻。测量方法同步骤 1。样品具体参数见实验提供的资料。

3. 数据处理

1）将测量时所用的亥姆霍兹线圈电流值换算为相应的磁场数值。

2）分别将磁场与电流平行时以及磁场与电流垂直时测得的电压随磁场的变化值输入计算机并整理，根据测出的电压值计算出所测 NiFe 薄膜样品在不同磁场下的电阻，同时根据式（7.12-3）算出所测薄膜的电阻率。

3）分别将磁场与电流平行时以及磁场与电流垂直时测得的 NiFe 薄膜电阻随磁场的变化值进行整理，应用式（7.12-1）和式（7.12-2）计算出所测薄膜样品的磁电阻变化率和各向异性磁电阻变化率。

4）画出铁磁金属 NiFe 薄膜的磁电阻变化率和各向异性磁电阻变化率随磁场变化的曲线。

5）将选作内容中测量的 NiFe/Cu/NiFe 三层膜的数据进行整理，画出 NiFe/Cu/NiFe 三层薄膜的磁电阻变化率随磁场变化的曲线。

【讨论】

1）根据测量结果分析磁电阻随磁场变化的规律，并通过分析给予解释。

2）分析平行磁电阻与垂直磁电阻随磁场变化的特点，理解它们的关系与差别。

3）比较不同条件下（基片温度、溅射气压）制备的基片温度的 NiFe 薄膜磁电阻（包括 *MR* 和 *AMR*）的测量结果，你得到了哪些结论？请加以分析和解释。

4）比较非磁性层 Cu 厚度不同的 NiFe/Cu/NiFe 三层薄膜的磁电阻的测量结果，你获得了哪些知识？（选做内容要求）

5）比较 NiFe 薄膜和 NiFe/Cu/NiFe 三层薄膜磁电阻的测量结果，你获得了哪些知识？（选做内容要求）

6）为了获得准确的实验结果，在实验中需注意哪些因素？它们带来的误差是系统误差还是偶然误差？影响程度如何？如何定量估计？如何避免或尽量减小？

【结论】

通过对实验现象和实验结果的分析，你能得到什么结论？

【研究性题目】

选择适当的样品研究 NiFe 薄膜厚度对薄膜磁电阻的影响。选择适当的样品研究薄膜衬底对薄膜磁电阻特性的影响。

【思考题】

1）什么是磁饱和？什么是磁滞效应？你在实验中是否观察到了磁滞现象？

2）为什么测量薄膜磁性时要强调磁场电流的单调性，更不能在同一点反向测量？

【参考文献】

[1] 蔡建旺等．磁电子学中的若干问题［J］．物理学进展，1997，17（2）：119.

[2] 钟文定．铁磁学［M］．北京：科学出版社，1998.

[3] 王力衡，黄远添，郑海涛．薄膜技术［M］．北京：清华大学出版社，1991.

[4] 唐伟忠．薄膜材料制备原理、技术及应用［M］．北京：冶金工业出版社，1998.

[5] 姜宏伟．磁电子学讲座第三讲——磁性金属多层膜中的巨磁电阻效应［J］．物理，1997，26（9）：562－567.

[6] 吴平，李希，高艳清，等．工艺参量对 $Ni_{80}Fe_{20}$ 薄膜结构与磁电阻特性的影响［J］．物理实验，2006，26（6）：8－11.

实验 7.13 用高阻测量仪测量陶瓷薄膜材料的电阻

【引言】

为了提高材料的表面耐磨性、耐蚀性和耐高温等性能，往往在其工作表面覆盖一层或者几层硬质的陶瓷薄膜。这些陶瓷薄膜根据需要可以被制备成几个纳米（10^{-9}m）的厚度到几十个微米（10^{-5}m）的厚度。用于制备陶瓷薄膜的材料有很多，如硅酸盐系薄膜，各种氧化物和复合氧化物薄膜，氮化物、硼化物碳化物等非氧化物薄膜以及金属陶瓷薄膜等。其中氧化铝陶瓷薄膜由于其具有良好的耐磨性、耐热性、耐蚀性、抗氧化性、电绝缘性以及相对可观的经济性成为目前产量最大、应用范围最广的陶瓷材料。本实验将使用科研中常用的实验方法来研究氧化铝陶瓷薄膜的电绝缘特性及其漏电机制。

【实验目的】

1）了解绝缘材料的导电机理。

2）了解绝缘材料电阻测量的测试原理。

3）学会使用伏安法测量绝缘材料伏安特性曲线及其电阻的实验方法。

4）学会使用高阻测量仪（高阻表）测量绝缘材料电阻的实验方法。

【实验仪器】

稳压电源、纳安/皮安表、吉时利高阻测量仪（高阻表）6517B、氧化铝陶瓷薄膜样品、绝缘电阻测试夹具、读数显微镜。

【预习提示】

1）了解绝缘材料的导电机理。

2）了解绝缘材料电绝缘特性测试方法。

3）了解吉时利高阻测量仪（高阻表）6517B 的测试原理及操作步骤。

【实验原理】

1. 陶瓷薄膜的导电机理

材料的电绝缘性能主要受到其自身能带结构的影响。图 7.13-1 为金属、绝缘体和半导体的能带结构示意图，图中以电子能级密度 $Z(E)$ 为纵坐标来表示每个布里渊区的能带。

（1）金属　对于 IA 族碱金属（如锂、钠、钾、铷、铯）以及 IB 族金属（如铜、银、金）形成晶体时，其能带结构如图 7.13-1a 所示，其价带只能填充至半满（满带中的电子对导电没有贡献），其电阻率一般在 $10^{-6} \sim 10^{-2}\Omega \cdot cm$。对于 IIA 族碱土金属（如铍、镁、钙、锶、钡）以及 IIB 族元素（如锌、镉、汞等），如图 7.13-1b 所示，每个原子可以给出两个价电子，造成填满的能带结构，应具备绝缘体的性质，但这些元素形成晶体时，由于能带之间发生重叠，而造成在费米能级以上不存在禁带，因此这类元素形成的晶体也是导体。对于三价元素（如铝、镓、铟）每个原子可以给出三个价电子，可以填满一个带和一个半满的带，因此其形成的晶体也是导体。

（2）半导体　对于四价元素（如硅、锗），价带被电子完全填满，但导带与价带的能隙较小（单晶硅的能隙为 1.14eV，锗为 0.67eV），如图 7.13d、e 所示，在热激发的情况下满带中的电子可以被激发到导带——如同金属中的半满带，这样在电场作用下这类晶体也可以表现出电导特性。

（3）绝缘体　对于绝缘体来说，其导带与价带的能隙一般都大于 3eV，在热激发的情况下，电子很难被激发到导带，从而在宏观上表现出电绝缘性。

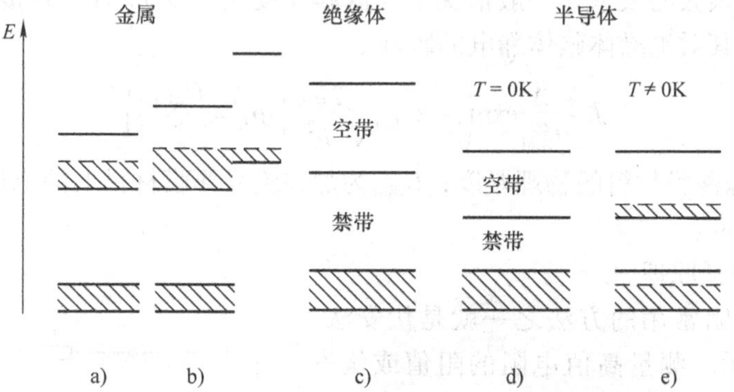

图 7.13-1　金属、半导体和绝缘体的能带模型

陶瓷薄膜一般都具有良好的电绝缘性能，使用射频磁控溅射法制备的 Al_2O_3 陶瓷薄膜的体电阻率一般可以达到 $10^{15}\Omega \cdot cm$ 以上的量级。但陶瓷薄膜的绝缘性是相对的，当给陶瓷薄膜的上下表面施加一个电压，仍然会有微弱的载流子可以通过陶瓷薄膜而形成漏电流，其导电机理目前尚未完全研究清楚。主流观点认为陶瓷材料体内的漏电主要来自欧姆输送电流、离子电导、Frankel - poole 热电子发射效应以及直接隧穿电流等，而且不同的陶瓷材料其漏电机理也不尽相同。

1）欧姆输送电流：当样品处于较高的温度下，在样品两端施加一个低电压，由于热激发作用，有少量的电子被激发出来从而形成电流。欧姆输送电流与电压、温度之间的关系满足下式：

$$J \sim U\exp(-\Delta E_{ac}/kT) \tag{7.13-1}$$

式中，J 为欧姆输送电流的电流密度；U 为所施加电压；ΔE_{ac} 为电子激活能；k 为玻耳兹曼常数；T 为热力学温度。

2）离子电导电流：在电场的作用下，晶体内的带电离子由于类似于扩散的作用在库仑力的作用下在绝缘体内部移动，从而形成电流。离子电导电流与电压、温度之间的关系满足下式：

$$J \sim (U/T)\exp(-\Delta E_{at}/kT) \tag{7.13-2}$$

式中，ΔE_{at} 为离子激活能。

3）弗朗克 - 蒲尔（Frenkel - Poole）发射效应：在绝缘体中有一些电子处于某些“陷阱”（即加氧缺位等缺陷而形成的势垒）中而受到束缚，这些受到“陷阱”束缚的电子可以通过热激发而脱离“陷阱”。由于受到激发的是“陷阱”中的电流，因此弗朗克－蒲尔发射的电流密度与这些“陷阱”有关，即绝缘体中的缺陷将很大程度上影响弗朗克－蒲尔发射的电流的大小。

$$J \sim U\exp\left[\frac{-q\ (\Phi - \sqrt{qE/\pi\varepsilon})}{kT}\right] \tag{7.13-3}$$

式中，Φ 为势垒高度；ε 为介电常数。

4）直接隧穿电流：隧穿效应是在强电场作用下通常发生的绝缘体导电机制，电子在电场作用下，利用量子隧穿机制直接穿过绝缘体而形成直接隧穿电流。直接隧穿电流与陶瓷薄膜的厚度有很大的关系，一般情况下当薄膜厚度大于3nm时，直接隧穿电流就非常小了可以不考虑其对绝缘体整体漏电的影响。

$$J \sim \frac{A}{t_{\rm diel}^2}\exp\left(-2t_{\rm diel}\sqrt{\frac{2mq}{\hbar^2}}\left\{\Phi_B - \frac{U_{\rm diel}}{2}\right\}\right) \tag{7.13-4}$$

式中，$t_{\rm diel}$为绝缘薄膜材料的物理厚度；$U_{\rm diel}$为加在绝缘薄膜材料上的电压；Φ_B 为电子所需跨越的势垒高度。

2. 高电阻测试原理

测量高值电阻常用的方法之一就是伏安法，如图7.13-2所示。测量高值电阻的阻值或伏安特性曲线时，由于电流表内阻相对于高值电阻 R 来说可以忽略，因此，电路需采用电流表内接法。连接电路时使用一恒压源为电路供电，并使待测高值电阻 R 与一个纳安/皮安表串联，电压表测量高值电阻 R 和纳安/皮安表两端的电压。很明显高值电阻的阻值可以用欧姆定律得到

$$R = \frac{U}{I} \tag{7.13-5}$$

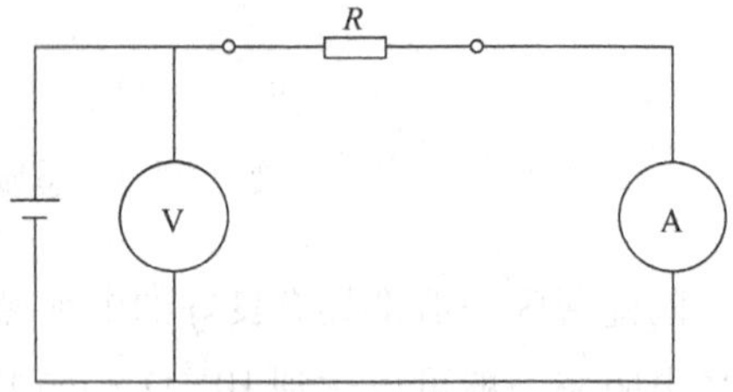

图7.13-2　伏安法测高值电路的电路原理图

（1）体电阻和面电阻　体电阻率和面电阻是表征绝缘材料电性能的非常主要的指标。体电阻 R_V是指直接通过材料而形成漏电电流（体电流）I_V时所体现出的电阻值，如图7.13-3所示，用体电阻换算出的电阻率称为体电阻率，可近似表示为

$$\rho_V = \frac{R_V S}{t} \tag{7.13-6}$$

式中，ρ_V 为体电阻率；S 为电极面积；t 为绝缘样品厚度。体电阻率与材料的结构、缺陷等都具有非常密切的关系。

面电阻 R_S是指在通过材料表面而形成漏电电流（表面电流 I_S）时所体现出的电阻，如图7.13-3所示，用面电阻换算出的电阻率称为面电阻率。面电阻率除了与材料的组成、结构和缺陷等因素有关，还与材料的表面状况、处理条件和环境湿度等有关。而且有研究表明，环境湿度对绝缘材料面电阻有较大的影响，并影响材料真实

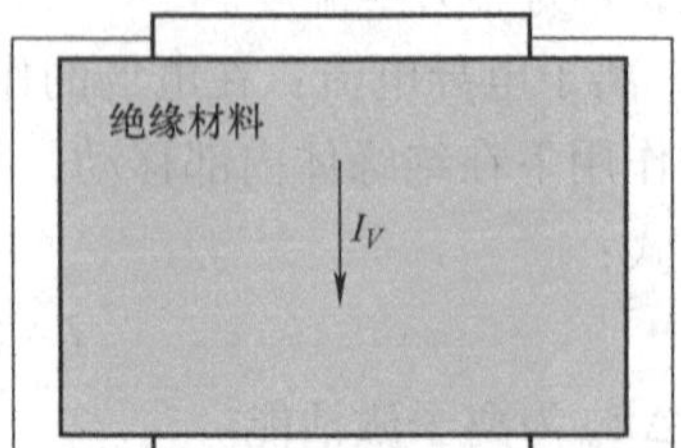

图7.13-3　绝缘材料的体电流与表面电流

电阻率的测量。

（2）体电阻率的测量　在测量体电阻率时，一般采取三电极法消除面电流对其测试的影响。高阻测试用的三电极可以采用溅射的方法（参见实验 7.6）直接制备在绝缘样品表面，如图 7.13-4 所示，也可以直接将金属电极或导电橡皮电极加工成同心圆的形状压在待测绝缘样品表面。按图 7.13-5 所示连接电路，纳安或皮安表上显示电流为当施加电压为 U 时通过样品的体电流 I_V，样品的体电阻 $R_V=\dfrac{U}{I_V}$，体电阻率为

$$\rho_V=\frac{K_V}{t}\times R_V=\frac{K_V}{t}\times\frac{U}{I_V} \tag{7.13-7}$$

式中，ρ_V 为体积电阻率；K_V为保护电极的有效面积；t 为样品厚度；R_V 为样品的体电阻；U 为测试电压；I_V为测试电流（体电流）。

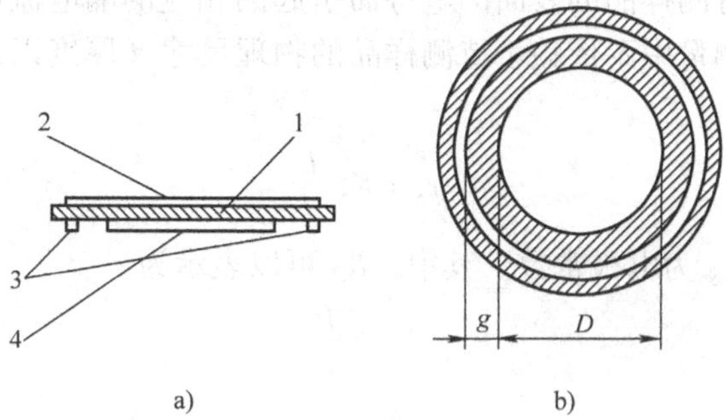

图 7.13-4　三电极法的电极位置示意图

a）侧视图　b）俯视图

1—绝缘样品　2—顶电极　3—环电极　4—保护电极

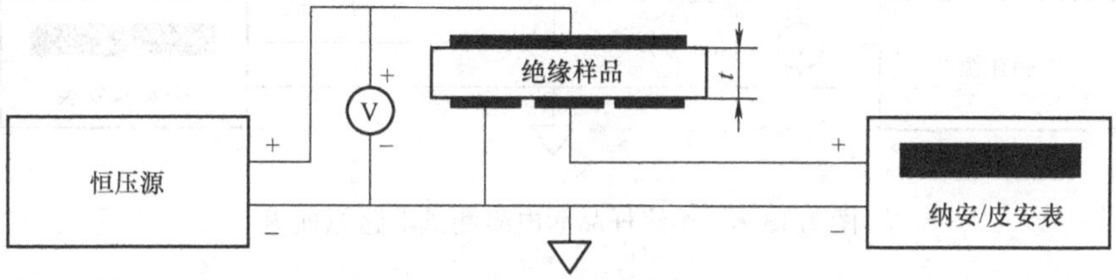

图 7.13-5　体电阻测试电路原理图

对于如图 7.13-4 所示的圆电极来说保护电极的有效面积可以表示为

$$K_V=\pi\left(\frac{D}{2}+B\,\frac{g}{2}\right)^2 \tag{7.13-8}$$

式中，D 为保护电极的直径；g 为环电极与保护电极之间的间距；B 为有效面积系数，对于薄膜样品，B 取 0。如果是块材样品，B 的取值见表 7.13-1：

表 7.13-1　有效面积系数 B 的取值

g/t	B	g/t	B
0.1	0.96	0.3	0.88
0.2	0.92	0.4	0.85

（续）

g/t	B	g/t	B
0.5	0.81	1.5	0.51
0.6	0.77	2.0	0.41
0.8	0.71	2.5	0.34
1.0	0.64	3.0	0.29
1.2	0.59	∞	取 0

在某些科学研究中，除了需要得到样品的体电阻率以外，有时还希望可以得到样品的面电阻。面电阻的测量主要是通过位于待测样品表面的两个电极进行的，如图 7.13-6 所示，通过测量施加在待测样品的表面的电势而引起的相应的漏电流可以计算得到面电阻，由于表面长度固定，测量中不依赖于待测样品的物理尺寸（厚度以及直径或长度），待测样品的面电阻为

$$r_S = K_S \frac{U}{I} \tag{7.13-9}$$

式中，r_S 为面电阻；K_S 为电极常数。其中，K_S 可以表示为

$$K_S = \frac{P}{g} \tag{7.13-10}$$

式中，P 为保护电极的有效周长，且 $P = \pi\left(D + \frac{1}{2}g\right)$。

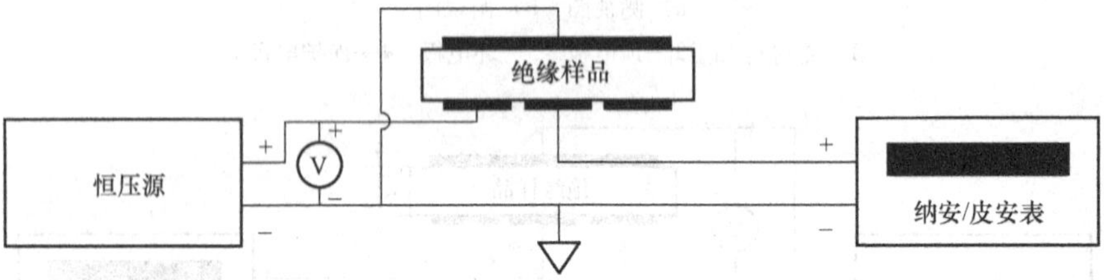

图 7.13-6　绝缘样品面电阻测试电路原理图

需要指出的是，绝缘电阻测试时往往有时间效应，即当对样品两端施加电压 U 后，由于绝缘体样品表面会发生电荷累积，纳安/皮安表上所显示的电流会随着时间的增加而逐渐减小，所以测试中每改变一次供电电压，应等待足够长的时间。

【仪器装置】

吉时利高阻测量仪 6517B 集成了稳压源、纳安－皮安表，依照连接方法不同可以进行电压测试、电流测试、电容器充电测试、温度和湿度测试以及可以直接测量绝缘样品的体电阻（率）和面电阻，其面板如图 7.13-7、图 7.13-8 所示。需要指出的是，如果使用吉时利高阻测量仪 6517B 直接测量样品的体电阻率和面电阻数值，需要配合吉时利的专用测试夹具，如吉时利 8009 测试夹具，设备可以根据夹具中的电极尺寸以及测试得到的样品电阻计算得到其体电阻率或者面电阻。

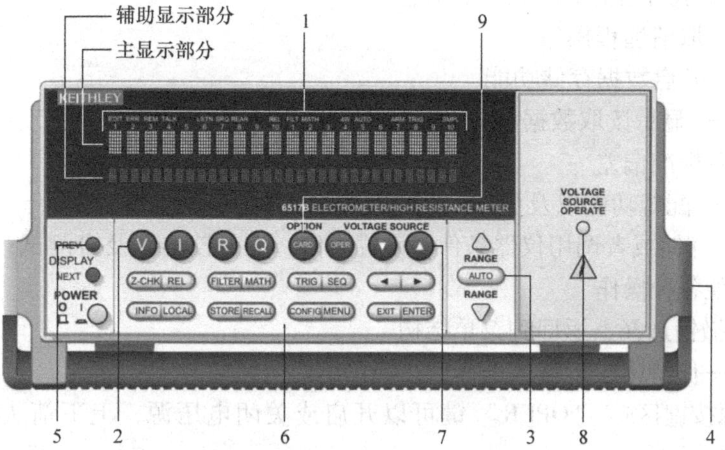

图 7.13-7　吉时利高阻测量仪 6517B 前面板图

1—显示器　2—功能键区　3—测量范围键　4—仪器支架　5—显示键　6—操作键区
7—电压源按键区　8—电压源指示灯　9—可选功能键

按键功能：

1—显示器：显示器显示的相应功能或状态如下；

EDIT——编辑电压值

ERR——读数可疑

REM——远程模式

TALK——通过地址读取（例如连接打印机）

SRQ——服务请求

REL——显示相对读数

FILT——数值滤波器工作

MATH——数字计算功能开启

AUTO——自动调整范围开启

2—功能键区：用于选择测量功能——设备可以相应完成电压测量、电流测量、电阻测量以及电荷测量。

3—测量范围键：按下“△”或“▽”键可以改变量程，按下“Auto”键设备可以自动选择量程。

5—显示键：按下“Prev”键或“Next”键可以滚动显示多段函数。

6—操作键区：

Z-CHK——是否进行零点检查（在改变功能前需要进行零点检查）

REL——是否显示相对读数

FILTER——显示在当前功能下数字滤波器的状态，可用将数字滤波器开启或关闭

MATH——显示数字计算，经过配置后可用开关数学计算功能

TRIG——触发单元

SEQ——进行选择的时序测试

左右键——将箭头在数据输入位数、菜单选择以及显示信息上移动

INFO——显示与当前显示相关的信息

LOCAL——取消远程操作

STORE——开启数据存储功能

RECALL——显示读取数据（读数，编号以及时间）使用显示键5选择最大、最小值、平均值以及标准偏差

CONFIG——配置功能以及操作

MENU——存储或者调用仪器条件；设置通信；进行校准以及自测试；定义限值、数字输出以及其他各种操作

EXIT——撤销选择，返回到菜单结构

ENTER——保持读数，输入选择，在菜单结构内移动

7—电压源按键区：“OPER”键可以开启或关闭电压源，上下箭头可以调节电压源值。

8—电压源指示灯：指示灯亮表示开启电压源。

9—可选功能键：用于选择操作可选功能，也可用于查看外部扫描通道。

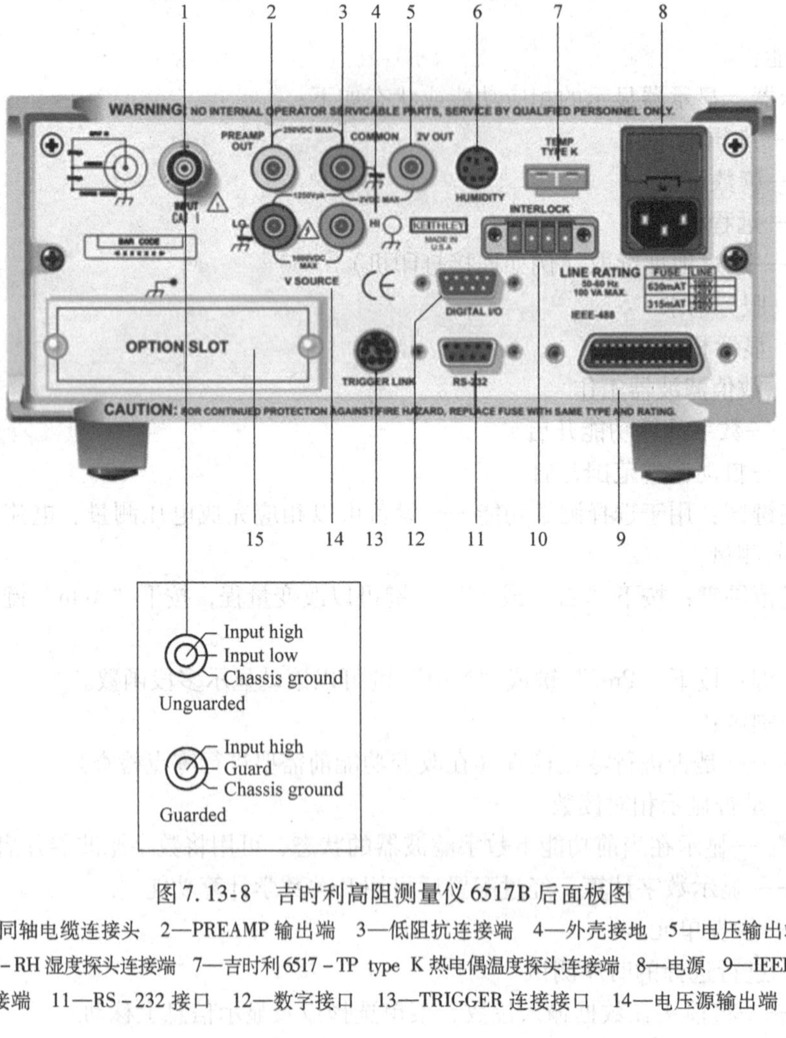

图7.13-8 吉时利高阻测量仪6517B后面板图

1—三轴同轴电缆连接头 2—PREAMP输出端 3—低阻抗连接端 4—外壳接地 5—电压输出端（2V）
6—吉时利6517-RH湿度探头连接端 7—吉时利6517-TP type K热电偶温度探头连接端 8—电源 9—IEEE-488连接接口
10—安全锁连接端 11—RS-232接口 12—数字接口 13—TRIGGER连接接口 14—电压源输出端 15—可选接口

【实验内容与测量】

1. 陶瓷薄膜材料的伏安特性测量

使用稳压电源、纳安/皮安表、电压表、测试夹具使用电流表内接法按照图 7.13-2 所示电路连接电路。缓慢提高电压记录下在不同电压下流过待测样品的电流值，将数据记录在表 7.13-2 中，并绘制出伏安特性曲线。需要指出的是，对于陶瓷薄膜来说，施加的电压不可过大，能施加的电压与样品的材料、杂质、薄膜厚度等因素都有很大的关系，实验中施加的电压一般不超过 10V。

2. 陶瓷薄膜的电阻测量

（1）吉时利高阻测量仪 6517B 的接线　使用吉时利高阻测量仪 6517B 测量陶瓷薄膜的电阻时需要将 6517B 与高电阻测试夹具连接，接线方式如图 7.13-9 所示。使用三同轴电缆与高电阻测量夹具盒相连，其中三同轴电缆的线芯接在样品的保护电极（Guarded Electrode）上，内屏蔽线接在样品的环电极（Ring Electrode）上，外屏蔽线接在测试夹具的外屏蔽盒上。样品的顶电极与设备的电压源的 HI 端相连。

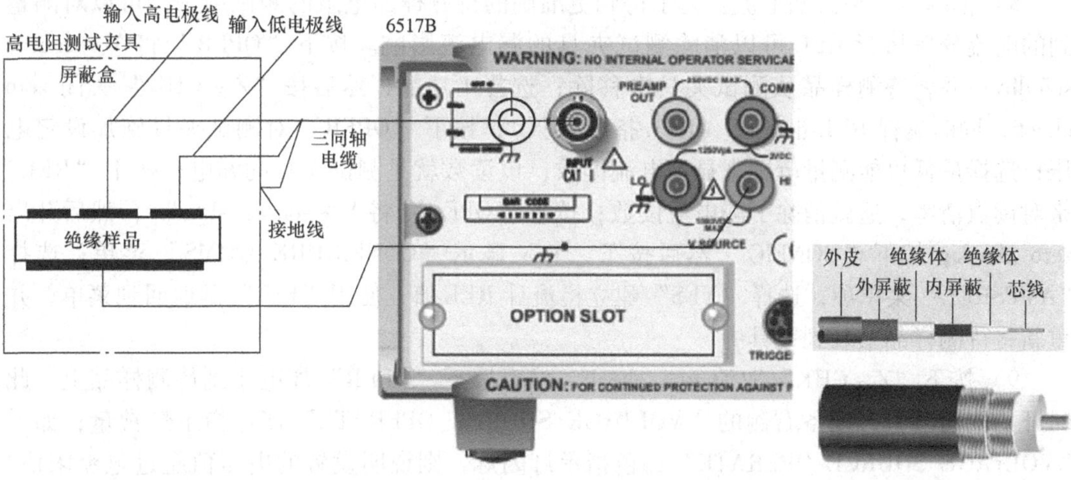

a)　　b)

图 7.13-9　6517B 电阻测量连线图

a）设备连线图　b）三同轴电缆

（2）吉时利高阻测量仪 6517B 的高阻测量步骤

1）按照如图 7.13-9a 所示的连线图将吉时利高阻测量仪 6517B 与高阻测试夹具相连，并确保各个测试电极未接触到样品或短路，处于断开状态。

2）按下设备的电源键开启吉时利高阻测量仪 6517B，设备会自动开启零点检查功能，显示器显示“ZeroCheck”，如果未开启可按下“Z－CHK”键，使设备进行零点检查。

3）按下“CONFIG”，然后按下“R”键，此时显示器显示“CONFIGURE OHMS”，通过左右键可以选择其下方相应的菜单，选中的菜单会闪动，依次选中“MEAS－TYPE”后按下“Enter”键，并选中“RESISTANCE”后再次按下“Enter”键，此时设备便进入电阻测试模式。

4）从“CONFIGURE OHMS”菜单里选中“VSOURCE”设置电压源工作模式，该模式可以改变6517B对待测样品施加的电压的工作模式，设备有两种电压源工作模式：自动模式（Auto）和手动模式（Manual）。在自动模式下，6517B可以自动选择测试电压40V或400V电压。但对于陶瓷薄膜样品来说施加在样品两端的电压不宜过大，一般加到10V左右即可，过高的电压有可能造成薄膜击穿而损坏仪器设备和待测样品，因此测试过程中电压源工作模式应选择使用手动模式。

选择电压测量模式的步骤为：按下“CONFIG”，然后按下“R”键，此时显示器显示“CONFIGURE OHMS”，通过左右键依次选中“VSOURCE”后按下“Enter”键，再选中“MANUAL”后按下“Enter”键后再按下“Exit”键返回主菜单。

5）将待测陶瓷薄膜样品安装在夹具上，并使夹具上的探针与已经镀在待测样品上的三电极相连，连接方式如图7.13-9a所示。

6）使用左右键以及“VOLTAGE SOURCE”中的上下键调节键设置电压值。

7）按下“RANGE”的上下键手动选择电阻测试量程，也可以按下中间的“AUTO”键让6517B自动选择量程。

8）消除测试夹具漏电流：为了得到更准确的待测样品电阻的测试结果，可以对测量到的电流分量执行REL可以消除测试夹具的漏电流影响。按下“OPER”将V－source standby，并将待测样品从测试夹具中移除；选择I功能，然后按“Z－CHK”关闭zero check，同时确保REL也关闭（REL指示灯灭）；按下“OPER”对测试夹具施加设定电压；选择最低可能测量范围来显示电流读数，该读数就是测试夹具的漏电；按下“REL”来对读数清零；这就消除了漏电流读数；按下“OPER”将V－source standby，然后开启zero check；按下“CONFIG”然后按下“R”显示“CONFIGURE OHMS”菜单；选择“AMPSREL”菜单项，选择“YES”建立检流计REL值，使用“Exit”键返回到菜单，并重新将待测样品安装到夹具中。

9）按下“Z－CHK”取消zero check，然后按下“OPER”加电压到待测样品上，此时开始电阻测量，设备右侧的“VOLTAGE SOURCE OPERATE”蓝色指示灯常量；如果“VOLTAGE SOURCE OPERATE”蓝色指示灯闪烁，则说明设置的电压值超过电流限值，应设置更低的电压值进行测试。

10）记录样品在规定的电压加载时间后设备显示的阻值和当前的测试电压，并将数据记录在表7.13-3中。

11）关机：依次按下“OPER”键，待LED灯熄灭后按下电源键关闭设备。

（3）适当选择施加在待测样品上的电压，测量待测陶瓷薄膜样品的体电阻　注意：施加在样品上的电压不要过高（一般不高于10V），过高的电压会击穿薄膜材料造成设备和样品的损坏。

3. 用读数显微镜测量制备在陶瓷薄膜样品上的各个电极尺寸，计算陶瓷薄膜的体电阻率。

【讨论】

从实验得到陶瓷薄膜材料的伏安特性曲线，并查阅相关文献，讨论该样品的漏电机制。

【结论】

从本实验中你可以得到哪些结论？

【研究性题目】

参照《Model 6517B Electrometer User's Manual》设计实验，测量陶瓷薄膜样品的面电阻。

【参考文献】

[1] Keithley Instruments. Model 6517B Electrometer User's Manual, 2008.
[2] Kseithley Instruments. High Resistance Measurements, 2005.
[3] ASTM International. Standard Test Methods for DC Resistance or Conductance of Insulating Materials [S]. [S. 1.], 2007, D 257 -07.
[4] Teruya Tanaka, Rel Nagayasu, Akihiko Sawada, et al. Electrical insulating property of ceramic coating materials in radiation and high - temperature environment [J]. Journal of Nuclear Materials, 2007, 367, 1155 - 1159.
[5] 任驰，杨红，韩德栋，等. Al_2O_3栅介质的制备工艺及其泄漏电流输运机制[J]. 半导体学报，2003，24 (10).
[6] 孔祥华，杨穆，王帅. 材料物理基础 [M]. 北京：冶金工业出版社，2010.
[7] 闫丹. 衬底温度及热处理对射频磁控溅射 HfO_2 薄膜介电特性的影响 [D]. 北京：北京科技大学应用科学学院，2007.
[8] 宋斌斌. 磁控溅射法制备聚变堆包层涂层的研究 [D]. 北京：北京科技大学数理学院，2011.
[9] 杨帆. 磁控溅射制备 Si_xC_{1-x}/Al_2O_3复合涂层的性质研究 [D]. 北京：北京科技大学数理学院，2013.

【数据表格】

实验者信息：

专业班级：__________ 学号：__________ 姓名：__________同组人姓名：__________

表 7.13-2 陶瓷薄膜样品的伏安特性

□电流表内接法

测量值	*U*/V	
	I/mA	
测量值	*U*/V	
	I/mA	
测量值	*U*/V	
	I/mA	

表 7.13-3 陶瓷薄膜样品的阻值测量

待测样品编号	施加电压/V	阻值/Ω
1#		
2#		

实验时沿此线剪下

教师签名：__________

附　　录

附录 A　常用物理学常数表

名称	符号	数值	单位
真空中的光速	c	299 792 458	$m \cdot s^{-1}$
真空磁导率	μ_0	$4\pi \times 10^{-7}$	$N \cdot A^{-2}$
真空电容率	ε_0	8.854 187 817…	$10^{-12} F \cdot m^{-1}$
基本电荷	e	1.602 177 33（49）	$10^{-19} C$
电子质量	m_e	9.109 389 7（54）	$10^{-31} kg$
质子质量	m_p	1.672 623 1（10）	$10^{-27} kg$
电子荷质比	$-e/m_e$	−1.758 819 62（53）	$10^{11} C \cdot kg^{-1}$
引力常数	G	6.672 59（85）	$10^{-11} m^3 \cdot kg^{-1} \cdot s^{-1}$
普朗克常量	h	6.626 075 5（40）	$10^{-34} J \cdot s$
阿伏加德罗常数	N_A	6.022 136 7（36）	$10^{23} mol^{-1}$
玻耳兹曼常数	k	1.380 658（12）	$10^{-23} J \cdot K^{-1}$
摩尔气体常数	R	8.314 510（70）	$J \cdot mol^{-1} \cdot K^{-1}$

附录 B　物理量的单位（国际单位制）

物理量名称	单位名称	单位符号	用 SI 基本单位和 SI 导出单位表示
基本单位			
长度	米	m	
质量	千克（公斤）	kg	
时间	秒	s	
电流	安［培］	A	
热力学温度	开［尔文］	K	
物质的量	摩［尔］	mol	
发光强度	坎［德拉］	cd	
辅助单位			
［平面］角	弧度	rad	
立体角	球面度	sr	
具有专门名称的导出单位			

（续）

物理量名称	单位名称	单位符号	用 SI 基本单位和 SI 导出单位表示
频率	赫［兹］	Hz	$1Hz = 1s^{-1}$
力	牛［顿］	N	$1N = 1kg \cdot m/s^2$
压力，压强；应力	帕［斯卡］	Pa	$1Pa = 1N/m^2$
能［量］功，热量	焦［耳］	J	$1J = 1N \cdot m$
功率；辐［射能］通量	瓦［特］	W	$1W = 1J/s$
电荷量	库［仑］	C	$1C = 1A \cdot s$
电位；电压；电动势，电势	伏［特］	V	$1V = 1W/A$
电容	法［拉］	F	$1F = 1C/V$
电阻	欧［姆］	Ω	$1\Omega = 1V/A$
电导	西［门子］	S	$1S = 1A/V$
磁通［量］	韦［伯］	Wb	$1Wb = 1V \cdot s$
磁通［量］密度，磁感应强度	特［斯拉］	T	$1T = 1Wb/m^2$
电感	亨［利］	H	$1H = 1Wb/A$
摄氏温度	摄氏度	℃	1℃ = 1K
光通量	流［明］	lm	$1lm = 1cd \cdot sr$
［光］照度	勒［克斯］	lx	$1lx = 1lm/m^2$
［放射性］活度	贝克［勒尔］	Bq	$1Bq = 1s^{-1}$
吸收剂量	戈［瑞］	Gy	$1Gy = 1J/kg$
剂量当量	希［沃特］	Sv	$1Sv = 1J/kg$

注：［　］内的字，是在不致混淆的情况下，可以省略的字。（　）内的字为前者的同义语。